"十四五"时期国家重点出版物出版专项规划项目
航天先进技术研究与应用/电子与信息工程系列

信号与系统创新与实践教程

INNOVATION AND PRACTICE OF SIGNALS AND SYSTEMS

何胜阳　赵雅琴　主　编
王刚毅　吴龙文　副主编
张　晔　主　审

哈尔滨工业大学出版社
HARBIN INSTITUTE OF TECHNOLOGY PRESS

内容简介

本书是近年来哈尔滨工业大学信息与通信工程实验教学中心对信号与系统实验教学改革成果的总结，强化实验教学与工程实践密切结合，通过软件仿真预习、硬件实践对比，强调实用性，增加灵活性，以提升学生的实践能力、创新能力和综合能力。

本书共9章，分别对信号与系统实验所涉及的仪器设备使用、实验模块原理、硬件实验内容、Multisim仿真、Octave仿真、Python仿真等内容进行了介绍。本着“虚实结合、宁实勿虚”的实验开设原则，着重突出培养学生独立实验能力，将实验电路的自主搭建、仪器设备的使用、EDA技术的应用、实验技能的训练贯穿始终。

本书内容丰富，可作为普通高等学校电子信息类专业电路实验教材，也可供相关工程技术人员参考。

图书在版编目(CIP)数据

信号与系统创新与实践教程/何胜阳，赵雅琴主编. —哈尔滨：哈尔滨工业大学出版社，2022.3

ISBN 978－7－5603－4178－1

Ⅰ. ①信… Ⅱ. ①何… ②赵… Ⅲ. ①信号系统－高等学校－教材 Ⅳ. ①TN911.6

中国版本图书馆CIP数据核字(2022)第039375号

策划编辑　许雅莹
责任编辑　李长波　高　琳
封面设计　屈　佳
出版发行　哈尔滨工业大学出版社
社　　址　哈尔滨市南岗区复华四道街10号　邮编150006
传　　真　0451－86414749
网　　址　http://hitpress.hit.edu.cn
印　　刷　哈尔滨市石桥印务有限公司
开　　本　787mm×1092mm　1/16　印张24.5　字数612千字
版　　次　2022年3月第1版　2022年3月第1次印刷
书　　号　ISBN 978－7－5603－4178－1
定　　价　48.00元

序

“信号与系统”是电子信息类本科专业核心基础课，涉及的基本理论、基本概念和基本方法已广泛应用于电路与系统、通信、自动控制、计算机、信号和信息处理、生物信息、人工智能等领域。该课程在学生已掌握了傅里叶级数、傅里叶变换、拉普拉斯变换、Z变换等数学知识的基础上，概述如何把这些抽象的数学模型过渡到面向应用的物理模型中，因此理论性强、概念众多、内容抽象，历来是教师难教、学生难学的课程。为此，与课堂教学配套的实验教学就极其必要，它不仅是理论教学的辅助和补充，更是理论教学的延伸和创新素质培养的重要环节。在这种背景下，何胜阳博士编写了这本与《信号与系统》教材配套的《信号与系统创新与实践教程》实验教材。

《信号与系统创新与实践教程》实验教材是基于哈尔滨工业大学电子与信息工程学院《信号与系统》课程组多少年来的实验教学，为本院及相关学院开设该实验课而编写的。可以说，它是课程组多年实践教学探索中宝贵经验的结晶，不仅强调理论与实际工程的结合与应用，同时也满足了“新工科建设”的时代需求。该实验教材具有以下突出特色：

(1) 紧扣新工科发展需求，注重基础理论与工程实践的有机结合。

实验教材采用自主设计的符合教学大纲要求的模块化、积木式 HiGO 信号与系统实验教学平台。该平台可以由学生自主选择模块，自主搭建实验电路系统，并且结合相应实验模块电路开放，充分锻炼学生的理论与实践应用能力，为培养造就引领未来基础科学和产业发展的卓越工程技术人才奠定基础。

(2)遵循“虚实结合、宁实勿虚”可选式实验原则。

在实验教学中引入 Multisim、Octave 和 Python 三种仿真软件，通过硬件和软件仿真来理解《信号与系统》涉及的基本理论和分析方法，激发学生对课程的学习兴趣，加深对基本概念的理解，再结合硬件实验内容加以强化。实验过程集验证、设计于一体，注重对学生实验方法的培养。

(3)实验内容符合大纲要求，实验手段多样化。

实验教材提供了丰富的课程配套资源，从仪器工作原理到具体操作方法、从基础理论到硬件实验电路设计、从仿真软件实验方法到具体实验内容的参考代码都给出了详细的参考资料。实验内容完整、层次分明，可充分发挥学生对信息相关领域的创新认识，进一步培养和挖掘学生自主学习的能力和兴趣，从而创建一个传授系统性知识、培养实践能力和创新思维的实验性课程体系。

本书主编、副主编均毕业于哈尔滨工业大学，不仅具有多年的一线教学实践和科学研究经验，也对学习该课程及该课程的后期应用有深刻的体会。相信《信号与系统创新与实践教程》实验教材的出版，不仅可以让学生通过动手实验与实践巩固和加深对《信号与系统》的理解，也可以提高学生分析问题和解决问题的能力，培养学生良好的专业素质和实践能力。

张晔

2021 年 8 月

前　言

“信号与系统”是电子、通信、信息、测控、电气、遥感等专业的第一门技术基础课，是将学生从电路分析的知识领域引入到信号处理与传输领域的关键性课程，对专业课程起到承上启下的作用。“信号与系统”课程教学的关键问题是，如何将基础知识与信息技术的发展相结合，如何与前面课程（如电路等）和后续课程（如数字信号处理、通信电子线路等）相衔接，以及如何把所学的数学理论和分析方法，应用到实际的物理模型和技术中。课程所涉及的概念和方法，在无线电技术、通信、自动控制、雷达技术、图像处理、遥感技术、语音处理等众多领域都有广泛应用。

本书是在总结哈尔滨工业大学信息与通信工程实验教学中心“信号与系统”实验课程多年教学经验的基础上编写而成，力图反映近几年来“信号与系统”实验教学的建设与改革成果，既继承了原有实验指导书的框架和内容，同时又根据实验教学过程中的需求，本着“虚实结合、宁实勿虚”的实验开设原则，结合实验中心自主设计开发的 HiGO 信号与系统硬件实验平台，增加了射频信号源、频谱分析仪等仪器仪表的使用方法和有源滤波器设计的内容，并且引入了硬件仿真软件 Multisim 和软件仿真软件 Octave、Python 的相关实验内容，便于学生在操作硬件实验时，由硬件和软件理论仿真结果进行指导。本书的编写强调实用性和灵活性，用以提升学生的实践能力、创新能力和综合能力。

全书共 9 章，第 1 章为绪论，介绍了信号与系统实验的目的和意义、安全常识，并对学生的实验过程提出了基本要求；第 2 章为信号与系统实验仪器仪表的用法介绍，让学生了解数字示波器、射频信号发生器和频谱分析仪常见元器件的工作原理和基本使用方法，并且对 HiGO 信号与系统硬件实验平台的各模块详细电路进行介绍；第 3 章为模拟滤波器的设计方法介绍，对有源低通、高通、带通、带阻和开关电容滤波器的原理、设计方法做了详细说明；第 4 章为信号与系统硬件实验，按照哈尔滨工业大学电子与信息工程学院“信号与系统”课程教学大纲要求，给出了 4 个必修和 2 个选修硬件实验内容，供电子信息类学生根据课时要求进行选择；第 5 章为信号与系统实验的 Multisim 硬件仿真的应用，以 6 个硬件实验为蓝本，通过实例分析学习 Multisim 软件仿真设计的方法和操作步骤；第 6 章为 Octave 软件概述，介绍了 Octave 软件的基础知识和基本使用方法；第 7 章为 Octave 软件在“信号与系统”实验中的应用，以 6 个硬件实验为蓝本，通过实例分析学习 Octave 软件仿真设计的方法和操作步骤。第 8 章为 Python 软件概述，介绍了 Python 软件的基础知识和基本使用方法；第 9 章为 Python 软件在“信号与系统”实验中的应用，以 6 个硬件实验为蓝本，通过实例分析学习 Python 软件仿真设计的方法和操作步骤。

本书得到了中国高等教育学会2021年度“实验室管理研究”专项课题重点项目“新工科背景下电子信息类实验教学体系的改革与探索”(项目编号:21SYZD09)、黑龙江省高等教育教学改革研究重点委托项目“一流本科教育人才培养体系建设研究”(项目编号:SJGZ20180017)、黑龙江省教育科学规划重点课题“新工科背景下电子信息类创新创业实践教育体系的构建”(项目编号:GBB1318036)和哈工大2021年自制实验教学设备研究项目“信号与系统积木式模块化实验平台”(项目编号:21340A)的支持。

本书第1、2、4、6章由何胜阳编写,第3、5、8章由赵雅琴编写,第7、9章由王刚毅编写,吴龙文负责所有仿真程序的验证工作。全书由何胜阳负责统稿。

本书的编写得到了学校、学院和信息与通信工程实验教学中心的大力支持,并参考了国内外大量的优秀资料,也参阅了网络上许多论坛的内容,在此表示诚挚的感谢!

限于作者的学识和水平,书中难免有疏漏和不足之处,恳请广大读者批评指正。

编　者

2021年12月

目　　录

第1章 信号与系统实验基础知识

1.1 信号与系统实验概述

“信号与系统”是电子、通信、信息、测控、电气、遥感等专业的第一门技术基础课，是将学生从电路分析的知识领域引入到信号处理与传输领域的关键性课程。“信号与系统”课程教学的关键问题是，如何将基础知识与信息技术的发展相结合，如何与前面课程（如电路等）和后续课程（如数字信号处理、通信电子线路等）相衔接，以及如何把所学的数学理论和分析方法，应用到实际的物理模型和技术中。“信号与系统”课程对电子信息类专业课起着承上启下的作用。课程所涉及的概念和方法，在无线电技术、通信、自动控制、雷达技术、图像处理、遥感技术、语音处理等众多领域都有广泛应用。

“信号与系统实验”是“信号与系统”课程的配套实验，旨在通过开设系列硬件实验，让学生加深对课程抽象概念的理解，深入掌握信号与系统基本理论和分析方法，培养学生分析问题和解决问题的能力。硬件实验平台将抽象的概念和理论形象化、具体化，学生通过参与动手实践可增加学习兴趣。

“信号与系统实验”属于操作性很强的实践类课程。课程以信号与系统理论为基础，以基本测量技术和方法为手段，培养学生的实验技能、独立的操作能力及良好的实验素养，注重理论指导下的实践和技能培训，旨在将所学信号与系统理论知识过渡到应用与实践阶段，提高学生分析和解决问题的综合能力，既可加深对课程的深入理解，也为后续其他电子信息类专业课的学习打下扎实的专业基础。随着电子信息领域硬件和软件条件的迅速发展，信号与系统实验已经由单一的验证原理和掌握实验操作技术拓展为综合能力训练的实践平台，成为学生掌握实验技能和科学实验研究方法的重要教学环节。通过本实验课程的学习和训练，学生需要掌握以下几个方面的知识和技能：

（1）掌握射频信号源、频谱分析仪、数字示波器等常用电子仪器、仪表的原理、性能、使用方法和基本测试技术，培养良好的操作习惯及严谨的科学实验态度。

（2）进一步掌握专业实验技能，包括正确选用仪器仪表，合理制订实验方案，恰当选取元器件参数，按电路图正确接线并排查故障，对实验现象准确观察和判断，并改进实验方法以实现设计目标和技术指标，提高分析能力与实践能力。

（3）通过阅读运算放大器的数据手册（Datasheet），了解运算放大器的基本性能，了解不同需求下运算放大器的选型方法，掌握模拟滤波器电路的设计方法。

（4）通过 Multisim 等专业计算机硬件仿真软件对实验课程相关内容进行硬件仿真，验证实验结果。

(5)学习和掌握 Octave、Python 等专业计算机仿真软件进行仿真实验和分析的方法，配合信号与系统基础理论的学习，验证、巩固和扩充一些重点理论知识。

(6)注重实验现象的观察和对实验数据的分析，培养归纳推理能力，锻炼善于发现问题、分析问题和独立解决问题的能力。

(7)培养对实验结果进行数据处理、误差分析和撰写实验总结报告等从事专业技术工作所必须具备的初步能力和良好作风。

(8)培养学生严谨求实的工作作风和不畏艰难、勤奋刻苦、勇于创新的科学态度。

1.2 信号与系统实验的过程与要求

与实验中心开设的“信号与系统”实验过程管理要求一致，为了充分调动学生主动实验的积极性，促使其独立思考、独立完成实验并有所创造，“信号与系统”实验的各个过程的基本要求如下。

1. 实验前的预习

为了避免实验的盲目性，确保实验过程有条不紊，学生在实验前应对实验原理、实验内容、实验方法、实验电路等进行预习并撰写预习报告。每次实验前，实验指导教师都将检查学生的实验预习情况，预习不合格者不得进行实验。实验前的预习要求如下：

(1)认真阅读实验指导教材，明确实验目的、任务与要求，了解实验内容及相关测试方法。

(2)复习“信号与系统”课程中实验相关的理论知识，了解并掌握所用仪器的使用方法，认真完成实验所要求的电路设计，对预习思考题做出解答。

(3)根据实验内容，拟定实验方法和步骤，选择测试方案。对实验中应记录的原始数据列出表格待用，并初步估算(或分析)实验结果(包括参数和波形)，最后写出预习报告。

(4) 按照实验内容与步骤，提前使用 Multisim 仿真软件，对需要进行硬件实验的电路进行仿真，得到相关电路的理论实验结果，以便在实验过程中进行理论值和实际值的对比，并将仿真实验电路和实验结果填入预习报告中。

实验预习内容需撰写到实验中心统一的实验报告纸上，实验课前上交给实验指导教师批阅，凡未预习者不得进行实验。

2. 搭建电路

信号与系统实验采用实验中心自主设计的模块化硬件实验平台 HiGO，该平台提供一个通用底板，再结合多种元器件和仪表模块，可以快速进行接插、安装和连接实验电路而无须焊接。为了检查、测量方便，在通用底板上搭建电路时应注意做到以下几点：

(1)注意合理布局、摆放实验所需模块，使之便于操作、读数和接线。合理布局的原则是安全、方便、整齐，防止相互影响。

(2)连线简单可靠即用线短且用量少，尽量避免交叉干扰，防止接错线和接触不良。按电路图上的接点与实物元器件接头的一一对应关系来接线，实验电路走线、布局应简洁明了，便于测量，尽量少用连接线。

(3)注意地端连接，电路的公共地端和各种仪器设备的接地端应接在一起，既可作为电路的参考零点，又可避免引入干扰而造成实验数据不准确。

(4)插拔元器件或连接线时要谨慎细心,以保证元器件或连接线引脚与接插件间的良好接触。实验结束需要拆卸时,应轻轻拔下元器件和连接线,切记不可用力太猛。

(5)在接通电源之前,要仔细检查所有的连接线,特别应注意检查各电源线和公共地线接法是否正确、电源正负是否接反等关键因素。

3. 测试前的准备

按要求安装、连接实验线路完毕,通电测试前,需要做好实验电路检查工作,主要包括以下内容:

(1)首先检查电源和实验所需的元器件、仪器仪表等是否齐全且符合实验要求,检查各种仪器面板上的旋钮,使之处于所需的待用位置。

(2)对照实验电路图,对所搭建的实验电路的元件和接线进行仔细检查,确保连接线无错接,特别是电源的极性未接反,并注意防止碰线短路等问题。经过认真仔细检查,确认电路安装与连接无差错后,方可按前述的接线原则,将实验电路与电源及测试仪器接通。

4. 对电路进行实验调试与性能指标的测量

实验电路通电后,即可开始对电路进行实验调试与性能指标的测量。为了保证实验效果,要按照实验操作规范进行实验,具体要求如下:

(1)按实验方案对实验电路进行测试与调整,使电路处于正常的工作状态,认真记录实验条件和所得数据、波形,并粗略分析,判断所得数据、波形是否正确。

(2)发生突发事故时,应立即切断电源,并报告指导教师和实验室相关人员,等候处理。师生的共同愿望是做好实验,保证实验质量。所谓做好实验,并不是要求学生在实验过程中不出现问题,做到一次成功,实验过程不顺利不一定是坏事,常常可以在故障分析的过程中增强独立工作能力。做好实验的意思是独立解决实验中所遇到的问题,得到准确的实验数据,把实验做成功。

(3)实验完成后,要将记录的实验原始数据提交给实验指导教师审阅签字。教师一般会当场抽查部分实验数据,并记录实验情况,作为平时实验操作部分成绩的评分依据。经教师验收合格后才能拆除线路,清理现场。

5. 分析实验数据,撰写实验报告

作为工程技术人员,必须具有撰写实验报告这种技术文件的能力。写实验报告时,必须对测量的实验数据进行分析和处理。下面给出实验报告的写作要求:

(1)实验报告内容。

①列出实验条件,包括何日何时与何人共同完成什么实验、当时的环境条件、使用仪器名称及编号等。

②认真整理并处理测试数据和用坐标纸描绘的波形,列出表格或用坐标纸画出曲线。

③对测试结果进行理论分析,做出简明扼要的结论。找出误差产生的原因,提出减少实验误差的措施。

④记录产生故障的情形,说明排除故障的过程和方法。

⑤写出对本次实验的心得体会,以及改进实验的建议。

(2)实验报告要求。

①文理通顺,书写简洁;符号标准,图表齐全;讨论深入,结论简明。

②实验报告用实验中心统一的实验报告纸书写,每次新的实验开始时,交上一次的实验

报告。

实验报告成绩是实验成绩的重要组成部分，务必按要求撰写好实验报告。

1.3 实验室安全与实验室规则

为了人身、仪器设备及实验电路安全，保证实验顺利有序进行，学生进入实验室后要严格遵守规章制度和实验室安全规则。

1.3.1 实验室安全

1. 人身安全

虽然电子信息类相关实验均属于弱电实验，但是存在使用交流220 V市电的仪器设备，在插拔电源时应注意不要触电。

2. 仪器及元器件安全

(1)使用仪器前，应认真阅读使用说明书或有关资料，掌握仪器的使用方法和注意事项。

(2)使用仪器时，应按照要求正确接线。

(3)实验中要有目的地操作仪器面板上的开关(或旋钮)，切忌用力过猛。

(4)实验过程中，精神必须集中，随时注意仪器及电路的工作状态。当嗅到焦臭味、见到冒烟和火花、听到"噼啪"响声、感到设备过热及出现熔丝熔断等异常现象时，应立即切断电源，在故障未排除前不得再次开机。

(5)未经允许不得随意调换仪器，更不准擅自拆卸仪器、设备。搬动仪器、设备时，必须轻拿轻放。

(6)仪器使用完毕，应将面板上各旋钮、开关置于合适的位置，如将万用表功能开关旋至"OFF"位置等。

(7)为保证元器件及仪器安全，应该在电路连接完成并仔细检查确认无误后，再接电源及信号源。

3. 操作注意事项

(1)遵守实验室规则，严禁乱动、乱摸与本次实验无关的仪器和设备。

(2)不许擅自接通电源，不允许人体触及带电部位，严格遵守"先接线再通电、先断电再拆线"的操作顺序。接通电源时，应先告知同组人员。

(3)遵守各项操作规程，培养良好的实验作风。

1.3.2 实验室规则

学生在实验中要做到以下几点：

(1)上课截止时间前必须进入实验室。迟到10 min以上者，教师可以根据实际情况禁止其进行实验并做旷课论处。实验课请假必须履行请假流程，并事先通知实验指导教师。

(2)进入实验室前要做好实验预习工作，撰写规范的实验预习报告，否则指导教师有权禁止其进行实验。

(3)对待实验要严肃认真，保持安静、整洁的实验环境。严禁携带与实验无关的物品进入实验室。水杯、书包等不能搁置在实验台，需统一放到教师指定位置。

(4)实验中要以科学严谨的态度将实验数据(使用非铅笔)如实记录在实验预习报告的图表中,严禁抄袭他人数据或杜撰虚假数据。

(5)实验完毕,先由本人检查实验数据是否符合要求,然后再把实验记录交给实验指导教师审阅,在指导教师签字确认后,学生方可拆线,将实验器材复原并清点归类,整理好实验台,填写实验室使用登记本,经教师检查后方可离开实验室。

(6)严禁带电接线、拆线或改接线路,严禁用电流表或万用表电流挡、欧姆挡测量电压。学生未经教师的允许,不得随意插拔芯片。

(7)接线完毕后,要认真复查,确保无误后,方可接通电源进行实验。对于特定实验需经教师认可后,才能接通电源进行实验。

(8)实验过程中如果发生事故,应立即切断电源,保持现场,报告实验指导教师。

(9)室内仪器设备不准随意调换,非本次实验所用的仪器设备,未经教师允许不得动。在没有弄懂仪表、仪器及设备的使用方法前,不得贸然通电。若损坏仪器设备,必须立即报告教师,责任事故要酌情赔偿。

1.4　信号与系统实验报告的撰写

实验报告的撰写是一项重要的基本技能,其不仅是对实验工作的全面总结,更重要的是可以初步地培养和训练学生的逻辑归纳能力、综合分析能力和文字表达能力,是科学论文写作的基础。因此,参加实验的每位学生,均应及时认真地撰写实验报告,要求分析合理、讨论深入、原理简洁、数据准确、结论简明且正确、文理通顺、符号标准、字迹端正、图表清晰。一份完整的信号与系统实验报告由预习报告、原始实验数据和实验数据处理与分析三部分组成。

1.预习报告

实验预习报告用于描述实验前的准备情况,避免实验中的盲目性。撰写实验预习报告有两个作用:一是通过预习真正了解实验的目的,为实验制订出合理的实验方案,在进入实验室后即可按预习报告有条不紊地进行实验;二是为实验后的总结提供原始资料。撰写预习报告时,内容要具体、完整,不要写对实验操作无指导意义的内容,写得不要太笼统、太简单,否则,在实验时连自己都不清楚应该怎样做,那就失去预习报告的作用了。预习报告一定要有较强的实用性,重点突出,详略适当。预习报告应具备以下内容:

(1)实验题目。

实验题目应列在预习报告的最前面,主要包括实验名称,实验者的班级、姓名,同组人员的姓名,实验台号,实验日期等。

(2)实验目的。

用简短的文字描述本次实验的主题,实验前要求深入理解实验目的,做到有的放矢。

(3)实验原理。

实验原理是实验的理论依据,学生通过阅读教材和实验指导书总结归纳出本实验相关原理,以期对实验结果有一个符合逻辑的科学估计。归纳阐述实验原理,要求概念清楚,简明扼要,写明所用的公式和简要的推导过程,如果在正文中出现对该公式的引用和描述,则必须给公式编号。画出必要的实验电路原理图,图必须有图题,标注于图下方中间,如有多幅图形,则应依次编号,放在相应文字附近。对于设计型实验,还要给出设计参考方案,设计

电路原理图。

(4)仪器设备和元器件的清单列表。

大部分的信号与系统实验均为设计型实验,需要学生根据实验原理列出实验所需的仪器设备和元器件的清单列表,这样有助于学生结合现有设备和元器件设计实验步骤。

(5)实验内容及操作步骤。

概括性地写出实验的主要内容和步骤,特别是关键性的步骤和注意事项。信号与系统实验提供的均是模块化元器件,需要学生根据实验目的,自主设计实验电路,并根据实验内容拟定实验方案和步骤。

(6)仿真分析。

本实验指导教程提供了 Multisim 和 TINA－TI 两种电路仿真软件的使用方法,为了明确实验任务和要求,加强实验预习效果,要求在预习时对实验电路进行必要的仿真,并回答相关思考问题,有助于及时调整实验方案,并对实验结果做到心中有数,以便在硬件实验中有的放矢,少走弯路,提高效率。

图 1.1 给出了实验报告中有关实验预习部分的内容。

基础实验报告纸　　　　信息与通信工程省级实验教学示范中心

班　号:______学　号:______姓　名:______实验时间:______

实验台号:______同组人:______预习成绩:______实验成绩:______

(注:为方便登记实验成绩,班号、学号请写完整)

教师评语

书写与排版			图表记录规范			数据处理分析			误差分析			实验结论		
优	良	差	优	良	差	优	良	差	优	良	差	优	良	差

实验报告提交要求

1:报告表头所有信息按要求填写完整:班号、学号,姓名、实验时间、实验台号、同组人,以上信息缺一不可。

2:实验报告提交时,为后期装订方便,不得使用订书钉,建议使用胶水粘贴报告和图。

3:实验报告按自然班级统一提交,按学号从小到大排序(01 号在最上面),不接受个人单独提交报告。

实验(　　　)______

第一部分　实验预习

预习要求:

1.画出实验电路原理图,标注出所有电参数信息(含参考方向、元件数值等)。

2.预习不需要把实验教材所有内容抄一遍,可以自己总结、简述实验原理,重点表述实验的理论依据以及理论计算结果或仿真结果,以便与硬件实验结果对比分析。

一、　实验目的

二、　实验原理

1

基础实验报告纸　　　　信息与通信工程省级实验教学示范中心

三、　实验内容、主要步骤或操作要点

四、　实验注意事项

五、　预习思考题

2

图 1.1　实验报告中实验预习部分

2. 原始实验数据

原始实验数据包括原始数据和经分析整理计算后的数据，实验测试阶段需要记录的是实验的原始数据。数据记录要求准确，有效数字要完整，单位不能遗忘。对于多次实验测量得到的原始数据，即使是某些偶然现象，都要一一记录下来，利于事后分析。实验人员要自觉地增强对实验数据的观察细致度，提高对各种实验现象的敏感性。在实验测试过程中，对获得的实验数据应及时进行分析，这样利于发现问题，当场采取措施，提高实验质量。记录原始数据时，应该注意以下事项：

(1)多次测量或实验数据较多时，务必对数据进行列表整理，数据列表必须有表序及表题，标注于表格上方中间，如表1.1所示。如表格不止一个，则应依次编号，并列于相应的文字附近。除实验测试数据和有关图表同组者可以互相使用外，其他内容每个实验者都应独立完成。

表1.1　幅度与相位变化对信号合成的影响分析实验数据

波形合成要求	合成后的波形
基波与三次谐波合成	
基波、三次与五次谐波合成	

(2)测试数据需要特别注意有效数字的位数，标明各物理量的单位，必要时要注明实验的测量条件。实验的原始数据应有指导教师签字，否则无效。

(3)注意对测量参数或波形的命名要求。对于包含多个测量项目的表格或波形图，为了直观表示，需要对测量数据或波形进行命名，最常用的方式是结合电路图进行命名。在电路图中详细标注各个元器件、各个节点的符号和序号，并且在图中标出波形或数据的测量节点，可以直接在表格或数据中加以命名。

(4)注意记录数据完整性的要求。根据实验目的和测试要求来决定记录信号的参数或波形的详细程度。一般应完整记录电压的幅度、频率和形状等参数，同时实验室所用示波器均具有存储功能，可以使用U盘或手机拍照的形式对实验波形进行记录，方便后续的波形绘制或打印。记录周期信号的波形时，至少应画出两个完整的信号周期。

(5)信号与系统实验所涉及的实验曲线或波形均要求在坐标纸上绘制，其横纵坐标所代表的物理量、单位及坐标刻度均需按要求标注。需要对比的曲线或波形，应画在同一坐标平面上，保持时间轴一致，每条曲线或波形必须标明参变量或条件。图应贴在相应实验内容的数据表下方。如果图集中安排在报告的最后，则每个图必须标明是哪个实验内容的哪个曲线。

(6)为了确保实验结果的唯一性，原始实验数据记录必须使用非铅笔记录，实验完成后不得再修改实验数据。

(7)实验数据的原始记录由指导教师检查签字后方为有效。最后提交的实验报告必须是附有教师签字的原始数据纸，否则视为无效报告。

图1.2给出了实验报告中原始实验数据记录部分的内容。

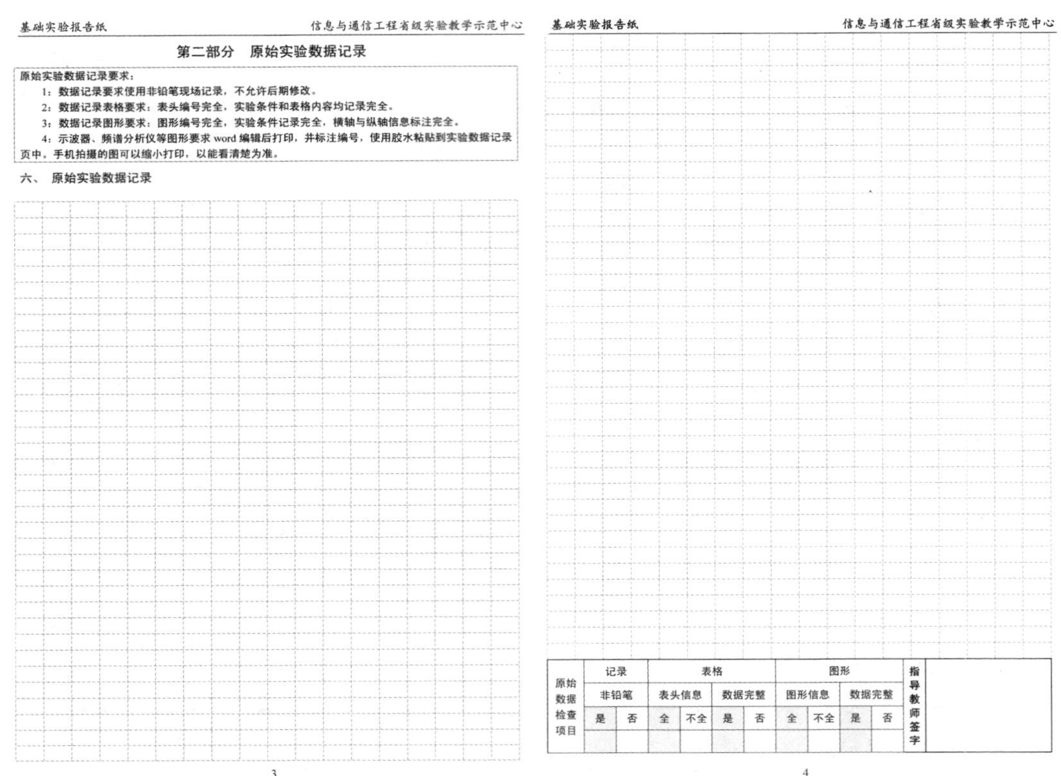

基础实验报告纸　　信息与通信工程省级实验教学示范中心

第二部分　原始实验数据记录

原始实验数据记录要求：

1：数据记录要求使用非铅笔现场记录，不允许后期修改。

2：数据记录表格要求：表头编号完全，实验条件和表格内容均记录完全。

3：数据记录图形要求：图形编号完全，实验条件记录完全，横轴与纵轴信息标注完全。

4：示波器、频谱分析仪等图形要求 word 编辑后打印，并标注编号，使用胶水粘贴到实验数据记录页中。手机拍摄的图可以缩小打印，以能看清楚为准。

六、　原始实验数据记录

3

基础实验报告纸　　信息与通信工程省级实验教学示范中心

原始数据检查项目	记录		表格				图形				指导教师签字	
	非铅笔		表头信息		数据完整		图形信息		数据完整			
	是	否	全	不全	是	否	全	不全	是	否		

4

图 1.2　实验报告中原始实验数据记录部分

3. 实验数据处理与分析

实验数据处理与分析包括对实验数据进行计算、绘图、误差分析等。首先根据电路原理图获得相关公式，再将实验获得的原始数据代入计算公式，不能不代入数据而在写出公式后直接给出结果。测量得到的实验结果应与理论值、仿真理论值或标称值进行比较，求出相对误差，要分析误差产生的原因并提出减少实验误差的措施。严禁为了接近理论数据，而有意修改原始记录。

实验数据处理和分析完成后，需给出实验结论，总结实验完成情况，对实验方案和实验结果做出合理的分析，对实验中遇到的问题、出现的故障现象分析原因，写出解决的过程、方法及其效果，简单叙述实验的收获和体会。

图 1.3 给出了实验报告中实验数据分析、处理与实验结论部分的内容。

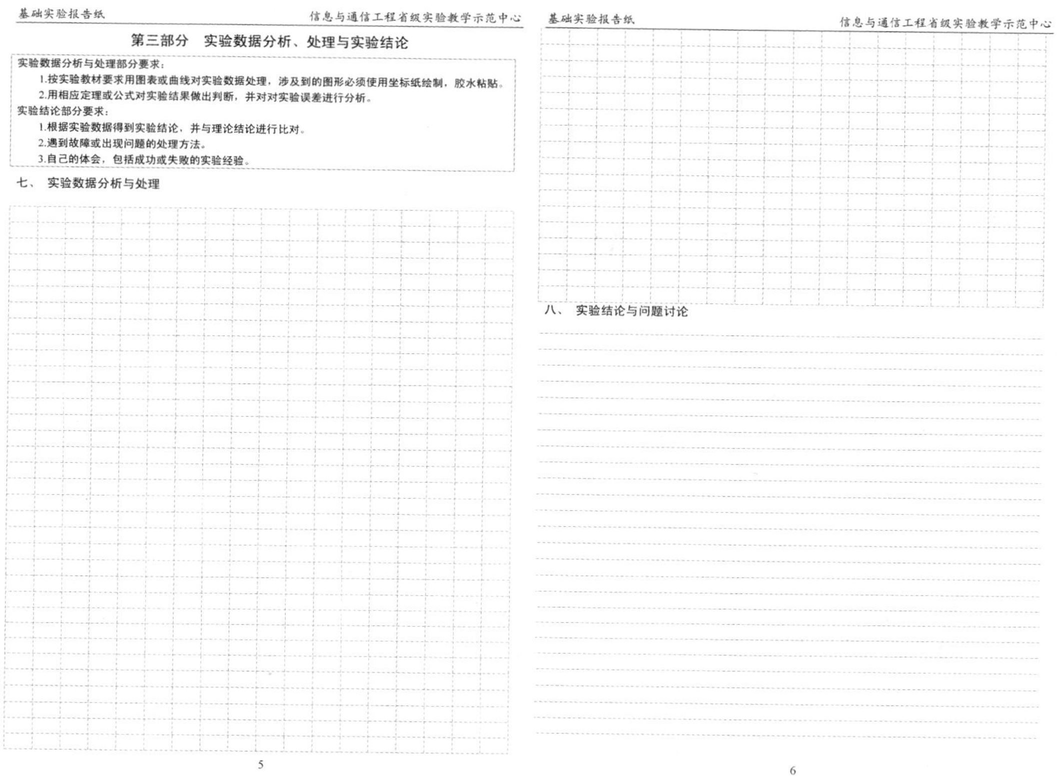

基础实验报告纸　　信息与通信工程省级实验教学示范中心

第三部分　实验数据分析、处理与实验结论

实验数据分析与处理部分要求：
1.按实验教材要求用图表或曲线对实验数据处理，涉及到的图形必须使用坐标纸绘制，胶水粘贴。
2.用相应定理或公式对实验结果做出判断，并对对实验误差进行分析。
实验结论部分要求：
1.根据实验数据得到实验结论，并与理论结论进行比对。
2.遇到故障或出现问题的处理方法。
3.自己的体会，包括成功或失败的实验经验。

七、 实验数据分析与处理

5

基础实验报告纸　　信息与通信工程省级实验教学示范中心

八、 实验结论与问题讨论

6

图 1.3　实验报告中实验数据分析、处理与实验结论部分

第 2 章

信号与系统实验仪器仪表的用法

本章关于信号与系统实验仪器仪表工作原理的素材多源于泰克、安捷伦或是德科技等公司网站可下载的公开资料，此处整理出来仅用于教学目的，在参考文献中不再一一指出具体出处，对相关仪器及其测试原理需要进一步了解的读者，可自行访问相关公司网站，获取最新仪器资料。

2.1 数字示波器

2.1.1 示波器的发展

示波器是电子测量领域对电信号波形进行观察和测量的重要仪器，可用来研究信号瞬时幅度随时间的变化关系，也可用来测量脉冲的幅值、上升时间等瞬时特性。通过与各种传感器或转换器配合，还可用来观测各种非电量，如温度、压力、流量、生物信号等变化过程。按照技术原理的不同，示波器可以分为模拟示波器和数字示波器，其区别如图 2.1 所示，随着数字化集成技术的飞速发展，目前广泛应用的是数字示波器。

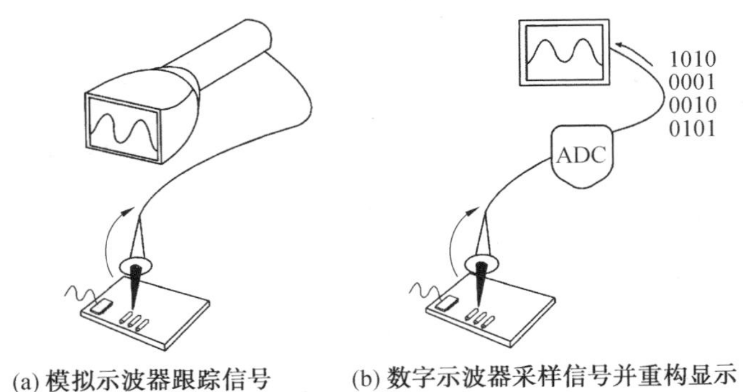

图 2.1 模拟示波器与数字示波器的区别

1. 模拟示波器

模拟示波器的工作原理如图 2.2 所示，模拟示波器在其内部 X 轴系统中产生周期性锯齿波信号，控制荧光屏电子枪的水平(X 轴)偏转，被测的电压信号进入 Y 轴系统，经过 Y 轴放大器后控制电子枪的垂直(Y 轴)偏转。这样，即可在示波器荧光屏上看到被测电压信号随时间变化的轨迹。由于模拟示波器内部没有存储功能，所以为了得到稳定的波形，示波器的水平扫描必须与被测信号同步，因此，在模拟示波器内部设置了同步触发电路，用于控制

X 轴(水平轴)的扫描起始时间。模拟示波器的触发方式一般为简单的边沿触发,当被测信号满足边沿触发条件时,例如上升沿,在示波器内部就启动同步触发电路,控制锯齿波发生器产生锯齿波,控制水平方向的扫描,这样,即可在荧光屏上看到被测信号满足触发条件点之后的波形。如果被测信号是周期信号,即可在示波器上看到稳定的波形。

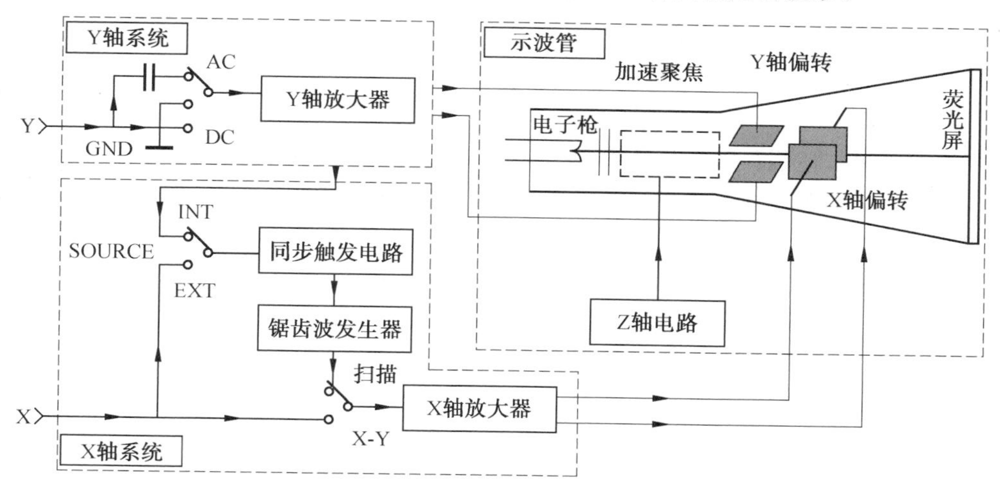

图 2.2　模拟示波器的工作原理

模拟示波器的发展主要受带宽限制的影响,在不考虑带宽的情况下,模拟示波器可以实时显示被测电压的变化情况,这是目前许多数字示波器无法比拟的优势。总体来说,模拟示波器具有以下优点:

(1)分辨率高,无量化误差。相比于数字示波器垂直分辨率受模数转换器(Analog-to-Digital Converter,ADC)分辨率限制、水平分辨率受采样速率限制,模拟示波器的垂直分辨率和水平分辨率均可视为无穷大、无量化误差和信号混叠。

(2)响应速度快,实时性好。模拟示波器属于真正的实时示波器,其屏幕上的波形是实际信号变化的直接视觉效果,死区时间很短,有着非常快的波形获取率,只要信号在带宽范围之内,就可以忽略示波器本身对信号波形的遗漏现象。

(3)荧光显示真实。模拟示波器采用荧光显示屏,其显示原理是:电子枪打在荧光屏上会呈现亮光,每个点的亮度与电子枪在上面停留的时间有关。因此,模拟示波器中信号出现的频率直接反映成亮度等级,对特殊信号分析及音视频、抖动、噪声等信号的分析十分有用。

(4)性价比高。模拟示波器的结构简单,因此性价比较高。

当然,模拟示波器也存在一些缺点,这也是目前模拟示波器逐渐被数字示波器取代的原因:

①有限的带宽性能。模拟示波器带宽主要受荧光屏显示区域中电子枪的速度限制,电子枪的偏转速度无法匹配信号的频率变化,从而无法真实地反映被测信号的电压变化情况。

②无存储与分析功能。模拟示波器仅提供纯粹的视觉信息,不具备波形数据保存功能,容易造成数据遗失。同时,无参数自动测量功能,影响测试效率和测试精度。

③触发功能简单。模拟示波器通常只提供边沿触发或简单的视频触发功能,而无法提供脉冲宽度、上升时间等复杂的触发功能,限制了示波器的使用。同时,模拟示波器只能显示触发点之后的波形,而无法显示触发点之前的波形,因此不利于电路调试。

④捕获低重复率信号功能有限。由于模拟示波器没有波形存储能力，因此对于低重复率信号，例如瞬态或偶发信号，在屏幕上一闪而过，人眼很难看清或观察到，从而限制了模拟示波器在电路调试中的应用。

⑤性能不稳定。模拟示波器内部采用大量模拟器件，容易因环境、时间变化而影响性能。

2. 数字示波器

数字示波器是随着 20 世纪 90 年代高速数字器件出现而发展起来的，利用高速模数转换器(ADC)将模拟输入信号转换为数字信号，再结合高速数字处理器和大容量存储器，在数字域实现了模拟示波器的功能。按工作原理和结构不同，数字示波器可以细分为数字存储示波器(Digital Storage Oscilloscopes，DSO)、数字荧光示波器(Digital Phosphor Oscilloscopes，DPO)、数字混合域示波器(Mixed Domain Oscilloscopes，MDO)、数字混合信号示波器(Mixed Signal Oscilloscopes，MSO)、数字采样示波器(Digital Sampling Oscilloscopes，DSO)等。示波器的分类如图 2.3 所示。

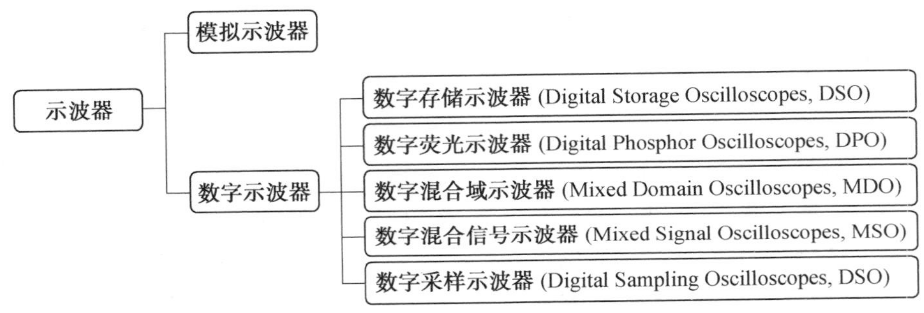

图 2.3 示波器的分类

数字存储示波器的基本结构如图 2.4 所示，包括垂直模拟、采集与存储、水平时基、触发、处理器控制和显示系统。其中垂直模拟、水平时基和触发系统均可通过示波器前面板上的垂直、水平和触发设置区进行设置。示波器工作时，还需配备不同种类的示波器探头，将被测信号接入到示波器中，示波器探头需要与示波器参数设置一一对应，才能确保测量结果的正确性。

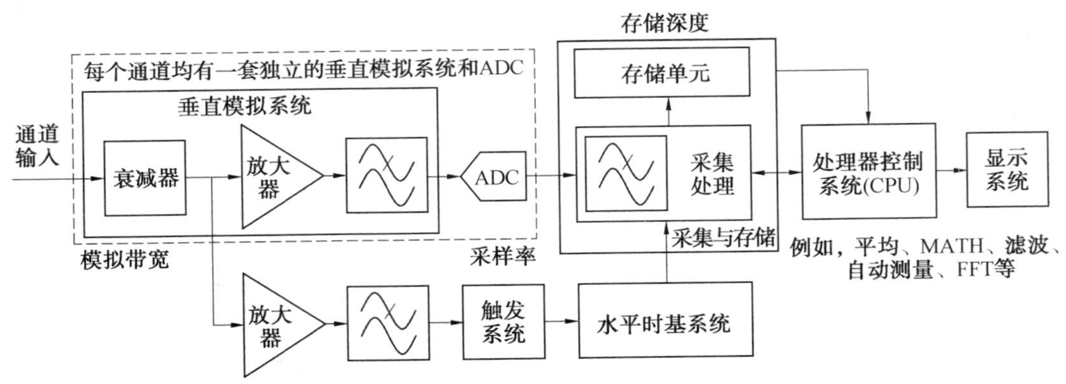

图 2.4 数字存储示波器的基本结构示意图

图 2.5 给出了数字存储示波器的简化结构，其信号采集过程完全是串行处理的，微处理器全程参与信号采集过程，会降低波形捕获速率。

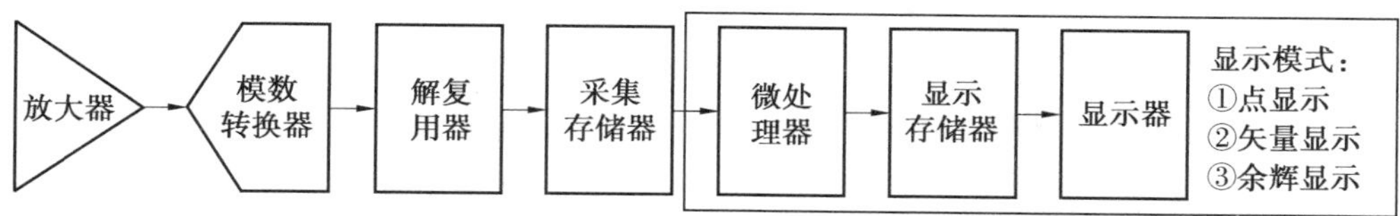

图 2.5　数字存储示波器的简化结构

相比于模拟示波器，数字存储示波器主要通过数字电路和微处理器增强示波器对信号的处理能力、显示能力和存储能力，其主要优点包括以下几点：

(1)体积小、质量轻，便于携带。数字存储示波器多采用液晶显示器，比模拟示波器所使用的荧光屏轻便。

(2)增加了存储功能。支持多种存储方式，并可以对存储的波形进行放大等多种操作，具备信号处理(平均、滤波、FFT 等)、自动参数测量功能。

(3)适合测量单次和低频信号。测量低频时没有模拟示波器的闪烁现象。

(4)更多的触发方式。拥有预触发、逻辑触发、脉冲宽度触发等模拟示波器不具备的触发方式，可以看到触发点之前的信号波形。

(5)提供数字接口。支持通过 GPIB、RS232、USB 接口同计算机、打印机、绘图仪连接，可以打印、存档、分析文件。

当然，受处理器控制系统、存储单元等处理速度的限制，数字存储示波器不能保证被测信号可以实时、连续地在显示屏上显示，即存在“死区时间”，无法像模拟示波器一样可以做到实时显示。同时，数字存储示波器还有波形捕获速率受限、由于数据信息不足易产生波形混叠、波形显示没有亮度等级(信息出现的分布)等缺点。如图 2.6 所示为信息与通信工程实验中心电路实验中所用到的泰克 TBS1202B－EDU 型数字存储示波器。随着技术的发展，各种高端示波器不仅在带宽、采样率、存储深度等关键技术指标方面进行了改进与革新，还针对数字存储示波器波形显示无亮度等级等缺点进行了改进。

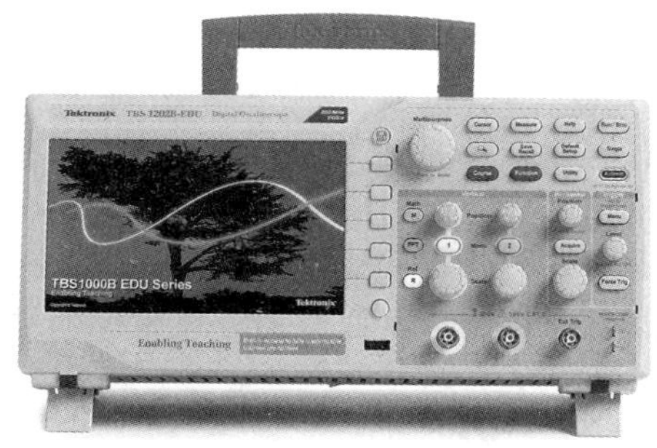

图 2.6　泰克 TBS1202B－EDU 型数字存储示波器

3. 数字荧光示波器

数字荧光示波器是一种改进型数字示波器，它采用一种全新的并行处理架构，将数据采集和信号处理并行执行，处理器不再参与示波器采集过程，提供高波形捕获率，从而实现更高层级的信号可视化。

数字荧光示波器结构如图 2.7 所示，其第一级、第二级结构与数字存储示波器结构类似，但在模数转换器之后，数字荧光示波器将数字化的波形数据光栅化后存入荧光数据库中。每 1/30 s，存储到数据库中的信号图像将被直接送到显示系统。在波形数据直接光栅化和数据库数据直接拷贝到显存的共同作用下，数字荧光示波器突破了其他体系示波器在数据处理方面的瓶颈，增加了“使用时间”，增强了显示更新能力。

另外，数字荧光示波器借助电子数字荧光技术，可以仿真出模拟示波器的用荧光亮度表示波形出现概率的效果。数字荧光示波器显示屏幕的每一个点在其数据库中都有独立的“单元”。一旦采集到波形，即示波器一被触发，波形就映射到数字荧光数据库的单元组内，每一个单元对应屏幕中的某一位置，当波形涉及该单元，其单元内部就加入亮度信息，没有涉及则不加入。因此，波形经常扫过的地方其亮度信息在对应单元内会逐步累积。当数据传送到示波器的显示屏后，显示屏根据各点的信号频率比例展示加入亮度信息的波形，这与模拟示波器的亮度级特性非常类似。数字荧光示波器也可以显示不断变化的发生频率的信息，显示屏对不同的信息呈现不同的颜色，这一点与模拟示波器不同。利用数字荧光示波器可以比较由不同触发产生的波形之间的异同。数字荧光示波器突破了模拟和数字示波器技术之间的障碍，可以实时提供 Z(亮度)轴显示，同时适合观察高频和低频信号、重复波形，以及实时的信号变化。

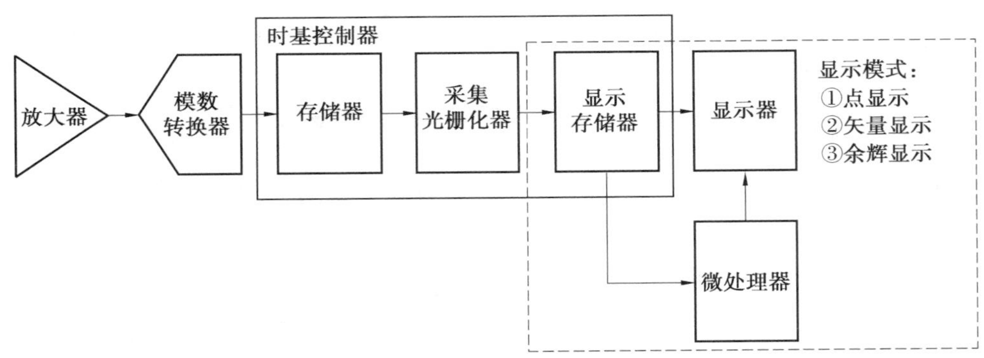

图 2.7　数字荧光示波器结构

图 2.8 给出了基于泰克 DPX (Digital Phosphorus Technology，数字荧光技术)的数字荧光示波器基本结构，数字荧光示波器的并行处理核心是 DPX 并行成像处理芯片。DPX 完成了采集数据的存储、光栅化和统计处理以生成三维数据库，并且能把光栅化的波形图像信息直接导入显示存储器。在这种架构中，微处理器仅做显示控制等工作，不再在数据处理过程中充当瓶颈，增大了捕获发生在数字系统中的瞬态事件的概率，例如小脉冲、小故障和转换错误，并且支持额外的分析能力。图 2.9 是实验所采用的 DPO3052 型数字荧光示波器的实物图。

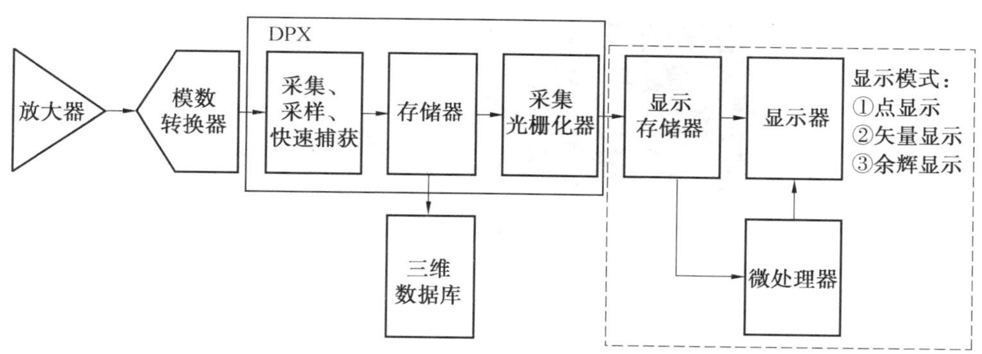

图 2.8　基于泰克 DPX 技术的数字荧光示波器基本结构

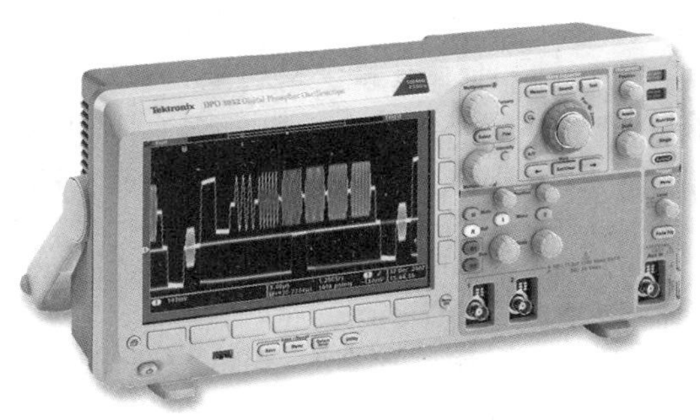

图 2.9　泰克 DPO3052 型数字荧光示波器

4. 数字混合域示波器

数字混合域示波器将频谱分析仪与数字示波器相结合，在一台仪器上实现观察数字、模拟到 RF 域的信号相关视图的功能。如图 2.10 和图 2.11 所示，泰克的 3 系列 MDO 示波器 MDO3000 就具备 2 或 4 路模拟通道，集成频谱分析仪，并可以选配 16 路数字通道和 50 MHz任意波形/函数发生器，支持串行总线解码和触发，支持在同一个嵌入式设计中同时对协议、状态逻辑、模拟和 RF 信号的时间相关指标测试，增加系统调试效率。

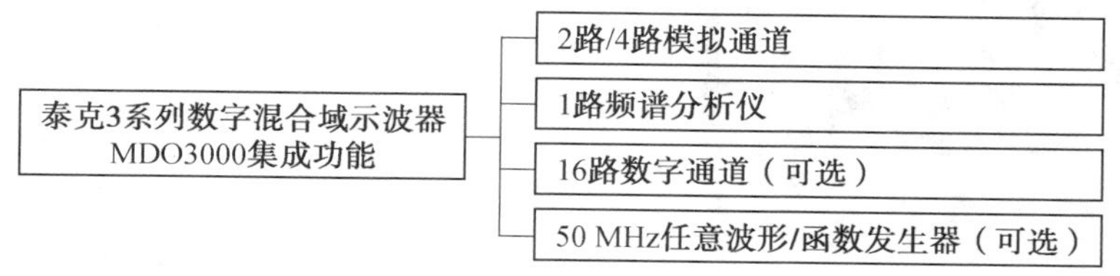

图 2.10　泰克的 3 系列 MDO 示波器 MDO3000 所集成的功能

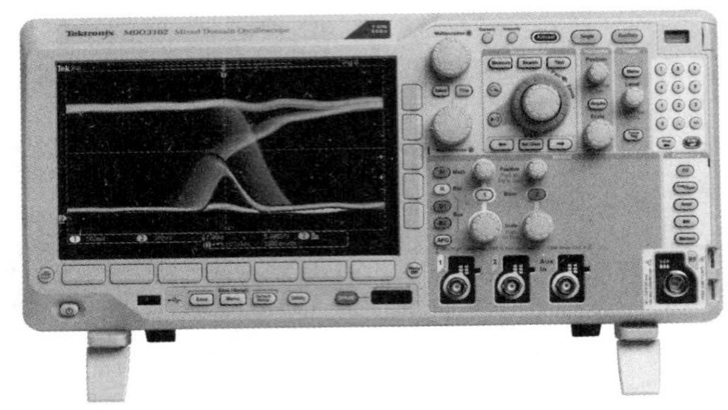

图 2.11　泰克 MDO3000 系列数字混合域示波器

5. 数字混合信号示波器

数字混合信号示波器(MSO)将数字荧光示波器(DPO)的性能与逻辑分析仪的基本功能(包括并行/串行总线协议解码和触发)相结合。数字混合信号示波器使用阈值电压来确定数字信号的逻辑值,只要振铃、过冲不引起逻辑转换,MSO 就不会关心这些模拟特性。MSO 凭借其强大的数字触发、高分辨率采集能力和分析工具,可以通过分析信号的模拟和数字表现,更快地查明许多数字问题的根本原因,是快速调试数字电路的首选工具。图2.12 是泰克 MSO44 数字混合信号示波器。

6. 数字采样示波器

数字采样示波器是为了能够有效跟踪超高频信号而发明的。如图 2.13 所示,数字采样示波器在对具有重复波形的连续周期信号采样过程中,从几个连续的波形中收集样本,并从组合的数据中构造出完整的波形图,再将所产生的波形用低带通滤波器放大,然后显示在屏幕上。该波形是通过将许多彼此关联的点连接在一起而形成的。数字采样示波器的功能类似于频闪技术,用于观察非常快的电信号,创建波形大约需要 1 000 个点,即需通过 1 000 次采样才能完成波形的创建。

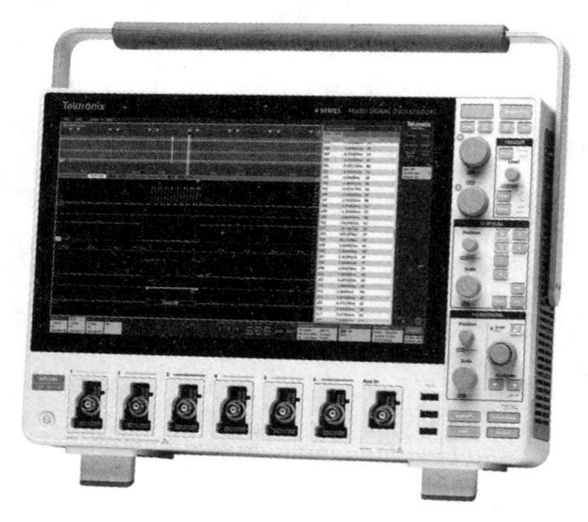

图 2.12　泰克 MSO44 数字混合信号示波器

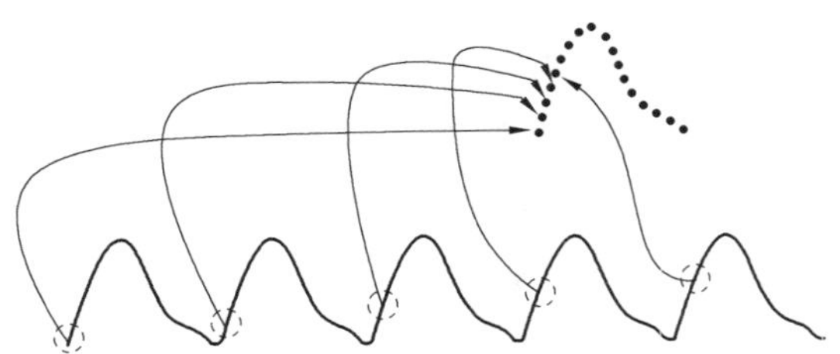

图 2.13　数字采样示波器的跟踪采样技术

图 2.14 给出了数字采样示波器的工作原理框图,与 DSO 和 DPO 等实时示波器架构不同,数字采样示波器将采样门电路提前到了垂直放大器之前,在执行任何衰减或放大之前,

先对输入信号进行采样。然后，在采样电路之后使用低带宽放大器，因为信号已经被采样门转换为较低的频率，从而提高了仪器的带宽。

当采样周期开始时，振荡器被触发脉冲激活，至扫描谐波发生器电路产生谐波输出电压。从谐波发生器产生的信号被馈送到电压比较器单元。电压比较器电路的电压输出到阶梯波发生器。阶梯波发生器直接输入水平放大器，并通过衰减器反馈电压比较器。电压比较器将谐波信号与阶梯波发生器产生的阶梯信号进行比较，当两个信号幅度相等时，将使阶梯前进一级，并且产生采样脉冲，再次打开采样门，并且以类似的方式重复该循环。输入信号在进入垂直放大器之前先经过二极管采样门电路，采样脉冲控制二极管采样门，每次采样脉冲在二极管采样门上触发时，输入信号都会到达垂直输入，并在屏幕上仅形成一个点。在下一个采样脉冲到来后，再次激活二极管采样门，再在屏幕上形成一个点。此时，阶梯信号发生器所产生的阶梯信号也已经向前推进了一级。工作波形如图 2.15 所示，阶梯波发生器生成的步长大小决定了输出图像的分辨率。当步长较小时，样本数量将更大。因此，图像分辨率将更高。

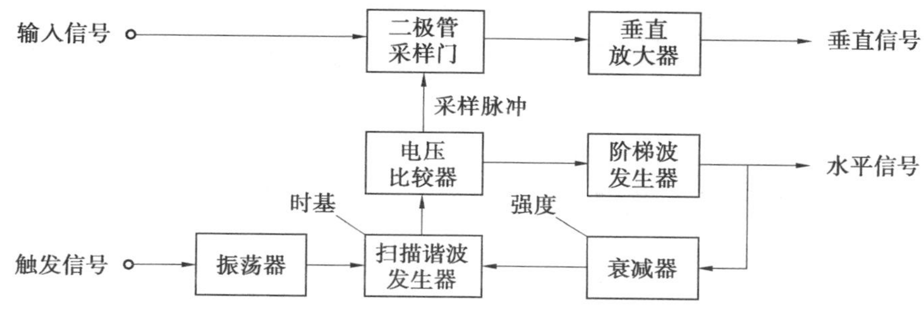

图 2.14　数字采样示波器的工作原理框图

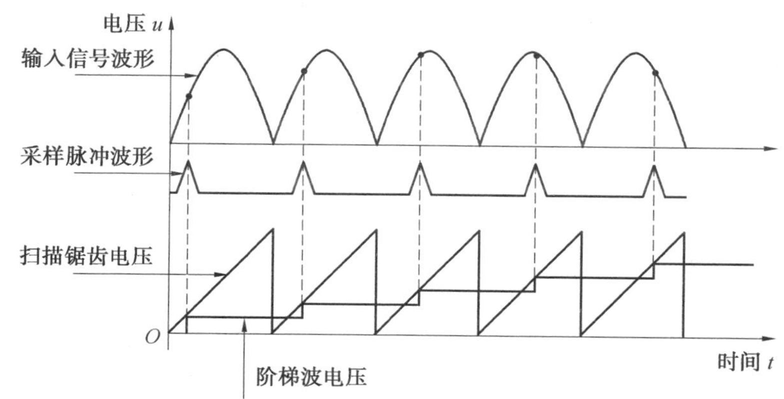

图 2.15　数字采样示波器工作波形

数字采样示波器独特的结构决定了它具有一定的优点，主要包括以下几点：

(1)支持小带宽设备测量超高频信号。

(2)采样过程中，将超高频信号转化为低频信号，降低了后续处理电路的性能指标要求。

(3)便于快速存储高频信号信息。

当然，其应用也有一定的缺点，例如受放大器后置结构的影响，数字采样示波器限制了输入信号的动态范围。同时，数字采样示波器仅限于对重复的信号进行采样，而不是响应瞬

态事件，并且仅显示范围限制内的高频。

随着示波器技术的发展，实时示波器提供各种带宽范围，能够捕获单次事件和重复信号，已经缩短了与数字采样示波器在高频测量方面的差距(例如抖动和发射机表征)。但是实际应用中如果要求低抖动和高动态范围的重复波形，数字采样示波器仍是一个不错的选择。数字采样示波器还具有较低的初始成本和模块化升级功能，非常适合电子和光生产测试应用。相比实时示波器，可以提供数字采样示波器的厂家比较少。图 2.16 所示为泰克 8 系列数字采样示波器，其最高采样率为 300 kS/s，而输入信号带宽可达 30 GHz(选用不同的模组)。

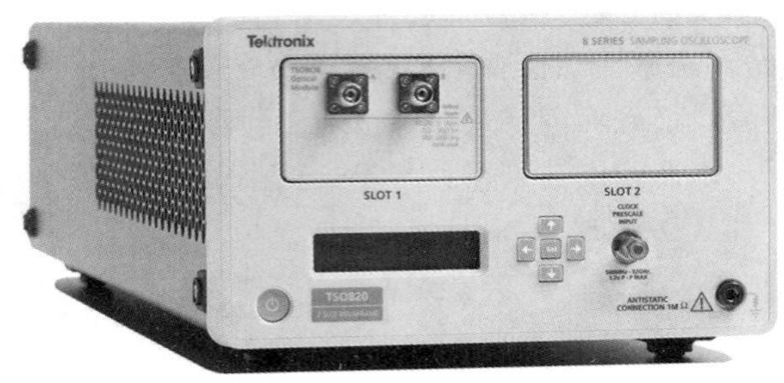

图 2.16　泰克 8 系列数字采样示波器

2.1.2　数字混合域示波器 MDO3052 的使用方法

信息与通信工程实验教学示范中心信号处理基础教学实验室所使用的示波器包括两种型号，即 DPO3052 数字荧光示波器和 MDO3052 数字混合域示波器。MDO3052 是 DPO3052 的升级版本，其在 DPO3052 的基础上增加了频谱分析仪功能，因此，本节将重点介绍 MDO3052 的使用方法，DPO3052 的使用方法相似，不再赘述。表 2.1 介绍了 MDO3052 数字混合域示波器的参数。

表 2.1　MDO3052 数字混合域示波器的参数

项目	技术指标
带宽	500 MHz
模拟通道	2
数字通带	可选 16 通道
每条通道的采样率	2.5 GS/s
记录长度	10M 点
RF 频率范围	9 kHz～500 MHz
AFG 输出通道	1

2.1.3 示波器控制面板

MDO3052 数字混合域示波器的前面板菜单、控件及连接器如图 2.17 所示，前面板具有最常用功能的按钮和控件，使用菜单按钮可以访问特殊的功能。本节将对 MDO3052 的前面板和相关控制方法进行简要说明。

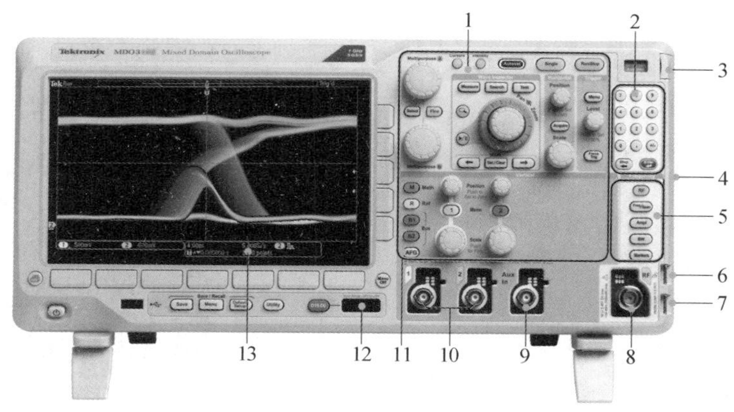

图 2.17 MDO3052 数字混合域示波器的前面板菜单、控件及连接器

图 2.17 中各个控件及连接器功能概括如下：

1——传统示波器前面板控件：用于示波器的常用控制。

2——10 位小键盘：主要用于示波器需要数字信息的输入控制，例如频谱分析仪的中心频率、扫宽等设置。

3——应用模块插槽：用于插入示波器选配的功能许可证模块。

4——接地腕带连接器：用于确保操作人员与示波器共地，避免静电影响测试结果，确保仪器和测试电路的安全。

5——专用的频谱分析控件：用于频谱分析仪的控制。

6——接地：与 7 同时使用，用于示波器探头补偿校准。

7——探头补偿：与 6 同时使用，用于示波器探头补偿校准。

8——专用的频谱分析仪的射频输入和 N 型连接器。

9——AUX 输入连接器。

10——配有 TekVPI 通用型探头接口的模拟通道(1、2)输入：选配 2 通道或 4 通道。

11——任意函数发生器(AFG)启用按钮。

12——16 通道数字通道输入：需要选配对应的数字通道输入测试探头。

13——显示器：显示频域或时域波形。

图 2.18 所示为 MDO3052 的前面板控件，大部分控件均与传统示波器面板的控件一致，只有额外的个别功能比较特殊，例如 Search 搜索、Test 测试等。MDO3052 前面板控件功能概括如下：

1——Measure 测量：对波形自动测量，还可访问数字电压表(DVM)和波形直方图函数。

2——Search 搜索：通过采集对用户定义事件/标准进行自动化搜索。

3——Autoset 自动设置:对示波器执行自动设置。

4——Test 测试:激活高级的或应用特定的测试功能。

5——Acquire 采集:设置采集模式和调整记录长度。

6——Trigger 触发菜单:指定触发设置。

7——M 数学运算:管理数学运算波形,包括显示数学运算波形或删除所显示的数学运算波形。

8——R 参考波形:管理参考波形,包括显示每个参考波形或删除所显示的参考波形。

9——B1 或 B2 总线功能:选配对应应用模块后,按下此按钮可以打开或关闭总线功能。

10——AFG 任意函数发生器:可启用任意函数发生器和访问 AFG 菜单。

11——垂直位置控制旋钮:旋转可调整相应波形的垂直位置,单次按下可使波形基线指示器居中。

12——垂直通道 1、2 菜单:设置对应通道输入波形的垂直参数,双击可设置显示或删除相应波形。

13——垂直标度旋钮:旋转可调整相应波形的垂直标度系数(V/格)。按前面板通用旋钮 a 下方的精细(Fine)按钮可进行更小步进调整。

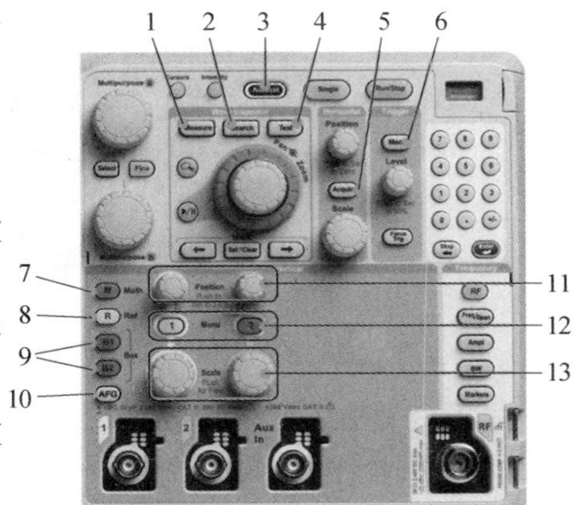

图 2.18　MDO3052 的前面板控件

如图 2.19 所示,在选择前面板控件以后,再结合多功能通用旋钮 a 和 b(编号 1)、屏幕侧边按钮(编号 2)和屏幕下方按钮(编号 3),即可完成对应功能的设置。要清除侧屏幕菜单,可以再次按下屏幕按钮或按 Menu Off。在某些菜单选项需要设置数字值,可使用通用旋钮 a 和 b 来调整数值,也可使用前面板上的 10 位数小键盘来设置。

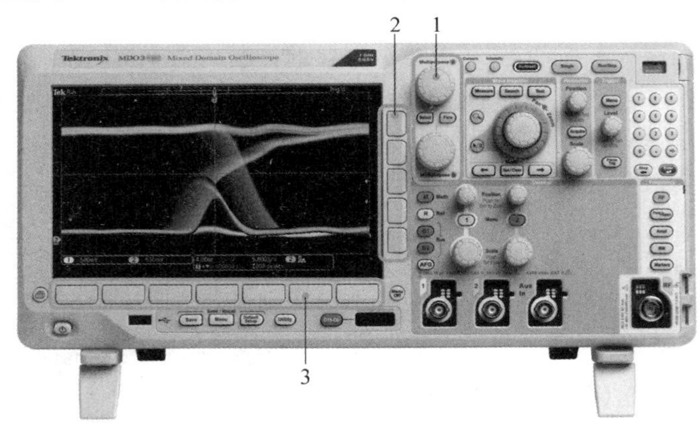

图 2.19　多功能通用旋钮、屏幕侧边按钮和屏幕下方按钮

图 2.20 所示为显示屏下方的控制按钮,其中 Save(1)为保存功能,以便将设置、波形或屏幕图像保存到内部存储器、USB 闪存驱动器或已装载网络驱动器中,以及从中调出相关内容。Menu 菜单按钮(2)用于设置保存/调出(Save/Recall)的菜单,包括内部存储器或 U 盘内的设置、波形和屏幕图像等。默认设置(Default Setup)(3)用于将示波器立即还原为默

认设置。辅助功能(Utility)(4)用于激活系统辅助功能,如选择语言或设置日期/时间。

图 2.21 所示为频谱分析功能的相关控件,这些按钮配置 RF 输入的采集和显示。射频(RF)按钮(1)用于启动频域画面和菜单,通过射频菜单可访问三维频谱图显示。频率/扫宽(Freq/Span)按钮(2)用于设置显示器上显示的频谱范围,设置参数包括中心频率和扫宽,或者设置起止频率等。幅度(Ampl)按钮(3)用于设置频谱的参考电平。带宽(BW)按钮(4)用于设置分辨率带宽。标记(Markers)按钮(5)用于设置自动或手动标记。

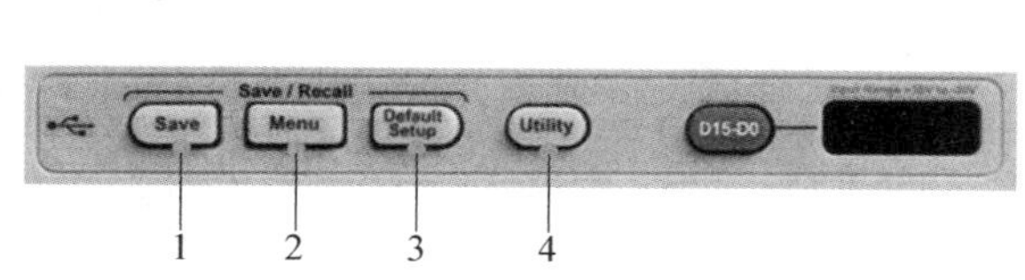

图 2.20　显示屏下方的控制按钮

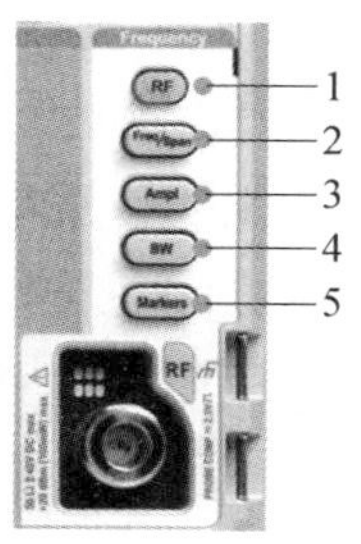

图 2.21　频谱分析控件按钮

除去前面介绍的前面板主要控件之外,还有几项其他控件,如图 2.22 所示。各个控件功能介绍如下:

1—— Print 打印:将屏幕显示的图形打印到所选的打印机。

2——Power 电源开关:可打开或关闭示波器电源。

3—— Menu Off 菜单关闭:可以清除屏幕上显示的菜单。

4——Cursors 光标:按一次该按钮可激活两个垂直光标,再按一次将关闭所有光标,按住此按钮即可显示光标菜单。使用菜单选择光标功能,如类型、来源、方向、链接状态和单位。

5——Intensity 亮度:按下此按钮可使用通用旋钮 a 控制波形的显示亮度,用旋钮 b 控制刻度亮度。

6—— Wave Inspector:波形缩放控制区控件,用于波形观察过程中的缩放操作。

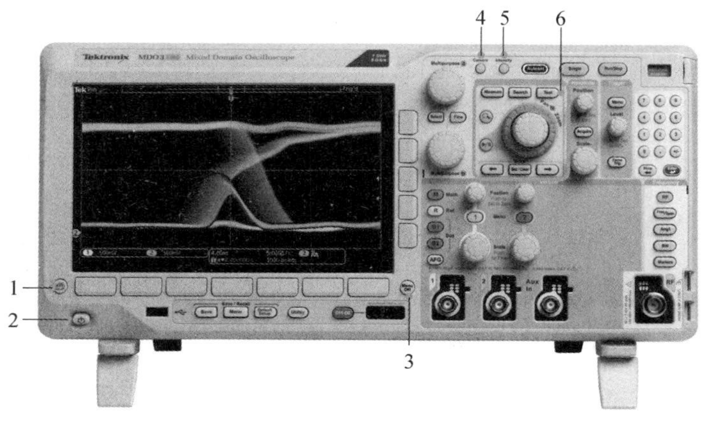

图 2.22　前面板其他几项控件

图 2.23 所示为波形缩放控制区细节图,其各个控件功能如下:

1——缩放按钮：按此按钮可激活缩放模式。

2——平移（外环旋钮）：旋转该环可以在采集的波形上滚动缩放窗口。

3—— Zoom－scale（缩放比例，内环旋钮）：旋转该旋钮可以控制缩放系数，顺时针旋转放大，逆时针旋转缩小。

4—— Play－pause（播放/暂停）按钮：按此按钮可以开始或停止波形的自动平移。使用平移旋钮控制速度和方向。

5——←Prev（←上一个）：按此按钮可以跳到上一波形标记。

6—— Set/ClearMark（设置/清除标记）：按此按钮可以建立或删除波形标记。

7——→Next（→下一个）：按此按钮可以跳到下一波形标记。

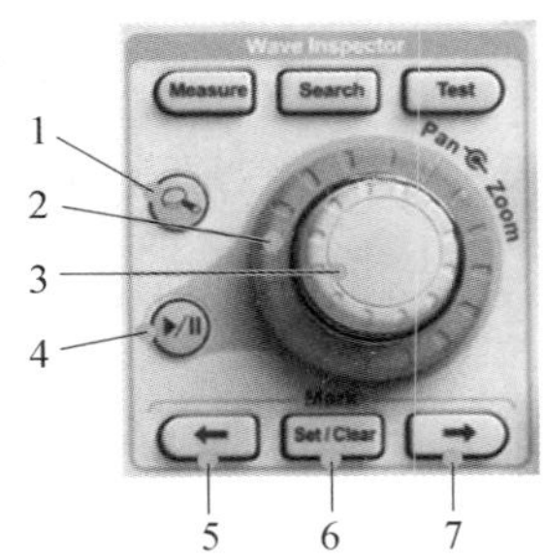

图 2.23　波形缩放控制区细节图

Wave Inspector 控制（缩放/平移、播放/暂停、标记、搜索）可帮助有效地操作记录长度较长的波形。使用缩放功能时，如图 2.24 所示，顺时针旋转“平移/缩放”控制上的内环旋钮以放大波形的选定部分（a），逆时针旋转旋钮可以缩小波形。此外，通过按“缩放”按钮以启用或禁用缩放模式（b）。最后，检查在显示器中下方较大部分显示波形的缩放视图，如图2.25所示，显示器中上半部分将显示波形缩放部分在整个记录中的位置和大小。

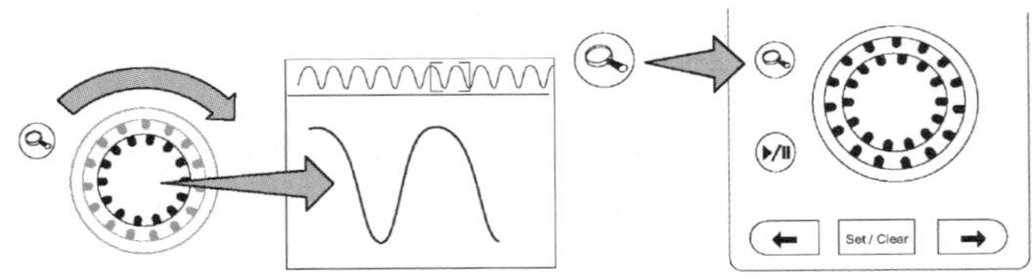

（a）使用内环放大波形的选定部分　（b）按“缩放”按钮以启用或禁用缩放模式

图 2.24　使用缩放功能

当缩放功能打开时，可以使用平移功能快速在波形中滚动选择。如图 2.26 所示，旋转“平移/缩放”控制的平移（外环）旋钮以便平移波形。顺时针旋转旋钮向前平移，逆时针旋转旋钮向后平移。旋钮旋转越多，缩放窗口平移越快。

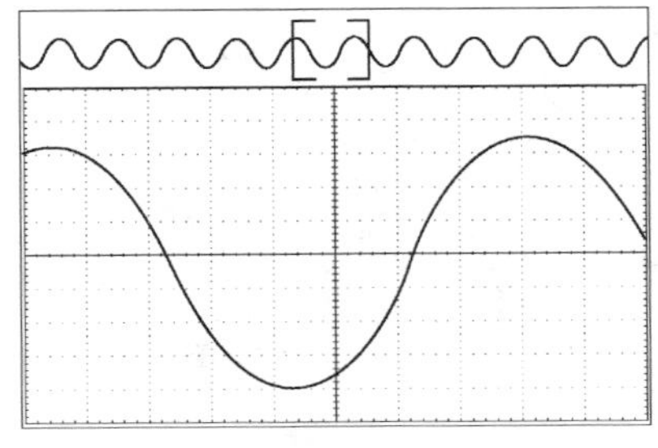

图 2.25　波形的缩放视图

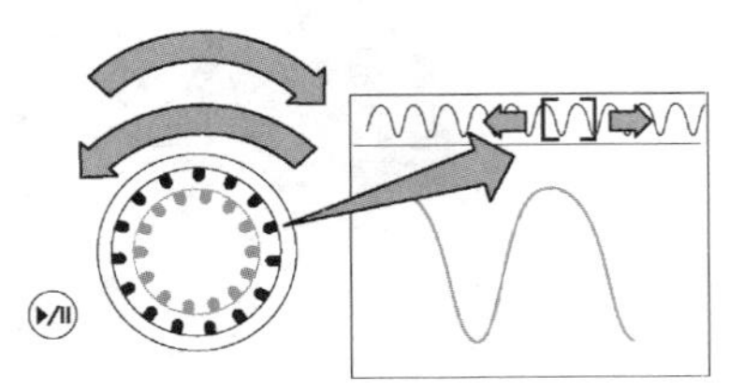

图 2.26　使用平移功能

如图 2.27 所示，除缩放和平移功能外，MDO3052 还支持波形“播放/暂停”功能，可以在波形记录中自动平移。其操作步骤如下：

（1）按下“播放/暂停”按钮启用“播放/暂停”模式。

(2)进一步旋转全景(外环)旋钮调整播放速度。旋转越多,播放速度越快。

(3)反向旋转平移旋钮改变播放方向。

(4)播放期间,振荡旋转越多,波形加速越快,最高达一个点。如果以最大可能旋转振荡,播放速度不会改变,但缩放框会在该方向快速移动。使用该最大旋转功能可以重新播放刚看过又想再看的波形的某部分。

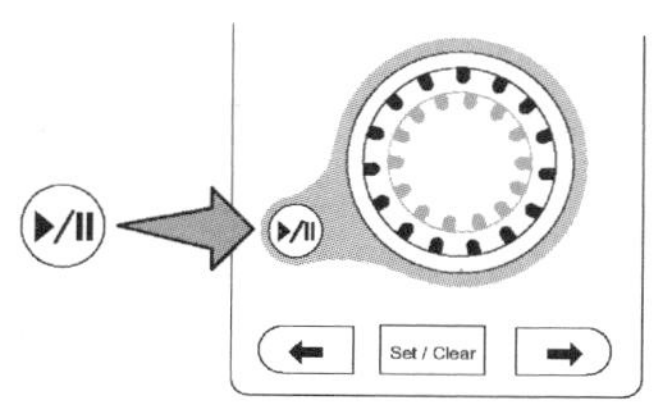

图 2.27　使用波形播放和暂停功能

(5)再按一次"播放/暂停"按钮启用"播放/暂停"模式。

2.1.4　示波器使用方法

1. 设置模拟通道输入参数

使用示波器采集模拟信号前应对模拟通道输入参数进行设置,操作步骤如图 2.28 所示。

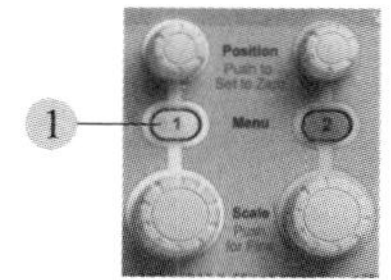

(a) 垂直通道选择按钮

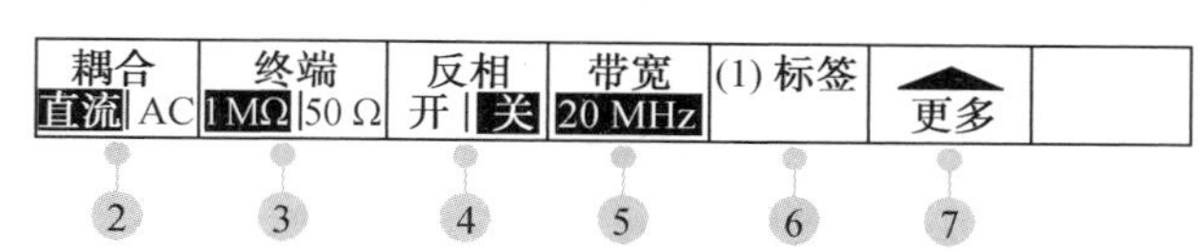

(b) 对应屏幕下方功能按钮

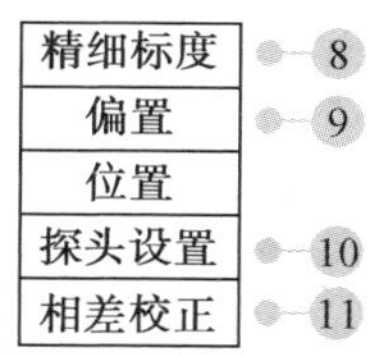

(c) "更多"功能选项

图 2.28　设置模拟通道输入参数步骤

(1)按垂直通道菜单按钮 1 或 2,调出对应通道的垂直菜单。该垂直菜单只影响所选的通道波形。按通道按钮也可以选择或取消波形选择。

(2)反复按"耦合"选择要使用的耦合。使用直流耦合通过交流和直流分量。使用交流耦合(AC)阻碍直流分量,仅显示交流信号。

(3)反复按"终端"选择要使用的输入阻抗。如果使用直流耦合,请将输入阻抗(终端)设置为 50 Ω 或 1 MΩ。使用交流耦合时,输入阻抗自动设置为 1 MΩ。

(4)按"反相"将信号反相。选择"反相关闭"进行常规操作,选择"反相打开"将前置放大器中信号的极性反相。

(5)按"带宽"并从出现的侧屏幕菜单中选择所需带宽。设置选项有 500 MHz、250 MHz和 20 MHz。根据使用的探头类型,可能还会出现附加选项。选择"满"将带宽设置为示波器全带宽。选择 250 MHz 将带宽设置为 250 MHz。选择 20 MHz 将带宽设置为 20 MHz。可以根据实际应用设置不同的带宽。

(6)按"标签"为通道创建标签。

(7)按"更多"可访问显示更多功能的弹出式菜单,这些功能如下所述。

(8)选择“精细标度”可通过通用旋钮 a 进行精确的垂直标度调节。

(9)选择“偏置”可通过通用旋钮 a 进行垂直偏置调节。在侧屏幕菜单中，选择“设置为 0 V”将垂直偏置设置为 0 V。

(10)选择“探头设置”定义探头参数。在出现的侧屏幕菜单中，可以选择测量类型是电压或者电流，不同的选择将会在屏幕的测试数据显示以不同的单位，例如 V 或 A。当探头类型设为电压时，使用通用旋钮 a 设置衰减以匹配探头；当探头类型设为电流时，使用通用旋钮 a 设置安/伏比(衰减)以匹配探头。对于示波器原厂探头，探头设置自动进行，但是如果非原厂探头，则应该执行本操作。

(11)选择“相差校正”可对具有不同传播延迟的探头进行显示和测量调节。在将电流探头与电压探头结合使用时，这尤为重要。

2. 设置时域自动测量

MDO3052 提供了时域自动测量功能，可以测量大部分常见参数。时域自动测量的操作步骤如下：

(1)按测量按钮(Measure)。

(2)如图 2.29 所示，在屏幕下方弹出的菜单中选择“添加测量”功能按钮。

(3)在屏幕右侧弹出的菜单中，使用旋转通用旋钮 a 选择特定的测量参数。如果需要，可旋转通用旋钮 b 选择要测量的通道。

(4)要删除测量，按“清除测量”，旋转通用旋钮 a 选择特定的测量，然后按侧面菜单中的“OK”删除测量。

如果在自动测量“值”读数中显示问号(?)，则表明信号在测量范围之外，此时应调节相应通道的垂直“标度”旋钮(伏/格)以降低敏感度(涉及幅度相关参数显示)，或者更改“水平标度”设置(秒/格)(涉及时间相关参数显示)。

添加测量	清除测量	指示器	DVM 直流	波形 直方图	更多	

图 2.29　自动测量功能菜单

3. 使用光标手动测量

自动测量功能可以对信号的常规参数进行测量，但是示波器不是智能的，如果要测量波形中任意两点的幅度差、时间差等非常规参数，使用自动测量功能是无法实现的。此时需要使用光标手动测量功能，使用光标可快速对波形进行时间和幅度测量。光标是在屏幕中对波形显示进行定位的标记，用于对采集的数据进行手动测量。它们显示为水平线和/或垂直线。使用光标手动测量的操作步骤如下：

(1) 按下“光标”(Cursor)按钮可打开光标，再按一次可关闭光标。还可以按住“光标”显示光标菜单；如图 2.30 所示，按下“光标”按钮后，选定的波形上将出现两个垂直光标。旋转通用旋钮 a 时，可以将一个光标向左或右移动。旋转通用旋钮 b 时，可以移动另一个光标。

(2)光标打开时，按下“选择”(Select)按钮可以打开或关闭光标链接。如果链接打开，旋转通用旋钮 a 可以同时移动两个光标。旋转通用旋钮 b 调整光标之间的时间。

(3)按“精细”(Fine)按钮对通用旋钮 a 和通用旋钮 b 进行粗调或细调切换。按“精细”还可以改变其他旋钮的灵敏度。

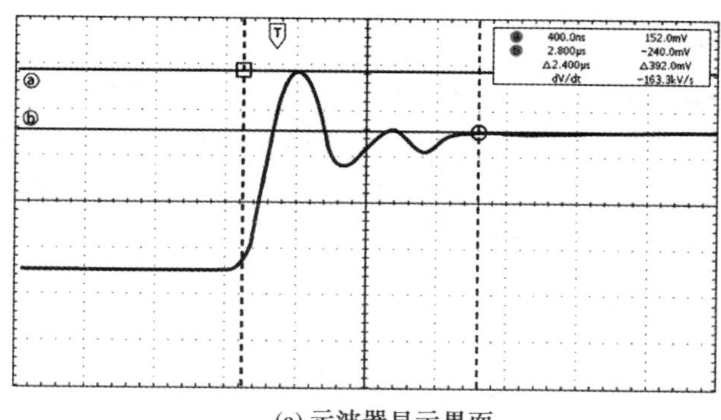

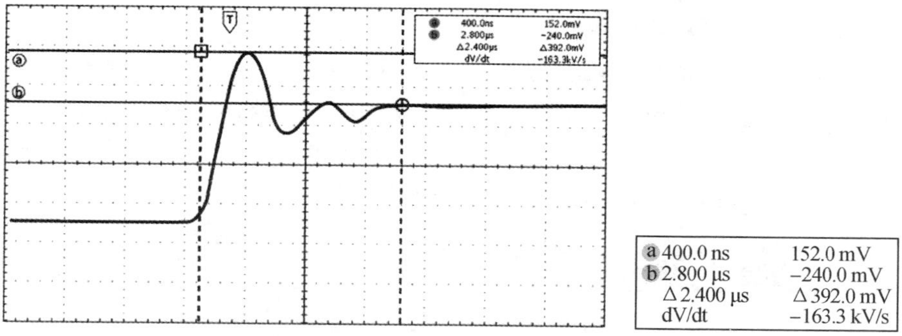

(a) 示波器显示界面

a 400.0 ns	152.0 mV
b 2.800 μs	−240.0 mV
Δ 2.400 μs	Δ 392.0 mV
dV/dt	−163.3 kV/s

(b) 光标参数的细节图

图 2.30　使用光标进行幅度测量

(4)按住“光标”可显示光标菜单，如图 2.31 所示。

(5)按下“光标”下“屏幕”按钮可将光标设置为“屏幕”。在屏幕模式下，两个水平条和两个垂直条跨越格线。

光标 波形 屏幕	信源 选定波形	条 水平 垂直	联动光标 开　关	在屏幕上 显示光标	光标单位	

图 2.31　光标菜单

(6)旋转通用旋钮 a 和通用旋钮 b 将移动水平光标对。

(7)按“条”，将使垂直光标成为当前光标而使水平光标成为非当前光标。现在，如果旋转通用旋钮，垂直光标将移动。再次按“选择”又将激活水平光标。

(8)查看光标和光标读数。

(9)也可以在屏幕下方菜单中，通过“信源”选项选择光标测量的通道；“联动光标”选项是指光标 a 和光标 b 是否同时移动，如果“联动光标”为“关”，则通用旋钮 a 和 b 分别控制光标 a 和 b，如果“联动光标”为“开”，则只有通用旋钮 a 控制光标 a 和 b 同步移动。光标单位是设置测量波形的数据显示单位。

(10) 光标读数提供相对于当前光标位置的文本和数字信息。打开光标时，示波器始终显示该读数，如图 2.32 所示。a 读数：表示该值由通用旋钮 a 进行控制。b 读数：表示该值由通用旋钮 b 进行控制。Δ 读数指示光标位置之间的差异。

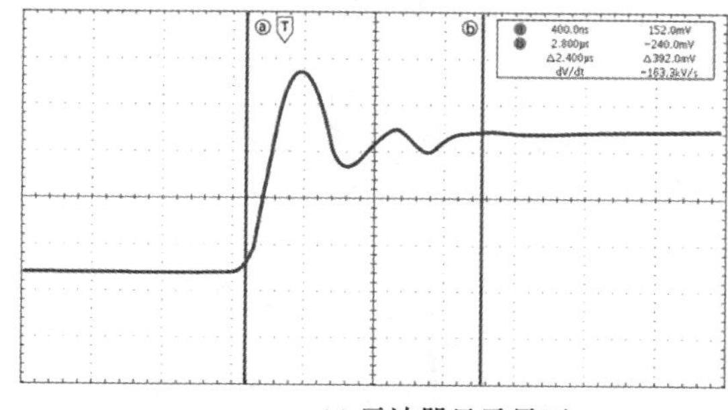

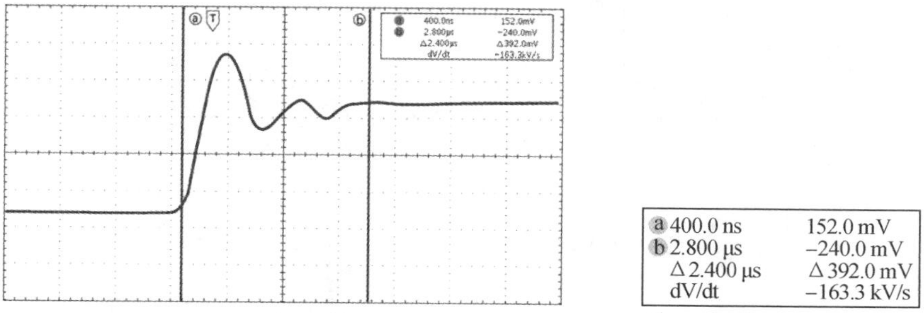

(a) 示波器显示界面

a 400.0 ns	152.0 mV
b 2.800 μs	−240.0 mV
Δ 2.400 μs	Δ 392.0 mV
dV/dt	−163.3 kV/s

(b) 光标参数的细节图

图 2.32　使用光标进行时间测量

4. 设置采集模式、记录长度等采样参数

在"采集"(Acquire)按钮下,可以设置各个通道的采集模式、记录长度等采样参数。由于不同的信号对采集模式、记录长度等需求不一致,因此,此处对"采集"按钮的相关设置做简单介绍。

(1)单击"采集"按钮,在屏幕下方出现相关菜单,如图 2.33 所示。

式样 采样	记录长度 10 K	FastAcq 关	延迟 开 | 关	水平位置 设为10%	波形显示	XY显示 关

图 2.33 "采集"按钮相关菜单

(2)"模式"是指示波器采样方式,选择"模式"选项后,可以从侧菜单模式选项中选择包括取样、峰值检测、高分辨率、包络或平均 5 种不同的采样模式。各个模式的特点参见表 2.2。需要注意的是,"峰值检测"和"高分辨率"模式充分利用示波器在较低扫描速率下会丢弃的取样点。因此,只有当前取样速率低于可能的最大取样速率时,这些模式才会工作。一旦示波器开始以最大取样速率进行采集,"峰值检测""高分辨率"和"取样"模式看起来都会一样。可通过设置"水平标度"和"记录长度"来控制取样速率。如果选择"平均"模式,旋转通用 a 来设置需要平均的波形数。

表 2.2 采样模式的特点

模式	说明	示意图
取样	"取样"模式保留每个采集间隔中的第一个取样点。该模式为默认模式	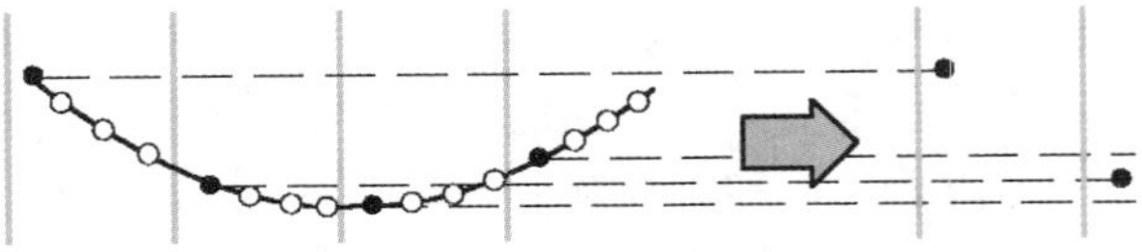
峰值检测	"峰值检测"模式使用了两个连续捕获间隔中包含的所有取样的最高和最低点。该模式仅可用于实时、非内插的取样,并且在捕获高频率的毛刺方面非常有用	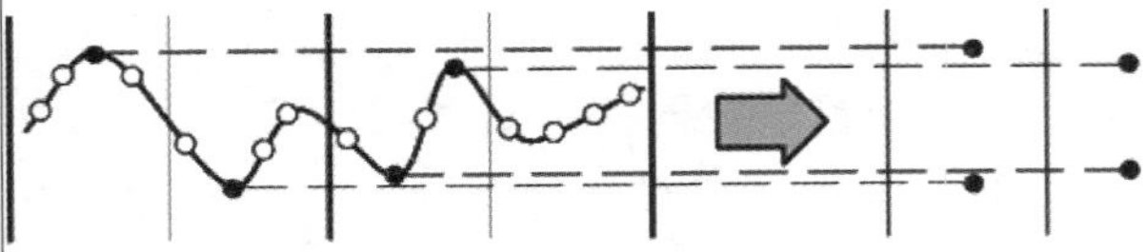
高分辨率	"高分辨率"模式计算每个采集间隔所有取样值的平均值。该模式也只能用于实时、非内插取样。高分辨率模式提供了较高分辨率、较低带宽的波形	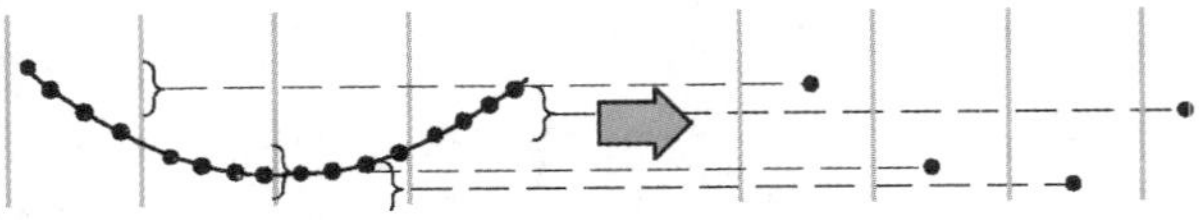
包络	"包络"模式在所有采集中查找最高和最低记录点。该模式对每个单独的采集使用峰值检测	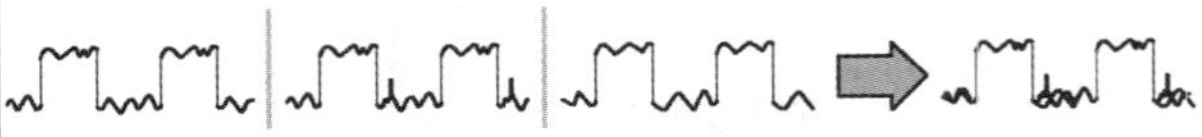

续表 2.2

模式	说明	示意图
平均	“平均”模式计算用户指定的采集数的每个记录点的平均值。该模式对每个单独的采集都使用取样模式。使用“平均”模式可以减少随机噪声	

(3)“记录长度”是示波器针对当前的采集活动所开放的内部存储空间。可以从 1 000、10 k、100 k、1 M、5 M 和 10 M 点中进行选择。对于简单的信号来说，记录长度的大小不影响波形显示，但是对于复杂的波形，例如 AM 调制波、FM 调制波等波形，波形细节对信号观测十分重要，此时如果选择小记录长度，将严重影响对波形细节的观察，甚至观察不到实际真实波形，因此，应该根据波形特点进行合理选择。另外，记录长度也不是越大越好，示波器所开辟记录长度大，采样过程中需要频繁、高速地对内部存储空间进行读写，将影响示波器的运行速度。

(4)“FastAcq”提供对信号的高速波形采集，有助于发现难检信号异常。“快速采集”模式可缩短波形采集之间的停滞时间，同时可启用毛刺和欠幅脉冲之类瞬态事件的采集和显示。“快速采集”模式还可以按反映其发生率的强度显示波形现象。其显示效果如图 2.34 所示，可以通过旋转通用旋钮 a 选择所需的显示调色板，“显示调色板”选项使用亮度等级表示相对于正常信号，罕见瞬态信号的发生频次。选项包括温度、频谱、正常和反相。

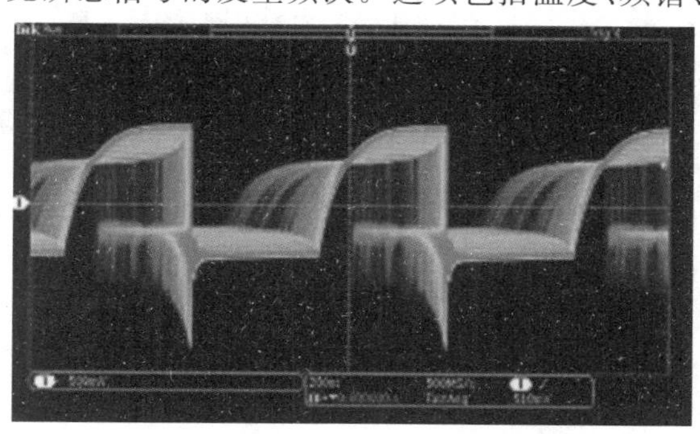

图 2.34　“FastAcq”显示效果

5. 设置触发功能

示波器的触发功能是指示波器所采集的输入信号符合预先设置的触发条件时，示波器以此在波形记录中建立一个时间基准点，所有波形记录数据都以相对于该点的时间进行定位。仪器连续采集并保留足够的取样点以填充波形记录的预触发部分。预触发部分是波形中之前已显示的部分，或是屏幕上触发事件的左边部分。当触发事件发生时，仪器开始采集取样以建立波形记录的触发后部分，即在触发事件后显示的部分或者触发事件右侧的部分。识别触发后，采集完成和释抑期满之前，仪器不会接受其他触发。

如图 2.35 所示，触发系统可以产生一个周期与被测信号相关的触发脉冲，确定时基扫描时每次都从输入波形的相同位置开始，以便示波器能稳定显示重复的周期波形，或者便于捕获单次突发波形。

触发设置所涉及的控件如图 2.36 所示，“触发菜单”(Menu)(编号 1)用于设置触发相关参数，按下该按钮后，在屏幕下方弹出相关菜单。其中“类型”设置触发信号类型，选择后在屏幕右侧将会出现序列、脉冲宽度、建立 & 保持时间等类型选项，根据实际要求选取。“源”用于设置触发模拟通道编号。“耦合”是指触发信号耦合方式，用于确定哪一部分的信号被传递到触发电路。边沿和序列触发可以使用所有可用的耦合类型：直流、交流、低频抑制、高频抑制和噪声抑制。所有其他触发类型都只使用直流耦合。“斜率”控制用于确定仪器是否在信号的上升或下降边沿找到了触发点。“电平”控制用于确定触发点出现在边沿的位置，可以旋转前面板触发“电平”旋钮调整触发级别而无须进入菜单。如果按下前面板“触发”部分的“电平”旋钮(编号 2)，可将触发电平快速设为波形的中点。如果设置的信号条件无法满足，可以设置强制触发(编号 3)。

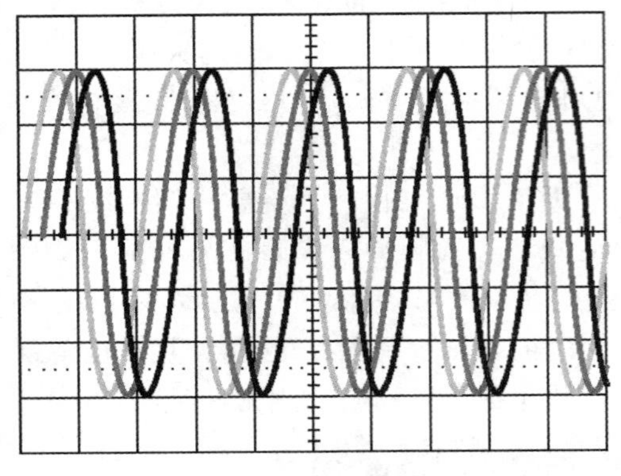

(a) 未触发波形显示

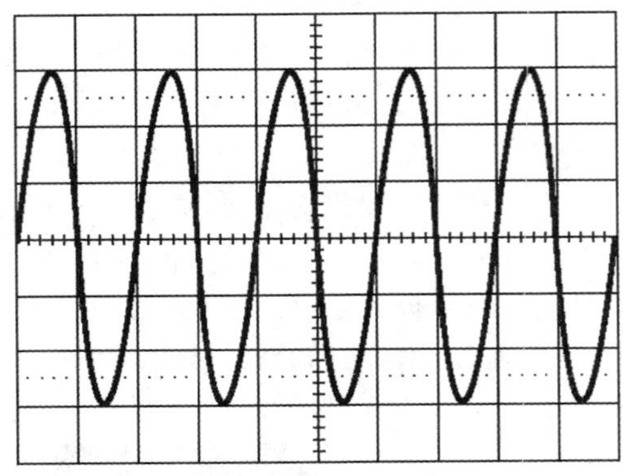

(b) 已触发波形显示

图 2.35　未触发波形显示和已触发波形显示的区别

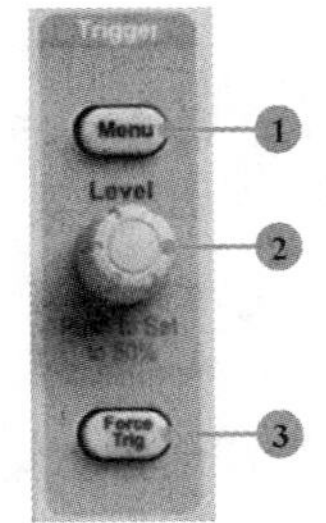

(a) 触发功能设置控件

类型	源	耦合	斜率	电平	波形显示	模式
边沿	1	直流		100 mV		自动

(b) 对应屏幕下方功能按钮

图 2.36　设置示波器触发功能

6. 设置频谱分析仪

MDO3052 在 DPO3052 的基础上，集合了频谱分析仪功能，更加方便系统的集成测试。MDO3052 的频谱分析仪功能操作方法与常规频谱分析仪类似，此处简要介绍其使用方法。

如图 2.37 所示，对于要观察中心频率为 100 MHz 的信号频谱来说，中心频率(编号 1)是指显示中心处的精确频率。在很多应用中，即是载波频率。跨度(又称“扫宽”，编号 2)是

围绕中心频率可观测到的频率范围。要正确得到该频谱图，其操作步骤如下：

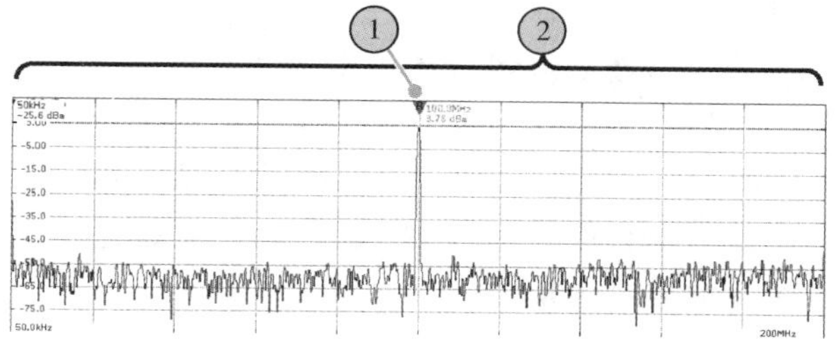

图 2.37　频谱分析仪的频谱图

(1)首先，将待观察信号通过 RF 连接器连接到 MDO3052 中去，并且在频谱分析控件按钮中，单击“RF”按钮，激活频谱分析仪功能。

(2) 在频谱分析控件按钮中，单击“频率/跨度”(Freq/Span)按钮，在侧面菜单中，如图 2.38 所示，选择“中心频率”选项，通过通用旋钮 a 或者小键盘，输入中心频率值，本例中直接输入 100 MHz。

(3) 在侧面菜单中选择“跨度”选项，使用通用旋钮 b 或键盘输入所需的跨度。如果使用键盘，也可以使用出现的侧面菜单选择来输入单位。

(4)按“开始”以设置要捕获的最低频率。

(5)按“停止”以设置要捕获的最高频率。

(6)按“到中心”即可将由参考标记识别的频率移动到中心频率。

设置好频率和扫宽参数后，在频谱分析仪的屏幕上应该可以显示出待测信号的频谱，但是由于其参考电平幅度不一定恰当，因此信号频谱不一定能充满显示区域，此时，应该通过设置“参考电平”来调制频谱曲线的显示。其操作步骤如下：

(1)在频谱分析控件按钮中，单击“幅度”(Ampl)按钮，在侧面菜单中，如图 2.39 所示，选择“参考电平”选项，并旋转通用旋钮 a 来设置近似的最大功率电平，如频率格线顶端的基线指示器所示。

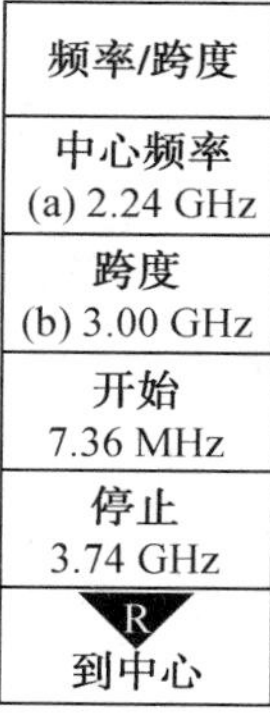

图 2.38　选择“频率/跨度”时的侧面菜单

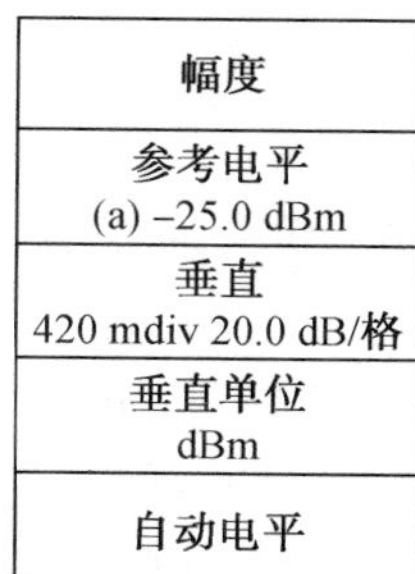

图 2.39　选择“幅度”时的侧面菜单

(2)按“垂直”并旋转通用旋钮 a 来调节垂直位置。可上下移动基线指示器。这个操作可用于将信号移到可见显示范围内。旋转通用旋钮 b 可调整垂直刻度。

(3)按“垂直单位”并旋转通用旋钮 a 来定义频域测量的垂直单位。选项包括：dBm、

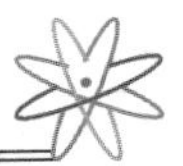

dBμW、dBmV、dBμV、dBmA 和 dBμA。

(4)按"自动电平"可让示波器自动计算并设置参考电平。

分辨率带宽(RBW)确定示波器可解析频域中各个频率的电平。例如,如果测试信号中包含两个间隔 1 kHz 的载波,则只有当 RBW 小于 1 kHz 时才能将其分别开来。图 2.40 中的两个视图均显示相同信号。它们之间的差别就是其 RBW。RBW 越低(越窄),处理所需的时间就越长,但频率分辨率会更高,而且噪声本底会更低。RBW 越高(越宽),处理所需的时间就越短,但频率分辨率会降低,噪声本底会升高。

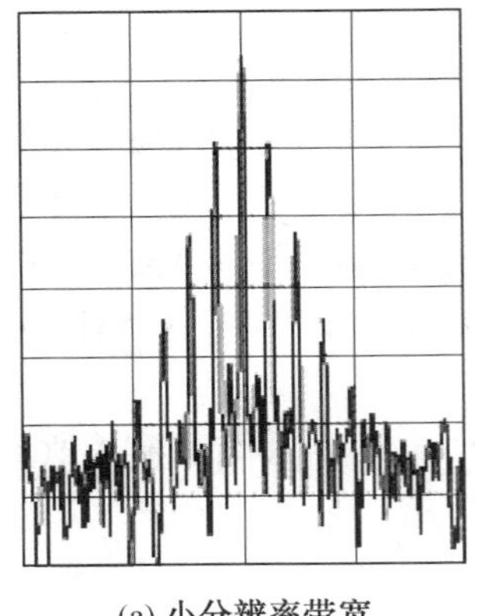

(a) 小分辨率带宽

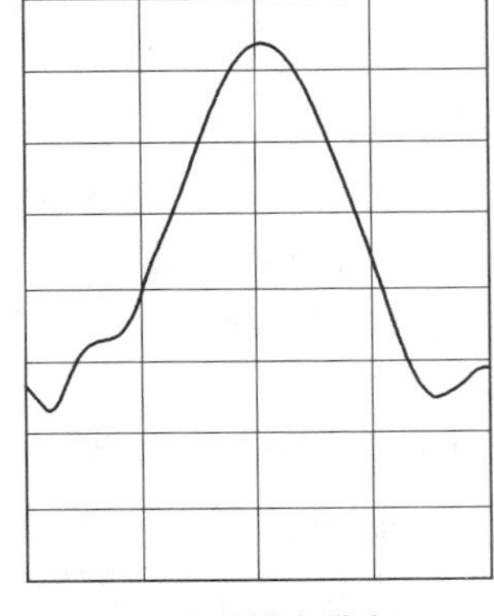

(b) 大分辨率带宽

图 2.40　分辨率带宽不同对频谱曲线的影响

2.2　射频信号发生器

信号发生器是一种能够产生符合特定要求的信号发生设备,是无线测量领域广泛应用的测试仪器之一。信号发生器是信号与系统实验中必不可少的设备,了解信号发生器的工作原理,掌握信号发生器的基本用法,是电子信息类专业学生做好信号与系统实验的基本要求。

信号发生器的种类繁多,可以按照频段、用途、调制方式、频率产生方式以及输出信号波形等加以分类,例如按照用途可以分成函数发生器(Function Generator)、任意波形发生器(Arbitrary Waveform Generator,AWG)、射频信号发生器(RF Signal Generator)、脉冲发生器(Pulse Generator)和矢量信号发生器(Vector Signal Generator,VSG)等。

(1)函数发生器。

函数发生器主要用于产生诸如正弦波、锯齿波、方波和三角波等简单重复的波形或函数,并且支持频率、幅度、DC 偏移、占空比和对称性等参数调整。函数发生器一般可以实现基本的内部或外部调制,例如幅度调制、脉冲调制和频率调制等,有些甚至可以输出扫频信号。函数发生器的频率带宽一般在数百 MHz 范围内。

(2)任意波形发生器。

任意波形发生器除可产生正弦波、锯齿波、方波和三角波等简单重复波形外,还可创建由用户指定的任意波形。本质上任意波形发生器可视为复杂的函数发生器,其工作原理框图如图 2.41 所示,由于改进了数模转换器(DAC)的性能,AWG 可以代替对功率和频谱纯度要求不高的信号发生器。AWG 的频率带宽范围为 500 MHz～25 GHz。

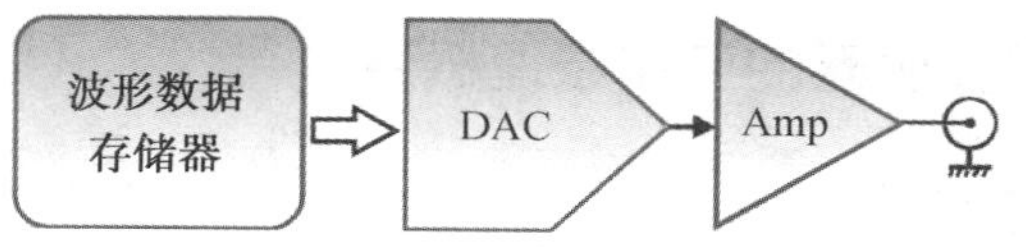

图 2.41　任意波形发生器的基本框图

(3)射频信号发生器。

射频信号发生器是用于输出 RF 信号(宽泛定义为 20 kHz～300 GHz)的信号源。RF 信号通常是在确定的频率和幅度下的正弦波形(正弦连续波信号发生器),同时也支持使用频率调制(FM)、幅度调制(AM)和相位调制(PM)方案来调制此正弦波形(即载波信号)以承载信息。先进的矢量信号发生器是在射频信号发生器的基础上,增加了正交相移键控(QPSK)、正交振幅调制(QAM)等复杂 IQ 调制(同相正交调制)格式的功能,广泛应用于测试现代数据通信系统,包括 Wi－Fi,使用高级波形的 4G、5G 移动电信系统和许多其他连接解决方案。

(4) 脉冲发生器。

脉冲发生器用于产生一系列具有可控参数的脉冲,例如脉冲重复频率、脉冲持续时间以及"高"和"低"电压。脉冲边缘位置和上升/下降时间可以控制,有时在某些仪器中可以独立控制,因此可以模拟抖动或占空比失真。现代的脉冲发生器不仅限于重复的脉冲序列,还可以产生预定义的"1s"和"0s"序列,从而成为真正的串行和并行数据发生器。

对比上述四种主流的信号发生器,函数发生器也称为波形发生器,是通用的信号源,易于使用且设置迅速,是生成低频信号的理想选择。函数发生器还可以创建任意波形,例如心脏脉冲、随机噪声、机械振动和音频信号。函数发生器成本低,低频性能优异,因此需要产生 100 MHz 或更小的低频信号时,函数发生器是最佳选择。

脉冲发生器擅长产生码型、伪随机二进制序列源等高速数字脉冲信号,是模拟眼图测量、串扰测量、符合性测试、抖动测试、信号完整性测量和接收器压力测试等应用的理想信号源。尽管 AWG 也能够生成二进制脉冲,但它不能与脉冲发生器在生成长数据模式、精确的抖动控制和精确的上升/下降时间控制方面的能力相提并论。

当频谱纯度是系统主要考量的技术指标时,射频信号发生器是首选,其优异的相位噪声性能和带外杂散抑制能提供更纯净的频谱。对于现代无线电通信系统功能测试的双极性调制需求,先进的矢量信号发生器允许对两个正交载波(90°相位差)进行双极性调制,因此可以通过两个基带信号(称为 I(同相)和 Q(正交)分量)实现任何幅度/相位调制状态。随着数模转换器技术的进步,采样率接近 100 GSa/s 的 AWG 已经产品化,凭借其高采样率、宽模拟带宽和高频谱纯度性能,AWG 在某些应用领域已成功取代了 RF 信号发生器。但是,与现代 AWG 相比,RF 信号发生器仍然具有以下优势:

(1)更好的动态范围和带外杂散抑制;

(2)更好的相位噪声性能;

(3)更准确、更宽的输出功率范围;

(4)无须重新计算波形即可轻松调整载波频率的能力;

(5)用于定制 I / Q 信号的外部调制输入;

(6)自动电平控制电路,可实现更高的幅度精度。

2.2.1 射频信号发生器的工作原理概述

1.射频信号发生器的分类

射频信号发生器按照功能的不同,可以分成连续波(Continuous Wave,CW)信号发生器、模拟信号(Analog Signals)发生器和矢量信号(Vector Signals)发生器三大类,功能逐渐增强。

(1)连续波信号发生器。

连续波信号发生器工作原理结构框图如图2.42所示,参考部分的参考晶振决定了信号源输出频率的精度,其重要技术指标包括短期稳定性(相位噪声)和长期稳定性(老化率)。参考部分将频率已知的正弦波提供给合成器部分中的锁相环(PLL)。压控振荡器(VCO)根据其输入电压产生一个不稳定的输出频率,其中大部分输出到下一级,小部分经过 N 分频电路反馈到鉴相器中。分频系数 N 由信号发生器控制面板设置,鉴相器将来自参考部分的标准信号与 N 分频后的信号进行比较,如果这两个信号相位差为0,说明压控振荡器输出频率已稳定,则鉴相器输出的电压经过滤波和放大后不会改变,压控振荡器输出频率仍保持。如果这两个信号存在一定相位差,则鉴相器的输出是带有误差信号的直流偏移,经过滤波、放大后,驱动VCO输出正确的频率。VCO输出的频率向上(或向下)漂移时,则鉴相器输出的误差偏移信号将向下(或向上)调整VCO输出,以保持稳定的频率输出。

输出部分通过测量输出功率并补偿与设定功率电平的偏差来保持信号源的整体幅度或电平精度。自动电平控制(Automatic Level Control,ALC)驱动器将检测器的输出数字化,并将数字化后的信号与查找表进行比较,以提供适当的调制器驱动,使检测到的功率等于期望的功率。

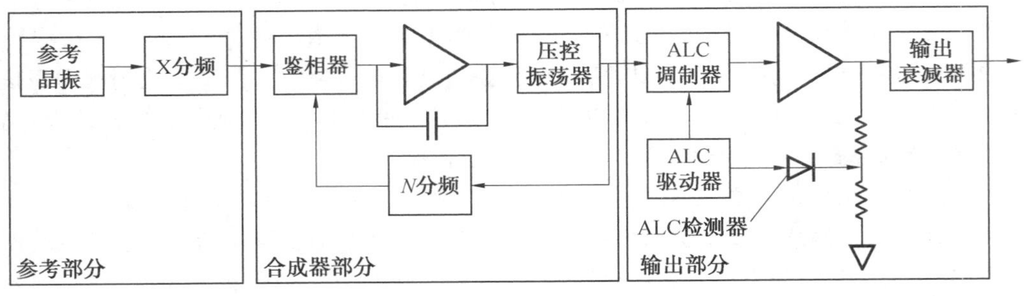

图2.42 连续波信号发生器工作原理结构框图

(2)微波信号发生器。

图2.43所示为微波信号发生器(MicroWave CW Signal Generator)工作原理结构框图。其原理框图与射频连续波信号源的框图类似,三个基本部分相同,但结构上也有区别。虽然参考部分仅具有一个参考振荡器,但是参考部分分别从参考晶振和压控振荡器两个部分提供频率信号给合成器部分。合成器部分的输出频率由钇铁石榴石(YIG)振荡器产生,该振荡器通过磁场进行调谐,确保了更高的频率输出精度。微波信号发生器使用锁相环结构来确保频率稳定性,除了采取 N 分频措施外,还采用了谐波采样方式对输出频率进行分频,进一步提高了输出频率的精度。

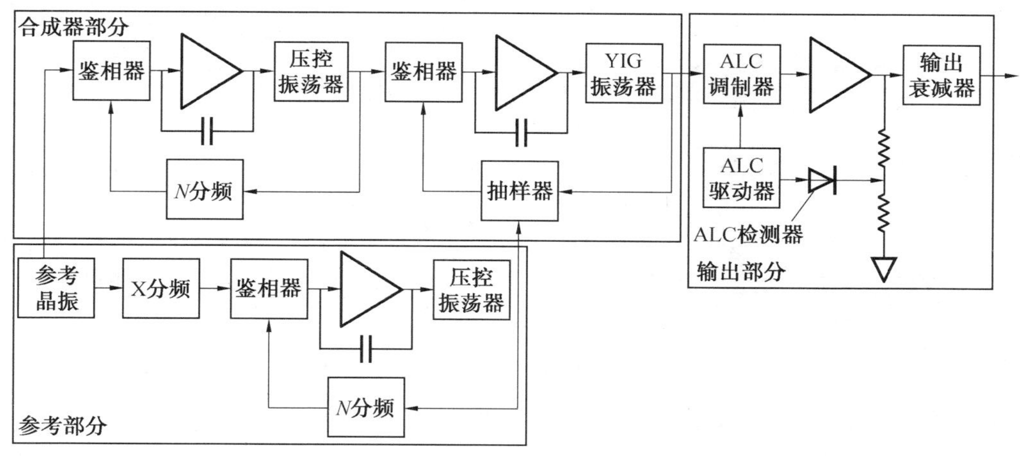

图 2.43　微波信号发生器工作原理结构框图

(3)模拟信号发生器。

模拟信号发生器工作原理结构框图如图 2.44 所示，与连续波信号发生器的框图没太大区别，仅增加了部分可以使信号源调制载波的组件。除原有参考晶振外，还具备频率调制(FM)信号源、相位调制(PM)信号源、幅度调制(AM)信号源和脉冲信号源。FM 或 PM 信号直接输入到合成器的频率控制模块，最终施加到 VCO，以改变信号发生器的频率或相位。AM 信号施加到 ALC 驱动器模块，ALC 驱动器控制 ALC 调制器，将来自 AM 输入的电压转换为载波中的幅度变化。为了创建脉冲调制，添加了脉冲输入，并将该信号施加到脉冲调制器，该脉冲调制器位于信号的输出路径中。除了将 AM、FM、PM 和脉冲调制功能添加到 CW 源之外，还可以添加内部调制发生器。内部调制发生器可为测试过程提供便利，并简化测试设置。

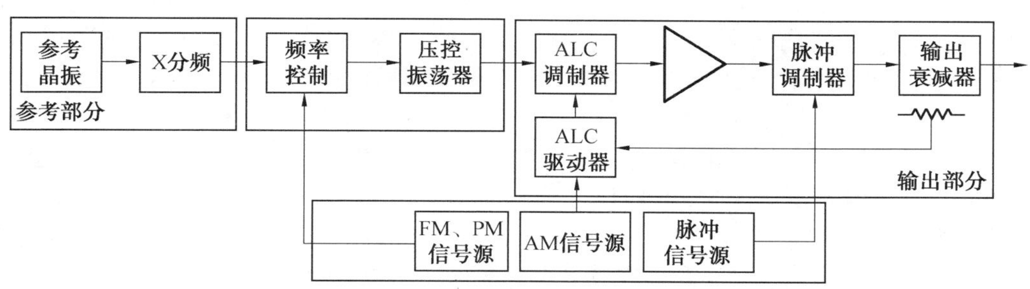

图 2.44　模拟信号发生器工作原理结构框图

(4)矢量信号发生器。

如图 2.45 所示，矢量信号发生器的工作原理结构框图在连续波信号发生器框图的基础上增加了 I－Q 调制器。合成器部分的本地振荡器所产生的信号经过 90°移相器后，与原信号形成彼此正交的两路信号。这两路信号与来自基带发生器的 I、Q 信号相乘后，再重新组合成一个复合输出信号输出到输出部分。这种 I－Q 调制器方式是目前应用最广泛的方式，实现简单，并且可以与数字电路(例如 DAC，DSP 处理器)无缝衔接。基带发生器用于产生 I、Q 信号，工作原理类似任意函数发生器，将正交图形数据存储于式样 RAM 中，并且经过 DAC 和 LPF，直接输出为正交的 I、Q 信号。由于式样 RAM 中的信号数据可以在矢量

信号发生器内部创建，也可以从外部应用程序创建并存储在此处，所以应用起来十分方便。

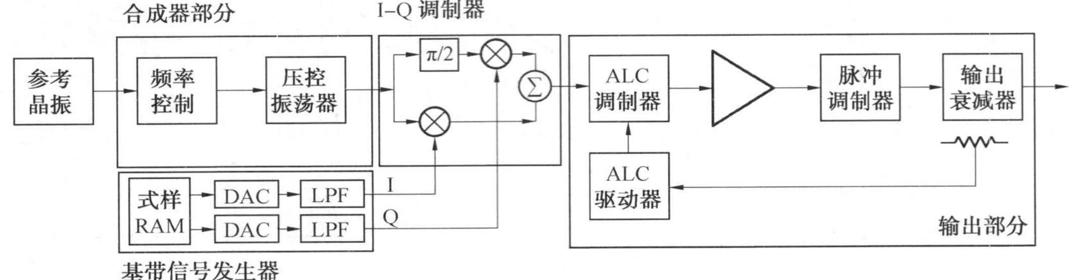

图 2.45　矢量信号发生器工作原理结构框图

2. 射频信号发生器的技术指标

射频信号发生器的常用技术指标包括频率指标和功率指标两大类，其中频率指标包括频率范围、频率分辨力、频率稳定度、频率准确度等，功率指标包括输出功率电平、输出功率精度、输出功率稳定度等，这些是最重要的一些参数。下面摘取一些主要参数进行介绍，相关参数的详细介绍可以参考仪器数据手册。

(1)频率范围。

频率范围是指射频信号发生器所产生的载波频率范围，该范围既可连续也可由若干频段或一系列离散频率来覆盖，故也称频率覆盖范围，通常用其上、下限频率表示，频带较宽的射频信号发生器一般采用多波段拼接的方式实现。例如信号与系统实验中用到的射频信号源 E4400B 和 N9310A 的频率范围为 9 kHz～3.0 GHz。

(2)频率准确度。

射频信号发生器频率显示值和相应的真值的接近程度，可采用绝对频率准确度或相对频率准确度的方式给出。绝对频率准确度是输出频率误差的实际大小，一般以 kHz、MHz 等表示；相对频率准确度是输出频率误差与理想输出频率的比值，一般以 10 的幂次方表示，如 1×10^{-6}、1×10^{-8} 等。一台射频信号发生器的频率准确度可通过下式计算：

$$频率准确度=\pm(载波频率\times老化率\times校准时间)$$

如 N9310A 的标准年老化率是 $\pm3\times10^{-6}$，校准时间间隔是 1 年，载波频率为3.0 GHz，则校准后一年的频率准确度为±9 kHz。

(3)频率稳定度。

射频信号发生器输出频率随温度或时间的变化特性，主要由内部时基决定，温度稳定性一般采用相对变化衡量，通常在 10^{-7} 到 10^{-8} 量级，随时间的变化特性一般采用日老化率或年老化率来衡量，日老化率一般在 10^{-8} 到 10^{-10} 量级之间。如 N9310A 在 5～45 ℃范围下的标准温度稳定度为 $\pm3\times10^{-6}$。

(4)频率分辨力。

频率分辨力是指射频信号发生器在有效频率范围内可得到并可重复产生的频率最小变化量，体现了窄带测量的能力，目前射频信号发生器一般能到 Hz 甚至 mHz 量级。N9310A 的频率分辨力为 0.1 Hz。

(5)频率转换时间。

频率转换时间又称开关速度，是指射频信号发生器从频率开始变化起，到频率接近终止值并且与终止值的偏离保持在规定范围内的时间间隔。N9310A 的开关速度，在 0.1×10^{-6} 最终频率范围内，典型值为＜10 ms。

除此之外，还有涉及调幅、调频等调制特性的技术指标，例如调幅准确度、调幅失真，调频频偏准确度、调频失真，调相相偏准确度、调相失真，脉冲调制开关比、脉冲调制上升下降时间、脉冲调制电平准确度等，由于在信号与系统实验中不涉及这些细节参数，因此不再赘述。

2.2.2　射频信号发生器的使用方法

信息与通信工程实验教学示范中心信号处理基础教学实验室所使用的射频信号发生器包括两种型号，即 E4400B 射频信号发生器和 N9310A 射频信号发生器。E4400B 是 N9310A 的早期产品，操作面板仅有细微差异，如图 2.46 和图 2.47 所示，在使用中没有差别，因此，本节将以 N9310A 为例重点介绍射频信号发生器的使用方法。E4400B 的使用方法相似，不再赘述。

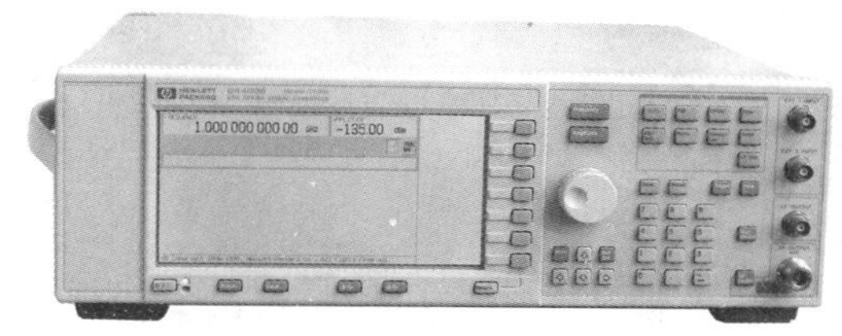

图 2.46　E4400B 实物图

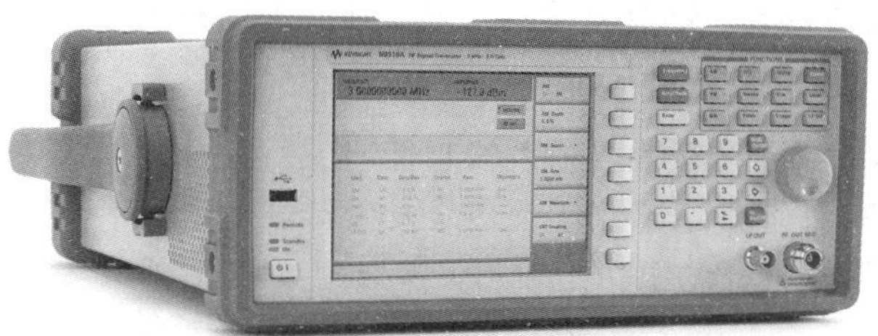

图 2.47　N9310A 实物图

2.2.2.1　控制前面板

图 2.48 和图 2.49 给出了 E4400B 和 N9310A 的控制前面板，为了简化功能描述，此处只将产生射频信号所涉及的关键按键进行说明。两个图中所涉及的按键与编号互相对应，功能均一致。

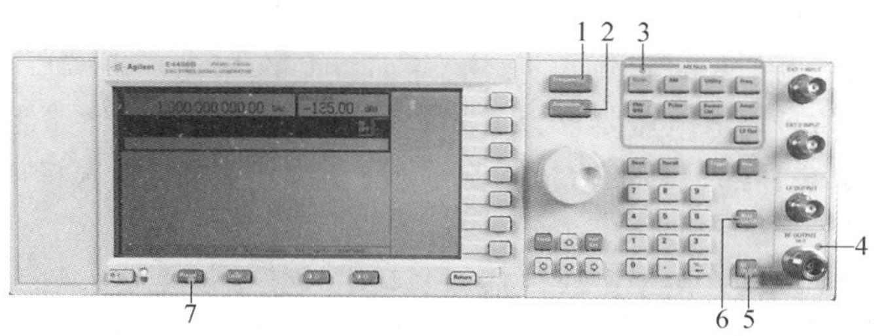

图 2.48　E4400B 的控制前面板

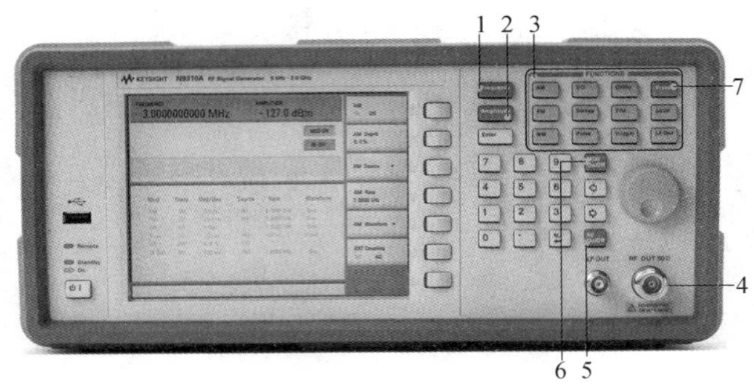

图 2.49 N9310A 的控制前面板

1. 幅度(Amplitude)

"幅度"用于激活连续波信号幅度的编辑功能,可以输入或修改连续波的幅度值。设置N9310A 的幅度支持不同的单位,但默认为 dBm。默认值为 −127.0 dBm,最小增量为0.1 dB。范围按单位不同,分别为 −127～+13 dBm (可设至 +20 dBm)、−80～+60 dBmV、−20～+120 dBμV、1～1 000 mV、0.1～1 000 000 μV。输入时可以选择数字键盘直接输入或旋钮与方向键配合输入。

2. 频率(Frequency)

"频率"用于激活连续波信号频率的编辑功能,可以输入或修改射频输出的频率值。仪器开机或复位后默认值为 3.0 GHz。频率的允许设置范围是 9 kHz～3 GHz,最小增量为0.1 Hz。输入时可以选择数字键盘直接输入或旋钮与方向键配合输入。

3. 菜单(Menus)和功能(Functions)

菜单和功能用于激活信号发生器的各项功能,包括:

(1)复位(Preset):对应编号 7,用于使信号发生器恢复到原厂设置。

(2)调幅(AM):用于打开调幅功能和相关参数配置。按"AM"键将弹出如图 2.50 所示的调幅设置子菜单。

①调幅开/关(AM On/Off):用于激活/关闭调幅功能。激活调幅后,屏幕上会显示调幅指示条。再按下"Mod On/Off"键,打开调制器后(调制状态指示条显示为调制 开)才可将低频信号的幅度信息调制到载波上。

②调幅深度(AM Depth):用于设置调幅深度。数字键盘输入数值,再按下"%"所对应软键确认输入。调幅深度允许输入范围为 0～100%,最小增量为 0.1%。

③调幅源(AM Source):用于选择调幅源。按"内部"键则选择内部调制源,其默认信号是1 kHz正弦波信号。按"外部"键则选择经过后面板上的 MOD IN 端口接入的外部信号作为调制源信号,外部信号峰值电压要求为 1.0 V±0.02 V。当选择外部信号源后,可通过外部耦合键选择是否屏蔽外部信号的直流成分。按"内部+外部"则选择内部和外部的混合信号。

④调幅频率(AM Rate):用于更改内部调制频率。数字键盘输入数值,然后按下 Hz 或kHz 软键以确认输入。调幅频率的允许输入范围是 20 Hz～20 kHz,最小增量为 0.1 Hz。该键仅用于设置内部调制源的频率,使用外部源时该键无效。

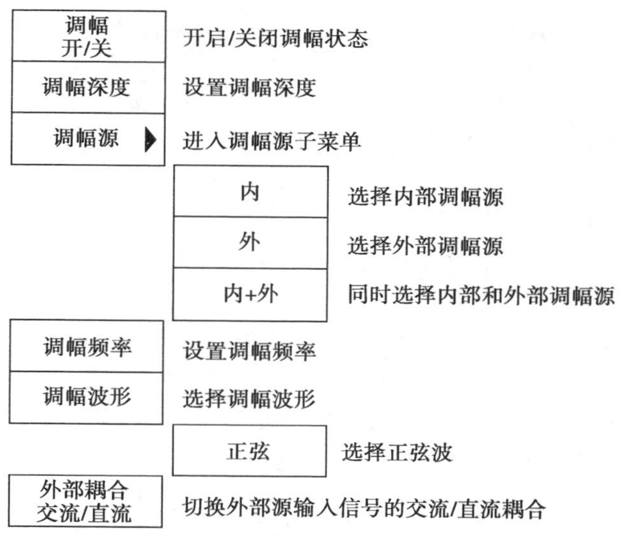

图 2.50　调幅(AM)设置子菜单

⑤调幅波形(AM Waveform):用于选择内部调制源波形。

⑥外部耦合(Ext Coupling):用于设置外部调制源的输入耦合方式。

(3)调频(FM):用于打开调频功能和相关参数配置。按“FM”键将弹出如图 2.51 所示的调频设置子菜单。

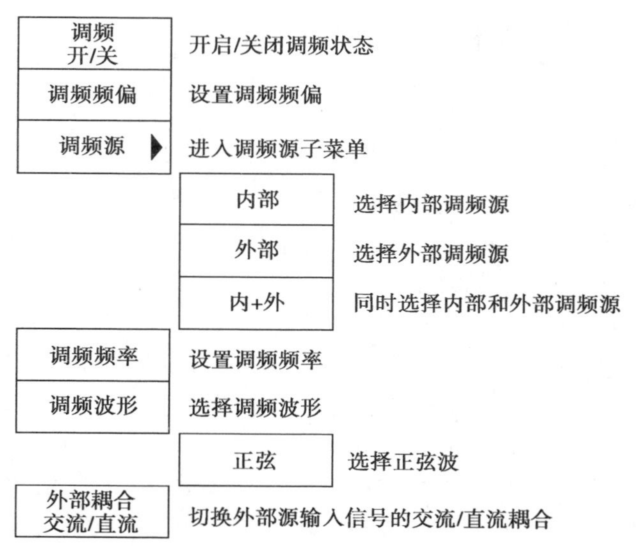

图 2.51　调频(FM)设置子菜单

①调频开关(FM On/Off):用于激活/关闭调频功能。激活调频后,屏幕上会显示调频指示条。再按下“Mod On/Off”键,打开调制器后(调制状态指示条显示为调制 开)才可将低频信号的频率信息调制到载波上。

②调频频偏(FM Deviation):用于设置调频频偏。当前的调频频偏在数字输入区显示。调频频偏所允许的范围是 20 Hz～100 kHz,最小增量为 1Hz。

③调频源(FM Source):用于选择调频源。按“内部”键则选择内部调制源，其默认信号是1 kHz正弦波信号。按“外部”软键则选择经过后面板上的MOD IN端口接入的外部信号作为调制源信号，外部信号峰值电压要求为1.0 V±0.02 V。当选择外部信号源后，可通过外部耦合键选择是否屏蔽外部信号的直流成分。按“内部+外部”则选择内部和外部的混合信号。

④调频频率(FM Rate):用于更改内部调制频率。当前的调频频率将在数字输入区显示。调频频率的允许输入范围是20 Hz～80 kHz，最小增量为0.1 Hz。该软键仅用于设置内部调制源的频率；当选择外部调制源时，此键无效。

⑤调频波形(FM Waveform):用于选择内部调制源波形。

⑥外部耦合(EXT Coupling):用于设置外部调制源的输入耦合方式。

(4)调相(PM):用于打开调相功能和相关参数配置。按下“PM”键将弹出设置调相相关的子菜单，如图2.52所示。

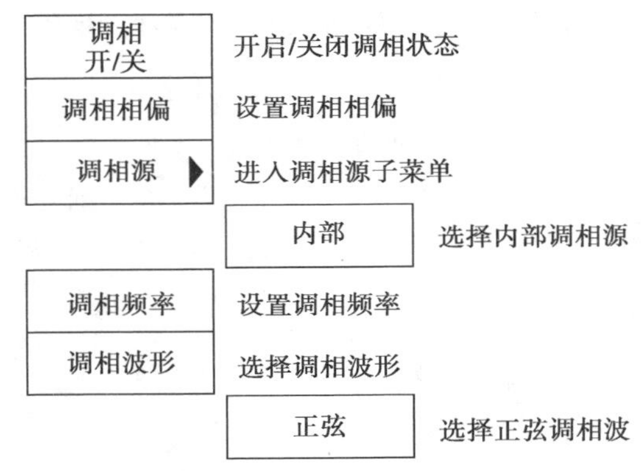

图2.52　调相(PM)设置子菜单

①调相开/关(PM On/Off):用于激活/关闭调相功能。激活调相后，屏幕上会显示调相指示条。再按下“Mod On/Off”键，打开调制器后(调制状态指示条显示为调制 开)才可将低频信号的相位信息调制到载波上。

②调相相偏(PM Deviation):按此软键设置调相相偏。调相相偏的允许输入范围：300 Hz<调相频率<10 kHz时，调相相偏范围为0～10 rad;10 kHz<调相频率<20 kHz时，调相相偏范围为0～5 rad。默认值为0.000 rad，最小增量为0.001 rad。

③调相源(PM Source):用于选择调相源。

④调相频率(PM Rate):按下该软键用于更改内部调相频率。调相频率的允许输入范围是300 Hz～20 kHz。最小增量为0.1 Hz，默认为1.0000 Hz。

⑤调相波形(PM Waveform):按下该软键将弹出一个内部调制源波形选择菜单，默认值为正弦。

(5)脉冲调制(Pulse):用于打开脉冲调制功能和相关参数配置。按下“Pulse”键将弹出设置脉冲调制功能的相关子菜单，如图2.53所示。

①脉冲开/关(Pulse On/Off):用于激活/关闭脉冲调制功能。激活调相后，屏幕上会显示脉冲指示条。再按下“Mod On/Off”键，打开调制器后(调制状态指示条显示为调制 开)才可将脉冲信号调制到载波上。

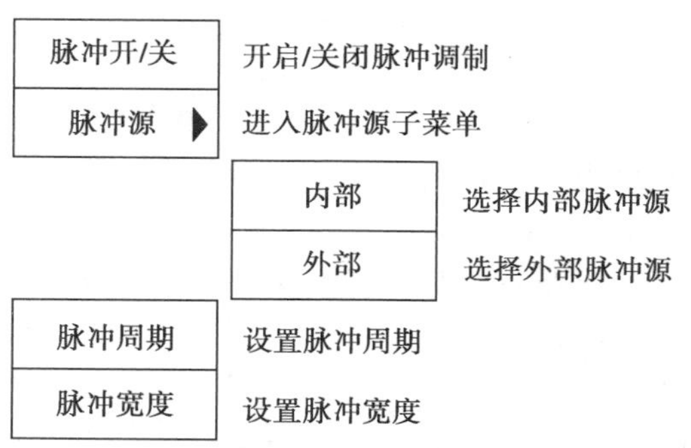

图 2.53　脉冲调制(Pulse) 设置子菜单

②脉冲源(Pulse Source):用于选择脉冲源,可以选择内部脉冲源或经过外部脉冲调制信号输入端口(PULSE MOD IN)接入的外部脉冲信号。

③脉冲周期(Pulse Period):用于设置内部脉冲周期。所允许的脉冲周期范围为 200 μs～2 s,最小增量为 1 μs,默认值为 200 μs。该软键仅适用于设置内部脉冲信号的周期;当选择外部脉冲信号时,此键无效。

④脉冲宽度(Pulse Width):用于设置内部脉冲周期。所允许的脉冲周期范围为 100 μs～1 s,最小增量为 1 μs,默认值为 100 μs。该软键仅适用于设置内部脉冲信号的宽度,当选择外部脉冲信号时,此键无效。

(6)I/Q 调制(I/Q):用于打开 I/Q 调制功能。

(7)扫描(Sweep):用于打开扫频、扫幅以及低频扫描的功能和其相关参数配置。

(8)触发(Trigger):可用于激活设置为触发键触发的扫描。

(9)系统功能(Utility):用于编辑系统设置。

(10)本地键(Local):用于使信号发生器从远程状态返回到本地状态。

(11)文件管理(File):用于保存、调用或删除仪器的配置文件。

(12)低频输出(LF Out):用于打开低频输出功能和相关参数配置。

4. 射频输出端口

射频输出端口仅用于输出射频信号,源阻抗为 50 W。该端口仅能承受不超过 +36 dBm的反向输入功率或 30 V 的直流电压输入(持续时间不超过 1 min),否则内部电路可能受损。

5. 射频输出开关 (RF On/Off)

按"RF On/Off"键来打开或关闭 RF OUT 端口的射频信号输出。显示屏上"射频开/关"指示条用来指示当前射频信号输出状态。

6. 调制开关(MOD On/Off)

调制开关激活或关闭调制器(调幅、调频、调相、脉冲或 I/Q 调制)。此键并不会单独打开某种调制,需要先打开所需调制功能再按下调制开关才能输出调制波形(例如按 AM→调幅开)。显示屏上的"调制开/关"指示条用来指示当前调制器状态。

2.2.2.2 使用方法

1. 输出连续波信号

连续波参数:正弦波频率为 10 MHz,功率为 0 dBm。

(1)按“Press”键,信号发生器将返回到出厂默认状态。注意位于屏幕上方的频率和幅度区域,显示当前值为信号发生器的最高频率和最低幅度(此步骤可以省略)。

(2)依次按“Frequency”→10→ MHz。

(3)依次按“Amplitude”→0→dBm。

(4)按下“RF On/Off”键来开启信号输出(确认“MOD On/Off”处于关闭状态)。

2. 产生 AM 调幅信号

幅度调制信号参数:载波频率为 10 MHz,幅度为 0 dBm,调幅深度为 50%,调幅频率为 5 kHz。

(1)按“Press”复位信号发生器(此步骤可以省略)。

(2)按“Frequency”→10→ MHz 设置载波频率为 10 MHz。

(3)按“Amplitude”→0→dBm 设置载波幅度为 0 dBm。

(4)按“AM”进入调幅子菜单。

(5)按“调幅深度”→50→%设置调幅深度为 50%。

(6)按“调幅频率”→5→ kHz 设置调幅频率为 5 kHz。

(7)按“调幅开关”激活调幅功能。

(8)按“RF On/Off”打开射频输出,按“MOD On/Off”打开调幅功能,调幅信号由 RF OUT 端口输出。

3. 产生 FM 调频信号

调频信号参数:载波频率为 10 MHz,幅度为 0 dBm,调频频偏为 10 kHz,调频频率为 30 kHz。

(1)按“Press”复位信号发生器(此步骤可以省略)。

(2)按“Frequency”→10→ MHz 设置载波频率为 10 MHz。

(3)按“Amplitude”→0→dBm 设置载波幅度为 0 dBm。

(4)按“FM”进入调频功能设置主菜单。

(5)按“调频频偏”→10→ kHz 设置调频频偏为 10 kHz。

(6)按“调频频率”→30→ kHz 设置调频频率为 30 kHz。

(7)按“调频开关”激活频率调制。

(8)按“RF On/Off”打开射频输出,按“MOD On/Off”打开调频功能,调频信号由 RF OUT 端口输出。

4. 输出调相信号

调相信号参数:载波频率为 10 MHz,幅度为 0 dBm,调相频偏为 7.3 rad,调相频率为 9.5 kHz。

(1)按“Press”键复位信号发生器(此步骤可以省略)。

(2)按“Frequency”→500→ MHz 设置载波频率为 500 MHz。

(3)按“Amplitude”→－10→dBm 设置载波幅度为－10 dBm。

(4)按“PM”键进入调相设置主菜单。

(5)按“调相频偏”→7.3→rad 设置调相频偏为 7.3 rad。

(6)按“调相频率”→9.5→ kHz 设置调相频率为 9.5 kHz。

(7)按“调相开关”激活相位调制。

(8)按“RF On/Off”打开射频输出，按“MOD On/Off”打开调相功能，调相信号由 RF OUT 端口输出。

5. 产生脉冲调制信号

脉冲调制信号参数：载波频率为 900 MHz，幅度为－10 dBm，脉冲周期为 10 ms，脉冲宽度为 6 ms，内部调制源(默认)。

(1)按“Press”键复位信号发生器(此步骤可以省略)。

(2)按“Frequency”→900→ MHz 设置载频为 900 MHz。

(3)按“Amplitude”→－10→dBm 设置载波幅度为－10 dBm。

(4)按“Pulse”进入脉冲调制设置子菜单。

(5)按“脉冲周期”→10→ms 设置脉冲周期为 10 ms。

(6)按“脉冲宽度”→6→ms 设置脉冲宽度为 6 ms。

(7)按“脉冲开/关”开启脉冲调制。

(8)按“RF On/Off”打开射频输出，按“MOD On/Off”打开调相功能，调相信号由 RF OUT 端口输出。

6. 输出低频信号

低频信号参数：频率为 10 kHz，幅度为 3 V。

(1)按“LF Out”进入低频信号设置子菜单。

(2)按“低频频率”→10→ kHz 设置低频输出频率为 10 kHz。

(3)按“低频输出幅度”→3→V 设置低频输出幅度为 3 V。

(4)按“低频输出开关”开启低频信号的输出。

2.3　频谱分析仪

一个信号既可以在时域表征，也可以在频域表征。按照“信号与系统”理论课程的学习，对于一个时域上随时间变化的电信号 $f(t)$，其对应频域函数为 $F(w)$，则 $f(t)$ 和 $F(w)$ 之间的关系可以表示为

$$f(t)=\frac{1}{2\pi}\int F(w)\,\mathrm{e}^{\mathrm{j}wt}\,\mathrm{d}w \tag{2.1}$$

$$F(w)=\int f(t)\,\mathrm{e}^{-\mathrm{j}wt}\,\mathrm{d}w \tag{2.2}$$

即 $f(t)$ 和 $F(w)$ 在数学上是一对傅里叶变换的关系。

如图 2.54 所示，进行时域测量时，在示波器上看到的波形就是 $f(t)$ 的时域波形，是连续的，由一系列频率、幅度、相位不同的正弦波叠加而成的。进行频域测量时，看到的则是一组沿频率轴排列的频率分量的组合，这些频率分量就是 $f(t)$ 的正弦波分量。

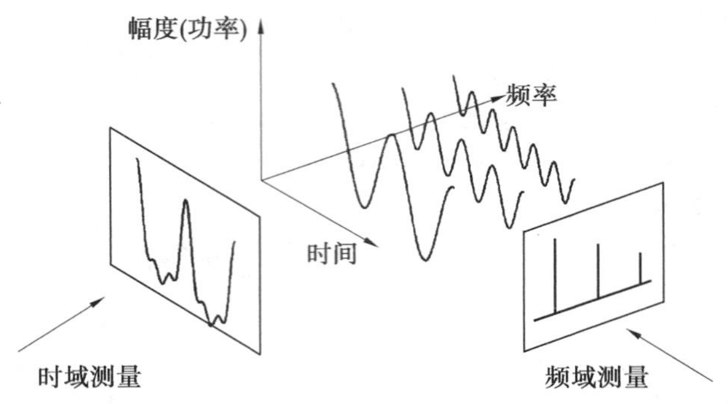

图 2.54 信号时域测量与频域测量的关系

时域测量用的仪器是示波器,频域测量用的仪器是频谱分析仪。示波器和频谱分析仪是从不同的角度观察同一个电信号,各有不同的特点。示波器得到的是信号的时域波形信息,容易观察到电信号的相位关系,而不能测量和分辨出混合信号,如果信号存在干扰或失真,示波器在时域上则无法区分出有用信号和无用信号。频谱分析仪是用来分析待测信号的频谱结构,测量信号各频率分量的频率和功率大小及噪声基底等参数的一种仪器,频谱分析仪在频域上可以准确地测量有用信号和无用信号的各种参数。对信号进行频域分析可以更严格、更深刻地反映信号的特点。频谱分析仪是射频通信系统测试中对信号频谱特征进行测量和分析的最重要的测试仪器。本节将对频谱分析仪的工作原理给予详细介绍。

2.3.1 频谱分析仪的工作原理概述

频谱分析仪广泛应用于射频通信系统中,为信号的频谱结构、谐波失真、交调失真、噪声背景等提供测试手段,方便系统设计与调试。频谱分析仪的类型很多,不同类型的频谱分析仪可以适应不同信号的分析需求。按照频谱分析仪的工作原理,可将其分为实时型和扫频型两大类,其中实时型频谱分析仪可以同时显示所有频率分量的测量结果,而扫频型频谱分析仪则只能在滤波器或本振扫描并捕捉到感兴趣频带信号时,顺序显示测量结果。

1. 实时型频谱分析仪

实时型频谱分析仪就是可以实时显示输入信号在特定时刻的频谱组成(频率成分及幅度)的仪器,可以细分成并联滤波型频谱分析仪和快速傅里叶变换型频谱分析仪。

(1)并联滤波型频谱分析仪。

并联滤波型频谱分析仪的工作原理框图如图 2.55 所示。被测信号经过前置宽带放大器放大后,由多路分配器同时分送至由带通滤波器、检波器、显示器组成的多路“窄带频谱分析仪”中,“窄带频谱分析仪”的带通滤波器从被测信号选出需要的频谱分量,再经检波器检波后,送到各显示器并保持显示。“窄带频谱分析仪”的中心频率取决于各个带通滤波器的性能指标,带通滤波器的通频带很窄,滤波器的特性曲线接近矩形,且各滤波器的通带频率范围要适当重叠,使频谱分析仪能覆盖整个频率范围,被测信号中任何一个频谱成分不被遗漏,又能使被测信号中的不同频率成分在不同显示器上显示,这样各显示器上所显示的是被测信号在该时刻所具有的频谱分布情况。并联滤波型频谱分析仪属于真正意义上的实时型频谱分析仪,其优点是所有的滤波器在所有时间内都和输入的被测信号连接,可以瞬时检测和显示瞬变的不确定信号,且测量速度快、动态范围宽和幅度测量准确度高等;其缺点是工作频率范围低，大约在 100 kHz，这是由于该分析仪能显示的离散频谱的数目取决于滤波器的数目，而分析仪的分辨带宽取决于滤波器的带宽。可以设想频率覆盖范围是 0～100 kHz，分辨率为 1 kHz 的分析仪就需要 100 个滤波器和显示器，这说明该类分析仪的成本是很高的。典型的并联滤波型频谱分析仪采用 32 个滤波器来折中成本和分辨率。

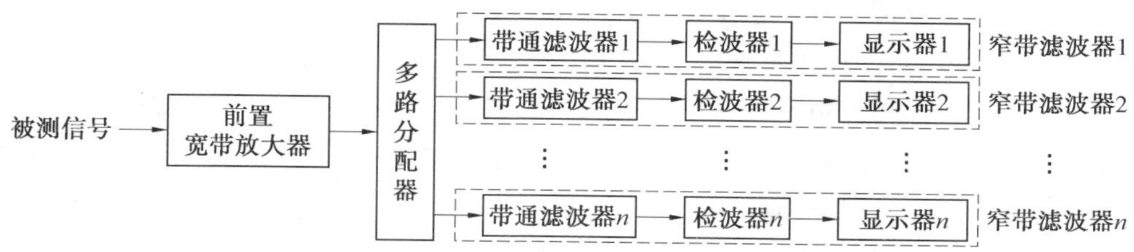

图 2.55　并联滤波型频谱分析仪的工作原理框图

(2)快速傅里叶变换(FFT)型频谱分析仪。

FFT 型频谱分析仪的工作原理框图如图 2.56 所示。被测信号经过前置低通滤波器后，利用高速 A/D 转换在时域对被测信号进行采样，采样值存储到 RAM 中。再利用快速傅里叶变换算法把该时刻的时间函数 $f(t)$ 转换为频域函数 $F(w)$，即可得到幅度—频率函数和相位—频率函数，从而获得被测信号的频率、幅度和相位信息，对非周期信号和瞬态信号进行频域分析。FFT 型频谱分析仪的优点是能够快速地捕获和分析瞬变的单次出现的信号，并且能测量幅度和相位；其缺点是分析频率带宽受 A/D 转换器采样速率的限制，在目前的技术条件下，FFT 型频谱分析仪在频率范围、灵敏度和动态范围等方面都受限，仅适合测量低频信号。

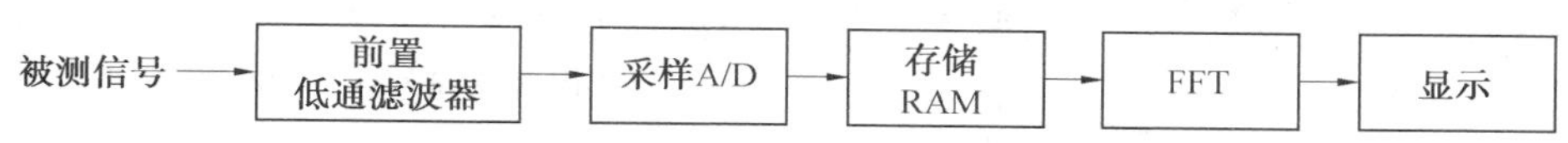

图 2.56　FFT 型频谱分析仪的工作原理框图

2. 扫频型频谱分析仪

扫频型频谱分析仪根据其扫描对象的实现形式，可以分为显示扫频型频谱分析仪、调谐滤波器型频谱分析仪和扫频超外差型频谱分析仪三种。

(1)显示扫频型频谱分析仪。

显示扫频型频谱分析仪的工作原理框图如图 2.57 所示，其前端与实时型并联滤波型频谱分析仪结构一致，只在显示器部分使用扫描开关依次显示各滤波器的输出。扫描开关扫描一次需要一定时间，当扫描到第 j 个滤波器时，被测信号发生变化，则第 1 到第 $j-1$ 个滤波器输出到显示器的是前一个信号的频谱，第 j 到第 n 个滤波器输出到显示器的就是变化后信号的频谱分布，这样造成被测信号的某些频谱分量被遗漏，因此显示扫频型频谱分析仪

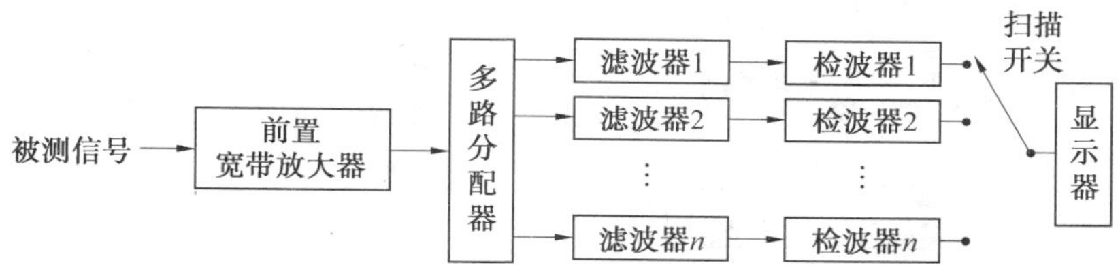

图 2.57　显示扫频型频谱分析仪的工作原理框图

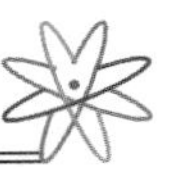

不能用于测量随机信号的实时频谱，主要用于周期和准周期信号的分析。

(2)调谐滤波器型频谱分析仪。

调谐滤波器型频谱分析仪的工作原理框图如图 2.58 所示，扫描电路产生的扫描信号控制带通滤波器的中心频率自动反复在信号频谱范围内扫描，由此依次选出的被测信号各频谱分量经检波和视频放大后加至显示器的垂直偏转电路，而显示器的水平偏转电路输入信号来自同一扫描信号，这样水平轴就表示频率，从而实现了对被测信号的频谱测量。这种频谱分析仪的优点是结构简单，价格低廉，不产生虚假信号；其缺点是灵敏度低，分辨力差，调谐窄带滤波器的相对带宽($\Delta f/f$)可以保持恒定，但绝对通频带宽随频率升高而变宽，即它的分辨力随工作频率的改变而改变。由于这些原因，这类频谱分析仪主要用在被测信号较强、频谱分析较稀疏和在较宽频率范围内搜索信号的情况。

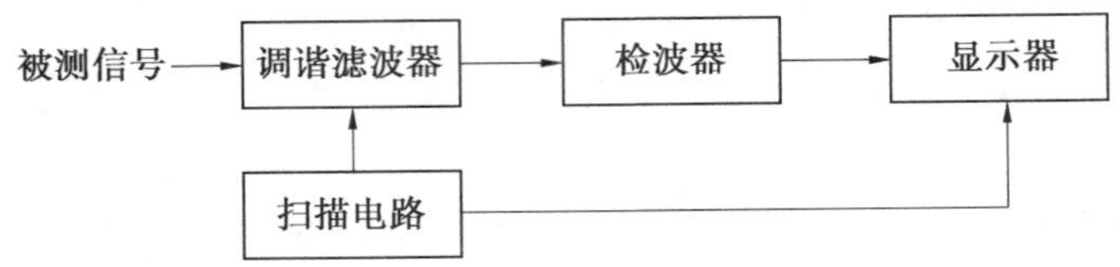

图 2.58　调谐滤波器型频谱分析仪的工作原理框图

(3)扫频超外差型频谱分析仪。

扫频超外差型频谱分析仪的工作原理框图如图 2.59 所示，输入被测信号经过可调节衰减器和低通滤波器处理后，和本振信号进入到混频器混频转换成中频信号。因为本振信号频率可变，所以输入信号都可以被转换成固定中频，经中频放大器放大后进入中频滤波器(中心频率固定)，接着进入一个对数放大器，对中频信号进行压缩，然后进行包络检波，所得信号即视频信号。为了平滑显示，在包络检波之前通过可调低通滤波器，即视频滤波；视频信号在阴极射线管内垂直偏转，即显示出信号的幅度，同时，由于显示的频率值是扫频发生器电压值的函数，所以对应被测信号的频率值，于是，被测信号的信息显示在 LCD 上。在图 2.59中，输入衰减器对信号进行的第一级处理，用于保证频谱分析仪在宽频范围内保持良好匹配特性，以及保护混频及其他中频处理电路，防止部件损坏和产生过大非线性失真。混频器主要完成信号的频谱搬移，将不同频率输入信号变换到相应频率。中频滤波器是频谱分析仪中的关键部件，频谱分析仪主要依靠该滤波器来分辨不同频率信号，频谱分析仪许多关键指标(测量分辨力、测量灵敏度、测量速度、测量精度等)都和中频滤波器的带宽和形状有关。检波器主要用来将输入信号功率转换为输出视频电压，该电压值对应输入信号功率。针对不同特性输入信号(正弦信号、噪声信号、随机调制信号等)，需采用不同检波方式才能准确地测出该信号的功率。视频滤波器主要用来对检波器输出视频信号进行低通滤波处

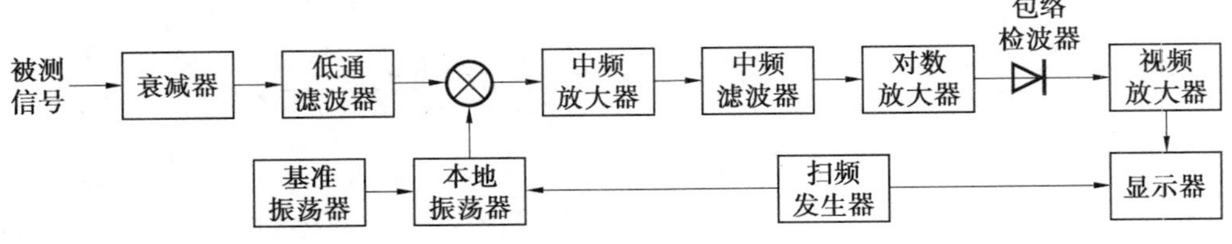

图 2.59　扫频超外差型频谱分析仪的工作原理框图

理，减小视频带宽可对频谱显示中的噪声抖动进行平滑处理，从而减小显示噪声的抖动范围。这样有利于频谱分析仪发现淹没在噪声中的小功率连续波信号，还可提高测量的可重复性。

3. 频谱分析仪的技术性能参数

不同类型的频谱分析仪的技术性能参数不完全相同，对于使用者来说，主要应了解工作频率范围、频率分辨力、灵敏度、动态范围、扫频宽度、扫描时间、扫频速度和测量范围等技术指标。

(1)工作频率范围(Operating Frequency Range)。

工作频率范围是指频谱分析仪正常工作时所能分析的信号有效频率范围，工作频率范围小于一个倍频程时称为窄带频谱分析仪。频谱分析仪输入端的隔直电容构成高通滤波器，其截止频率决定了频谱分析仪工作频率范围的下限。而第一混频器的频率响应性能、第一本振的扫频范围和输入低通滤波器的截止频率，决定了频谱分析仪工作频率范围的上限。

(2)频率分辨力。

频率分辨力(Frequency Resolution)简称分辨力，是指频谱分析仪分辨两个相邻频谱分量的能力，主要取决于窄带滤波器(即中频滤波器)的通频带宽，通常定义窄带滤波器幅频特性的 3 dB 带宽为频谱分析仪的分辨力，中频滤波器的通频带宽也称为分辨力带宽(Resolution Bandwidth)。显然，若窄带滤波器的 3 dB 带宽过宽，可能两条谱线都落入滤波器的通带内，此时频谱分析仪无法分辨这两个频率分量。频谱分析仪的中频滤波器的带宽(分辨力)是可以改变的，可以通过选择足够窄的中频滤波器带宽来区分频率很接近的信号。传统的中频滤波器采用的是模拟滤波器，但目前新型的频谱分析仪中普遍采用数字化技术来实现分辨力带宽非常窄的滤波器(即数字滤波器)，其可以做到 1 Hz 的分辨力。

(3)灵敏度。

灵敏度指频谱分析仪测量微弱信号的能力，定义为显示幅度为满刻度时，输入信号的最小电平值。灵敏度与扫描速度有关，扫描速度越快，动态幅频特性峰值越低，灵敏度越低。

(4)动态范围。

在一定测量精度条件下，当频谱分析仪分析同时出现在输入端的两个信号时，这两个信号的最大功率比就是频谱分析仪的动态范围，实际上表示频谱分析仪同时显示大信号和小信号频谱的能力，其上限受到非线性失真的制约，一般在 60 dB 以上，有的可达 90 dB。

(5)扫频宽度(Span)。

扫频宽度又称为频率跨度，简称扫宽，是指频谱分析仪在一次分析过程中所显示的频率范围，即显示器水平轴起止点相对应的频率之差。目前扫频宽度有两种表示法，一种是全程(满屏)频率量值，另一种是每格频率量值。扫频方式可分为零宽度扫频、部分宽度扫频和全频段扫频，全频段扫频是指扫描整个工作频率范围。

(6)扫描时间(Sweep Time)。

扫描时间是指扫描一次整个频率量程并完成测量所需要的时间，也称分析时间。一般都希望测量越快越好，即扫描时间越短越好。但是，频谱分析仪的扫描时间是和频率量程、分辨率带宽和视频滤波等因素有关联。为了保证测量的准确性，扫描时间不可能任意地缩短，也就是说，扫描时间必须在兼顾相关因素影响的前提下，适当设置。

(7)扫频速度。

扫频速度是指单位时间内频谱分析仪的扫频宽度，其等于扫频宽度除以扫频时间。

(8)测量范围。

测量范围是指在任何环境下可以测量的最大信号与最小信号的比值。可以测量的信号的上限由安全输入电平决定，大多数频谱分析仪的安全输入电平为+30 dBm(1 W)，可以测量的信号的下限由灵敏度决定，并且和频谱分析仪的最小分辨力带宽有关，灵敏度一般在−135～−115 dBm之间，由此可知，测量范围在145～165 dB之间。

2.3.2 SA920 频谱分析仪的使用方法

信息与通信工程实验教学示范中心信号处理基础教学实验室所使用的频谱分析仪包括两种型号，即LG公司SA920频谱分析仪和是德科技N9320B频谱分析仪。实物如图2.60和图2.61所示，虽然厂家和产品型号不一致，但是频谱分析仪的操作按键和使用方法均一致，因此，本节将以N9320B为例介绍频谱分析仪的使用方法。SA920的使用方法相似，不再赘述。

图2.60　LG公司SA920频谱分析仪　　图2.61　是德科技N9320B频谱分析仪

2.3.2.1 控制前面板

图2.62给出了N9320B的控制前面板，为了简化功能描述，此处只将频谱分析仪所涉及的关键按键进行说明。

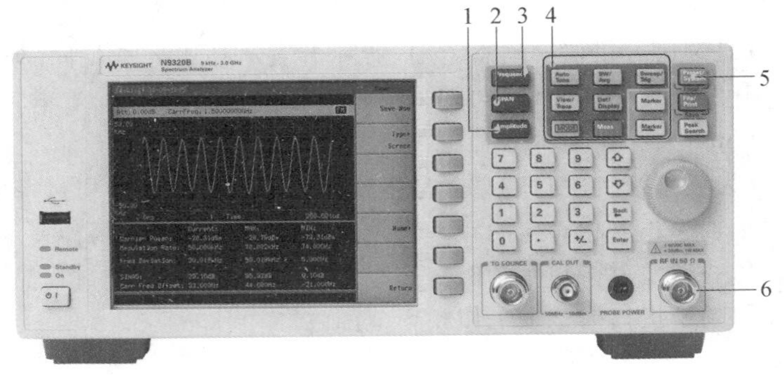

图2.62　N9320B的控制前面板

1. 幅度(Amplitude)

设置频谱分析仪参考电平功能，单击后进入如图2.63所示与幅度相关的菜单，可使用这些软键设置关于纵轴的数据参数。

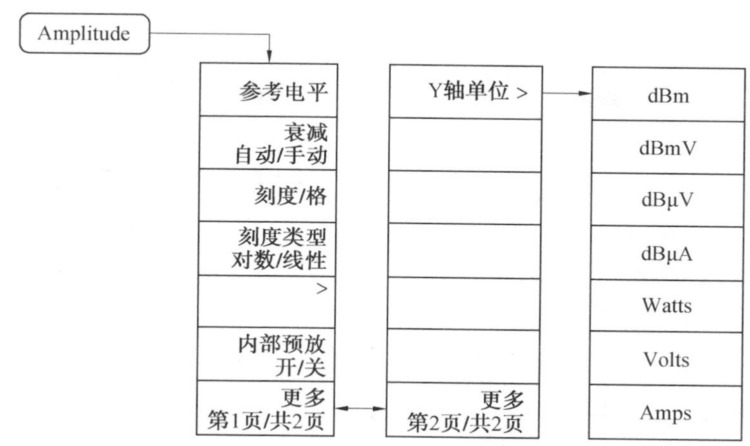

图 2.63　幅度相关设置菜单

(1)参考电平(Rel Level)。设置参考电平。参考电平为屏幕顶端栅格线所代表的功率或电压值(单位为所选的幅度单位),可以通过旋钮或数值键盘改变参考电平值。

(2)衰减,自动/手动(Attenuation, Auto/Man)。设置输入衰减器模式为自动或手动。输入衰减器用于设置输入信号进入混频器之前的功率衰减,通常与参考电平相结合,可以通过箭头键、旋钮或数值键盘改变输入衰减值。自动模式时,按一次箭头键输入衰减变化 5 dB。

(3)刻度/格(Scale/Div)。设置屏幕垂直方向上一个栅格对应的对数值。刻度/格功能仅在刻度类型选择对数可用。

(4)刻度类型,对数/线性(Scale Type,Log/Lin)。用于设置纵轴显示刻度为对数或线性。设置为对数时,可设置纵轴一个栅格对应的对数值,范围为每格 1～10 dB。设置为线性时,纵轴栅格变为线性刻度,默认幅度单位为 V。屏幕顶端的栅格线为参考电平,而最底端的栅格线为零电平。每个栅格为参考电平的十分之一,单位为 V。

(5)内部预放,开/关(Int Preamp,On/Off)。需要搭配选件 PA3,控制仪器内部前置放大器的开关,开启产生用于补偿前置放大器的增益。

(6)Y 轴(Y Axis)。改变纵轴幅度单位,在对数和线性两种模式均可用。可选单位包括 dBm、dBmV、dBμV、dBμA、Watts、Volts 和 Amps。

2. 扫宽(SPAN)

用于设置关于中心频率对称的频率范围。单击后进入如图 2.64 所示与扫宽相关的菜单,可使用这些软键设置扫宽的参数。

(1)扫宽(Span)。用于输入扫宽范围值。

(2)全扫宽(Full Span)。将分析仪扫宽设置为全部频率范围,全扫宽将关闭信号跟踪功能。

(3)零扫宽(Zero Span)。将扫宽设为零。在此模式下,显示时域信号的包络(X 轴显示为时间单位),如同一个示波器,零跨度将关闭信号跟踪功能。

(4)上次扫宽(Last Span)。将分析仪的扫宽变为先前的扫宽。

3. 频率(Frequency)

用于设置中心频率功能，单击后进入如图 2.65 所示与频率相关的菜单，可使用这些软键设置关于频率的数据参数。

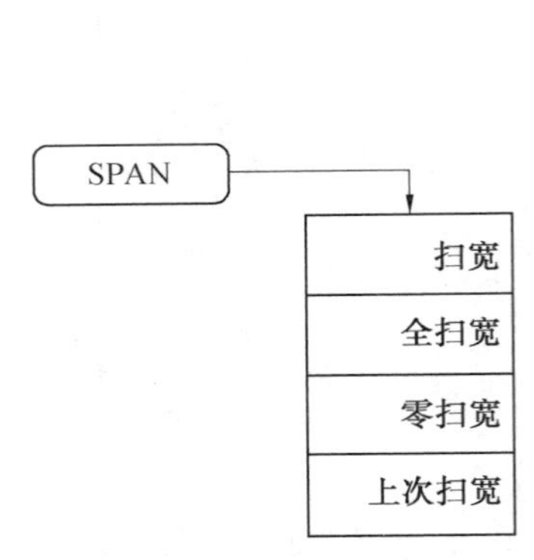

图 2.64 扫宽相关设置菜单

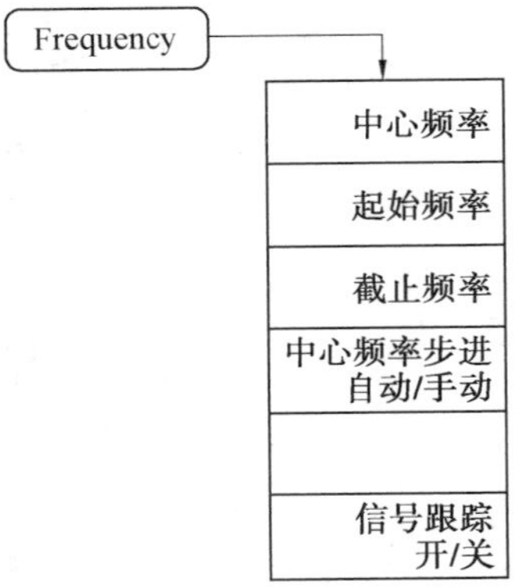

Frequency
中心频率
起始频率
截止频率
中心频率步进
自动/手动
信号跟踪
开/关

图 2.65 频率相关设置菜单

(1)中心频率(Center Freq)。设置屏幕水平方向中心位置处的中心频率值。

(2)起始频率(Start Freq)。设置栅格的最左端的起始频率值。栅格的左右端分别对应于起始频率和终止频率。频率显示范围既可以用起始频率＋截止频率来设置，也可以使用中心频率＋扫宽来设置，其效果是一致的。

(3)截止频率(Stop Freq)。为栅格的最右端设置终止频率值。

(4)中心频率步进，自动/手动(CF Step，Auto/Man)。调制设置中心频率时的步进大小。当设好步进值并激活中心频率功能时，则箭头键按照步进值对中心频率进行调整。

(5)信号跟踪，开/关(Signal Track，On/Off)。将距有效标记最近的信号移至显示的中央，并将信号保持在那里。

4. 功能键

功能键用于激活频谱仪的各项主要功能，包括：

(1)复位/系统(Preset/System)。可重新将频谱仪设置到原始状态。在仪器处于远控模式时，按下此键可返回本地模式。

(2)自动调谐(AutoTune)。自动对信号进行搜索并将信号置于屏幕的中央。

(3)带宽/平均(BW/Avg)。设置分辨率带宽等功能，单击后出现如图 2.66 所示控制带宽和平均等功能的软键菜单。

①分辨率带宽，自动/手动(Res BW，Auto/Man)。可使用旋钮或箭头键在 10 Hz～3 MHz范围内改变仪器的分辨率带宽值。在 1 kHz 以下时可选用值为 10 Hz、100 Hz 或 300 Hz。当分辨率带宽降低时，系统会修正扫描时间来保持对幅度的校准。分辨率带宽也与扫宽有关，扫宽减小时，分辨率带宽也随之减小。在自动耦合模式下，视频带宽随分辨率带宽一同改变，从而保持分辨率带宽和视频带宽的比率不变。

②视频带宽，自动/手动(Video BW，Auto/Man)。可使用旋钮或箭头键在 1 Hz～3 MHz范围内改变仪器的视频带宽值。当视频带宽降低时，系统会降低扫描时间来保持对幅度的校准。视频带宽和分辨率带宽没有耦合时，屏幕底端的“VBW”旁会出现一个“＃”的

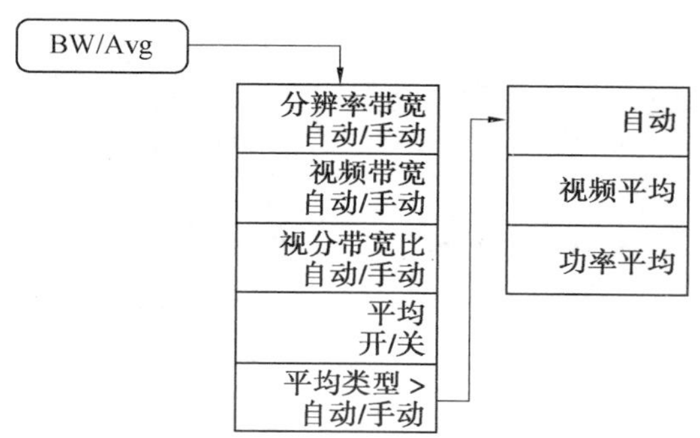

图 2.66　带宽/平均相关设置菜单

标记。要重新耦合，请再次按此键返回自动。

③视分带宽比，自动/手动(VBW/RBW，Auto/Man)。设置视频带宽与分辨率带宽的比率。若信号与噪声电平相近，显示在屏幕上的信号响应较模糊，可将比率设为小于 1 来减少噪声。当复位类型被设为出厂设置且按下复位键时，比率被设为 1.000。可使用旋钮或箭头键来改变此比率。

④平均，开/关(Average，On/Off)。启动一个数字平均程序，对一系列扫描中的踪迹点取平均，从而使所显示的波形更"平滑"。按键处于关闭时可改变扫描次数(取平均的次数)。

(4)扫描/触发(Sweep/Trig)。进入设置扫描时间，选择频谱仪的扫描和触发模式的软键菜单。选项主要包括单次扫描、连续扫描等。

(5)峰值搜索(Peak Search)。在信号的幅度峰值处放置标记。单击后出现如图 2.67 所示峰值搜索功能的软键菜单。

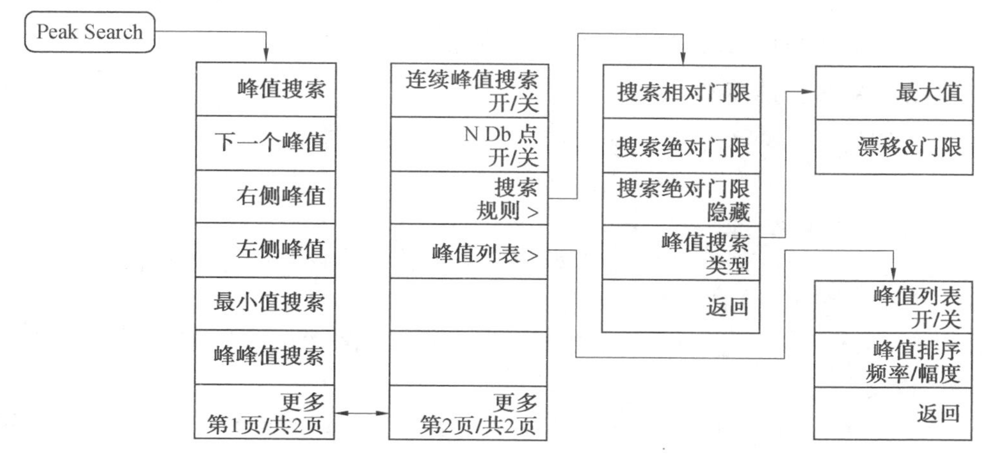

图 2.67　峰值搜索相关设置菜单

①峰值搜索。用有效标记搜索谱线中幅度最高峰并显示其频率与幅度值。

②下一峰值(Next Peak)。将标记移动到下一个峰值。信号峰值必须比峰阈值高出峰偏差值。如果没有此峰点，则标记将不移动。

③右侧峰值(Next Pk Right)。将标记移动到当前标记右方的下一个峰值。信号峰值必须比峰阈值高出峰偏差值。如果右侧没有此峰点，则标记将不移动，屏幕上显示"未找到

峰值”出错消息。

④左侧峰值(Next Pk Left)。将标记移动到当前标记左方的下一个峰值。信号峰值必须比峰阈值高出峰偏差值。如果左侧没有此峰点，则标记将不移动，屏幕上显示“未找到峰值”出错消息。

⑤最小值搜索(Min Search)。将标记移动到被检测幅值的最小点。

⑥峰峰值搜索(Pk－Pk Search)。找出并显示最高和最低踪迹点的频率(如果处于零跨度，则为时间)差和幅度差。

5. 射频输入端口(RF IN)

此端口用于连接外部输入信号端口。连续输入平均功率超过＋30 dBm 或直流电压超过 50VDC 的信号都会对仪器造成损害，其输入阻抗为 50 W，连接器为 N 型阴头。

2.3.2.2 使用方法

1. 观察正弦波信号的频谱

正弦波信号的参数：频率为 10 MHz。

(1) 按“Press”键，频谱分析仪将返回到出厂默认状态。(此步骤可以省略)

(2) 按“Frequency”键，设置中心频率为 10 MHz，起始频率为 9.5 MHz，截止频率为 10.5 MHz。

(3) 按“Span”键设置扫宽，由于“起始频率＋截止频率”与“中心频率＋扫宽”的设置效果一致，如果使用“起始频率＋截止频率”设置频率显示范围，则此步骤可以省略。

(4) 按“Amplitude”键，设置刻度类型为“线性”，并调节参考电平，使得频谱曲线接近屏幕顶端栅格线。

(5) 按“Peak Search”键，在 10 MHz 的峰值处放置一个标记，此标记的频率和幅度值既显示在屏幕上激活的功能区，又显示在屏幕的右上角。

2. 观察 AM 信号的频谱

AM 调制信号的参数：载波频率为 10 MHz，调制信号频率为 5 kHz。

(1) 按“Press”键，频谱分析仪将返回到出厂默认状态。(此步骤可以省略)

(2) 按“Frequency”键，设置中心频率为 10 MHz。

(3) 按“Span”键设置扫宽，由于调幅信号频率为 5 kHz，可知该调幅信号占用带宽为 10 kHz，可令扫宽为 20 kHz。

(4) 按“Amplitude”键，设置刻度类型为“线性”，并调节参考电平，使得频谱曲线接近屏幕顶端栅格线。

(5) 按“Peak Search”键，在各个峰值处放置标记，此标记的频率和幅度值既显示在屏幕上激活的功能区，又显示在屏幕的右上角。

3. 观察 FM 信号的频谱

FM 调制信号的参数：载波频率为 10 MHz，调制信号频率为 5 kHz。

(1) 按“Press”键，频谱分析仪将返回到出厂默认状态。(此步骤可以省略)

(2) 按“Frequency”键，设置中心频率为 10 MHz。

(3) 按“Span”键设置扫宽，令扫宽为 100 kHz。

(4) 按“Amplitude”键，设置刻度类型为“线性”，并调节参考电平，使得频谱曲线接近屏幕顶端栅格线。

(5) 按“Peak Search”键，在各个峰值处放置标记，此标记的频率和幅度值既显示在屏幕上激活的功能区，又显示在屏幕的右上角。

4. 观察脉冲调制信号的频谱

脉冲调制信号的参数：载波频率为 10 MHz，脉冲周期为 1 000 μs，脉冲宽度为 200 μs。

(1) 按“Press”键，频谱分析仪将返回到出厂默认状态。(此步骤可以省略)

(2) 按“Frequency”键，设置中心频率为 10 MHz。

(3) 按“Span”键设置扫宽，由于调幅信号频率为 5 kHz，可知该调幅信号占用带宽为 10 kHz，可令扫宽为 50 kHz。

(4) 按“Amplitude”键，设置刻度类型为“线性”，并调节参考电平，使得频谱曲线接近屏幕顶端栅格线。

(5) 按“Peak Search”键，在各个峰值处放置标记，此标记的频率和幅度值既显示在屏幕上激活的功能区，又显示在屏幕的右上角。

2.4　HiGO 信号与系统实验平台

HiGO 信号与系统实验平台是哈尔滨工业大学电子与信息工程学院信息与通信工程实验教学中心拥有自主知识产权的一款通用型信号与系统实验教学产品，采用完全开放的形式，利用各种元件模块在底板上积木式搭建电路，代替传统的面包板，具有直观、耐用的特点，能够完成与电子电路相关的各种基础实验，可以培养学生的学习兴趣，提高动手能力和创新能力。HiGO 实验平台 logo 如图 2.68 所示。

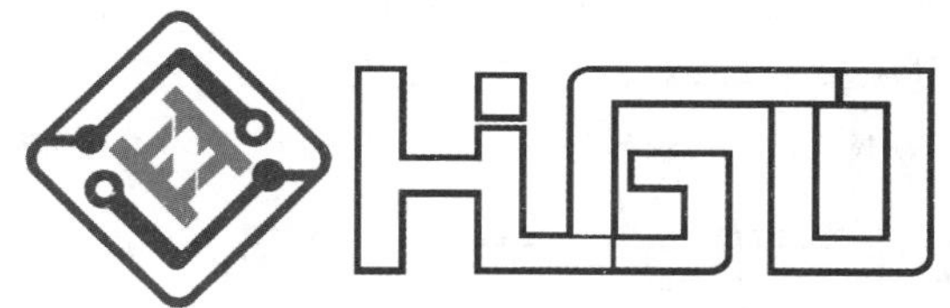

图 2.68　HiGO 实验平台 logo

2.4.1　HiGO 信号与系统实验平台的特点

1. 积木式电路设计

借鉴国际先进设计理念，参考国内各大仪器设备厂商的实验箱设计方案，结合哈尔滨工业大学教学实际需求，开发了积木式搭建电路的通用信号与系统实验平台 HiGO。该平台采用通用型底板，将元器件和功能电路模块封装于标准规格的模块盒中，使搭建电路像搭积木一样，快捷方便，趣味性强。底板颜色大小随意变换，让学生的设计灵感不再受限于狭小的空间，充分激发学生的学习兴趣和探究热情。

2. 通用性、直观性

(1)HiGO 可以满足基础教育、职业教育和高等教育等不同层次的实验室教学或课堂教

学需求。

(2)搭建的电路能够完全体现电路原本的拓扑结构,清晰明了,有利于学生对知识的理解,提高实验效率。

(3)元器件实物和电气符号相结合的方式,既能够加深学生对元器件实物的了解,又能够帮助学生将电气符号与实物对应起来。

3. 可靠性与安全性

(1)连接件全部使用优质产品,并采用安全可靠的插接方式,整体插拔寿命大于1万次,有效克服了面包板容易损坏的问题。

(2)电路设计和元器件选择均参考军品级电路设计,确保电路使用寿命。

将 HiGO 应用于信号与系统实验课程教学中,为开展信号与系统实验提供了便捷的实验环境。该实验平台采用模块化设计方式,既可以组合成一套功能完备的信号与系统实验箱,也可以根据实验要求,自行选取单元模块,构建实验电路。

2.4.2 HiGO 信号与系统实验平台的组成

2.4.2.1 底板

标准底板尺寸为 40 cm×40 cm,为乐高标准小颗粒积木底板,板上有 50×50 孔,支持浅灰、深灰、绿、浅绿、苹果绿、粉红、红、白、黄、蓝共 10 种颜色可选。

2.4.2.2 基本单元模块

HiGO 信号与系统实验平台的基本单元模块主要包括信号源、电源等 9 类模块,对信号与系统实验的各个实验内容提供硬件支持。

图 2.69 给出了一个基本信号与系统单元模块的连接接口示意图,模块左下方标注了模块类别为"Bnadpass Filter",表示本模块为带通滤波器模块,中心频率为 1 kHz。模块配备了专用电源输入接口和电源指示灯,对模块电源状态进行指示。同时,模块对引线测试孔、测试端子均进行了编号,方便学生记录实验数据。下面将对各个模块进行详细介绍。

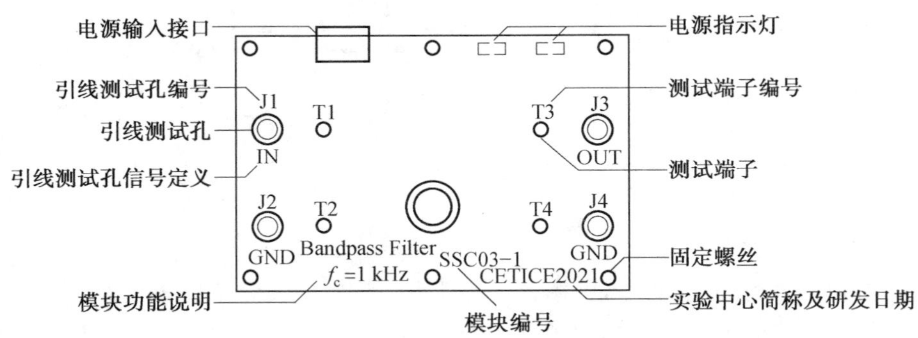

图 2.69 实验模块对外连接接口示意图

1. SSC01 信号发生器模块(Signal Generator Module)

HiGO 信号与系统实验平台信号发生器模块面板如图 2.70 所示,是基于直接数字合成技术(DDS)的信号发生器,采用 FPGA 设计,DC12V 电源供电,能够输出正弦、方波(占空比可以在 1%~99%范围内调节)、三角波以及锯齿波等多种函数波形,最大有效输出大于

$10V_{p-p}$，输出频率分辨率为 10 mHz，输出信号幅度和直流偏置连续可调。模块还具有扫频功能，支持线性扫频、对数扫频两种扫描方式，能够任意设定扫描频率范围以及扫描时间。同时具有 TTL 同步输出、外测频和计数器等多种功能于一体。具有使用方便、信号稳定度高、常用功能一键操作、BNC 和 K2 插孔双输出方式、信号输出幅度一键衰减的特点。

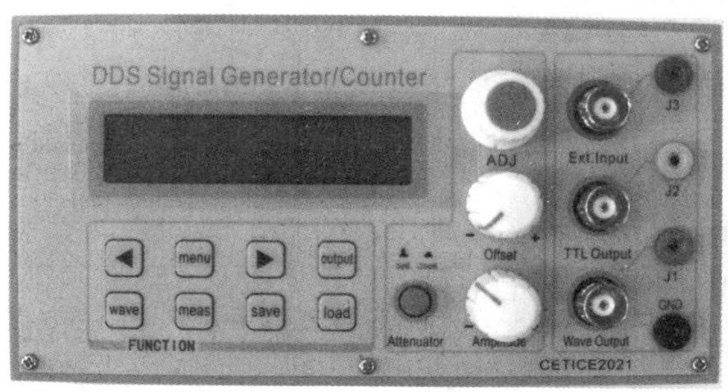

图 2.70　信号发生器模块面板

(1)模块接口。

①模块信号输出接口。信号输出采用 BNC(对应标注 Wave Output)和 K2 插孔(对应标注 J1，红色)两种接口形式，其中 K2 插孔形式为针对信号与系统实验平台专用接口，需要配合黑色 K2 插孔的 GND 使用。该接口输出的信号参数如下：

a. 输出波形：正弦、方波(占空比可调)、三角波、锯齿波。

b. 输出幅度：$\geqslant 10V_{p-p}$(空载)。

c. 输出阻抗：51 Ω±10%。

d. 直流偏置：±3 V。

e. 频率范围：0.01 Hz～2 MHz。

f. 频率分辨率：0.01 Hz(10 mHz)。

g. 频率准确度：$\pm 5\times 10^{-6}$。

h. 频率稳定度：$\pm 2\times 10^{-6}$/3 h。

i. 正弦波失真度：≤0.8%(参考频率 1 kHz)。

j. 三角波线性度：≥98%(0.01 Hz～10 kHz)。

k. 方波上升下降时间：≤100 ns。

l. 方波占空比范围：1%～99%。

②TTL 信号输出接口。信号发生器模块的 TTL 信号输出接口输出与模拟输出信号同频率的 TTL 信号，采用 BNC(对应标注 TTL Output)和 K2 插孔(对应标注 J2，黄色)两种接口形式，其中 K2 插孔形式为针对信号与系统实验平台专用接口，需要配合黑色 K2 插孔的 GND 使用。该接口输出的信号参数如下：

a. 频率范围：0.01 Hz～2 MHz。

b. 幅度：→$3V_{p-p}$。

c. 扇出系数：→20TTL 负载。

③测频与计数器信号输入接口。信号发生器模块提供频率测量与计数器功能，其输入接口采用 BNC(对应标注 Ext. Input)和 K2 插孔(对应标注 J3，蓝色)两种接口形式，该接口输入信号参数如下：

a. 计数范围：0～4 294 967 295。

b. 测频范围：1 Hz～60 MHz。

c. 输入幅度：0.5V_{p-p}～20V_{p-p}。

除上述与接口对应的功能外，信号发生器模块还具有如下指标：

a. 扫描方式：线性扫描、对数扫描。

b. 频率设定范围：0.01 Hz～2 MHz。

c. 频率扫描范围：M1 预设频率～M2 预设频率。

d. 扫描速率：1～99 s/步进。

e. 显示方式：LCD1602 液晶英文显示。

f. 存储和调入功能：M0～M9(开机默认调入 M0 存储参数)。

g. 蜂鸣器提示功能：可通过程序设置开启或关闭。

h. 环境条件温度：0～40 ℃，湿度<80%。

(2)模块使用方法。

图 2.71 所示给出了信号发生器的模块界面说明，电源输入接口在信号发生器的左后侧面，输入电平为 DC12V。各个控制功能按键标注含义明确，在此不做深入介绍。需要注意两点，一是“ADJ”功能选择与确认，该键为复合型按键，包括旋转编码开关和确认两种功能，旋转时可以进行编码加和编码减，用于调节信号频率或改变占空比等。将此按键按下，则是确认功能。二是信号发生器对外接口采用 BNC 接口和 K2 插孔接口，使用 K2 插孔时，需要注意各个插孔的定义，J1 对应的红色插孔是信号源信号输出，J2 对应的黄色插孔是与信号源同频的 TTL 信号输出，J3 对应的蓝色插孔是测频和计数器输入，这三个插孔的信号均需要配合黑色 K2 插孔 GND 使用。

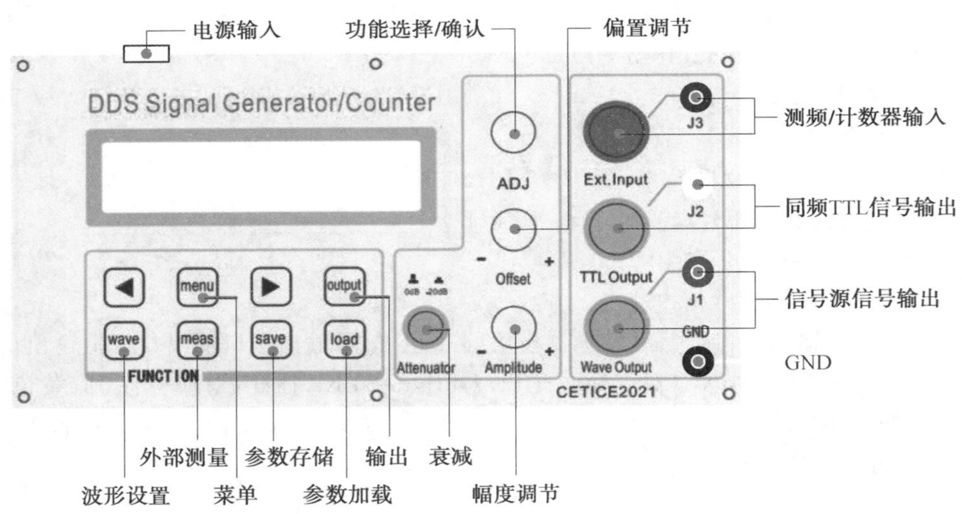

图 2.71　信号发生器的模块界面说明

①功能设置。“menu”菜单键用于频率调节和功能调节之间选择，屏幕左侧的“ * ”号指示当前的状态，当“ * ”在第一行时，表示当前是调节频率状态，此时按下“menu”键，则切换到功能调节状态，如图 2.72 所示。在调节功能时，使用“◀”键和“▶”键在 wave(波形)、DUTY(占空比)、Counter(计数器)、Ext. Freq(外部频率测量)、SWEEP(扫频)、Save(保存)

和 Load(加载)之间选择,最后,按下"ADJ"按键确认旋转。

*F=0010.00000kHz　　F=0010.00000kHz
FUNC:WAVE=SINE　　*FUNC:WAVE=SINE

(a) 选择调节频率功能　　(b) 选择功能调节功能

图 2.72　使用"menu"键在调节频率和功能调节之间选择

②波形设置。"wave"键用于设置当前的输出信号波形,按下"wave"键可以在 SINE(正弦波)、SQUR(方波)、TRGL(三角波)之间进行切换,如图 2.73 所示。

*F=0010.00000kHz　　F=0010.00000kHz
*FUNC:WAVE=SINE　　*FUNC:WAVE=SQUR

(a) 设置输出正弦波　　(b) 设置输出方波

图 2.73　使用"wave"切换输出信号波形

③设置信号频率。调节频率时,使用"◀"键和"▶"键能够左右移动光标指示位置,此时通过旋转编码开关"ADJ"可以加减光标指示位的数字,从而改变输出频率,如图 2.74 所示。此时如果按下"ADJ"键,能够切换频率显示的单位(Hz, kHz 和 MHz),如图 2.75 所示。

*F=0010.00000kHz　　*F=0010.00000kHz
FUNC:WAVE=SINE　　FUNC:WAVE=SINE

(a) 设置步进频率:1 kHz　　(b) 设置步进频率:100 kHz

图 2.74　使用左右方向键调整旋转编码器的步进频率

*F=0010000.00Hz　　*F=0.01000000MHz
FUNC:WAVE=SINE　　FUNC:WAVE=SINE

(a) 频率单位变成 Hz　　(b) 频率单位变为 MHz

图 2.75　设置光标步进频率

④调节信号幅度与直流偏置。使用幅度调节旋钮"Amplitude"调节输出信号幅度,偏置调节旋钮"Offset"调节输出信号的直流偏置。例如,对于一个正弦波信号来说,其峰峰值为 2 V(幅值 1 V),如果该信号偏置电压为 0,则其实际输出最大幅值为±1 V。如果调节该信号的直流偏置电压为 1 V,则其输出的电压为 0～2 V,相当于叠加了一个 1 V 的直流分量,如图 2.76 所示。在信号与系统实验过程中,有些实验对输入信号的直流偏置进行了要求,应该加以注意。

⑤占空比调节。首先使用"menu"菜单键和"◀""▶"键配合,调出"DUTY"占空比调节功能,然后直接利用旋转编码开关"ADJ"调节占空比,最后按下"ADJ"对设置值进行锁定。本信号发生器模块对占空比的定义如图 2.77～2.81 所示,SQUR 方波可以在 1%～99%之间调整,TRGL 三角波则有三种情况,50%是标准三角波,大于 50%和小于 50%则对应两种不同的锯齿波,占空比调节对 SINE 是无效的。

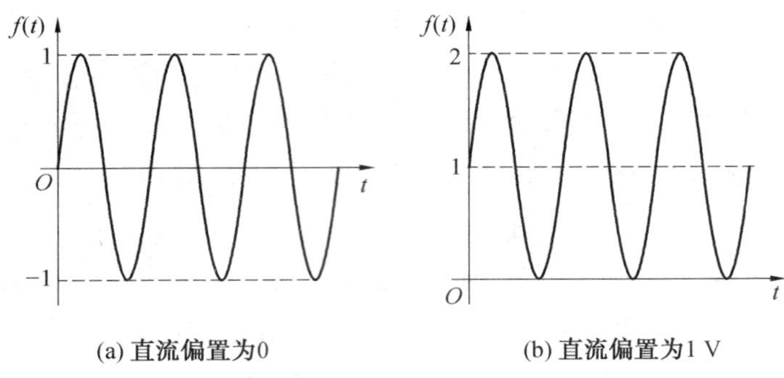

图 2.76　直流偏置对输出信号波形的影响

图 2.77　波形为方波 SQUR、占空比为 50%的控制界面与输出波形

F=0010.00000kHz
*FUNC:DUTY=80%

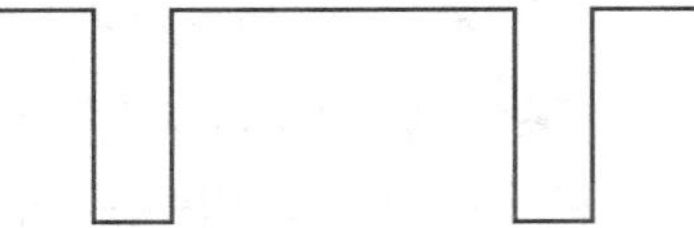

图 2.78　波形为方波 SQUR、占空比为 80%的控制界面及输出波形

F=0010.00000kHz
*FUNC:DUTY=50%

图 2.79　波形为三角波 TRGL、占空比为 50%的控制界面及输出波形

F=0010.00000kHz
*FUNC:DUTY=51%

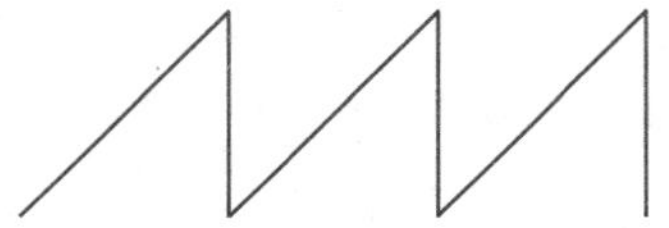

图 2.80　波形为三角波 TRGL、占空比为 51%的控制界面及输出波形

F=0010.00000kHz
*FUNC:DUTY=49%

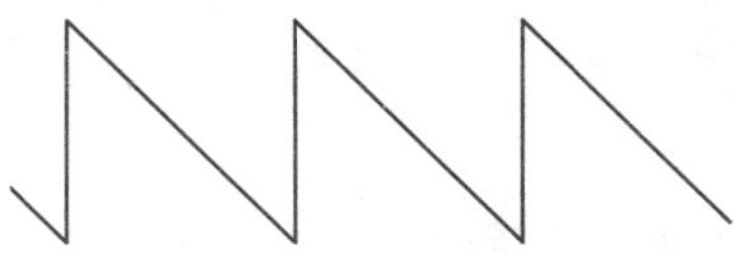

图 2.81　波形为三角波 TRGL、占空比为 49%的控制界面及输出波形

⑥外部频率测量与计数器功能。按下“meas”外部测量键时，可以在 COUNTER 计数器功能和 Ext. FREQ 外测频功能之间进行切换，相关界面如图 2.82 所示。COUNTER 是计数器功能，屏幕第一行显示计数值，输入脉冲从 J3 蓝色 K2 插孔或 Ext. Input BNC 接口输入，按下“ADJ”确认键可以对计数值进行清 0，重新计数。Ext. FREQ 是外测频功能，能够测量 J3 蓝色 K2 插孔或 Ext. Input BNC 接口输入信号的频率。

CNTR=1201
*FUNC:COUNTER
(a) 计数器模式

ExtF=10.00kHZ
*FUNC:EXT.FREQ
(b) 测频模式

图 2.82　外测频功能

⑦参数存储与调用。信号发生器模块的“save”参数存储键能够将当前频率值、当前波形以及占空比数据存储在仪器内部存储器，以便下次调出。模块提供 0～9 共 10 个存储位置，通过旋转编码器“ADJ”旋转对应存储空间，按下“ADJ”确认键可以存储，此时屏幕右下角会出现“OK”表示存储成功，如图 2.83 所示。模块开机时默认调入存储空间 0 的波形设置值。使用扫描功能时，位置 1(M1)代表起始频率，位置 2(M2)代表终止频率，如果使用扫频功能，则需要设定好位置 1(M1)和位置 2(M2)的值，并保证 $f_{M2}>f_{M1}$。当需要调用参数时，使用“load”参数加载键调入当前存储位置中的参数。

F=2012.03010kHz
*FUNC:SAVE=0
(a) 设定存储位置

F=2012.03010kHz
*FUNC:SAVE=0 OK
(b) 存储参数到位置‘0’完毕，显示OK

图 2.83　参数存储功能

⑧扫频信号输出。信号发生器模块提供扫频信号输出功能。首先使用“menu”菜单键和“◀”“▶”键配合，调出“SWEEP”扫频功能，分为 LIN－SWEEP(线性扫频)和 LOG－SWEEP(对数扫频)两种扫频模式，默认是 LIN－SWEEP 模式，可通过旋转编码开关“ADJ”切换扫频模式。选好扫频模式后，如果需要开始扫频，按下“OK”键即可，此时输出信号频率将从 f_{M1} 到 f_{M2} 变化，再次按下“OK”键，即可停止扫频。其中 M1 和 M2 的频率需要使用“参数存储”功能设定，扫描时间需要使用“TIME”功能设定，设定范围 1～99 s。扫描模式的设置如图 2.84 所示。

F=0010.00000kHz
*LIN-SWEEP:STOP
(a) 停止线性扫描

F=0010.00000kHz
*LIN-SWEEP:RUN
(b) 运行线性扫描

F=0010.00000kHz
*LOG-SWEEP:STOP
(c) 停止对数扫描

F=0010.00000kHz
*LOG-SWEEP:RUN
(d) 运行对数扫描

图 2.84　扫描模式的设置

⑨信号输出控制。信号发生器模块提供关闭输出和衰减输出两种输出控制功能。当按下“Attenuator”信号衰减自锁按键时，输出信号衰减 20 dB；当自锁按键弹起来时，输出信号衰减 0 dB(不衰减)。当按下“output”输出/停止键时，如果屏幕第二行显示“STOP OUTPUT”，表示仪器当前停止信号输出。如果屏幕第二行显示其他内容，表示仪器处于正常输出信号状态。

⑩设置蜂鸣器提示音功能。每按一次按键，或旋转编码开关产生一个脉冲，响一声提示音，操作无效时会发出一声较长的提示音。如果不需要蜂鸣器提示音，可以在关机状态下，按下“menu”菜单键，然后再打开电源开关，声音就可以关闭。如需打开提示音，再次重复上述操作即可。

2. SSC02 电源供电模块(Power Supply Module)

HiGO 信号与系统实验平台电源供电模块是针对实验中所需的正负电源，基于模块电源所开发设计的一款多功能电源供电模块，可以提供±12 V、±5 V 的电源输出。

电源供电模块的电路结构图如图 2.85 所示，首先，基于模块电源将 220 V 交流电转换为±15 V/2 A 的直流电源，然后基于 LM317 和 LM337 分别将+15 V 转换为+12 V 和+5 V，−15 V 转换为−12 V 和−5 V，电源输出分别由 K1 和 K2 控制。

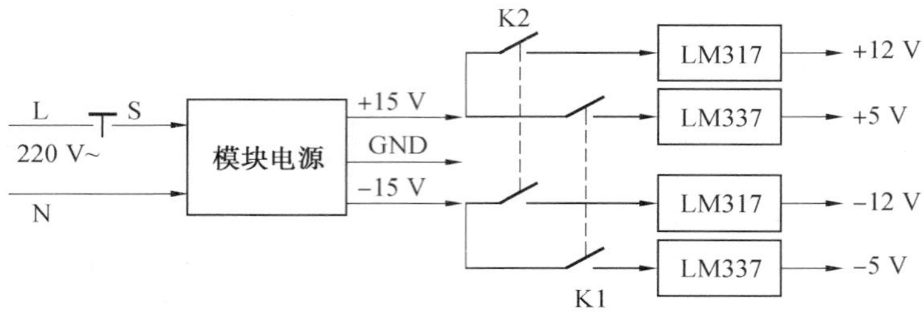

图 2.85 电源供电模块的电路结构图

电源供电模块的面板如图 2.86 所示，为了避免实验过程中两种电源接线出现错误，设计过程中分别采用了不同颜色、不同规格的防错插对外连接器，其连接器对应关系如表 2.3 所示，实物如图 2.87 所示。

图 2.86 电源供电模块的面板

表 2.3 电源供电模块对外连接器

电源类型	电源供电模块端连接器	对接电缆连接器	其他应用模块端连接器	颜色	间距
±12 V	HT396V−3.96−03P	HT396K−3.96−03P	HT396R−3.96−03P	橙色	3.96 mm
±5 V	KF2EDGV−3.5	KF2EDGK−3.5	KF2EDGR−3.5	绿色	3.50 mm

使用电源供电模块时需要注意，尽管在连接器选型上已经考虑到了防插错的可能，如图 2.88 所示，需要将插头和插座的弯曲部分匹配上，不能反插，才能确保电源接线正常，否则有可能造成正负电源反接，从而引起电源短路，造成模块损坏的严重后果。

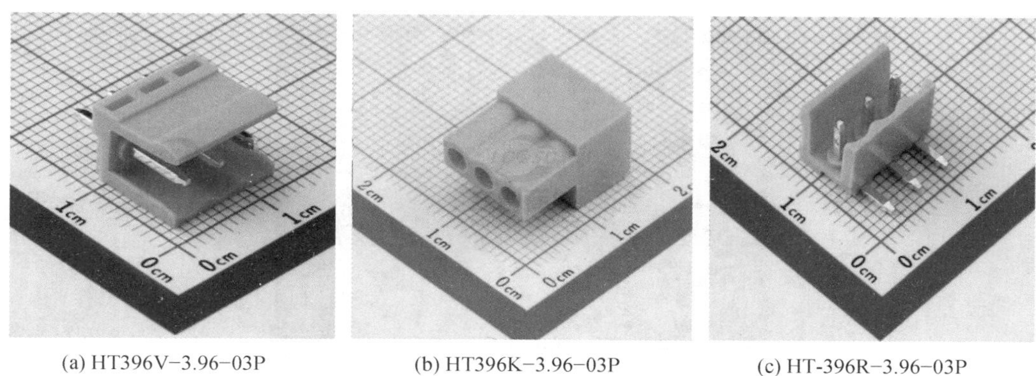

图 2.87　电源供电模块所使用的 HT396 系列 3P 连接器

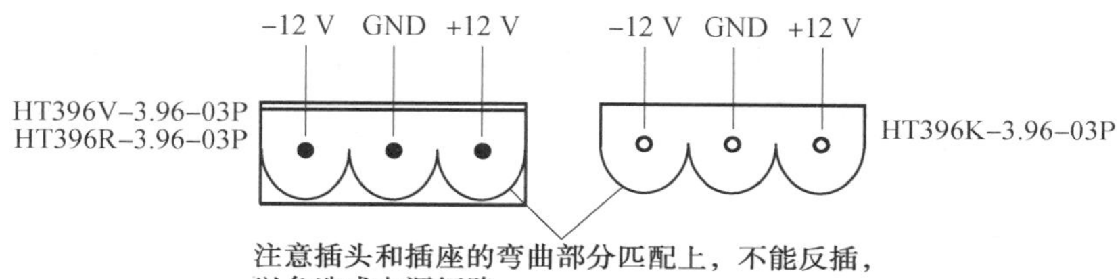

图 2.88　电源供电模块连接器使用注意事项

3. SSC03 带通滤波器模块(Bandpass Filter Module)

图 2.89 所示为 HiGO 信号与系统实验平台所提供的编号 SSC03 的带通滤波器模块结构示意图，图 2.90 为通用电路原理图，模块面板如图 2.91 所示。

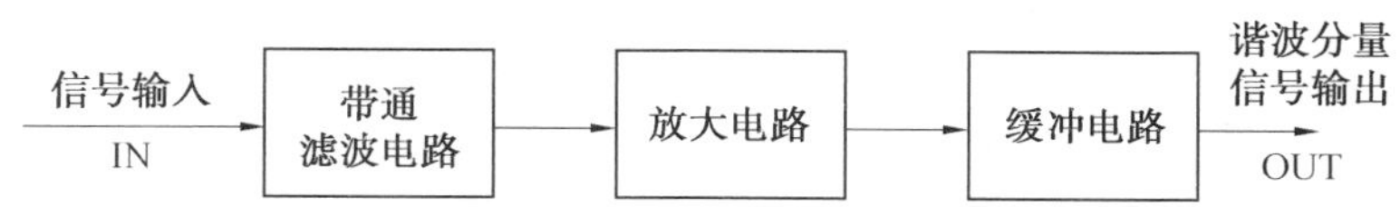

图 2.89　带通滤波器模块结构示意图

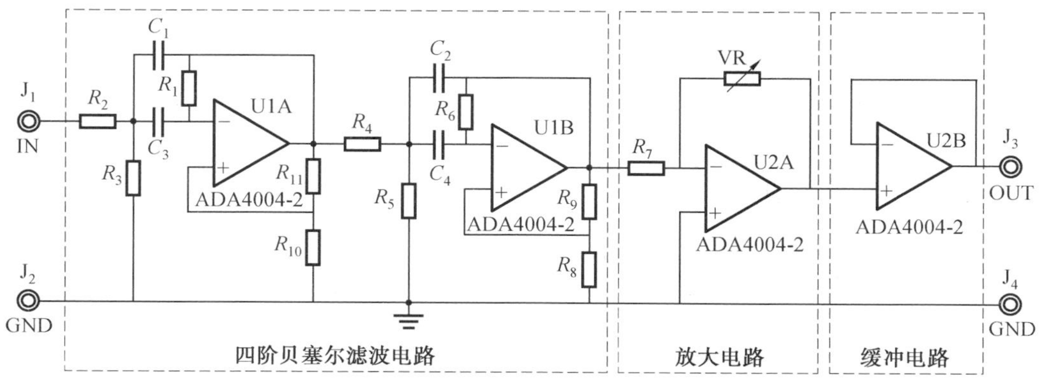

图 2.90　带通滤波器模块通用电路原理图

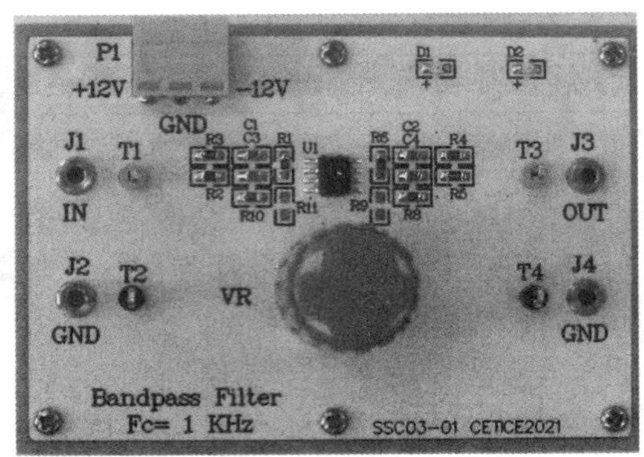

图 2.91　带通滤波器模块面板图

(1)1K 带通滤波器模块。

编号 SSC—01 的 1K 四阶贝塞尔带通滤波器模块(1 kHz Bandpass Filter Module)电路原理图如图 2.92 所示，其中心频率为 1 kHz，通带宽度为 100 Hz。其相关性能曲线如图 2.93所示。

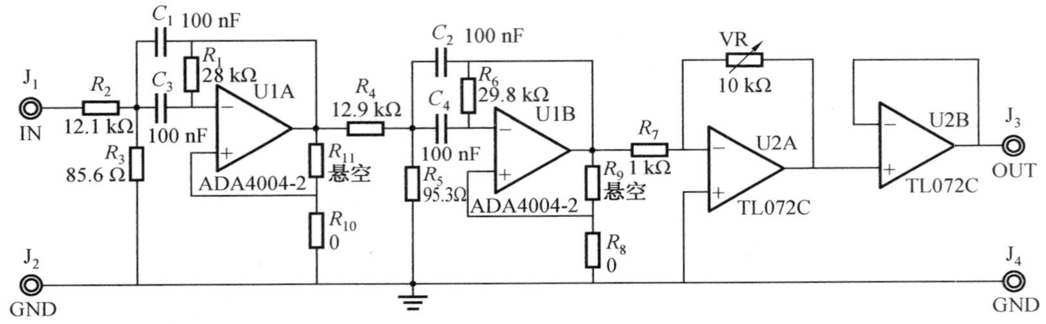

图 2.92　1K 四阶贝塞尔带通滤波器模块电路原理图

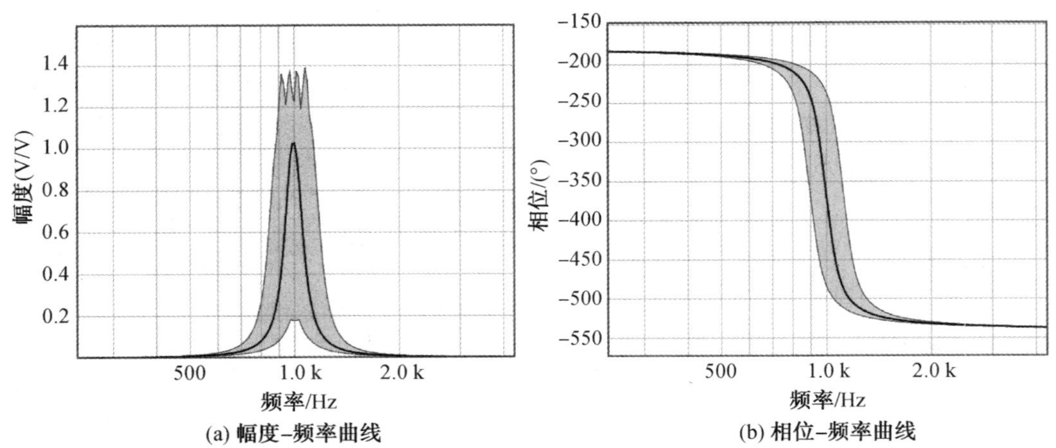

图 2.93　在电容±10%、电阻 1%精度的元件容差条件下，1K 带通滤波器性能曲线

(2)2K 带通滤波器模块。

编号 SSC—02 的 2K 四阶贝塞尔带通滤波器模块(2 kHz Bandpass Filter Module)电路

原理图如图 2.94 所示，其中心频率为 2 kHz，通带宽度为 100 Hz。其相关性能曲线如图 2.95所示。

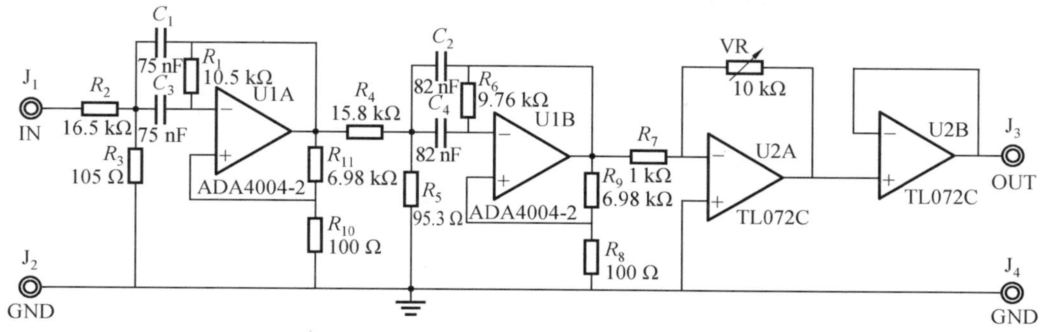

图 2.94　2K 四阶贝塞尔带通滤波器模块电路原理图

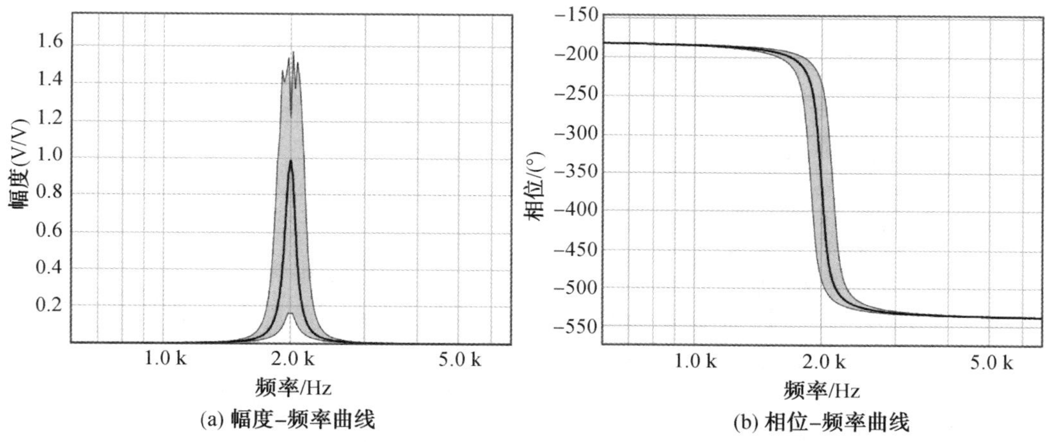

图 2.95　在电容±10%、电阻 1%精度的元件容差条件下，2K 带通滤波器性能曲线

(3)3K 带通滤波器模块。

编号 SSC—03 的 3K 四阶贝塞尔带通滤波器模块(3 kHz Bandpass Filter Module)电路原理图如图 2.96 所示，其中心频率为 3 kHz，通带宽度为 100 Hz。其相关性能曲线如图 2.97所示。

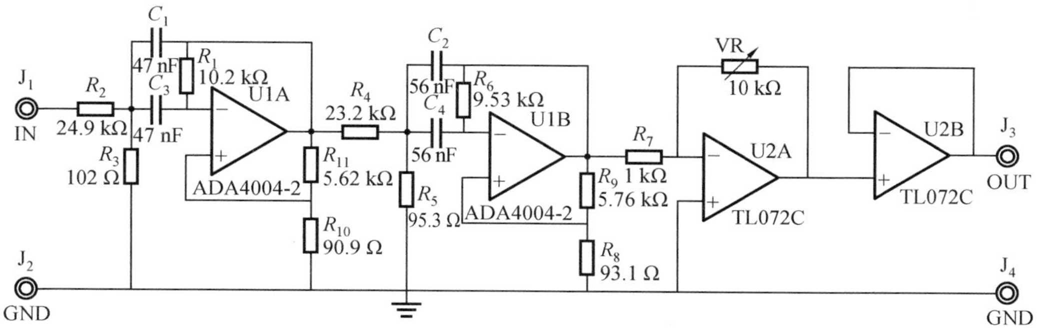

图 2.96　3K 四阶贝塞尔带通滤波器模块电路原理图

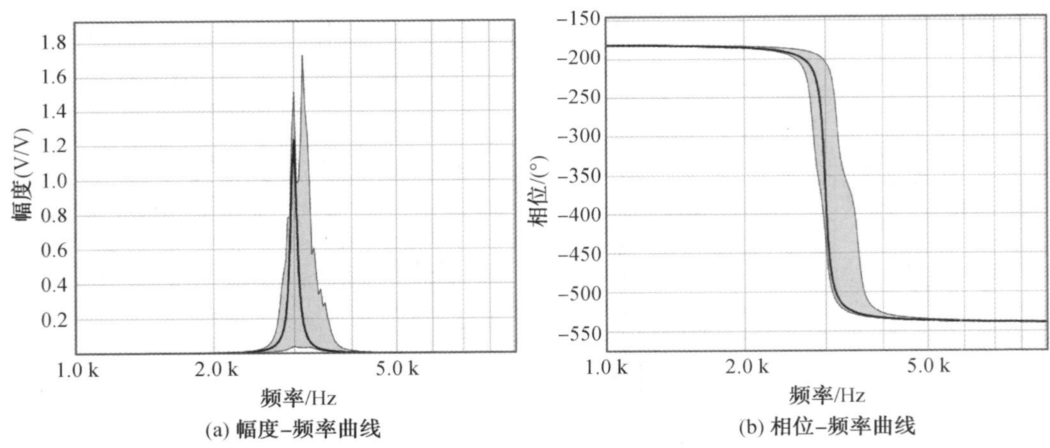

(a) 幅度-频率曲线　(b) 相位-频率曲线

图 2.97　在电容±10%、电阻 1%精度的元件容差条件下，3K 带通滤波器性能曲线

(4)4K 带通滤波器模块。

编号 SSC—04 的 4K 四阶贝塞尔带通滤波器模块(4 kHz Bandpass Filter Module)电路原理图如图 2.98 所示，其中心频率为 4 kHz，通带宽度为 100 Hz。其相关性能曲线如图 2.99所示。

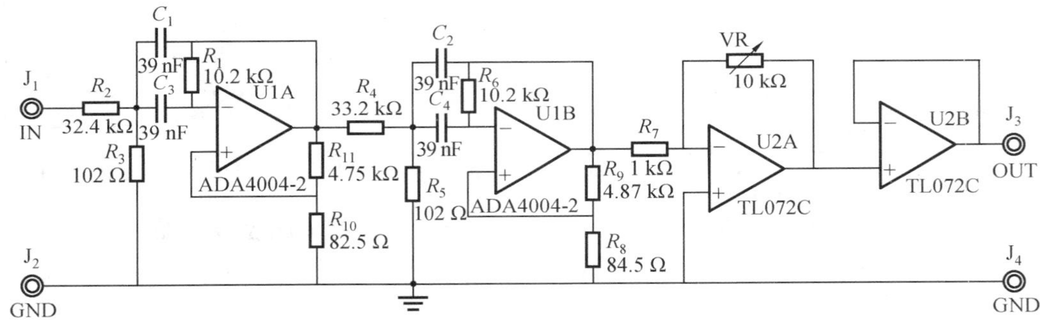

图 2.98　4K 四阶贝塞尔带通滤波器模块电路原理图

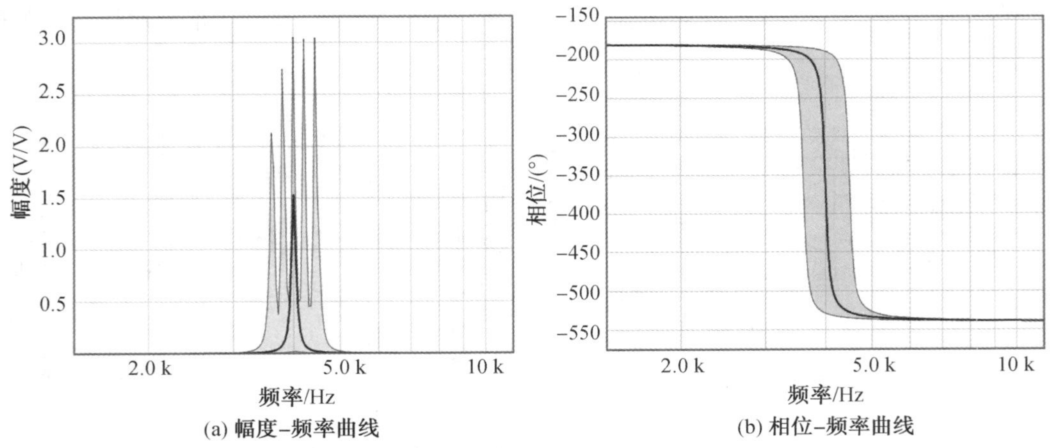

(a) 幅度-频率曲线　(b) 相位-频率曲线

图 2.99　在电容±10%、电阻 1%精度的元件容差条件下，4K 带通滤波器性能曲线

(5)5K 带通滤波器模块。

编号 SSC—05 的 5K 四阶贝塞尔带通滤波器模块(5 kHz Bandpass Filter Module)电路原理图如图 2.100 所示,其中心频率为 5 kHz,通带宽度为 200 Hz。其相关性能曲线如图 2.101所示。

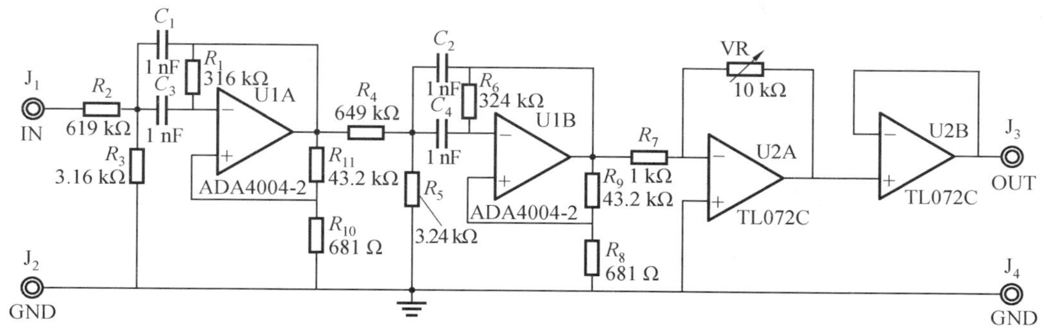

图 2.100　5K 四阶贝塞尔带通滤波器模块电路原理图

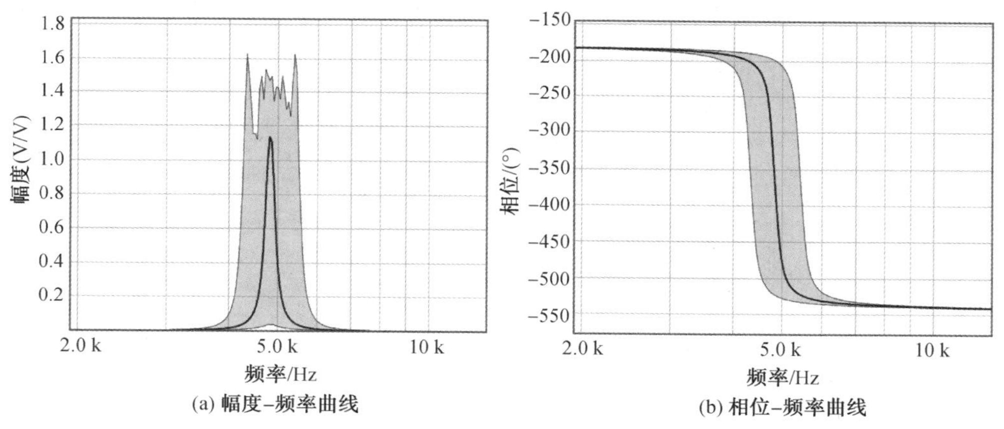

图 2.101　在电容±10%、电阻 1%精度的元件容差条件下,5K 带通滤波器性能曲线

(6)6K 带通滤波器模块。

编号 SSC—06 的 6K 四阶贝塞尔带通滤波器模块(6 kHz Bandpass Filter Module)电路原理图如图 2.102 所示,其中心频率为 6 kHz,通带宽度为 200 Hz。其相关性能曲线如图 2.103 所示。

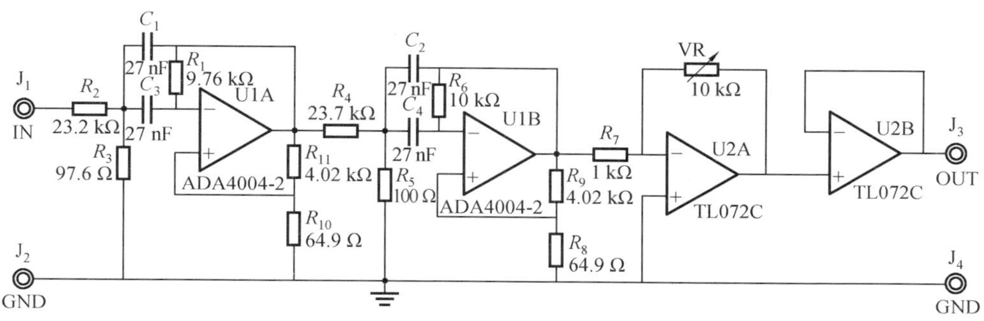

图 2.102　6K 四阶贝塞尔带通滤波器模块电路原理图

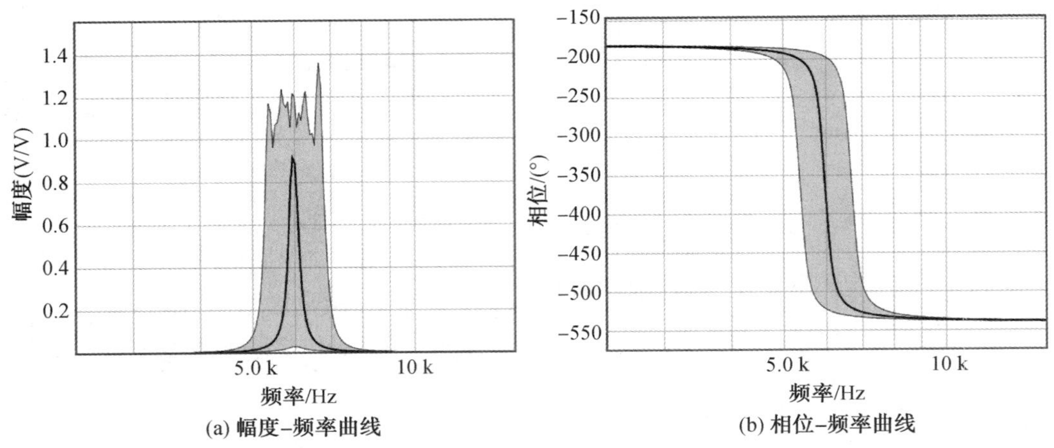

图 2.103 在电容±10%、电阻 1%精度的元件容差条件下,6K 带通滤波器性能曲线

(7)7K 带通滤波器模块。

编号 SSC—07 的 7K 四阶贝塞尔带通滤波器模块(7 kHz Bandpass Filter Module)电路原理图如图 2.104 所示,其中心频率为 7 kHz,通带宽度为 200 Hz。其相关性能曲线如图 2.105 所示。

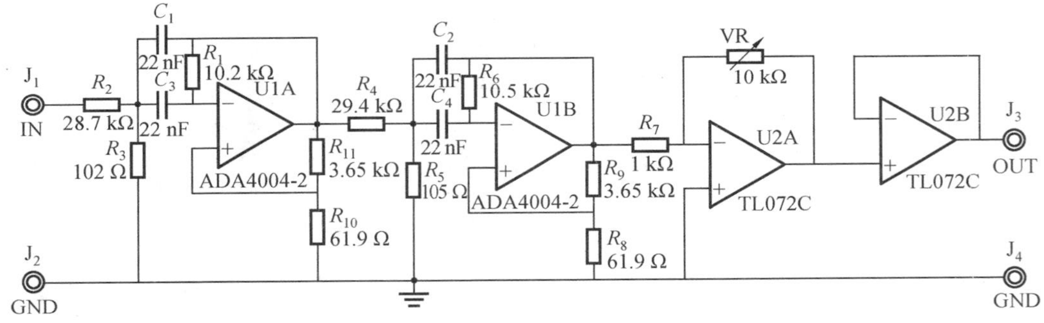

图 2.104 7K 四阶贝塞尔带通滤波器模块电路原理图

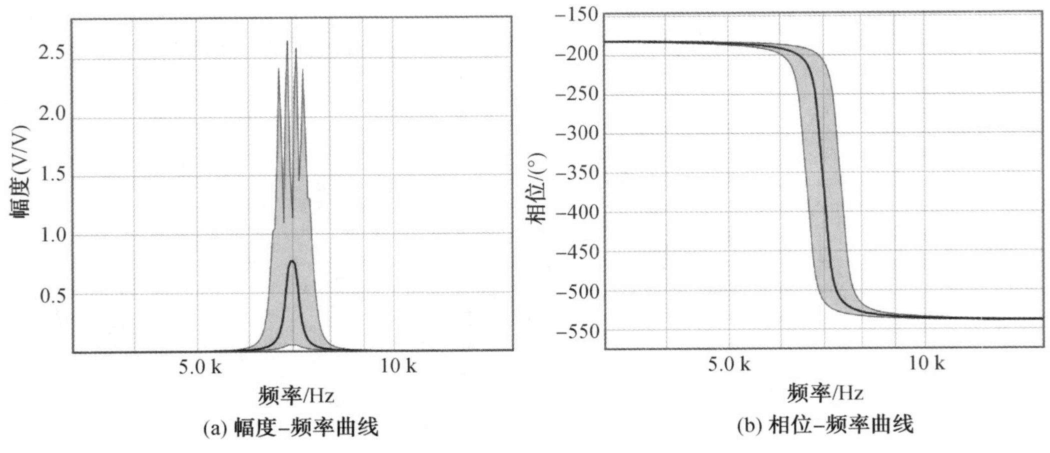

图 2.105 在电容±10%、电阻 1%精度的元件容差条件下,7K 带通滤波器性能曲线

(8)8K 带通滤波器模块。

编号 SSC—08 的 8K 四阶贝塞尔带通滤波器模块(8 kHz Bandpass Filter Module)电路原理图如图 2.106 所示,其中心频率为 8 kHz,通带宽度为 200 Hz。其相关性能曲线如图 2.107 所示。

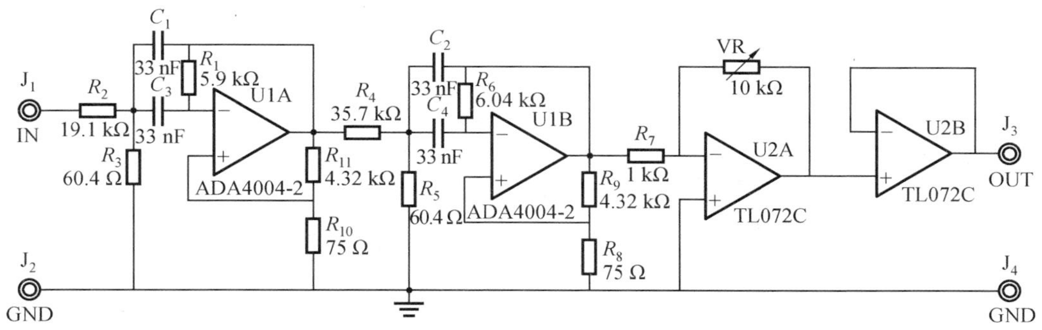

图 2.106　8K 四阶贝塞尔带通滤波器模块电路原理图

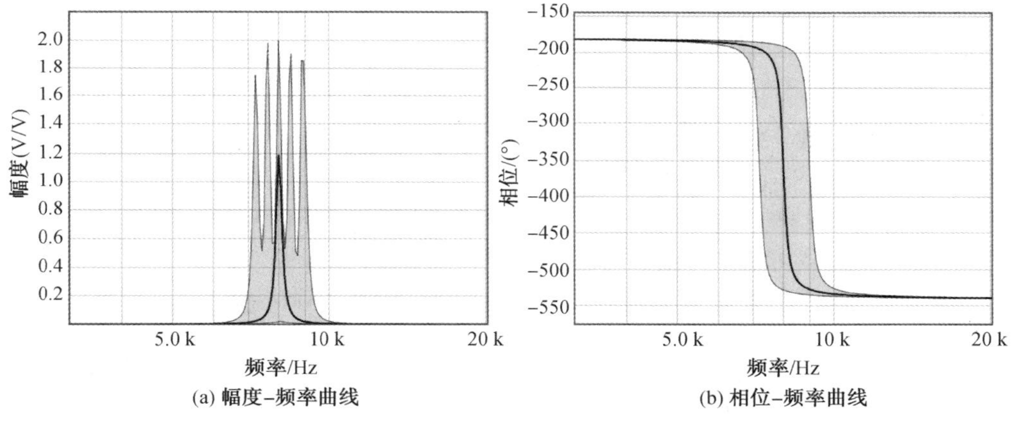

图 2.107　在电容±10%、电阻 1%精度的元件容差条件下,8K 带通滤波器性能曲线

(9)9K 带通滤波器模块。

编号 SSC—09 的 9K 四阶贝塞尔带通滤波器模块(9 kHz Bandpass Filter Module)电路原理图如图 2.108 所示,其中心频率为 9 kHz,通带宽度为 200 Hz。其相关性能曲线如图 2.109 所示。

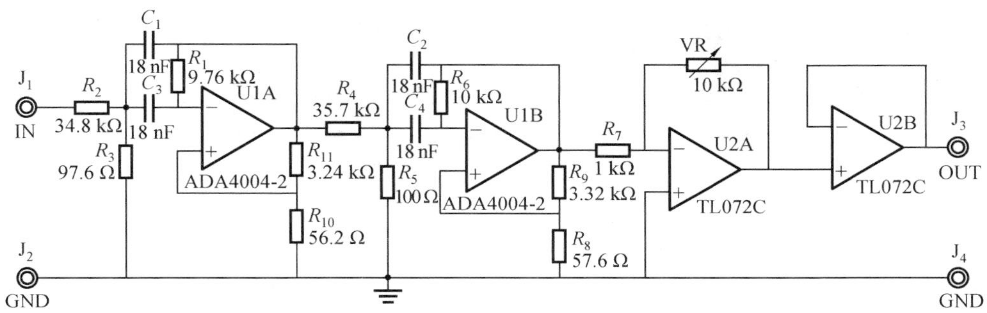

图 2.108　9K 四阶贝塞尔带通滤波器模块电路原理图

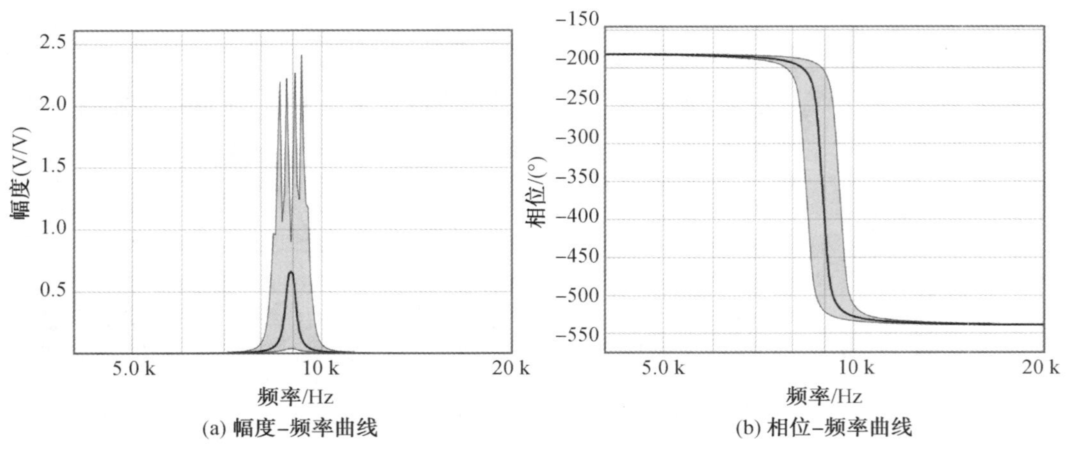

图 2.109　在电容±10%、电阻 1%精度的元件容差条件下，9 K 带通滤波器性能曲线

4. SSC04 信号时域分解模块

信号时域分解模块(Signal Time Domain Decomposer Module)是基于数字逻辑电路所设计的，工作原理框图如图 2.110 所示。74LS161 产生 000～111 循环的二进制码，进入到 CD4051 进行选择。CD4051 是 8 通道模拟解复用器，即单端 8 通道多路开关，它有 3 个通道选择输入端 C、B、A 和一个禁止输入端 INH。其模块面板如图 2.111 所示。

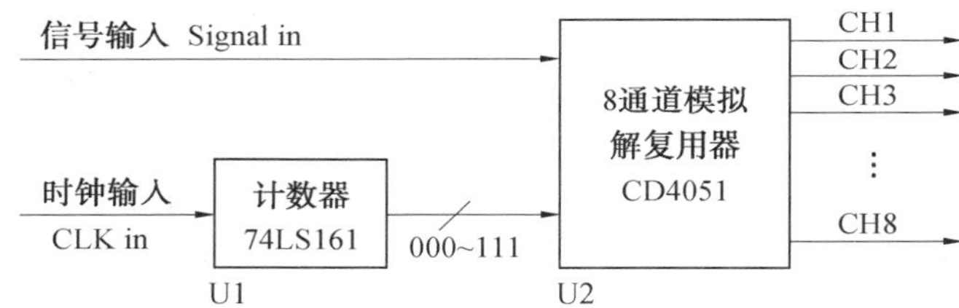

图 2.110　信号时域分解模块工作原理框图

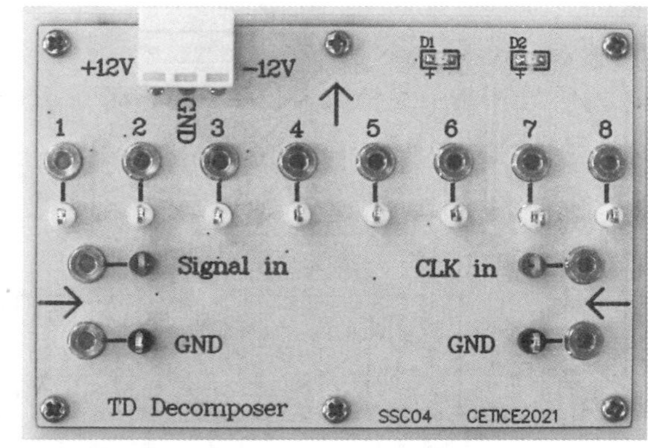

图 2.111　信号时域分解模块面板

5. SSC05 移相器模块

移相器模块主要用于方波信号分解与合成电路中，对各次谐波信号的相位进行校准。其基本工作原理如图 2.112 所示，通过改变电容和可调电阻 R 的位置，可以实现 0～180°超

前(LEAD)移相和 0～180°滞后(LAG)移相。通过调节可调电阻 R 接入电路的阻值,可以实现移相功能。移相器模块的实际工作原理框图如图 2.113 所示,该模块电路集成了 0～180°超前(LEAD)移相和 0～180°滞后(LAG)移相功能,通过 S_1～S_4 短路子选择。其中选择 S_1 和 S_2 为超前(LEAD)移相,选择 S_3 和 S_4 为滞后(LAG)移相。其模拟面板如图 2.114 所示。

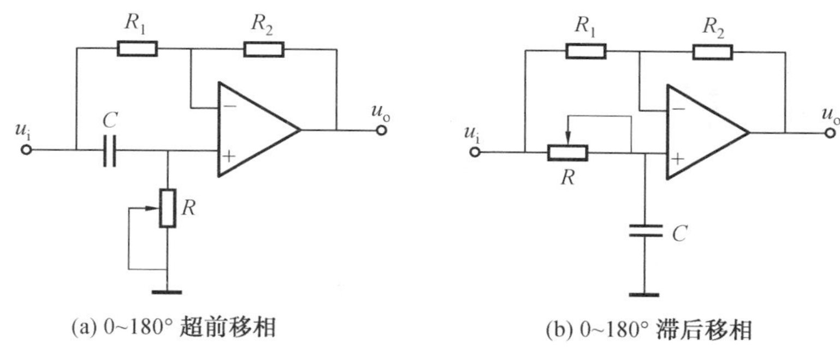

图 2.112　移相器模块基本工作原理

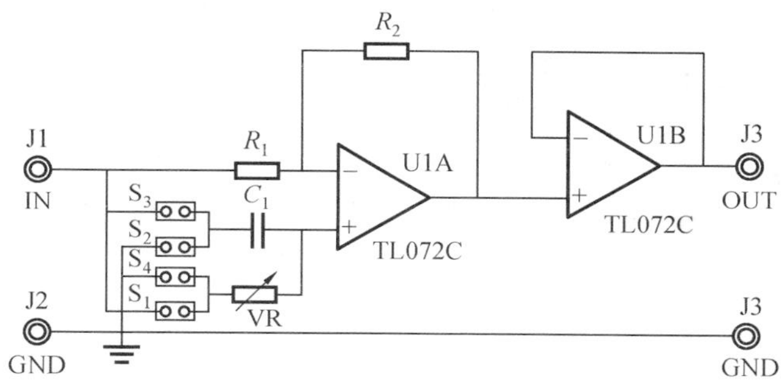

图 2.113　移相器模块的实际工作原理框图

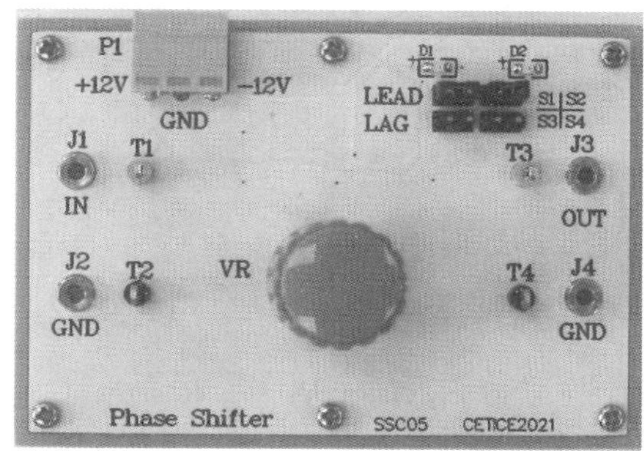

图 2.114　移相器模块面板

6. SSC06 信号合成模块

信号合成电路原理上是一个加法器,电路原理与面板分别如图 2.115 和图 2.116 所示。按照《电子线路基础》教材的同相输入加法运算电路的分析,当只有 CH1 和 CH2 两个输入信号相加时,上述电路可以精简为图 2.117 所示的简化电路。

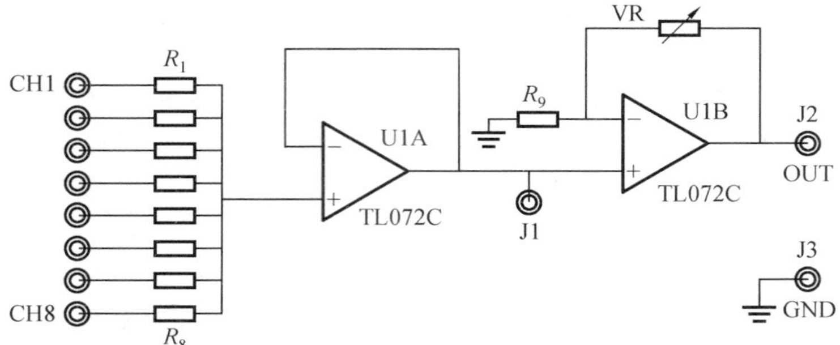

图 2.115　信号合成模块电路原理

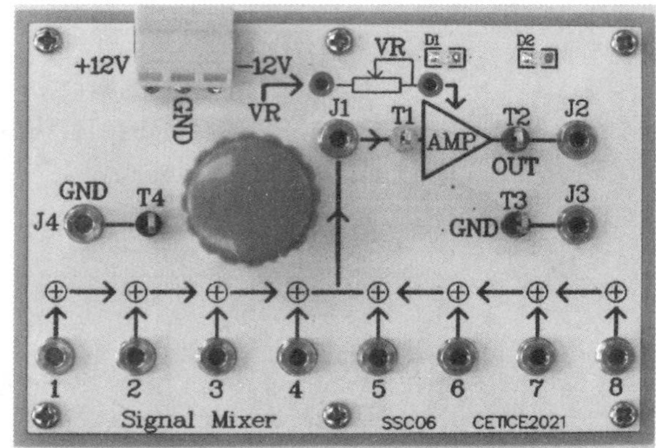

图 2.116　信号合成模块面板

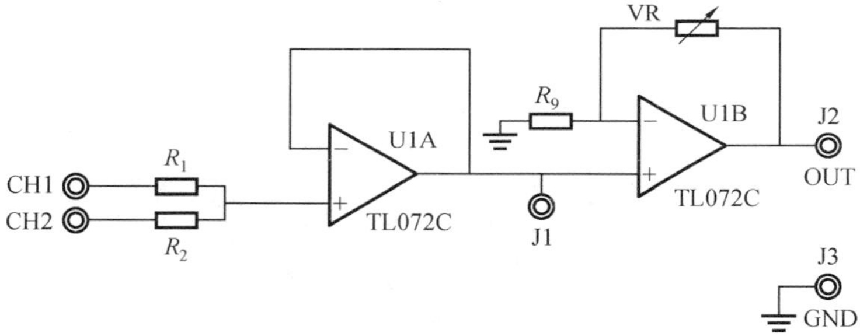

图 2.117　两输入信号情况下 SSC06 信号合成模块电路原理简化图

在图 2.117 中,J1 处观察到的信号 u_{J1} 为

$$u_{J1}=u_-=u_+=\frac{R_2}{R_1+R_2}u_{i1}+\frac{R_1}{R_1+R_2}u_{i2} \tag{2.3}$$

当 $R_1=R_2=R$ 时,式(2.3)可以化简为

$$u_{J1}=\frac{R}{2R}u_{i1}+\frac{R}{2R}u_{i2}=\frac{1}{2}(u_{i1}+u_{i2}) \tag{2.4}$$

同理,当有 CH1、CH2、CH3 三个输入信号相加时:

$$u_{J1}=u_-=u_+=\frac{R_2\ /\!/\ R_3}{R_1+R_2\ /\!/\ R_3}u_{i1}+\frac{R_1\ /\!/\ R_3}{R_2+R_1\ /\!/\ R_3}u_{i2}+\frac{R_1\ /\!/\ R_2}{R_3+R_1\ /\!/\ R_2}u_{i3} \tag{2.5}$$

当 $R_1=R_2=R_3=R$ 时,$R_2/\!/R_3=R_1/\!/R_3=R_1/\!/R_2=0.5R$,式(2.5)可以化简为

$$u_{J1}=\frac{R_2 /\!/ R_3}{R_1+R_2 /\!/ R_3}u_{i1}+\frac{R_1 /\!/ R_3}{R_2+R_1 /\!/ R_3}u_{i2}+\frac{R_1 /\!/ R_2}{R_3+R_1 /\!/ R_2}u_{i3}=\frac{1}{3}(u_{i1}+u_{i2}+u_{i3}) \tag{2.6}$$

由式(2.6)可知，当只有 2 路信号分量输入到电路进行合成波形时，在 J1 处观察到的波形幅度会变为原输入波形幅度的 1/2；当基波与三次、五次谐波合成时，在测试点 4 观察到的波形幅度会变为原输入波形幅度的 1/3；当基波与三次、五次、七次、九次谐波合成时，在测试点 4 观察到的波形幅度会变为原输入波形幅度的 1/5。

为了更好地观察合成信号与原信号的差异，SSC06 信号与合成模块在加法器后级增加了一个信号放大电路，放大信号输出从图 2.116 的接线图的测试点 T2，即 SSC06 信号合成模块 J2 输出，对电路的放大倍数 A_{uf} 由下式表示：

$$A_{uf}=1+\frac{VR}{R_9} \tag{2.7}$$

式中，VR 为变阻器 VR 的阻值。

因此，可以利用 VR 调节电路放大倍数，再利用示波器的减法功能计算出恢复的图形与原波形的差值。

7. SSC07 开关电容型低通滤波器模块

SSC07 开关电容型低通滤波器模块是基于 MAX292 实现的贝塞尔低通滤波器。MAX292 是美国美信公司(MAXIM)生产的 CMOS 八阶有源贝塞尔型开关电容低通滤波芯片，它具有线性延迟的相频响应，能够保持阶跃输入信号的基本形状(无过冲)，减轻对较高频率分量的衰减，比较快地取得稳定的响应。其转折频率 f_o(－3 dB 处对应的频率)可以直接由外部时钟信号控制，转折频率 f_o的变化范围是 0.1～25 kHz，外部输入时钟频率 f_{CLK}与转折频率 f_o之间的比值为 $f_{CLK}/f_o=100$，其引脚图及内部框图如图 2.118 所示。

MAX292 的主要部分是一个八阶开关电容滤波器、一个时钟产生电路和一个独立的运算放大器。其开关电容滤波器是由对一梯形无源滤波器进行模拟的带有求和与换算功能的开关电容积分器构成，实质上是时钟控制的采样系统。它使用高采样比($f_{CLK}/f_o=100$)技术，因而保证了信号通过时失真小，具有 *RC* 快速滤波器的特性。

MAX292 使用十分方便，只要根据用户所需要的转折频率确定外部时钟频率，即可使滤波器正常工作。MAX292 有两种电源供电方式，在±5 V 电源(双电源)供电的应用中，要求用户的输入信号在±4 V 范围内，才能够取得好的效果；在＋5 V 电源(单电源)供电的应用中，要求用户的输入信号在＋1～＋4 V 范围内，才能够取得好的效果。由以上对 MAX292 的介绍可知，使用 MAX292 能够很容易地构成一个截止频率可以按要求动态改变的低通滤波器，以适应实际应用的要求，电路结构如图 2.119 所示(采用双电源供电)。

SSC07 开关电容型低通滤波器模块的电路原理图如图 2.120 所示，对应的模块实物如图 2.121 所示。只要将频率为 f_{CLK}的时钟信号从 J2 引脚输入后，即可构建一个八阶有源贝塞尔低通滤波器，滤波器频率为 $0.01f_{CLK}$。SSC07 开关电容型低通滤波器模块主要应用于卷积观察实验信号的抽样与恢复实验中。

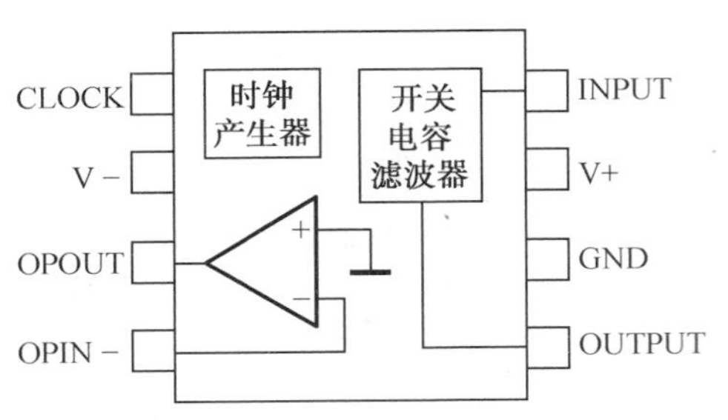

图 2.118　MAX292 芯片引脚图及内部框图

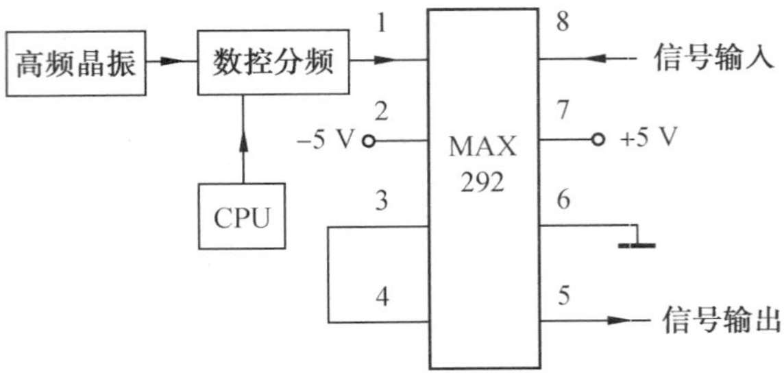

图 2.119　MAX292 低通滤波器电路结构

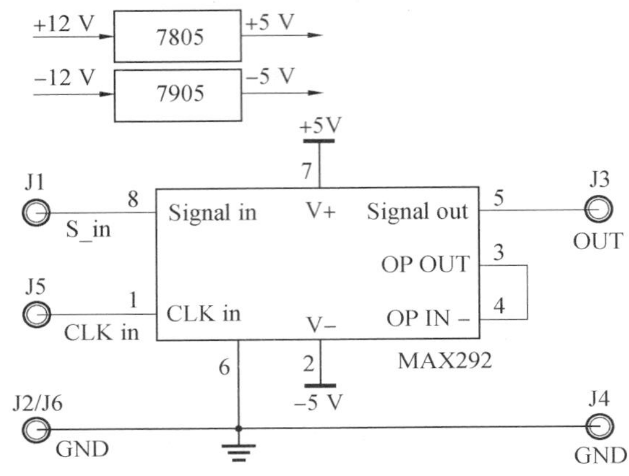

图 2.120　SSC07 开关电容型低通滤波器模块的电路原理图

8. SSC08 信号频谱分析模块

信号频谱分析模块面板如图 2.122 所示，其电路就是将输入信号进行了简单的分配，以方便测试。主要是用于信号频谱分析实验中，目的是为了避免信号正负极短路，造成信号源或频谱分析仪损坏。同时，面板上标注了信号源、频谱分析仪和示波器的输出或输入阻抗，避免实验过程中由于示波器阻抗设置不正确造成实验波形不正确。

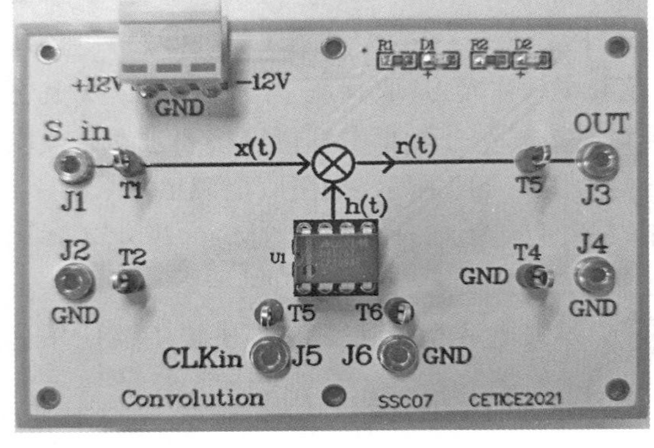

图 2.121　SSC07 开关电容型低通滤波器模块面板

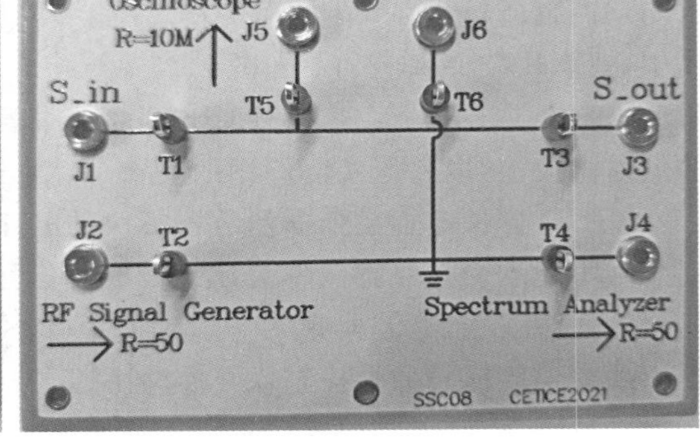

图 2.122　信号频谱分析模块面板

9. SSC09 信号抽样与恢复模块

信号抽样与恢复模块工作原理如图 2.123 所示，信号抽样采用 CD4066 集成芯片。CD4066 是四双向模拟开关，主要用作模拟或数字信号的多路传输。CD4066 的每个封装内部有 4 个独立的模拟开关，每个模拟开关有输入、输出、控制三个端子，其中输入端和输出端可互换。

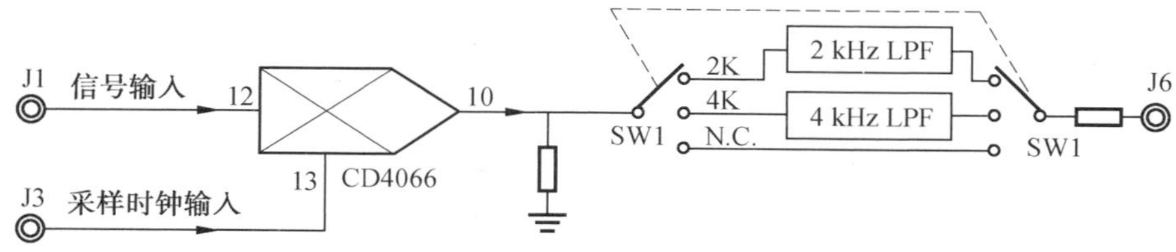

图 2.123　信号抽样与恢复模块工作原理框图

采样时钟通过 13 脚进入 CD4066 对 12 脚的输入信号进行采样，其输出信号由 SW1 选择是否经过低通滤波器。其工作原理较简单，此处不再赘述。信号抽样与恢复模块面板图如图 2.124 所示。所用到的 2 kHz 低通滤波器和 4 kHz 低通滤波器参考电路，如图 2.125 和图 2.126 所示。

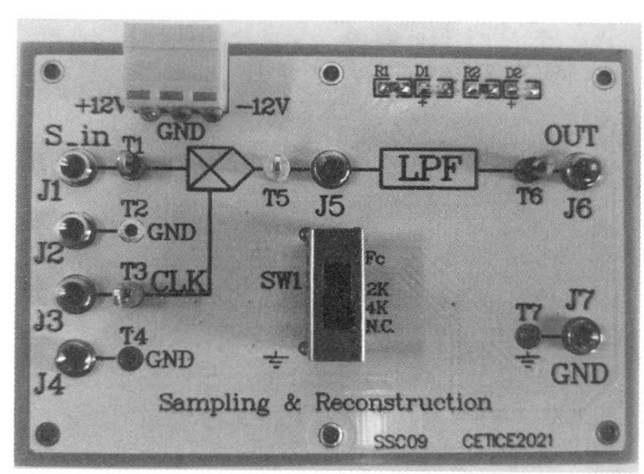

图 2.124　信号抽样与恢复模块面板

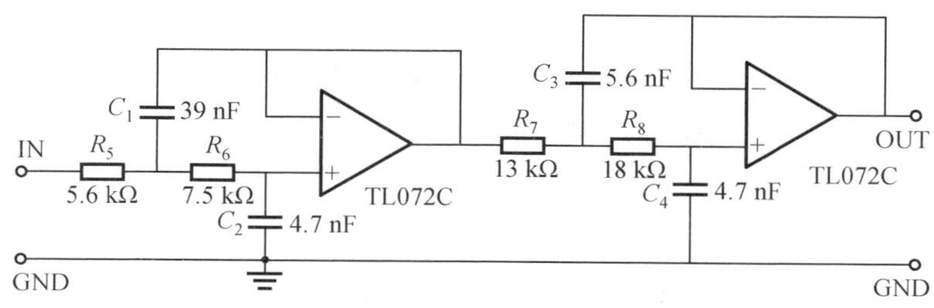

图 2.125　2 kHz 低通滤波器参考电路

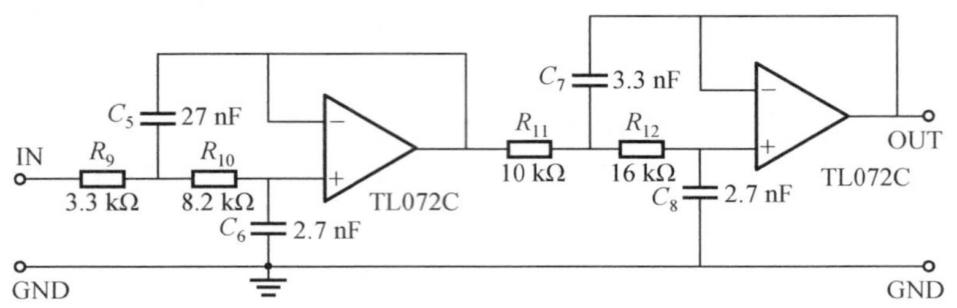

图 2.126　4 kHz 低通滤波器参考电路

10. SSC10 矩形波发生器模块

矩形波发生器模块用于产生信号与系统实验中所需的时钟和 PWM 信号，其工作原理框图如图 2.127 所示。信号产生基于 STC 单片机 8A4K32SA12，通过旋转编码器 SW1 和 SW2 分别控制频率步进和占空比步进，最终分别在 3 bit 的数码管上显示。矩形波发生器模块面板如图 2.128 所示。模块参数如下：

(1)频率范围在 1 Hz～1 MHz 可调，通过编码电位器旋钮调节。

(2)占空比范围在 0～100% 可调，通过编码电位器旋钮调节。

(3)PWM 幅度为 5 V。

(4)频率显示值没有小数点时以 Hz 为单位，有小数点时以 kHz 为单位，自动转换，无须人为调节。

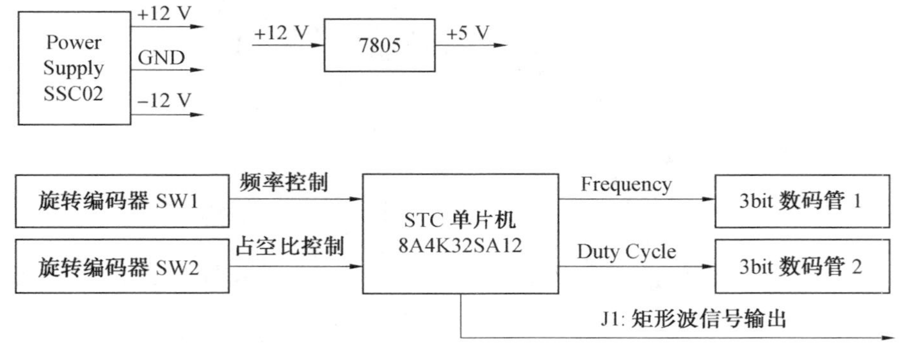

图 2.127　矩形波发生器模块工作原理框图

图 2.128　矩形波发生器模块面板

11. SSC11 信号分配模块

信号分配模块(Signal Distributor Module)主要用于信号分解与合成实验中,将信号发生器输出的信号分成 8 路相同的信号,分别输入到各个带通滤波器模块中。模块的电路原理图和面板图如图 2.129 和图 2.130 所示。模块工作原理简单,此处不再赘述。

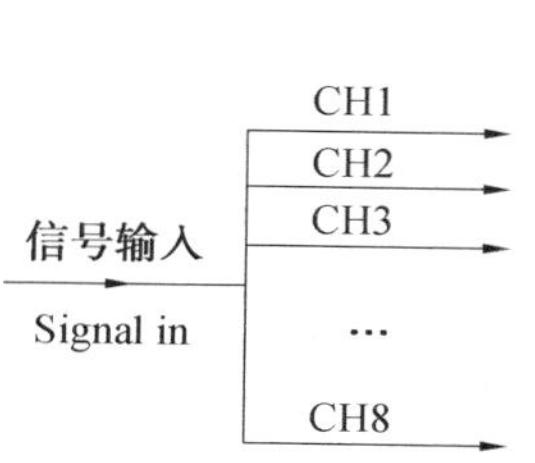

图 2.129　信号分配电路原理框图

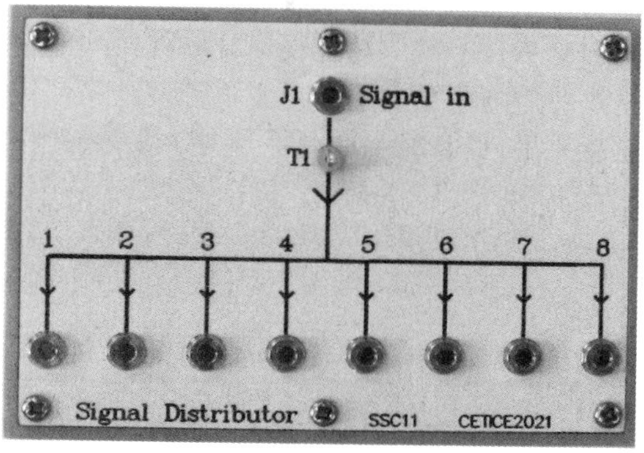

J1 Signal in
T1
1 2 3 4 5 6 7 8
Signal Distributor　SSC11　CETICE2021

图 2.130　信号分配模块面板

12. SSC12 信号的无失真传输模块

信号的无失真传输现象观察实验电路如图 2.131 所示,其中 R_1、C_1、R_2、C_3 是标准的电阻与电容元件插座,可以直接安装直插式电阻和电容,电容 C_2 是可调电容,调节范围为 5~30 pF,通过短路子 S_1 选择是否接入电路。电阻 VR1 是一个可调电阻,最大阻值为 47 kΩ,通过短路子 S_2 选择是否接入电路,该电路支持通过电阻调节或电容调节实现信号无失真传输现象的观察。假设 R_2 与 VR_1 并联后的电阻为 R,C_2 和 C_3 并联后的电容值为 C,则该电路可以进一步化简,具体化简过程可以参考硬件实验部分的介绍,这里不做深入分析。信号无失真传输模块面板如图 2.132 所示。

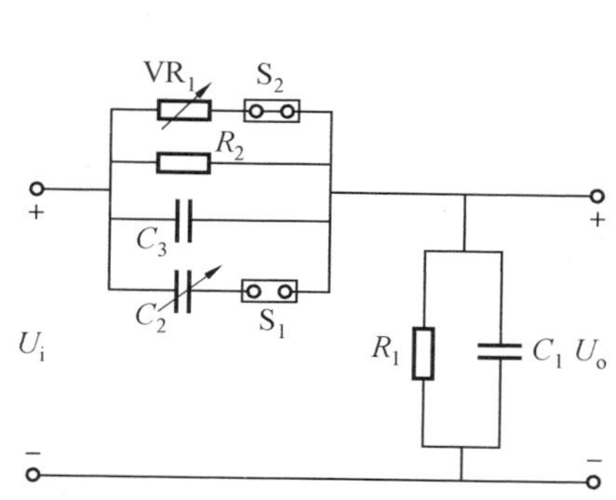

图 2.131　信号无失真传输实验电路

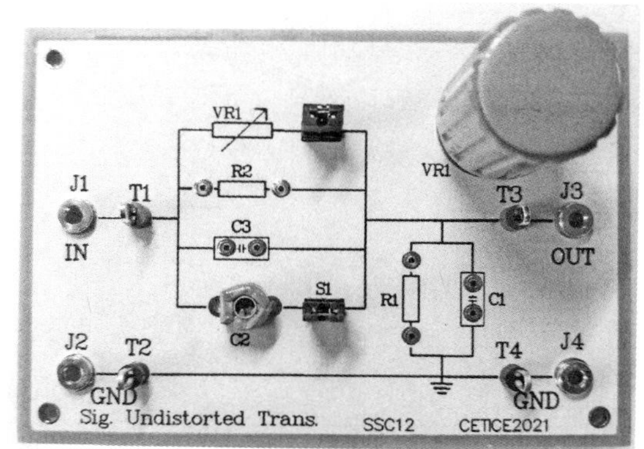

图 2.132　信号无失真传输模块面板

2.4.3　HiGO 信号与系统实验平台使用注意事项

由于 HiGO 信号与系统实验平台采用模块化设计方式,与传统实验箱使用方式不一致,因此在使用前应该注意以下几点:

(1)接线前务必熟悉实验平台中各模块中元器件的功能、参数及其接线位置,特别要熟

知仪器仪表、集成电路等重要模块引线的排列方式及接线位置。

(2)实验接线前,必须先断开总电源与各分电源开关,严禁带电接线。

(3)对于仪器仪表接线完毕,检查无误后,才可通电。

(4)实验始终,实验平台务必保持整洁,不可随意放置杂物,特别是导电的工具和多余的导线等,以免发生短路等故障。

(5)本实验平台上的电源模块设计时仅供实验使用,一般不外接其他负载电路,如作他用,则要注意使用的负载不能超出本电源及信号的使用范围。

(6)实验完毕,应及时关闭各电源开关,并及时清理实验板面,整理好接导线并放置在规定的位置。

第 3 章

有源滤波器电路的设计

滤波器是信号处理系统中用于选通某些频率分量，而抑制其他频率分量信号通过的一类电路。在信号与系统理论课程中介绍了滤波器作为模数转换器（ADC）前面的抗混叠滤波器的应用，除此之外，还可以用于分离信号与噪声以提高信号的抗干扰性及信噪比，滤除不感兴趣的频率成分以提高分析精度，或者从复杂频率成分中提取出单一的频率分量。滤波器作为一类重要电路广泛应用于信号处理电路中，信号与系统实验的各个实验内容都涉及滤波器的应用，另外，在全国大学生电子设计竞赛等专业学科竞赛中对滤波电路也有所涉及，因此本章将重点介绍有源滤波器电路的设计方法，以期通过本章的学习，学生能了解有源滤波器电路的设计原理和设计方法。

3.1 滤波器的理论知识

滤波器允许信号频率分量通过的频率范围称为“通频带”或“通带”，而受到抑制的频率范围称为“阻带”，在“通带”和“阻带”之间变化的频率区域称为“过渡带”。按照“通带”和“阻带”等幅频特性的不同，滤波器可以分为低通（Low Pass Filter，LPF）、高通（High Pass Filter，HPF）、带通（Band Pass Filter，BPF）、带阻（Band-Rejection Filter，BRF）、全通（All Pass Filter，APF）等五种类型，其幅频特性如图 3.1 所示。

（1）低通滤波器是允许信号中低频分量通过，抑制高频分量的滤波器，其幅频特性如图 3.1(a)所示。

（2）高通滤波器是允许信号中高频分量通过，抑制低频分量的滤波器，其幅频特性如图 3.1(b)所示。

（3）带通滤波器是允许信号中特定频带范围内分量通过，抑制其他频带分量的滤波器，其幅频特性如图 3.1(c)所示。

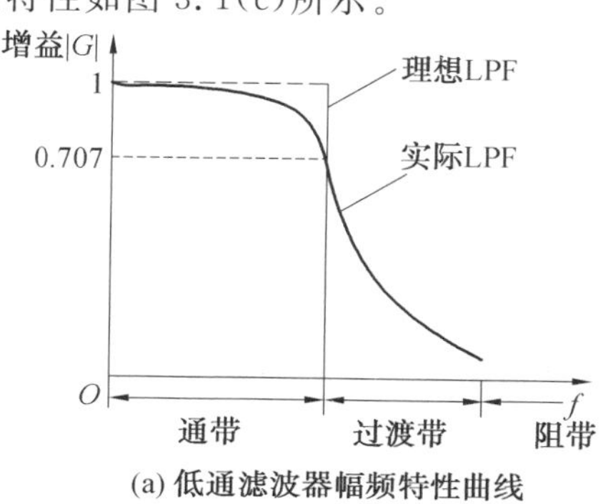

(a) 低通滤波器幅频特性曲线

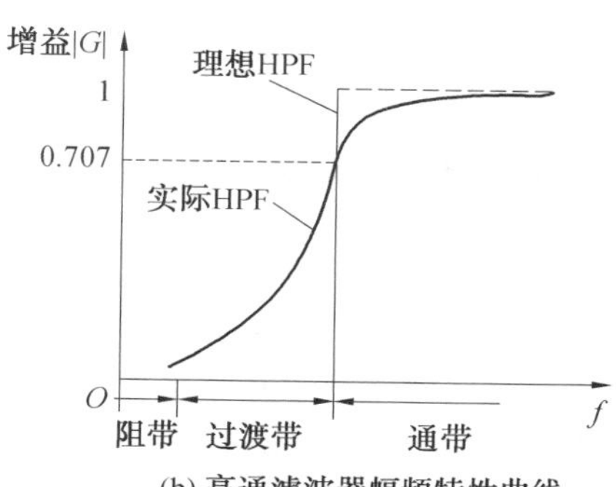

(b) 高通滤波器幅频特性曲线

图 3.1　滤波器分类

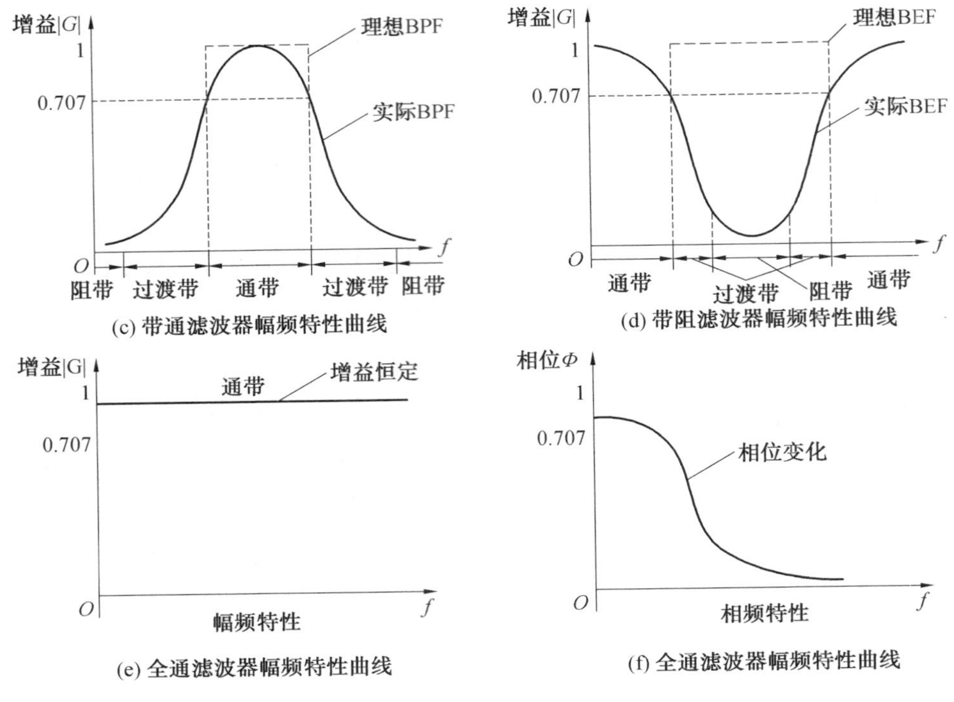

续图 3.1

(4)带阻滤波器又称陷波滤波器(Notch Filter),是允许信号中特定频带范围内分量通过,抑制其他频带分量的滤波器,其幅频特性如图 3.1(d)所示。

(5)全通滤波器,只改变信号的相位,但不影响幅频特性,因此也称为移相电路,其幅频特性如图 3.1(e)所示,相频特性如图 3.1(f)所示。

除此之外,可以按照使用元器件的类别分成无源滤波器和有源滤波器,其中无源滤波器是指仅使用了电阻、电容、电感等无源器件组成的滤波器,如图 3.2 所示。其电路原理简单、无须额外电源,工作可靠。其缺点是带负载能力差,边沿不陡峭,负载的阻抗变化会对滤波特性影响较大,电路无放大能力,需求电感 L 过大时,电感的体积和质量都过大,造成成本增加。

(a) 无源低通滤波器, $A(\omega)=1/(1+\mathrm{j}\omega CR)$　(b) 无源高通滤波器, $A(\omega)=\mathrm{j}\omega CR/(1+\mathrm{j}\omega CR)$

图 3.2　无源滤波器,截止频率 $f_c=1/(2\pi RC)$

为避免负载阻抗变化对无源滤波器性能的影响,在负载和无源滤波器之间可以增加一个电压跟随器,即构成有源滤波器。有源滤波器使用电阻和有源器件替换无源滤波器中的电感,从而成为小型、质量轻的高性能滤波器。有源滤波器除可以完成滤波功能外,还具备放大通带信号、输入/输出阻抗匹配容易、负载影响小等优点。当然,有源滤波器也有缺点,例如需要额外的供电电源(往往是正负电源)。运算放大器等有源器件带宽一般受限,导致电路高频特性不太好。考虑到无源器件小型化、有源元件特性的劣化，在高频电路中几乎都使用无源滤波器。因此无源滤波器和有源滤波器的适应场合不能一概而论，根据应用场合选取。

另外，按照通带频率 f_0 附近的频率特性曲线不同，可分为巴特沃斯滤波器（Butterworth Filter）、切比雪夫滤波器（Chebyshev Filter）和贝塞尔滤波器（Bessel filter）等，如图 3.3 所示。

(1) 巴特沃斯滤波器的特点是通带内的频率响应曲线最大限度平坦，没有起伏，而在阻带则逐渐下降为零。巴特沃斯滤波器的频率特性曲线，无论在通带内还是阻带内都是频率的单调函数。

(2) 切比雪夫滤波器是在通带或阻带上频率响应幅度等波纹波动的滤波器，振幅特性在通带内是等波纹，在阻带内是单调的称为切比雪夫Ⅰ型滤波器；振幅特性在通带内是单调的，在阻带内是等波纹的称为切比雪夫Ⅱ型滤波器，可根据实际用途选择切比雪夫滤波器结构。

(3) 贝塞尔滤波器是具有最大平坦的群延迟（线性相位响应）的线性过滤器，具有最平坦的幅度和相位响应。贝塞尔滤波器可用于减少所有 IIR 滤波器固有的非线性相位失真，常用作音频 ADC 输入端的抗混叠滤波器或音频 DAC 输出端的平滑滤波器。

除此之外，还可以按照信号处理方式的不同，分成模拟滤波器和数字滤波器等，数字滤波器在数字信号处理课程中将详细介绍，在此不做深入介绍。

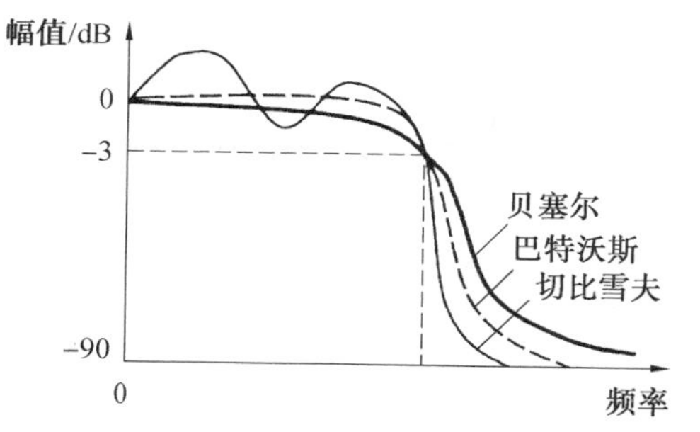

(a) 巴特沃斯、切比雪夫、贝塞尔滤波器幅频特性

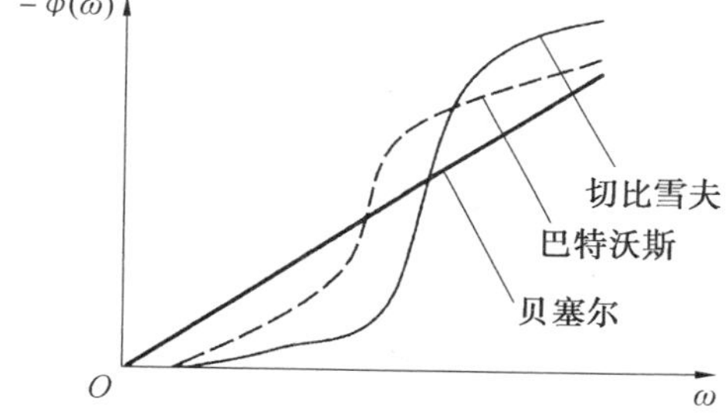

(b) 巴特沃斯、切比雪夫、贝塞尔滤波器相位特性

图 3.3　典型滤波器的幅频和相频特性曲线

如图 3.4 所示，滤波器的关键技术指标主要包括中心频率（Center Frequency）、截止频率（Stop Frequency）、通带带宽（Bandwidth）、纹波（Ripple）、通带波动（Bandpass Ripple）、倍频程选择性等，下面对各个参数做简单介绍。

(1)中心频率。滤波器通带的中心频率 f_C 一般取 $f_C=(f_L+f_H)/2$，其中 f_L、f_H 为带通或带阻滤波器左、右相对下降 3 dB 边频点。

(2)截止频率。截止频率是低通滤波器的通带右边相对下降 3 dB 边频点及高通滤波器的通带左边相对下降 3 dB 边频点。

(3)插入损耗（Insertion Loss）。插入损耗指滤波器有用信号通过的能力，由滤波器残存的反射及滤波器元器件的损耗所引起，也受限于传输媒质的固有 Q 值，一般希望 Q 值尽可能小，这样的选择器越好。

(4)通带带宽。通带带宽是指滤波器能够通过的频谱宽度，一般以中心频率 f_C 处插入

损耗为基准，下降−3 dB 处对应的左、右边频点 f_L 和 f_H 之差，即 $BW=f_H-f_L$。

(5)纹波。纹波指 3 dB 带宽（截止频率）范围内插损随频率在损耗均值曲线基础上波动峰峰值。

(6)倍频程选择性。倍频程选择性是用于表征滤波器过渡带幅频曲线的倾斜程度，决定着滤波器对带宽外频率成分衰阻的能力。所谓倍频程选择性，是指在上截止频率 f_{S2} 与 $2f_{S2}$ 之间，或者在下截止频率 f_{S1} 与 $f_{S1}/2$ 之间幅频特性的衰减值，即频率变化一个倍频程时的衰减量或倍频程衰减量，以 dB/oct 表示（octave，倍频程）。显然，衰减越快滤波器的选择性越好。对于远离截止频率的衰减率也可用 10 倍频程衰减数表示，即 dB/10oct。

(7)滤波器的阶数。阶数是指在滤波器的传递函数中有几个极点。阶数同时也决定了转折区的下降速度，一般每增加一阶（一个极点），就会增加−20 dB/dec（−20 dB 每 10 倍频程）。

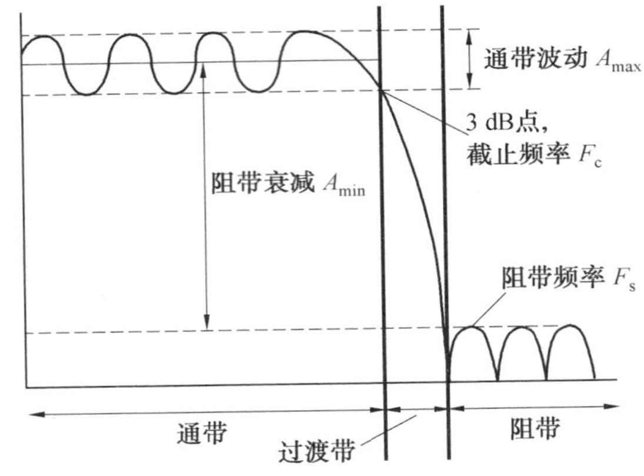

图 3.4　滤波器关键参数

如图 3.5 所示，对于一个 n 阶的滤波器，可以由多个一阶和二阶滤波器经过级联组合而成，这种级联的滤波器构成方式不局限于低通滤波器，在其他类型滤波器中也可使用。

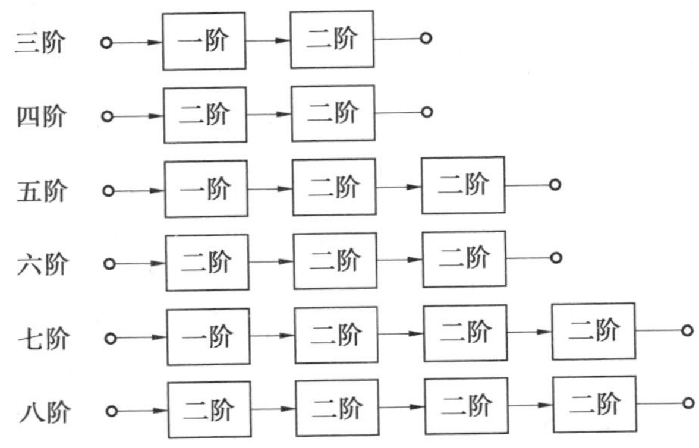

图 3.5　由一阶和二阶滤波器级联构成高阶滤波器

3.2　有源滤波器的电路设计

3.2.1　有源低通滤波器的设计

如图 3.6 所示为同相和反向输入一阶有源低通滤波器电路，参考“低频电子线路”课程相关知识，可以直接写出其截止频率 f_0 和电路增益 A_u 的表达式为

$$f_{0同相}=\frac{1}{2\pi R_1C_1} \tag{3.1}$$

$$f_{0反相}=\frac{1}{2\pi R_2C_1} \tag{3.2}$$

$$A_{u同相}=1+\frac{R_3}{R_2} \tag{3.3}$$

$$A_{u反相}=-\frac{R_2}{R_1} \tag{3.4}$$

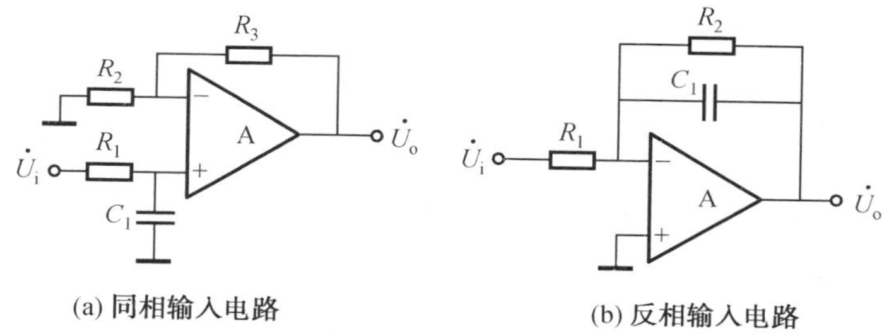

图 3.6　一阶有源低通滤波电路

在给定了滤波器截止频率 f_0、电路增益 A_u、电容 C_1 和电阻 R_2 之后，即可利用上述公式直接求出其他未知参数。

对于同相输入电路：

$$R_1=\frac{a_1}{2\pi f_C C_1} \tag{3.5}$$

$$R_3=R_2(A_u-1) \tag{3.6}$$

对于反相输入电路：

$$R_2=\frac{a_1}{2\pi f_C C_1} \tag{3.7}$$

$$R_1=-\frac{R_2}{A_u} \tag{3.8}$$

需要注意，按照滤波器设计经验，电容 C_1 的大小一般不超过 1 μF(大容量电容体积大、价格高)，电阻 R 取值为 kΩ 数量级。表 3.1 给出了有源滤波器电路中截止频率 f_0 与电容值 C_1 的选择参考。

表 3.1 滤波器设计时电容 C 的选择与频率 f_0 之间的关系

f_0	10～100 Hz	0.1～1 kHz	1～10 kHz	10～100 kHz	≥100 kHz
C	10～0.1 μF	0.1～0.01 μF	0.01～0.001 μF	1 000～100 pF	100～10 pF

图 3.7 给出了同相和反相输入一阶有源低通滤波电路幅频特性曲线，由图可知，反相输入和同相输入的一阶有源低通滤波电路的幅频特性曲线形状是一致的。但如前文所述，两种不同的输入方式决定了电路的截止频率和增益不同，以及增益正、负取值所带来的相频差异，相频曲线如图 3.8 所示，在实际使用中，可以根据设计需求选择合适的一阶低通滤波器结构。

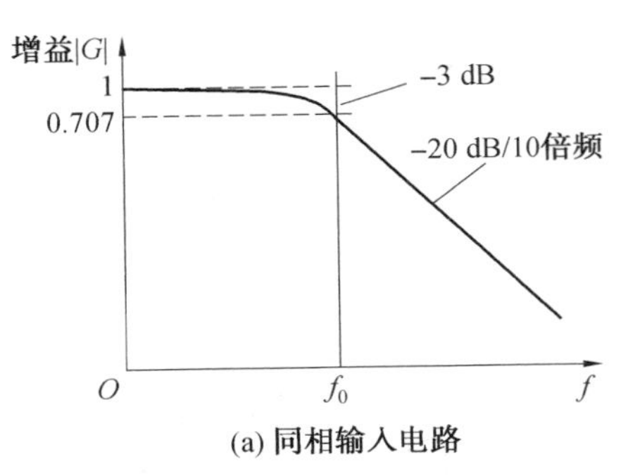

(a) 同相输入电路

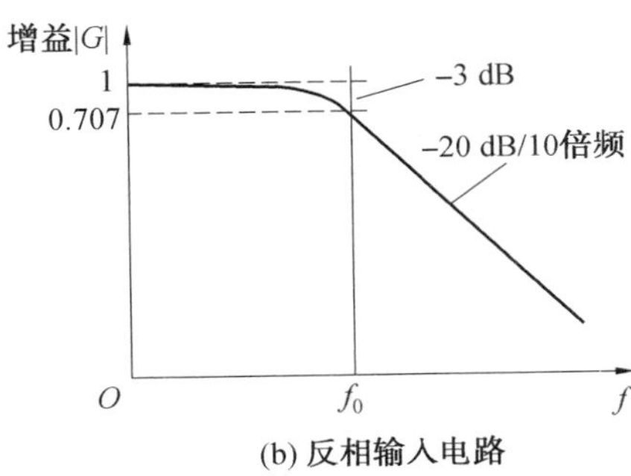

(b) 反相输入电路

图 3.7 同相和反相输入一阶有源低通滤波电路的幅频特性曲线

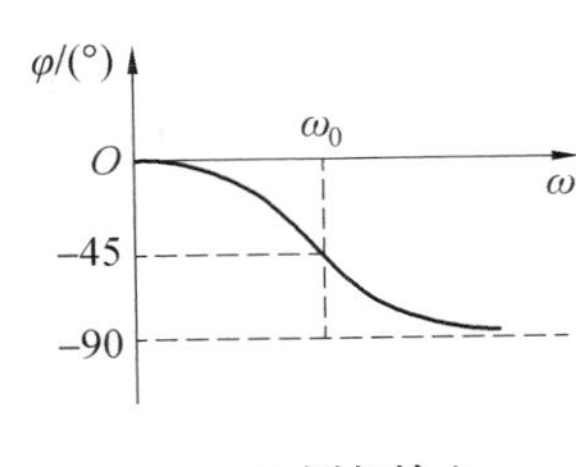

(a) 同相输入

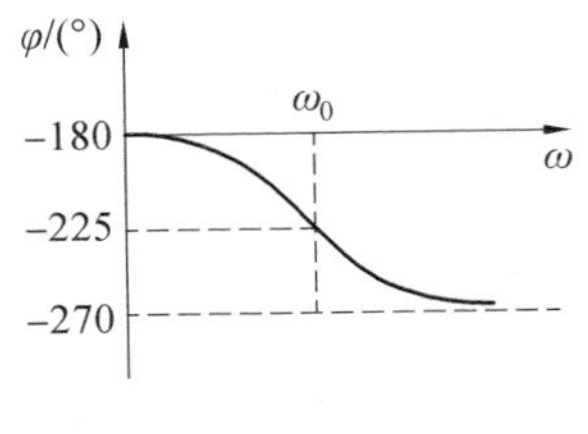

(b) 反相输入

图 3.8 同相输入一阶有源低通滤波器与反相输入一阶有源低通滤波器相频曲线对比

【例 3.1】 设计一个有源低通滤波电路，要求其截止频率 f_0 为 1 kHz，通带增益 $A_u=10$，$f \gg f_0$ 处的衰减速率不低于 20 dB/10 倍频，截止频率和增益等的误差要求在 ±10% 以内。

(1)首先选择电路形式，根据设计要求确定滤波器的阶数 n。

由衰减速率要求 $20\times n$ dB/10 倍频，故 $n=1$。即满足题目要求的滤波器是一阶有源低通滤波器，下面以图 3.6(a)所示的同相输入一阶有源低通滤波器为例设计该滤波器。

(2)根据传输函数等的要求设计电路中相应元器件的具体数值。

①根据滤波器的特征频率 f_0 选取电容 C 和电阻 R 的值。

按照表 3.1 数据，假设电容 C 的取值为 0.01 μF，根据一阶有源低通滤波器截止频率公式(3.1)，可得

$$R_1=\frac{1}{2\pi f_0 C}=\frac{1}{2\pi\times 1\times 10^3\times 0.01\times 10^{-6}}=15.915\ (\text{k}\Omega)$$

此处需要注意，理论计算得到的15.915 kΩ电阻在市场上是购买不到的，应该参考本章3.2.7节中的表3.6电阻标称值，从中选择合适精度、接近计算值的电阻值。在本例中，与15.915 kΩ接近的阻值包括：E24系列16K（精度为5%）、E48系列16.2K（精度为1%或2%）、E96系列15.8K（精度为0.5%或1%）、E116系列16K（精度为0.1%、0.2%或0.5%）等，综合考虑精度、价格、采购便利等因素，可以优先选择E96系列15.8K作为15.915 kΩ的替代电阻。本章后面的例题中也优先选择E96系列电阻。

②根据通带增益A_u确定电阻R_2和R_3，假设$R_2=1$ kΩ，则$R_3=9$ kΩ。

如果更换为图3.6(b)反相输入一阶有源低通滤波器电路，则在$C=0.01$ μF时，

$$R_2=\frac{1}{2\pi f_0 C}=\frac{1}{2\pi\times 1\times 10^3\times 0.01\times 10^{-6}}=15.915\ (\text{k}\Omega)$$

参考表3.6的标准阻值表，取临近电阻标称值：$R_2=15.8$ kΩ。

根据$A_u=10$，可得$R_1=1.58$ kΩ。

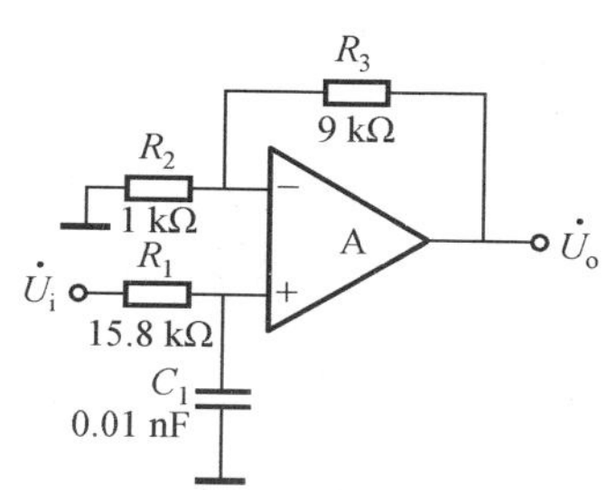

图3.9　例3.1电路图

图3.10所示为图3.9在Multisim中的仿真电路图和幅频特性曲线，由幅频特性曲线可以看出，该低通滤波器在低频部分的通带增益为20 dB，在1 kHz处为17 dB，与设计理论值吻合。

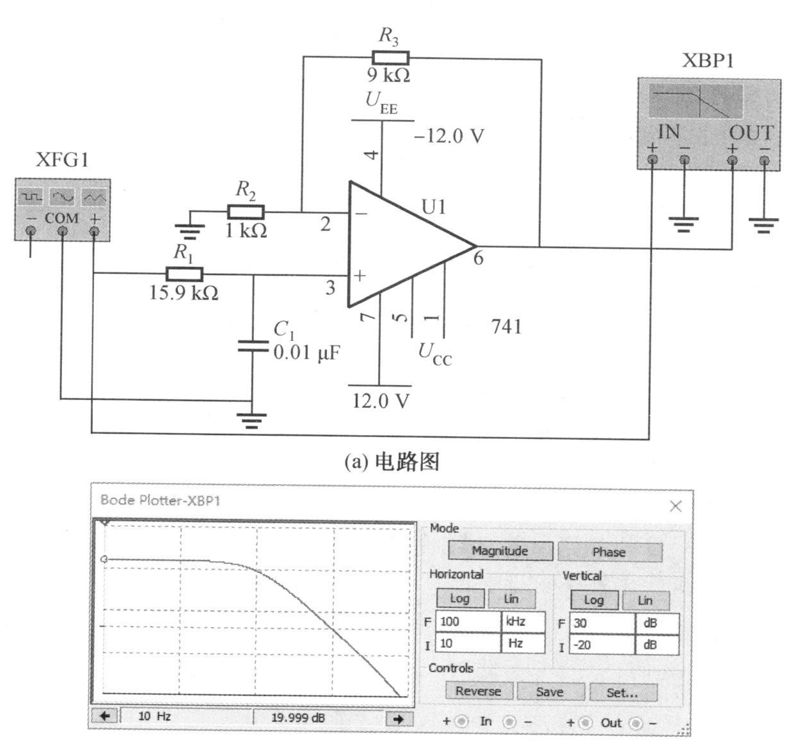

(a) 电路图

(b) 幅频特性曲线

图3.10　例3.1的同相输入一阶有源低通滤波器电路

为了有效改善一阶有源低通滤波器的倍频程选择性，即当$f>f_0$时，信号衰减的更快，

可以设计二阶低通滤波器。常见的二阶低通滤波器结构包括二阶 Sallen-Key 有源低通滤波器和多路反馈低通滤波器，下面将对这两种典型滤波器做简单介绍。

图 3.11 所示是二阶巴特沃斯 Sallen-Key 有源低通滤波器，该滤波器可使通带内的幅频特性曲线更加平坦。这个二阶低通滤波器电路有两个 RC 网络，即 R_1-C_1 和 R_2-C_2，它们决定了滤波器的频率响应特性。滤波器设计基于同相运算放大器配置，因此滤波器增益 A_u 将始终大于 1，此外，运算放大器具有高输入阻抗，这意味着二阶巴特沃斯 Sallen-Key 有源低通滤波器可以方便地与其他有源滤波器电路级联，以提供更复杂的滤波器设计。

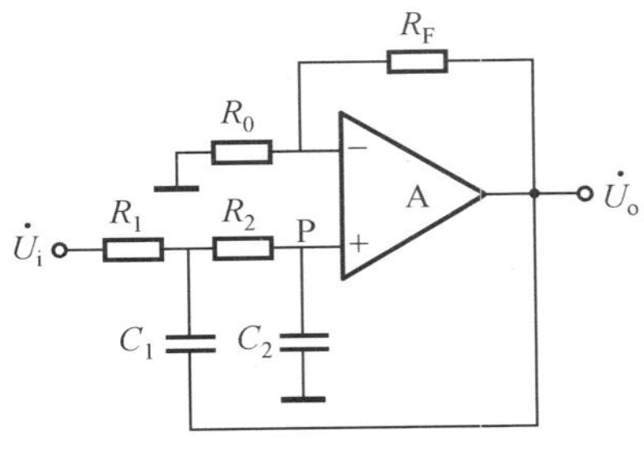

图 3.11　二阶巴特沃斯 Sallen-Key 有源低通滤波电路

此二阶巴特沃斯 Sallen-Key 有源低通滤波器传递函数 $H(s)$ 可以表示为

$$H(s)=\frac{H_0\omega_0^2}{s^2+\frac{\omega_0 s}{Q}+\omega_0^2}=\frac{H_0/(R_1R_2C_1C_2)}{s^2+s(R_1C_1+R_2C_2+R_1C_2-A_uR_1C_1)/(R_1R_2C_1C_2)+1/(R_1R_2C_1C_2)} \tag{3.9}$$

截止频率为

$$f_0=\frac{1}{2\pi\sqrt{R_1C_1R_2C_2}} \tag{3.10}$$

为了简化此 Sallen-Key 低通滤波器的设计，通常使用等值的电阻和电容，即 $R_0=R_1=R_2=R$，$C_1=C_2=C$，则该电路传递函数更新为

$$H(s)=\frac{H_0\omega_0^2}{s^2+(3-H_0)\omega_0 s+\omega_0^2} \tag{3.11}$$

品质因数 Q 与直流增益 A_u 的关系为

$$Q=\frac{1}{3-A_u} \tag{3.12}$$

或

$$A_u=3-\frac{1}{Q} \tag{3.13}$$

显然，对于同相输入二阶 Sallen-Key 有源低通滤波器来说，滤波器增益 H_0 必须介于 1 和 3 之间。因此，较高的 Q 值会为响应提供更大的峰值，并显示更快的初始滚降率。在有源二阶滤波器中，通常使用阻尼因子 ζ 来描述截止频率点附近的高度和窄度，它是品质因数 Q 的倒数（$\zeta=1/2Q$）。Q 和 ζ 均由放大器的增益 A_u 独立决定，如图 3.12 所示，低通滤波器本质上总是低通，但在截止频率附近会出现谐振峰值，即由于放大器增益的共振效应，增益会迅速增加。当 $Q=1/\sqrt{2}=0.707\,1$ 时，$\zeta=0.707\,1$，滤波器拥有平坦的通带和阻带，实现了谐振峰值和带宽之间的良好折中，此时，滤波器增益为

$$A_u=3-\frac{1}{\sqrt{2}}=1.586 \tag{3.14}$$

显然，为了获得最佳的平坦的通带和阻带，滤波器增益是固定的，如果要改变增益，则会引起滤波器性能改变。为了在增益和性能之间有良好折中，对二阶 Sallen-Key 有源低通滤波电路进行了改进，如图 3.13 所示，电容 C_1 所获得的反馈电压不再是输出电压，而是经由

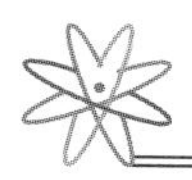

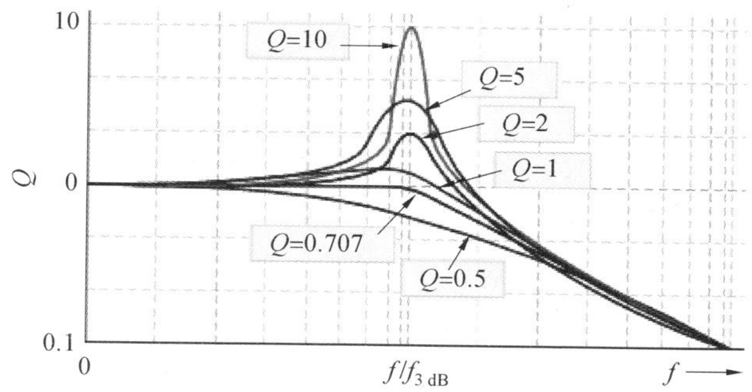

图 3.12　二阶 Sallen-Key 有源低通滤波器不同 Q 值时的幅频特性响应曲线

电阻分压网络分压后的电压，其分压系数定义为

$$x=\frac{R_4}{R_4+R_3} \tag{3.15}$$

此时，传递函数更新为

$$H(s)=\frac{A_u\omega_0^2}{s^2+(3-xA_u)\omega_0 s+\omega_0^2} \tag{3.16}$$

$$Q=\frac{1}{3-xA_u} \tag{3.17}$$

当 $Q=0.707$ 时，$xA_u=1.586$，即为前述情况。该公式允许在 $x<1$ 的情况下实现更多的增益 A_u。

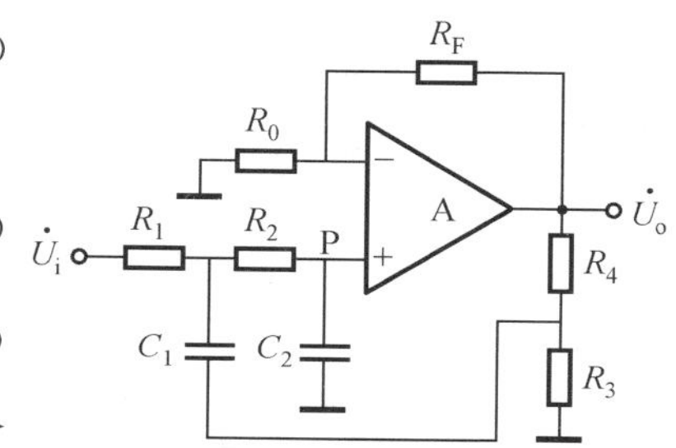

图 3.13　改进的二阶 Sallen-Key 有源低通滤波电路

二阶 Sallen-Key 滤波器也称为正反馈滤波器，因为输出反馈到运算放大器的正端子。这种类型的有源滤波器设计很受欢迎，因为它只需要一个运算放大器，成本相对低。

Sallen-Key 滤波器是应用最广泛的滤波器结构之一，主要优点是滤波器性能对运算放大器性能的依赖性最小。因为该电路中，运放配置为放大器，而不是积分器，大大减小了运算放大器增益带宽积的要求，这就意味着，对于给定的运算放大器，与其他结构滤波器比较，可以设计出更高频率的滤波器，不像积分器，增益带宽积不影响其滤波器性能，经过滤波器后，信号相位保持不变（同相输入时）。另一个优点是最大电阻和最小电阻的比值以及最大电容和最小电容的比值都较小，便于设计实现。滤波器频率与 Q 不相干，但对增益参数非常敏感，直接相关。

【例 3.2】　设计一低通滤波电路，要求其截止频率 f_0 为 1 kHz，要求通带增益 $A_u=4$，$Q=0.707$、1、2、∞。$f \gg f_0$ 处的衰减速率不低于 40 dB/10 倍频，截止频率和增益等的误差要求在±10%以内。

（1）首先选择电路形式，根据设计要求确定滤波器的阶数 n。

由衰减速率要求 $20\times n$ dB/10 倍频≥40 dB/10 倍频，故 $n=2$。即满足题目要求的滤波器是二阶有源低通滤波器，根据前文所述，需要采取改进型二阶 Sallen-Key 有源低通滤波电路才能设计出符合要求的低通滤波器。

（2）根据传输函数等的要求设计电路中相应元器件的具体数值。

根据滤波器的特征频率 f_0 选取电容 C 和电阻 R 的值。

为简化设计，假设 $R_0=R_1=R_2=R_3=R$，$C_1=C_2=C$。参考表 3.1，电容 C 的取值为 0.01 μF，则

$$R=\frac{1}{2\pi f_0 C}=\frac{1}{2\pi\times1\times10^3\times0.01\times10^{-6}}=15.915\ (\mathrm{k\Omega})$$

参考表 3.6 的标准阻值表，取临近电阻标称值 $R=15.8\ \mathrm{k\Omega}$。

$R_F=(A_u-1)R_0=47.748\ \mathrm{k\Omega}$，修正后的取值为 47.5 kΩ。

当 $Q=0.707, A_u=4$ 时，$x=1.586/A_u=1.586/4=0.396$，故

$$\frac{R_4}{R_3}=\frac{1}{x}-1=\frac{1-x}{x}$$

当 $x=0.396$ 时，$R_3=R=15.916\ \mathrm{k\Omega}$，修正后的取值为 15.8 kΩ。

$R_4=1.525\times15\ 916=24.275\ (\mathrm{k\Omega})$，修正后的取值为 24.3 kΩ。

同理，当 $Q=1, A_u=4$ 时，$x=0.5, R_4=R=15.916\ \mathrm{k\Omega}$，修正后的取值为 15.8 kΩ。

当 $Q=2, A_u=4$ 时，$x=0.625, R_4=0.6R=9.55\ \mathrm{k\Omega}$，修正后的取值为 9.53 kΩ。

当 $Q=\infty, A_u=4$ 时，$x=0.75, R_4=0.333R=5.305\ \mathrm{k\Omega}$，修正后的取值为 5.36 kΩ。

仿真电路如图 3.14 所示，相关的幅频特性曲线如图 3.15 所示，在 Q 取值不同时，通带增益和 1 kHz 处的增益分别如表 3.2 所示，所设计的电路指标满足了题目要求。

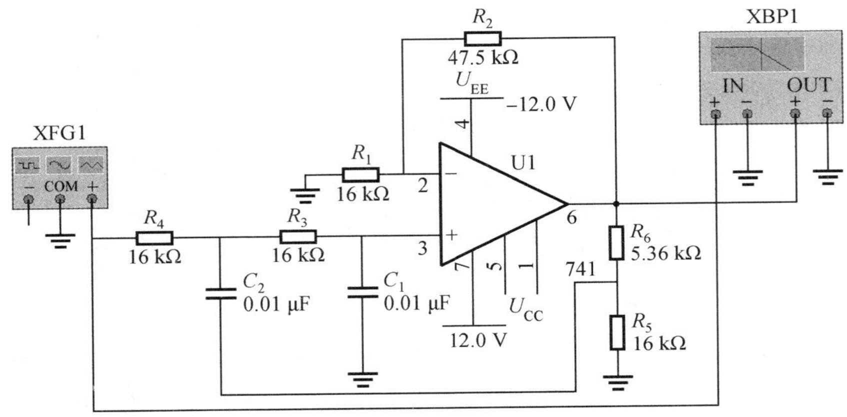

图 3.14　例 3.2 仿真电路图

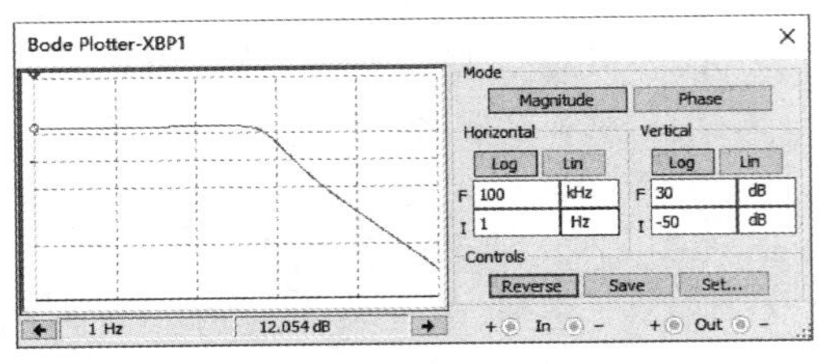

(a) Q=0.707 时的幅频特性曲线

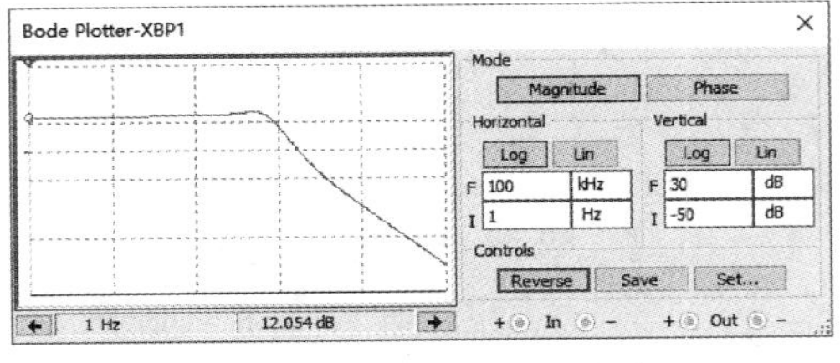

(b) Q=1 时的幅频特性曲线

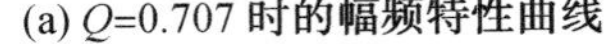

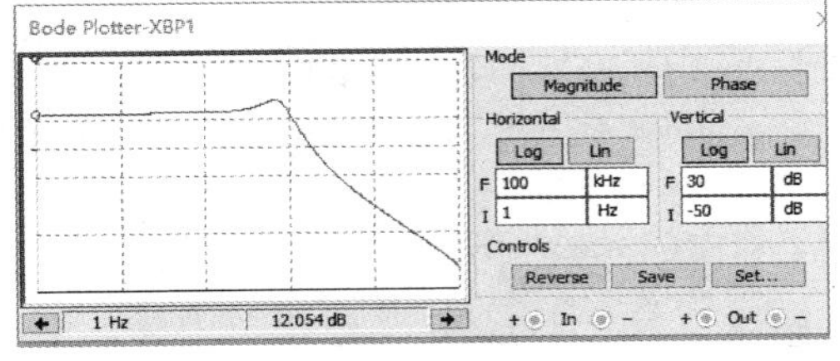

(c) Q=2 时的幅频特性曲线

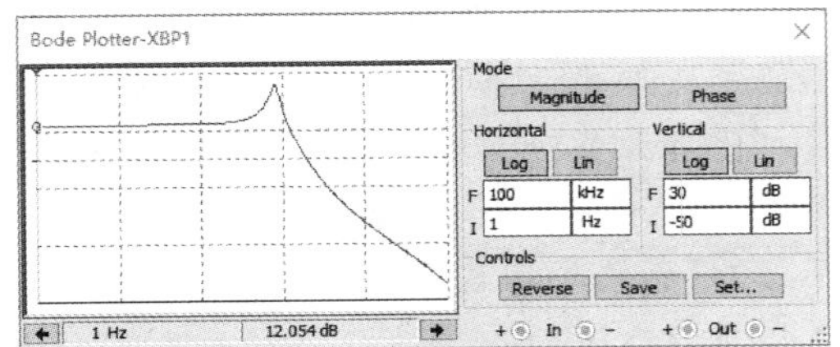

(d) $Q=\infty$ 时的幅频特性曲线

图 3.15　例 3.2 仿真电路图的幅频特性曲线

表 3.2　例 3.2 电路仿真结果统计

Q 值	对应幅频特性曲线	通带增益/dB	1 kHz 处增益/dB
0.707	图 3.15(a)	12	5.92
1	图 3.15(b)	12	7.87
2	图 3.15(c)	12	11.30
∞	图 3.15(d)	12	16.99

在二阶 Sallen-Key 有源低通滤波电路中，输入信号加到集成运放的同相输入端，同时电容 C_1 在电路参数不合适时会产生自激振荡。为了避免这一点，A_u 取值应小于 3。可以考虑将输入信号加到集成运放的反相输入端，采取和二阶压控电压源低通滤波电路相同的方式，引入多路反馈，构成反相输入的二阶低通滤波电路，这样既能提高滤波电路的性能，也能提高在 $f=f_0$ 附近的频率特性幅度。由于该电路中的运放可看成理想运放，即可认为其增益无穷大，所以该电路称为无限增益多路反馈低通滤波器(Multiple Feedback Low Pass Filter)，如图 3.16 所示。多路反馈低通滤波电路使用放大器作为积分器，因此，传递函数与运放参数的相关性更大，受运算放大器开环增益的限制很难实现高 Q 值、高频率的电路。

该滤波器的性能指标与各个参数之间的关系为

$$\begin{cases} A_u=-\dfrac{R_3}{R_1} \\ f_0=\dfrac{1}{2\pi\sqrt{R_2C_1R_3C_2}} \\ Q=\dfrac{\sqrt{C_1/C_2}}{\sqrt{R_2R_3/R_1^2}+\sqrt{R_3/R_2}+\sqrt{R_2/R_3}} \end{cases} \tag{3.18}$$

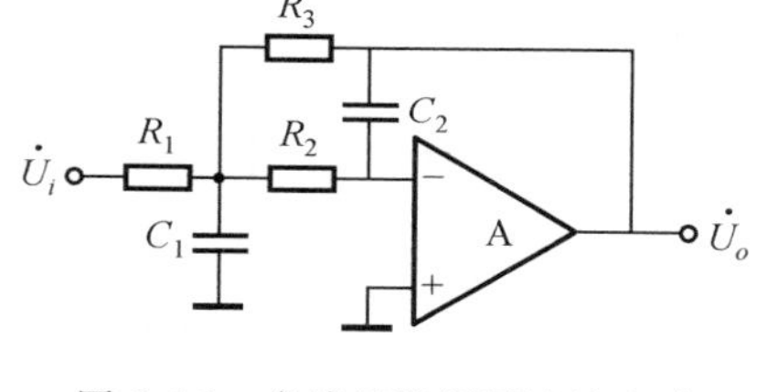

图 3.16　多路反馈低通滤波电路

由上述公式可知，可通过先调整 R_3 来先调整 f_0，然后通过调整 R_1 来调整 Q 值。该滤波器的设计步骤为：

(1) 选择 C_2。

(2) $R=\dfrac{1}{2\pi f_0 C_2}$。

(3) $C_1=4\times Q^2\times(A_u+1)C_2$。

(4) $R_1=\dfrac{R}{2QA_u}$。

(5) $R_2=\dfrac{R}{2Q(A_u+1)}$。

(6) $R_3=\dfrac{R}{2Q}$。

【例 3.3】 设计一低通滤波电路，要求其截止频率 f_0 为 1 kHz，$Q=0.707$，直流增益 $A_u=10$，$f\gg f_0$ 处的衰减速率不低于 40 dB/10 倍频，截止频率和增益等的误差要求在±10%以内。

(1)首先选择电路形式，根据设计要求确定滤波器的阶数 n。

由衰减速率要求 $20\times n$ dB/10 倍频≥40 dB/10 倍频，故 $n=2$。即满足题目要求的滤波

器是二阶有源低通滤波器，下面以图 3.16 所示的二阶无限增益多路反馈低通滤波器为例设计该滤波器。

(2)根据传输函数等的要求设计电路中相应元器件的具体数值。

①根据滤波器的特征频率 f_0 选取电容 C_2 的值。参考表 3.1，电容 C 的取值为 0.01 μF，根据二阶无限增益多路反馈低通滤波器截止频率公式，可得

$$R=\frac{1}{2\pi f_0 C_2}=\frac{1}{2\pi\times1\times10^3\times0.01\times10^{-6}}=15.915\ (\mathrm{k\Omega})$$

参考表 3.6 的标准阻值表，取临近电阻标称值 $R=15.8\ \mathrm{k\Omega}$。

② $$C_1=4\times Q^2\times(A_u+1)C_2=4\times\frac{1}{2}\times(10+1)\times0.01=0.22\ (\mu\mathrm{F})$$

③ $$R_1=\frac{R}{2QA_u}=\frac{15.915}{2\times0.707\times10}=1.126\ (\mathrm{k\Omega})$$

④ $$R_2=\frac{R}{2Q(A_u+1)}=\frac{15.915}{2\times0.707\times11}=1.023\ (\mathrm{k\Omega})$$

⑤ $$R_3=\frac{R}{2Q}=\frac{15.915}{2\times0.707}=11.256\ (\mathrm{k\Omega})$$

参考标准阻值表，将电阻值修正为：$R_1=1.13\ \mathrm{k\Omega}$，$R_2=1.02\ \mathrm{k\Omega}$，$R_3=11.3\ \mathrm{k\Omega}$。所设计的电路图如图 3.17 所示，Multisim 仿真电路和幅频特性曲线如图 3.18 所示。

由图 3.18 可知，通带增益 20 dB，1 kHz 处增益为 16.923 dB，故所设计的电路符合技术指标要求。

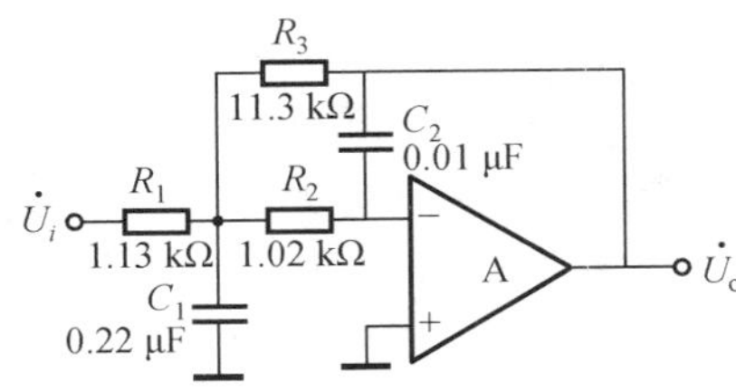

图 3.17　例 3.3 电路图

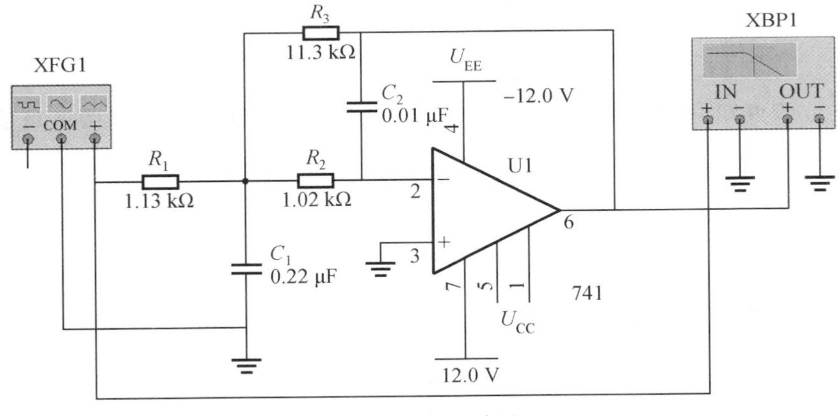

(a) 仿真电路图

图 3.18　例 3.3 仿真电路图与幅频特性曲线

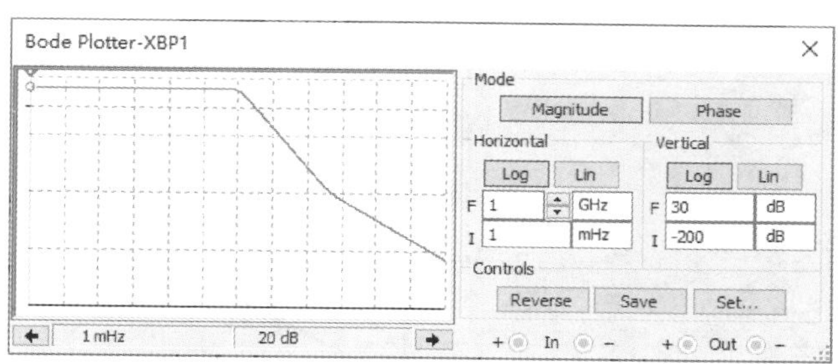

(b) **幅频特性曲线**

续图 3.18

3.2.2 有源高通滤波器的设计

由于低通滤波器与高通滤波器存在对偶关系，即有：

(1)幅频特性的对偶关系。当低通滤波器和高通滤波器的通带增益 A_0、截止频率或 f_0 分别相等时，两者的幅频特性曲线相对于垂直线 $f=f_0$ 对称。

(2)传递函数的对偶关系。将低通滤波器传递函数中的 S 换成 $1/S$，则变成对应的高通滤波器的传递函数。

(3)电路结构上的对偶关系。将低通滤波器中的起滤波作用的电容 C 换成电阻 R，并将起滤波作用的电阻 R 换成电容 C，则低通滤波器转化为对应的高通滤波器。

因此，可以从低通滤波器很容易得到高通滤波器的电路结构，将低通滤波器中的电阻用电容代替、电容用电阻代替即可以产生一个高通滤波器。如图 3.19～3.21 所示。

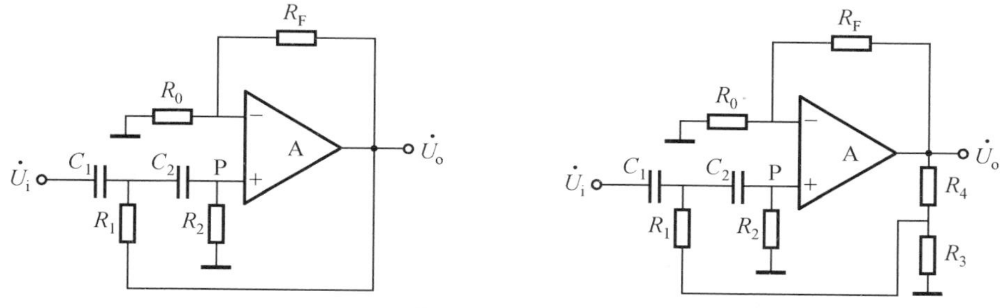

图 3.19 二阶 Sallen-Key 有源高通滤波电路 图 3.20 改进型二阶 Sallen-Key 有源高通滤波电路

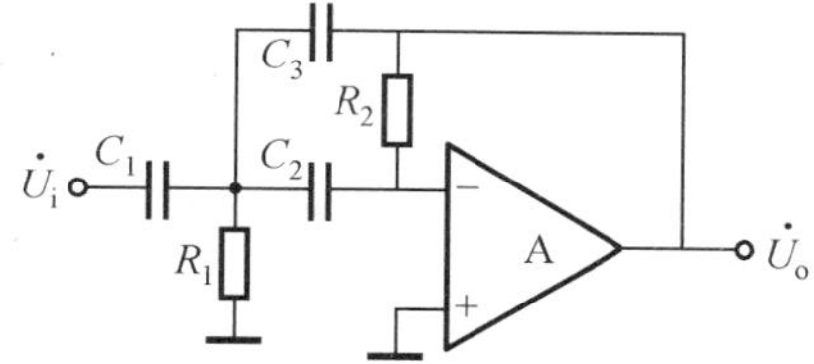

图 3.21 二阶多反馈高通滤波器

以例 3.1 和例 3.2($Q=0.707$)为例，将其电路中涉及滤波的电阻和电容更换位置，得到如图 3.22(a)和图 3.23(a)所示电路，其幅频特性曲线如图 3.22(b)和图 3.23 (b)所示。

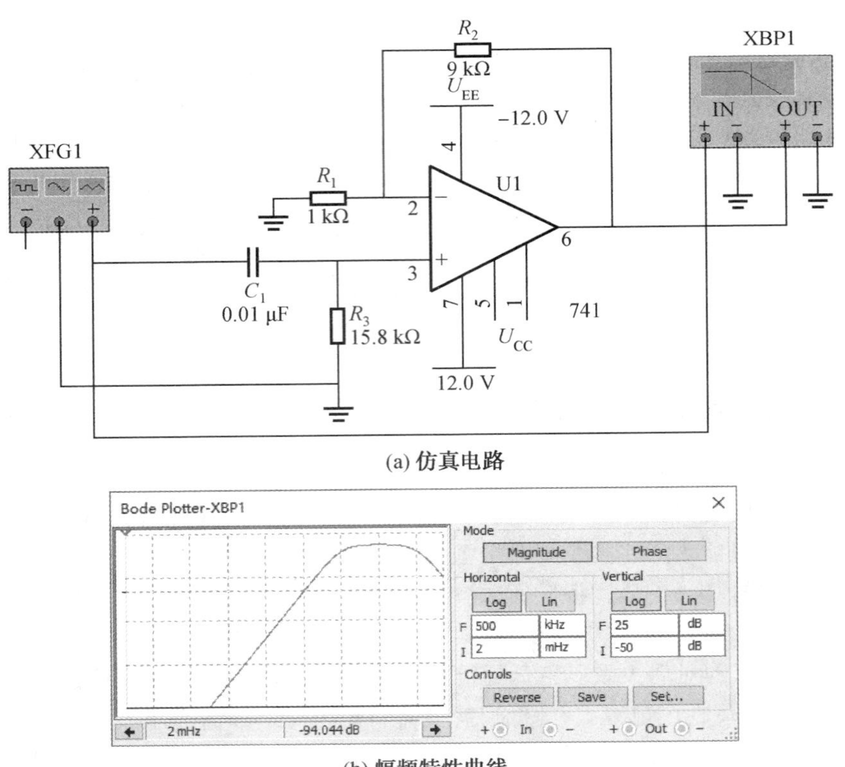

(a) 仿真电路

(b) 幅频特性曲线

图 3.22　由例 3.1 低通滤波器演变成的高通滤波器仿真电路和幅频特性曲线

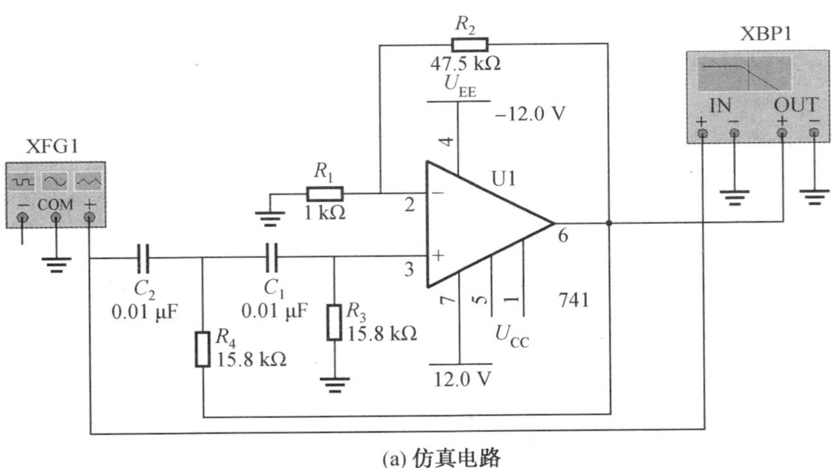

(a) 仿真电路

图 3.23　由例 3.2 低通滤波器演变成的高通滤波器仿真电路和幅频特性曲线

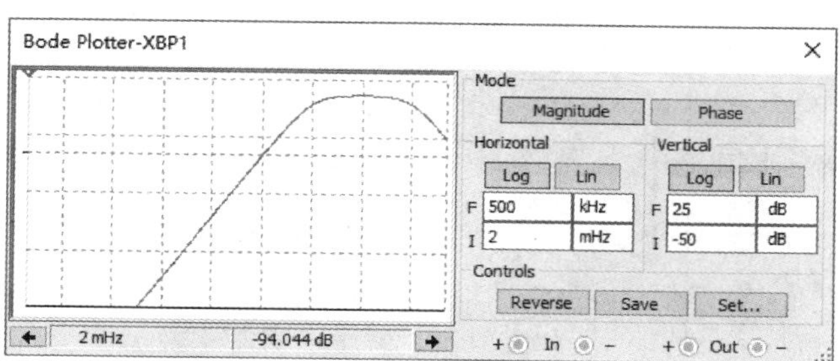

(b) 幅频特性曲线

续图 3.23

3.2.3 有源带通滤波器的设计

带通滤波器是指允许某一个通频带范围内的信号通过的滤波器，而对低于通频带下限频率和高于上限频率的信号均加以衰减或抑制，其中高通的下限截止频率 f_L 应该设置为小于低通的上限截止频率 f_H，否则就成了带阻滤波器（$f_L>f_H$）。

通常使用品质因数 Q 来评价带通滤波器的选择性，Q 越大，带宽 BW 越窄，滤波器的选择性越好。Q 与带宽 BW、中心频率 f_C 之间的关系可以表示为

$$Q=\frac{\omega_C}{BW}=\frac{f_C}{f_H-f_L} \tag{3.19}$$

带通滤波器的基本类型包括宽带带通滤波器和窄带带通滤波器两种，不过这两种类型滤波器之间没有固定的分界线。一般来说，$Q>10$ 的带通滤波器称为窄带带通滤波器，$Q<10$ 的称为宽带带通滤波器。因此，Q 作为带通滤波器选择性的度量，意味着 Q 值越高，滤波器的选择性越强，或者带宽（BW）越窄。窄带带通滤波器的中心频率就是其峰值最大点，宽带带通滤波器的中心频率由下式给出：

$$f_C=\sqrt{f_L\cdot f_H} \tag{3.20}$$

1. 宽带带通滤波器

为了简化设计，宽带带通滤波器通常通过简单地将高通和低通滤波器部分级联来形成。参考前文低通和高通滤波器的设计，为了形成±20 dB/10 倍频带通滤波器，可以选用一阶高通和一阶低通部分级联；对于±40 dB/10 倍频带通滤波器，使用二阶高通滤波器和二阶低通滤波器串联，依此类推，带通滤波器的阶数由其组成的高通和低通滤波器的阶数决定。

因此，设计宽带带通滤波器最简单的方法就是在保证 $f_L<f_H$ 的前提下将一个低通滤波器和一个高通滤波器进行级联，如图 3.24 所示，一阶低通滤波器和一阶高通滤波器级联以后，形成一个二阶带通滤波器。其幅频特性曲线直接可以从低通和高通幅频特性曲线相乘得到，如图 3.25 所示。

通过级联实现带通滤波器的方案简单，其滤波器阶数等于低通部分和高通部分阶数之和，这种方案的最大优点是，其滚降系数、增益、截止频率等参数可以分别独立设置。该方案的缺点是相比于其他结构，需要更多的运放和其他元件。

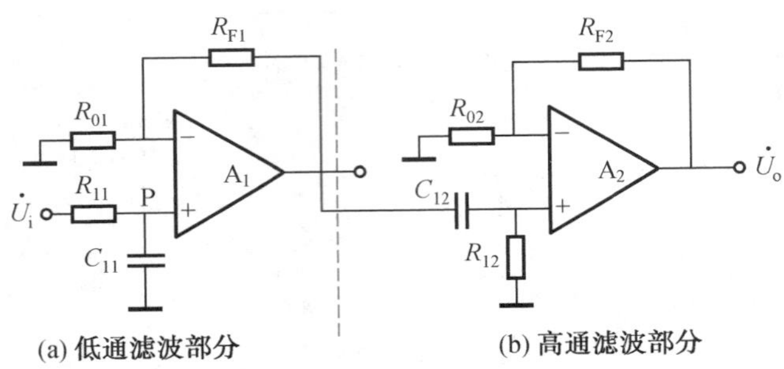

图 3.24 通过将低通滤波器和高通滤波器级联的方法形成带通滤波器

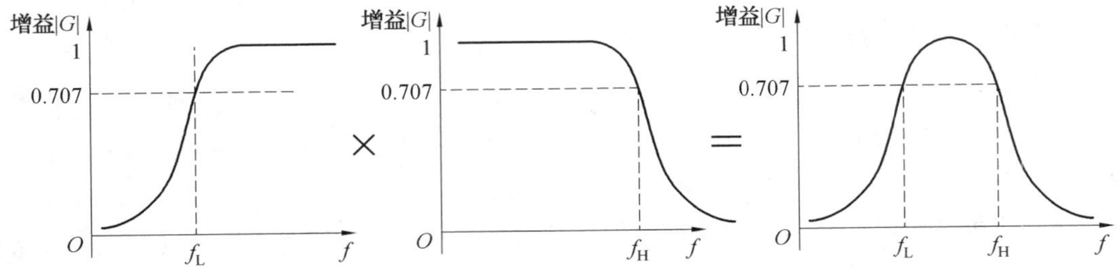

图 3.25 低通滤波器和高通滤波器级联的方法形成带通滤波器的幅频特性曲线分析

【例 3.4】 设计一个带通滤波器，$f_L=1\ \text{kHz}$，$f_H=100\ \text{kHz}$，通带增益 $A_u=16$，并计算出该电路的 Q 值。

按照低通滤波器和高通滤波器级联的方法设计该电路。由于通带增益 $A_u=16$，为了简化设计，指定低通滤波器的增益 $A_{u1}=4$。

参考表 3.1，假设电容 C_{11} 的取值为 100 pF，根据一阶有源低通滤波器截止频率公式，可得

$$R_{11}=\frac{1}{2\pi f_0 C_{11}}=\frac{1}{2\pi\times 100\times 10^3\times 100\times 10^{-12}}=15.915\ (\text{k}\Omega)$$

参考标准阻值表，取临近电阻标称值 $R_{11}=15.8\ \text{k}\Omega$。

$$A_{u1}=1+\frac{R_{F11}}{R_{01}}=4$$

根据 A_{u1} 确定电阻 R_{01} 和 R_{F1}，假设 $R_{01}=10\ \text{k}\Omega$，则 $R_{F1}=30\ \text{k}\Omega$。

对于高通部分，假设电容 C_{21} 的取值为 0.01 μF，根据一阶有源高通滤波器截止频率公式，可得

$$R_{21}=\frac{1}{2\pi f_0 C_{21}}=\frac{1}{2\pi\times 1\times 10^3\times 0.01\times 10^{-6}}=15.915\ (\text{k}\Omega)$$

参考标准阻值表，取临近电阻标称值 $R_{21}=15.8\ \text{k}\Omega$。

$$A_{u2}=1+\frac{R_{F12}}{R_{02}}=4$$

根据 A_{u2} 确定电阻 R_{02} 和 R_{F2}，假设 $R_{01}=10\ \text{k}\Omega$，则 $R_{F1}=30\ \text{k}\Omega$。

该带通滤波器的中心频率 f_C 为

$$f_C=\sqrt{1\ \text{kHz}\times 100\ \text{kHz}}=10\ \text{kHz}$$

因此带宽 BW=100−1=99 (kHz)。

$$Q=\frac{\omega_C}{BW}=\frac{10}{100-1}=0.101$$

在 Multisim 中对该电路进行仿真(图 3.26)，电路最大增益为 15.84(23.995 dB)，f_1=1 kHz 时的增益为 21.11 dB(A_u=11.36)，f_{H2}=100 kHz 时的增益为 21.05 dB(A_u=11.28)，符合设计指标要求。由幅频特性曲线也可看出(图 3.27)，在高频部分，滤波器响应曲线下降速度很快，这里主要的原因是受所使用的 LM741 增益带宽积的限制。

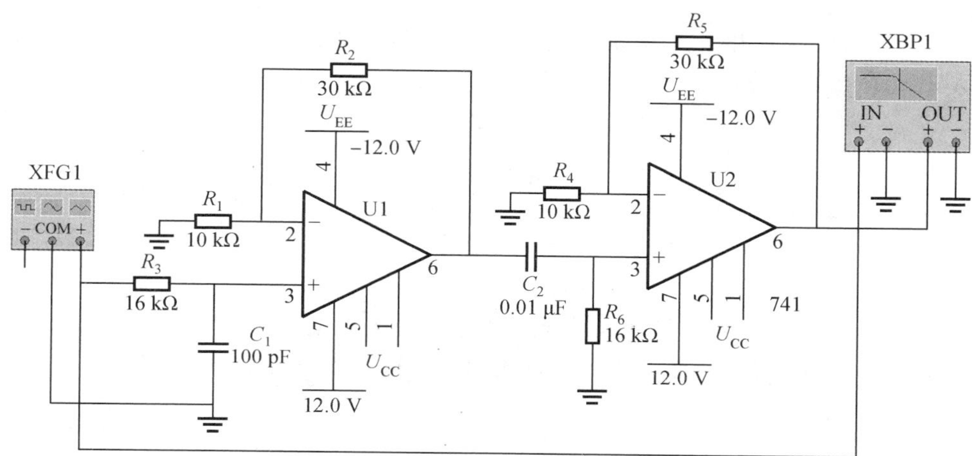

图 3.26　例 3.4Multisim 仿真电路

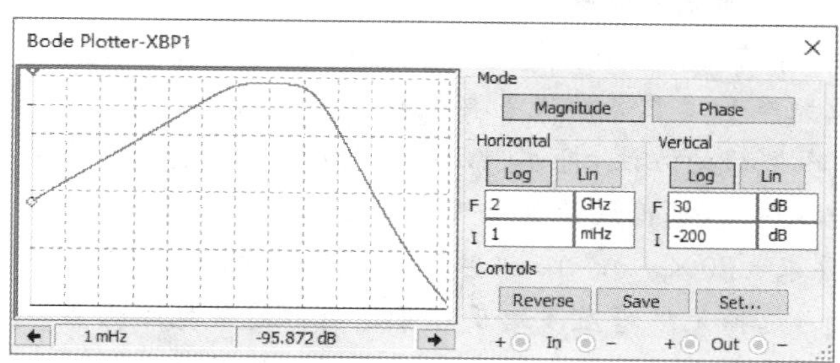

图 3.27　例 3.4Multisim 仿真幅频特性曲线

2. 多重反馈窄带带通滤波器

与 Sallen-key 低通和高通滤波器类似，Sallen-Key 带通滤波器的最大缺点是电路增益会影响 Q 值，如公式(3.12)所示，这个特点限制了 Sallen-Key 带通滤波器的应用。因此本节不再对 Sallen-Key 带通滤波器进行详细介绍。

图 3.28 所示为多重反馈窄带带通滤波器(Multiple Feedback Band−Pass Filter，MFBP)，其仅使用一个运放实现，工作在反向输入模式，由于有两个反馈路径，被称为多重反馈滤波器。

假设 $C_1=C_2=C$，其中心频率 f_C 为

$$f_C=\frac{1}{2\pi C}\sqrt{\frac{R_1+R_3}{R_1R_2R_3}} \tag{3.21}$$

f_C 处增益 A_F 为

$$A_F=\frac{R_2}{2R_1} \tag{3.22}$$

滤波器品质因数 Q 为

$$Q=\pi f_C R_2 C \tag{3.23}$$

带宽 B 为

$$B=\frac{1}{\pi R_2 C} \tag{3.24}$$

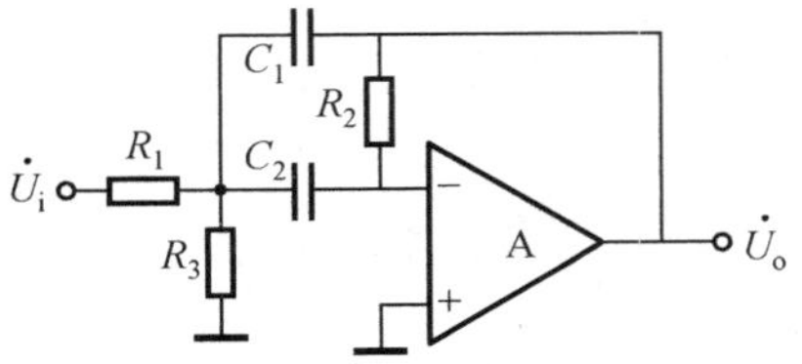

图 3.28　多重反馈窄带带通滤波器电路图

MFB 带通滤波器允许独立调节 Q、A_u和中心频率 f_C。带宽 B 和增益 A_u 与 R_3无关，因此可以在不影响带宽 B 和增益 A_u的情况下调节 R_3改变中心频率 f_C，对于低 Q，可以去掉 R_3。Q 与 A_u存在如下关系：

$$A_F=2Q^2 \tag{3.25}$$

$$R_2=\frac{Q}{\pi f_C C} \tag{3.26}$$

$$R_1=\frac{1}{2\pi f_C C A_F}=\frac{R_2}{2A_u C} \tag{3.27}$$

$$R_3=\frac{A_F R_1}{2Q^2-A_F}=\frac{Q}{2\pi f_C C(2Q^2-A_F)} \tag{3.28}$$

并且，f_C可以更改为 f'_C而不改变带宽或增益。这可以通过简单地将 R_3更改为 R'_3来形成：

$$R'_3=R_3\left(\frac{f_C}{f'_C}\right)^2 \tag{3.29}$$

【例 3.5】　设计一带通滤波电路，要求：

(1)其中心频率 f_C 为 1 kHz，$Q=10$，通带增益 $A_u=-2$，$f\gg f_C$ 处的衰减速率不低于 40 dB/10 倍频，截止频率和增益等的误差要求在±10%以内。

(2)利于中心频率搬移的方法，将 f_0 搬移到 500 Hz 处，其余技术指标不变。

(1)首先选择电路形式，根据设计要求确定滤波器的阶数 n。

①由衰减速率要求$-20\times n$ dB/10 倍频≥40 dB/10 倍频，算出 $n=2$。

②根据题目要求，选择无限增益多路反馈带通有源滤波电路形式。

(2)根据传输函数等的要求设计电路中相应元器件的具体数值。

①参考表 3.1，选取 C，设电容 C 的取值为 100 nF，则

$$R_2=\frac{Q}{\pi f_C C}=\frac{10}{\pi\times 1\ \text{kHz}\times 100\ \text{nF}}=31.8\ \text{k}\Omega$$

$$R_1=\frac{R_2}{-2A_u C}=\frac{31.8\ \text{k}\Omega}{4}=7.96\ \text{k}\Omega$$

$$R_3=\frac{-A_u c R_1}{2Q^2+A_u C}=\frac{2\times 7.96\ \text{k}\Omega}{200-2}=80.4\ \Omega$$

参考标准阻值表，对上述电阻理论计算值进行修正，$R_2=31.6$ kΩ，$R_1=7.87$ kΩ，$R_3=$ 80.6 Ω。

②对于 MFB 滤波器电路来说，由于 f_C可以更改为 f'_C而不改变带宽或增益，可以通过简单地将 R_3更改为 R'_3来形成：

$$R'_3=80.4\times\left(\frac{1\ 000}{500}\right)^2=321.6\ (\Omega)$$

参考标准阻值表，将 R'_3 电阻理论计算值修正为 324 Ω。

图 3.29 所示为 $f_C=1$ kHz 时的 Multisim 仿真电路图和幅频特性曲线，经过对幅频特性曲线测量可知，在 1 kHz 处的增益为 5.992 dB(对应 −1.99)，$f_L=943$ Hz，$f_H=1\ 043$ Hz，故品质因数 Q 可以直接由下式求出：

$$Q=\frac{f_C}{f_H-f_L}=\frac{1\ 000}{1\ 043-943}=\frac{1\ 000}{100}=10$$

与设计指标吻合，说明所设计的电路是满足设计要求的。

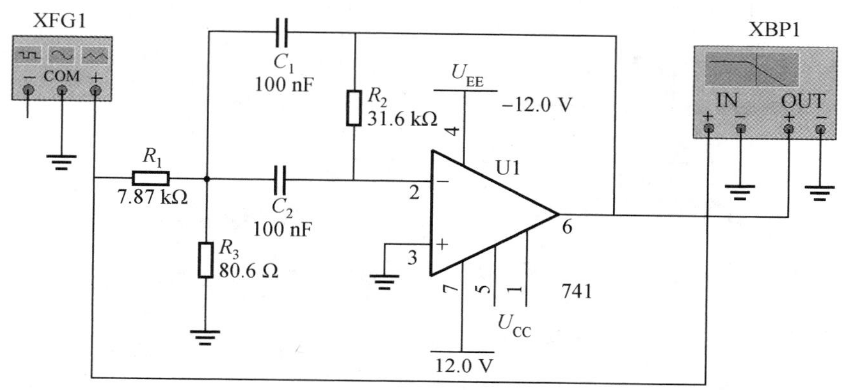

(a) 仿真电路

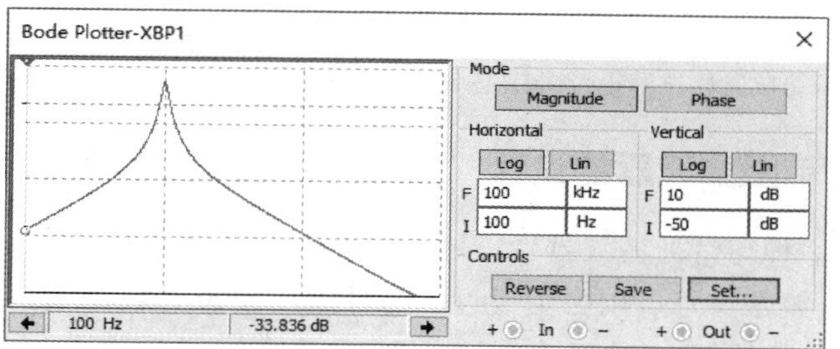

(b) 幅频特性曲线

图 3.29　例 3.5 仿真电路图和幅频特性曲线

图 3.30 是将中心频率从 1 kHz 搬移到 500 Hz 的 Multisim 仿真电路图和幅频特性曲线，在 500 Hz 处的增益为 6.0 dB(对应 −2)，$f_L=458$ Hz，$f_H=559$ Hz，此时品质因数 Q 表示为

$$Q=\frac{f_C}{f_H-f_L}=\frac{500}{559-458}=\frac{500}{100}=5$$

根据公式(3.23)，在 R_2 和 C 保持不变情况下，当中心频率 f_C 变为 f'_C 时，品质因数 Q 的变化与 f_C 变化一致。这里中心频率 f_C 变为原来的 1/2，故 Q 值也变为原来的 1/2，即 $Q=5$ 是正确的，符合理论推导。

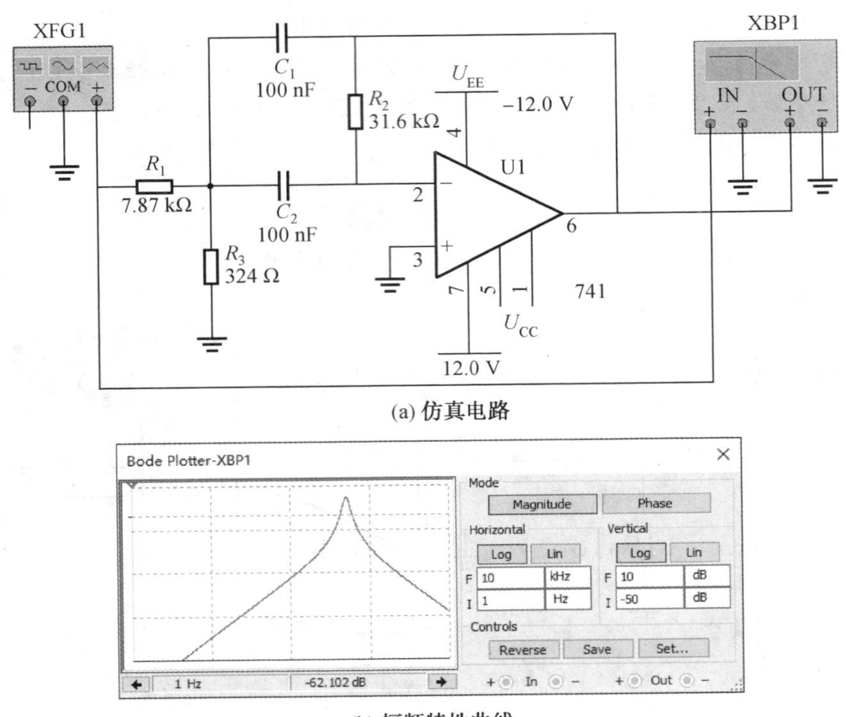

(a) 仿真电路

(b) 幅频特性曲线

图 3.30　将例 3.5 带通滤波器电路的中心频率搬移到 500 Hz 处的仿真电路和幅频特性曲线

3.2.4　有源带阻滤波器的设计

带阻滤波器是一种与带通滤波器性能刚刚相反的滤波器，除了指定阻带内的频率信号被大大衰减外，其余频带信号可以自由通过。与带通滤波器类似，带阻（带阻或陷波）滤波器是一个二阶（双极点）滤波器，具有两个截止频率 f_L 和 f_H，通常称为 −3 dB 或半功率点，滤波器带宽 BW 定义为 $BW = f_H - f_L$。

对于宽带带阻滤波器，滤波器的实际阻带位于其下限和上限 −3 dB 点之间，因为它会衰减或拒绝这两个截止频率之间的任何频率。

与有源带通滤波器的设计类似，有多种方法构建有源带阻滤波器。最简单的，可以由低通和高通滤波器部分组合来形成，只要保证高通滤波器的下限截止频率 f_L 大于低通滤波器的上限截止频率 f_H 即可。

如图 3.31 所示，一阶低通滤波器和一阶高通滤波器通过运放组成的加法器级联，在确保 $f_L > f_H$ 的前提下，即可形成一个二阶带阻滤波器。其幅频特性曲线可以由低通和高通幅频特性曲线直接相乘得到，如图 3.32 所示。

通过相加实现带通滤波器的方案简单，其滤波器阶数等于低通部分和高通部分阶数之和，这种方案的最大优点是，其滚降系数、增益、截止频率等参数可以分别独立设置。该方案的缺点是，对比于其他结构，需要更多的运放和其他元件。

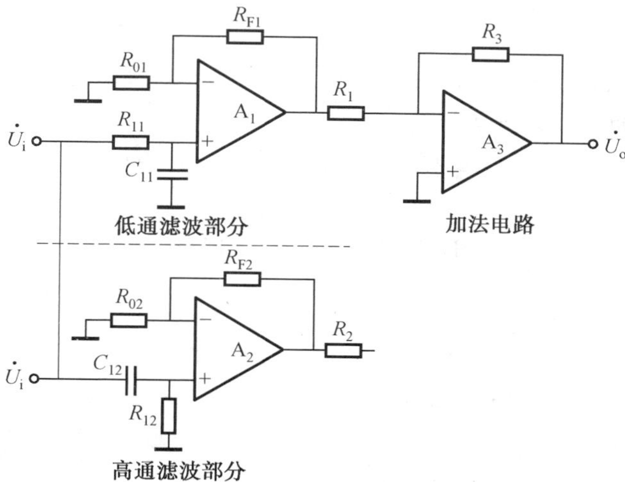

图 3.31　通过将低通滤波器和高通滤波器相加的方法形成带通滤波器

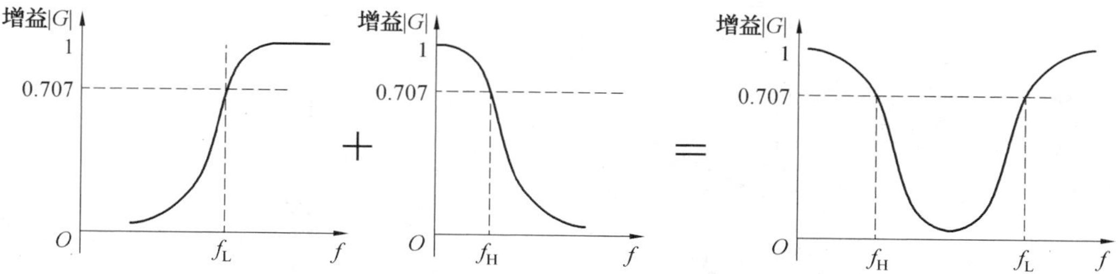

图 3.32　低通滤波器和高通滤波器相加的方法形成带通滤波器的幅频特性曲线分析

【例 3.6】　设计一个带阻滤波器，$f_H=100$ kHz，$f_L=1$ kHz，通带增益 $A_u=16$，并计算出该电路的 Q 值。

按照低通滤波器和高通滤波器相加的方法设计该电路。由于通带增益 $A_u=16$，为了简化设计，指定低通滤波器的增益 $A_{u1}=4$。

参考表 3.1，假设电容 C_{11} 的取值为 100 pF，根据一阶有源低通滤波器截止频率公式，可得

$$R_{11}=\frac{1}{2\pi f_0 C_{11}}=\frac{1}{2\pi\times 100\times 10^3\times 100\times 10^{-12}}=15.915\ (\text{k}\Omega)$$

参考标准阻值表 3.6，取临近电阻标称值 $R_{11}=15.8$ kΩ。

$$A_{u1}=1+\frac{R_{F11}}{R_{01}}=4$$

根据 A_{u1} 确定电阻 R_{01} 和 R_{F1}，假设 $R_{01}=10$ kΩ，则 $R_{F1}=30$ kΩ。

对于高通部分，假设电容 C_{21} 的取值为 0.01 μF，根据一阶有源高通滤波器截止频率公式，可得

$$R_{21}=\frac{1}{2\pi f_0 C_{21}}=\frac{1}{2\pi\times 1\times 10^3\times 0.01\times 10^{-6}}=15.915\ (\text{k}\Omega)$$

参考标准阻值表，取临近电阻标称值 $R_{21}=15.8$ kΩ。

$$A_{u2}=1+\frac{R_{F12}}{R_{02}}=4$$

根据 A_{u2} 确定电阻 R_{02} 和 R_{F2}，假设 $R_{01}=10\ \text{k}\Omega$，则 $R_{F1}=30\ \text{k}\Omega$。

该带通滤波器的中心频率 f_C 为

$$f_C=\sqrt{1\ \text{kHz}\times100\ \text{kHz}}=10\ \text{kHz}$$

带宽为

$$\text{BW}=100-1=99\ (\text{kHz})$$

Q 值为

$$Q=\frac{\omega_C}{\text{BW}}=\frac{10}{100-1}=0.101$$

在 Multisim 中对该电路进行仿真，如图 3.33 所示，电路在中心频率 10 kHz 处增益为 −21.993 dB，高频处曲线下降是因为所用运放 LM741 的增益带宽积限制。

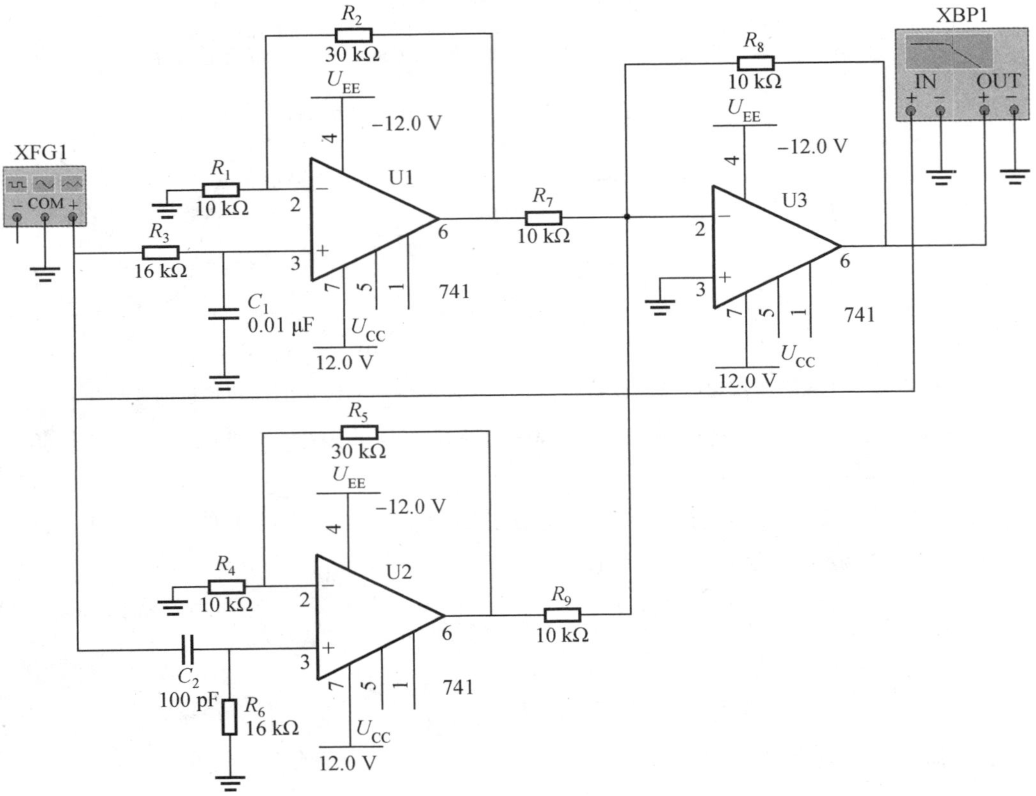

(a) 仿真电路图

图 3.33　例 3.6 仿真电路图和幅频特性曲线

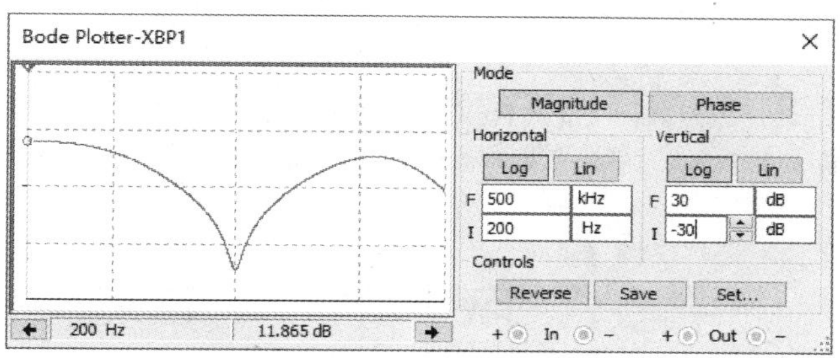

(b) **幅频特性曲线**

续图 3.33

前面使用一阶或二阶低通和高通滤波器以及同相求和运算放大器电路来制作简单的带阻滤波器，以抑制宽频带信号，这种滤波器属于宽带带阻滤波器。窄带带阻滤波器又称为“陷波滤波器”，是一种高选择性、高 Q 值的带阻滤波器，可用于抑制单个或非常小的频带，而不是整个不同频率的带宽。

陷波滤波器的设计在其中心频率附近具有非常窄且非常深的阻带，陷波的宽度由其选择性 Q 描述，其方式与 RLC 电路中的谐振频率峰值完全相同。

最常见的陷波滤波器电路是双 T 陷波滤波器，在其基本形式中，双 T 也称为平行三通，配置由两个 T 形部分形式的两个 RC 支路组成，使用三个电阻器和三个电容器，其设计如图 3.34 所示。

为了简化该滤波器的设计，一般假设 $R_1=R_2=R, R_3=R/2, C_1=C_2=C, C_3=2C$；则有

$$\omega_0=\frac{1}{RC} \tag{3.30}$$

$$f_0=\frac{1}{2\pi RC} \tag{3.31}$$

传输函数 G 为

$$G=\frac{s^2+\omega_0^2}{s^2+s\omega_0 4(1-k)+\omega_0^2} \tag{3.32}$$

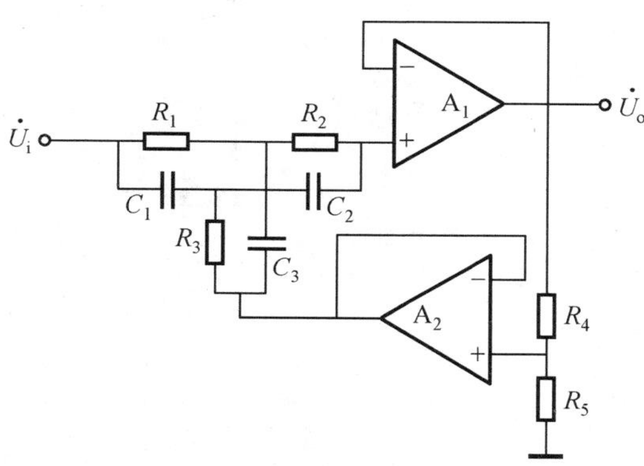

图 3.34　双 T 陷波滤波器电路图

双 T 形陷波滤波器部分的输出通过单个同相运算放大器缓冲器与分压器隔离。分压器的输出反馈到 R 和 $2C$ 的“接地”点。信号反馈量称为反馈分数 k，由电阻比设置给出：

$$k=\frac{R_5}{R_4+R_5}=1-\frac{1}{4Q} \tag{3.33}$$

Q 的值由 R_3 和 R_4 电阻比值决定，但如果想让 Q 完全可调，可以用单个电位器替换这两个反馈电阻，并将其馈入另一个运算放大器缓冲器以增加负增益。此外，为了在给定频率下获得最大陷波深度，可以取消电阻 R_3 和 R_4，并将 R 和 $2C$ 的节点直接连接到输出。

【例 3.7】　设计一个窄带陷波滤波器，其中心陷波频率 f_N 为 1 kHz，−3 dB 带宽为 100 Hz。使用 0.1 μF 电容器并以分贝为单位计算预期的凹口深度。

解　给出的数据：$f_N=1\ 000$ Hz，BW=100 Hz 和 $C=0.1$ μF。

(1)计算给定电容 0.1 μF 的 R 值

$$R=\frac{1}{2\pi f_0 C}=\frac{1}{2\pi\times1000\times0.1\times10^{-6}}=1\ 591\ (\Omega)$$

所以修正后的电阻值为 $R_1=R_2=1.58\ \text{k}\Omega$,$R_3=R/2=787\ \Omega$。

(2)计算 Q 值

$$Q=\frac{f_0}{\text{BW}}=\frac{1\ 000}{100}=10$$

(3)计算反馈分数 k 的值

$$k=1-\frac{1}{4Q}=1-\frac{1}{4\times10}=0.975$$

(4)计算电阻 R_4 和 R_5 的值

$$k=0.975=\frac{R_5}{R_4+R_5}$$

假设 $R_5=10\ \text{k}\Omega$,则 R_4 的值为

$$R_4=R_5-0.975R_5=10\ 000-0.975\times10\ 000=250\ (\Omega)$$

(5)以分贝为单位计算预期的陷波深度:

$$\frac{1}{Q}=\frac{1}{10}=0.1$$

$$f_N=20\log(0.1)=-20\ (\text{dB})$$

在 Multisim 中对该电路进行仿真,如图 3.35 所示,经过对滤波器幅频特性曲线进行测量,在 1 kHz 处的增益为 −20 dB,满足设计要求。

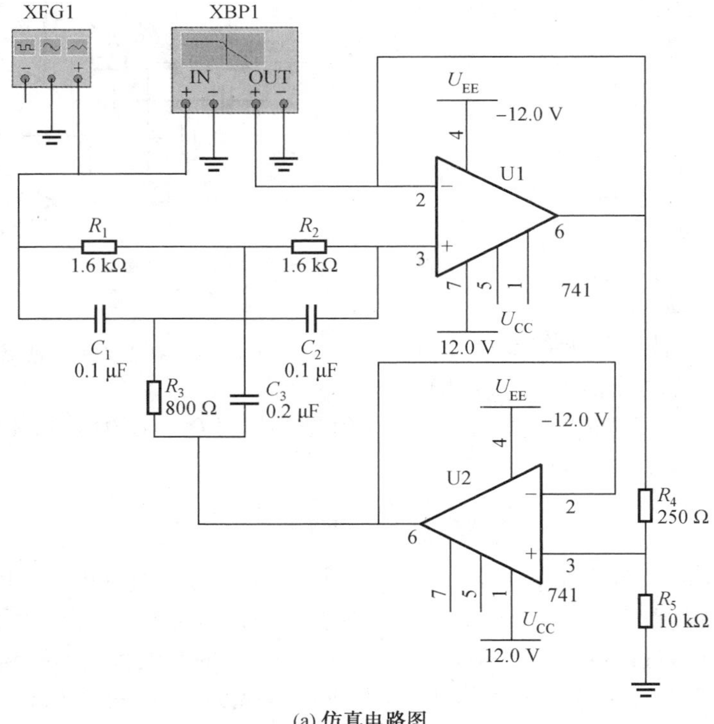

(a) 仿真电路图

图 3.35 例 3.6 仿真电路图和幅频特性曲线

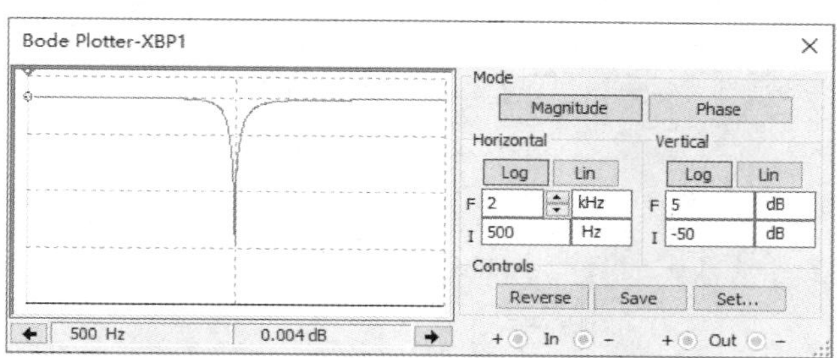

(b) **幅频特性曲线**

续图 3.35

3.2.5　有源全通滤波器的设计

通常幅度响应是滤波器设计过程中的重要考量指标之一，因此滤波器也分成低通、带通、高通滤波器等。而不改变输入信号幅度并引入相移的滤波器类型称为全通滤波器，简称APF(All pass filter)。全通滤波器幅频特性是平行于频率轴的直线，所以它对频率没有选择性，人们主要利用其相位频率特性。全通滤波器的一种用途是作为相位校正电路或相位均衡电路，一般用在脉冲电路中。同时也可用在单边带、抑制载波(SSB－SC)调制电路中。

全通滤波器的传递函数为

$$H(s)=\frac{s^2-\left(\frac{\omega_0}{Q}\right)s+\omega_0^2}{s^2+\left(\frac{\omega_0}{Q}\right)s+\omega_0^2} \tag{3.34}$$

全通传递函数可以合成为

$$H_{AP}=H_{LP}-H_{BP}+H_{HP}=1-2H_{BP} \tag{3.35}$$

图 3.36 所示为一阶全通滤波器，如果其功能为简单的 RC 高通(图(a))，则电路的相移范围为－180°(0 Hz)至 0°(高频)。当 $\omega=1/(RC)$时，为－90°。可将电阻设为可变，以便在具体频率下进行延迟调节。如果将功能改成低通功能(图(b))，则滤波器仍然为一阶全通，延迟等式仍然有效，但信号会反相，变化范围为 0°(直流)至－180°(高频)。

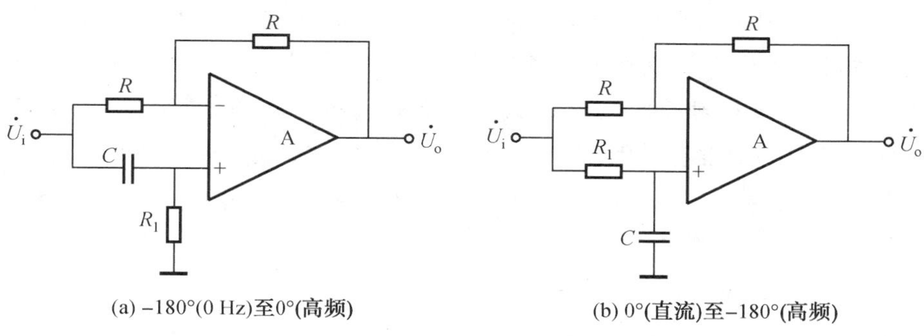

(a) –180°(0 Hz)至0°(高频)　　(b) 0°(直流)至–180°(高频)

图 3.36　全通滤波器电路

传递函数为

$$H(s)=\frac{V_O}{V_{IN}}=\frac{s-\frac{1}{RC}}{s-\frac{1}{RC}} \tag{3.36}$$

$$\begin{cases}\varphi=180°-2\arctan\frac{f}{f_0}\\ f_0=\frac{1}{2\pi R_1C}\end{cases} \tag{3.37}$$

$$\begin{cases}\varphi=2\arctan\frac{f}{f_0}\\ f_0=\frac{1}{2\pi R_1C}\end{cases} \tag{3.38}$$

【例 3.8】 设计下列两种全通滤波电路，要求：

(1) 完成对频率 f 为 1 kHz 的信号超前移相 90°。

(2) 完成对频率 f 为 1 kHz 的信号滞后移相 90°。

解

(1) 首先选择电路形式。超前移相 90°采用图 3.36(a)的电路，滞后移相 90°采用图 3.36(b)的电路。

(2) 计算全通滤波器的特征频率 f_0：

对于超前移相 90°，由 $\varphi=180°-2\arctan\frac{f}{f_0}$ 可知 $f_0=1$ kHz；

对于滞后移相 90°，由 $\varphi=2\arctan\frac{f}{f_0}$ 可知 $f_0=1$ kHz。

(3) 根据滤波器的特征频率 f_0 选取电容 C 和电阻 R_1 的值。电容 C 的大小一般不超过 1 μF，电阻 R_1 取值为 kΩ 数量级。参考表 3.1，假设电容 C 的取值为 0.01 μF，可得

$$R_1=\frac{1}{2\pi f_0 C}=\frac{1}{2\pi\times1\times10^3\times0.01\times10^{-6}}=15.915\ (\text{k}\Omega)$$

在 Multisim 中对上述两种全通滤波器电路进行仿真，如图 3.37 所示，滤波器性能使用波特仪和示波器综合评估，相关性能曲线如图 3.38 所示。对于 1 kHz 超前移相 90°全通滤波器电路，在 1 kHz 处的增益为 0 dB，对应增益为 1，相移为 89.887°，近似 90°，结合输入输出波形，该电路符合设计指标要求。对于 1 kHz 滞后移相 90°全通滤波器电路，在 1 kHz 处的增益为 0 dB，对应增益为 1，相移为−90.118°，近似−90°，结合输入输出波形，该电路亦符合设计指标要求。

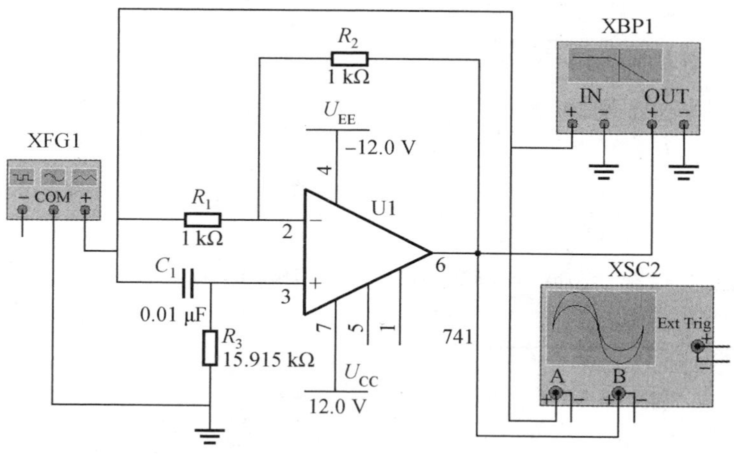

(a) 1 kHz **超前移相90°**

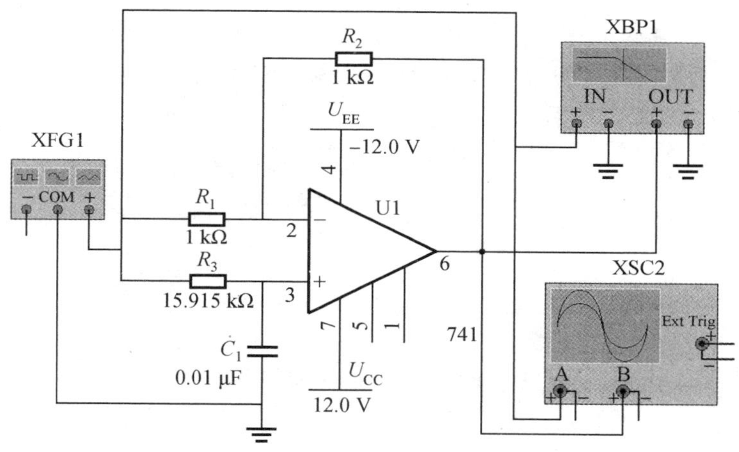

(b) 1 kHz **滞后移相90°**

图 3.37　全通滤波仿真电路

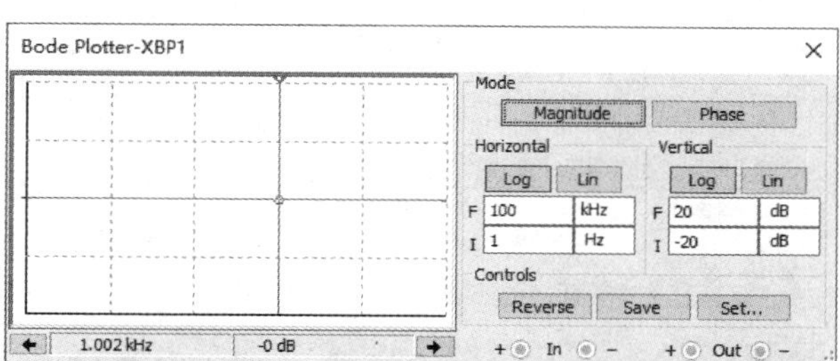

(a) 1 kHz**超前移相90°全通滤波器幅频特性**

图 3.38　全通滤波仿真电路性能曲线

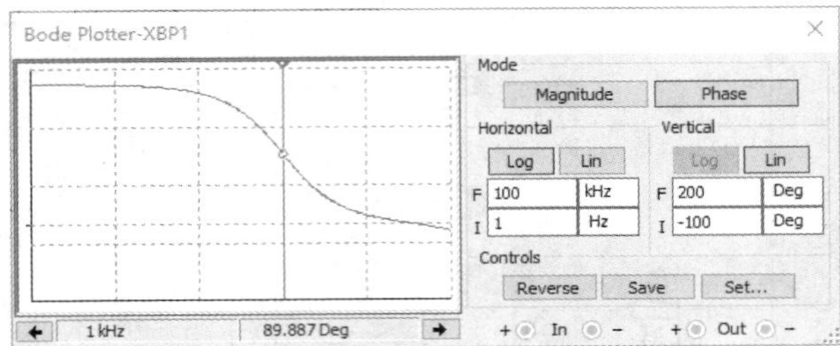

(b) 1 kHz超前移相90°全通滤波器相频特性

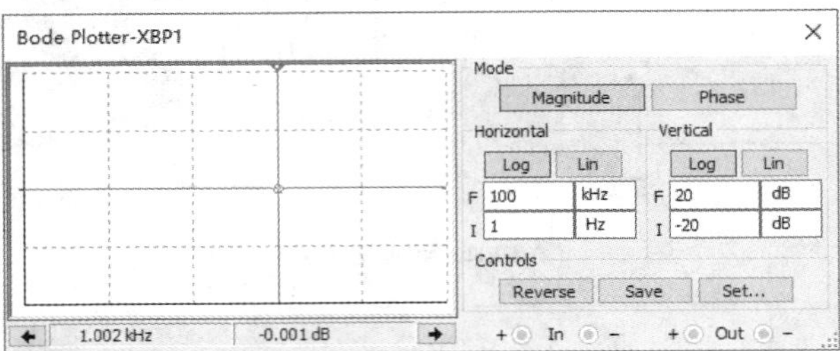

(c) 1 kHz滞后移相90°全通滤波器幅频特性

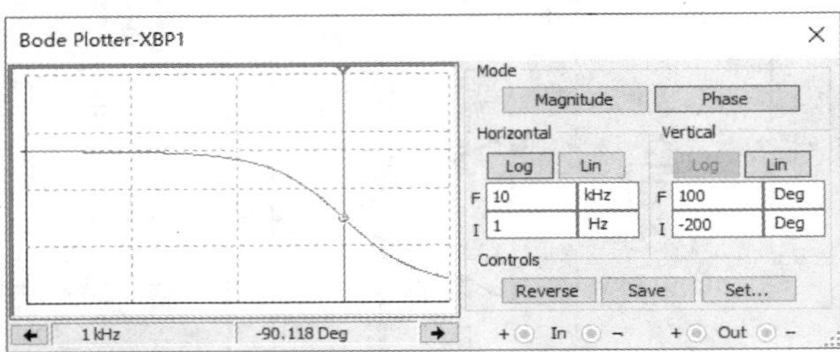

(d) 1 kHz滞后移相90°全通滤波器相频特性

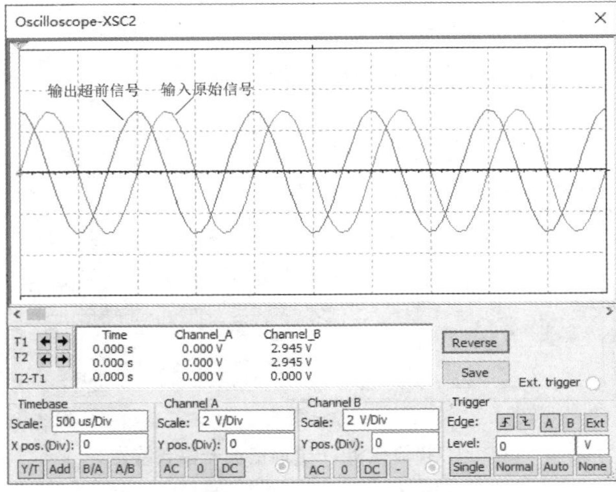

(e) 1 kHz超前移相90°全通滤波器输入输出波形

续图 3.38

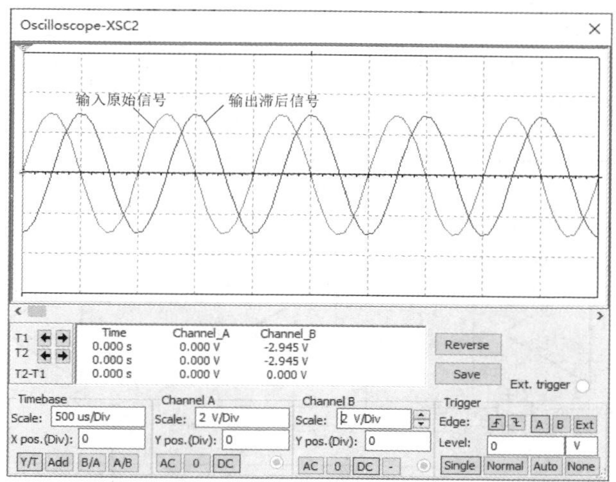

(f) 1 kHz滞后移相90°全通滤波器输入输出波形

续图 3.38

3.2.6　单片集成有源滤波器

前文所述的基于运算放大器搭建的各类滤波器，在实际电路中可能不具备通用性，换一种滤波器类型就需要改变滤波器的拓扑结构，十分不便。基于此原因，国际上各大集成芯片生产厂家均生产了各类单片集成有源滤波器，以满足各种应用场合需求。按照这些单片集成有源滤波器的工作原理，可以分成传统单片集成有源滤波器和开关电容有源滤波器。

1. 传统单片集成有源滤波器

传统单片集成有源滤波器是指基于传统的模拟滤波器结构，将电容和运放集成到芯片内部，通过外接电阻的形式，形成各种类型的有源滤波器，又称为连续型集成有源滤波器。如图 3.39 所示，TI 公司的 UAF42 型通用有源滤波器就是一种典型的传统型单片集成有源滤波器，采用经典的状态可调(State-Variable)模拟结构，内部集成了精度 50 kΩ±0.25 kΩ 的电阻 4 个，一个反向放大器和两个积分器，该积分器包括 1 000 pF(±0.5%)的电容，较好地解决了有源滤波器设计中获得低损耗(low-loss)电容的问题。

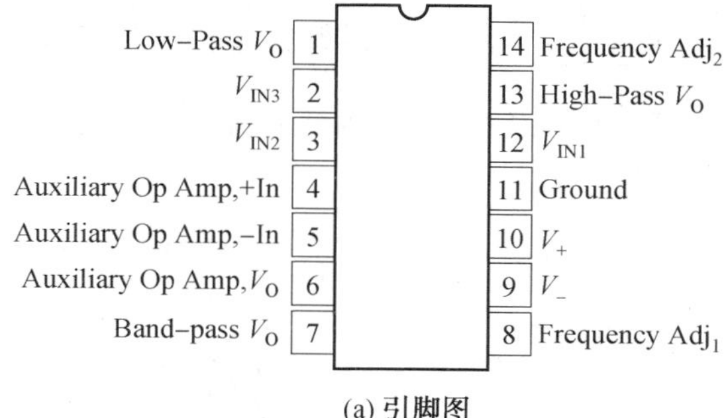

(a) 引脚图

图 3.39　UAF42 型通用有源滤波器

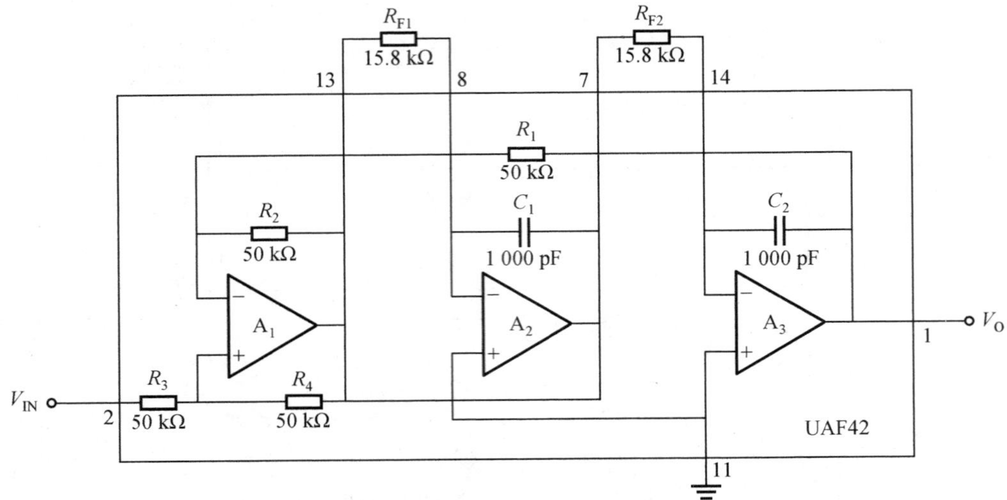

(b) 内部结构图

续图 3.39

参考 UAF42 的数据手册可知，其频率范围为 0～100 kHz，最大 Q 值为 400，最大 Q 值频率积（$Q\times f_C$）为 500 kHz，因此，在使用 UAF42 设计滤波器时，需要注意上述参数的限制。对于滤波器截止频率 ω_n，利用 UAF42 构成低通、高通、带通和带阻滤波器的传输公式分别表示为

$$H_{LP}(s)=\frac{H_{LP0}\omega_n^2}{s^2+s\left(\frac{\omega_n}{Q}\right)+\omega_n^2} \tag{3.39}$$

$$H_{HP}(s)=\frac{H_{HP0}s^2}{s^2+s\left(\frac{\omega_n}{Q}\right)+\omega_n^2} \tag{3.40}$$

$$H_{BP}(s)=\frac{H_{BP0}\left(\frac{\omega_n}{Q}\right)s}{s^2+s\left(\frac{\omega_n}{Q}\right)+\omega_n^2} \tag{3.41}$$

$$H_{BR}(s)=\frac{H_{BR0}(s^2+\omega_n^2)}{s^2+s\left(\frac{\omega_n}{Q}\right)+\omega_n^2} \tag{3.42}$$

图 3.40 所示为 UAF42 采用同相输入结构构建有源滤波器的结构，其设计公式可以表示为

$$\omega_n^2=\frac{R_2}{R_1R_{F1}R_{F2}C_1C_2} \tag{3.43}$$

$$Q=\frac{1+\frac{R_4(R_G+R_Q)}{R_G\cdot R_Q}}{1+\frac{R_2}{R_1}}\cdot\sqrt{\frac{R_2R_{F1}C_1}{R_1R_{F2}C_2}} \tag{3.44}$$

$$Q\cdot H_{LP0}=Q\cdot H_{HP0}\cdot\frac{R_1}{R_2}=H_{BP0}\cdot\sqrt{\frac{R_1R_{F1}C_1}{R_2R_{F2}C_2}} \tag{3.45}$$

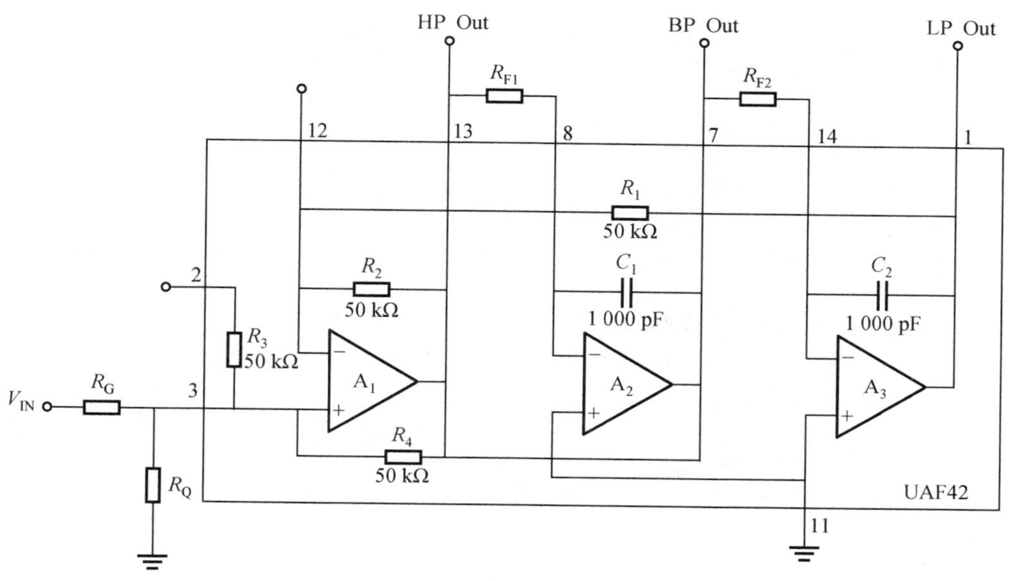

图 3.40　UAF42 采用同相输入结构构建有源滤波器的结构

$$H_{LP0}=\frac{1+\frac{R_1}{R_2}}{R_G\left(\frac{1}{R_G}+\frac{1}{R_Q}+\frac{1}{R_4}\right)} \tag{3.46}$$

$$H_{HP0}=\frac{R_2}{R_1}\cdot H_{LP0}=\frac{1+\frac{R_2}{R_1}}{R_G\left(\frac{1}{R_G}+\frac{1}{R_Q}+\frac{1}{R_4}\right)} \tag{3.47}$$

$$H_{BP0}=\frac{R_4}{R_G} \tag{3.48}$$

如果 $RG=50$ kΩ，那么外部增益设置电阻 RG 可以省略，而直接将 V_{in} 接到 2 脚。当然，也可以将 UAF42 采用反相输入结构构建有源滤波器，其参数设置公式有区别，可以参考其数据手册，在此不再赘述。

除 TI 公司的 UAF42 外，模拟器件公司(ADI)和美信公司(MAXIM)均有相关产品，如表 3.3 所示，其中美信公司的 MAX270、MAX271 还支持数字可编程，十分便于系统集成使用，可以在实际应用中根据需要选取，在此不做深入介绍。

表 3.3　模拟器件和美信公司的传统型单片集成有源滤波器产品摘录

厂家	型号	类型	阶数	频率范围	滤波器类型	编程方式
ADI	LT1562－2	通用型	四 2 阶	20 kHz～300 kHz	巴特沃斯、切比雪夫	电阻
	LT1562	通用型	四 2 阶	10 kHz～150 kHz	椭圆或等波纹	电阻
	LT1568	低通、带通	双 2 阶	200 kHz～10 MHz	巴特沃斯、切比雪夫	电阻

续表 3.3

厂家	型号	类型	阶数	频率范围	滤波器类型	编程方式
MAXIM	MAX270	低通	双 2 阶	1 kHz～25 kHz	切比雪夫	数字可编程
	MAX271	低通	双 2 阶	1 kHz～25 kHz	切比雪夫	数字可编程
	MAX274	低通、带通	8 阶	100 Hz～150 kHz	可编程	电阻
	MAX275	低通、带通	4 阶	100 Hz～300 kHz	可编程	电阻

【例 3.9】 利用 UAF42 设计一个带宽为 10 kHz、通带增益为 1 的低通滤波器。

(1)设置 RG=50 kΩ，根据 UAF42 数据手册说明，V_{in} 可以直接从 2 脚输入。

(2) 假设 $R_{F1}=R_{F2}$，则有

$$R_{F1}=\frac{1}{2\pi f_0 C_1}=\frac{1}{2\pi\times 10\times 10^3\times 1\times 10^{-9}}=15.915\ \text{k}\Omega$$

参考标准阻值表，取值 $R_{F1}=R_{F2}=15.8\ \text{k}\Omega$。

(3)品质因数为

$$Q=\frac{1+\dfrac{R_4(R_G+R_Q)}{R_G\cdot R_Q}}{1+\dfrac{R_2}{R_1}}\cdot\sqrt{\frac{R_2R_{F1}C_1}{R_1R_{F2}C_2}}=1$$

(4)增益 H_0 为

$$H_{LP0}=\frac{1+\dfrac{R_1}{R_2}}{R_G\left(\dfrac{1}{R_G}+\dfrac{1}{R_Q}+\dfrac{1}{R_4}\right)}=1$$

最终得到的电路图如图 3.41 所示，将该电路图在 Multisim 中进行仿真验证，验证电路图如图 3.42(a)所示，得到的波特图如图 3.42(b)所示。在小于 10 kHz 的频率范围内，增益为 0 dB，−3 dB 处对应的频率点约为 12.87 kHz，基本符合设计指标要求，也可通过微调 R_{F1} 和 R_{F2} 实现频率调整。

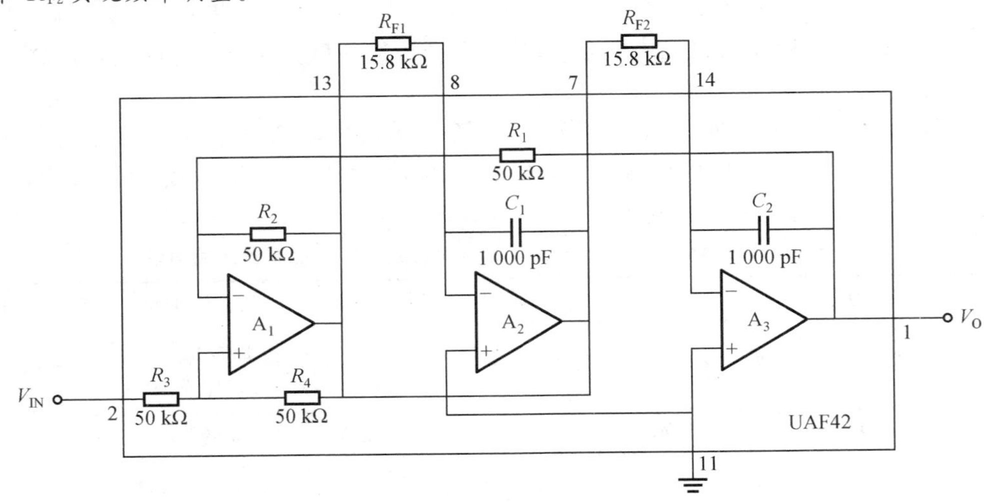

(b) 内部结构图

图 3.41　例 3.9 对应电路图

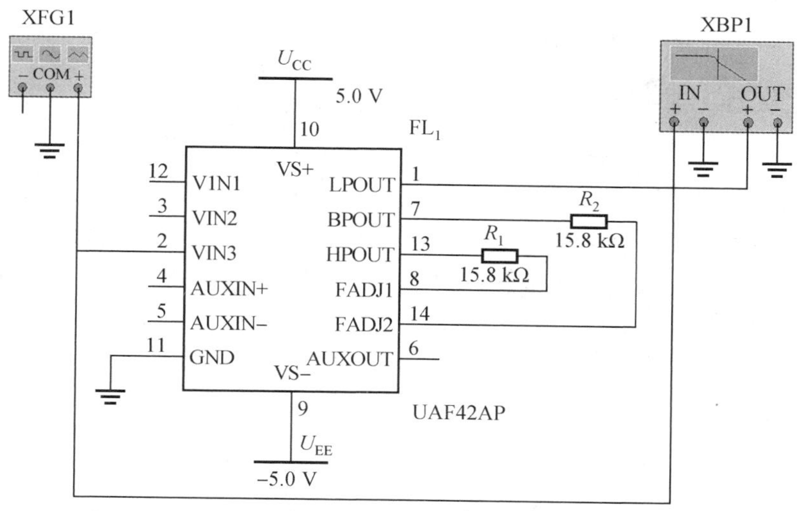

(a) 验证电路图

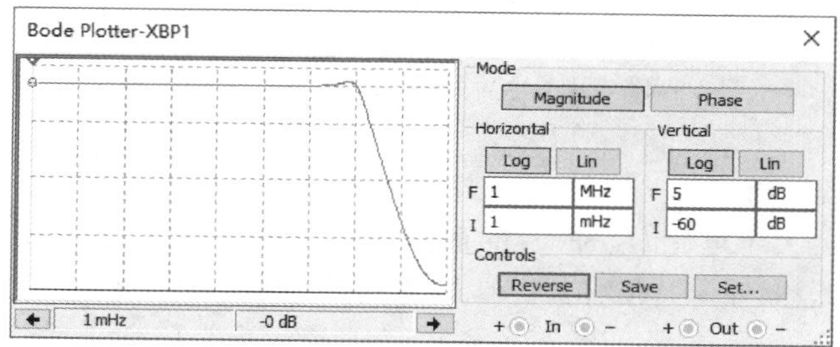

(b) 幅频特性曲线

图 3.42　例 3.9Multisim 仿真电路与幅频特性曲线

2. 开关电容滤波器

上述传统的单片集成有源滤波器通过在芯片内部集成运放和电容，再结合外部的电阻，可以实现不同类型、不同截止频率的滤波器，但是这样的结构仍有缺点，针对不同的滤波器类型需要修改电路结构，无法灵活配置。为了增加滤波器设置的灵活性，随着 MOS 集成工艺的发展，一种新型的开关电容滤波器应运而生。

图 3.43 所示为简单的单极 RC 低通滤波器和基于开关电容结构的低通滤波器结构对比，在图 3.43(b)所示的简单开关电容结构中，两个高速 MOS 场效应管的栅极分别由两个相位相反的时钟信号 Φ 和 $\overline{\Phi}$ 控制，如图 3.44(a)所示，时钟信号的周期为 T，占空比为 1/2。在时钟控制下，两个开关交替导通，相当于一个单刀双掷开关 S，将这样一个开关电容电路接在两个端口 A 和 B 之间，如图 3.44(b)所示。

设在脉冲的前半周，开关 S 打向 A 端，U_A 给电容 C_2 充电，C_2 中储存的电荷量为 $Q_1 = C_2U_1$，在时钟的后半周期，开关 S 打向 B 端，电容 C_2 向 B 端负载放电，形成电压 U_B，C_2 中的电荷量变为 $Q_2 = C_2U_2$。

这样，在一个时钟周期 T 内，C_2 中的电荷变化量为 $\Delta Q = Q_1 - Q_2 = C_2(U_A - U_B)$，通过开关动作和电容的充放电，电荷量 ΔQ 由 A 端传送到 B 端，这等效于有一个电流 u_A 由 A 流向 B，其数值为

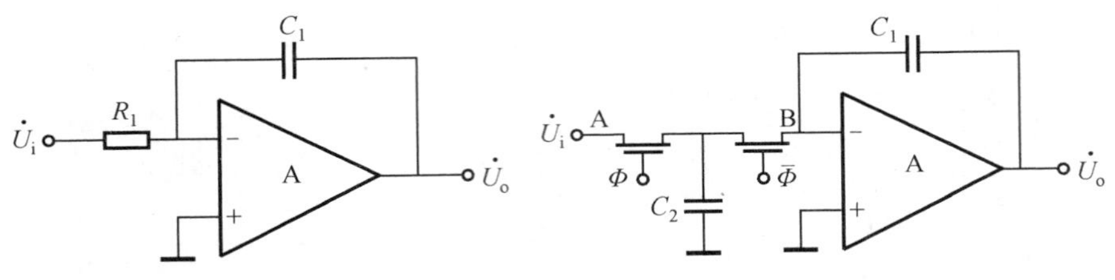

(a) 传统RC低通滤波器电路　　(b) 基于开关电容结构的低通滤波器

图 3.43　传统 RC 低通滤波器电路与基于开关电容结构的低通滤波器电路对比

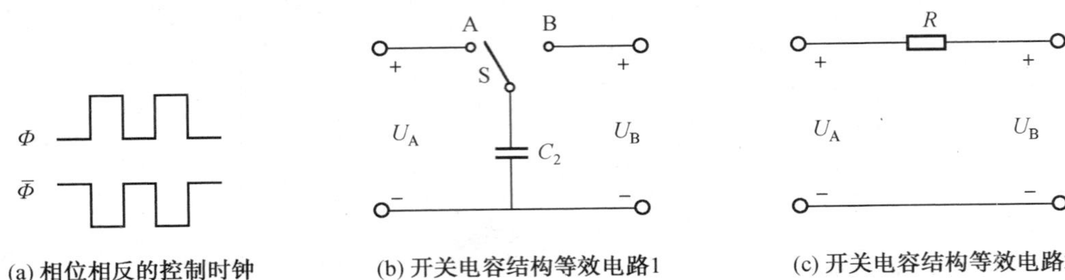

(a) 相位相反的控制时钟　　(b) 开关电容结构等效电路1　　(c) 开关电容结构等效电路2

图 3.44　开关电容结构的等效电路分析过程

$$I=\frac{\Delta Q}{T}=\frac{C_2}{T}(U_A-U_B) \tag{3.49}$$

只要开关频率远大于电压 U_A 和 U_B 的最高频率，就可假定在时间 T 内 U_A 和 U_B 保持不变，上述的 SC 电路等效于一个接在 A 和 B 之间的电阻，如图 3.42(c)所示，等效电阻值 R_{EQU} 为

$$R_{EQU}=\frac{U_A-U_B}{I}=\frac{T}{C_2}=\frac{1}{f_{CLK}}\times\frac{1}{C_2} \tag{3.50}$$

它与控制开关动作的时钟信号的频率 f_{CLK} 和电容 C_2 成反比，假设 200 kHz 的时钟频率和 5 pF 的开关电容值，其等效电阻为 1 MΩ，即说明开关电容滤波器中的电阻用开关电容电路来模拟。设某个滤波器的滤波频率为

$$f_x=\frac{1}{2\pi RC_1} \tag{3.51}$$

将 R 用开关电容电路来模拟，将式(3.50)代入式(3.51)中，滤波频率 f_x 为

$$f_x=\frac{f_{CLK}}{2\pi}\times\frac{C_2}{C_1} \tag{3.52}$$

由式(3.52)可知，开关电容滤波器的滤波频率 f_x 取决于两电容的比值 C_2/C_1 和时钟频率 f_{CLK}，这样就为实现滤波器的集成化和数字控制创造了条件。MOS 集成工艺很难制造出大的电阻和电容，而且 RC 常数误差可高达 20%，所以普通 RC 滤波器很难集成化。而按照式(3.52)，滤波频率 f_x 只与时钟频率 f_{CLK} 和电容比值 C_2/C_1 有关，而与 C_1 和 C_2 的绝对参数没有关系，电容的绝对参数精度用 MOS 集成工艺只能控制在 10%以内，但两个电容比值的精度用 MOS 工艺却可控制在 1%以内，而且只要保证一定比值的 C_2/C_1，C_1 和 C_2 的绝对参数可同时减少，这样就有利于 MOS 集成工艺实现开关电容滤波器而无须外接决定滤波频率的电阻或电容，滤波器的频率仅仅取决于输入时钟频率 f_{CLK}。通常在开关电容滤波器中，时钟频率 f_{CLK} 应高于信号频率的 50 倍或 100 倍。

相比于 UAF42 等传统类型集成有源滤波器，开关电容滤波器提供了更加灵活的滤波器配置方式，目前已经广泛应用于 kHz 及以下频段的滤波电路。德州仪器(Texas Instruments，TI)、模拟器件(Analog Device，ADI)、美信(MAXIM)等公司均提供了开关电容滤波器系列产品，如表 3.4 所示，涵盖低通、带通、通用型等各类滤波器结构，选用起来十分方便。美信公司的开关电容产品线尤其丰富，提供了数字可编程滤波器。

表 3.4　德州仪器、模拟器件和美信公司的开关电容型集成有源滤波器产品摘录

厂家	型号	类型	阶数	频率范围	滤波器类型	编程方式
TI	MF10－N	通用型	双 2 阶	0.1 Hz～30 kHz	可编程	电阻＋时钟
	TLC04	低通	4 阶	0.1 Hz～30 kHz	巴特沃斯	时钟
ADI	LTC1059	通用型	2 阶	0.1 Hz～40 kHz	可编程	电阻＋时钟
	LTC1264	通用型	四 2 阶	0.1 kHz～250 kHz	可编程	电阻＋时钟
	LTC1068	通用型	四 2 阶	0.5 Hz～200 kHz	可编程	电阻＋时钟
MAXIM	MAX292	低通	8 阶	0.1 Hz～50 kHz	贝塞尔	时钟
	MAX7490	通用型	双 2 阶	1 Hz～40 kHz	数字可编程	时钟
	MAX268	带通	双 2 阶	1 Hz～140 kHz	数字可编程	时钟

图 3.45(a)所示为 ADI 公司的 LTC1059 通用型开关电容滤波器，按照外部接法不同，可以实现低通、高通、带通、带阻和全通等滤波特性(详细的使用说明可以参阅 LTC1059 的数据手册)，使用起来非常方便。图 3.45(b)是 LTC1059 的内部结构框图，基本滤波器由一个运算放大器、两个正积分器和一个求和节点，还有一个额外的独立运放组成。由引脚 5(S_A)上的逻辑电压控制的 MOS 开关将第一个积分器的一个输入端连接到地或连接到第二个积分器的输出端，从而提供更大的应用灵活性。LTC1059 的引脚 9 用于设置时钟频率(f_{CLK})与中心频率(f_C)的比值为 50∶1 或 100∶1。数据手册建议的最大时钟频率不超过 2 MHz，在不同的工作模式下，需要同时兼容最大时钟频率、增益频率积 $Q\times f_C$、时钟频率 f_{CLK} 之间的关系。额外独立的一个非专用运算放大器可用于额外的信号处理。LTC1059 的一个非常方便的特性是中心频率 f_C 可以独立于 Q 和通带增益进行控制，在不影响其他特性的情况下，只需改变 f_{CLK} 即可调整 f_C。外部电阻值的选择非常简单，因此设计过程比典型的 RC 有源滤波器要容易得多。有关 LTC1059 的详细用法可以参考数据手册，在此不做深入介绍。

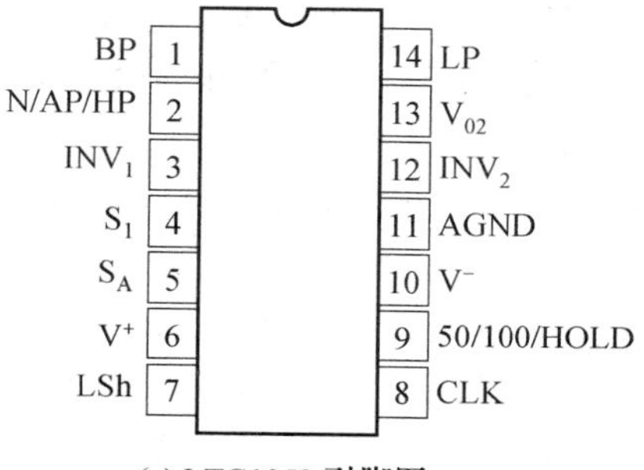

(a) LTC1059 引脚图

图 3.45　LTC1059 的引脚与内部结构图

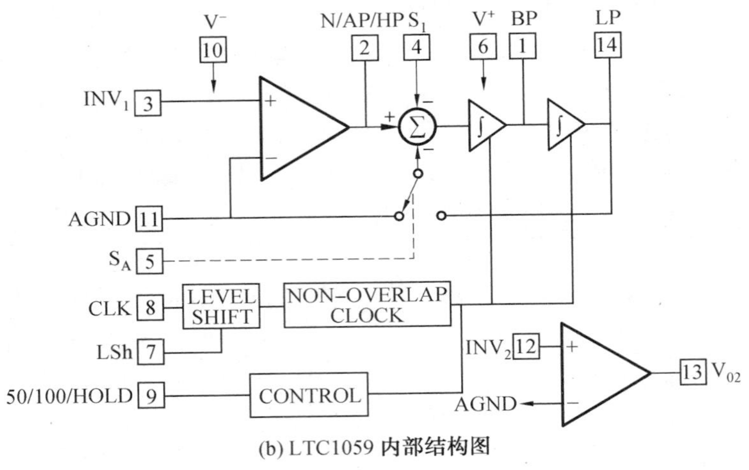

(b) LTC1059 内部结构图

续图 3.45

【例 3.10】 使用通用型开关滤波器 LTC1059 设计一个截止频率为 1 kHz、通带增益为 −4 的二阶巴特沃斯低通滤波器。

(1)选择 LTC1059 滤波器的操作模式为最简单的模式 1,它具有低通、带通和陷波输出,并反转输出信号的极性。

(2)确定外部电阻器的值。LTC1059 需要三个外部电阻器来确定滤波器的 Q 值和增益。外部电阻的连接如图 3.46 所示。参考数据手册,对于模式 1,品质因数 Q、直流增益 H_0 和外部电阻之间的关系为

$$Q=\frac{f_C}{\mathrm{BW}}=\frac{R_3}{R_2}$$

$$H_0=-\frac{R_2}{R_1}$$

在这种模式下,滤波器的输入阻抗等于 R_1,假设 $R_1=10\ \mathrm{k\Omega}$,则有

$$R_2=-H_0\times R_1=-(-4)\times 10\ \mathrm{k\Omega}=40\ \mathrm{k\Omega}$$

对于二阶巴特沃斯低通滤波器,品质因数 $Q=0.707$,则有

$$R_3=Q\times R_2=0.707\times 40\ \mathrm{k\Omega}=28.28\ \mathrm{k\Omega}$$

参考电阻标称值表,选取 $R_2=40.2\ \mathrm{k\Omega}$,$R_3=28.0\ \mathrm{k\Omega}$。

(3)设置时钟频率与滤波器截止频率的比值,即设置引脚 9 接高(50∶1)或接低(100∶1),可以根据需要设置,本例将引脚 9 接低,即设置比值为 100∶1,由于截止频率为 1 kHz,故输入的时钟频率应该是 100 kHz。

(4)设置电源供电电平为±5 V,为了减小电源纹波对滤波器性能的影响,每个电源引脚上增加了一个 0.1 μF 的滤波电容。

最后所设计的完整二阶低通滤波器电路如图 3.46 所示。显然,该电路结构简单,便于在应用中使用。

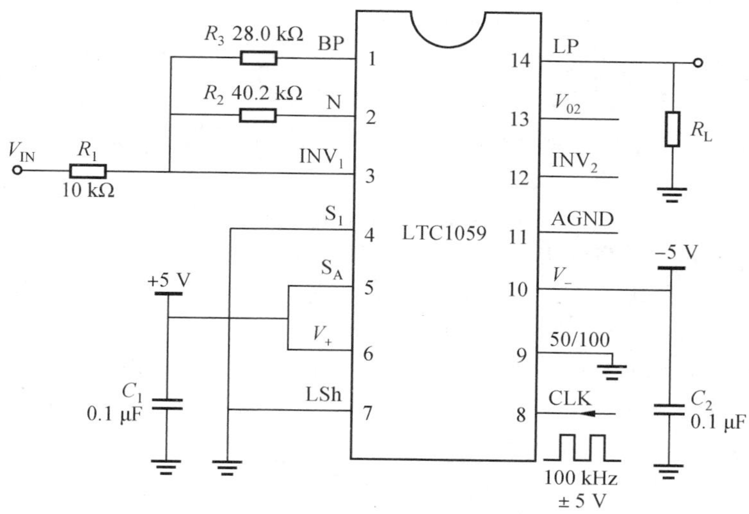

图 3.46　例 3.10 电路图

3.2.7　设计有源滤波器的通用知识

在有源滤波器设计过程中，除了按照类型设计滤波器电路之外，电容的温度变化特性、电阻引入的噪声、运放供电电源、电源去耦等都将对滤波器的性能指标造成影响，本节将讨论这些关键元器件的选型注意事项和电源供电电路的设计。

3.2.7.1　有源滤波器的器件选型

1. 运算放大器的选型

为有源滤波器选择运放时，一般需要对直流精度、噪声失真及速度需求进行考虑。在前文所述的滤波器设计过程中，一般基于理想运放，但在实际使用过程中，需要从性能指标、成本等方面对运放进行选型。为滤波器选择运放时需要评估的参数包括以下几项。

(1)增益带宽积(Gain Bandwidth Product，GBWP)。

运算放大器的增益带宽积是放大器带宽和增益的乘积，是用来简单衡量放大器性能的一个参数。在频率足够大时，运放的增益带宽积是一个常数。

由于低通滤波器部分的最大增益峰值近乎等于中心频率为 f_C 时的 Q 值。因此，经验的方法为：

①对于 MFB 滤波器，运放的 GBWP 需要满足

$$\mathrm{GBWP} \geqslant 100\mathrm{Gain} \cdot Q \cdot f_C \tag{3.53}$$

②高 Q 值的 Sallen-Key 滤波器需要更高的运放增益带宽积。运放的 GBWP 需要满足

$$\begin{cases} \mathrm{GBWP} \geqslant 100\mathrm{Gain} \cdot Q^3 \cdot f_C, & Q>1 \\ \mathrm{GBWP} \geqslant 100\mathrm{Gain} \cdot f_C, & Q \leqslant 1 \end{cases} \tag{3.54}$$

(2)转换速率(Slew Rate)。

转换速率又称为压摆率，是滤波器设计过程中除带宽、增益带宽积外需要考虑的另一个指标，以确保滤波器不会产生信号失真。转换速率是指运算放大器的电压转换速率，定义为 1 μs 或者 1 ns 等时间内电压升高的幅度，直观上讲就是方波电压由波谷升到波峰所需时

间，单位通常有 V/s、V/ms、V/μs 和 V/ns 四种。

放大器的转换率取决于其内部电流和电容。当大信号通过放大器时，电流会对电容充电。充电速度取决于放大器的内部电阻、电容和电流值。为了实现适当的全功率响应(full-power response)，并确保有源滤波器不进入失真状态，应正确选择放大器，以使转换率 SR 满足

$$\mathrm{SR} \geqslant 2\pi V_{\mathrm{OUTP}} f_{\mathrm{C}} \tag{3.55}$$

式中，V_{OUTP}是滤波器在频率低于 f_{C}时所期望的输出电压峰值。

依据此公式，对于 100 kHz 的滤波器，具有 $20\mathrm{V}_{\mathrm{p-p}}$的输出，则要求所选择的运算放大器的转换速率至少为 $2\pi\times10\times100\ \mathrm{kHz}=6.3\ \mathrm{V/ms}$。

(3)全功率带宽(Full Power Bandwidth，FPBW)。

全功率带宽定义为

$$\mathrm{FPBW}=\frac{\text{Slew Rate}}{2\pi V_{\mathrm{OUTP}}} \tag{3.56}$$

参考压摆率的要求，显然有

$$\mathrm{FPBW}=\frac{\text{Slew Rate}}{2\pi V_{\mathrm{OUTP}}} \geqslant \frac{2\pi V_{\mathrm{OUTP}} f_{\mathrm{C}}}{2\pi V_{\mathrm{OUTP}}}=f_{\mathrm{C}} \tag{3.57}$$

即运算放大器的全功率带宽应至少大于通过信号的最大带宽。

在实际应用中，对于小信号，可以直接参考运算放大器技术手册中所给出的小信号带宽(Small-signal bandwidth)，而对于输出大信号，则应该考虑全功率带宽(Full Power Bandwidth)。表 3.5 所示是 TI 公司的 350 MHz 低噪声高速放大器 THS4021，其全功率带宽在输出峰峰值 20 V 时仅为 3.7 MHz，输出峰峰值 10 V 时为 11.8 MHz，而数据手册中实际标注的带宽为 350 MHz，显然这两个数据差距很大，所以在设计大信号滤波器电路时，选择运放也应该注意全功率带宽这个参数。

表 3.5　TI 公司 350 MHz 低噪声高速放大器 THS4021 的带宽参数表

参数		测试条件		最小值	典型值	最大值	单位
动态性能							
带宽	小信号带宽(−3 dB)	$V_{\mathrm{CC}}=\pm15$ V	增益=10		350		MHz
		$V_{\mathrm{CC}}=\pm5$ V			280		
		$V_{\mathrm{CC}}=\pm15$ V	增益=20		80		
		$V_{\mathrm{CC}}=\pm5$ V			70		
	0.1 dB 增益平坦度	$V_{\mathrm{CC}}=\pm15$ V	增益=10		17		
		$V_{\mathrm{CC}}=\pm5$ V			17		
	全功率带宽	$V_{\mathrm{O(pp)}}=20$ V，$V_{\mathrm{CC}}=\pm15$ V			3.7		
		$V_{\mathrm{O(pp)}}=5$ V，$V_{\mathrm{CC}}=\pm5$ V			11.8		
转换速率(压摆率)		$V_{\mathrm{CC}}=\pm15$ V	增益=10		470		V/μs
		$V_{\mathrm{CC}}=\pm5$ V			370		

2. 电阻与电容的选型

在有源滤波电路设计过程中，电阻、电容值往往是通过公式计算得出的，这些特定值的

元器件有可能在市场上是采购不到的，因此，必须对电阻、电容的分类、应用范围和取值有一定的了解。

（1）电阻的选型。

电阻表面所标的阻值称为标称值。标称值是按国家规定标准化了的电阻值系列，不同精度等级的电阻有不同的阻值系列，如表 3.6 所示。使用时可将表中所列数值乘 10^n（n 为整数）。

表 3.6　电阻标称值

系列	标称值公式及误差	标称值大小
E6	$10^{n/6}$，n=0～5，20%	1.0，1.5，2.2，3.3，4.7，6.8
E12	$10^{n/12}$，n=0～11，10%	1.0，1.2，1.5，1.8，2.2，2.7，3.3，3.9，4.7，5.6，6.8，8.2
E24	$10^{n/24}$，n=0～23，5%	1.0，1.1，1.2，1.3，1.5，1.6，1.8，2.0，2.2，2.4，2.7，3.0 3.3，3.6，3.9，4.3，4.7，5.1，5.6，6.2，6.8，7.5，8.2，9.1
E48	$10^{n/48}$，n=0～47，1%、2%	1.00，1.05，1.10，1.15，1.21，1.27，1.33，1.40，1.47，1.54，1.62， 1.69，1.78，1.87，1.91，1.96，2.05，2.15，2.26，2.37，2.49，2.61， 2.74，2.80，2.87，3.01，3.16，3.32，3.48，3.57，3.65，3.83，4.02， 4.22，4.42，4.64，4.87，5.11，5.36，5.62，5.90，6.19，6.34，6.49， 6.81，7.15，7.50，7.87，8.25，8.66，9.09，9.53
E96	$10^{n/96}$，n=0～95， 0.5%或 1%	1.00，1.02，1.05，1.07，1.10，1.13，1.15，1.18，1.21，1.24，1.27， 1.30，1.33，1.37，1.40，1.43，1.47，1.50，1.54，1.58，1.62，1.65， 1.69，1.74，1.78，1.82，1.87，1.91，1.96，2.00，2.05，2.10，2.15， 2.21，2.26，2.32，2.37，2.43，2.49，2.55，2.61，2.67，2.74，2.80， 2.87，2.94，3.01，3.09，3.16，3.24，3.32，3.40，3.48，3.57，3.65， 3.74，3.83，3.92，4.02，4.12，4.22，4.32，4.42，4.53，4.64，4.75， 4.87，4.99，5.11，5.23，5.36，5.49，5.62，5.76，5.90，6.04，6.19， 6.34，6.49，6.65，6.81，6.98，7.15，7.32，7.50，7.68，7.87，8.06， 8.25，8.45，8.66，8.87，9.09，9.31，9.53，9.76
E116	$10^{n/116}$，n=0～115，0.1%、 0.2%、0.5%	10.0，10.2，10.5，10.7，11.0，11.3，11.5，11.8，12.0，12.1，12.4， 12.7，13.0，13.3，13.7，14.0，14.3，14.7，15.0，15.4，15.8，16.0， 16.2，16.5，16.9，17.4，17.8，18.0，18.2，18.7，19.1，19.6，20.0， 20.5，21.0，21.5，22.0，22.1，22.6，23.2，23.7，24.0，24.3，24.7， 24.9，25.5，26.1，26.7，27.0，27.4，28.0，28.7，29.4，30.0，30.1， 30.9，31.6，32.4，33.0，33.2，34.0，34.8，35.7，36.0，36.5，37.4， 38.3，39.0，39.2，40.2，41.2，42.2，43.0，43.2，44.2，45.3，46.4， 47.0，47.5，48.7，49.9，51.0，51.1，52.3，53.6，54.9，56.0，56.2， 57.6，59.0，60.4，61.9，62.0，63.4，64.9，66.5，68.0，68.1，69.8， 71.5，73.2，75.0，75.5，76.8，78.7，80.6，82.0，82.5，84.5，86.6， 88.7，90.9，91.0，93.1，95.3，97.6

续表 3.6

系列	标称值公式及误差	标称值大小
E192	$10^{n/192}$, $n=0\sim191$, 0.1%、0.25%、0.5%	1.00,1.01,1.02,1.03,1.04,1.05,1.06,1.07,1.09,1.10,1.11,1.13,1.14,1.15,1.17,1.18,1.20,1.21,1.23,1.24,1.26,1.27,1.29,1.30,1.32,1.33,1.35,1.37,1.38,1.40,1.42,1.43,1.45,1.47,1.49,1.50,1.52,1.54,1.56,1.58,1.60,1.62,1.64,1.65,1.67,1.69,1.72,1.74,1.76,1.78,1.80,1.82,1.84,1.87,1.89,1.91,1.93,1.96,1.98,2.00,2.03,2.05,2.08,2.10,2.13,2.15,2.18,2.21,2.23,2.26,2.29,2.32,2.34,2.37,2.40,2.43,2.46,2.49,2.52,2.55,2.58,2.61,2.64,2.67,2.71,2.74,2.77,2.80,2.84,2.87,2.91,2.94,2.98,3.01,3.05,3.09,3.12,3.16,3.20,3.24,3.28,3.32,3.36,3.40,3.44,3.48,3.52,3.57,3.61,3.65,3.70,3.74,3.79,3.83,3.88,3.97,4.02,4.07,4.12,4.17,4.22,4.27,4.32,4.37,4.42,4.48,4.53,4.59,4.64,4.70,4.75,4.81,4.87,4.93,4.99,5.05,5.11,5.17,5.23,5.30,5.36,5.42,5.49,5.56,5.62,5.69,5.76,5.83,5.90,5.97,6.04,6.12,6.19,6.26,6.34,6.42,6.49,6.57,6.65,6.73,6.81,6.90,6.98,7.06,7.15,7.23,7.32,7.41,7.50,7.59,7.68,7.77,7.87,7.96,8.06,8.16,8.25,8.35,8.45,8.56,8.66,8.76,8.87,8.98,9.09,9.20,9.31,9.42,9.53,9.65,9.76,9.88

在滤波器电路设计时，计算出的电阻值要尽量选择上表中的标称值系列，这样在市场上才能选购到。如前文所述，电阻计算值与标称值的对应，应该遵循越接近越好、精度越高越好的原则。如例 3.1 中所涉及的 15.915 kΩ 计算值，与其接近的阻值包括：E24 系列的16 K(精度 5%)、E48 系列的 16.2 K(精度 1%或 2%)、E96 系列的 15.8 K(精度 0.5%或 1%)、E116 系列的 16 K(精度 0.1%、0.2%或 0.5%)等，综合考虑精度、采购便利等因素，可以优先选择 E96 系列的 15.8 K 作为 15.915 kΩ 的替代电阻。这里不选择 E24 系列的16 K(精度 5%)，就是考虑了其误差大的原因。

理论上讲，满足滤波器方程的任意电容和电阻均可以实现滤波器。但是在实际使用过程中，仍需要遵循一些准则。

对于给定的滤波器频率，R 与 C 的取值彼此成反比，增加 C 则减小 R，反之亦然。将 R 增加，将减小 C，寄生电容有可能会引起误差，因此，使用小电阻值优于大电阻值，小电阻值可以避免电路中寄生电容的影响。

元器件的最佳选择取决于电路的特性和性能指标之间的权衡，电阻选型一般可以遵循以下建议，以减少错误：

①最好在几百 kΩ 至几千 kΩ 的范围内。

②使用具有低温系数的金属膜电阻。

③使用 1%的公差(或更高)。

④首选贴片元件进行表贴安装。

(2)电容的选型。

对高性能的有源滤波器而言，电容选择极为重要。与电阻可以达到 1%精度不同，实际电容的性能可能与理想状态相距甚远，将额外引入串联电阻及电感，从而限制电路的 Q 值。同时，电容随电压非线性地改变将导致输出信号失真。

有源滤波器选择电容，应该从精度和材质方面综合选择。精度方面，电容的标称容量系列为 E24、E12 和 E6 系列，电容的标称值如表 3.7 所示。从滤波器设计角度出发，精度越高其滤波器性能曲线越接近理想曲线，但是，市场上常见的为 E12 系列的电容，允许误差为 10%，如果在设计滤波器时需要 E24 系列的，则需要考虑 E24 系列采购的局限性。材质方面，则需要考虑温度、高频性能等，不宜使用电容值随温度变化大的电容。例如普通的陶瓷电容具有较高的介电常数(dielectric constant)，例如 high－K 类型，可能导致滤波器电路的误差。推荐的电容类型为：NPO 陶瓷、银云母(silver mica)、金属化聚碳酸酯；对于温度高达 85 ℃的情况，推荐类型为聚丙烯或聚苯乙烯。

电容器类选型遵循的原则：

①避免电容值小于 10 pF。

②使用 NPO 或 COG 电介质的电容器。

③使用容差为 5%的电容。

④首选贴片元件进行表贴安装。

表 3.7　电容的标称值

系列	允许误差	标称值大小
E6	20%	1.0,1.5,2.2,3.3,4.7,6.8
E12	10%	1.0,1.2,1.5,1.8,2.2,2.7,3.3,3.9,4.7,5.6,6.8,8.2
E24	5%	1.0,1.1,1.2,1.3,1.5,1.6,1.8,2.0,2.2,2.4,2.7,3.0 3.3,3.6,3.9,4.3,4.7,5.1,5.6,6.2,6.8,7.5,8.2,9.1

3.2.7.2　滤波器供电电源设计

对于常见的有源滤波器来说，输入信号可能是有正负之分的，此时如果选择单电源运放，则有可能在输入信号上叠加一个直流偏置，造成输出信号误差。因此，在实际应用中，往往会使用双电源运放实现有源滤波器，即给运放提供正负对称的双电源，确保滤波电路可以对负信号进行处理。

类似 7805、7905 等常见的固定输出集成稳压电源芯片，其输出电压精度一般在±5%，即标称输出＋5 V(7805)或－5 V(7905)时，芯片实际输出电压范围在＋4.75～＋5.25 V 或－4.75～－5.25 V 之间。当使用这样的集成电源芯片给滤波器运放供电时，电源电压的变化会产生输出电压的变化。在运放的参数中，用电源电压抑制比(Power－Supply Rejection Ratio，PSRR)来描述电源电压变化对输出电压的影响。如图 3.47 所示，给出了 ADA4004－4 运放的 PSRR 与信号频率之间的关系，当输入信号频率在 1 kHz 时，－PSRR 约为 75 dB，＋PSRR 约为 94 dB；当输入信号频率在 10 kHz 时，－PSRR 在 55 dB 左右，＋PSRR 为 68 dB 左右。对于±15 V 供电的 ADA4004－4 运放来说，如果供电电源电压变化±1 V，即供电电源为＋16 V、－14 V，当信号频率为 1 kHz 时，电源变化在输出端所产生的失调电压为－0.178 mV、＋0.02 mV；而当信号频率为 10 kHz 时，电源变化在输出端所产生的失

调电压为1.78 mV、0.40 mV，再加上电路增益，上述失调电压有可能会变得更大，从而影响电路的准确性。因此，在使用运放搭建有源滤波器时，有必要对其供电电源进行特殊设计，以便进一步提高其滤波器性能。

在HiGO信号与系统实验平台中的供电电压模块SSC02，使用了“开关电源＋输出电压可调集成稳压芯片”的正负电源供电结构，可以在实际应用中加以参考。为了确保输出电压精度，使用可调电阻对输出的正负电压加以设置，其结构为“固定电阻”＋“可调电阻”的串联结构，固定电阻保证使输出电压接近希望值（略低于希望值），然后再用可调电阻精密调节输出电压，确保其精度达到1%。具体的应用电路可以参考本书第2章关于HiGO实验平台介绍的相关内容。

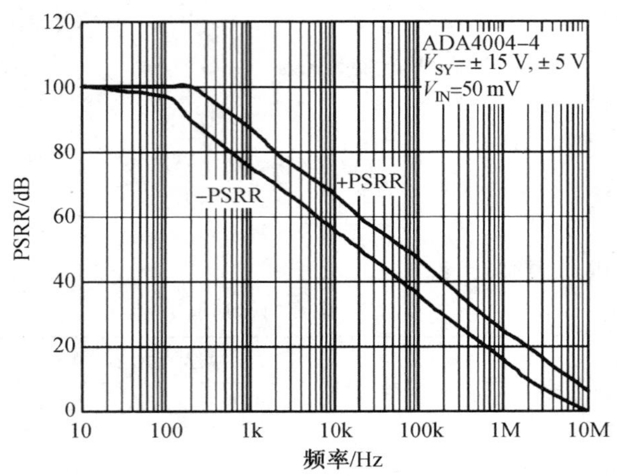

图3.47 ADA4004－4的PSRR曲线

除此之外，还应该加强对滤波器运放供电电源的去耦效果，因为PSRR与频率有关，所以其电源必须充分去耦。低频时，如果几个器件的PC走线距离都不超过10 cm，这些器件就可以在每个电源上共用一个10～50 μF的电容。

高频时，每个IC的电源引脚都应采用具有短引线、约为0.1 μF的低电感电容进行去耦处理。这些电容还必须为运算放大器负载中的高频电流提供回路。图3.48所示为典型的去耦电路，其中C_1、C_2为0.1 μF的高频耦合、低感抗的瓷片电容，C_3、C_4为低频耦合电解电容，接地为地平面，电容到电源引脚和地平面的距离均尽可能短。

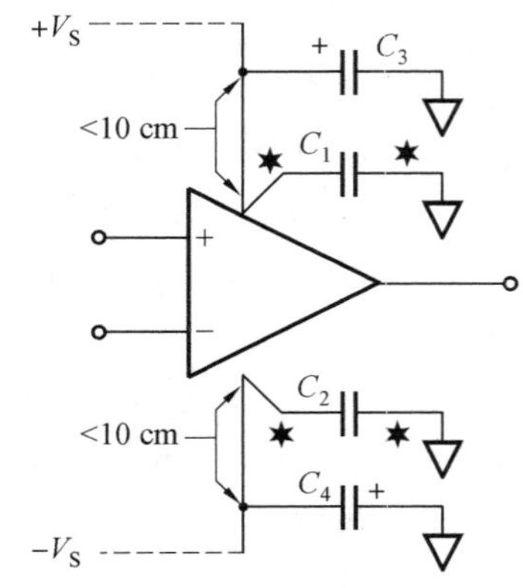

图3.48 运算放大器适用的低频和高频去耦技术

3.2.7.3 滤波器通用电路

按照前文给出的滤波器级联的方法，低阶滤波器通过级联的方式可以组成高阶滤波器，因此，在设计滤波器电路时，可以只设计出一个低阶的滤波器子单元，然后在实际应用中根据需要进行级联即可。

图3.49所示给出了一种通用型有源滤波器模块(General Active Filter Module)的参考设计电路，图中Z_1～

Z_{11}为电阻或电容等无源器件，根据需要安装电阻、电容，短接或者悬空处理。P_1、P_2、J_1、J_2是该滤波器电路的对外接口，为了确保前后两个模块可以直接级联，需要保证 P_1、P_2 为弯母座，J_1、J_2 为弯公头，这样下一级滤波器模块的 P_1 接口（电源输入）可以插入上一级滤波器模块的 J_1 接口（电源输出）中，上一级的 P_2 接口（信号输出）可以插入下一级的 J_1 接口（信号输入）中。并且保证 P_1 和 J_2，P_2 和 J_1 的位置一致，以方便级联。滤波器模块中增加了两个测试点 TP_1 和 TP_2，分别测量输入信号和滤波输出信号。

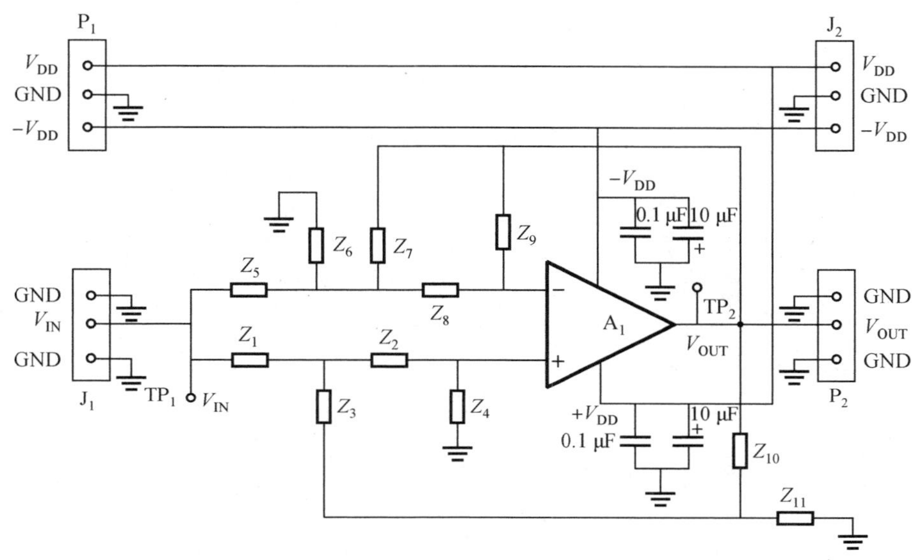

图 3.49　一种通用型滤波器模块的参考设计电路

为了便于与前文给出的滤波器实例进行对比，表 3.8 和表 3.9 总结了上述通用型有源滤波器模块实现前文给出的各类滤波器时的 $Z_1 \sim Z_{11}$ 元件配置说明，表中元件编号已经与各个滤波器原理图编号进行了对应，可以根据需要选择。

表 3.8　低通滤波器无源器件设置

无源器件	一阶		二阶		
	同相输入	反相输入	Sallen-Key	Sallen-Key 改进型	MFB
	图 3.6(a)	图 3.6(b)	图 3.11	图 3.13	图 3.16
Z_1	R_1	—	R_1	R_1	—
Z_2	0 Ω	—	R_2	R_2	0 Ω
Z_3	—	—	C_1	C_1	—
Z_4	C_1	0 Ω	C_2	C_2	—
Z_5	—	0 Ω	—	—	R_1
Z_6	R_2	—	R_0	R_0	C_1
Z_7	—	C_1	—	—	R_3
Z_8	0 Ω	0 Ω	0 Ω	0 Ω	R_2
Z_9	R_3	R_2	R_F	R_F	C_2
Z_{10}	0 Ω	0 Ω	0 Ω	R_4	0 Ω
Z_{11}	—	—	—	R_3	—

表 3.9　其他类型滤波器无源器件设置

无源器件	高通滤波器			带通	全通	
	Sallen-Key	Sallen-Key 改进型	MFB	MFB 窄带	超前	滞后
	图 3.19	图 3.20	图 3.21	图 3.28	图 3.36(a)	图 3.36(b)
Z_1	C_1	C_1	—	—	0 Ω	0 Ω
Z_2	C_2	C_2	0 Ω	0 Ω	C_1	R_1
Z_3	R_1	R_1	—	—	—	—
Z_4	R_2	R_2	—	—	R_1	C_1
Z_5	—	—	C_1	R_1	0 Ω	0 Ω
Z_6	R_0	R_0	R_1	R_3	—	—
Z_7	—	—	C_3	C_1	—	—
Z_8	0 Ω	0 Ω	C_2	C_2	0 Ω	0 Ω
Z_9	R_F	R_F	R_2	R_2	R_3	R_3
Z_{10}	0 Ω	R_4	0 Ω	R_4	0 Ω	0 Ω
Z_{11}	—	R_3	—	R_3	—	—

按照上述步骤完成了各级滤波器设置后，可以将多个滤波器模块进行级联，其级联结构和级联关系分别如图 3.50(a)和图 3.50(b)所示。

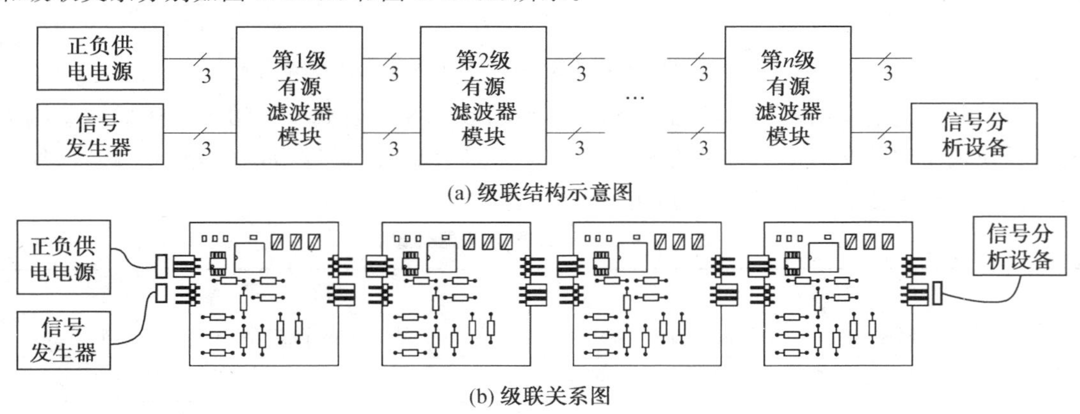

图 3.50　通用滤波器模块的级联

基于这个通用型滤波器模块，可以实现低通、高通、带通、全通滤波器和宽带带阻滤波器，本模块无法实现双 T 型陷波滤波器，如果有相关需求，需要修改电路，在此不再赘述。

3.3　模拟滤波器设计软件介绍

在前文的介绍中，有源滤波器的种类多种多样，随着阶数的增加，滤波器的设计难度也越来越大。为了简化有源滤波器的设计，降低用户设计难度，很多半导体公司提供了有源滤波器的设计软件供用户使用。本节将以模拟器件公司 Analog Device 的 Analog Filter

Wizard 滤波器设计软件和 TI 公司的 WEBENCH 滤波器设计软件为例，说明滤波器设计软件的使用方法。

在基于软件的模拟滤波器设计过程中，一般设计流程如图 3.51 所示，首先，从实际需求出发确定滤波器的参数，例如中心频率、通带频率、阻带频率、滤波器类型、阶数等。其次，使用软件设计所需的滤波器，设计软件会根据设置参数给出参考电路图，并且自定义运放和电阻、电容的精度。第三步，将设计软件提供的有源滤波器电路在 Multisim 软件中进行仿真验证，确认滤波器参数设置合理，滤波器性能符合设计指标要求。第四步，将仿真通过的电路制成电路板，供硬件调试使用。由于对相同结构的滤波器来说，其电路原理图结构一致，因此印制电路板可以共用，那么在实际使用过程中，就可以设计一些前文所述的通用结构的滤波器电路，再根据设计需求焊接不同的运放、电阻和电容，组成不一样性能的滤波器。最后，焊接好电路所需运放、电阻和电容等，对电路进行调试，再根据调试结果调整参数值，多次迭代完成滤波器设计。

需要指出的是，不管是 Analog Device 的 Analog Filter Wizard 滤波器设计软件还是 TI 公司的 WEBENCH 滤波器设计软件，或者其他滤波器设计软件，其所设计的电路不一定是完美的，尽管给出的电路是可用的，也符合设计指标需求，但不一定是使用运放数目最少、电路最优化的设计，因此需要用户在设计过程中进行评估、参考使用。

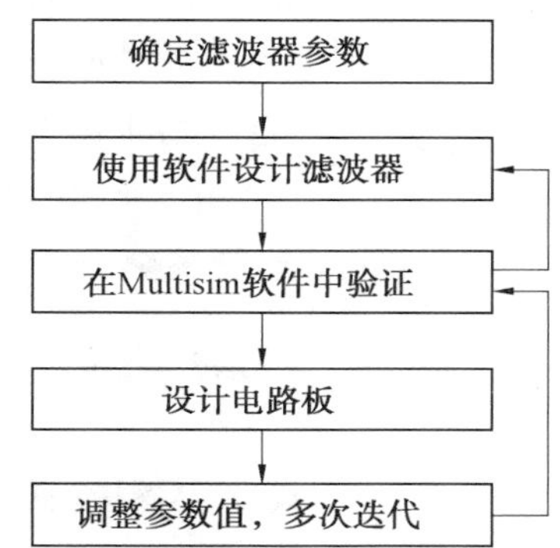

图 3.51　使用软件设计滤波器的一般步骤

3.3.1　Analog Filter Wizard

模拟滤波器设计向导(Analog Filter Wizard)是模拟器件公司提供的有源滤波器设计软件，可以快速设计有源滤波器电路，还能够快速简便地调节电路，如优化噪声、功率或电平等，是有源滤波器设计过程中的便捷工具。该 Analog Filter Wizard 网址如下，由于中文网址是对英文网址的直观翻译，建议使用过程中仍以英文版本的设计向导为主。本文也将对英文版设计向导加以介绍。

英文版网址：https://tools.analog.com/en/filterwizard/

中文版网址：https://tools.analog.com/cn/filterwizard/

Analog Filter Wizard 的英文版入口界面如图 3.52 所示，支持低通(Low Pass)、高通(High Pass)、带通(Band Pass)三类滤波器的设计，设计步骤包括滤波器类型选择(Filter Type)、详细规格(Specifications)、元器件选择(Components)、元器件容差(Tolerances)、后续步骤(Next Steps)，并且支持加载(Load)、保存(Save)、反馈(Feedback)、视频教程(Videos)和帮助菜单(Help)等功能，可以按照菜单栏的顺序完成有源滤波器的电路设计。下面以信号与系统的方波信号分解实验所需的 1 kHz 带通滤波器为例，说明利用 Analog Filter Wizard 进行有源滤波器设计的过程。在入口界面选择好 Band Pass 带通滤波器后，即可以进入详细规格设计阶段。

Analog Filter Wizard 的详细规格界面如图 3.53 所示，屏幕左侧为滤波器参数设置区，右侧为滤波器性能曲线显示区。对滤波器参数设置时，可以设置中心频率(Center Frequency)、通带(Passband) −3 dB 带宽(单位 Hz)、通带增益(单位 dB 或 V/V)，阻带

图 3.52 Analog Filter Wizard 的英文版入口界面

(Stopband)、截止频率等,同时可以使用滑块调节滤波器响应,用于权衡滤波器组件数量和其他所需属性。其支持 4 种响应类型,各个类型介绍在表 3.10 中重新做了总结。

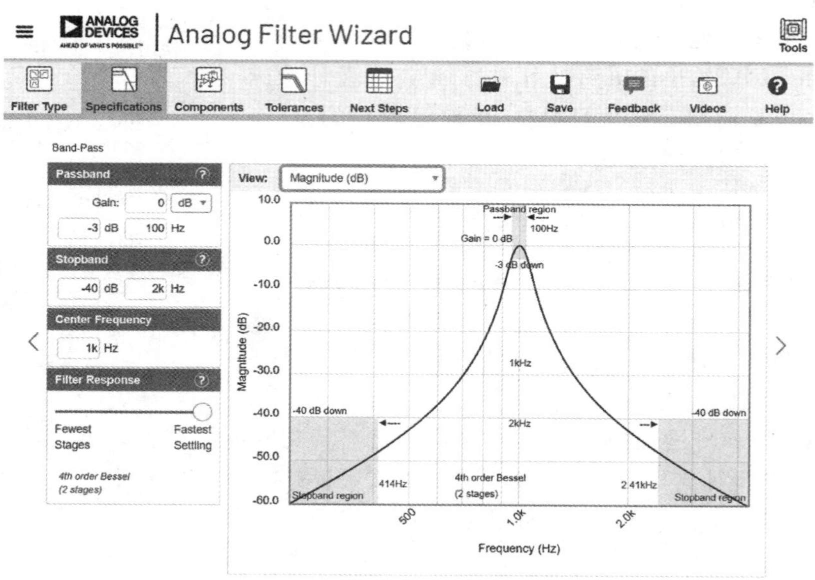

图 3.53 Analog Filter Wizard 的详细规格界面

此处,设置中心频率为 1 kHz,−3 dB 通带带宽为 100 Hz,阻带为 2 kHz 时的衰减为 −40 dB,滤波器响应设置为贝塞尔滤波器,以更多的级数代价换取优异的群延时、相位延时特性,以及对元件参数的低敏感性。设置好滤波器参数后,其性能指标曲线会在右侧显示,主要包括幅度(Magnitude,以 dB 或 V/V 为单位)、相位响应(Phase,以度(°)或弧度(rad)为单位)、群延时(Group Delay)、相位延时(Phase Delay)、阶跃响应(Step Response)和级数说明(列出滤波器各级的增益、中心频率和 Q 值等信息),可以根据需要查看,也可以对照性能指标曲线对滤波器参数做进一步修改。

表 3.10　Analog Filter Wizard 所支持的 4 种滤波器响应类型

滑块位置	滤波器响应	元件
左侧（最少级数）	切比雪夫	切比雪夫(Chebyshev)响应提供通带和阻带之间的最陡峭过渡，需要最少的级数(即最少的组件)。其缺点是：有通带纹波、阶跃响应差、对元件变化高度敏感。将滑块向左移动可减少滤波器级数，但会增加纹波量，将滑块向中心移动则可减少纹波
中间	巴特沃斯	巴特沃斯(Butterworth)响应对滤波器组件数量和其他性能(如阶跃响应和元器件容差敏感性等)进行了良好折中。巴特沃斯响应通常被称为“最大平坦”响应，因为它在通带和阻带之间提供了最陡峭的过渡，同时仍然避免了峰值
右侧中间	巴特沃斯 贝塞尔	巴特沃斯一贝塞尔(Butterworth-Bessel)滤波器是贝塞尔和巴特沃斯之间的过渡滤波器，其性能是两者的混合。滑块靠近中间则性能更接近巴特沃斯滤波器，反之，则更接近贝塞尔滤波器
最右	贝塞尔	贝塞尔滤波器在通带和阻带之间提供了最平坦的过渡，因此需要的级数最多。但是其也有优点：最佳的阶跃响应性能、优异的群延时和相位延时特性，对元器件变化敏感性低。由于其过渡带过于平坦，因此，如果阻带和通带频率太靠近，则无法使用贝塞尔滤波器

设置好滤波器详细规格参数以后，可以进入下一个设计阶段，即元器件选择(Components)，相关界面如图 3.54 所示。在本界面中，左侧用于设置供电电压(Voltage Supplies)：系统默认(Pick for me)或自主选择(I want to choose)元器件，同时也考虑是否补充增益带宽积(Compensate for GBW)。选择元器件以后的性能指标曲线在右侧显示，可以支持幅度、相位响应、群延时、相位延时、阶跃响应、输入阻抗(Input Impedance)、噪声(Noise)、功率(Power)、输入电压范围(Voltage Range)、级数说明、电路(Circuit)的查看，也可以对照性能指标曲线对滤波器参数做进一步修改。

选择好元件后，下一阶段是对元器件容差(Tolerances)进行设置，其界面如图 3.55 所示。左侧设置区可以设置电容、电阻和运放增益带宽积的容差。参考前文的电阻、电容标称值表，以及元器件购买的难易程度，一般电容容差选择 10%，电阻容差选择 1%，运放增益带宽积设置为 20%(对于大多数运算放大器，其增益带宽的变化通常为±20%。此处设置为 20%，可观察出增益带宽变化对滤波器性能的影响，一般来说，除非运放选取不合理，否则增益带宽乘积的变化通常对滤波器精度几乎没有影响)。右侧的显示区用于显示元器件容差(Tolerances)对性能曲线的影响，包括幅度、相位、群延时、相位延时、输入阻抗、噪声等。由这些性能曲线图也可以看出，两个设计参数相同的滤波器，由于元器件本身存在容差，也不可能得到同样的性能曲线，这也就是在后文的方波信号分解实验过程中，需要对每一个带通滤波器进行单独的幅度校准和相位校准的原因。这也是模拟滤波器的设计难点所在，所以在前文的模拟滤波器设计流程图中，需要进行 Multisim 仿真、参数迭代调整。

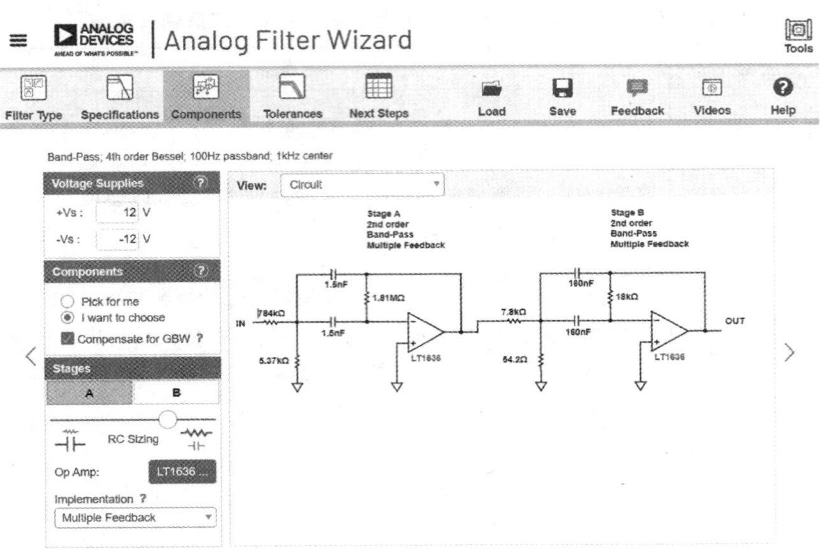

图 3.54　Analog Filter Wizard 的元器件选择界面

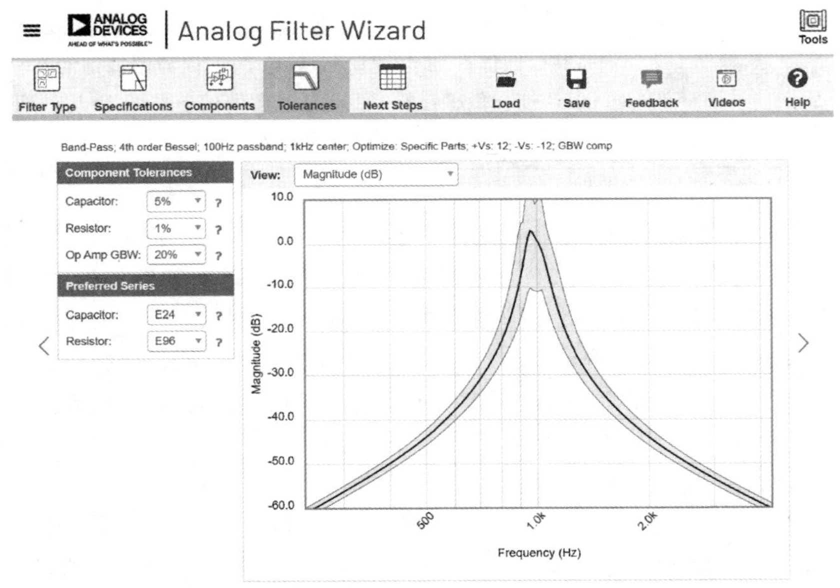

图 3.55　Analog Filter Wizard 的元器件容差界面

设置完元器件容差后，进入后续步骤(Next Steps)界面，如图 3.56 所示，这里将提供验证滤波器所需的元器件、评估电路板采购、仿真数据下载等功能，并且在右侧视图中提供元器件清单，方便进行电路验证。

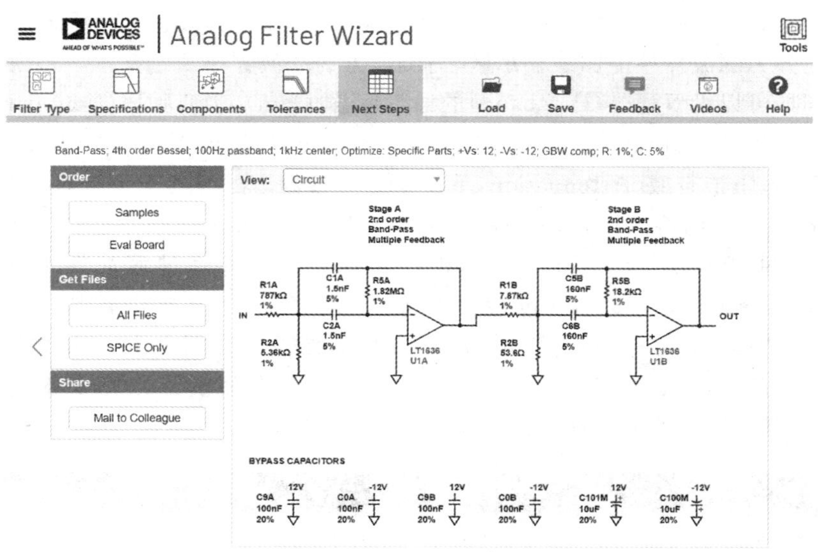

图 3.56　Analog Filter Wizard 的后续步骤界面

3.3.2　Filter Design Tool

滤波器设计工具 (Filter Design Tool)是德州仪器提供的有源滤波器设计软件，可以快速创建有源滤波器电路设计，还能够快速简便地调节电路，如优化噪声、功率或电平等，是有源滤波器设计过程中的便捷工具。该 Filter Design Tool 网址如下，仅提供英文版本。

英文版网址：https://webench.ti.com/filter－design－tool/filter－type

Filter Design Tool 的入口界面如图 3.57 所示，支持低通(Lowpass)、高通(Highpass)、带通(Bandpass)、带阻(Bandstop)和全通(Allpass)五类滤波器的设计，设计步骤包括滤波器类型选择(Filter Type)、滤波器响应(Filter Response)、拓扑结构选择(Topology)、滤波器设计(Design)、输出(Export)，并且支持加载(Load)、保存(Save)、反馈(Feedback)、视频教程(Videos)和帮助菜单(Help)等功能，可以按照菜单栏的顺序完成有源滤波器的电路设计。下面，以信号与系统的方波信号分解实验所需的 1 kHz 带通滤波器为例，说明利用 Filter Design Tool 进行有源滤波器设计的过程。在入口界面选择好 Bandpass 滤波器后，即可以进入滤波器响应(Filter Response)设计阶段。

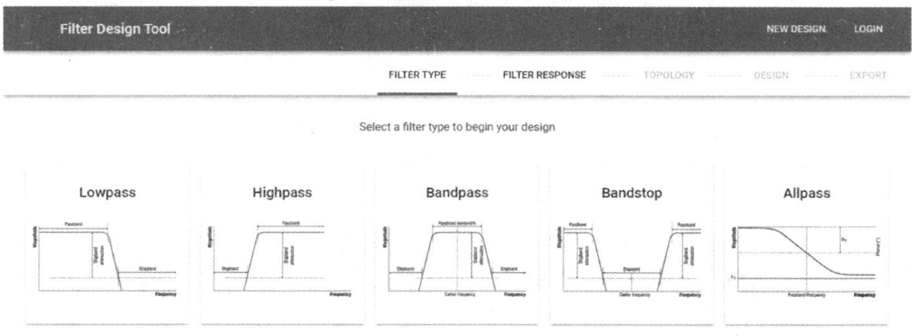

图 3.57　Filter Design Tool 的入口界面

Filter Design Tool 的滤波器响应界面如图 3.58 所示，屏幕左侧为滤波器性能参数设置区，右侧上方为滤波器性能曲线显示区，右侧下方为滤波器类型选择区。对滤波器性能参数进行设置时，可以设置通带(Passband)的通带增益(Gain)、中心频率(Center Frequency)、通带带宽、通带纹波(Ripple，单位 dB)，阻带(Stopband)的滤波器阶数(Filter order)、阻带带宽(单位 Hz)、阻带衰减(Attenuation，单位 dB)等参数。滤波器类型选择提供 Bessel(贝塞尔)、Butterworth(巴特沃斯)、Chebyshev(切比雪夫)、Linear Phase0.5(线性相位 0.5)、Phase0.05(线性相位 0.05)、Transitional Gaussian to 6 dB(过渡高斯滤波器 6 dB)、Transitional Gaussian to 12 dB(过渡高斯滤波器 12 dB)等选项。其中，Transitional Gaussian to 6 dB 和 Transitional Gaussian to 12 dB 滤波器是切比雪夫滤波器和高斯滤波器之间的折中方案，类似于贝塞尔滤波器。并且每选择一种滤波器类型，其对应的性能指标曲线就会在右侧上方的滤波器性能曲线显示区显示出来。

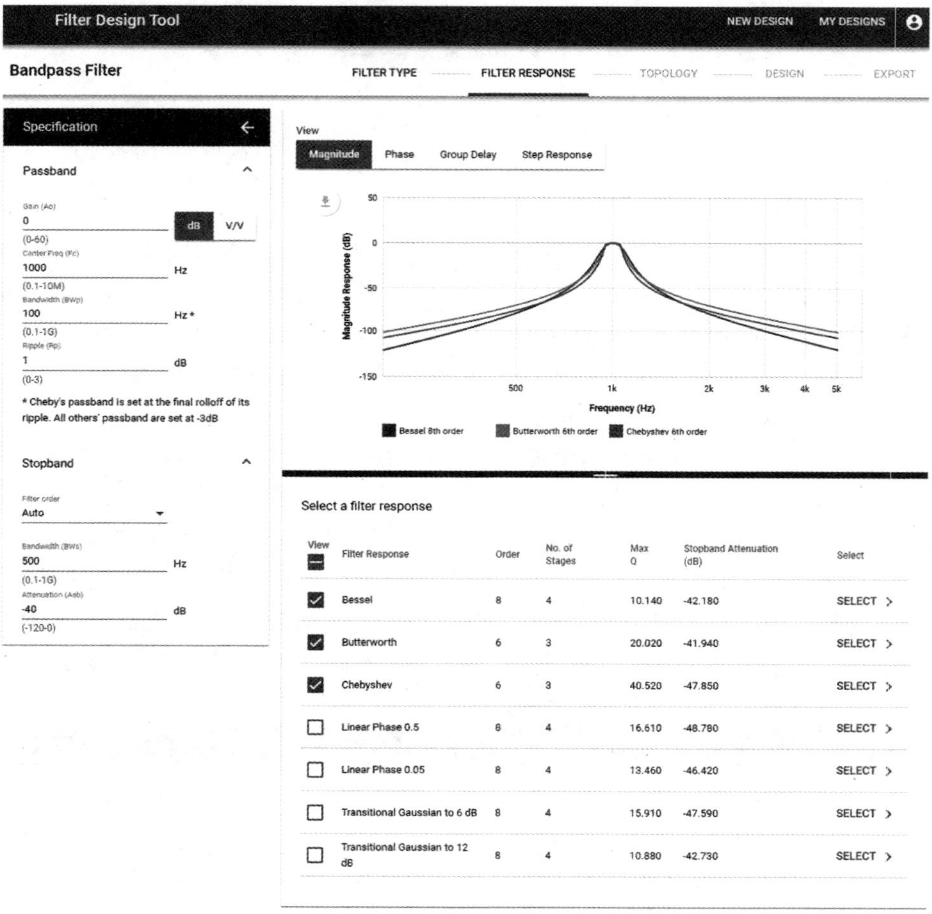

View	Filter Response	Order	No. of Stages	Max Q	Stopband Attenuation (dB)	Select
☑	Bessel	8	4	10.140	-42.180	SELECT ›
☑	Butterworth	6	3	20.020	-41.940	SELECT ›
☑	Chebyshev	6	3	40.520	-47.850	SELECT ›
☐	Linear Phase 0.5	8	4	16.610	-48.780	SELECT ›
☐	Linear Phase 0.05	8	4	13.460	-46.420	SELECT ›
☐	Transitional Gaussian to 6 dB	8	4	15.910	-47.590	SELECT ›
☐	Transitional Gaussian to 12 dB	8	4	10.880	-42.730	SELECT ›

图 3.58　Filter Design Tool 的滤波器响应界面

此处，设置电路增益为 0 dB，中心频率为 1 kHz，−3 dB 通带带宽为 100 Hz，纹波阻带带宽为 500 Hz，阻带衰减为−40 dB，滤波器响应设置为贝塞尔滤波器，以更多的级数代价换取优异的群延时、相位延时特性，以及对元件参数的低敏感性。设置好滤波器参数后，其性能指标曲线会在右侧显示，主要包括幅度、相位响应、群延时、阶跃响应，可以根据需要查看，也可以对照性能指标曲线对滤波器参数做进一步修改。然后点击“SELECT”进入到下一阶段“TOPOLOGY”滤波器拓扑结构的选择。

如图 3.59 所示，“TOPOLOGY”滤波器拓扑结构的选择支持 Sallen-Key 型结构与 Multiple Feedback 型结构，并且可以针对所有阶数使用同样的拓扑结构或者单独设置“Use same topology for all stages”。本例中以 Sallen-Key 型结构设计该带通滤波器，实际设计过程中应该根据具体的使用场景合理选择结构。选择完电路拓扑、增益(Gain)、Q 值、中心频率和增益带宽积(GBW)后，点击“CREATE DESIGN”生成电路，程序进入下一阶段滤波器设计(Design)。

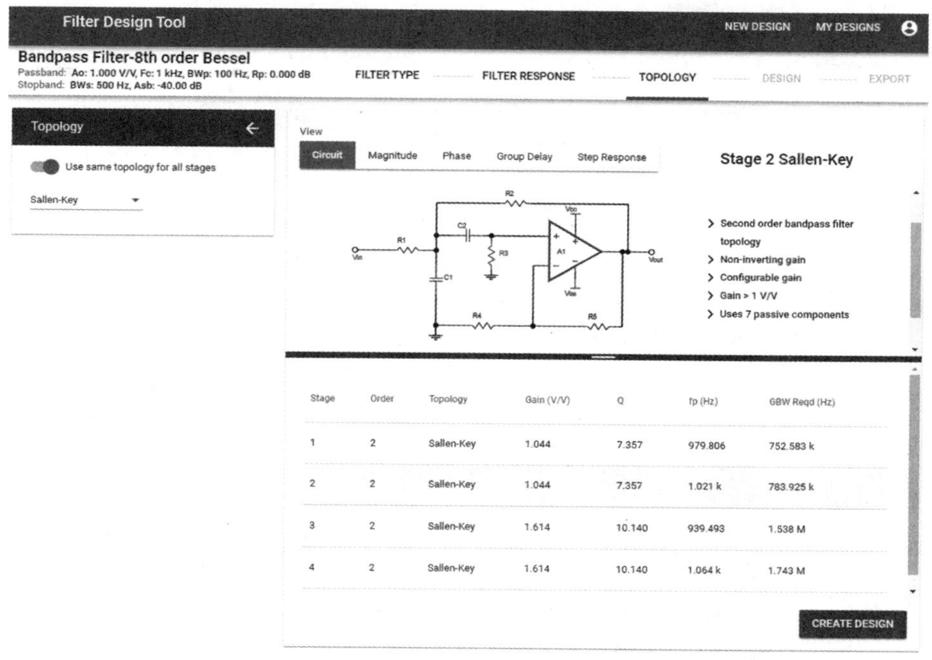

图 3.59　Filter Design Tool 的滤波器拓扑结构选择界面

滤波器设计(Design)界面如图 3.60 所示，该界面下支持设置滤波器电路的相关参数，例如供电电源电压、增益带宽积、运放选择，以及电阻和电容元器件容差等，完成相关参数设置后，点击“UPDATE DESIGN”更新设计，即可得到最终的滤波器电路图和相关性能曲线，如图 3.61 和图 3.62 所示，并且给出了目标参数(Target)和真实参数(Actual)之间的对比。最后，可以点击“EXPORT”将设计文件导出成 PDF 版本下载保存。

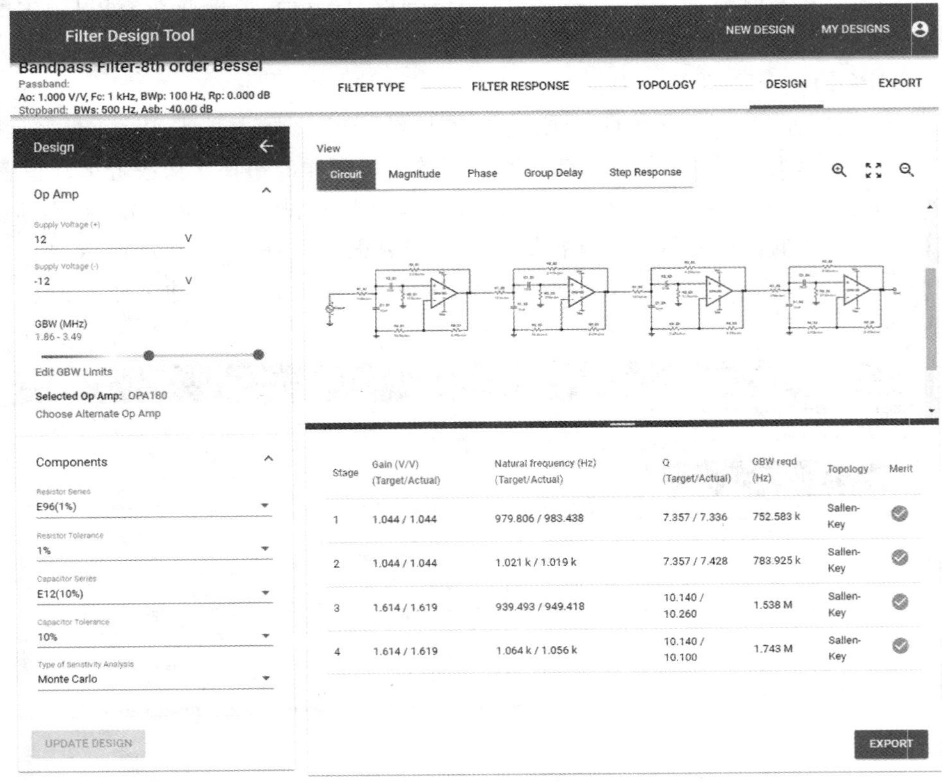

图 3.60 Filter Design Tool 的滤波器设计(Design)界面

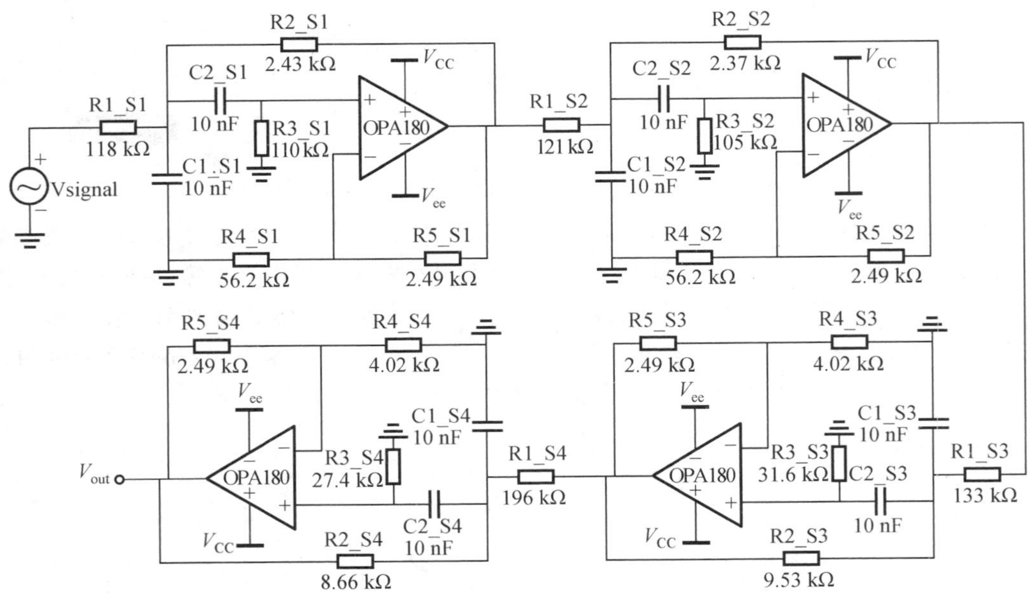

图 3.61 1 kHz 带通滤波器的电路图

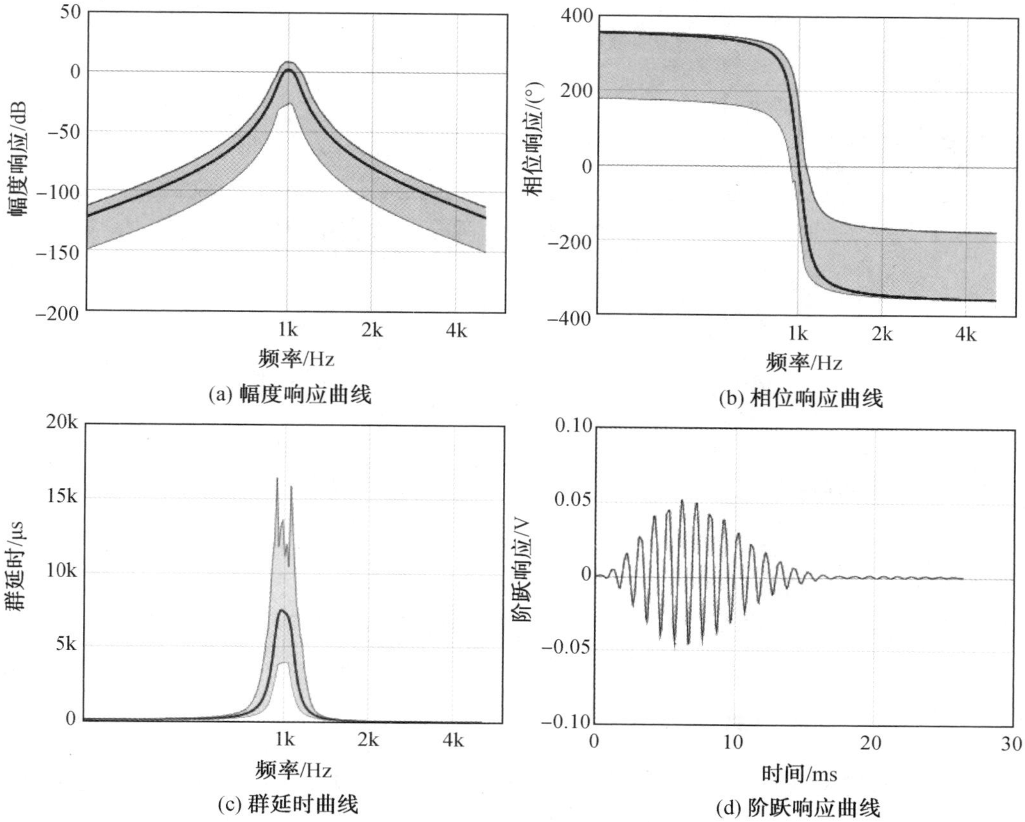

(a) 幅度响应曲线

(b) 相位响应曲线

(c) 群延时曲线

(d) 阶跃响应曲线

图 3.62　1 kHz 带通滤波器的性能指标曲线

第 4 章

信号与系统硬件实验

4.1 信号的时域分解与合成

4.1.1 实验目的

(1)掌握信号时域分解的工作原理及其重要意义；

(2)掌握 HiGO 信号与系统实验平台各个模块的基本用法；

(3)熟悉 DPO3052 或 MDO3052 数字荧光示波器的工作原理和使用方法；

(4)掌握基于计数器、多路复用器、加法器的工作原理和信号时域分解电路的设计方法。

4.1.2 实验预习与思考

(1)阅读本实验教材第 2 章中关于数字荧光示波器和 HiGO 信号与系统实验平台相关内容，结合实验原理部分给出的知识点，加强对实验内容的理解，并且掌握仪器的基本使用方法。

(2)按照实验内容与步骤，提前使用 Multisim 软件，对所选择进行硬件实验的电路进行仿真，对 1 kHz、$2V_{p-p}$的正弦波信号进行时域分解，并且观察输入信号频率与输入分解时钟频率之间的关系，以便在硬件实验过程中进行理论值和实际值的对比。将仿真实验电路和实验结果填入预习报告中。

(3)按照实验内容与步骤，提前使用 Octave 或 Python 仿真软件，对指定输入信号的时域分解进行软件仿真，了解 Octave 和 Python 软件的基本使用方法。

(4)按要求认真撰写预习报告，并准备好实验过程中记录数据的坐标纸。

(5)预习思考题。

①按照“信号与系统”理论课程的内容，对任意有始函数 $f(t)$进行分解时，只需要输入这个信号即可，那为什么在硬件实验中需要输入一个额外的时钟信号，这个时钟信号定义了信号时域分解过程中的什么参数？

②要将信号 $f(t)$进行时域分解，分解成冲激函数之和，在设置信号和时钟参数时应该注意什么？

③本实验中将信号 $f(t)$时域分解出的波形是理想的冲激函数之和吗？为什么？

4.1.3 实验原理

在信号时域分析中，比较常用的方法是直接应用阶跃函数和冲激函数作为单元信号，将任

意信号表示为阶跃函数或冲激函数之和的形式，信号时域方法对于系统分析是非常有益的。

1. 信号的时域分解原理

图 4.1 所示光滑曲线为任意有始函数 $f(t)$，则这样的信号可以用一系列矩形脉冲相叠加的阶梯型曲线来近似表示。将时间轴等分为小区间 Δt 作为各矩形脉冲的宽度，各脉冲的高度分别等于它们左侧边界对应的函数值。

当矩形脉冲的宽度 Δt 趋向于无穷小时，矩形脉冲函数可以演变为冲激函数。因此，上述任意信号分解的矩形脉冲函数分量可以分别用对应的冲激函数来表示，各冲激函数的位置是它们所代表的脉冲左侧边界所在的时刻，各冲激函数的强度就是它们所代表的脉冲的面积。因此，信号 $f(t)$ 又可以用一系列冲激函数之和近似地表示为

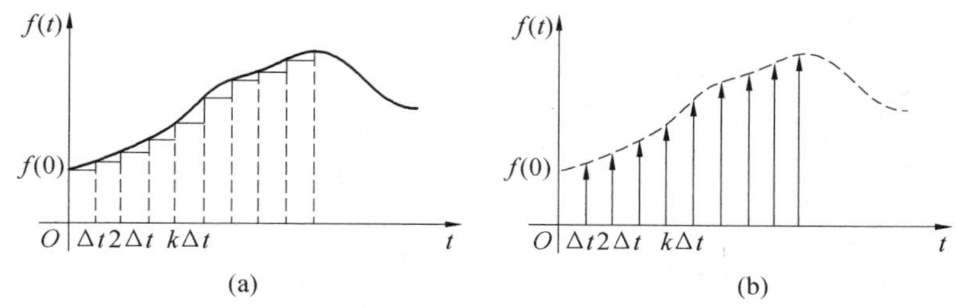

图 4.1　用冲激函数之和表示任意信号

$$
\begin{aligned}
f(t) &\approx f(0)\cdot\Delta t\cdot\delta(t)+f(\Delta t)\cdot\Delta t\cdot\delta(t-\Delta t)+\cdots+f(k\Delta t)\cdot\Delta t\cdot\delta(t-k\Delta t)+\cdots \\
&=\sum_{k=0}^{n} f(k\Delta t)\cdot\Delta t\cdot\delta(t-k\Delta t) \qquad (4.1)
\end{aligned}
$$

显然，Δt 越小，冲激函数之和对于信号 $f(t)$ 的近似程度越高。在 $\Delta t\to 0$ 时，有

$$
f(t)=\int_{0}^{+\infty} f(\tau)\delta(t-\tau)\mathrm{d}\tau \qquad (4.2)
$$

式中，τ 为积分变量。

式(4.2)表明任意信号可以表示为无限多个冲激函数相叠加的叠加积分。

2. 信号时域分解的重要意义

对于如图 4.2 所示的线性时不变(LTI)系统，若系统的激励信号为 $e(t)$，系统的单位冲激响应为 $h(t)$，则系统的响应 $r(t)$ 为 $e(t)$ 和 $h(t)$ 的卷积，即 $r(t)=h(t)*e(t)$。

按照式(4.1)，任意输入激励信号 $e(t)$ 可以近似表示为冲激函数的线性组合，即

$$
e(t)\approx\sum_{k=0}^{n} e(k\Delta t)\cdot\Delta t\cdot\delta(t-k\Delta t) \qquad (4.3)
$$

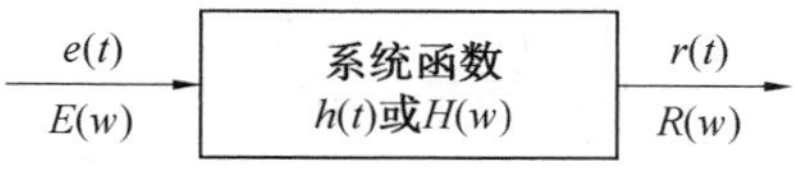

e(t)　E(w)　系统函数 h(t)或H(w)　r(t)　R(w)

图 4.2　LTI 系统

式中，$e(k\Delta t)\cdot\Delta(t)$ 为冲激函数 $\delta(t-k\Delta t)$ 的冲激强度。

假设系统对冲激函数 $\delta(t)$ 的响应为 $h(t)$，则根据线性非时变系统的基本特性可知，系统对激励信号 $e(t)$ 的响应 $r(t)$，可用各冲激函数响应的线性组合来近似表示，即

$$
r(t)\approx\sum_{k=0}^{n} e(k\Delta t)\cdot\Delta t\cdot h(t-k\Delta t) \qquad (4.4)
$$

该过程如图 4.3 所示，对于第 k 个冲激函数(对应波形(a))引起的响应分量 $e(k\Delta t)\Delta th(t-k\Delta t)$(对应波形(b))，其引起的系统响应分量(对应波形(c))经过线性叠加以后，即可得

到系统零状态响应 $r(t)$。

当时间间隔 Δt 趋于无穷小时，$r(t)$ 近似求和等式将变成精确的积分等式：

$$r(t)=\int_{0^-}^{t}e(\tau)h(t-\tau)\mathrm{d}\tau \tag{4.5}$$

即

$$r(t)=e(t)*h(t) \tag{4.6}$$

可见如果已知系统的冲激响应 $h(t)$ 以及激励信号 $e(t)$，应用卷积积分即可求得系统的零状态响应 $r_{zs}(t)$。

由此可知，在求解 LTI 系统的零状态响应时，将激励信号分解为冲激信号或阶跃信号等基本信号的线性组合形式，并根据线性特性将这些基本信号分别通过系统，产生所谓的冲激响应或阶跃响应，最后基于叠加原理将各个冲激响应或阶跃响应取和即可得到原激励信号引起的总响应，这就是用卷积积分求零状态响应的基本原理。可以充分利用 LTI 系统的叠加性、比例与时不变性，方便快速地求解负载信号的响应。

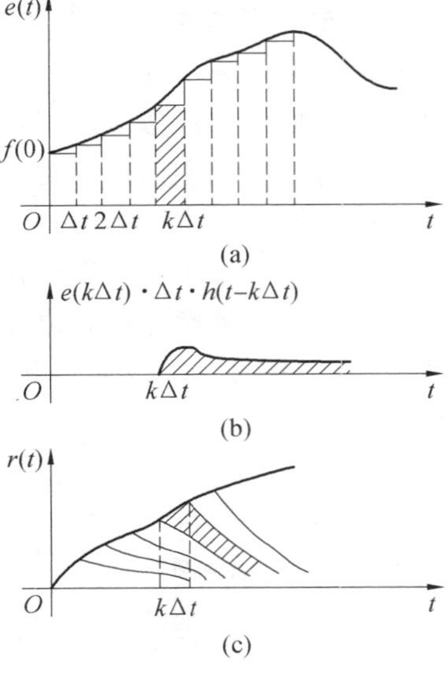

图 4.3　零状态响应求解示意图

当任意信号 $e(t)$ 通过 LTI 系统产生响应时，只需要求解冲激信号通过该系统产生的响应，然后利用 LTI 系统的特性，进行叠加和延时，即可求得 $e(t)$ 产生的响应。

3. 信号时域分解的实验观察

为了实现信号的时域分解，HiGO 信号与系统硬件实验平台提供的电路结构框图如图 4.4 所示。信号源由 SSC01 信号发生器模块提供，时钟信号由 SSC10 PWM Generator 模块产生，通道选择和多路复用器集成到 SSC04 时域分解模块中，加法电路在 SSC06 信号合成模块中。在时钟信号 CP 的作用下，生成 n 位通道选择信号 $A_{n-1},\cdots,A_1,A_0$。多路复用器在通道选择信号 $A_{n-1},\cdots,A_1,A_0$ 的作用下，对输入信号 S_in 进行时域分解，共产生 2^n 路时域分解波形。将该波形再送入到加法电路中，即可进行时域波形的合成，加法电路的输出 u_o 即为合成信号波形输出。

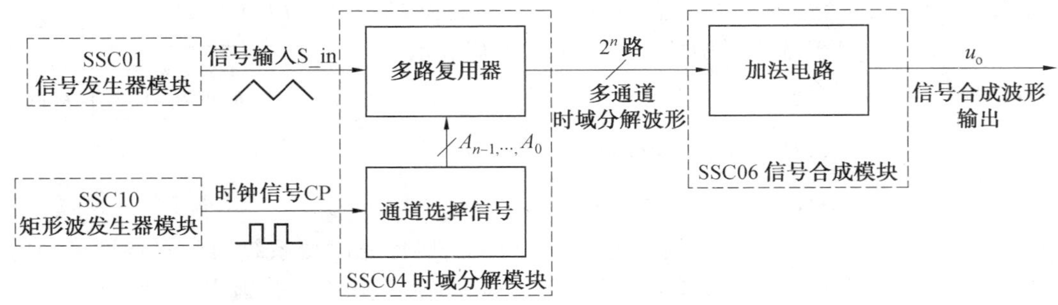

图 4.4　信号的时域分解与合成电路结构图

如图 4.5 所示，通道选择信号原理上就是一个计数器，在时钟信号 CP 的作用下，该计数器的计数值不断增加，用这个计数值去选通多路复用器的各个通道，即可完成输入信号 S_in的时域分解。

多路复用器又称为分配器，是在通道选择信号的控制下，对输入信号按照顺序进行逐个通道分配、选通输出，工作原理如图 4.6 所示。n 比特通道选择信号进入译码器进行译码，译码输出结果控制对应通道的模拟开关闭合，即将输入信号依次分发给各个被选通的通道。n 比特通道选择信号最大可以支持 2^n 路的时域分解。

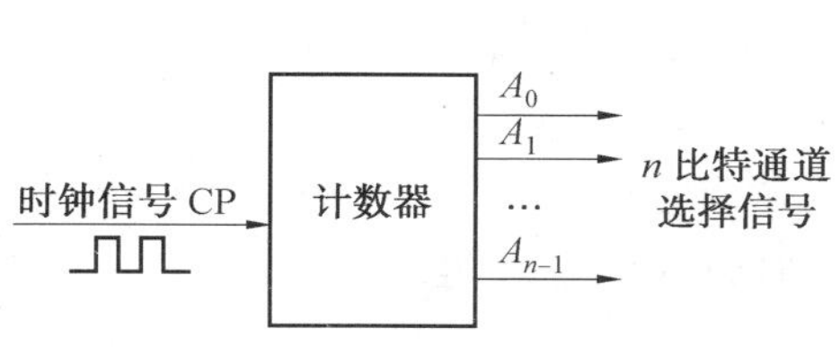

图 4.5　通道选择信号的生成原理

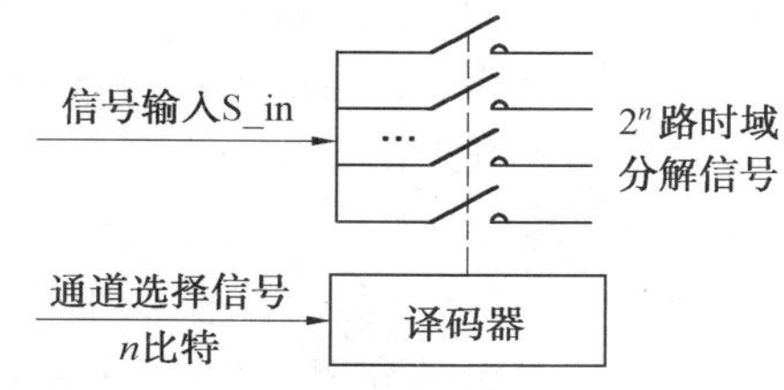

图 4.6　多路复用器的工作原理

【课后阅读】　多路复用器的选型

多路复用器属于模拟开关器件，主要用于信号选择与信号切换。相比于机械触点式的电子开关，集成模拟开关具有通道多、切换速率快、抖动小、耗电小、性能可靠等优点。但是，其也有导通电阻较大、输入电流容量有限、动态范围小等缺点，因而模拟开关主要应用于信号高速切换、系统体积要求小的场合。在较低的切换频段上（$f<10$ MHz），集成模拟开关通常采用 CMOS 工艺制成，而在较高频段上（$f>10$ MHz），则广泛采用双极型晶体管工艺。

选择多路复用器时，需要注意通道数量、泄漏电流、导通电阻、开关速度、供电范围和输入信号范围等参数。

通道数量对传输信号的精度和开关切换速率有直接的影响，集成多路复用器通常包括多个通道，通道数越多，寄生电容和泄漏电流就越大。由于其他阻断的通道与选通通道是通过高阻实现的，因此，选通通道与其他阻断的通道并不是完全断开，而是处于高阻状态，会对导通通道产生泄漏电流，通道越多，泄漏电流越大，通道之间的干扰也越强。

一个理想的开关要求导通时电阻为零，断开时电阻趋于无限大，泄漏电流为零。而实际开关断开时为高阻状态，泄漏电流不为零，常规的 CMOS 泄漏电流约为 1 nA。如果信号源内阻很高，传输信号是电流量，就特别需要考虑模拟开关的泄漏电流，一般希望泄漏电流越小越好。

导通电阻是指通道选通时，多路复用器接入电路中所额外增加的电阻值。导通电阻的引入会损失信号，使传输信号精度降低，尤其是当开关串联的负载为低阻抗时信号损失更大。实际使用时应根据情况选择导通电阻足够低的开关。必须注意，导通电阻的值与电源电压有直接关系，通常电源电压越大，导通电阻就越小，而且导通电阻和泄漏电流是矛盾的。要求导通电阻小，则应扩大沟道，结果会使泄漏电流增大。导通电阻随输入电压的变化会产生波动，导通电阻平坦度是指在限定的输入电压范围内，导通电阻的最大起伏值 $\Delta R_{ON}=\Delta R_{ONMAX}-\Delta R_{ONMIN}$。它表明导通电阻的平坦程度，$\Delta R_{ON}$应该越小越好。导通电阻一致性代表各通道导通电阻的差值，导通电阻的一致性越好，系统在采集各路信号时由开关引起的误差也就越小。

开关速度指开关接通或断开的速度，通常用接通时间 T_{ON}和断开时间 T_{OFF}表示。对于需要传输快变化信号的场合，要求模拟开关的切换速度高，同时还应该考虑与后级采样保持

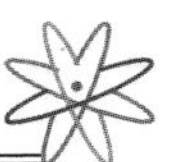

电路和模数转换器(ADC)的速度相适应,从而以最优的性能价格比来选择器件。

除上述指标外,芯片的电源电压范围也是一个重要参数,它与开关的导通电阻和切换速度等有直接关系。电源电压越高,切换速度越快,导通电阻越小;电源电压越低,切换速度越慢,导通特性越差。因此对于 3 V 或 5 V 电压系统,必须选择低压型的器件来保证系统正常工作。另外,电源电压还限制了输入信号范围,输入信号最大只能到满电源幅度,如果超过沟道就会夹断。低电压型的器件通常都是满电源电压幅度的,并且采用特殊的工艺来保证低电压时开关具有很低的导通电阻。

信号合成电路实际上就是一个加法电路。为了保证输出信号与输入信号在相位上同相,本实验中 SSC06 信号合成模块采用同相输入加法运算电路,电路原理图参考本书第 2 章 HiGO 实验平台的介绍,此处不再赘述。

4.1.4 实验设备

(1) HiGO 信号与系统实验平台 1 套。

(2) MDO3052 或 DPO3052 荧光示波器 1 台。

4.1.5 实验内容及步骤

(1)信号的时域分解与合成实验电路结构示意图如图 4.7 所示,选择实验所需模块搭建电路。

(2)仔细检查电路接线无误后,按下电源供电模块(Power Supply Module)SSC02 中的 S 开关(位于模块后侧)和 K2 按键,给电路供电。

(3)设置信号发生器模块(Signal Generator Module)SSC01 输出 $2V_{p-p}$,偏置电压为 0 V,频率为 1 kHz 的正弦波信号。

(4)设置矩形波发生器模块(PWM Generator Module)SSC10 输出时钟信号为频率为 10 kHz、占空比为 50%的方波信号。

(5)使用示波器观察时域分解模块(T. D. Decomposer Module)SSC04 的 1～8 通道分解输出波形,分析其与时域分解理论波形之间的差异。

(6)将 1～8 通道的时域分解波形依次接入信号合成模块(Signal Mixer Module)SSC06 中,观测最后的输出波形,并与信号发生器模块的生成波形进行比较。

(7)将波形数据记录在表 4.1 中。

(8)重新设置 PWM Generator Module 的输出时钟信号为频率为 100 kHz、占空比为 50%的方波信号,观察波形并记录在表 4.2 中。

表 4.1 信号的时域分解与合成实验数据(f_S=1 kHz,f_{CLK}=10 kHz)

输入信号波形	输入时钟波形	时域分解后的波形	时域合成后的波形

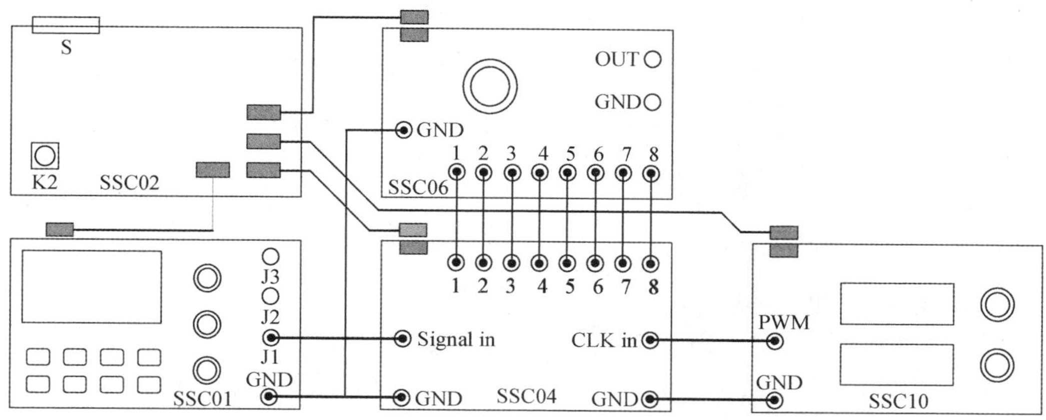

图 4.7　信号的时域分解与合成实验电路结构示意图

表 4.2　信号的时域分解与合成实验数据($f_S=1$ kHz，$f_{CLK}=100$ kHz)

输入信号波形	输入时钟波形	时域分解后的波形	时域合成后的波形

4.1.6　实验注意事项

(1)仔细阅读实验指导书，正确连接实验电路。

(2)确认 SSC02 电源供电模块所配套的电源线端子连接紧固，无脱落、悬空、断线等问题，三种颜色线序排列正确。

(3)实验电路检查无误后才可通电和加载信号进行测试。

(4)接线通电后，各个模块上的正负电源指示灯应该全亮，一旦通电后发现指示灯有一个或两个都不亮的情况，立刻断电并检查线路，直至确认无误后再开展后续实验。

4.1.7　实验报告要求

(1)按要求记录时域分解的各实验表格数据，填写表 4.1、表 4.2，分析实验得到的时域分解波形与理论分解波形之间的差异及原因，并且针对不同的分解时钟频率，由时域分解波形可以得到什么结论？

(2)相关实验波形拍照后打印，粘贴到原始数据页中。

(3)实验数据处理使用坐标纸画图。

(4)实验完成后，完成以下思考题：

①在时域分解波形及后面的时域合成后的输出波形中为什么会出现毛刺？有没有办法可以消除这些毛刺？

②信号合成时，为什么合成输出信号的幅度会比源信号的幅度减小？这个幅度减小的系数与什么有关？

4.2 信号的频域分解与合成

4.2.1 实验目的

(1)掌握利用傅里叶级数进行谐波分析的方法；

(2)分析典型的方波信号，了解方波信号谐波分量的构成，加深对信号频谱的理解；

(3)掌握采用基于滤波器组的同时分析法对方波、锯齿波等典型周期信号频谱进行观察；

(4)掌握使用李萨如图形判别不同频率正弦波相位差的方法；

(5)了解并掌握有源滤波器电路的设计方法，可以设计出所需频率的有源滤波器。

4.2.2 实验预习与思考

(1)阅读本实验中实验原理部分给出的知识点，加强对实验内容的理解。

(2)阅读本实验教材中第3章有源滤波器电路的设计内容，掌握各种有源滤波器电路的设计方法，并且能够根据给定技术指标设计出符合要求的有源滤波器。

(3)按照实验内容与步骤，提前使用 Multisim 软件，对所选择进行硬件实验的电路进行仿真，测量出 1 kHz、$2V_{p-p}$的方波各个谐波分量的幅值，并且观察各个谐波分量之间的相位关系，以便于在硬件实验过程中进行理论值和实际值的对比。将仿真实验电路和实验结果填入预习报告中。

(4)按照实验内容与步骤，提前使用 Octave 或 Python 仿真软件，对指定输入信号的频域分解进行软件仿真，验证信号的频域分解与合成的理论，掌握 Octave 和 Python 软件的使用方法。

(5)按要求认真撰写预习报告，并准备好实验过程中记录数据的坐标纸。

(6)预习思考题。

①在观察信号分解波形之前，为什么需要对各个滤波器模块进行幅度调整？

②在观察信号合成波形之前，为什么需要对各个滤波器模块进行相位调整？

③如果提供一个 1 kHz、$2V_{p-p}$的周期性锯齿波脉冲信号，请根据本实验提供的模块，设计合成一个周期半波余弦信号，给出实验方案。

4.2.3 实验原理

1. 信号的频谱

信号的时域特性和频域特性是对信号的两种不同描述方式。对于一个时域的周期信号 $f(t)$，只要满足狄利克雷条件，就可以将其展开成三角形式或指数形式的傅里叶级数。

例如，对于一个周期为 T 的时域周期信号 $f(t)$，可以用三角形式的傅里叶级数求出它的各次分量，在区间 (t_1, t_1+T) 内表示为

$$f(t)=a_0+\sum_{n=1}^{\infty}(a_n\cos n\Omega t+b_n\sin n\Omega t) \tag{4.7}$$

即可以将信号分解成直流分量及各种不同频率、幅度和相位的正弦波，且各次谐波为基波频率的整数倍。

信号的时域特性与频域特性之间有着密切的内在联系，这种联系可以用图 4.8 来形象地表示。图 4.8(a) 是方波信号在幅度－时间坐标系中的图形，即信号波形图。图 4.8(b) 是方波信号在幅度－时间－频率三维坐标系中的图形，即一个周期方波信号可以分解为各次谐波分量，从振幅频谱图上，可以直观地看出各频率分量所占的比重。提取出其频谱振幅，即可得到图 4.8(c) 的振幅频谱图，提取出频谱相位，即可得到图 4.8(d) 的反映各分量相位的相位频谱图。周期信号的振幅频谱有三个性质：离散性、谐波性、收敛性。测量时利用了这些性质，对各个谐波分量的幅度与相位分别进行测量，将测试结果绘制成幅度频谱图和相位频谱图。

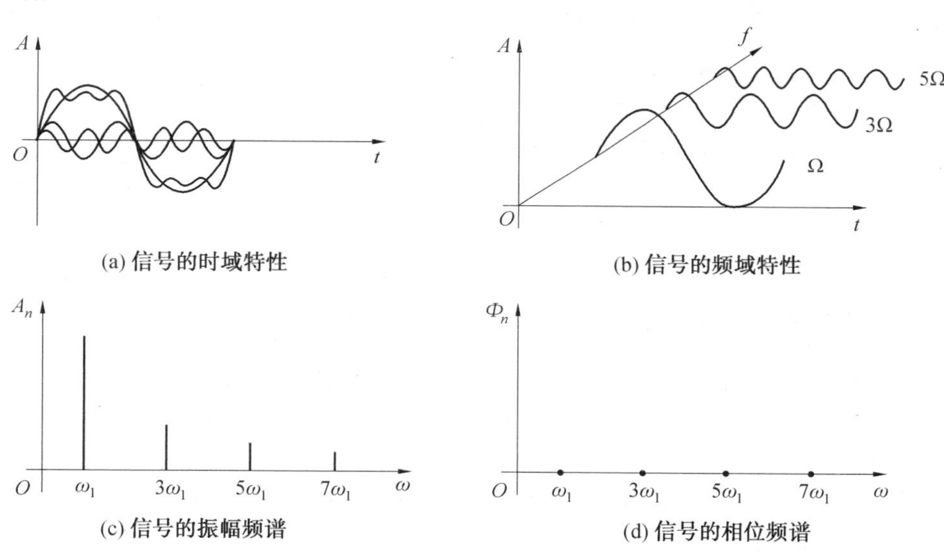

(a) 信号的时域特性

(b) 信号的频域特性

(c) 信号的振幅频谱

(d) 信号的相位频谱

图 4.8　信号的时域特性和频域特性

2. 常见信号的频谱

(1) 矩形脉冲信号的频谱。

对于如图 4.9 所示周期矩形脉冲信号 $f(t)$，其脉冲宽度为 τ，幅度为 E，重复周期为 T_1，其在一个周期 $(-1/2\ T_1 \leqslant t \leqslant 1/2T_1)$ 内的表达式为

$$f(t)=\begin{cases}E & \left(|t|\leqslant \dfrac{\tau}{2}\right)\\[2mm] 0 & \left(|t|>\dfrac{\tau}{2}\right)\end{cases}$$

图 4.9　周期矩形脉冲信号

其傅里叶级数为

$$f(t)=\frac{E\tau}{T_1}+\frac{2E\tau}{T_1}\sum_{i=1}^{n}\mathrm{Sa}(\frac{n\pi\tau}{T_1})\cos n\omega t \tag{4.8}$$

该信号第 n 次谐波的振幅为

$$a_n=\frac{2E\tau}{T_1}\mathrm{Sa}(\frac{n\tau\pi}{T_1})=\frac{2E\tau}{T_1}\frac{\sin(n\tau\pi/T_1)}{n\tau\pi/T_1} \tag{4.9}$$

由上式可见第 n 次谐波的振幅与 E、T_1、τ 有关。

如果 $\tau/T_1=1/2$，即矩形脉冲信号为标准的方波信号，其三角形式傅里叶级数分解形式为

$$f(t)=\frac{E}{2}+\frac{4}{\pi}\sum_{n=0}^{\infty}\frac{1}{2n+1}\sin(2n+1)\omega_1 t \tag{4.10}$$

(2) 周期锯齿脉冲信号。

周期锯齿脉冲信号 $f(t)$ 如图 4.10(a) 所示，其傅里叶级数为

$$\begin{aligned}f(t)&=\frac{E}{\pi}\left[\sin(\omega_1 t)-\frac{1}{2}\sin(2\omega_1 t)+\frac{1}{3}\sin(3\omega_1 t)-\cdots+\frac{(-1)^{n+1}}{n}\sin(n\omega_1 t)+\cdots\right]\\&=\frac{E}{\pi}\sum_{n=1}^{+\infty}\frac{(-1)^{n+1}}{n}\sin(n\omega_1 t)\end{aligned} \tag{4.11}$$

周期锯齿脉冲信号的频谱只包含正弦分量，谐波的幅度以 $1/n$ 的规律收敛，频谱图如图 4.10(b) 所示。

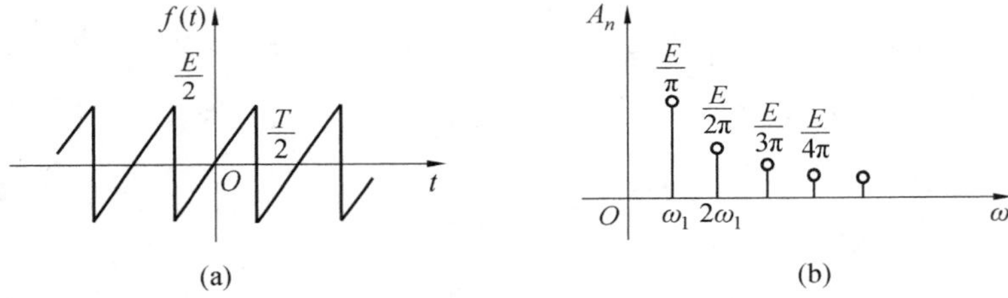

图 4.10　周期锯齿脉冲信号及其频谱

(3) 周期三角脉冲信号。

周期三角脉冲信号 $f(t)$ 如图 4.11(a) 所示，其傅里叶级数为

$$\begin{aligned}f(t)&=\frac{E}{2}+\frac{4E}{\pi^2}\left[\cos(\omega_1 t)+\frac{1}{9}\cos(3\omega_1 t)+\frac{1}{25}\cos(5\omega_1 t)+\cdots\right]\\&=\frac{E}{2}+\frac{4E}{\pi^2}\sum_{n=1}^{+\infty}\frac{1}{n^2}\sin^2\left(\frac{n\pi}{2}\right)\cos(n\omega_1 t)\end{aligned} \tag{4.12}$$

周期三角脉冲信号的频谱只包含直流、基波和奇次谐波频率分量，谐波的幅度以 $1/n^2$ 的规律收敛，其频谱图如图 4.11(b) 所示。

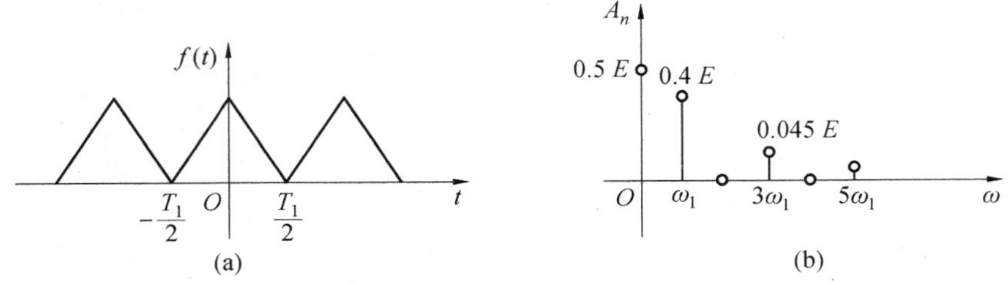

图 4.11　周期三角脉冲信号及其频谱

3. 信号谐波分量参数的测量方法

测量信号各次谐波的振幅和相位信息时，可以使用同时分析法和顺序分析法。同时分析法的基本工作原理是利用多组滤波器，把它们的中心频率分别调到被测信号的各个频率分量上。当被测信号同时加到所有滤波器上时，中心频率与信号所包含的某次谐波分量频率一致的滤波器便有输出。在被测信号发生的实际时间内可以同时测得信号所包含的各频率分量。在本实验中采用同时分析法进行频谱分析，如图 4.12 所示。

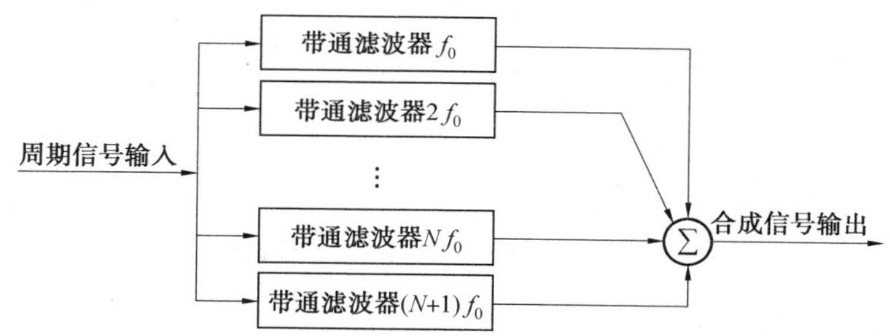

图 4.12　用同时分析法进行频谱分析

进行信号分解和提取是滤波系统的一项基本任务。当仅对信号的某些分量感兴趣时，可以利用带通选频滤波器，提取其中有用的部分，而将其他部分滤去。

目前，很多信号与系统实验箱中采用基于 DSP、FPGA 的数字滤波器实现带通选频功能，其优点是灵活性高、精度高和稳定性高，体积小、性能高，便于实现。但是，由于所有功能都集成到一个芯片内部，不利于对滤波功能、幅度、相位等的理解，因此，在 HiGO 信号与系统实验平台中，仍然采用基于运放搭建的模拟带通滤波器，以方便对滤波电路的理解。

HiGO 信号与系统实验平台中共提供 9 种带通滤波器模块，带通范围覆盖 1 kHz～9 kHz，具体模块性能指标可以参考实验仪器介绍章节，根据实验需要进行选择使用。

4. 使用李萨如图观察信号的相位

示波器的时基模式有两种：Y－T 模式和 X－Y 模式。Y－T 模式为主时基模式，该模式下，Y 轴表示电压量，X 轴表示时间量。X－Y 模式下，X 轴和 Y 轴分别跟踪两个通道上的输入电压，X 轴不再表示时间。X－Y 模式主要用于通过李萨如法测量相同频率的两个信号之间的相位差。

李萨如法是指将未知频率 f_y 的电压 U_y 和已知频率 f_x 的电压 U_x（均为正弦电压），分别送到示波器的 Y 轴和 X 轴，由于两个电压的频率、振幅和相位的不同，在显示屏上将显示各种不同波形（一般得不到稳定的图形，但当两电压的频率成简单整数比时，将出现稳定的封闭曲线），称为李萨如图，又称为李萨如图形，根据这个图形可以确定两电压的频率比，从而确定待测频率的大小。图 4.13 列出各种不同的频率比在不同相位差时的李萨如图形，不难得出

$$\frac{\text{加在 Y 轴电压的频率}f_y}{\text{加在 X 轴电压的频率}f_x}=\frac{\text{水平直线与图形相交的点数}N_x}{\text{垂直直线与图形相交的点数}N_y} \tag{4.13}$$

所以未知频率为

$$f_y=\frac{N_x}{N_y}\cdot f_x \tag{4.14}$$

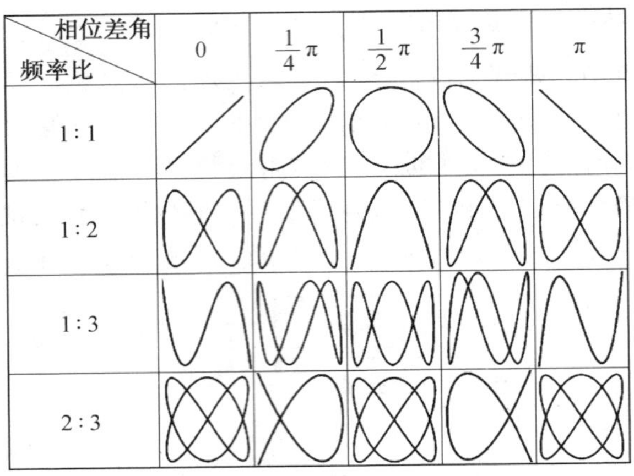

图 4.13　使用李萨如图测试信号频率

在本次实验中，验证方波信号各次谐波之间的相位差是否为 0，是能否成功合成出方波波形的关键。基波与三次谐波、五次谐波、七次谐波和九次谐波在相位差为 0 的情况下的李萨如图形如图 4.14 所示，在信号合成实验前，务必将相位差调整为 0。

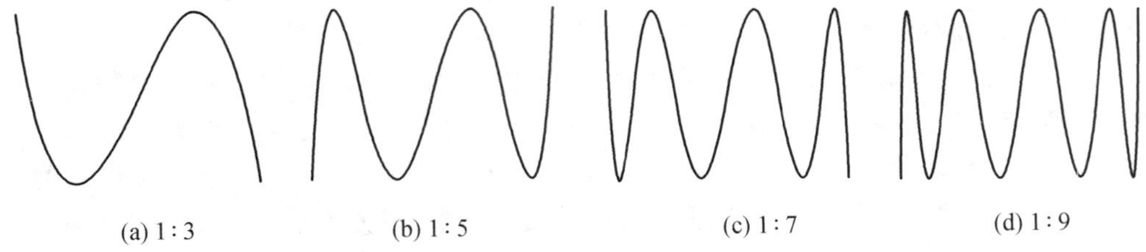

图 4.14　基波与奇次谐波同相位时的李萨如图形(示波器通道 1 接基波，通道 2 接其他奇次谐波)

同时，根据实验得出的李萨如图形，也可以计算得到 X、Y 通道信号的频率比。以图 4.15中图形为例，具体步骤如下。

(1)在得到李萨如图形后，作一条没有经过图形交点或端点的水平线，然后数出该水平线与李萨如图形的交点数，如图 4.15 所示在水平方向上有 6 个交点。注意如果水平线恰好经过图形的交点或端点，那么水平线交点数可能为 2 或 3，不确定，因此，水平线最好在图形中间，避开这些特殊点。

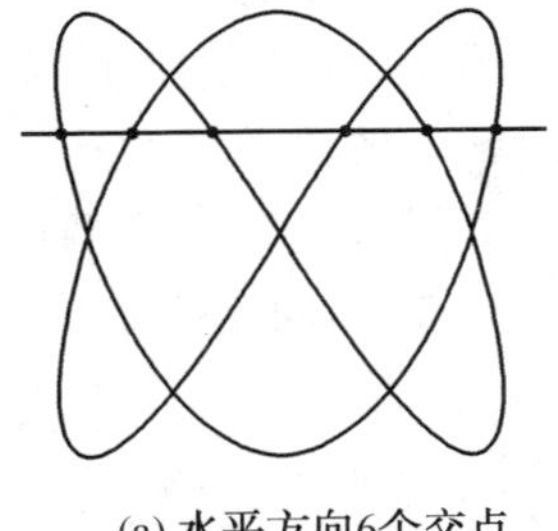

(a) 水平方向6个交点

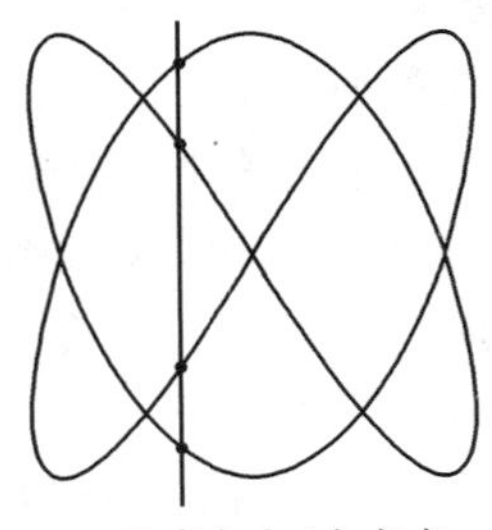

(b) 垂直方向4个交点

图 4.15　使用李萨如图计算 X、Y 通道信号的频率比

(2)在李萨如图形中作一条没有经过图形交点或端点的垂直线，数出该垂直线与李萨如

图形的交点数，如图所示在垂直方向上有 4 个交点。与水平线一样，垂直线最好也避开图形中交点或端点这些特殊点。

(3) 计算水平线交点数与垂直线交点数之比，所得比例为竖直方向信号源与水平方向信号源的比例。本例中，水平线交点数：垂直线交点数＝6：4＝3：2，即 X、Y 通道信号的频率比为 3：2。需要注意的是，此处只能得到 X、Y 通道信号的频率比，但是无法准确得到各个 X、Y 通道信号的频率。

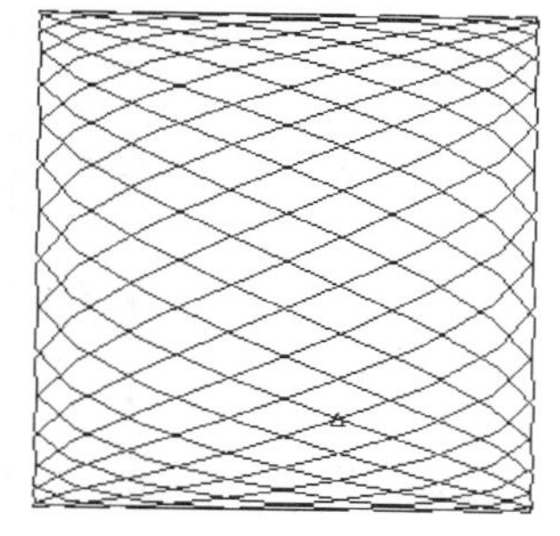
图 4.16　8 kHz 与 3.5 kHz 的李萨如图

当两信号源频率不是简单整数比时，李萨如图形可能会十分复杂，如图 4.16 所示，测量误差也会很大。此时应该考虑使用其他方法测量，或者调节信号源频率使信号源频率成简单整数比后再测量。

4.2.4　实验设备

(1) HiGO 信号与系统实验平台 1 套。

(2) MDO3052 或 DPO3052 荧光示波器 1 台。

4.2.5　实验内容及步骤

按照公式(4.4)的理论推导，一个 1 kHz 待分解方波信号的各次谐波分量的幅度、相位差等信息均可以直接计算得到，但直接利用这个公式的理论成果来验证信号频域分解理论不是本次实验的目的。本次实验的出发点是在没有这个理论公式的前提下验证信号频域分解理论的正确性。

1. 搭建信号频域分解的实验电路

图 4.17 所示为基于同时分析法的信号频域分解与合成实验电路结构示意图，将信号发生器模块、信号分配器模块(Signal Distributor Module)SSC11 和带通滤波器模块、移相器模块(Phase Shifter Module)SSC05 组成如图所示测试系统。SSC01 信号发生器模块所产生的 1 kHz 待分解方波信号经过信号分配器模块(SSC11)分发后，同时进入 SSC03－01～SSC03－09 共 9 个滤波器模块中，经过这些滤波器滤波后，分别提取出 1 kHz 方波信号的 1 kHz～9 kHz频率分量。考虑到方波分解出的偶次谐波分量幅值为 0，故此处只针对奇次谐波分量所对应的滤波器模块配备了 SSC05 移相器模块。外部输入的 1 kHz 待分解方波信号经过各个带通滤波器模块后，依次提取出了各奇次谐波分量。受各通道带通滤波器性能的影响，各奇次谐波相对于原信号的延时(相移)不一致，而按照式(4.4)，为了能够在输出端合成出与理论值相符的方波信号，要求各次谐波分量的相位差等于 $2n\pi$(此处不要求相位差为 0，因为实际上各次谐波分量是正弦波信号，因此只要相位差为 $2n\pi$，即可合成出理想波形)，所以给各个奇次谐波分量配备了专门的移相器模块，通过调节各个奇次谐波分量的相位，保证所有奇次谐波分量的相位差等于 $2n\pi$，从而能够合成出正确的波形。当然，为了简化实验过程，降低实验的复杂性，可以去掉图 4.17 中 SSC03－02、SSC03－04 等偶次谐波的带通滤波器模块，先只针对奇次谐波进行分解与合成。

图 4.18 给出了 HiGO 信号与系统实验平台各模块的电路连接示意图，该路已经去掉

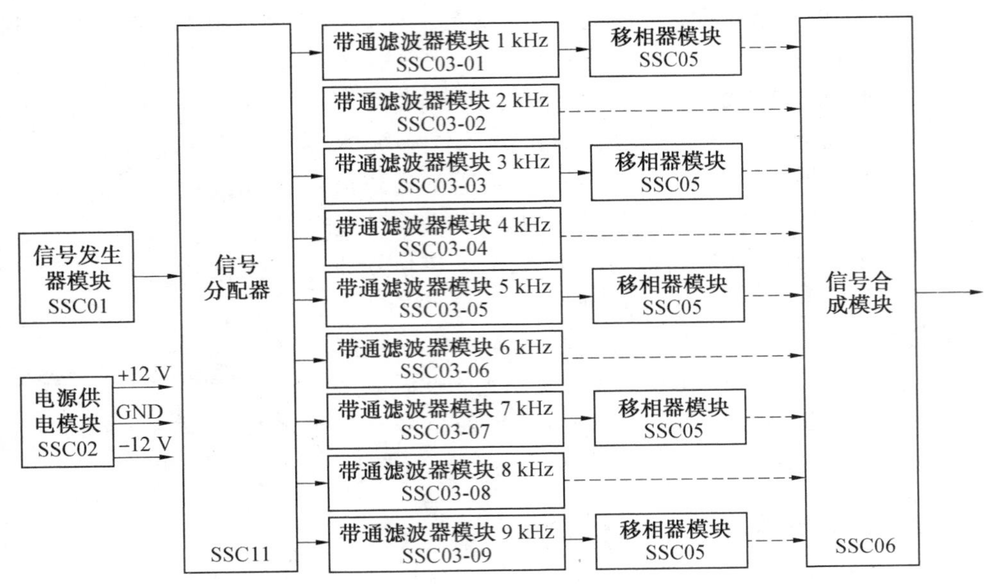

图 4.17　信号的频域分解与合成实验电路结构示意图

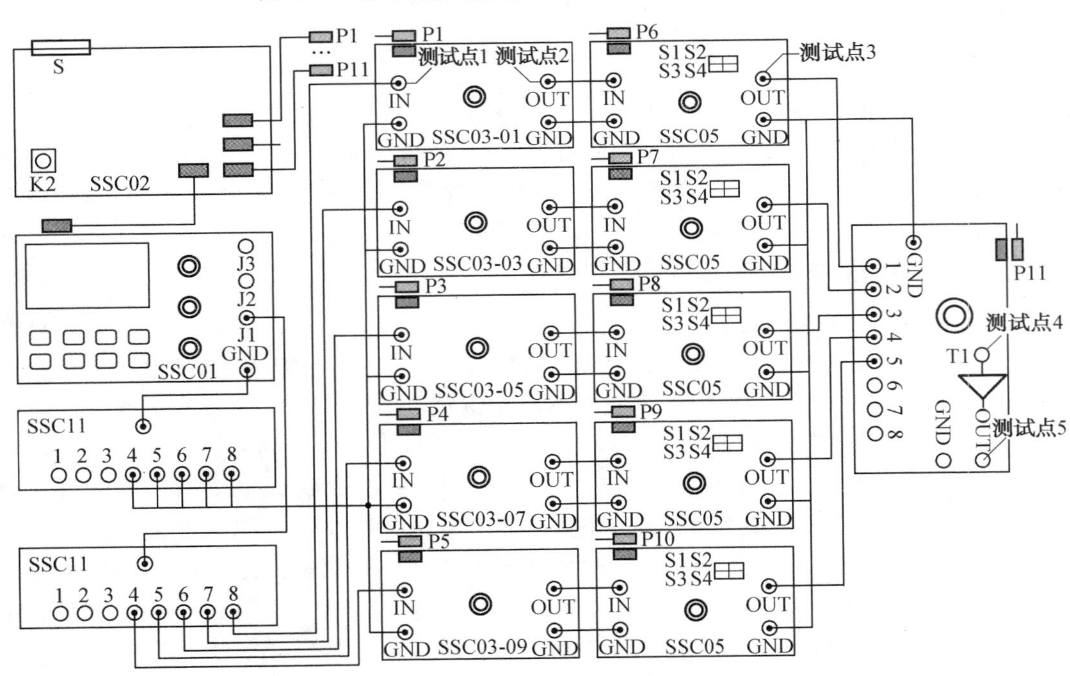

图 4.18　信号的频域分解与合成实验各模块电路连接示意图

了偶次谐波带通滤波器模块，以降低实验复杂性。该电路是在图 4.17 的基础上，明确了各个模块之间的端子连接关系，并且标注了测试点 1～测试点 5 的位置，以方便后续电路调试过程中各级信号的监控。为了简化电路，图 4.18 中各个带通滤波器模块、移相器模块和加法器模块等均没有将电源接口与 SSC02 直流电源模块相连，但是实际过程中各模块均需要接电源，所有模块的地(GND)也需要连接到一起，请在实际操作时确保正确的电源连接。

图 4.19 给出了一种改进型的信号频域分解与合成实验电路连接示意图，其将原本在 1 kHz带通滤波器后面的移相器放置到了 SSC06 加法器模块后。这个电路与图 4.18 实际上没有任何差别，只是先移相还是后移相的问题，相关分析在后续移相操作步骤中还会有介绍，在此不做详细分析，后续的实验操作过程仍然以图 4.18 为例来说明。

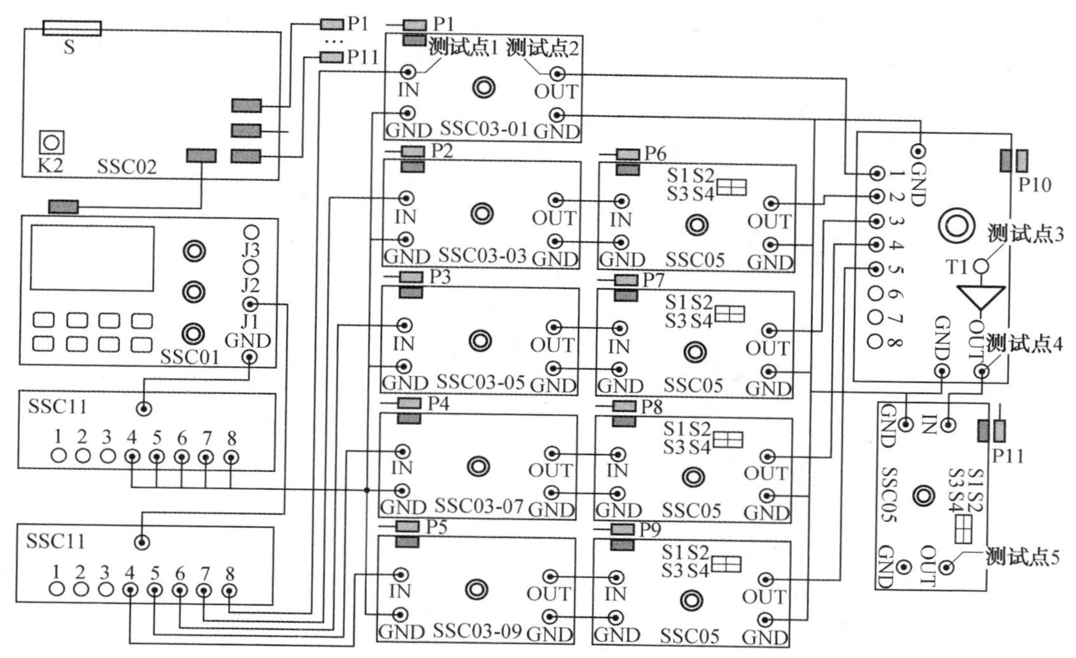

图 4.19　一种改进型的信号频域分解与合成实验电路连接示意图

2. 对各个带通滤波器模块进行幅度校准

根据第 2 章 2.4 节中对带通滤波器模块（SSC03－1～ SSC03－9）的介绍，受滤波器电路中电阻、电容和运放等元器件参数精度的影响，每一个滤波器模块的幅度响应、相位延迟等均不可能一致，因此在实验开始前有必要对各个带通滤波器模块的通道参数进行统一校准。进行幅度校准步骤如下。

(1)对 1 kHz 带通滤波器模块（SSC03－01）进行幅度校准。

①将示波器通道 1 探头连接到图 4.18 所示测试点 1 位置，使用示波器观察信号源输出信号幅度；将示波器通道 2 探头连接到测试点 2 位置，使用示波器观察带通滤波器滤波输出信号幅度。

②将 SSC01 信号源模块输出信号选择为 1 kHz，峰峰值为 2.0 V，偏置为 0 的正弦波（在示波器中将通道 1 的峰峰值添加为自动测量值，由示波器通道 1 进行波形确认。注意示波器通道 1 的输入耦合方式必须选择为直流耦合（DC），否则不易观察输入信号的直流偏置，会造成波形误差）。

③调节 SSC03－01 的 1 kHz 带通滤波器的 VR 可调电阻，使得模块输出信号峰峰值为 2.0 V（在示波器中将通道 2 的峰峰值添加为自动测量值，由示波器通道 2 进行波形确认。注意示波器通道 2 的输入耦合方式必须选择为直流耦合（DC），否则不易观察输出信号的直流偏置，会造成波形误差）。

④完成上述步骤即完成 1 kHz 带通滤波器的幅度校准。上述操作步骤反映出，在测试点 1 输入一个频率 1 kHz，峰峰值为 2.0 V，偏置为 0 的正弦波，经过 SSC03－01 的 1 kHz 带通滤波器后，幅度上没有任何衰减。因此，如果此时输入的 1 kHz 待分解方波信号中含有频率1 kHz的正弦波分量峰峰值为 x V，那么它经过 SSC03－01 的 1 kHz 带通滤波器后，幅度上也不会有任何衰减。这样就可以无损得到 1 kHz 待分解方波信号中含有频率 1 kHz 的正弦波分量的幅度值。

(2)对 3 kHz 带通滤波器模块(SSC03－03)进行幅度校准。

① 将示波器通道 1 探头连接到 SSC03－03 的 3 kHz 带通滤波器的测试点 1 对应位置(实际上示波器通道 1 探头位置可以保持不变，因为所有带通滤波器模块的输入都是连接到一起的)，使用示波器观察信号源输出信号幅度；将示波器通道 2 探头连接到 SSC03－03 的 3 kHz 带通滤波器测试点 2 对应位置，使用示波器观察带通滤波器滤波输出信号幅度。

②将 SSC01 信号源模块输出信号选择为 3 kHz，峰峰值为 2.0 V，偏置为 0 的正弦波(此时通道 1 的峰峰值已经是自动测量值，可以直接通过读数确认)。

③调节 SSC03－03 的 3 kHz 带通滤波器的 VR 可调电阻，使得模块输出信号峰峰值为 2.0 V(此时通道 2 的峰峰值已经是自动测量值，可以直接通过读数确认)。

④完成上述步骤即完成 3 kHz 带通滤波器的幅度校准。

(3)对 5 kHz 带通滤波器模块(SSC03－05)进行幅度校准。

① 将示波器通道 1 探头连接到 SSC03－05 的 5 kHz 带通滤波器测试点 1 对应位置，使用示波器观察信号源输出信号幅度；将示波器通道 2 探头连接到 SSC03－05 的 5 kHz 带通滤波器测试点 2 对应位置，使用示波器观察带通滤波器滤波输出信号幅度。

②将 SSC01 信号源模块输出信号选择为 5 kHz，峰峰值为 2.0 V，偏置为 0 的正弦波。

③调节 SSC05－03 的 5 kHz 带通滤波器的 VR 可调电阻，使得模块输出信号峰峰值为2.0 V。

④ 完成上述步骤即完成 5 kHz 带通滤波器的幅度校准。

(4)对 7 kHz 带通滤波器模块(SSC03－07)进行幅度校准。

① 将示波器通道 1 探头连接到 SSC03－07 的 7 kHz 带通滤波器测试点 1 对应位置，使用示波器观察信号源输出信号幅度；将示波器通道 2 探头连接到 SSC03－07 的 7 kHz 带通滤波器测试点 2 对应位置，使用示波器观察带通滤波器滤波输出信号幅度。

②将 SSC01 信号源模块输出信号选择为 7 kHz，峰峰值为 2.0 V，偏置为 0 的正弦波。

③调节 SSC03－07 的 7 kHz 带通滤波器的 VR 可调电阻，使得模块输出信号峰峰值为 2 V。

④ 完成上述步骤即完成 7 kHz 带通滤波器的幅度校准。

(5)对 9 kHz 带通滤波器模块(SSC03－09)进行幅度校准。

①将示波器通道 1 探头连接到 SSC03－09 的 9 kHz 带通滤波器测试点 1 对应位置，使用示波器观察信号源输出信号幅度；将示波器通道 2 探头连接到 SSC03－09 的 9 kHz 带通滤波器测试点 2 对应位置，使用示波器观察带通滤波器滤波输出信号幅度。

②将 SSC01 信号源模块输出信号选择为 9 kHz，峰峰值为 2.0 V，偏置为 0 的正弦波；

③调节 SSC03－03 的 9 kHz 带通滤波器的 VR 可调电阻，使得模块输出信号峰峰值为2.0 V。

④完成上述步骤即完成 9 kHz 带通滤波器的幅度校准。

3. 1 kHz 方波信号频域分解波形观测

将信号源重新设置为 1 kHz 的方波，输出信号幅度为 2.0V_{p-p}，偏置 0 V。将示波器重新设置为 Y－T 显示模式，使用示波器通道 1 观察该输入方波信号，使用通道 2 依次观察各次谐波信号，记录相关通道波形到表 4.3 中，并记录各通道波形的幅度、相位等信息，注意观察各次谐波信号与输入方波信号的相位关系。

表 4.3　方波信号分解出的各次谐波波形

谐波类别		带通滤波器中心频率	输出信号波形 （与输入信号在一个图中）
奇次谐波	基波		
	三次谐波		
	五次谐波		
	七次谐波		
	九次谐波		
偶次谐波	二次谐波		
	四次谐波		
	六次谐波		
	八次谐波		

4. 谐波合成观测

根据表 4.3 的各次谐波波形观测结果可以发现，1 kHz 的方波信号经过了各个带通滤波器后的各次谐波，对原方波信号的相位变化是不一致的，究其原因，除了不同带宽滤波器电路对不同频率正弦波的相位延迟不一致外，元器件的精度，特别是电容的精度对相位影响巨大，各组实验平台相同模块间的同一性也不好，因此，在做谐波合成实验前，需要对各次谐波的相位进行校准，只有确保各次谐波的相位差为 $2n\pi$，才能恢复出理想的方波信号。相位校准流程如下：

(1)对 1 kHz 带通滤波器模块(SSC03－01)进行相位校准。

①将 SSC01 信号源模块输出信号选择为 1 kHz，峰峰值为 2.0 V，偏置为 0 的方波（此时通道 1 的峰峰值已经是自动测量值，可以直接通过读数确认）；后面其他模块进行相位校准操作时，该信号保持不变。

②将示波器通道 2 探头连接到测试点 3 位置。

③按照图 4.20 将示波器通道 2 波形从图 4.20(a)移相到图 4.20(b)所示位置，使得 1 kHz基波波形和输入方波同时过零点。

④如果不管怎么调节移相器模块（移相器 1）的 VR，都无法使得其达到图 4.20(b)所示波形，需要将移相器模块（移相器 1）上的跳线帽从 S1、S2 移到 S3、S4，或从 S3、S4 移到 S1、S2，调整移相的方向。

⑤移相结果以图 4.20(b)移相后的 1 kHz 基波为标准，至此，完成 1 kHz 带通滤波器模块相位校准。这里之所以要求 1 kHz 基波波形和输入方波同时过零点，是因为后续观察合成波形与原输入波形差值时，只有它们同时过零点，才能确保合成波形和原输入波形相位差为零，准确获取差值。

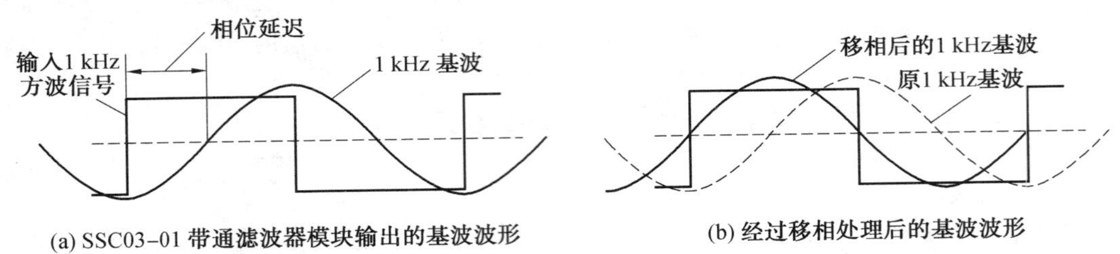

图 4.20　使用移相器将 1 kHz 基波信号与输入 1 kHz 方波信号同相位

(2)对 3 kHz 带通滤波器模块(SSC03－03)进行相位校准。

①保持 SSC01 信号源模块输出信号选择为 1 kHz，峰峰值为 2.0V，偏置为 0 的方波信号不变。

②将示波器通道 1 探头连接到 1 kHz 带通滤波器模块 SSC03－01 的测试点 3 位置。

③将示波器通道 2 探头连接到 3 kHz 带通滤波器模块 SSC03－03 的移相器模块测试点 3 的对应位置。

④将示波器设置为 X－Y 显示模式(点按示波器 Acquire 按钮，最后一项即 X－Y 显示选型)，按照李萨如标准图形形式，验证 3 kHz 带通滤波器模块输出的波形是否与基波同相位，如果不同，则调节移相器 2 的 VR 可变电阻，使得其李萨如图形如图 4.21 所示。

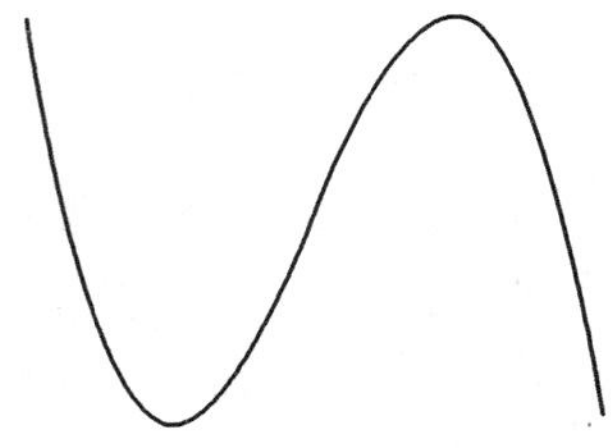

图 4.21　基波与三次谐波的李萨如标准图形(示波器通道 1 接基波、通道 2 接三次谐波)

⑤如果不管怎么调节移相器模块的 VR，都无法使得其达到图 4.21 所示波形，需要将移相器模块 2 上的跳线帽从 S1、S2 移到 S3、S4，或从 S3、S4 移到 S1、S2。

⑥移相结果以图 4.21 为标准，至此完成 3 kHz 带通滤波器模块相位校准。此时说明外部输入的 1 kHz 待分解方波信号的 1 kHz 和 3 kHz 谐波分量相位差为 $2n\pi$ 倍。

(3)对 5 kHz 带通滤波器模块(SSC03－05)进行相位校准。

①保持 SSC01 信号源模块输出信号选择为 1 kHz，峰峰值为 2.0 V，偏置为 0 的方波信号不变。

②保持示波器通道 1 探头连接到 1 kHz 带通滤波器模块 SSC03－01 测试点 3 位置不变。

③将示波器通道 2 探头连接到 5 kHz 带通滤波器模块 SSC03－05 的移相器电路测试点 3 的对应位置。

④将示波器设置为 X－Y 显示模式，按照李萨如标准图形形式，验证 5 kHz 带通滤波器

模块输出的波形是否与基波同相位，如果不同，则调节移相器 3 的 VR 可变电阻，使得其李萨如图形如图 4.22 所示。

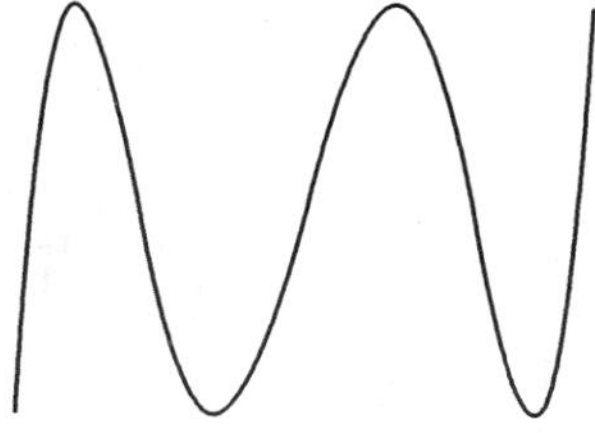

图 4.22 基波与五次谐波的李萨如标准图形（示波器通道 1 接基波、通道 2 接五次谐波）

⑤如果不管怎么调节移相器模块的 VR，都无法使得其达到图 4.22 所示波形，需要将移相器模块 3 上的跳线帽从 S1、S2 移到 S3、S4，或从 S3、S4 移到 S1、S2。

⑥移相结果以图 4.22 为标准，至此，完成 5 kHz 带通滤波器模块相位校准。

(4)对 7 kHz 带通滤波器模块(SSC03－07)进行相位校准。

①保持 SSC01 信号源模块输出信号选择为 1 kHz，峰峰值为 2.0 V，偏置为 0 的方波信号不变。

②保持示波器通道 1 探头连接到 1 kHz 带通滤波器模块 SSC03－01 测试点 3 位置不变。

③将示波器通道 2 探头连接到 7 kHz 带通滤波器模块 SSC03－07 的移相器电路（移相器 4）测试点 3 的对应位置。

④将示波器设置为 X－Y 显示模式（点按示波器 Acquire 按钮，最后一项是 X－Y 显示选型），按照李萨如标准图形形式，验证 7 kHz 带通滤波器模块输出的波形是否与基波同相位，如果不同，则调节移相器 4 的 VR 可变电阻，使得其李萨如图形如图 4.23 所示。

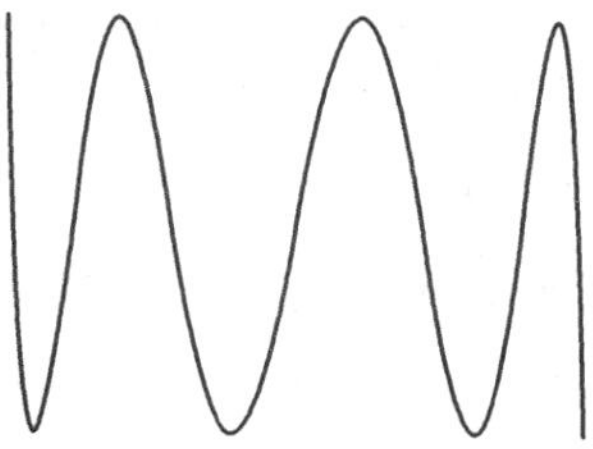

图 4.23 基波与七次谐波的李萨如标准图形（示波器通道 1 接基波、通道 2 接七次谐波）

⑤如果不管怎么调节移相器模块的 VR，都无法使得其达到图 4.23 所示波形，需要将移相器模块 4 上的跳线帽从 S1、S2 移到 S3、S4，或从 S3、S4 移到 S1、S2。

⑥移相结果以图 4.23 为标准，至此，完成 7 kHz 带通滤波器模块相位校准。

(5)对 9 kHz 带通滤波器模块(SSC03－09)进行相位校准。

①保持 SSC01 信号源模块输出信号选择为 1 kHz，峰峰值为 2 V，偏置为 0 的方波信号不变。

②保持示波器通道 1 探头连接到 1 kHz 带通滤波器模块 SSC03－01 测试点 3 位置不变。

③将示波器通道 2 探头连接到 9 kHz 带通滤波器模块 SSC03－09 的移相器电路测试点 3 的对应位置。

④将示波器设置为 X－Y 显示模式，按照李萨如标准图形形式，验证 9 kHz 带通滤波器模块输出的波形是否与基波同相位，如果不同，则调节移相器 5 的 VR 可变电阻，使得其李萨如图形如图 4.24 所示。

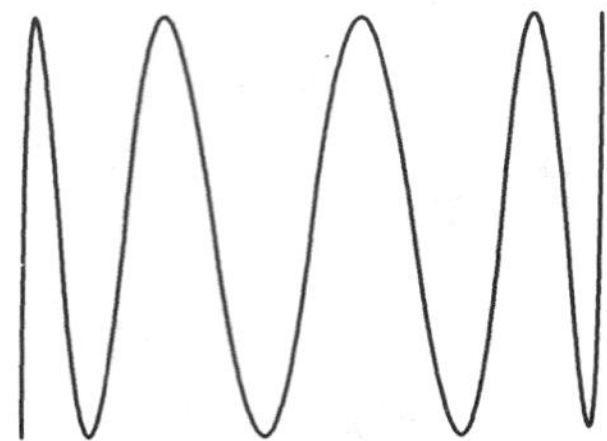

图 4.24　基波与九次谐波的李萨如标准图形（示波器通道 1 接基波、通道 2 接九次谐波）

⑤如果不管怎么调节移相器模块的 VR，都无法使得其达到图 4.24 所示波形，需要将移相器模块 3 上的跳线帽从 S1、S2 移到 S3、S4，或从 S3、S4 移到 S1、S2。

⑥移相结果以图 4.24 为标准，至此，完成 9 kHz 带通滤波器模块相位校准。

按照表 4.4 要求，将各次谐波组合合成波形拍照并记录到表格中。

如果在记录谐波合成实验数据时发现与理论值相差过大，需要重新确认各次谐波分量的幅度、相位是否与理论值一致，如果不一致，则需要按照前文的操作步骤重新进行校准。当然，也可以按照方波信号分解式（4.4），对各次谐波信号的幅度进行微调，按照理论公式的幅值大小对滤波输出信号幅度进行修正，同时再次确认各次谐波与基波的相位差是否为零。

测量合成波形与原输入信号误差时，使用示波器数学的减法功能，点按示波器屏幕右侧的“M”红色按钮，即可激活数学功能，按照指引完成波形减法功能，相关操作参考仪器设备章节的内容。

前文的实验操作步骤是基于图 4.18 所开展的，在相位校准环节通过调节 SSC03－01 的 1 kHz 带通滤波器模块的输出正弦波信号与输入方波信号同时过零点来确保合成输出波形与输入波形同相位（操作步骤如图 4.20 所示），以方便直接利用示波器的减法功能得到波形误差。但是这种方法存在的问题是，一旦 1 kHz 的基波没有和输入方波信号同时过零点，则由于后续的其他高阶奇次谐波分量均是以 1 kHz 基波为相位参考的，所以合成出来的波形会与原输入信号波形有相位差，使用减法功能将得不到正确的差值波形，因此只能再返回去重新进行相位校准流程。而按照图 4.19 的做法，先不调整 1 kHz 基波的相位，把空余出来的移相器用于最后合成波形的相位校准，这样就可以避免上述可能存在的多次相位校准过程，简化实验过程。

表 4.4　谐波合成实验数据

波形合成要求	合成后的波形	波形误差
基波与三次谐波合成		
三次与五次谐波合成		
基波与五次谐波合成		

续表 4.4

波形合成要求	合成后的波形	波形误差
基波、三次与五次谐波合成		
基波、三、五、七次谐波的合成		
基波、三、五、七、九次谐波的合成		

5. 幅度与相位变化对信号频域合成的影响分析(选做)

通过方波信号分解出来的基波和奇次谐波，根据周期三角波的傅里叶级数公式，使用方波信号的各次谐波合成出一个同频率的周期三角波，并将最终的波形绘制在表 4.5 中，相关电路结构可以参考图 4.25。

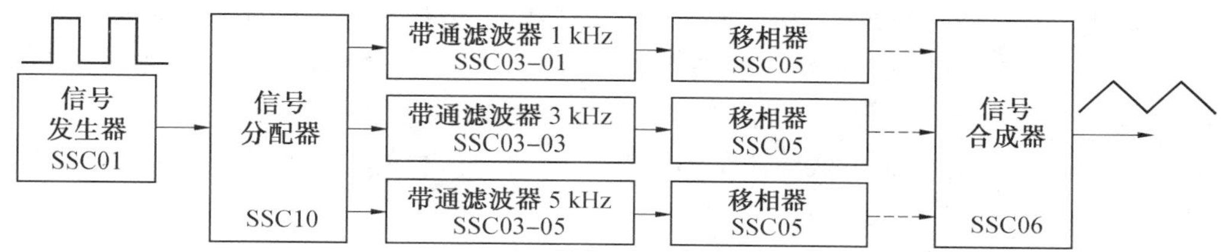

图 4.25　幅度与相位变化对信号频域合成的影响分析实验电路结构示意图

表 4.5　幅度与相位变化对信号频域合成的影响分析实验数据

波形合成要求	合成后的波形
基波与三次谐波合成	
基波、三次与五次谐波合成	

6. 设计型实验(选做)

(1)从周期锯齿脉冲信号所分解谐波分量中，选取合适的谐波分量，最大程度合成一个方波信号。

(2)从周期锯齿脉冲信号所分解谐波分量中，选取合适的谐波分量，最大程度合成一个半波余弦信号。

(3)从周期锯齿脉冲信号所分解谐波分量中，选取合适的谐波分量，最大程度合成一个全波余弦信号。

4.2.6　实验注意事项

(1)仔细阅读实验指导书，正确连接实验电路。

(2)确认 SSC02 电源供电模块所配套的电源线端子连接紧固,无脱落、悬空、断线等问题,三种颜色线序排列正确。

(3)实验电路检查无误后才可通电和加载信号进行测试。

(4)接线通电后,各个模块上的正负电源指示灯应该全亮,一旦通电后发现指示灯有一个或两个都不亮的情况,立刻断电并检查线路,直至确认无误后再开展后续实验。

4.2.7 实验报告要求

(1)按要求记录时域分解的各实验表格数据,填写表格,分析实验得到的时域分解波形与理论分解波形之间的差异及原因,并且针对不同的分解时钟频率,由时域分解波形可以得到什么结论?

(2)相关实验波形拍照后打印,粘贴到原始数据页中。

(3)实验数据处理使用坐标纸画图。

(4)实验完成后,完成以下思考题:

① 在实验开始前,为什么需要进行幅度和相位校准步骤?

② 实验过程中是否有幅度、相位发生变化的现象?为什么会发生这样的现象?

③ 在有些厂家的信号与系统实验箱中,对 50 Hz 的方波信号进行分解,观察其合成信号波形,却没有设计独立的移相电路,你认为最主要的原因是什么?

④ 信号合成时,为什么合成输出信号的幅度会比源信号的幅度减小?这个幅度减小的系数与什么有关?

4.3 信号的卷积观察与分析

4.3.1 实验目的

(1)理解卷积的概念及物理意义;

(2)通过实验的方法加深对卷积运算的方法及结果的理解;

(3)掌握开关电容有源滤波器电路的原理与使用用法。

4.3.2 实验预习与思考

(1)阅读本实验中实验原理部分给出的知识点,加强对实验内容的理解。

(2)阅读本实验教材中第 3 章有源滤波器电路中有关开关电容滤波器的内容,掌握开关电容有源滤波器电路的原理与用法。

(3)按照实验内容与步骤,提前使用 Multisim 软件,对所选择进行硬件实验的电路进行仿真,以便于在硬件实验过程中进行理论值和实际值的对比。将仿真实验电路和实验结果填入到预习报告中。

(4)按照实验内容与步骤,提前使用 Octave 或 Python 仿真软件,对信号的卷积现象进行软件仿真,验证相关理论,并掌握 Octave 和 Python 软件的使用方法。

(5)按要求认真撰写预习报告,并准备好实验过程中记录数据的坐标纸。

(6)预习思考题。

①理想低通滤波器的时域响应波形是什么样的？形成原因是什么？

②本实验中，为什么要使用贝塞尔滤波器？如果用巴特沃斯等其他类型滤波器，会对实验结果有什么影响？

4.3.3　实验原理

1. 卷积的定义

卷积积分方法是连续系统时域分析的一个重要方法，借助系统的冲激响应，求解系统对任意激励信号的零状态响应。设系统的激励信号为 $x(t)$，冲激响应为 $h(t)$，则系统的零状态响应为

$$y(t)=x(t)\cdot h(t)=\int_{-\infty}^{\infty}x(\tau)h(t-\tau)\mathrm{d}\tau \tag{4.15}$$

对于任意两个信号 $f_1(t)$ 和 $f_2(t)$，两者做卷积运算定义为

$$f(t)=\int_{-\infty}^{\infty}f_1(\tau)f_2(t-\tau)\mathrm{d}\tau=f_1(t)\cdot f_2(t)=f_2(t)\cdot f_1(t) \tag{4.16}$$

参考信号与系统理论教材，当两个信号 $x(t)$ 与 $h(t)$ 都为矩形脉冲信号时，利用图解法求这两个信号的卷积积分的运算过程与结果如图 4.26 所示。这个卷积过程说明，当参与卷积的两个信号都是较简单的波形时，可以直接使用图解法求解卷积结果。

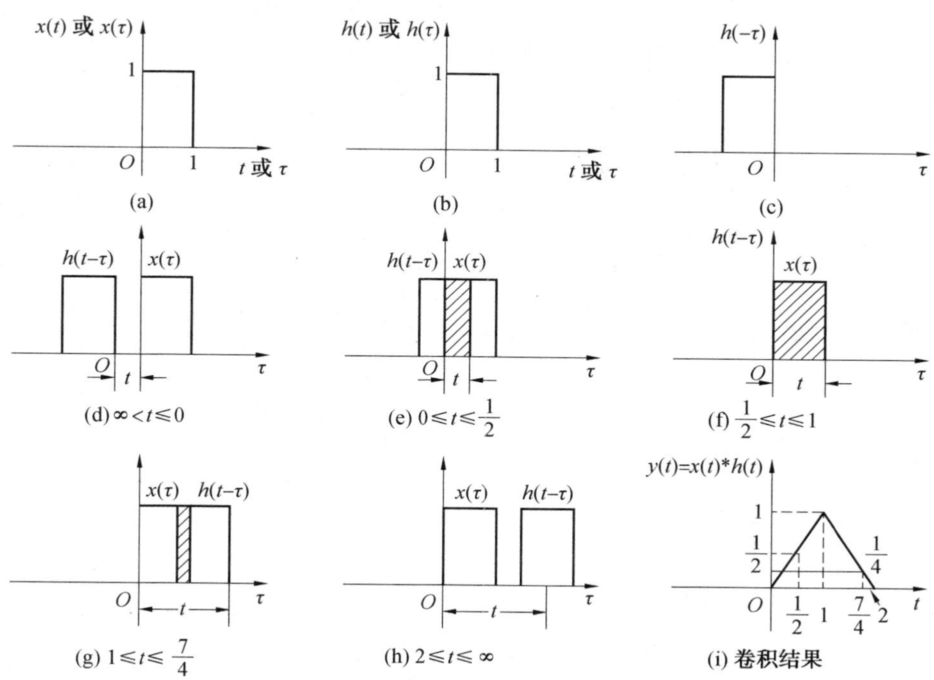

图 4.26　两矩形脉冲信号的卷积积分的图解法运算过程与结果

在上述图解法求解卷积积分时，我们假设参与卷积的输入信号是简单的矩形脉冲，这样图解运算过程简单、直观、明了。如果输入信号是复杂的波形，那么上述图解法的求解过程可能就不会这么简单了。

参考信号与系统理论教材，除时域分析法外，线性系统还有一种频域分析法，其基本思

想与前面的时域分析法是一致的，求解过程也是类似的。在频域分析法中，首先将激励信号分解为一系列不同幅度、不同频率的正弦信号，然后求出每一正弦信号单独通过系统的响应，并将这些响应在频域叠加，最后再变换回时域表示，即得到系统的零状态响应。图 4.27 给出了线性系统频域分析法的原理说明框图，其中 $E(\omega)$、$R(\omega)$ 分别为 $e(t)$、$r(t)$ 的频谱函数。

由图 4.27 可知，在系统的输入端，把系统的激励信号 $e(t)$ 通过傅里叶变换转换到频域 $E(\omega)$，在输出端，则将频域的输出响应 $R(\omega)$ 转换回时域 $r(t)$，而中间的所有运算都是在频域进行的。

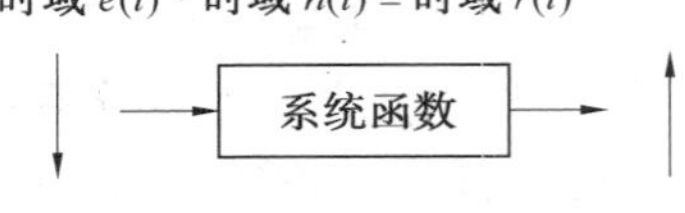

图 4.27　系统频域分析方法

2. 信号卷积过程的观察

为了可以在硬件实验过程中直观地观察卷积的过程和结果，本实验的方案如图 4.28 所示。通过构建一个低通滤波器电路，假设其系统的单位冲激响应为 $h(t)$，若激励信号为 $e(t)$，则按照线性时域分析方法，系统的响应 $r(t)$ 为 $e(t)$ 和 $h(t)$ 的卷积，即有

$$r(t)=h(t)\cdot e(t)$$

按照上述频域分析方法，则有

$$R(\omega)=E(\omega)\cdot H(\omega)$$

式中，$R(\omega)$、$E(\omega)$、$H(\omega)$ 分别对应 $r(t)$、$e(t)$ 和 $h(t)$ 的傅里叶变换。该公式表明，时域卷积对应着频域的乘法。此时 $R(\omega)$ 再经过傅里叶逆变换，即可得到 $r(t)$ 的波形。

按照本教材第 3 章有关有源低通滤波器的介绍，此处的低通滤波器采用贝塞尔低通滤波器，借助其最平坦的幅度和相位响应，在给定外部激励信号 $e(t)$ 的前提下，观察系统的响应 $r(t)$ 的波形。系统实验方案如图 4.28 所示。

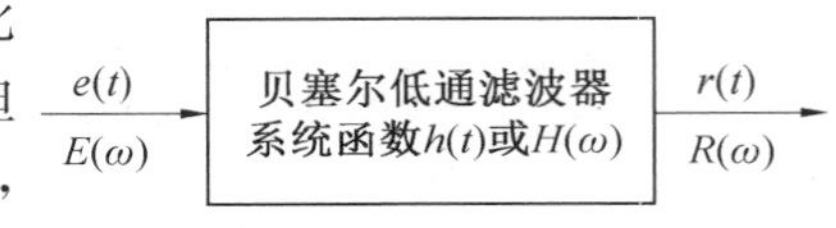

图 4.28　系统实验方案

贝塞尔低通滤波器在频域的波形如图 4.29(a) 所示，为了分析方便，将其频谱曲线理想化，得到如图 4.29(b) 所示的一个理想低通滤波器频域响应曲线。

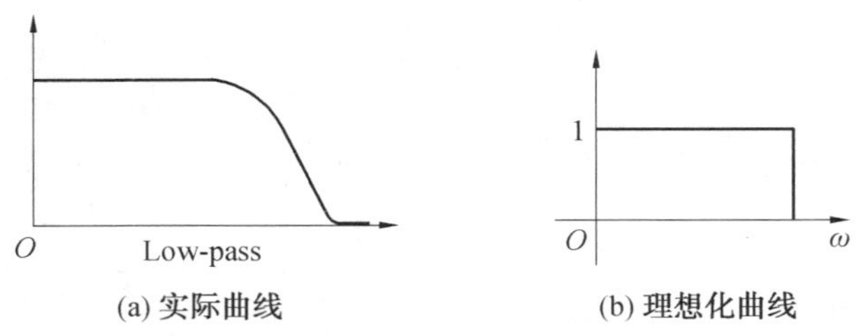

图 4.29　贝塞尔低通滤波器频域响应曲线

根据傅里叶变换与反变换的对称特性，那么矩形脉冲和抽样函数也是对称关系，如图 4.30 所示。所以理想化的贝塞尔低通滤波器在时域的系统函数波形可以近似理解为一个 $\mathrm{Sa}(t)$ 形脉冲信号。

当给定外部激励信号 $e(t)$ 为一个正弦波信号时，根据图 4.27 给出的线性系统频域分析方法，其求解输出卷积结果 $r(t)$ 的过程如图 4.31 所示，只要正弦波频率 ω_0 小于低通滤波器

的截止频率 ω_c，其输出的卷积结果仍是一个正弦波。

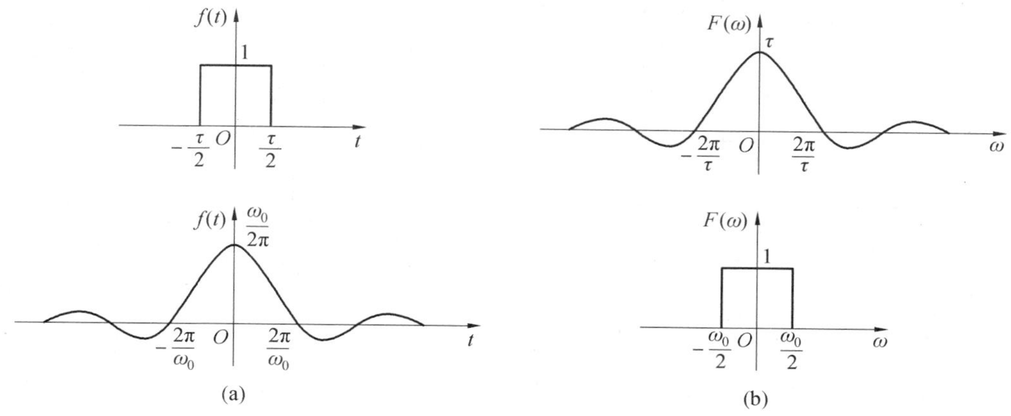

图 4.30　矩形脉冲和抽样函数的对称关系

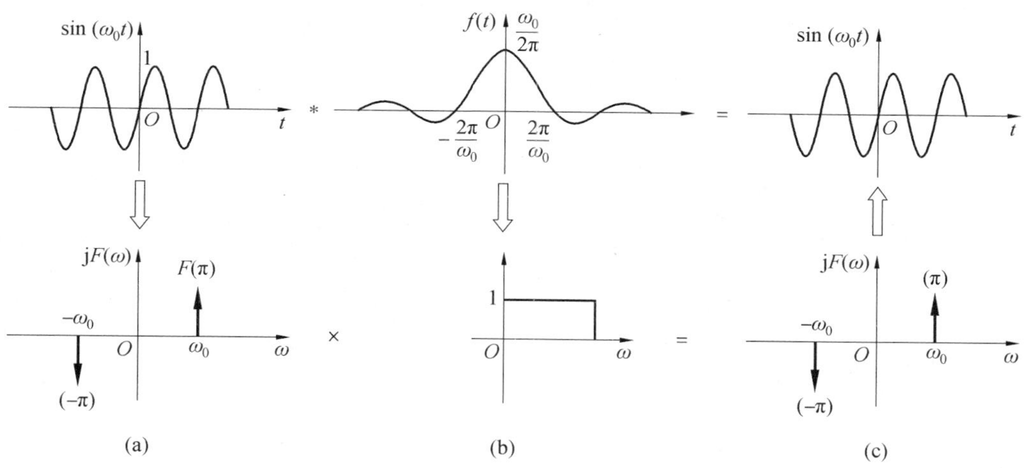

图 4.31　当激励信号为正弦波时求解卷积结果的过程

图 4.32(a) 所示周期矩形脉冲信号 $f(t)$，其脉冲宽度为 τ，幅度为 E，重复周期为 T_1，其在一个周期($-1/2\ T_1 \leqslant t \leqslant 1/2T_1$) 内的表达式为

$$f(t)=\begin{cases} E & \left(|t|\leqslant \dfrac{\tau}{2}\right) \\ 0 & \left(|t|> \dfrac{\tau}{2}\right) \end{cases}$$

其傅里叶级数为

$$f(t)=\frac{E\tau}{T_1}+\frac{2E\tau}{T_1}\sum_{i=1}^{n}\mathrm{Sa}\left(\frac{n\pi\tau}{T_1}\right)\cos n\omega t \tag{4.17}$$

其傅里叶频谱如图 4.32(b) 所示。

当此时的外部激励信号 $e(t)=f(t)$ 时，根据图 4.27 给出的线性系统频域分析方法，其求解输出卷积结果 $r(t)$ 的过程如图 4.33 所示。周期矩形脉冲信号经过该低通滤波器后，在频域 $E(\omega)$ 与 $H(\omega)$ 相乘，$E(\omega)$ 中超出低通滤波器的截止频率 ω_c 的高频信号直接等于 0，只

保留低频段的分量，即实现滤波功能。将这个分析过程简化后，即可得到卷积的过程，如图4.34所示。

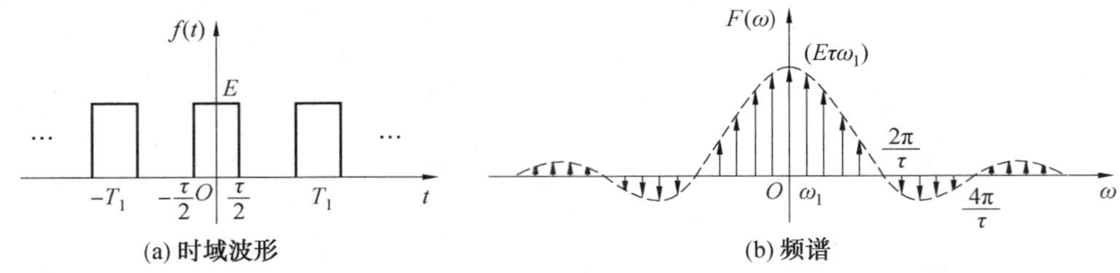

图 4.32　周期矩形脉冲信号

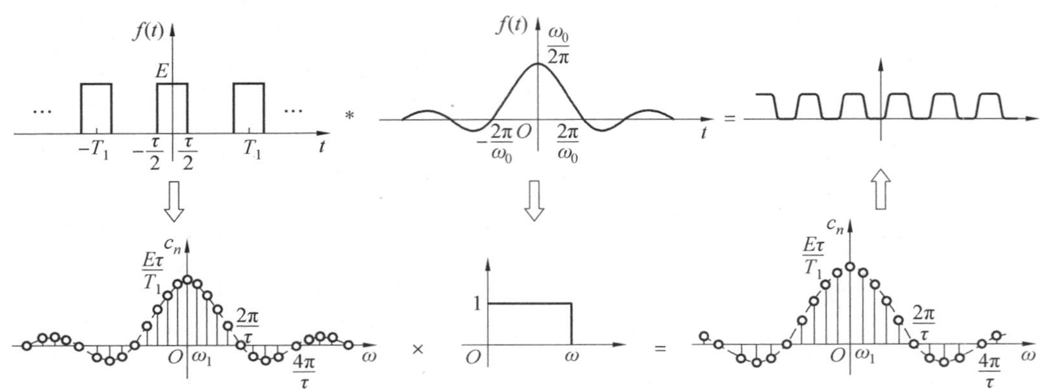

图 4.33　当激励信号为周期矩形脉冲信号时求解卷积结果的过程

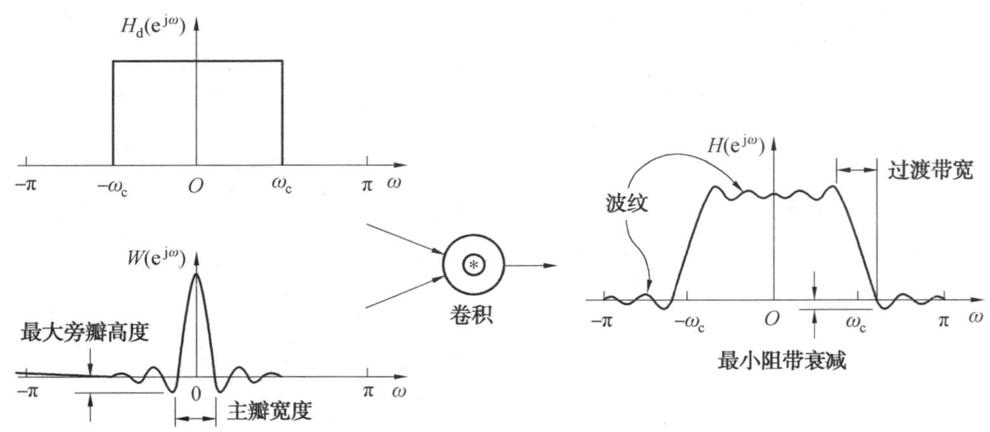

图 4.34　简化后的卷积过程

3. 贝塞尔低通滤波器电路

参考2.4.2节有关SSC07开关电容型有源低通滤波器的介绍，如图4.35所示给出了3 kHz输入方波信号(A)时，MAX292构成的转折频率 f_o=10 kHz的贝塞尔低通滤波器的响应曲线(B)，MAX291构成的转折频率 f_o=10 kHz的巴特沃斯滤波器响应曲线(C)。显然，由于MAX292是贝塞尔低通滤波器，所以其在通带内具有线性相位响应，所有频率分量均等延迟，从而保留了方波。滤波器会衰减输入方波的较高频率，从而在输出端产生平滑的缓变边缘。MAX291 构成的是巴特沃斯滤波器，不同的频率分量获得了不同的时间延迟，导致曲线 C 中所示的过冲和振铃。这也解释了为什么本实验中采用贝塞尔滤波器，而不是其他类型低通滤波器，就是为了更加方便地观察最后的卷积输出波形。

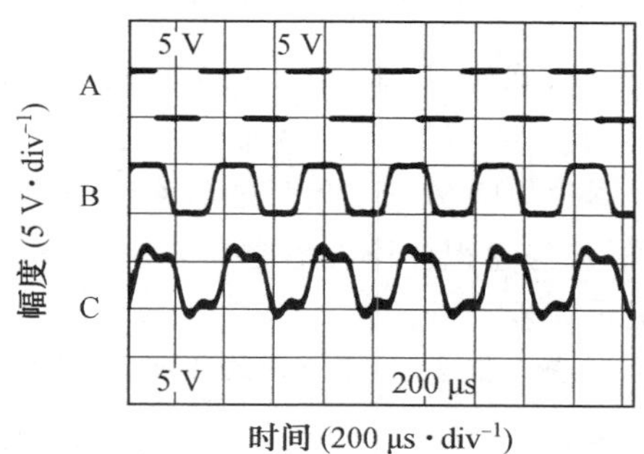

图 4.35　MAX292 贝塞尔低通滤波器响应

4.3.4　实验设备

(1) HiGO 信号与系统实验平台 1 套。

(2) MDO3052 或 DPO3052 荧光示波器 1 台。

4.3.5　实验内容与步骤

(1)“信号的卷积现象观察实验”电路结构示意图如图 4.36 所示，选择实验所需模块搭建电路。

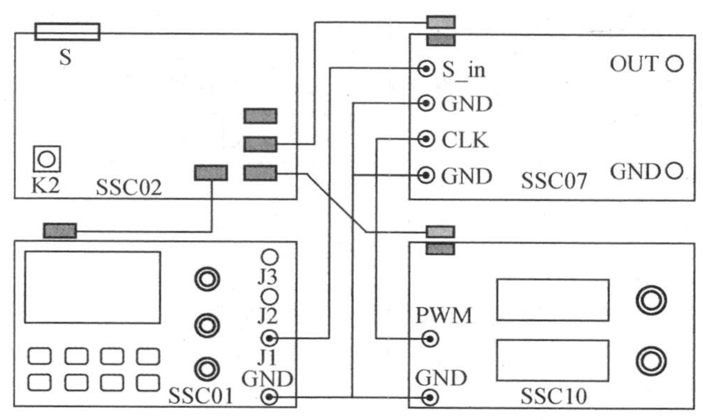

图 4.36　“信号的卷积现象观察实验”电路结构示意图

(2)仔细检查电路接线无误后，按下电源供电模块中的 S 开关(位于模块后侧)和 K2 按键，给电路供电。

(3)设置矩形波发生器模块输出时钟信号频率为 100 kHz，占空比为 50%的方波信号，此步骤设置低通滤波器模块(LowPass Module)SSC07 的转折频率为 1 kHz。

(4)设置信号发生器模块输出 2V_{p-p}，偏置电压为 0 V，频率为 100 Hz 的正弦波信号。

(5)使用示波器观察低通滤波器模块的输出波形，分析其与卷积理论波形之间的差异。

(6)修改信号发生器模块输出信号频率为 500 Hz、1 kHz、2 kHz，观测低通滤波器模块

的输出波形,分析其与卷积理论波形之间的差异。

(7)将相关波形数据记录在表 4.6 中。

(8)重新设置信号发生器模块输出 $2V_{p-p}$,偏置电压为 0 V,占空比为 50%、频率为 100 Hz的方波信号,使用示波器观察低通滤波器模块的输出波形,分析其与卷积理论波形之间的差异。

(9)保持方波信号频率不变,修改其占空比为 25%、10%、5%,观察低通滤波器模块的输出波形,分析其与卷积理论波形之间的差异。

(10)重新设置信号发生器模块输出方波信号的频率为 500 Hz、1 kHz、2 kHz,观测低通滤波器模块的输出波形,分析其与卷积理论波形之间的差异。

(11)将相关波形数据记录在表 4.7 中。

表 4.6 输入信号为正弦波时的卷积现象观察数据

输入信号频率	输入信号波形	低通滤波器输出波形

表 4.7 输入信号为周期矩形波时的卷积现象观察数据

输入信号频率	输入信号占空比	输入信号波形	低通滤波器输出波形

4.3.6 实验注意事项

(1)仔细阅读实验指导书,正确连接实验电路。

(2)确认 SSC02 电源供电模块所配套的电源线端子连接紧固,无脱落、悬空、断线等问题,三种颜色线序排列正确。

(3)实验电路检查无误后才可通电和加载信号进行测试。

(4)接线通电后,各个模块上的正负电源指示灯应该全亮,一旦通电后发现指示灯有一个或两个都不亮的情况,立刻断电并检查线路,直至确认无误后再开展后续实验。

4.3.7　实验报告要求

(1)按要求记录信号卷积的各实验表格数据,填写表 4.6、表 4.7,分析实验得到的卷积波形与理论卷积波形之间的差异及原因。

(2)相关实验波形拍照后打印,粘贴到原始数据页中。

(3)实验数据处理使用坐标纸画图。

4.4　信号的频谱观察与分析

4.4.1　实验目的

(1)通过对几种典型信号的观察和测量,掌握关于信号的两种不同的描述方法——信号的时域波形以及它们的频谱图;

(2)学会由波形图或频谱图计算出调幅信号的调幅系数(调幅度)、调频信号的调频指数以及对应的带宽;

(3)熟悉并掌握射频信号发生器和频谱分析仪的工作原理和基本使用方法。

4.4.2　实验预习与思考

(1)阅读本实验教材第 2 章中关于射频信号源和频谱分析仪的相关内容,结合实验原理部分给出的知识点,加强对实验内容的理解,并且掌握仪器的基本使用方法。

(2)按照实验内容与步骤,提前使用 Multisim 软件,对所选择进行硬件实验的电路进行仿真,研究正弦波、调幅、调频、脉冲调制波形的频谱特点,以便于在硬件实验过程中进行理论值和实际值的对比。将仿真实验电路和实验结果填入到预习报告中。

(3)按照实验内容与步骤,提前使用 Octave 或 Python 仿真软件,对正弦、AM、FM 和脉冲调制信号的频谱进行软件仿真,验证相关理论,并掌握 Octave 和 Python 软件的使用方法。

(4)按要求认真撰写预习报告,并准备好实验过程中记录数据的坐标纸。

(5)预习思考题。

①比较单一正弦调制的调幅信号、调频信号的带宽大小以及改变调制前后能量的变化,分析其原因并得出结论,指出该结论有何现实意义?

②既然周期信号的频谱满足谐波性(谱线等间距),在观察调频信号的频谱时,为什么会出现谱线间隔不一致的情况?

③脉冲信号的周期 T 与脉宽 τ 成整数比时,从频谱仪上可观察到什么现象?试解释这一现象。

④脉冲信号的周期 T 与脉宽 τ 成非整数比时，它的频谱上会出现零点吗？为什么？

4.4.3 实验原理

信号的时域特性和频域特性是对信号的两种不同的描述方式，它们都包含了信号的全部信息，都能表示出信号的特点，因而它们之间必然有着密切的关系。

在无线电通信系统中，为了实现电信号的远距离传输，需要将待传送信号的频谱搬移到较高的频率范围，这种频谱搬移的过程称为信号的调制。在具体实现过程中，调制通常是利用待传送的低频信号（又称调制信号）去控制一个高频振荡信号（又称载波）的振幅、频率或初始相位等参数之中的任意一个来达到的，它们也分别称为幅度调制、频率调制和相位调制，而频率调制和相位调制又统称为角度调制。

信号需要调制的原因主要有两方面：一方面，由电磁波辐射理论可知，只有当发射天线的尺寸等于信号波长的 1/10 或更大些时，信号才能有效地通过天线发射出去，也就是说要求发射信号的频率与天线尺寸相匹配。例如声音、图像等形成的电信号的频率通常很低，所以要求的天线尺寸应达到几十千米甚至几百千米，这显然是难以实现的。另一方面，即使能把低频信号发射出去，由于多个用户都在几乎相同的频率范围内，也会造成不同用户所用的低频信号之间的相互干扰，使之无法分辨接收。

本实验将通过示波器和频谱仪同时观察同一信号，直接了解信号的时域特性和频域特性以及它们之间的关系，学习用时域波形图和频谱图来描述信号。

信号的频谱可分为振幅频谱、相位频谱和功率频谱三种，分别是将信号的基波和各次谐波的振幅、相位和功率按频率高低依次排列而成的图形。一般讲的频谱都是指振幅频谱，本实验只观测信号的振幅频谱。

1. 单一正弦信号的波形与频谱

对于正弦信号：

$$f(t)=A\sin(\omega_0 t+\theta) \tag{4.18}$$

由欧拉公式：

$$\sin(\omega_0 t)=\frac{1}{2\mathrm{j}}(\mathrm{e}^{\mathrm{j}\omega_0 t}-\mathrm{e}^{-\mathrm{j}\omega_0 t}) \tag{4.19}$$

且 $\mathrm{e}_0^{\mathrm{j}\omega t}$ 和 $\mathrm{e}_0^{-\mathrm{j}\omega t}$ 的傅里叶变换为

$$F[\mathrm{e}^{\mathrm{j}\omega_0 t}]=2\pi\delta(\omega-\omega_0) \tag{4.20}$$

$$F[\mathrm{e}^{-\mathrm{j}\omega_0 t}]=2\pi\delta(\omega+\omega_0) \tag{4.21}$$

因此，单一正弦信号的傅里叶变换为

$$F[\sin(\omega_0 t)]=\frac{\mathrm{j}}{\pi}[\delta(\omega-\omega_0)-\delta(\omega+\omega_0)] \tag{4.22}$$

即单一正弦信号的频谱只包含位于 $\pm\omega_0 t$ 的冲激函数，如图 4.37 所示。

2. 单一频率正弦调制调幅信号的波形和频谱

振幅调制的定义是用需传送的信息（调制信号）$u_\Omega(t)$ 去控制高频载波振荡电压的振幅，使其随调制信号 $u_\Omega(t)$ 线性关系变化。振幅调制的载波信号 $u_c(t)$ 和调制信号 $u_\Omega(t)$ 分别定义为

$$u_c(t)=U_{cm}\cos(\omega_c t+\varphi_0) \tag{4.23}$$

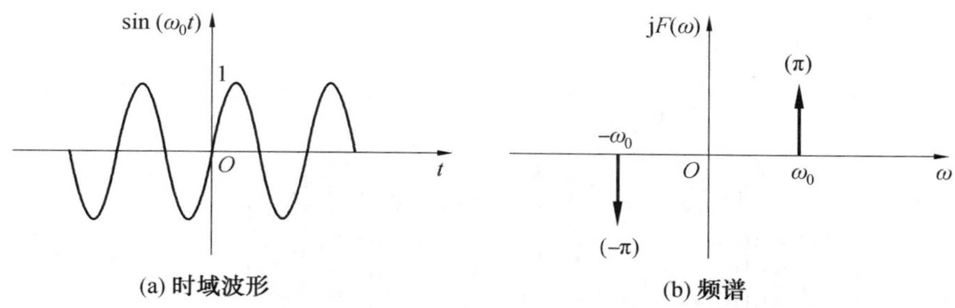

图 4.37　正弦信号的时域波形和频谱

$$u_{\Omega}(t) = U_{\Omega m}\cos(\Omega t + \varphi) = U_{\Omega m}\cos(2\pi f_{\Omega} t + \varphi) \tag{4.24}$$

式中，载波振幅 U_{cm}、载波频率 ω_c，载波初始相位 φ_0，调制信号振幅 $U_{\Omega m}$、调制信号频率 Ω 和 f_{Ω}，调制信号初始相位 φ 均是常数，且通常满足 $\omega_c \gg \Omega$。

根据定义，普通调幅波的振幅 $U'_m(t)$ 为

$$U'_m(t) = U_{cm} + k_a u_{\Omega}(t) = U_{cm} + k_a U_{\Omega m}\cos(\Omega t + \varphi) \tag{4.25}$$

则普通调幅波的数学表示式为

$$\begin{aligned} u(t) &= U'_m(t)\cos(\omega_c t + \varphi_0) = [U_{cm} + k_a U_{\Omega m}\cos(\Omega t + \varphi)]\cos(\omega_c t + \varphi_0) \\ &= U_{cm}[1 + m_a\cos(\Omega t + \varphi)]\cos(\omega_c t + \varphi_0) \end{aligned} \tag{4.26}$$

式(4.26)就是单频调制时普通调幅波的表达式，也称为标准调幅波，可用 AM 表示。式中，$U'_m(t)$ 称为包络函数，是由调幅波各高频周期峰值连成的一条曲线，而 $m_a = k_a U_{\Omega} m / U_{cm}$。其中 k_a 为比例系数，m_a 为调幅指数(调幅度)。

普通调幅波的波形如图 4.38(a) 所示。从图中可以看到，已调波的包络形状与调制信号一样，称为不失真调制。由图可知，包络的最大值 $U_{m\max}$ 和最小值 $U_{m\min}$ 可以表示为 $U_{m\max} = U_{cm}(1 + m_a)$ 和 $U_{m\min} = U_{cm}(1 - m_a)$，故可得

$$m_a = \frac{U_{m\max} - U_{m\min}}{U_{m\max} + U_{m\min}} \tag{4.27}$$

显然，不失真调幅时，应该保证 $m_a \leqslant 1$。

利用三角公式将式(4.26)展开为

$$\begin{aligned} u(t) = {} & U_{cm}\cos(\omega_c t + \varphi_0) + \frac{1}{2}m_a U_{cm}\cos[(\omega_c + \Omega)t + (\varphi_0 + \varphi)] + \\ & \frac{1}{2}m_a U_{cm}\cos[(\omega_c - \Omega)t + (\varphi_0 - \varphi)] \end{aligned} \tag{4.28}$$

这表明单频信号调制的调幅波由三个频率分量组成，即载波分量 ω_c、上边频分量 $\omega_c + \Omega$ 和下边频分量 $\omega_c + \Omega$，其频谱如图 4.38(b) 所示。显然，虽然调幅波的能量集中于载波附近，但载波分量并不包含信息，调制信号的信息只包含在上、下边频分量内，边频的振幅反映了调制信号振幅的大小，边频的频率虽属于高频的范畴，但反映了调制信号频率与载波的关系。调幅信号的有效频带宽度 B 定义为调制信号频带宽度的两倍，即 $B = 2\Omega$，本实验中 AM 调制信号频率为 5 kHz，所以 B 为 10 kHz。

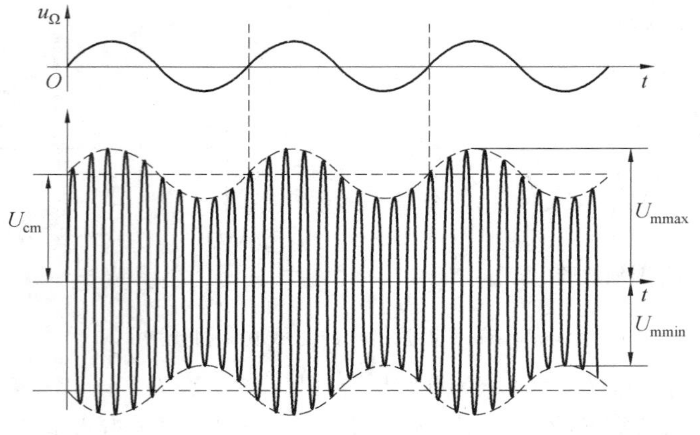

(a) 调幅信号的波形

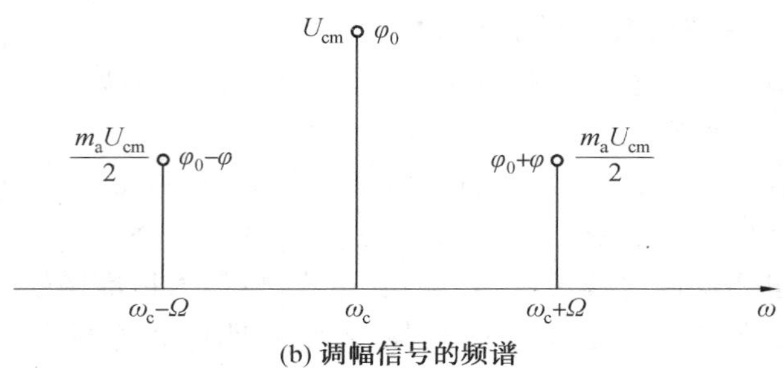

(b) 调幅信号的频谱

图 4.38　调幅信号的波形和频谱

3. 单一正弦调制的调频信号的波形和频谱

调频波的瞬时角频率定义为

$$\omega(t)=\omega_c+k_f U_{\Omega m}\cos\Omega t=\omega_c+\Delta\omega_m\cos\Omega t=2\pi f_c+\Delta\omega_m\cos 2\pi ft \tag{4.29}$$

式中，$\Delta\omega_m=k_f U_{\Omega m}$，称为调频波最大角频偏；$\omega_c$ 是未调制的载波角频率，称为调频波的中心角频率。

由上式可得调频波的瞬时相位为

$$\varphi(t)=\int_0^t\omega(t)\mathrm{d}t=\omega_c t+\frac{\Delta\omega_m}{\Omega}\sin\Omega t=\omega_c t+m_f\sin\Omega t \tag{4.30}$$

令 $m_f=\frac{\Delta\omega_m}{\Omega}=\frac{k_f U_{\Omega m}}{\Omega}=\frac{\Delta f}{f}$，称为调频波的调制指数或表示调频波的最大相位偏移。m_f 可取任意整数，通常总大于 1。因此单一正弦调制的调频波可写为

$$u_{FM}(t)=U_{cm}\cos[\omega_c t+m_f\sin\Omega t] \tag{4.31}$$

普通调频波波形如图 4.39 所示，调制信号 $u_c(t)$ 控制着调频波的角频率变化，最终反映到调频信号是相位变化，如图 4.39(d) 所示。如果 $\omega_c\gg\Omega$，则调频信号的相位变化非常不明显，甚至用眼是观察不出来的。

将式(4.31) 展开成傅里叶级数，并且进一步整理可以得到

$$u_{FM}(t)=U_{cm}\sum_{n=-\infty}^{\infty}\mathrm{J}_n(m_f)\cos(\omega_c+n\Omega)t \tag{4.32}$$

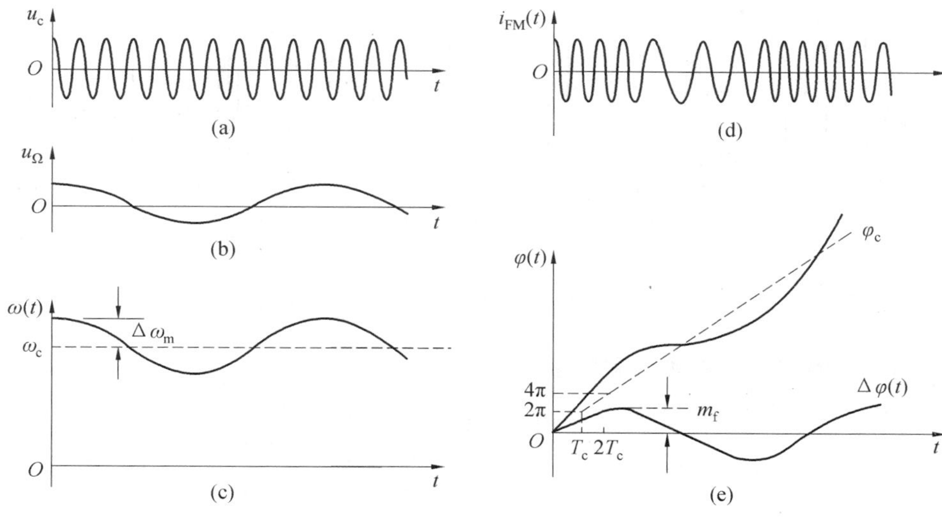

图 4.39 调频波波形

式中，$J_n(m_f)$ 是以 m_f 为参数的 n 阶第一类贝塞尔函数，可以通过查表知道。

上式的推导过程在后续的"通信电子线路"课程中会有详细讲述，在此不做过多介绍。

由式(4.32)可知，调频波的频谱具有以下特点：

(1) 调频波的频谱是由 $n=0$ 时的载波分量和 $n\geqslant 1$ 时的无穷多个边带分量所组成。

(2) 相邻两个频率分量间隔 Ω，载频分量和各边带分量的相对幅度由相应的贝塞尔函数值确定。

(3) 有些边带分量的幅度可能超过载频分量的幅度。这是调频波频谱的一个重要特点。

(4) n 为奇数时，上下边带分量相位相反，振幅相同。

(5) 理论上调频波的带宽应为无穷大，但从能量观点看，调频波能量的绝大部分实际上是集中在载频附近的有限带宽上。

(6) 调制指数越大，具有较大振幅的边频分量就越多。这与调幅波不同，在简谐信号调幅的情况下，边频数目与调制指数无关。

(7) 对于某些 m_f 值，载频或某些边频振幅为零。利用这一现象可以测定调制指数。

按照理论分析，调频波频谱的有效宽度(频带宽度)可表示为

$$B_{FM}=2(m_f+1)F \tag{4.33}$$

式中，$F=\Omega/2\pi$。

由式(4.33)可知，当 $m_f\ll 1$ 时，$BW_{CR}\approx 2F$，说明窄带调频时频带宽度与调幅波的基本相同，窄带调频广泛应用于移动的通信台中；当 $m_f\gg 1$ 时，$BW_{CR}\approx 2m_fF=2\Delta f_m$，说明宽带调频的频带宽度可按最大频偏的两倍来估算，而与调制频率无关，因此频率调制又称为恒定带宽调制。图 4.40 所示为当 $U_{\Omega m}$ 一定而调制信号频率变化时调频波的频谱图，它以载频分量为中心对称分布，但对称边带分量数目发生变化。此时对该 FM 波形的频谱进行观察，可以由频谱图单侧谱线的个数减 1 简化计算得出调频信号的调频指数 m_f。

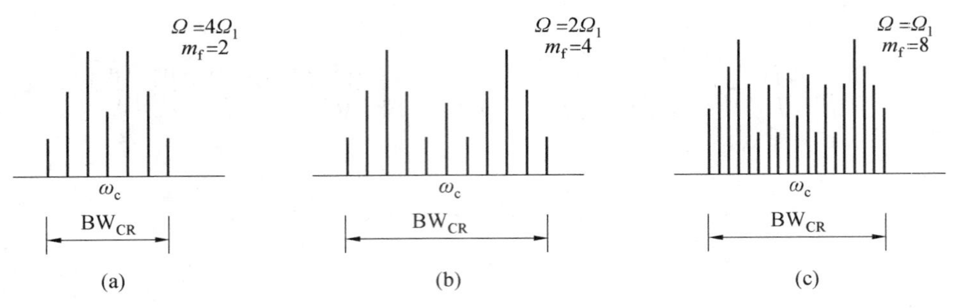

图 4.40　$U_{\Omega m}$ 一定，调制信号频率变化时的调频波频谱图

4. 观察周期脉冲信号的波形和频谱

参考《信号与系统》理论教材，周期矩形脉冲信号的傅里叶级数为

$$f(t)=\frac{E\tau}{T}+\frac{2E\tau}{T}\sum_{n=1}^{\infty}\mathrm{Sa}\left(\frac{n\omega_1\tau}{2}\right)\cos n\omega_1 t \tag{4.34}$$

其幅度频谱图如图 4.41 所示，由图可知，该频谱具有如下特点：

(1) 频谱具有离散性，谱线只出现在基频 ω_1 整数倍频率上($\omega_1=2\pi/T_1$)，即各次谐波频率点 $n\omega_1$ 上，当脉冲重复周期 T_1 越大，即 ω_1 越小时，谱线越靠近。如果周期信号的周期 T_1 趋于无穷大，周期信号将变为非周期信号，其信号的谱线间隔将趋于 0，这样周期信号的离散谱将变为非周期信号的连续谱。

(2) 谱线的幅度包络线按抽样函数 $\mathrm{Sa}(n\omega_1\tau/2)$ 的规律变化。当($n\omega_1\tau/2$) 为 π 的整数倍，即 $\omega=n\omega_1=m(2\pi/\tau)(m=1,2,\cdots)$ 时，谱线的包络线经过零点。当 $\omega=n\omega_1=0,3\pi/\tau,5\pi/\tau,\cdots$ 时，谱线的包络线为极值点(极大或极小)，极值的大小分别为 $2E\tau/T_1$，$-0.212(2E\tau/T_1)$，$0.127(2E\tau/T1)$，…，如图 4.42 所示。

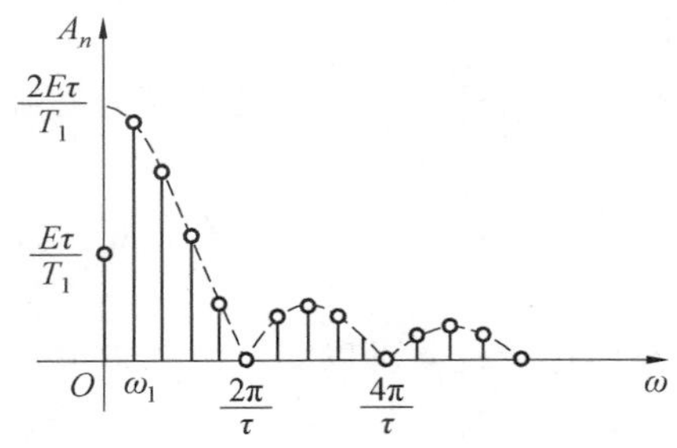

图 4.41　周期矩形脉冲信号的幅度频谱图

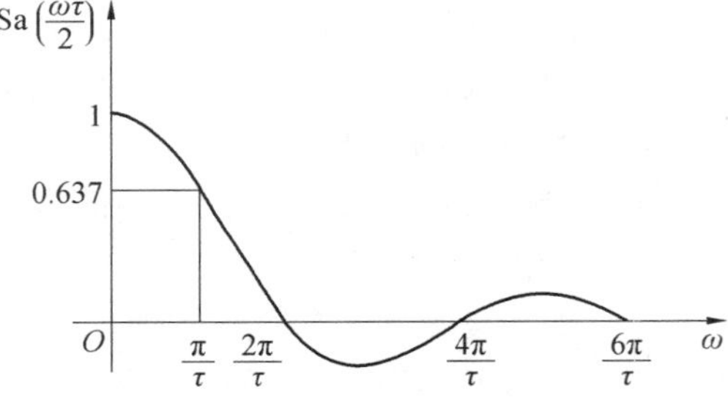

图 4.42　周期矩形信号归一化频谱包络线

(3) 谱线幅度变化趋势呈收敛状，它的主要能量集中在第一零点以内。信号占有频带 $B=2\pi/\tau$，信号频带宽度 B 只与脉宽 τ 有关，且呈反比关系。

(4) τ 和 T 值的变化对频谱的影响。T 值不变，基波频率 $\omega_1=2\pi/T_1$ 不变，谱线的疏密间隔不变。τ 值减小，使各个分量的幅值减小，同时也使包络线的第一零点右移，即信号占有频带宽度增大。τ 值不变，包络线第一零点的位置不变，如图 4.43 所示；T 值增大，使各个分量的幅度减小，同时使基波频率 ω_1 减小，谱线变密，如图 4.44 所示。

为了更好地使用频谱分析仪观测周期矩形信号的频谱，实验过程中对周期脉冲信号做

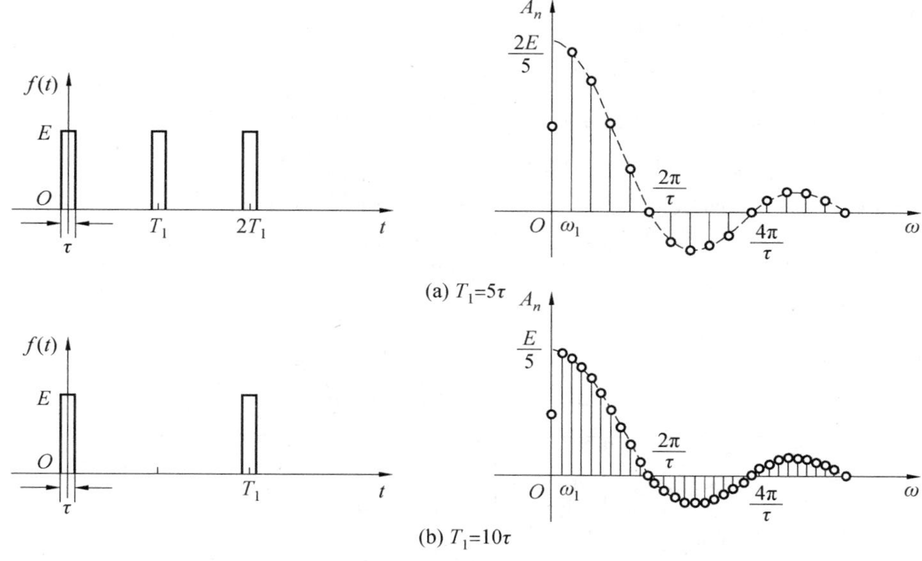

图 4.43　不同 T_1 值下周期矩形信号的频谱

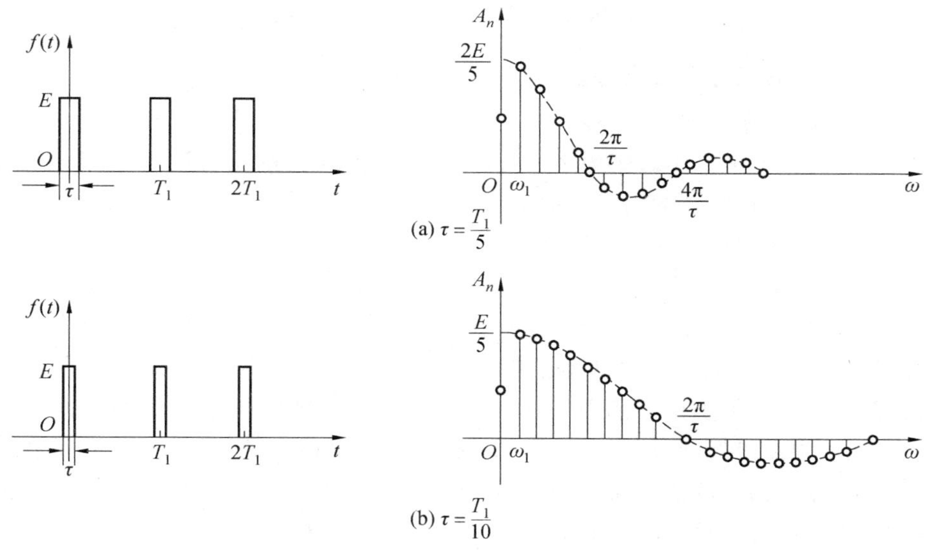

图 4.44　不同 τ 值下周期矩形信号的频谱

了处理，即令周期矩形信号作为调制信号，对 10 MHz 载波进行调制，这样周期矩形信号的频谱就被搬移到载频的附近，变为以载频为对称中心、谱线包络按抽样函数形式变化的频谱。只需要在频谱以上找到载频，即可找到该周期矩形信号的频谱。

4.4.4　实验设备

(1)Agilent ESG 系列 E4400B 型信号发生器或 Agilent N9310A 型信号发生器。

(2)泰克 DPO3052 型或 MDO3052 型示波器。

(3)LG SA－920 型频谱分析仪或 Agilent N9320B 型频谱分析仪。

4.4.5 实验内容与步骤

如图 4.45 所示，为了便于射频信号发生器、频谱分析仪和示波器之间的连线，并且确保信号源电缆、频谱分析仪电缆和示波器探头的正负极之间不短路，HiGO 实验平台中特设置了频谱分析仪接线模块(Spectrum Analyze Module，编号 SSC08)，只需要将射频信号发生器、频谱分析仪和示波器的电缆、探头依次接到对应的测试端子上即可。

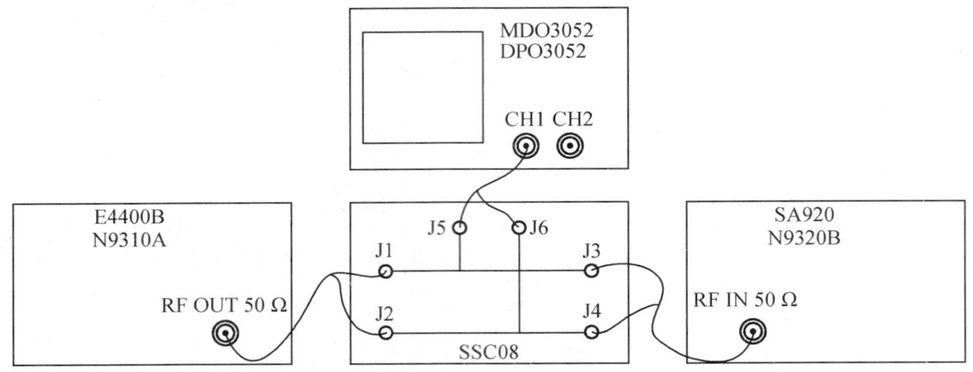

图 4.45　基于频谱分析仪接线模块的实验电路结构图

1. 观察单一正弦信号的波形与频谱

(1)按如图 4.45 所示连接电路图，注意电缆和探头正负极之间不能短路。

(2)设置射频信号源输出频率为 10 MHz、幅度为 0 dBm 的正弦波信号，操作步骤参考本书第 3 章有关射频信号源的内容。输出信号时注意打开射频输出开关(RF ON)，并且确保调制开关处于关闭状态(MOD OFF)。

(3) 设置示波器显示波形。

(4)设置频谱分析仪显示该正弦信号的频谱。操作步骤参考本书第 3 章有关频谱分析仪的内容。得到的单一正弦信号的频谱如图 4.46 所示。

(5)正弦信号频谱的观察。使用控制区峰值频标功能(PEAK/ Peak Search)读取该正弦波信号谱线的顶点坐标，频标所在位置的坐标值在屏幕右上角读取，上面为频率值，下面为幅度值(若所显示的幅度值后面有 x，请先将频标关闭，然后再重新打开峰值频标功能，即可重新读取)。若屏幕中显示的频谱幅度超出屏幕显示范围，则需增大频谱仪参考电平值，反之，若要放大屏幕显示频谱的幅度，则需减小参考电平值(参考电平 Ref. level 属于幅度参数，可通过点按幅度参数键“AMPL”或“Amplitude”在其软菜单下选择)。

(6)数据记录。用手机拍照记录下 10 MHz 正弦信号的波形和频谱图，并且在原始数据记录表中就信号周期、峰峰值，信号频谱的中心频率、幅度等进行记录。

2. 观察单一正弦调制调幅信号的波形和频谱

(1)保持如图 4.45 所示连接电路图。

(2)设置射频信号源输出 AM 调制波形。参考本书第 3 章有关射频信号源的使用方法，保持载波频率 10 MHz、幅度 0 dBm 不变，打开“AM”调幅功能，设置调幅参数为：调幅源 Source 为内部源，调幅波形 Waveform 为正弦，调幅频率 AM Rate 为 5 kHz(即式(4.26)

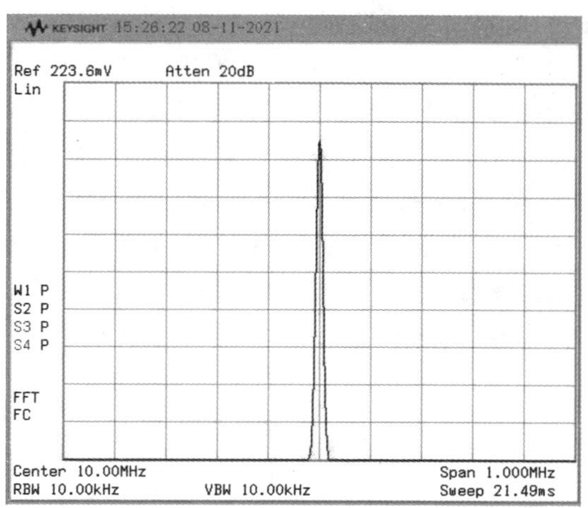

图 4.46　单一频率正弦信号的频谱(9320B 型频谱分析仪)

中的 Ω),调幅深度 AM Depth 分别为 50%、40%、30%(即 m_a);设置完成后,打开“RF ON”和“MOD ON”,输出设置好的 AM 调幅信号。注意,结束该项实验后关闭“AM”功能。

(3)设置示波器显示波形。由于 AM 信号的载波是 10 MHz 的正弦波,所以一般在使用自动设置功能“AUTOSET”自动显示波形时,此时示波器屏幕所显示的是 AM 调制信号中的细节波形(10 MHz 载波信号)。如果要显示出 AM 调制波形的全貌,可以在示波器控制区中点按“Acquire”采集功能按钮,将示波器的记录长度设置为 1 M 或更大,调节时间轴“Horizontal”选项卡中的“时间标度”“Scale”旋钮,压缩时间轴刻度(使得每一格的时间刻度值变大),最终可以得到如图 4.47 所示 AM 调制波形。利用示波器的光标可以从该波形中直接读出波峰—波峰、波谷—波谷的值,代入公式(4.27),即可计算调幅深度 m_a。

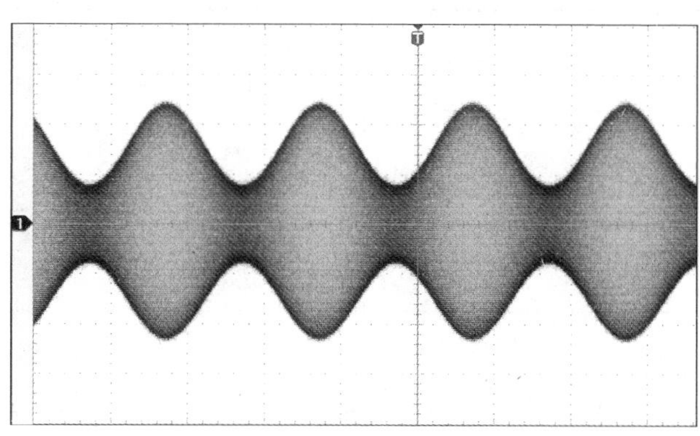

图 4.47　AM 调制波形

(4)设置频谱分析仪显示 AM 波形的频谱。操作步骤参考本书第 3 章有关频谱分析仪的内容。载波频率不变,仍为 10 MHz,故频谱分析仪的中心频率仍然设置为 10 MHz。由于调幅信号频率为 5 kHz,故该调幅信号占用带宽为 10 kHz。设置扫宽=20 kHz。此时,在频谱仪上可看到如图 4.48 所示的调幅信号的频谱,在载频两边各增加一条谱线,两条谱线各向左向右偏移 5 kHz。在信号源上改变调幅系数,则频谱有变化。随着调幅深度(AM Depth)的减小,两边频的幅度逐渐减小。

(5) AM 波形的频谱的观察。使用控制区峰值频标功能(PEAK / Peak Search)读取各个谱线的顶点坐标,代入公式(4.27)即可计算 AM 信号的调制深度 m_a,亦可用频标读出两个边频所在的频率,相减可得到信号占用带宽。为便于观察,需将频谱仪的分辨率带宽调至小于 5 kHz(LG SA920 型频谱分析仪的分辨率带宽选项为“CPL”键菜单中的“RBW”,且需在手动 MNL 方式下修改该值,最小值为 300 Hz;同时需令 SWP Time>=500 ms;Agilent N9320B 型频谱分析仪的分辨率带宽位于“BW/Avg”键菜单下,其最小值为 10 Hz)。

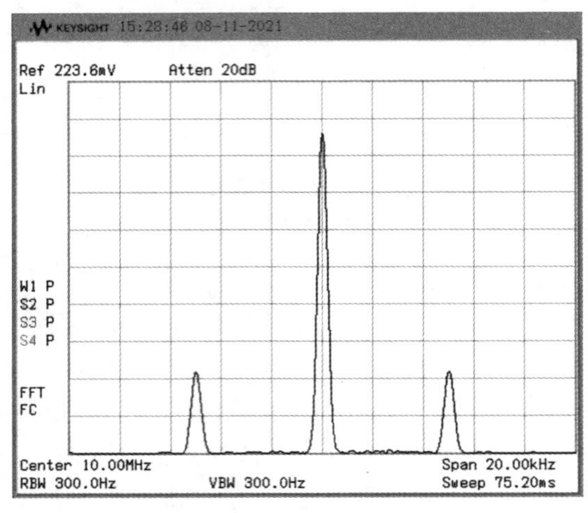

图 4.48 调幅信号频谱

(6)数据记录。使用手机拍照功能记录下 AM 调制信号的波形和频谱图,并且在原始数据记录表 4.8 中做如下记录和计算。

表 4.8 调幅信号的波形和频谱

波形图	频谱图	信号源设定的 m_a 值	根据波形图计算的 m_a 值	根据频谱图计算的 m_a 值	根据频谱测得的带宽
		50%			
		40%			
		30%			

3. 观察单一正弦调制调频信号的波形和频谱

(1)保持如图 4.45 所示连接电路图。

(2)设置射频信号源输出 FM 调制波形。参考本书第 3 章有关射频信号源的使用方法,保持载波频率 10 MHz、幅度 0 dBm 不变,打开“FM”调频功能,设置调频参数,调频源 Source 为内部源,调频波形 Waveform 为正弦,调频频率 FM Rate 为 5 kHz(即式(4.29)中的 f),调频频偏 FM Dev 分别为 5 kHz、10 kHz、15 kHz(即 m_f定义中的 Δf);设置完成后,打开“RF ON”和“MOD ON”,输出设置好的 FM 调频信号。注意,结束该项实验后关闭

“FM”功能。

(3)设置示波器显示波形。按“AUTOSET”自动设置键自动显示波形,此时示波器屏幕所显示的是 FM 调制信号波形。由于频偏较小,所以示波器上的波形与载波相比,变化较不明显,可不予记录。

(4)设置频谱分析仪显示 FM 波形的频谱。操作步骤参考本书第 3 章有关频谱分析仪的内容。载波频率不变,仍为 10 MHz,故频谱分析仪的中心频率仍然设置为 10 MHz。设置扫宽=100 kHz,并且保证频谱仪的分辨率带宽为最小。在频谱仪上可看到如图 4.49 所示的调频信号频谱,频谱为在载频两边各增加若干条谱线,频谱是以载频为对称中心的幅度包络按贝塞尔函数规律变化的谱线,随着频偏的增加,载频两边的谱线个数对称增加,而载频的幅度却逐渐渐小。

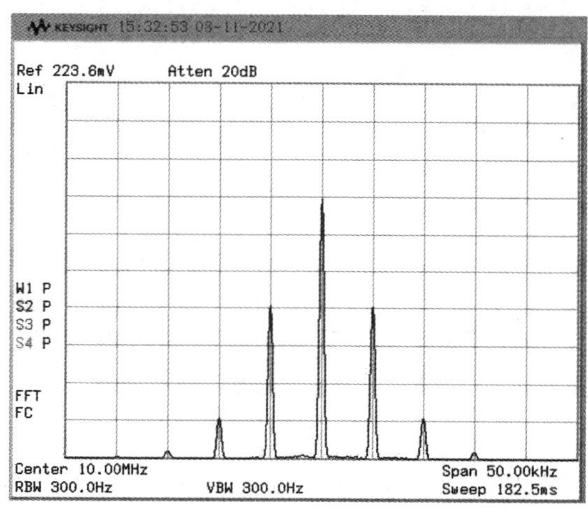

图 4.49　调频信号的频谱

(5)FM 波形频谱的观察。由频谱图计算调频指数(单侧谱线个数减 1)。调频信号的占有频带宽度比调幅信号要大得多。当单一频率正弦波作为调制信号时,调频信号占有频带宽度 $B=2(m_f+1)\Omega$,可用频标观测计算得出带宽。

当调频指数 m_f 较大时,调频信号占有频带宽度近似为 $2m_f\Omega$,可见,调频信号频率是调幅信号频率的 m_f 倍。

(6)数据记录。使用手机拍照功能记录下 FM 调制信号的波形和频谱图,并且在原始数据记录表 4.9 中做如下记录和计算。

表 4.9　调频信号的波形和频谱

波形图	频谱图	由信号源计算得到的 m_f 值	根据频谱图计算 m_f 值	根据频谱测得的带宽

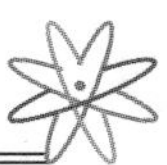

4. 观察脉冲调制信号的波形和频谱

为了更好地使用频谱分析仪观测周期矩形信号的频谱，实验过程中对周期脉冲信号做了处理，即令周期矩形信号作为调制信号，对 10 MHz 载波进行调制，这样周期矩形信号的频谱就被搬移到载频的附近，变为以载频为对称中心、谱线包络按抽样函数形式变化的频谱。只需要在频谱以上找到载频，即可找到该周期矩形信号的频谱。

(1)保持如图 4.45 所示连接电路图。

(2)设置射频信号源输出脉冲调制波形。参考本书第 3 章有关射频信号源的使用方法，保持载波频率 10 MHz、幅度 0 dBm 不变，打开"Pulse"脉冲调制功能，设置脉冲调制参数，脉冲周期 Pulse Period=1 000 μs，脉冲宽度 Pulse Width=200 μs。设置完成后，打开"RF ON"和"MOD ON"，输出设置好的脉冲调制信号。注意，结束该项实验后关闭"Pulse"功能。

(3)设置示波器显示波形。按自动设置键"AUTOSET"自动显示波形，得到如图 4.50 所示波形。

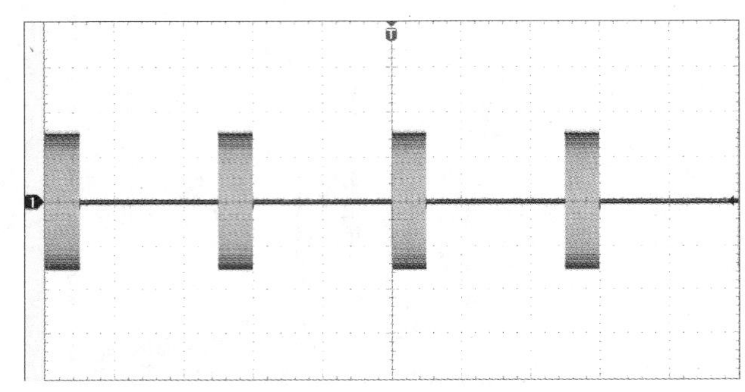

图 4.50　脉冲调制信号波形

(4)设置频谱分析仪显示脉冲调制波形的频谱。操作步骤参考本书第 3 章有关频谱分析仪的内容。先将该设备设置为中心频率一扫宽方式，设置中心频率为 10 MHz，扫宽为 50 kHz，从频谱仪上观测到如图 4.51 所示的以载频为对称中心、谱线幅度包络按抽样函数变化的频谱。注意分辨率带宽必须为最小，LG 频谱仪的扫描时间应足够长。

再将该设备设置为起始频率一终止频率方式，设置起始频率为 10 MHz，终止频率为 10.05 MHz 得到如图 4.52 所示频谱图，读出第一零点频率及谱线间隔。

(5)脉冲调制波形频谱的观察。

(6)数据记录。分别改变脉冲信号的脉宽 τ 和周期 T，做如下记录。使用手机拍照功能记录下脉冲调制信号的波形和频谱图，并且在原始数据记录表 4.10 中做如下记录和计算。

表 4.10　脉冲信号参数对波形和频谱的影响

$T/\mu s$	$\tau/\mu s$	波形图	频谱图	谱线间隔	第一零点的频率
1 000	200				
1 000	100				
500	100				

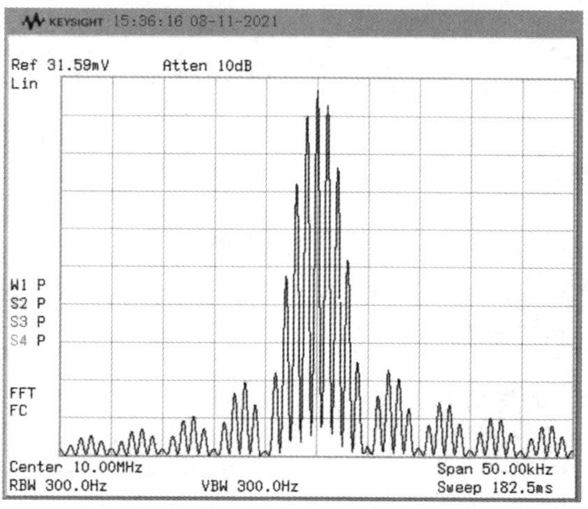

图4.51　扫宽为50 kHz时的脉冲调制信号频谱

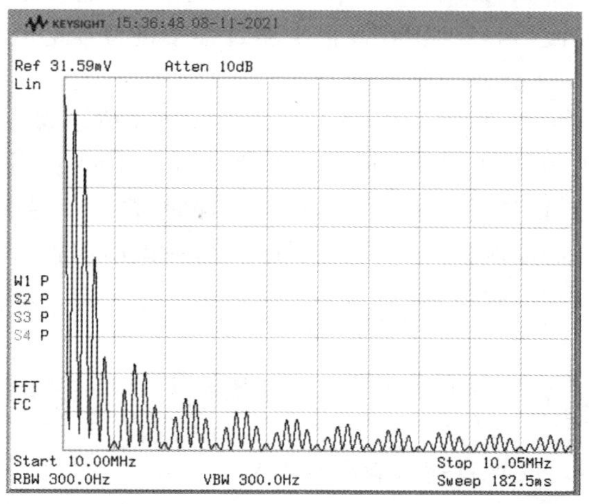

图4.52　起始频率—终止频率方式显示的脉冲调制信号频谱(10.0 MHz～10.05 MHz)

4.4.6　实验注意事项

(1)实验过程中应该避免射频信号发生器的输出信号正负极接触,易造成短路。

(2)射频信号发生器、频谱分析仪和数字示波器均是贵重仪器,操作过程中务必轻触按键,不能用尖锐物体敲击按键或面板。

(3)注意射频信号源输出信号时需要确保"RF ON"打开,如果是已调制信号,还得保证"MOD ON"打开。完成调制信号观察和测量后,需要关闭调制功能。

4.4.7　实验报告要求

(1)按要求做好实验记录和计算,所有波形图和频谱图要用坐标纸绘出;

(2)写出所观测的四种信号的数学表达式。

4.5 信号的时域抽样与重建

4.5.1 实验目的

(1)加深对信号时域抽样与重建基本原理的理解;

(2)观察并分析离散信号频谱,了解其频谱特点;

(3)验证抽样定理并恢复原信号。

4.5.2 实验预习与思考

(1)阅读本书关于示波器和信号与系统实验平台相关内容,结合实验原理部分给出的知识点,加强对实验内容的理解,并且掌握仪器的基本使用方法。

(2)按照实验内容与步骤,提前使用 Multisim 软件,对所选择进行硬件实验的电路进行仿真,测量出各个节点的波形,以便于在硬件实验过程中进行理论值和实际值的对比。将仿真实验电路和实验结果填入到预习报告中。

(3)按照实验内容与步骤,提前使用 Octave 或 Python 仿真软件,对信号的抽样和重建进行软件仿真,验证相关理论,并掌握 Octave 和 Python 软件的使用方法。

(4)实验过程中,当对信号进行低于二倍速率采样时,恢复信号有失真,这是为什么?

(5)思考采用什么样的滤波器可以改变上述情况,并说明前置滤波器的作用。

(6)按要求认真撰写预习报告。

(7)预习思考题。

①若连续时间信号为 1 kHz 的正弦波,开关函数为 $T_S=0.5\ \mu s$ 的窄脉冲,那么抽样后的信号 $f_s(t)$是什么样的?

②设计一个二阶 RC 低通滤波器,截止频率为 5 kHz。

③对于连续信号为 2 kHz～3 kHz 的方波和三角波,计算其有效的频带宽度。该信号经过频率为 f_s 的周期脉冲抽样后,若希望通过低通滤波后的信号失真较小,则抽样频率及低通滤波器的截止频率应该多大?试设计一个满足上述要求的低通滤波器。

④实际应用中,抽样频率 f_s是原信号频率的多少倍时,还原信号失真较小?为什么?

4.5.3 实验原理

1. 信号的时域抽样过程

所谓"抽样"就是利用抽样脉冲序列 $p(t)$从连续信号 $f(t)$中"抽取"一系列的离散样值,这些离散样值组成的信号通常称为抽样信号,以 $f_s(t)$表示,图 4.53 给出了该抽样过程。

值得注意的是,连续信号经过抽样作用后即得抽样信号。这种抽样信号只是对时间进行了离散化,其幅度仍然是连续的物理量。它并不是通常意义上的数字信号,所谓的数字信号还需要再经过量化和编码的过程(即幅度离散化)。抽样及数字化过程方框图如图 4.54 所示。

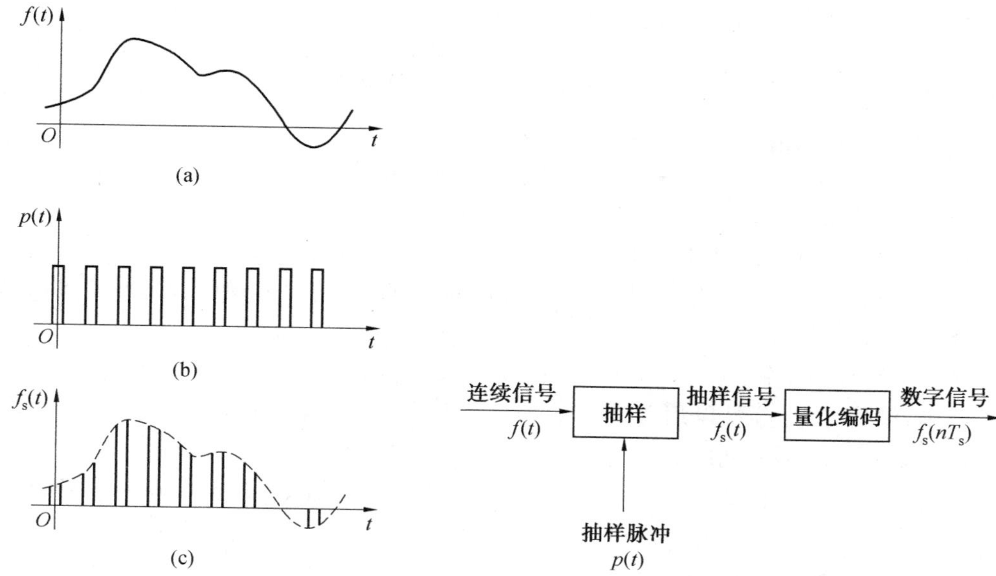

图 4.53　抽样信号的波形图　　　　图 4.54　抽样及数字化过程方框图

当抽样脉冲 $p(t)$ 为周期矩形脉冲时，令它的脉冲幅度为 E，脉冲宽度为 τ，抽样样值间隔为 T_s（抽样角频率 $\omega_s=2\pi/T_s$）。由于 $f_s(t)=f(t)p(t)$，所以抽样信号 $f_s(t)$ 在抽样期间的脉冲顶部不是平的，而是随 $f(t)$ 的变化而变化，如图 4.55(a)所示，这种抽样通常称为“自然抽样”。矩形抽样信号的频谱为

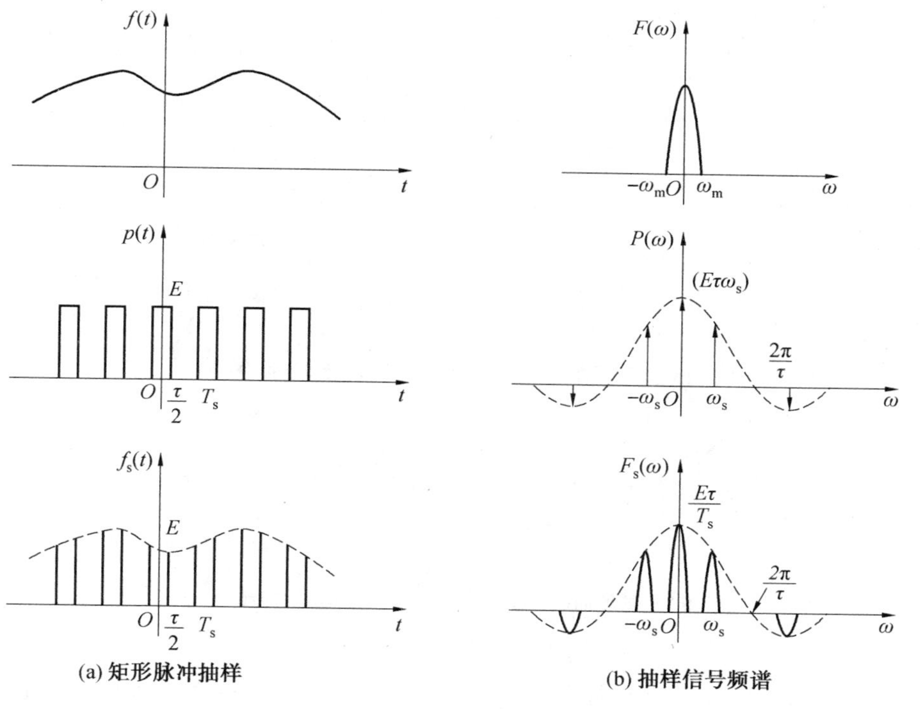

图 4.55　矩形抽样信号及其频谱

$$F_s(\omega)=\frac{E\tau}{T_s}\sum_{n=-\infty}^{+\infty}\text{Sa}\left[\frac{n\omega_s\tau}{2}\right]F(\omega-\omega_s) \tag{4.35}$$

显然，在这种情况下，抽样信号的频谱 $F_s(\omega)$，在以抽样频率 ω_s 为周期重复 $F(\omega)$ 的过程中，幅度以抽样脉冲频谱 $\text{Sa}\left[\frac{n\omega_s\tau}{2}\right]$ 的规律变化，如图 4.55(b) 所示。

2. 抽样定理

利用采样脉冲将一个连续的时间信号变为离散时间抽样值的过程称为采样。在满足奈奎斯特采样定理的前提下，采样信号保留了原信号的全部信息，并且从采样信号中可以无失真地恢复出原始信号。

时域抽样定理指出：对于一个频带受限的信号 $f(t)$，如果它的频谱只占据 $-\omega_m \sim +\omega_m$ 的有限范围，则信号 $f(t)$ 可以用等间隔的抽样值唯一表示，此时最低抽样频率必须满足 $f_s \geqslant 2f_m$，或者说抽样时间间隔必须小于 $1/2f_m$（其中 $\omega_m=2\pi f_m$）。

假设信号 $f(t)$ 的频谱 $F(\omega)$ 限制在 $-\omega_m \sim +\omega_m$ 范围内，如图 4.56(a) 所示。若以间隔 T_s（重复频率 $\omega_s=2\pi/T_s$）对 $f(t)$ 进行抽样，则抽样后，信号 $f_s(t)$ 的频谱 $F_s(\omega)$ 是 $F(\omega)$ 以 ω_s 为重复周期的周期函数，即

$$F_s(\omega)=\sum_{n=-\infty}^{+\infty}c_nF(\omega-\omega_s) \tag{4.36}$$

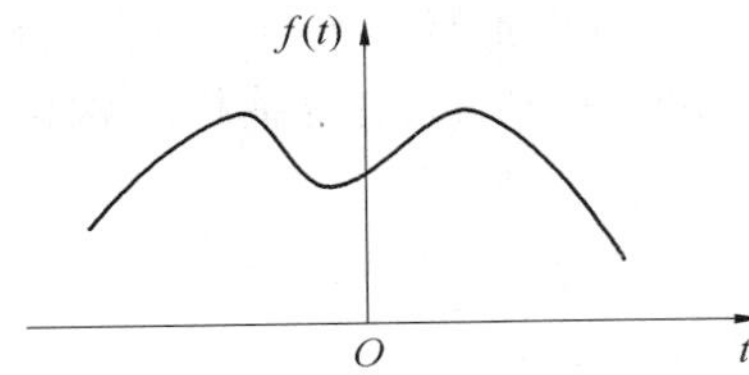

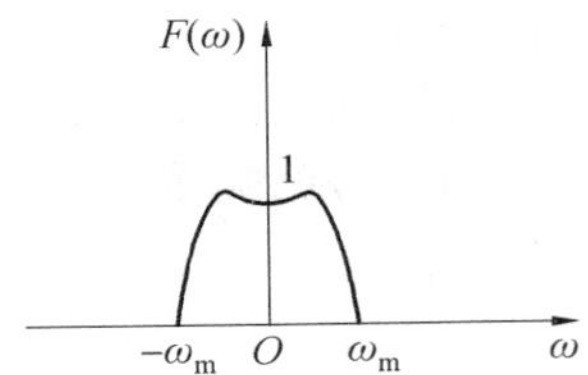

(a) 连续信号及频谱

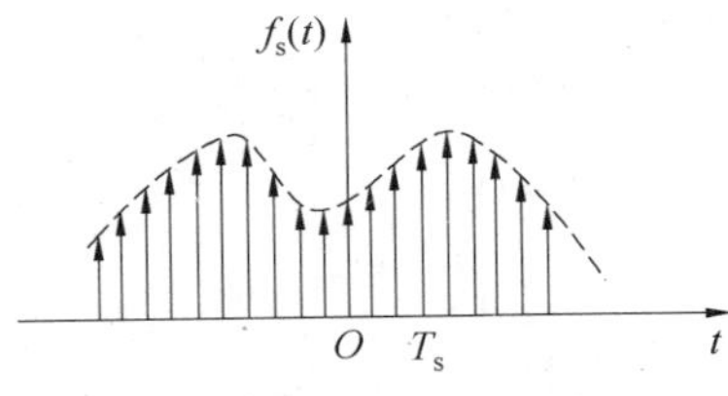

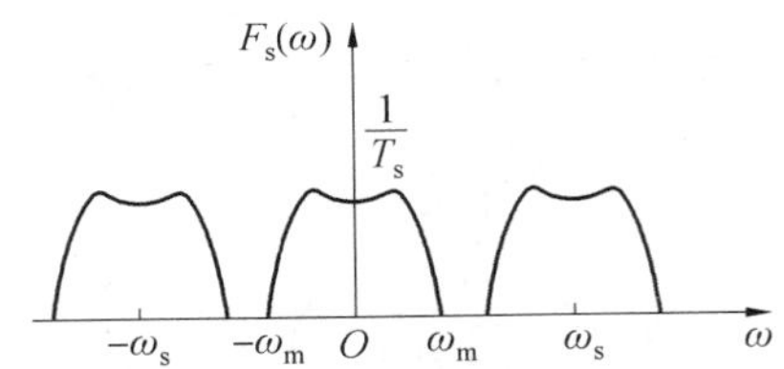

(b) 满足抽样定理时的抽样信号及频谱（不混叠）

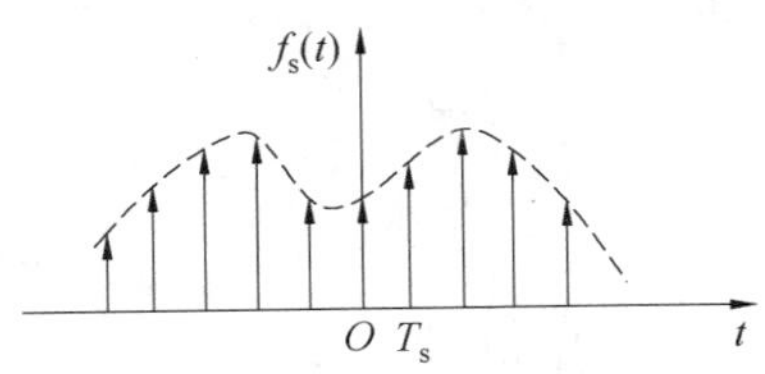

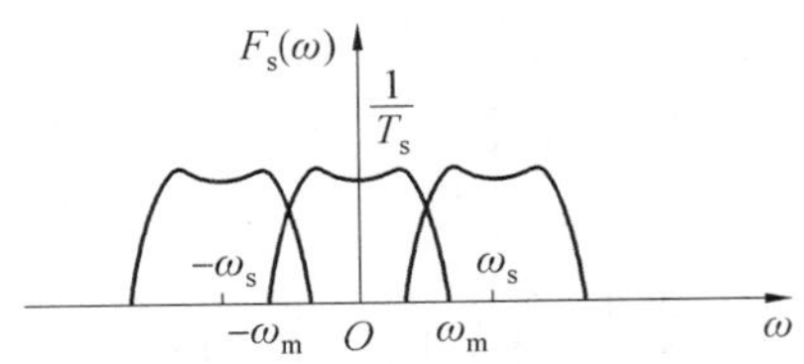

(c) 不满足抽样定理时的抽样信号及频谱（混叠）

图 4.56　抽样信号的频谱

在此情况下，只有满足 $\omega_s \geqslant 2\omega_m$ 的抽样定理条件，$F_s(\omega)$ 才不会产生频谱的混叠，如图 4.56(b) 所示。这样，如果将 $F_s(\omega)$ 通过理想低通滤波器，就可以从 $F_s(\omega)$ 中恢复出 $F(\omega)$。

也就是说，抽样信号 $f_s(t)$ 保留了原连续信号 $f(t)$ 的全部信息，完全可以用 $f_s(t)$ 唯一表示 $f(t)$。$\omega_s < 2\omega_m$ 时不满足抽样定理条件，$F_s(\omega)$ 将产生频谱的混叠，如图 4.56(c) 所示，此时将不能从 $F_s(\omega)$ 中恢复出 $F(\omega)$，也即不能完全用 $f_s(t)$ 唯一表示 $f(t)$。这就是说，取样的时间间隔过长，即取样速率太慢，将会造成信息丢失。

抽样定理在通信系统、信息传输理论方面占有十分重要的地位。数字通信系统是以此定理作为理论基础。抽样过程是模拟信号数字化的第一步，抽样性能的优劣关系到通信设备整个系统的性能指标。

3. 由抽样信号恢复连续信号

抽样信号的频谱 $F_s(\omega)$ 是原连续信号的频谱 $F(\omega)$ 以抽样频率 ω_s 为周期重复。如果信号 $f(t)$ 的频谱 $F(\omega)$ 的带宽 $B=\omega_m$（ω_m 为输入信号的最高频率），则当 $\omega_s \geq 2\omega_m$ 时，$F_s(\omega)$ 将无重叠地重复 $F(\omega)$。此时，如果所设计的理想低通滤波器的截止频率 ω_c 能够满足 $\omega_s - B > \omega_c > B = \omega_m$，则 $F_s(\omega)$ 中的频率成分只有 $F(\omega)$ 通过滤波器，因此滤波器的输出等于 $f(t)$，即可以无失真地从 $f_s(t)$ 中恢复 $f(t)$。整个过程如图 4.57 所示。图 4.58 则给出了由抽样信号恢复连续信号的频域和时域解释，详细说明参考理论教程，此处不再赘述。

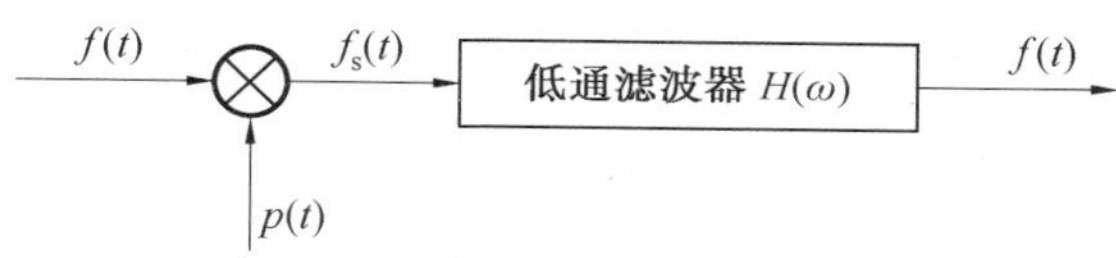

图 4.57　抽样信号的恢复过程

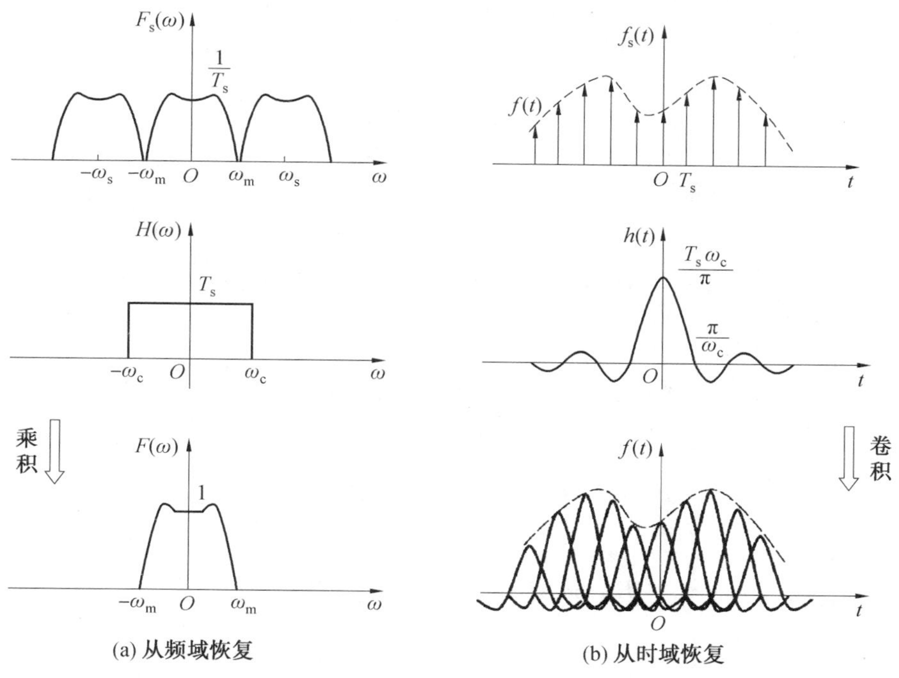

图 4.58　由抽样信号恢复连续信号的频域和时域解释

在本实验中，将连续信号用周期性矩形脉冲抽样而得到抽样信号是通过抽样器来实现

的，实验原理电路如图 4.59 所示。

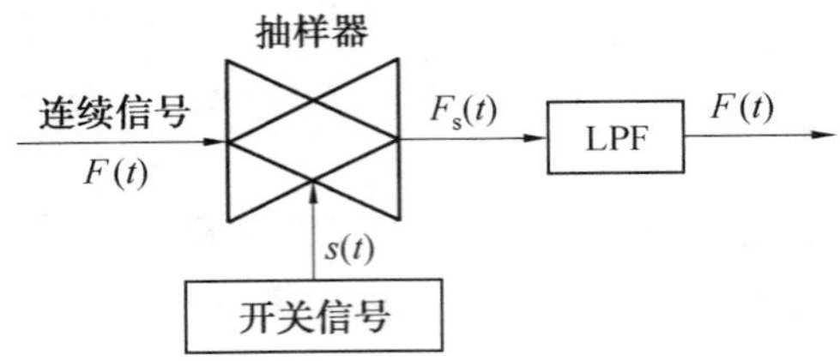

图 4.59 实验原理电路图

在本实验中，以三角波信号被周期矩形脉冲抽样后的波形观察和信号恢复为例研究信号的时域抽样和恢复，抽样过程如图 4.60 所示。

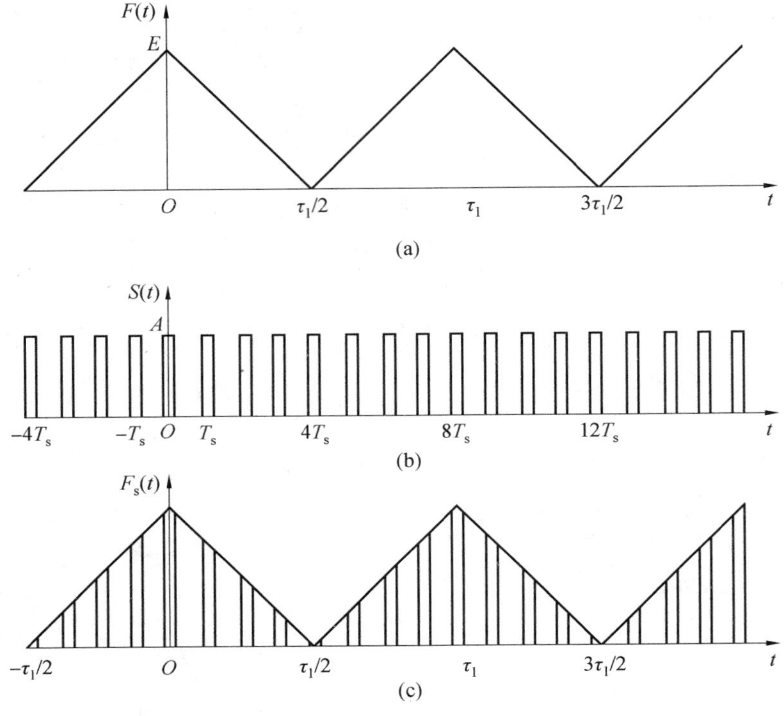

图 4.60 实验过程中连续三角波信号抽样过程

已知连续三角波信号的频谱为

$$F(\mathrm{j}\omega)=E\pi\sum_{K=-\infty}^{\infty}\mathrm{Sa}^2\left(\frac{k\pi}{2}\right)\delta\left(\omega-k\frac{2\pi}{\tau_1}\right) \tag{4.37}$$

抽样信号的频谱为

$$F_s(\mathrm{j}\omega)=F_s(\mathrm{j}\omega)=\frac{EA\tau\pi}{TS}\sum_{\substack{k=-\infty\\m=-\infty}}^{\infty}\mathrm{Sa}\,\frac{m\omega_s\tau}{2}\cdot\mathrm{Sa}^2\left(\frac{k\pi}{2}\right)\cdot\delta(\omega-k\omega_1-m\omega_s) \tag{4.38}$$

式中，$\omega_1=\dfrac{2\pi}{\tau_1}$或 $f_1=\dfrac{1}{\tau_1}$。

取三角波的有效带宽为 $3\omega_1$，$f_s=8f_1$ 作图，其抽样信号频谱如图 4.61 所示。如果离散信号是由周期连续信号抽样而得，则其频谱的测量与周期连续信号方法相同，但应注意频谱

的周期性延拓。

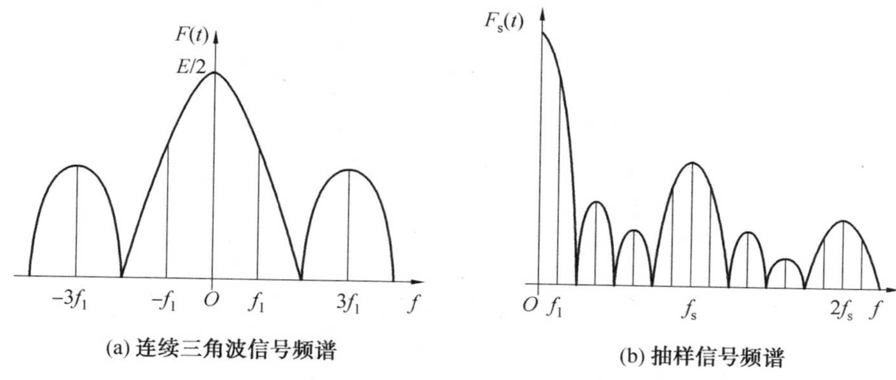

图 4.61　连续三角波信号和抽样后信号频谱

抽样信号在一定条件下可以恢复出原信号，其条件是 $f_s \geqslant 2B_f$，其中 f_s 为抽样频率，B_f 为原信号占有频带宽度。由于抽样信号频谱是原信号频谱的周期性延拓，因此，只要通过一截止频率为 f_c（$f_m \leqslant f_c \leqslant f_s - f_m$，$f_m$ 是原信号频谱中的最高频率）的低通滤波器就能恢复出原信号。如果 $f_s < 2B_f$，则抽样信号的频谱将出现混叠，此时将无法通过低通滤波器获得原信号。

在实际信号中，仅含有有限频率成分的信号是极少的，大多数信号的频率成分是无限的，并且实际低通滤波器在截止频率附近频率特性曲线不够陡峭，若使 $f_s = 2B_f$，$f_c = f_m = B_f$，恢复出的信号难免有失真。为了减小失真，应将抽样频率 f_s 取高（$f_s > 2B_f$），低通滤波器满足 $f_m < f_c < f_s - f_m$。

为了防止原信号的频带过宽而造成抽样后频谱混叠，实验中常采用前置低通滤波器滤除高频分量，如图 4.62 所示。若实验中选用的原信号频带较窄，则不必设置前置低通滤波器。

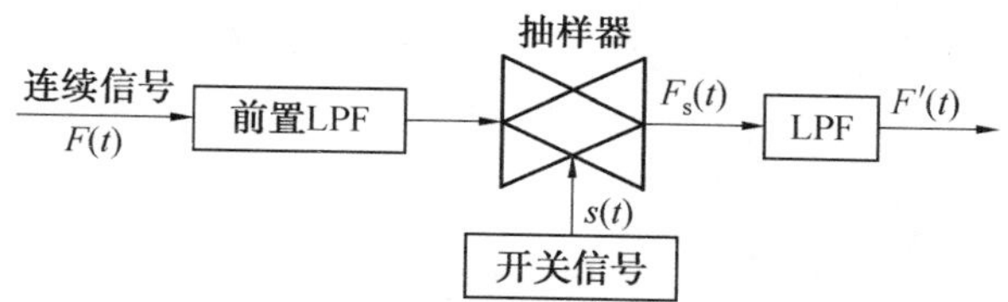

图 4.62　信号抽样流程图

4.5.4　实验设备

(1)数字荧光示波器 1 台。

(2)HiGO 信号与系统实验平台 1 台。

4.5.5　实验内容及步骤

1. 时域抽样信号的观察

(1)信号的时域抽样与重建实验电路结构示意图如图 4.63 所示，选择实验所需模块搭建电路。

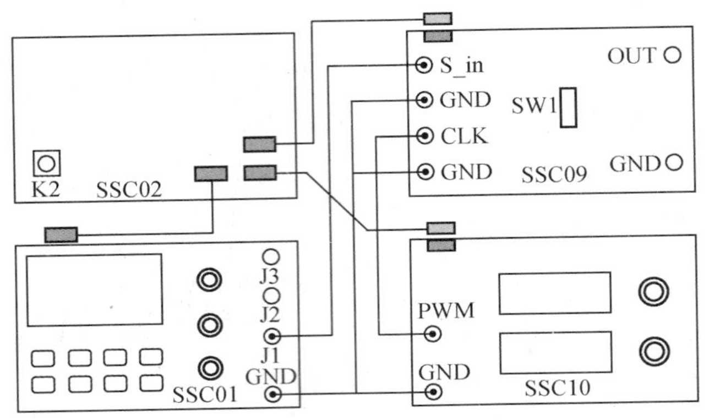

图 4.63　信号的时域抽样与重建实验电路结构示意图

(2)仔细检查电路接线无误后，按下电源供电模块(Power Supply Module)SSC02 中的 S 开关和 K2 按键，给电路供电。

(3)设置信号发生器模块 SSC01 输出 $2V_{p-p}$、偏置电压为 0 V、频率为 1 kHz 的三角波信号。

(4)设置矩形波发生器模块(PWM Generator Module)SSC10 输出时钟信号频率为 3 kHz、占空比为 50%的方波信号。

(5)使用示波器观察时域抽样与重建模块(Sampling & Reconstruction Module)SSC09 的抽样器输出波形，分析其与时域抽样理论波形之间的差异(在测试孔 J5、测试点 T5 处，或将拨动开关 SW1 拨到"N. C."位置后在 OUT 端进行观察)。

(6)使用不同的抽样脉冲频率，观察信号的变化。

2. 验证抽样定理与信号重建

(1)信号重建实验方案方框图如图 4.64 所示。

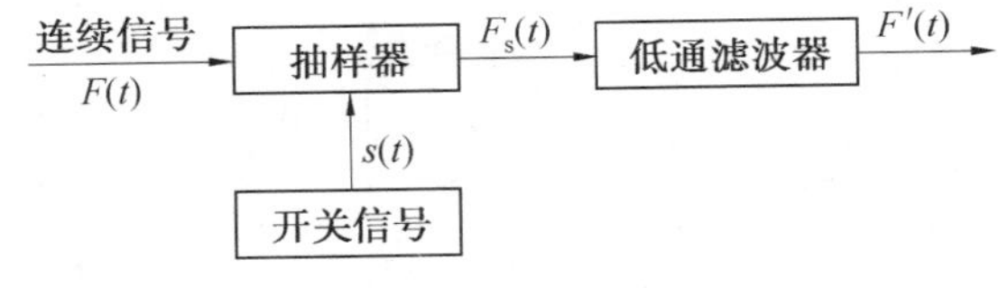

图 4.64　信号恢复实验方框图

(2)设置信号发生器模块 SSC01 输出 $2V_{P-P}$、偏置电压为 0 V、频率为 1 kHz 的三角波信号。

(3)按照实验数据表格表 4.11～4.16 的要求，分别设置矩形波发生器模块 SSC10 的输出时钟信号频率。

(4)按照实验数据表格表 4.11～4.16 的要求，拨动开关 SW1 到"2K"或"4K"位置，选择截止频率 $f_{c2}=2$ kHz 或 $f_{c2}=4$ kHz 的滤波器，并在 OUT 端观察重建后的信号波形。

表 4.11　当抽样频率为 3 kHz、截止频率为 2 kHz 时的实验波形

$F_s(t)$ 的波形	$F'(t)$ 波形

表 4.12　当抽样频率为 6 kHz、截止频率为 2 kHz 时的实验波形

$F_s(t)$ 的波形	$F'(t)$ 波形

表 4.13　当抽样频率为 12 kHz、截止频率为 2 kHz 时的实验波形

$F_s(t)$ 的波形	$F'(t)$ 波形

表 4.14　当抽样频率为 3 kHz、截止频率为 4 kHz 时的实验波形

$F_s(t)$ 的波形	$F'(t)$ 波形

表 4.15　当抽样频率为 6 kHz、截止频率为 4 kHz 时的实验波形

$F_s(t)$ 的波形	$F'(t)$ 波形

表 4.16　当抽样频率为 12 kHz、截止频率为 4 kHz 时的实验波形

$F_s(t)$ 的波形	$F'(t)$ 波形

3. 使用 SSC07 开关电容型有源低通滤波器自行搭建低通滤波器电路，验证时域抽样与信号重建理论（选做）

前面的实验限制了信号重建的低通滤波器截止频率为 2 kHz 和 4 kHz，本部分实验可以借助 SSC07 开关电容型有源低通滤波器构建新的截止频率的低通滤波器，应用这个新的低通滤波器，可以用作前置低通滤波器，或者用作信号重建的滤波器，再根据前面的实验内容与步骤自行设计相关实验内容。本部分的实验参考电路结构如图 4.65 所示，需要说明，由于各组只有 1 个 SSC10 矩形波脉冲生成模块，因此，需要 2 组同学合作完成本选做实验。

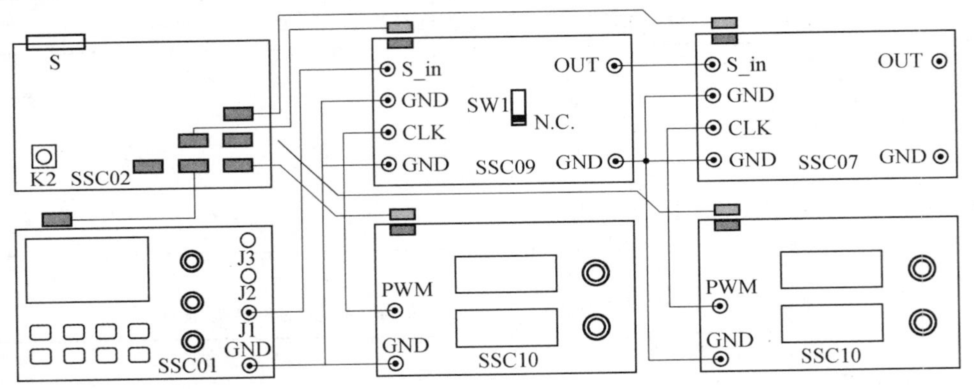

图 4.65　使用 SSC07 开关电容型有源低通滤波器自行搭建低通滤波器电路

4.5.6　实验注意事项

（1）仔细阅读实验指导书，正确连接实验电路。

（2）确认 SSC02 电源供电模块所配套的电源线端子连接紧固，无脱落、悬空、断线等问题，三种颜色线序排列正确。

（3）实验电路检查无误后才可通电和加载信号进行测试。

（4）接线通电后，各个模块上的正负电源指示灯应该全亮，一旦通电后发现指示灯有一个或两个都不亮的情况，立刻断电并检查线路，直至确认无误后再开展后续实验。

4.5.7　实验报告要求

（1）整理数据，正确填写表格，总结离散信号频谱的特点。

（2）整理在不同抽样频率（三种频率）情况下，$F(t)$ 与 $F'(t)$ 波形，比较后得出结论。

（3）比较 $F(t)$ 分别为正弦波、方波和三角波时，其 $F_s(t)$ 的频谱特点。

4.6　信号的无失真传输

4.6.1　实验目的

(1)了解信号无失真传输的概念与基本原理,掌握信号无失真传输的条件;
(2)熟悉信号无失真传输系统的结构与特性;
(3)掌握使用示波器测量波形相位差的方法;
(4)巩固使用李萨如图形判定相位差的方法。

4.6.2　实验预习与思考

(1)阅读本书有关示波器输入阻抗章节的内容,了解示波器的输入电路结构。

(2)阅读本书关于示波器和 HiGO 信号与系统实验平台相关的内容,结合实验原理部分给出的知识点,加强对实验内容的理解,并且掌握仪器的基本使用方法。

(3)按照实验内容与步骤,提前使用 Multisim 软件,对所选择进行硬件实验的电路进行仿真,测量出各个节点的波形,以便于在硬件实验过程中进行理论值和实际值的对比。将仿真实验电路和实验结果填入到预习报告中。

(4)按照实验内容与步骤,提前使用 Octave 或 Python 仿真软件,对信号的无失真传输进行软件仿真,验证相关理论,并掌握 Octave 和 Python 软件的使用方法。

(5)预习思考题。

①为什么输出信号波形与输入信号波形相同?

②比较无失真系统与理想低通滤波器的幅频特性和相频特性。

③给出生活中信号无失真传输的一个应用场景。

4.6.3　实验原理

1. 信号的无失真传输理论分析

对于一个给定的线性非时变系统来说,在输入激励信号 $e(t)$的作用下,将会产生输出响应信号 $r(t)$。相比于 $e(t)$,$r(t)$中的某些频率分量保持不变,某些频率分量被加强或削弱。系统的这种功能,在时域分析和频域分析中可以分别表示为

$$r(t)=h(t)*e(t) \tag{4.39}$$

$$R(\omega)=H(\omega)E(\omega) \tag{4.40}$$

这就是说,信号通过系统以后,有可能会改变原来的形状,成为新的波形。若从频域的角度,系统改变了原有信号的频谱结构,而组成了新的频谱。显然这种波形或频谱的改变,将直接取决于系统本身的系统函数 $H(\omega)$。信号的每个频率分量经过传输以后,受到不同程度的幅度影响和相位移位,即信号经过系统后可能产生一定程度的所谓失真。

线性系统引起的信号失真有两方面因素,一是系统对信号中各频率分量幅度产生不同程度的衰减,使系统响应波形中各频率分量的相对幅度产生变化,引起幅度失真;二是系统对各频率分量产生的相移不与频率成正比,使响应的各频率分量在时间轴上的相对位置产生变化,引起相位失真。

线性系统的幅度失真与相位失真都不产生新的频率分量。而对于非线性系统来说，其非线性特性所引起的传输信号非线性失真，则可能产生新的频率分量。

在信号的传输或处理中，一般情况下人们希望系统的响应波形和激励波形是相同的，或者造成的失真越小越好，这样信号所承载的信息就不会丢失或者说丢失概率会低一些。

信号的无失真传输是指通过电路后，信号输出波形（响应信号）与其输入波形（激励信号）相比，只是大小与出现的时间不同，而无波形上的变化，完全相同，具有这样特性的电路称为无失真传输电路。设激励信号为 $e(t)$，响应信号为 $r(t)$，无失真传输的条件为

$$r(t)=Ke(t-t_0) \tag{4.41}$$

式中，K 为一常数；t_0 为滞后时间。满足此条件时，$r(t)$波形是 $e(t)$波形经 t_0 时间的滞后，虽然幅度方面有系数 K 倍的变化，但波形形状不变。以上公式为信号无失真传输的时域判据。

设 $r(t)$与 $e(t)$的傅里叶变换式分别为 $R(\omega)$与 $E(\omega)$。借助傅里叶变换的延时定理，从式(4.41)可以写出

$$R(\omega)=KE(\omega)\mathrm{e}^{-\mathrm{j}\omega_0 t} \tag{4.42}$$

此外还有

$$R(\omega)=H(\omega)E(\omega) \tag{4.43}$$

所以实现无失真传输的频域条件为

$$H(\omega)=\frac{R(\omega)}{E(\omega)}=|H(\omega)|\mathrm{e}^{-\mathrm{j}\varphi(\omega)}=K\mathrm{e}^{-\mathrm{j}\omega t_0} \tag{4.44}$$

式中，$|H(\omega)|=K$，$\varphi(\omega)=\omega t_0$，$t_0>0$。式(4.44)表明，欲使信号在通过线性系统时不产生任何失真，必须在信号的全部频带内，要求系统频率响应的幅度特性$|H(\omega)|$是一常数，相位特性 $\varphi(\omega)$是一通过原点的直线。上述公式为信号无失真传输的频域判据，也就是对于系统的频率响应特性提出的无失真传输条件。该条件还可以从物理概念上得到直观的解释，由于系统函数的幅度$|H(\omega)|$为常数 K，响应中各频率分量幅度的相对大小将与激励信号相一致，因而没有幅度失真，而要保证没有相位失真，必须使响应中各频率分量与激励中各对应分量滞后同样的时间 t_0，这一要求反映到相位特性上即是一条通过原点的直线。

当然，尽管无失真条件要求系统函数的幅频特性应当在无限大的频宽中保持常数，但显然这种要求在实际中是不可能实现的。在实际信号中，信号能量总会随着频率增大而减小，因此实际系统只要具有足够大的带宽，以保证包含绝大多数能量的频率分量能够通过，就可以获得较满意的无失真传输。对于系统函数的相频特性的要求也可以做类似的处理，只要求在一定的频率范围内，相移特性为一直线即可。无失真传输系统的幅度和相位特性如图4.66所示。

2. 信号的无失真传输现象观察

参考2.4.2节中关于信号的无失真传输现象观察实验电路的说明，将实验模块电路简化，简化后的电路图如图4.67所示。

对图4.67进行传递函数推导：

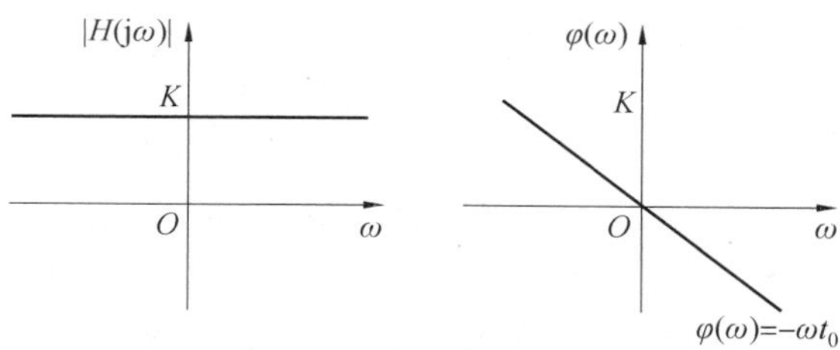

图 4.66　无失真传输系统的幅度和相位特性

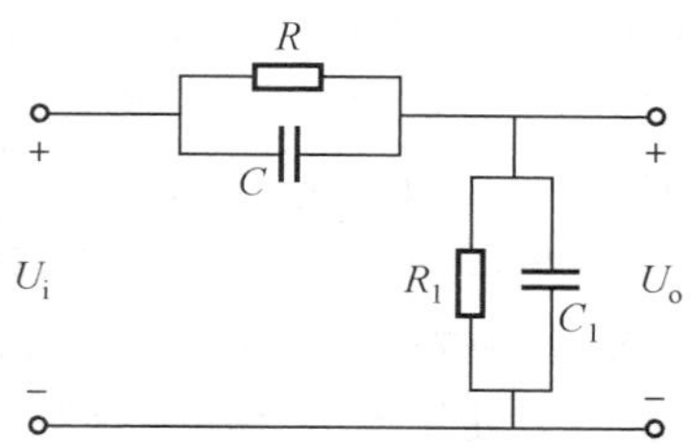

图 4.67　信号无失真传输简化电路

$$H(\omega)=\frac{U_o(\omega)}{U_i(\omega)}=\frac{\dfrac{\dfrac{R_1}{j\omega C_1}}{R_1+\dfrac{1}{j\omega C_1}}}{\dfrac{\dfrac{R}{j\omega C}}{R+\dfrac{1}{j\omega C}}+\dfrac{\dfrac{R_1}{j\omega C_1}}{R_1+\dfrac{1}{j\omega C_1}}}=\frac{\dfrac{R_1}{1+j\omega R_1C_1}}{\dfrac{R}{1+j\omega RC}+\dfrac{R_1}{1+j\omega R_1C_1}} \tag{4.45}$$

此时如果可以保证 $RC=R_1C_1$，则有

$$H(\omega)=\frac{R_1}{R+R_1}\text{是常数},\varphi(\omega)=0 \tag{4.46}$$

上式满足信号无失真传输的条件，即该电路为无失真传输电路。

4.6.4　实验设备

(1) HiGO 信号与系统实验平台 1 套。

(2) MDO3052 或 DPO3052 荧光示波器 1 台。

4.6.5　实验内容与步骤

(1)信号的无失真传输实验电路结构示意图如图 4.68 所示，选择实验所需模块搭建电路。

(2)从表 4.17 给定的元件中选出合适的电阻和电容，搭建出一个信号无失真传输电路。

表 4.17　信号的无失真传输实验提供的元器件

元器件名称	电阻	电阻	电阻	电阻	电容	电容	电容	电容
标称值	1 kΩ	5.1 kΩ	10 kΩ	20 kΩ	10 pF	510 pF	0.1 μF	1 μF

(3)仔细检查电路接线无误后，按下电源供电模块中的 S 开关(位于模块后侧)和 K2 按

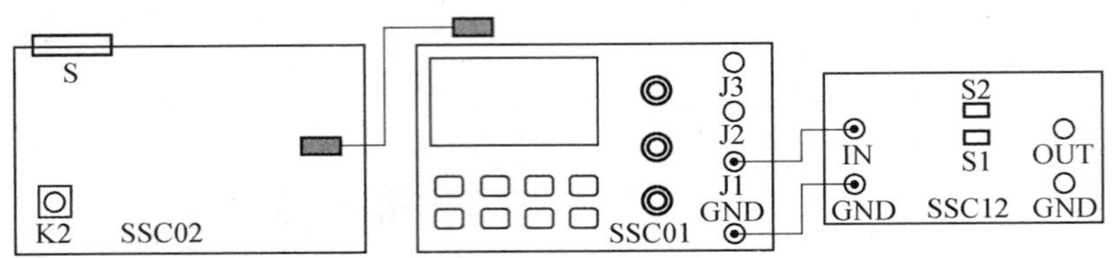

图 4.68　信号的无失真传输实验电路

键，给电路供电。

(4)设置信号发生器模块输出 2V_{p-p}，偏置电压 0 V 的正弦波信号，改变其频率在 0～20 kHz逐渐变化。

(5)使用示波器同时观察信号无失真传输模块(Sig. Undistorted Trans. Module) SSC12 的输入端和输出端的信号幅值及相位(注意在 100 Hz 以内需要多取几点)，选取 10 个以上的频点，将其频率、幅值和相位差数据记录到表 4.18 中，并记录好电路参数。测量相位差可以直接使用示波器测量，也可以使用李萨如图直接判断(在输入信号频率变化时直接观察李萨如图形是否有变化)。

表 4.18　信号无失真传输实验数据

(电路参数：＿＿＿＿＿＿＿＿＿＿)

序号	频率/Hz	输入 V_{p-p}/V	输出 V_{p-p}/V	相位差/(°)	备注

(6)改变信号源模块的输出波形，重复上述的操作，观察信号的无失真传输情况，本步骤不要求做数据记录。

(7)修改该电路的电阻和电容值(更换电阻、电容值，或者直接调节可调电阻或可调电容)，将其配置成一个有失真传输电路。

(8)使用示波器同时观察信号有失真传输模块的输入端和输出端的信号幅值和相位(注意在 100 Hz 以内需要多取几点)，选取 10 个以上的频点，将其频率、幅值和相位差数据记录到表 4.19 中，并记录好电路参数。

(9)改变信号源模块的输出波形，重复上述操作，观察信号的有失真传输情况，本步骤不要求做数据记录。

表 4.19　信号有失真传输实验数据

（电路参数：＿＿＿＿＿＿＿＿＿＿）

序号	频率/Hz	输入 V_{p-p}/V	输出 V_{p-p}/V	相位差/(°)	备注

4.6.6　实验注意事项

(1)仔细阅读实验指导书,正确连接实验电路。

(2)确认 SSC02 电源供电模块所配套的电源线端子连接紧固,无脱落、悬空、断线等问题,三种颜色线序排列正确。

(3)实验电路检查无误后才可通电和加载信号进行测试。

(4)旋转可调电阻或者使用无感螺丝刀调节可调电容时不能用力,以免损坏元器件。

4.6.7　实验报告要求

(1)根据所选取的电阻、电容元件值,画出所用的信号无失真传输的具体电路。

(2)进行数据处理,根据信号的无失真传输的时域和频域判断条件,给出实验结论。

(3)根据采集到的实验数据,使用坐标纸绘制无失真传输和有失真传输时的幅频特性曲线和相频特性曲线。

(4)实验完成后,完成以下思考题。

①正弦波信号经过一个有失真传输电路后,为什么波形没有发生失真？有失真电路对其的影响是什么？

②正弦波信号经过无失真传输电路和有失真传输电路,得到的波形一致吗？为什么？

第 5 章

基于 Multisim 的硬件仿真实验

5.1 信号的时域分解与合成

5.1.1 实验目的

(1)复习 Multisim 硬件仿真软件的使用方法；

(2)学会使用 Multisim 软件进行信号的时域分解与合成；

(3)学会设计信号的时域分解电路。

5.1.2 实验内容及步骤

Multisim 仿真电路根据图 4.4 结构进行绘制。打开 Multisim14.1 软件后，首先需要执行“文件|新建”命令，新建一个原理图编辑页面，即可以开始原理图编辑。

1. 放置元器件

(1)单击元器件工具栏中的“Place TTL”选项，在弹出的对话框中，输入“74161”并进行搜索，在结果中选择“74161N”，放置计数器 74161 芯片，如图 5.1 所示。

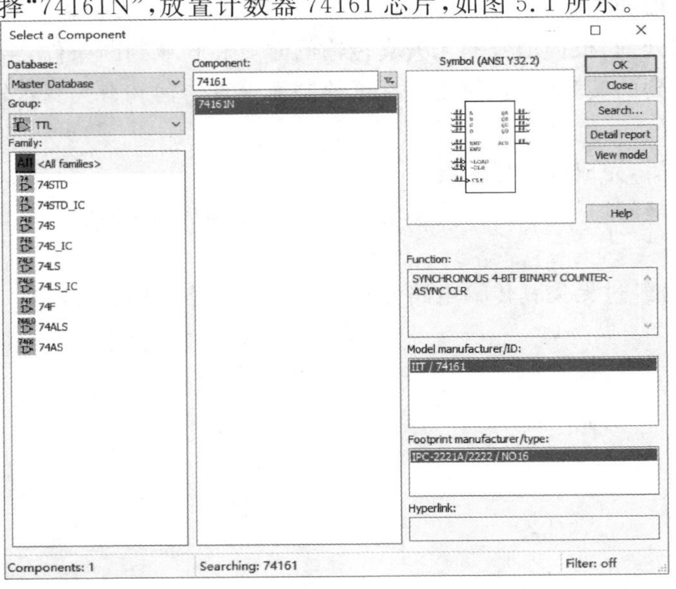

图 5.1 在 Multisim14.1 原理图编辑界面中放置计数器 74161 芯片

(2)单击元器件工具栏中的“Place Mixed”选项，在弹出的对话框中，选择 ANALOG_SWITCH 大类，然后在右侧的元器件列表中，选择合适的多路复用器，如图 5.2 所示。Multisim 14.1 中提供了 1∶4(ADG604)、1∶8(ADG508)、1∶16(ADG406)等多通道多路复用器供选择，在仿真过程中，可以根据需要，并且参考前文 4.1.3 节中“多路复用器的选型”知识进行自主选择。本例中以 1∶4 的 ADG604 为例说明信号时域分解的原理。

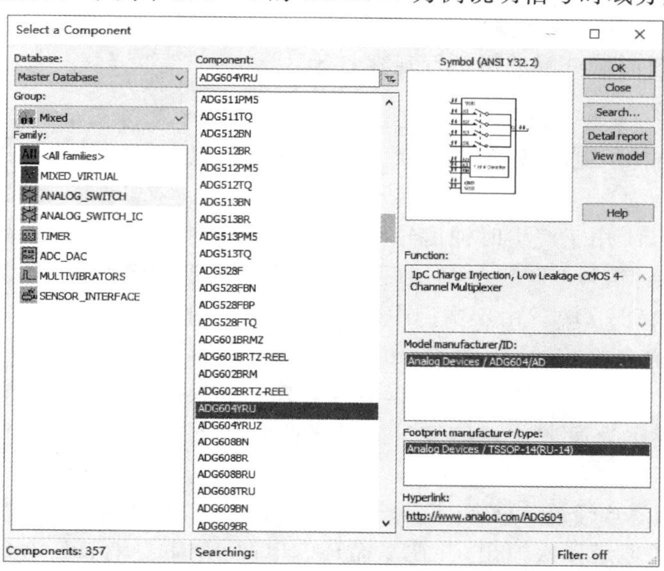

图 5.2　在 Multisim14.1 原理图编辑界面中放置多路复用器 ADG604 芯片

(3)单击元器件工具栏中的“Place Analog”选项，在弹出的对话框中，选择“OPMAP”大类，然后在右侧的元器件列表中，选择合适的运算放大器，如图 5.3 所示。或者可以直接在元器件搜索框中输入熟悉的运放型号。本例以硬件电路所使用的 LM741 作为加法电路的运放芯片。

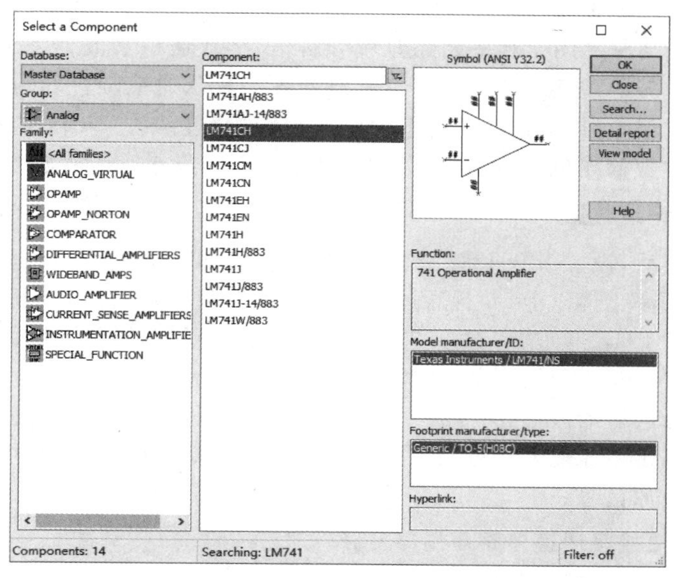

图 5.3　在 Multisim14.1 原理图编辑界面中放置运放 LM741 芯片

(4)单击元器件工具栏中的“Place Basic”选项放置电阻，再点击“Place Source”选项，放置直流电源。

(5)在 Multisim 工作界面右侧的仪器仪表选项中，选择 Function generator 信号源作为输入信号发生器和时钟发生器，选择 Oscilloscope、Four channel Oscilloscope、Agilent Oscilloscope 或 Tektronix Oscilloscope 作为信号监测设备观察各个节点的波形。为了方便，本例中使用 Oscilloscope 观察输入信号与合成输出信号的波形对比，使用 Four channel Oscilloscope 对四通道时域分解波形进行观察。

2. 绘制电路图

根据图 5.4 结构绘制原理图，对相关元器件进行合理布局。最终可以得到如图 5.4 所示的电路原理图。

该电路中，XFG1 用于产生时钟信号 CP，XFG2 用于产生待时域分解的输入信号 S_in。XFG1 所产生的时钟信号 CP 进入 74161 计数器，在输出端按照加法计数形式依次产生通道选择信号 QD、QC、QB、QA。由于本例中使用的多路复用器型号是 ADG604，为 1∶4 的多路复用器，只需 4 路选择信号，因此，74161 的计数输出端只有 QB、QA 接入 ADG604 的通道选择端 A1、A0 处，QD、QC 输出引脚做悬空处理。如果多路复用器通道比是 1∶8 的，则使用 QC、QB、QA 作为通道选择信号。如果多路复用器通道比是 1∶16 的，则使用 QD、QC、QB、QA 作为通道选择信号。

XFG2 产生的信号经过 ADG604 多路复用后，在 QB、QA 的控制下，分别从 ADG604 芯片的 S1、S2、S3、S4 通道依次输出，并往复循环。电阻 R_1、R_2、R_3、R_4 为 S1、S2、S3、S4 的输出信号提供参考地。

LM741 配合电阻 R_5、R_6、R_7、R_8、R_9、R_{10} 组成同相输入加法运算电路。R_5、R_6、R_7、R_8 则作为各通道输入电阻，将 S1、S2、S3、S4 四个通道信号叠加到 LM741 的同相输入端上。R_9 与 R_{10} 用于控制该加法运算电路的电压放大倍数，以适配信号输入不同的通道数要求。实验过程中可以通过改变可调电阻 R_{10} 的阻值，调节电路电压放大倍数，观察输出所恢复的信号与原输入信号之间的差异。

四通道示波器 XSC1 用于观察四路时域分解信号，双通道示波器 XSC2 用于输入信号和合成输出信号差异的观察。这两种虚拟示波器各个默认通道颜色均为红色，为了更好地识别示波器通道波形，可以双击各个通道的电连接线，通过修改“Net color”参数，将不同通道的颜色改为不一致的颜色，可以更加方便地观察波形。操作对话框如图 5.5 所示。

3. 电路仿真，记录数据

在搭建完电路后，设置 XFG1 和 XFG2 的波形参数，再开始电路仿真即可。一般时钟频率可以大于信号频率十倍以上，并且通过改变时钟频率观察输入信号的时域分解波形。例如 XFG1 设置为 1 kHz 正弦波，幅度 $3V_p$，偏置 0 V；XFG2 设置为 10 kHz 方波，占空比(duty cycle)50%，幅度 $2.5V_p$，偏置 1.25 V，即可得到分解图形。图 5.6 所示给出了一个正弦波在经过时域分解后的波形，为了显示方便，图中已经标注出各个时域分解通道所对应的波形。图 5.7 则给出了原输入信号与恢复的信号之间的差异对比，由图可知，时域分解信号可以较好地恢复出原信号。

4. 修改电路，更换多通道多路复用器

设计一个支持 8 通道信号时域分解的电路。

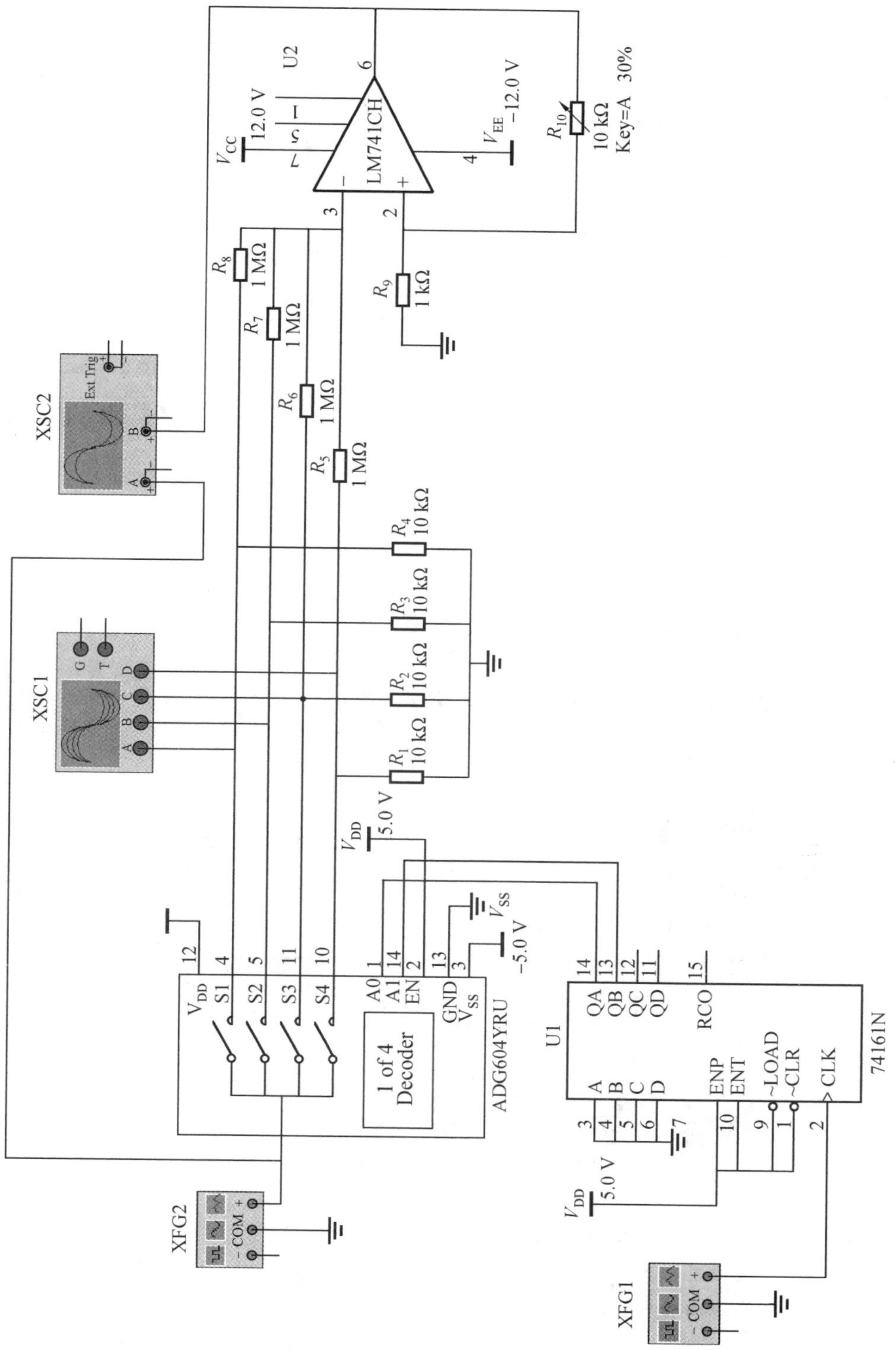

图 5.4　信号时域分解电路原理图

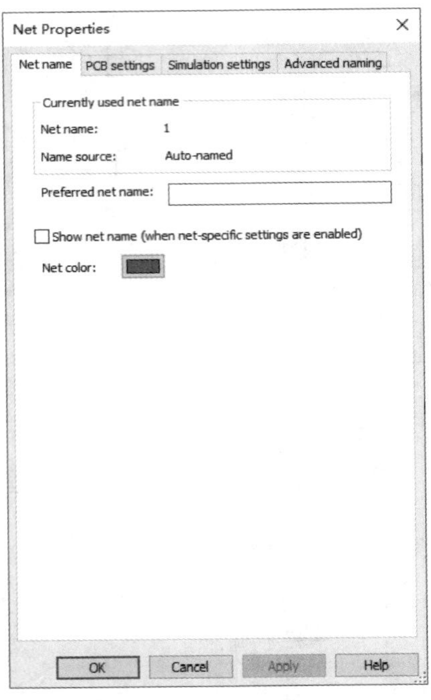

图 5.5　通过修改“Net color”改变示波器各个通道显示颜色

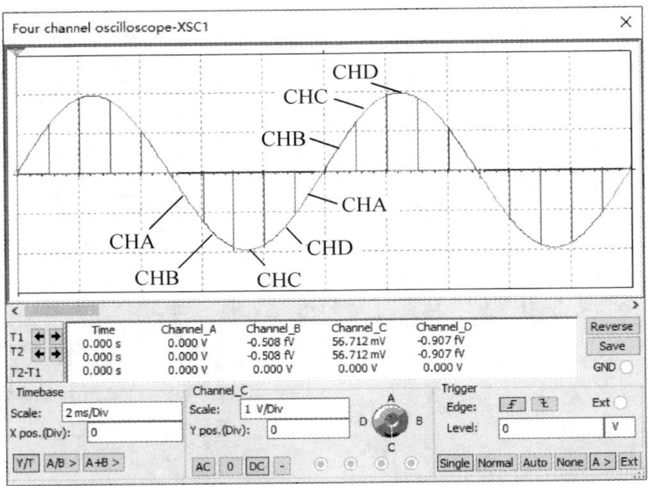

图 5.6　经过时域分解后的正弦波波形

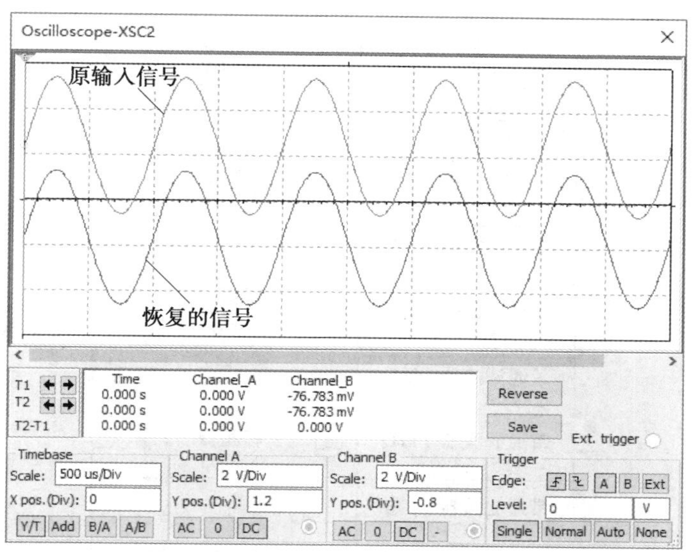

图 5.7　原输入信号与恢复的信号的对比

5.2　信号的频域分解与合成

5.2.1　实验目的

(1)掌握信号的频域分解与合成的实验原理；

(2)掌握 Multisim 模块化分层电路图的设计方法；

(3)掌握信号频域分解电路的幅度校准和相位校准的工作原理和校准方法。

5.2.2　实验内容及步骤

为了和 HiGO 硬件实验平台的电路模块对应，基于 Multisim 的信号频域分解与合成电路结构如图 5.8 所示。外部待分解的信号分别同时输入到 1～9 kHz 的带通滤波器模块中，然后针对频率分量的特点，再在带通滤波器输出信号后增加移相模块，以调节经过带通滤波器分解后的各次谐波分量相位。最后，经过信号合成模块对各次谐波分量进行合成，在输出端观察该合成波形与输入原始信号的差异。

参考本书第 2 章中关于 HiGO 信号与系统实验平台的介绍，带通滤波器模块 SSC03－01～SSC03－09 均采用四阶贝塞尔带通滤波器结构，并且给出了详细的电路图，移相器模块 SSC05 也有详细电路，在此不对电路做详细分析，使用 Multisim 对该部分进行仿真时，可以直接使用第 2 章所给出的硬件电路。

信号合成模块在信号时域分解与合成仿真实验中已经进行了介绍，可以直接参考该电路，在此不做更多分析。

如图 5.8 所示，该电路涉及的模块多、功能多，因此，为了方便电路调试，使用 Multisim 仿真时采用分层电路结构。利用分层电路结构，可以使复杂系统的设计模块化、层次化，可以增加设计电路的可读性，提高设计效率，缩短电路设计周期。

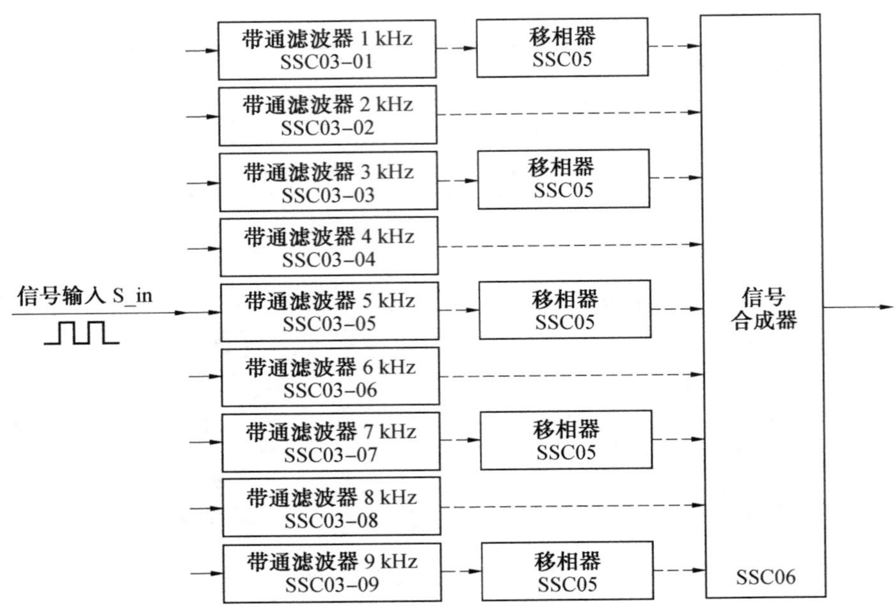

图 5.8 信号频域分解与合成电路结构图

(1)新建 Frequency_Domain_Decomposer 顶层电路图。如图 5.9 所示,在 Multisim 的“放置(Place)”菜单中,选择“New subcircuit”命令,在跳出的对话框中输入“BandPass_1 kHz”,新建 1 kHz 带通滤波器模块子电路。在 Multisim 界面中,电路层次结构如图5.10 所示,可通过左侧的切换窗口或原理图下方的切换界面进行各层次电路图之间的切换。

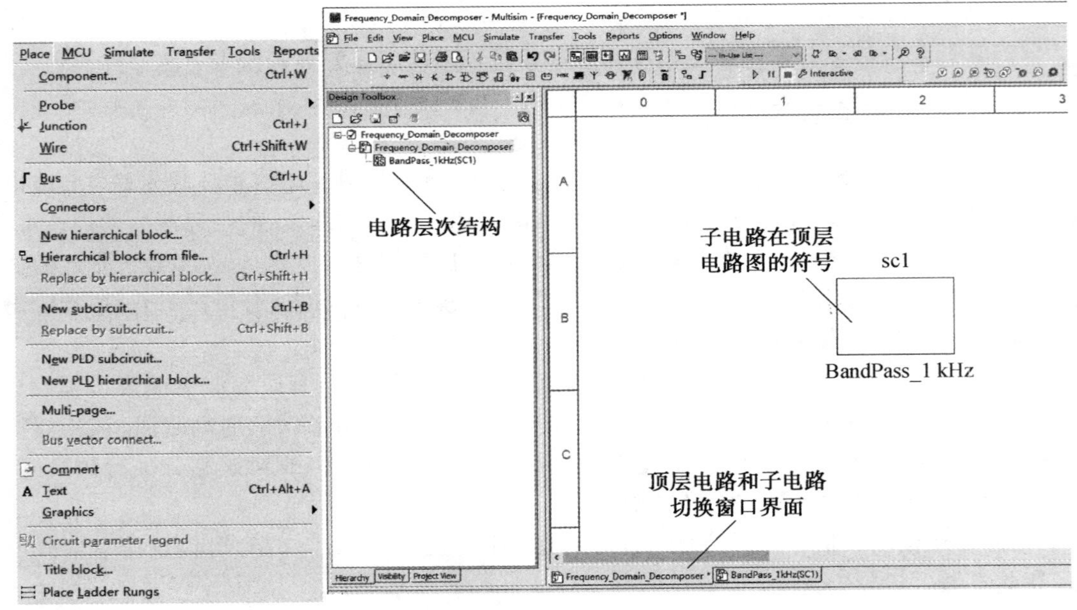

图 5.9 “放置(Place)”菜单　　图 5.10 电路层次结构示意图

(2)进入到 BandPass_1 kHz 子电路编辑界面,按照第 2 章所给出的 1 kHz 带通滤波器硬件电路,在子电路中编辑好该电路,如图 5.11 所示。

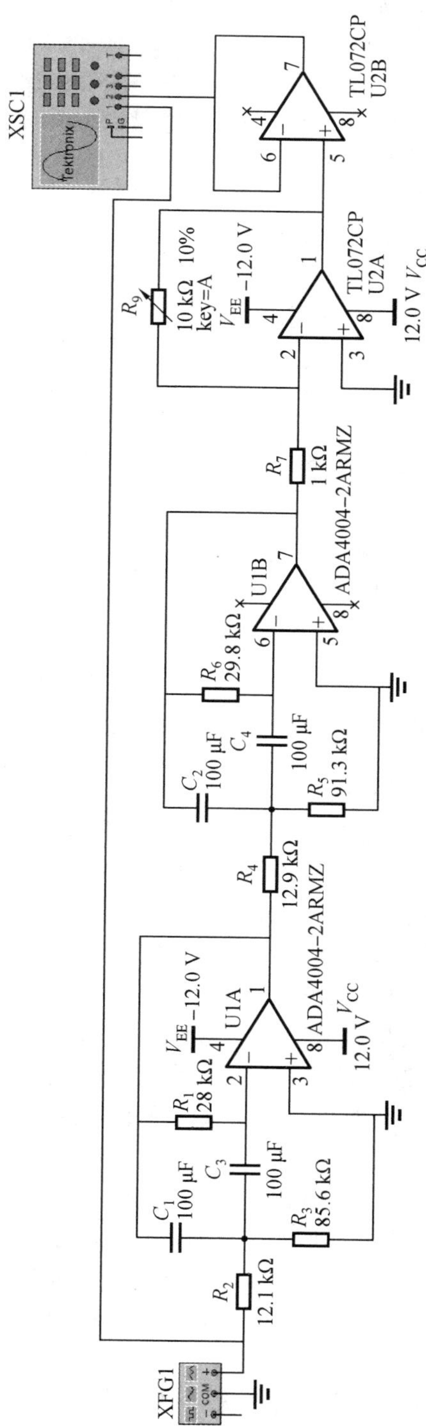

图 5.11　在Multisim中绘制好的1 kHz带通滤波器电路

在图 5.11 基础上，为了更贴近硬件电路的真实情况，可以设置电阻、电容的容差(tolerance)。双击待设置容差的电阻或电容，在弹出的对话框的 Value 菜单栏下，设置 Tolerance 选项，系统默认为 0%，实际硬件电路中，一般按照电阻容差 1%，电容容差 10%～20%进行选择。图 5.12 所示为电容容差设置对话框界面。设置好容差的滤波电路如图 5.13 所示。

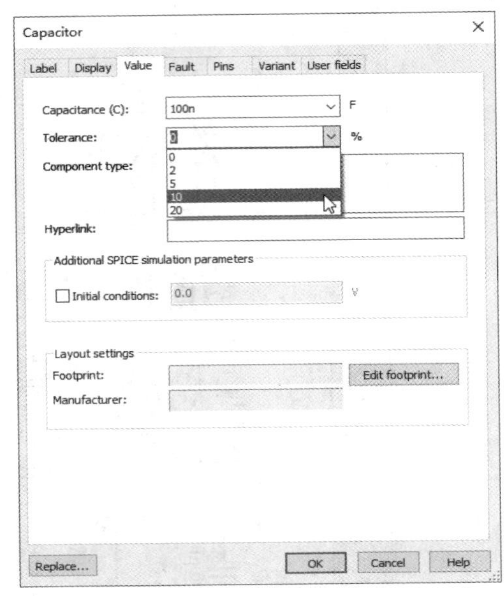

图 5.12　电容容差设置对话框

在该电路中，由于涉及 R_9 阻值的调节，因此，加入了信号发生器 XFG1 和泰克示波器 XSC1。XFG1 用于产生信号调节参数所需的输入信号，XSC1 用于输入和输出信号的观察。此处需要注意，示波器也可以采用虚拟示波器 Oscilloscope 或 Four channel Oscilloscope，但是泰克示波器可以直接测量信号的峰峰值等参数，在调节 R_9 阻值时可以用到，因此，此处使用泰克示波器。调节 R_9 的操作步骤如下：

①设置 XFG1 的输出信号类型为正弦波，信号频率为 1 kHz，幅度为 1 V，即峰峰值为 2 V。

②使用泰克示波器通道 1 观察该输入信号，通道 2 观察滤波器输出信号(U2B 的输出端)。使用示波器 Measure 测量功能，将通道 1 的峰峰值和通道 2 的峰峰值加入到参数自动测量中，如图 5.14 所示。

③调节 R_9 的阻值，使得通道 2 的输出信号的峰峰值与通道 1 的输入信号的峰峰值相等，均等于 $2V_{p-p}$，波形显示如图 5.14 所示。此时 R_9 的阻值可以确保该 1 kHz 带通滤波器的增益为 1。调节 R_9 阻值时，Multisim 的默认步进是 5%，如果需要修改步进值，可以双击该电位器，在弹出的对话框 Value 选项卡下，将 Increment 设置为 1%或其他合适的值，电位器步进设置如图 5.15 所示。

④为了确认该电路增益为 1，可以将信号源 XFG1 输出波形设置为 1 kHz 的方波，幅度为 1 V，观察该电路的输出波形。如图 5.16 所示，输入方波信号峰峰值为 2 V，而经过滤波后输出的正弦波信号峰峰值为 2.55 V，十分接近真实值 2.54 V，因此可以确认，上述调节 R_9 的方法是正确的。

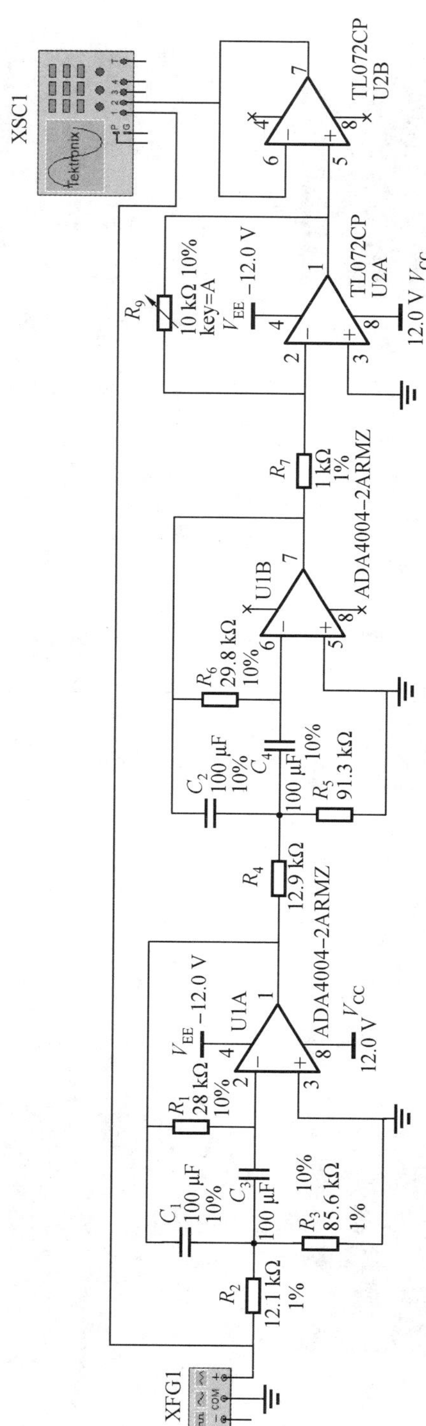

图 5.13　设置好元件参数容差的1 kHz带通滤波器电路

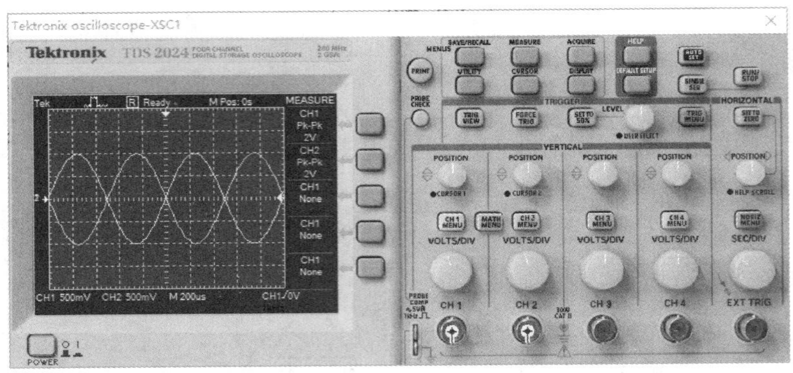

图 5.14　1 kHz 带通滤波器的输入波形和输出波形参数测试

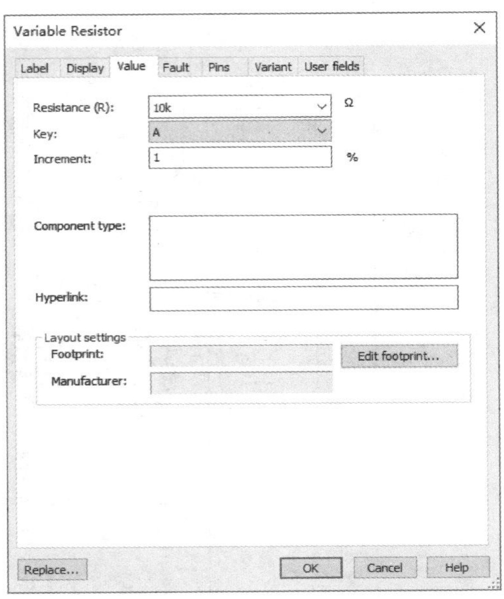

图 5.15　电位器步进设置

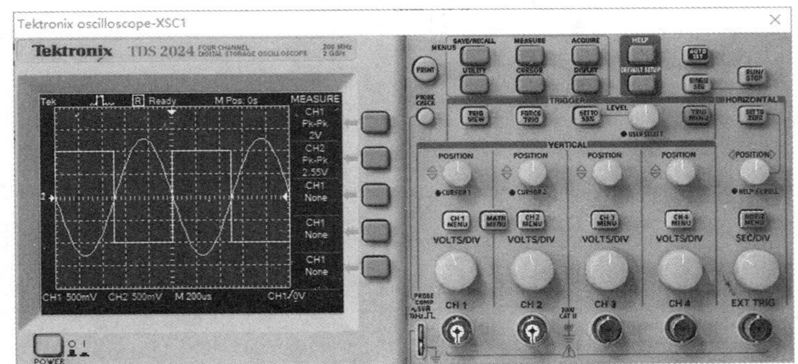

图 5.16　使用 1 kHz 方波信号验证 1 kHz 带通滤波器的性能

(3)调节好电路参数后，为了将该子电路加入到顶层电路中，需要给电路放置输入/输出端口连接器。如图 5.17 所示，在 Place 菜单下的 Connectors 选项中选择输入连接器(Input connector)和输出连接器(Output connector)，最终得到的电路如图 5.18 所示。

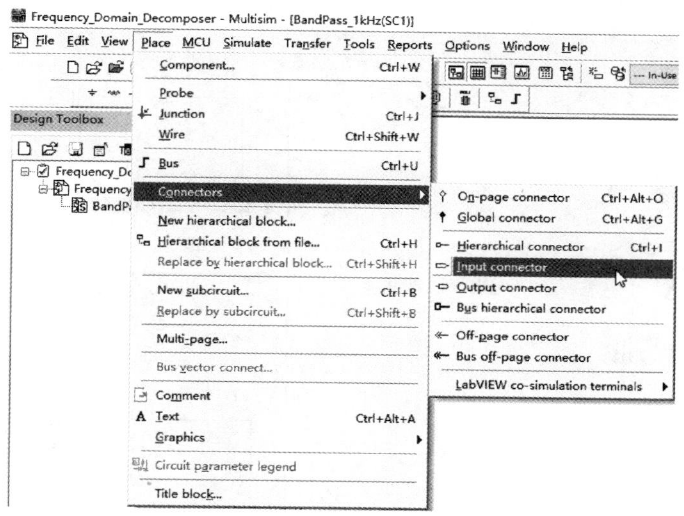

图 5.17　给电路加入输入连接器和输出连接器

(4)同理，将 2 kHz 带通滤波器子电路绘制好，并且加入信号发生器 XFG1 和泰克示波器 XSC1，电路图如图 5.19 所示。

在该 2 kHz 带通滤波器子电路中，涉及 R_8 阻值的调节，与 1 kHz 带通滤波器子电路调节步骤类似，只是将信号频率修改为 2 kHz，幅度为 1 V 保持不变。调节 2 kHz 带通滤波器子电路中 R_8 的阻值，使得泰克示波器 XSC1 通道 2 的输出信号的峰峰值与通道 1 的输入信号的峰峰值相等，均等于 $2V_{p-p}$。此时 R_8 的阻值可以确保该 2 kHz 带通滤波器的增益为 1。

当然，也可以使用 2 kHz 的方波，幅度为 1 V，观察该电路的输出波形是否为 2 kHz 的正弦波，峰峰值是否为 2.54 V，对该电路的滤波性能指标进行验证。

最后，删除信号发生器 XFG1 和泰克示波器 XSC1，并加入输入连接器和输出连接器，最终得到的 2 kHz 带通滤波器子电路如图 5.20 所示。

(5)同理，将 3 kHz～9 kHz 带通滤波器子电路绘制好，并且重新调整相应电路的放大倍数。方法与步骤参考上述电路，在此不再做详细介绍，最终得到的 3 kHz～9 kHz 带通滤波器子电路如图 5.21～5.27 所示。

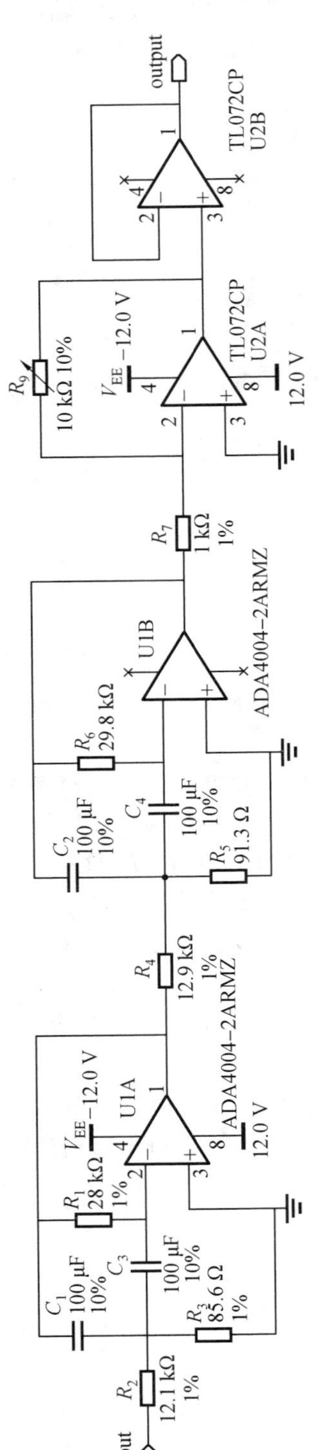

图 5.18 最终得到的1 kHz 带通滤波器子电路

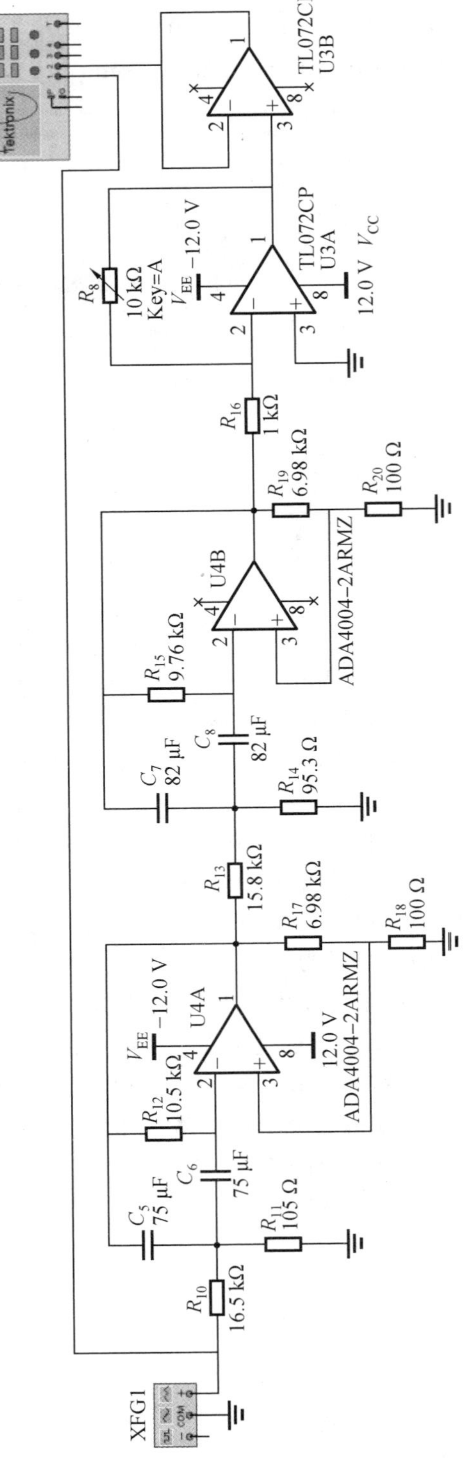

图 5.19 加入信号发生器和示波器的2 kHz 带通滤波器子电路

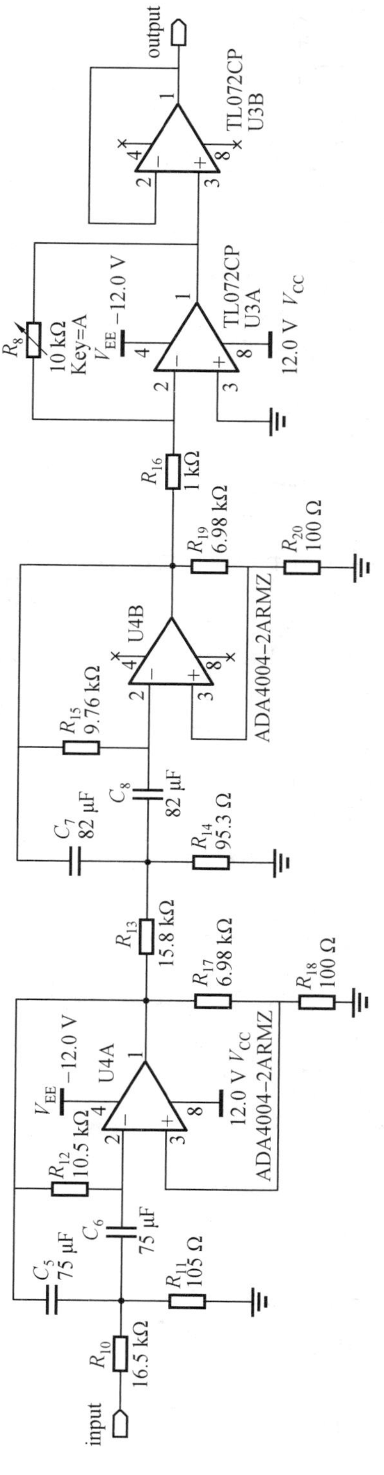

图 5.20　2 kHz 带通滤波器子电路

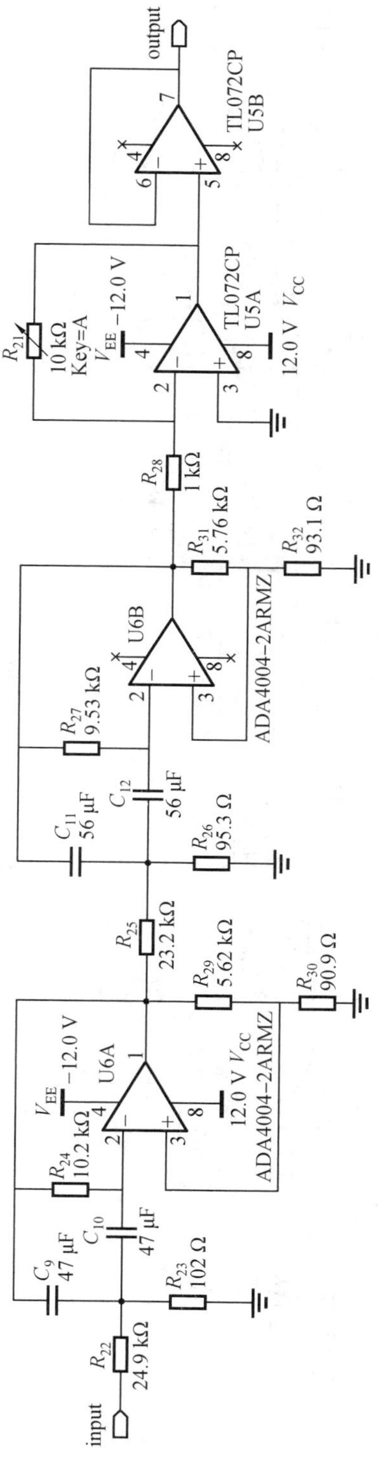

图 5.21　3 kHz 带通滤波器子电路

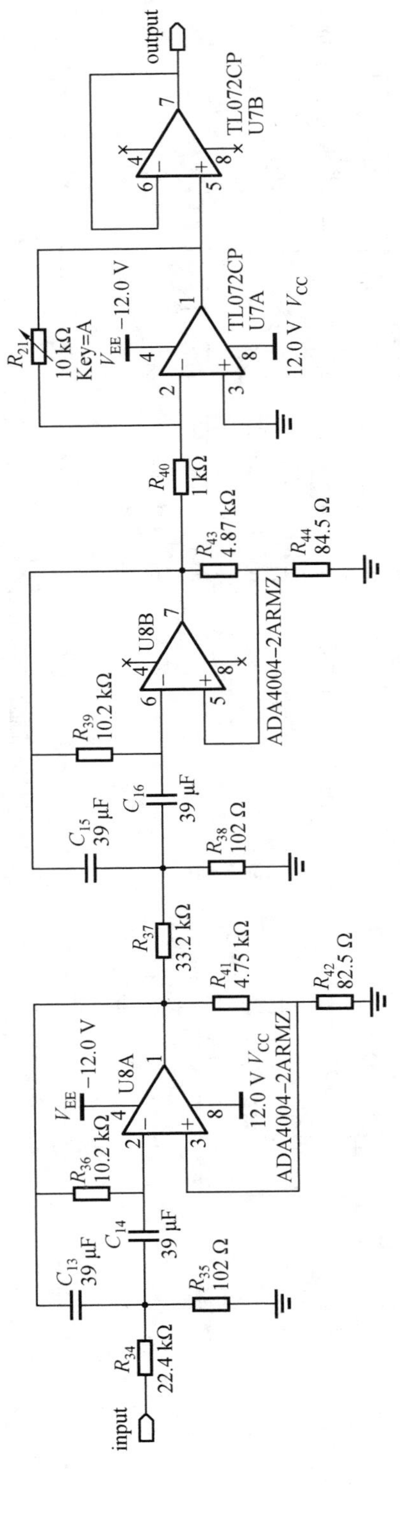

图 5.22　4 kHz 带通滤波器子电路

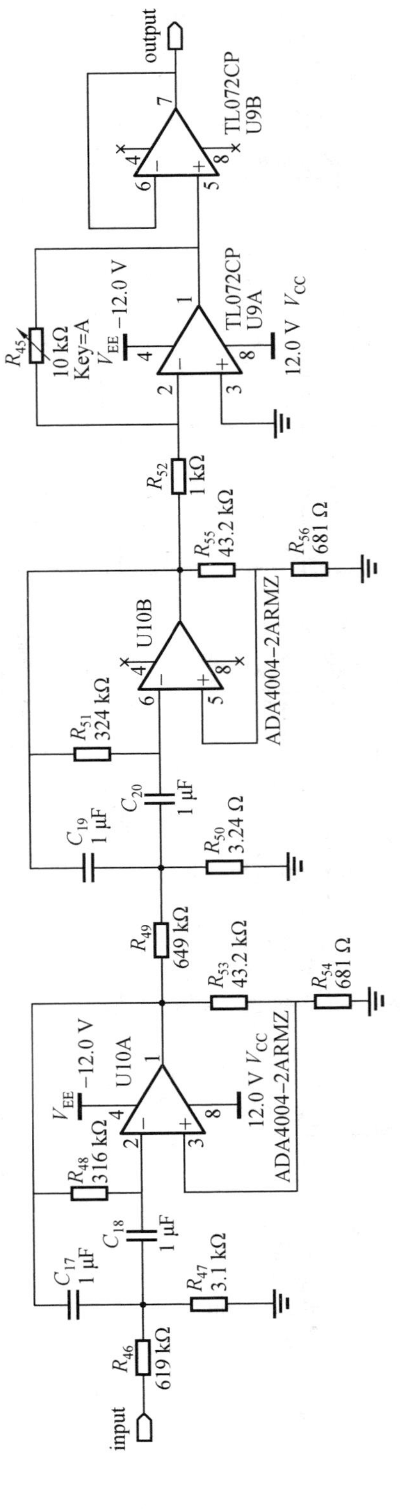

图 5.23　5 kHz 带通滤波器子电路

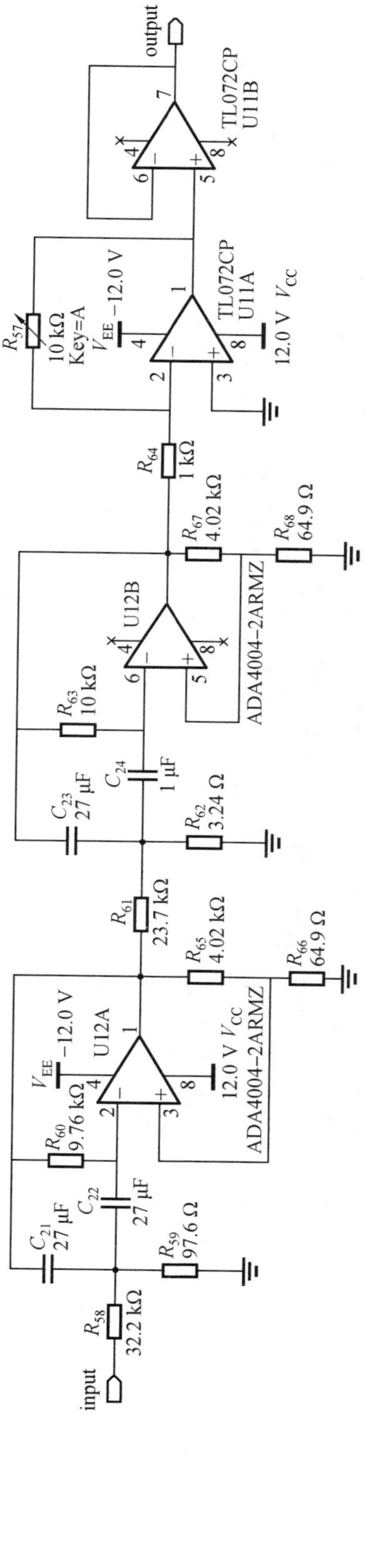

图 5.24　6 kHz 带通滤波器子电路

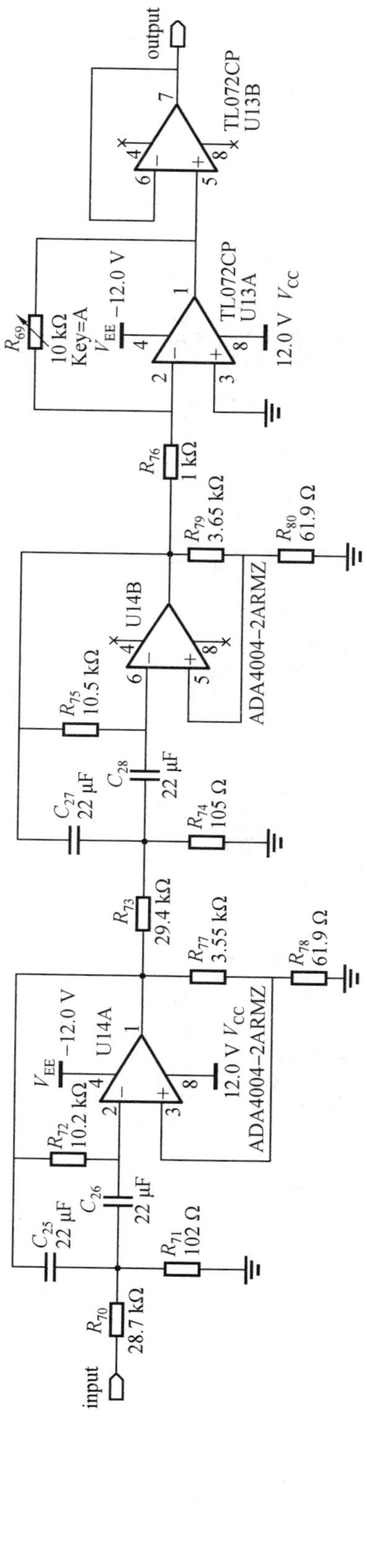

图 5.25　7 kHz 带通滤波器子电路

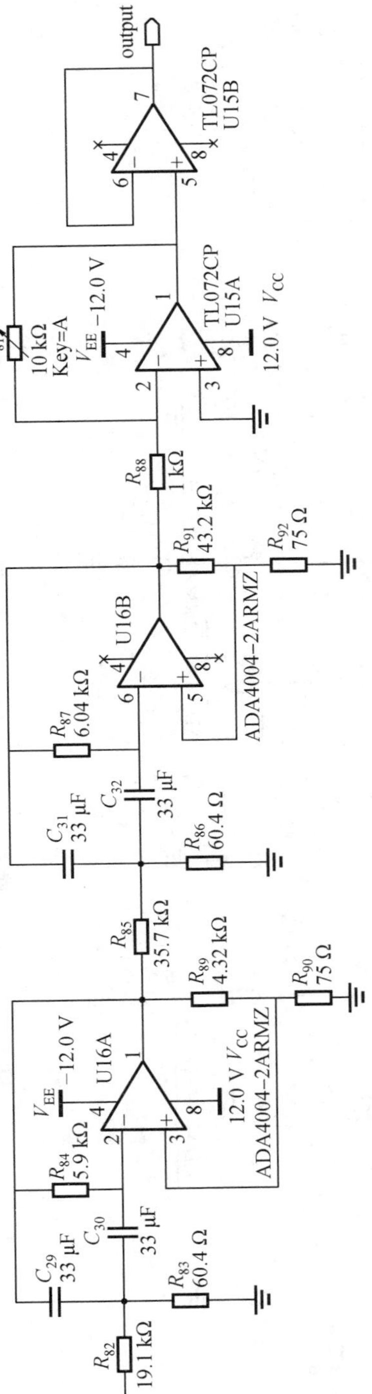

图 5.26 8 kHz 带通滤波器子电路

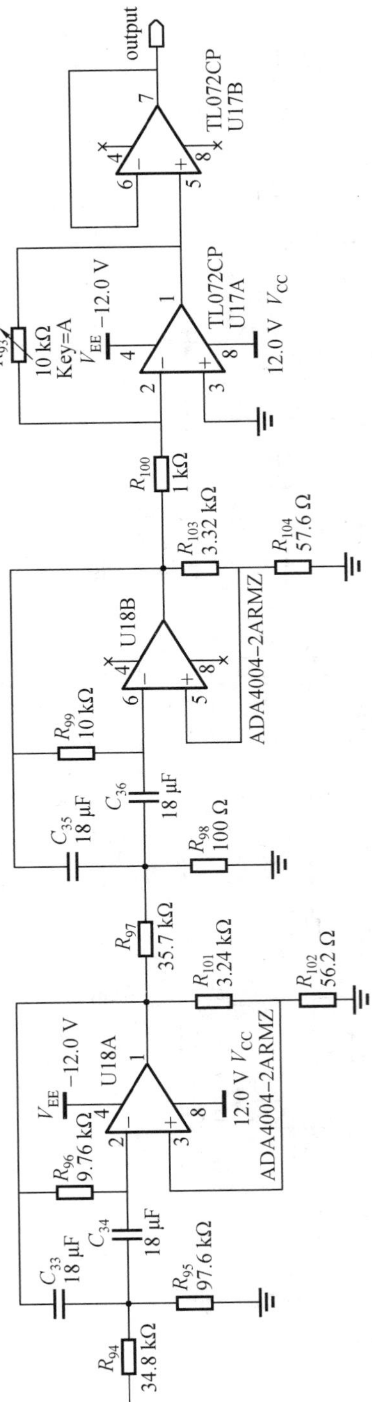

图 5.27 9 kHz 带通滤波器子电路

(6)完成 1 kHz～9 kHz 共 9 个带通滤波器子电路设计后，下面开始设计移相器模块电路。在 Frequency_Domain_Decomposer 顶层电路图中新建 Phase_Shifter 子电路，并且进入该子电路原理图编辑区，按照如图 5.28 所示电路绘制原理图。在该电路中，压控双刀双掷开关 S_2 在单刀双掷开关 S_3 的控制下，将运放 U19A 组成的移相电路配置成超前移相(S_3 接 GND)或滞后移相(S_3 接 V_{CC})。运放 U19B 是缓冲电路，用于增强移相电路对后级的驱动能力。

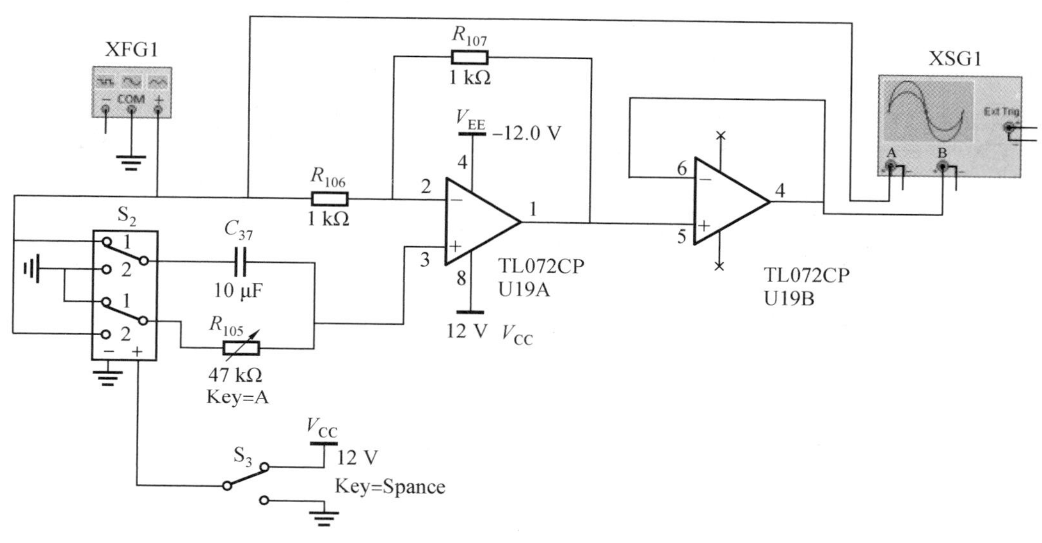

图 5.28　移相器子电路图

在如图所示移相电路中，加入信号发生器 XFG1 和示波器 XSC1，并将信号发生器 XFG1 的输出波形设置为正弦波，频率为 1 kHz，幅度为 1 V，通过 S_3 控制和 R_{105} 的调节，可以对该移相电路的性能进行测试。测试结果如图 5.29 所示，由图可知该移相电路可满足 −180°～+180°的移相需求。

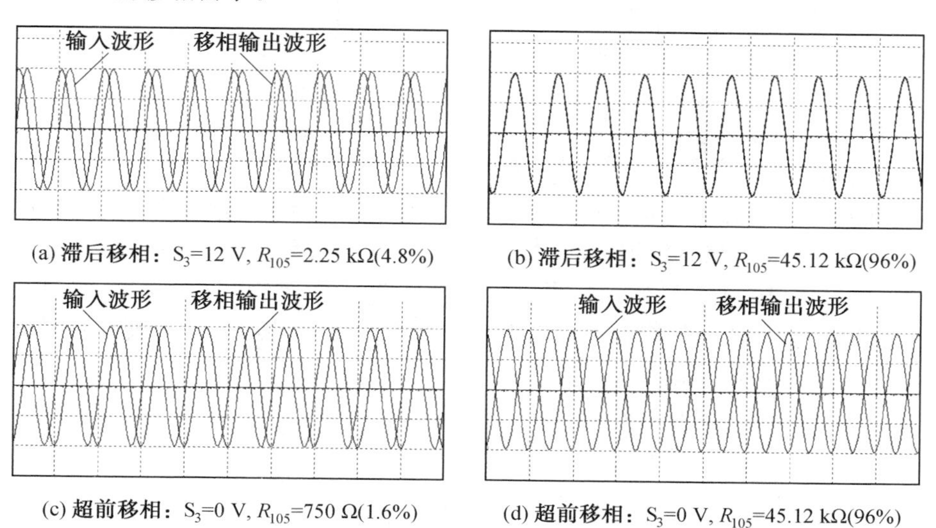

(a) **滞后移相**：S_3=12 V, R_{105}=2.25 kΩ(4.8%)

(b) **滞后移相**：S_3=12 V, R_{105}=45.12 kΩ(96%)

(c) **超前移相**：S_3=0 V, R_{105}=750 Ω(1.6%)

(d) **超前移相**：S_3=0 V, R_{105}=45.12 kΩ(96%)

图 5.29　移相电路测试波形

在确认移相器电路功能无误后，移相器子电路图中的信号发生器、示波器去掉，并且加入输入、输出接口，完成子电路的设计，如图 5.30 所示。这里需要注意，为了便于在顶层电路中进行系统调试，将涉及选择功能的开关 S_3 和变阻器 R_{105} 分别使用输入接口和层级接口(Hierarchical Connector)连接到子电路外部。最终在顶层电路中的测试电路如图 5.31 所示。

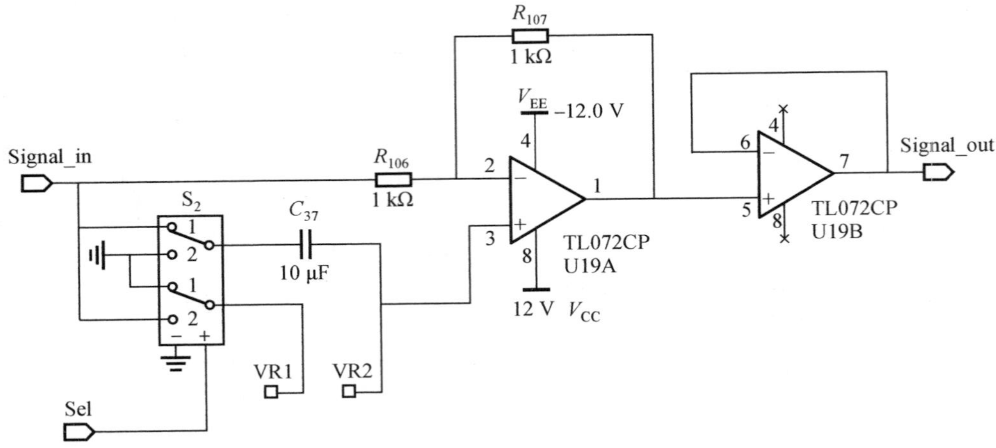

图 5.30　移相器子电路

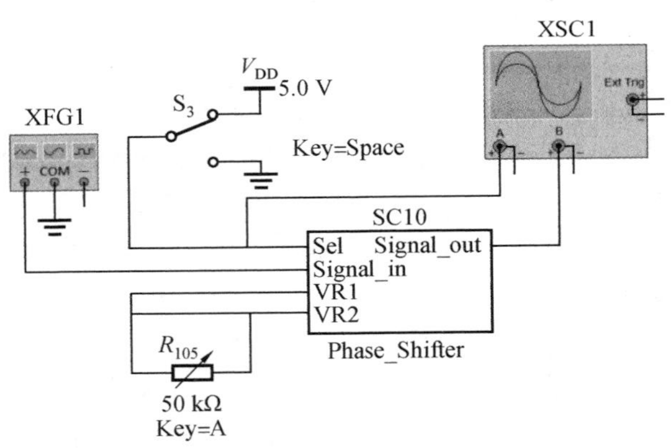

图 5.31　移相器子电路在顶层电路中的测试电路

(7)下面开始设计信号合成电路。参考 5.1 节的信号合成电路原理图，在 Frequency_Domain_Decomposer 顶层电路图中新建信号合成(Signal Mixer)子电路，并且进入该子电路原理图编辑区，按照如图 5.32 所示电路绘制原理图。由于该电路较简单，此处不再做详细分析。由图可知，加法器的增益可调电阻也放置到了顶层电路中，以方便仿真时进行参数调整。

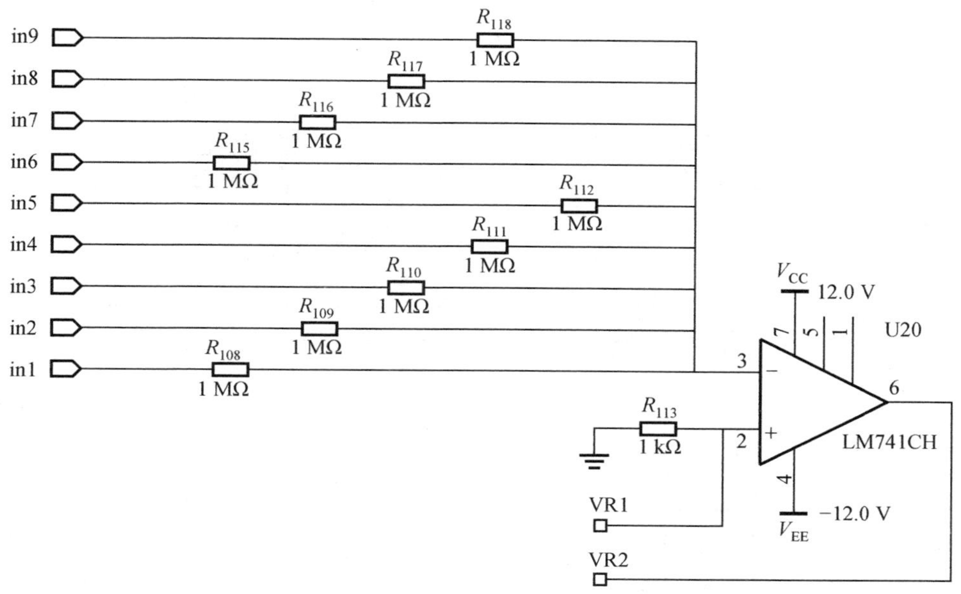

图 5.32　信号合成子电路

(8)在所有子电路都设计完成后，即可在 Frequency_Domain_Decomposer 顶层电路图中按照图的结构将所有子电路进行连接，如图 5.33 所示。1 kHz 方波进行奇次谐波滤波的 1 kHz、3 kHz、5 kHz、7 kHz、9 kHz 带通滤波器电路同时配备移相器电路，而进行偶次谐波滤波的 2 kHz、4 kHz、6 kHz、8 kHz 带通滤波器电路则直接接入信号合成加法器电路中，信号发生器 XFG1 产生 1 kHz 方波信号，幅度为 1 V，偏置为 0 V。示波器 XSC1、XSC2 和 XSC3 对各次谐波分量和合成输出波形进行观察。移相器电路分别配置了超前、滞后选择开关和移相控制电位器。信号合成电路的增益由电位器 R_{130} 控制。

(9)当然，上述电路在仿真过程中，由于涉及的子电路模块较多，资源消耗多，因此仿真速度较慢。根据理论分析可知，方波信号的偶次谐波分量等于 0，因此，可以将偶次谐波滤波的 2 kHz、4 kHz、6 kHz、8 kHz 带通滤波器电路经过验证，对应频率的谐波分量的确为 0 后，可以将其从整体电路中去掉，简化顶层电路仿真，降低计算机资源占用。简化后的电路图如图 5.34 所示。

(10)在步骤(2)、(4)、(5)中，已经对各个滤波器子电路的幅度增益进行了校准，因此，只需对各次谐波进行相位校准后，即可得到准确的合成波形。1 kHz 基波分解信号的相位校准流程如下：

① 将信号发生器 XFG1 输出信号选择为 1 kHz，幅值为 1 V(对应峰峰值为 2 V)，偏置为 0 V 的方波。同时，将该信号接入示波器 XSC1 的通道 1 中，由示波器通道 1 进行波形参数确认，后面操作时，该信号保持不变。

② 将示波器 XSC1 通道 2 探头连接到移相器 SC10 的输出端。

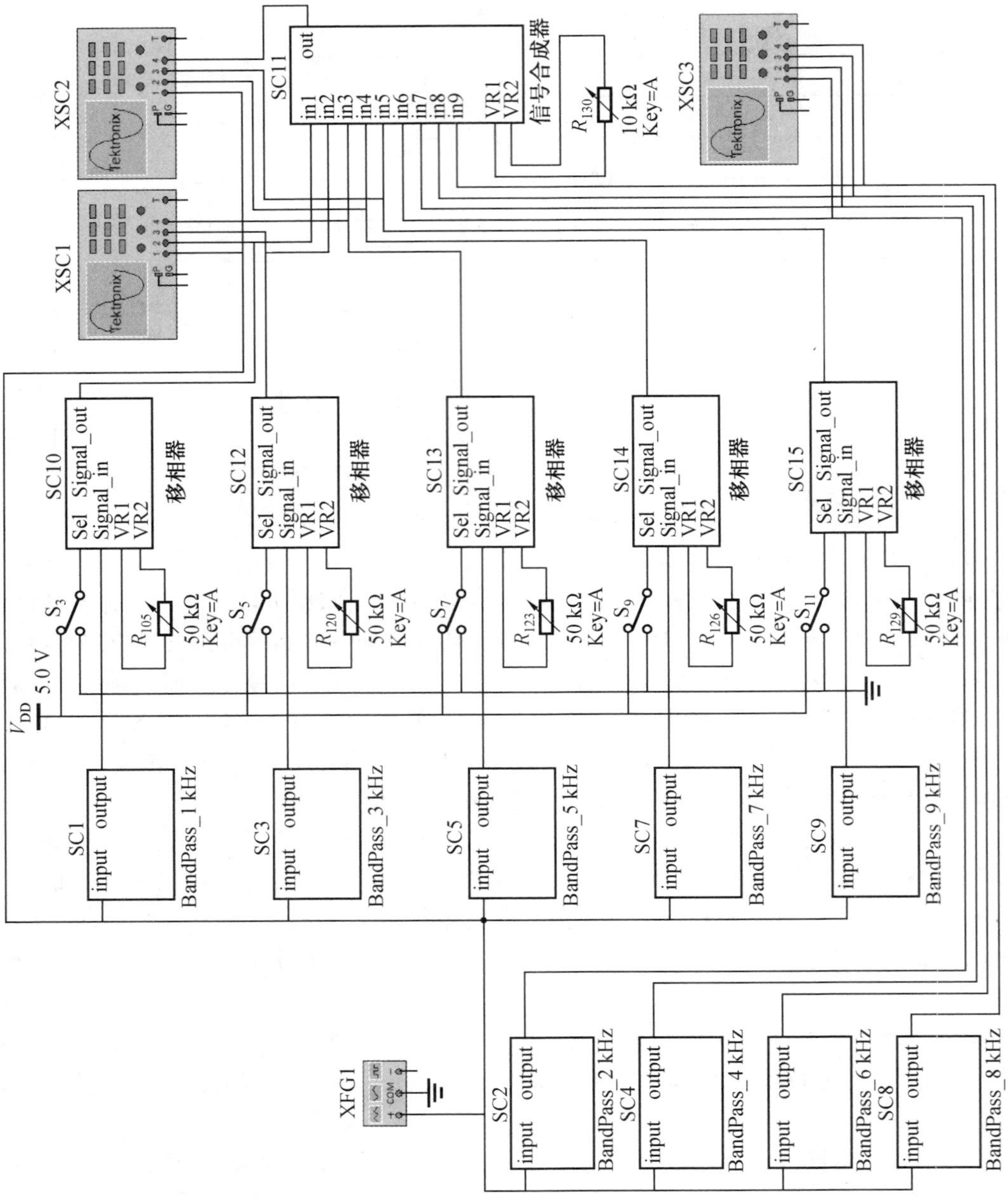

图 5.33 信号频域分解与合成整体电路图

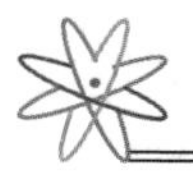

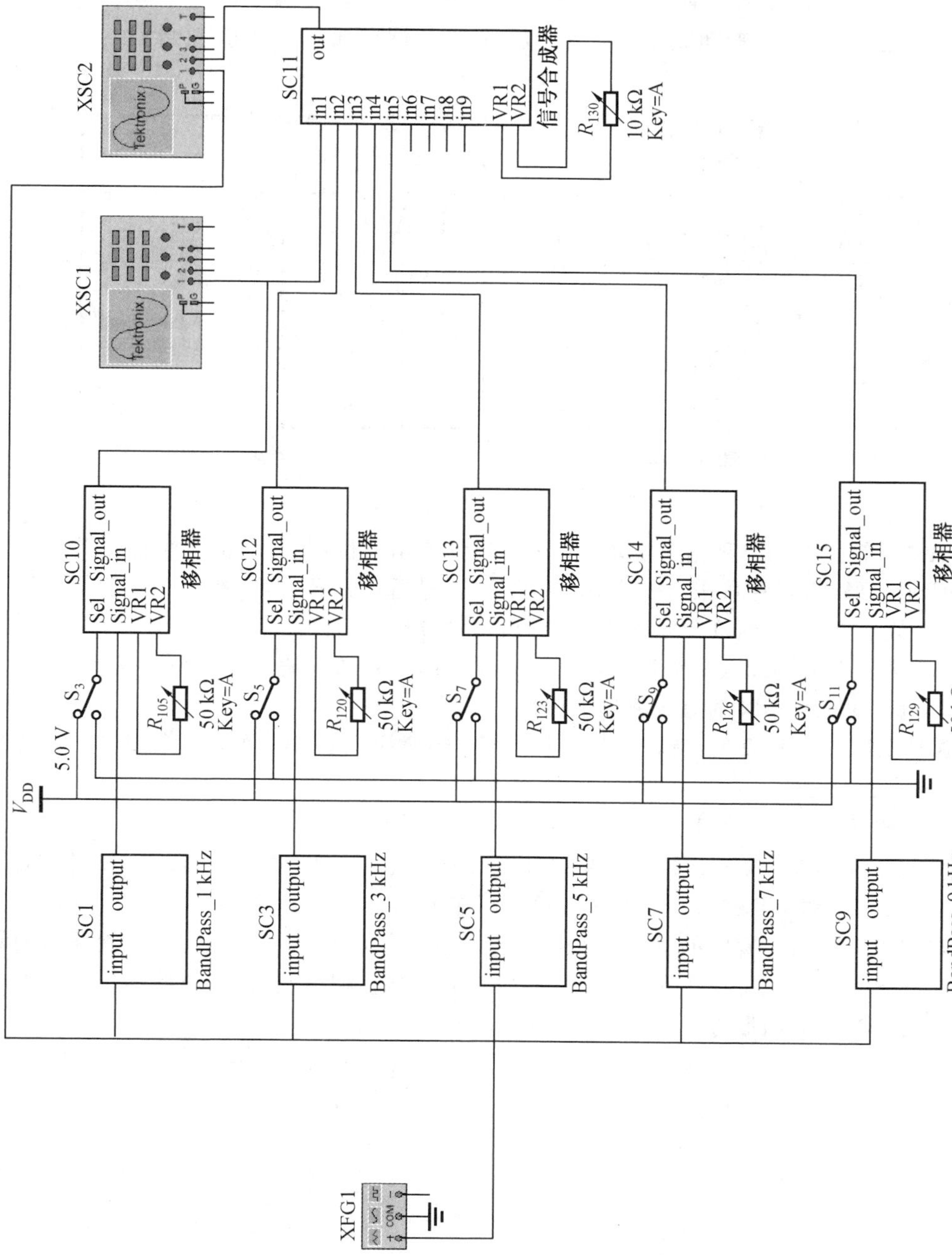

图 5.34　去掉了偶次谐波分量分解电路的仿真电路图

③ 运行仿真。调节移相器相位控制电位器 R_{105}，将示波器通道 2 波形从图 5.35(a)的形式移相到图 5.35(b)所示位置，使得 1 kHz 基波波形和输入方波同时过零点。这样做的目的是方便后续做合成波形和原输入信号对比时，合成波形和输入波形可以同相位，便于对比观察。

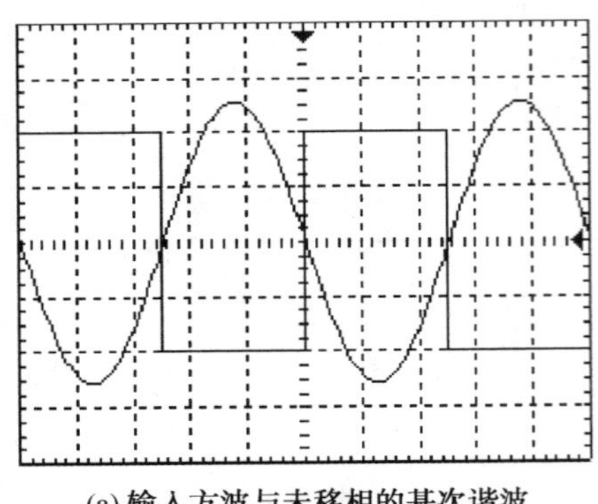

(a) 输入方波与未移相的基次谐波

(b) 输入方波与已经移相的基次谐波

图 5.35　基波移相前后的波形对比

④ 如果不管怎么调节移相器模块 SC10 的相位控制电位器 R_{105}，都无法使得其达到图 5.35(b)所示波形，需要将移相器模块 SC10 的超前、滞后选择开关 S_3 从一个状态转到另一个状态。再调节 R_{105}，直到符合如图 5.35(b)所示的波形。

⑤ 移相结果以图 5.35(b)为标准，至此，完成 1 kHz 带通滤波器模块相位校准。

(11)下面，对三次谐波的滤波波形进行相位校准。

① 保持 XFG1 信号发生器输出信号为 1 kHz，幅值为 1 V(对应峰峰值为 2 V)，偏置为 0 V 的方波信号不变。

② 将示波器 XSC1 通道 1 连接到移相器 SC10 的输出端。

③ 将示波器通道 2 探头连接到 3 kHz 带通滤波器电路的移相器子电路 SC12 输出端。

④ 运行仿真。将示波器 XSC1 设置为 X—Y 显示模式(点按示波器 DISPLAY 按钮，在 Format 选项中选择 X—Y 显示模式)，按照图 5.36(a)所示的李萨如标准图形，验证移相器子电路 SC12 输出的波形是否与基波同相位，如果不同，则调节移相器模块的相位控制电位器 R_{120}，使得其李萨如图形符合标准图形，如图 5.36(b)所示。

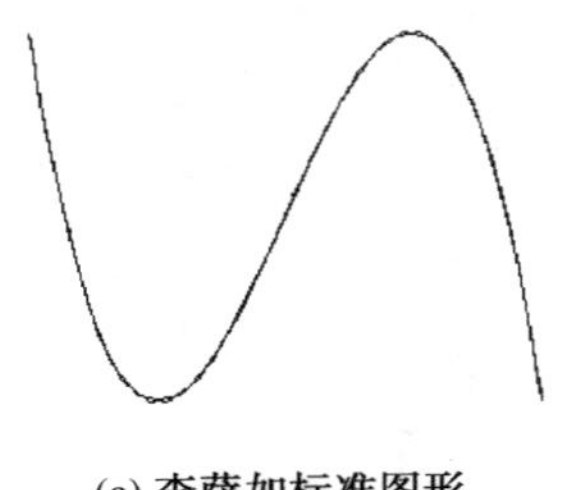

(a) 李萨如标准图形

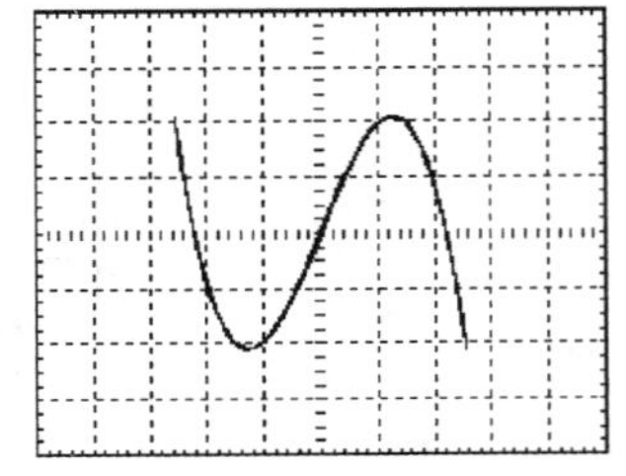

(b) 实际得到的李萨如图形

图 5.36　基波与三次谐波的李萨如图形(示波器通道 1 接基波、通道 2 接三次谐波)

⑤如果不管怎么调节移相器模块 SC12 的相位控制电位器 R_{120}，都无法使得其达到图 5.36(b)所示波形，需要将移相器模块 SC12 的超前、滞后选择开关 S_5 从一个状态转到另一

个状态，再调节 R_{120}，直到李萨如图符合标准形式。

⑥移相结果以图 5.36(b)为标准，至此，完成 3 kHz 带通滤波器模块相位校准。

(12)按照(10)、(11)的操作步骤，分别调节 SC13、SC14、SC15 的相位控制电位器 R_{123}、R_{126}、R_{129}，使得对应通道的波形相位在 X－Y 显示模式下符合标准李萨如图形，如图 5.37 所示。

(a) 基波与五次谐波的李萨如标准图

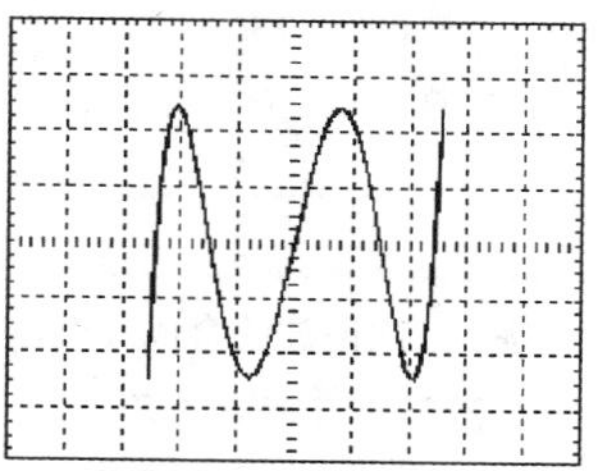

(b) 基波与五次谐波的李萨如实测图

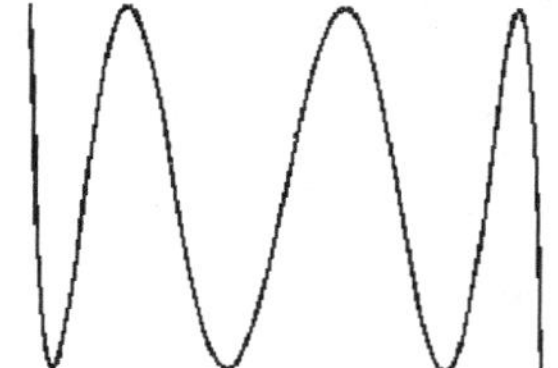

(c) 基波与七次谐波的李萨如标准图

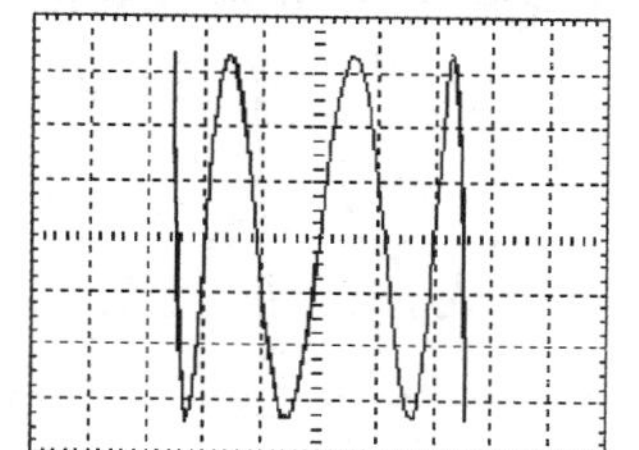

(d) 基波与七次谐波的李萨如实测图

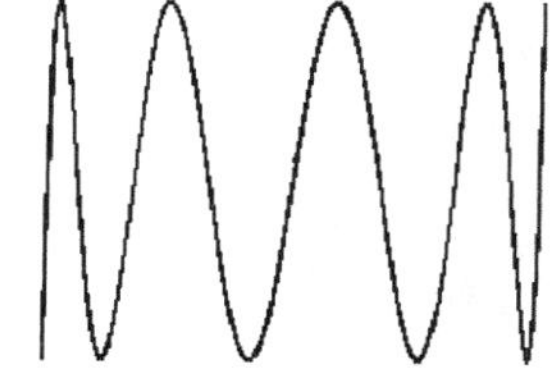

(e) 基波与九次谐波的李萨如标准图

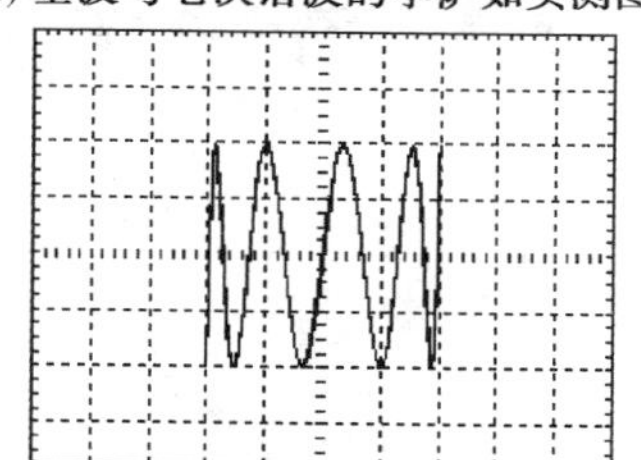

(f) 基波与九次谐波的李萨如实测图

图 5.37　基波与五、七、九次谐波的李萨如标准图和实测图

(13)最后，选择性地将各个奇次谐波接入到信号合成电路中，并且利用增益控制电阻 R_{130} 实现电路增益控制，既可以恢复出与原信号幅度近似的合成波形，并且利用示波器的波形减法功能，还可以得到合成波形与原输入波形的差值。如图 5.38 所示。

按照上述步骤，可以在 Multisim 仿真过程中复现硬件电路实验过程中的各个操作环节和实验现象观察，虽然步骤可能较烦琐，但是有利于对硬件电路操作过程的理解。当然，前面的操作过程中很大一部分是幅度调节和相位调节，主要是为了与硬件实验的操作过程相匹配，而且是在假设不知道方波分解公式的前提下进行的谐波分解与合成。如果已知方波分解公式，明确只有奇次谐波，并且明确各次谐波的幅度比值，则可以直接在 Multisim 中使用信号源模拟出各次谐波直接进行信号合成实验，如图 5.39 所示。

在图 5.39 中，XFG1～XFG5 分别产生 1 kHz、3 kHz、5 kHz、7 kHz、9 kHz 的谐波(正弦波)，幅度值按照公式(4.10)给出的 1、1/3、1/5、1/7、1/9 倍数衰减，相位差均为 0。XFG6 为产生 1 kHz 的方波，幅度为 1 kHz 正弦波的 1/1.27 倍，相位为 0，这样，就可以在 U1 的输出端进行原信号与合成信号的差值比较。该电路原理较简单，此处不再做详细分析。

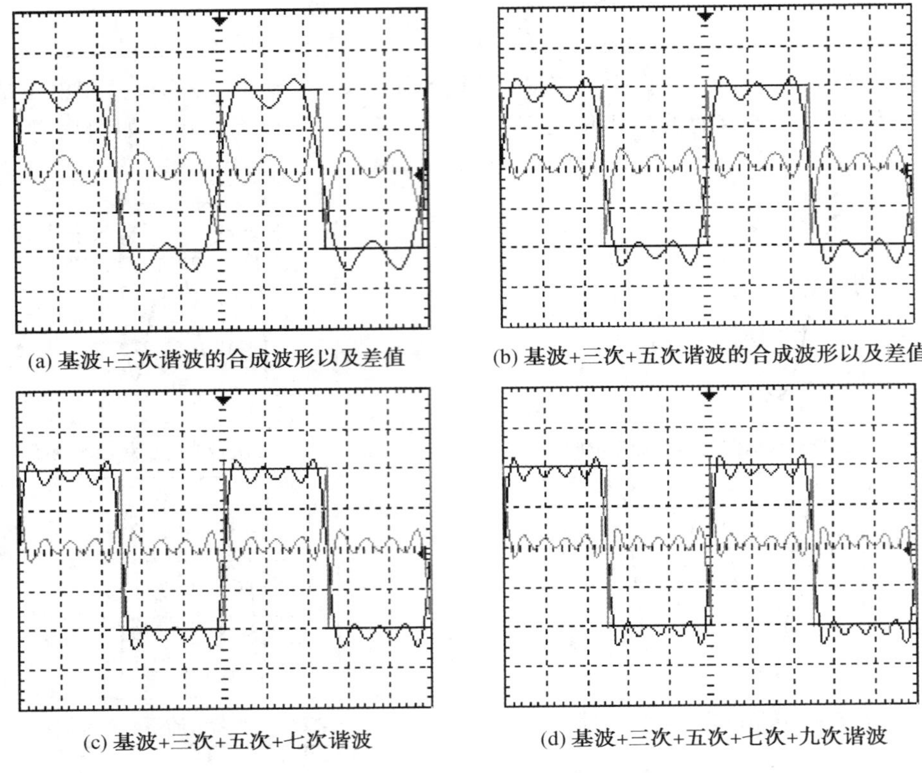

图 5.38　各次谐波的合成波形与差值

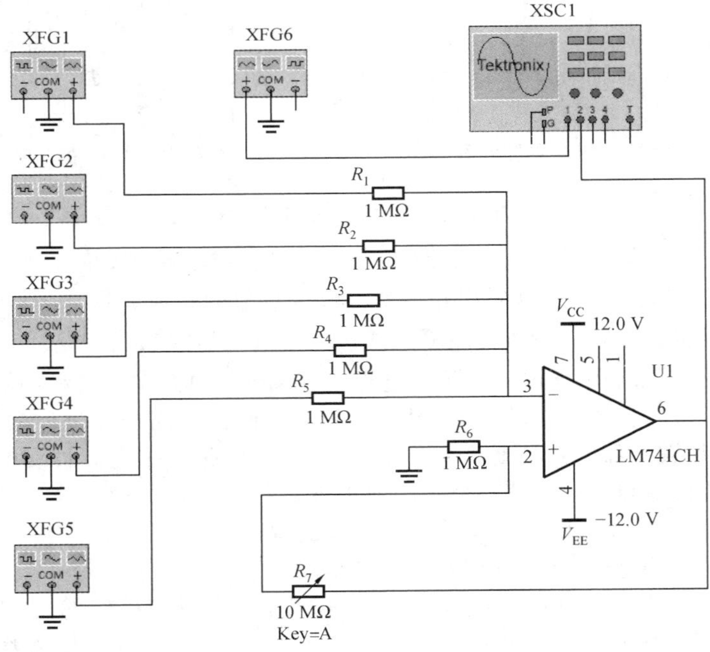

图 5.39　已知谐波分量参数后的信号频域合成电路

或者使用 place source 下的 SIGNAL_VOLTAGE_SOURCES 中的 AC_VOLTAGE 作为信号源，如图 5.40 所示，也可以完成信号的合成验证。

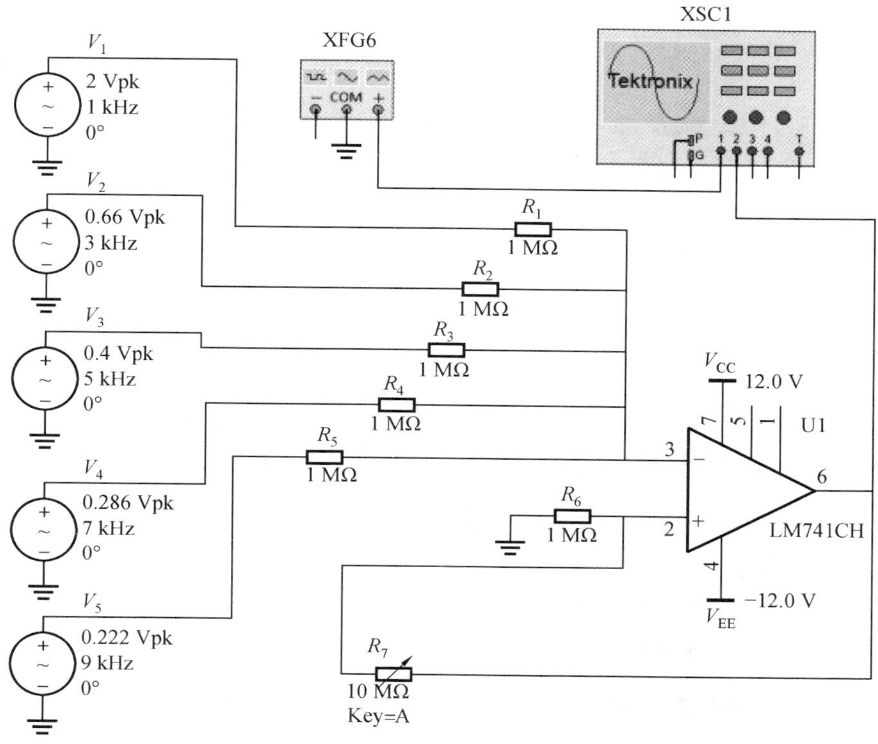

图 5.40　更换完谐波产生方式的信号频域合成电路

5.3　信号的卷积观察与分析

5.3.1　实验目的

(1)掌握贝塞尔滤波器的设计方法；

(2)掌握利用贝塞尔低通滤波器实现卷积现象观察的原理与仿真方法。

5.3.2　实验原理

有关信号卷积和卷积现象观察实现方式的原理和说明参考 4.1.3 节硬件实验原理部分，此处不再赘述。

根据硬件实验部分的原理说明，使用正弦波、周期矩形波或三角波通过贝塞尔低通滤波器电路后观察其输出波形，可以实现信号的卷积现象观察。因此，参考本书第 3 章有源滤波器的设计方法，借助 Analog Filter Wizard 有源滤波器设计软件，可以设计出符合要求的贝塞尔低通滤波器。其幅频特性曲线和群延时特性曲线分别如图 5.41 和图 5.42 所示。最后得到的电路如图 5.43 所示。

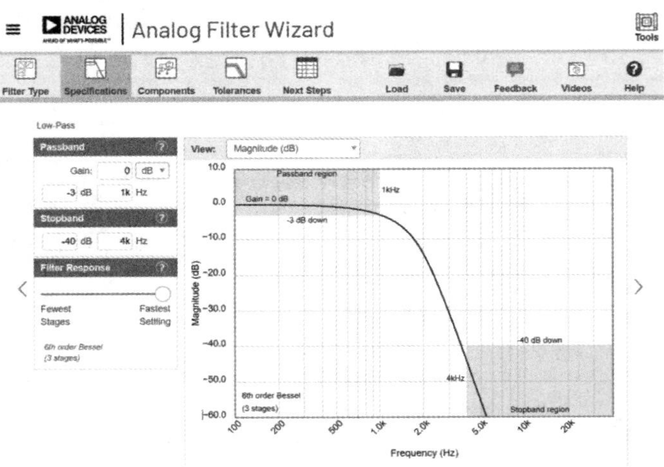

图 5.41　使用 Analog Filter Wizard 有源滤波器设计软件得到的幅频特性曲线

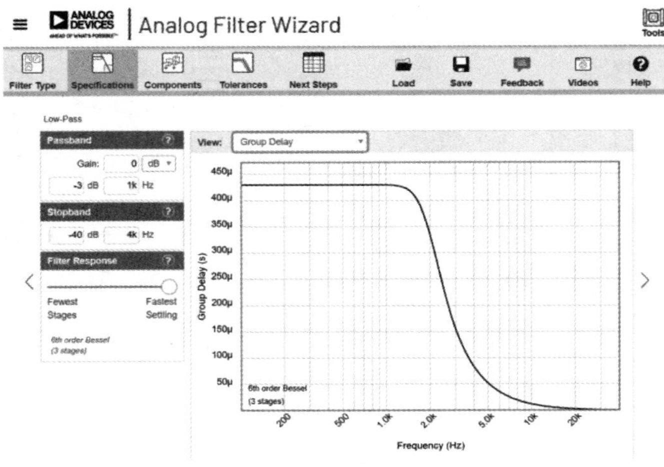

图 5.42　使用 Analog Filter Wizard 有源滤波器设计软件得到的群延时特性曲线

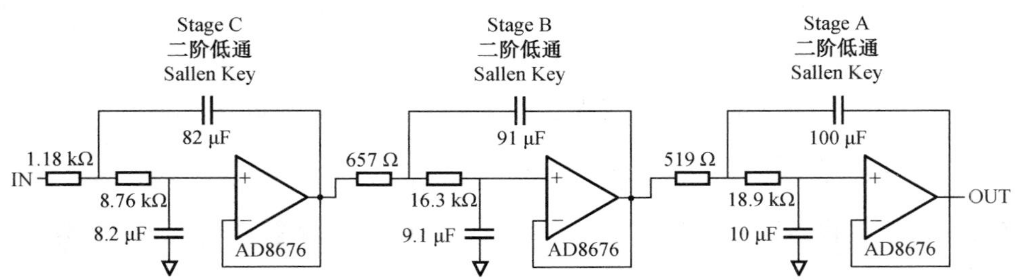

图 5.43　使用 Analog Filter Wizard 有源滤波器设计软件得到的电路图

5.3.3　实验内容及步骤

(1)在 Multisim 中绘制的贝塞尔低通滤波器电路如图 5.44 所示。首先,使用波特仪对该电路的幅频特性曲线和相频特性曲线进行测试,得到的幅频特性曲线和相频特性曲线如图 5.45 所示。

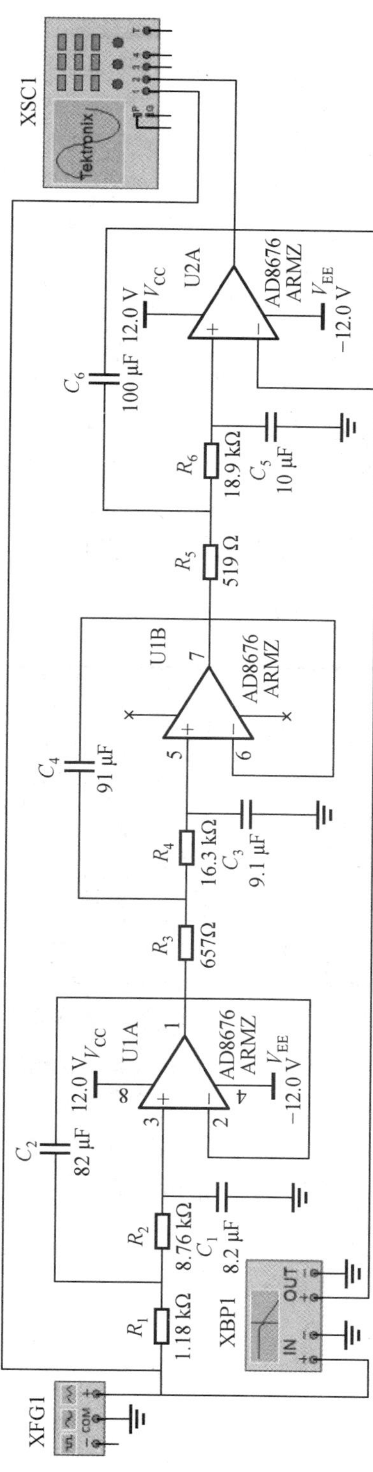

图 5.44　Multisim 仿真电路图

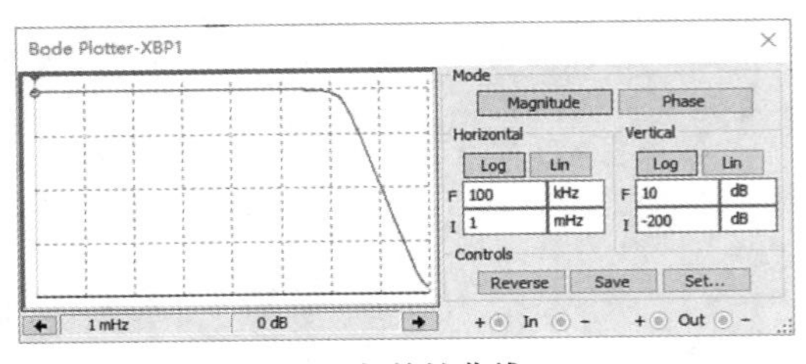

(a) **幅频特性曲线**

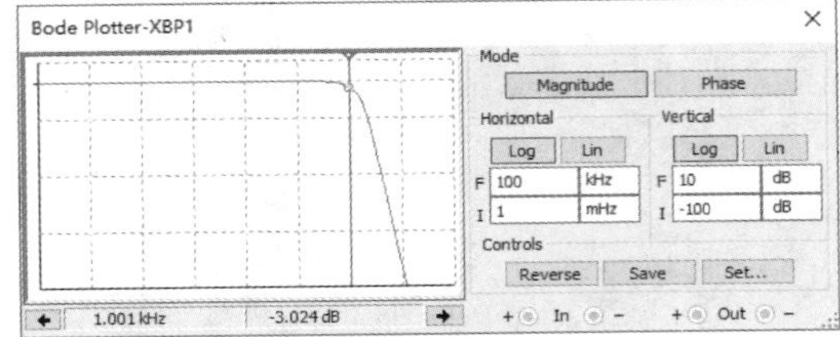

(b) **相频特性曲线**

图 5.45 Multisim 仿真电路特性曲线

参考硬件实验电路部分的实验内容，首先，将 100 Hz 正弦波输入该电路，其输入输出波形如图 5.46(a)所示，再将正弦波频率改为 1 kHz，其输入输出波形如图 5.46(b)所示。显然，结合硬件实验部分的原理分析和图 5.45 给出的电路幅频和相频特性曲线，由于 100 Hz 频率小于低通滤波器的转折频率，正弦波经过该电路后，其幅度几乎没有衰减，输出波形与输入波形几乎一致。而对于 1 kHz 的正弦波，滤波器增益已经下降了 3 dB，故其输出波形幅度已经降低，但是波形仍无失真。

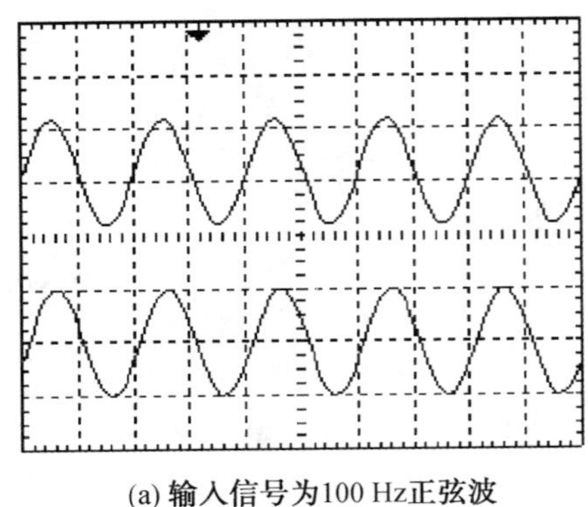

(a) **输入信号为100 Hz正弦波**

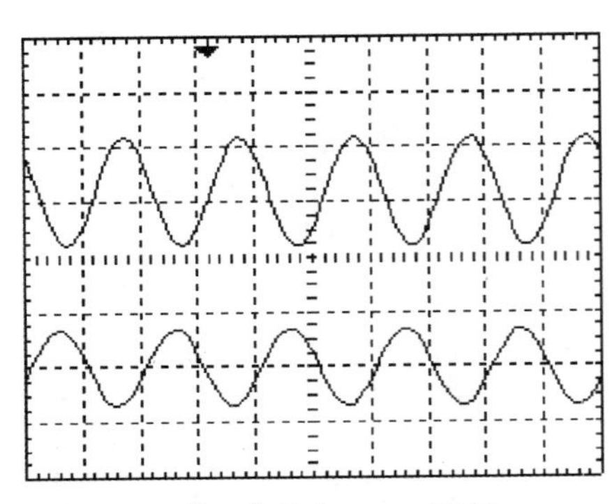

(b) **输入信号为1 kHz正弦波**

图 5.46 输入信号为正弦波时的输入波形与输出波形

(2)将输入信号波形改为矩形波，并且通过修改其占空比，观察输出信号的波形，实验结果如图 5.47 所示。显然，经过低通滤波器后，矩形波的高频部分已经被过滤掉，因此矩形波的陡峭边沿已经变为类似“斜坡”的边沿。

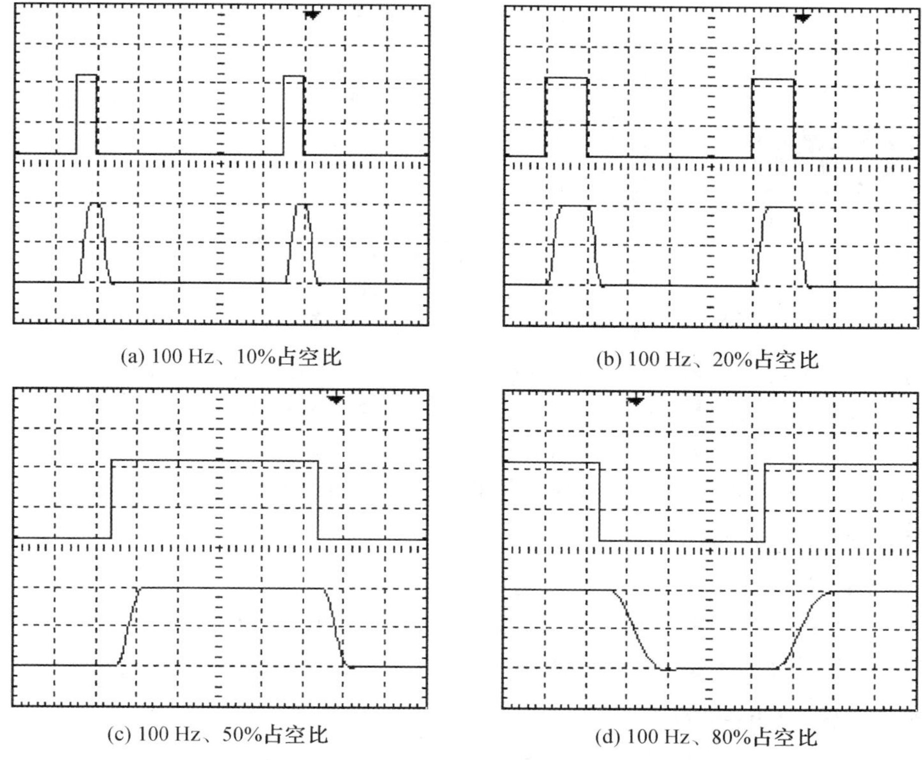

图 5.47　输入信号为矩形波时的输入波形与输出波形

5.4　信号的频谱观察与分析

5.4.1　实验目的

(1) 掌握 Multisim 中频谱分析仪的使用方法,学会根据输入信号特性设置频谱分析仪的参数以获得理想的观察图形;

(2) 掌握 Multisim 中 AM、FM 和脉冲调制信号的生成方法;

(3) 通过 Multisim 仿真验证正弦波、AM、FM 和脉冲调制信号的频谱特点,并与理论值进行比较。

5.4.2　实验内容与步骤

有关正弦波、AM、FM 和脉冲调制信号的频谱分析参考 4.1.3 节硬件实验原理部分,此处不再赘述。下面介绍 Multisim 中本实验需要用到的频谱分析仪、信号源。

5.4.2.1　频谱分析仪

频谱分析仪(Spectrum Analyzer)用于分析信号的频域特性,可以测量信号中所含频率分量及其对应幅度值,并可通过扫描一定范围内的频率来测量电路中谐波信号的成分。其电路符号和仪器面板如图 5.48 所示。

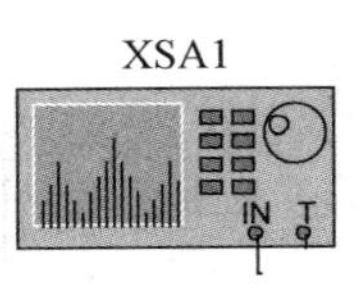

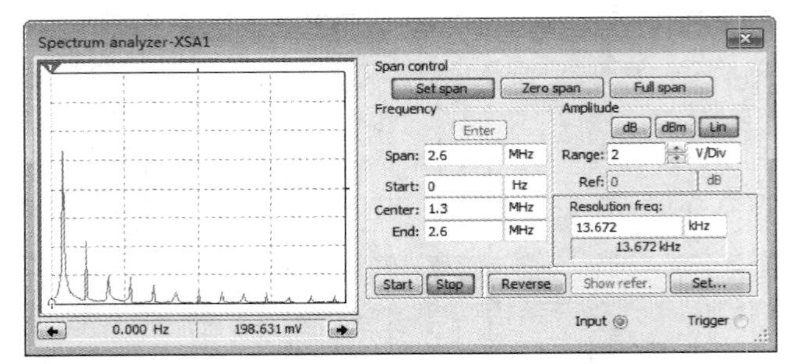

图 5.48　频谱分析仪电路符号和仪器面板

频谱分析仪的电路符号中有两个接线端子，其中 IN 为信号输入，T(Trigger)为触发输入，需要按照测试需求连接进电路中。频谱分析仪的仪器面板中，除显示区域外，还包括频段设置(Span control)、频率设置(Frequency)、幅度设置(Amplitude)、频率分辨率(Resolution freq)和控制按钮五个部分。各部分功能介绍如下。

1. 频段设置(Span control)

①Set span 按照频率设置区所设置的所有频率参数进行仿真。

②Zero span 按照频率设置区所设置的中心频率(Center)进行仿真。

③Full span 按照 0～4 GHz 全频段进行仿真。

2. 频率设置(Frequency)

①Span 设置显示区域频段的间隔，Span＝End－Start。

②Start 设置起始频率。

③Center 设置中心频率，Center＝(Start＋End)/2。

④End 设置截止频率。

3. 幅度设置(Amplitude)

幅度设置区用于设置纵轴的显示刻度，采用 dB、dBm 和 Lin 三种显示形式，Range 用于设置显示区内纵轴每格的刻度，Ref 用于设置 dB 或 dBm 的参考标准。如图 5.49 所示，相同信号源输入情况下，选择不同的幅度轴显示方式将得到不同的波形，Ref 对话框设置时将在显示区上出现绿色的 Ref 参考线，其也可以通过下方控制区的“Hide refer”按钮来清除。

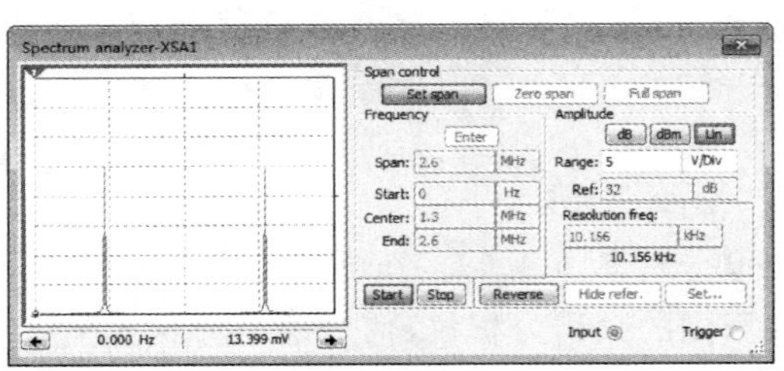

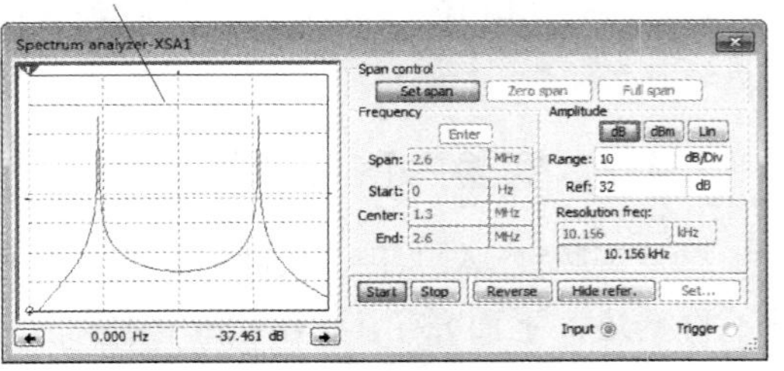

图 5.49　同一个信号源输入情况下，幅度轴不同显示方式对应的不同波形

4. 频率分辨率(Resolution freq)

用于设置频率分辨的最小谱线间隔，数值越小，分辨率越高，对应的计算时间也越长。

5. 控制按钮

①Start 用于启动分析。

②Stop 用于停止分析。

③Reverse 用于显示窗背景色反色。

④Show refer. /Hide refer. 用于控制是否显示参考线。

⑤Set 用于频谱分析仪的参数设置。如图 5.50 所示,“Trigger source”选项设置仪器触发方式是外部触发(External)还是内部触发(Internal),“Trigger mode”选项设置触发模式是连续触发(Continuous)还是单次触发(Single),“Threshold volt. (V)”用于设置门限阈值电压,“FFT points”设置 FFT 点数。

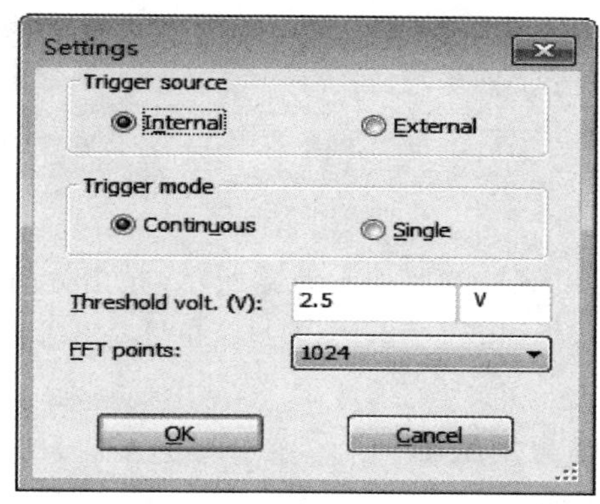

图 5.50　参数设置对话框

图 5.51 给出了频谱分析仪的应用参考电路,两个正弦波输入信号的频率分别为 0.7 MHz和 1.3 MHz,有效值分别为 10 V 和 5 V。这两个正弦波经过混频后的信号输入到

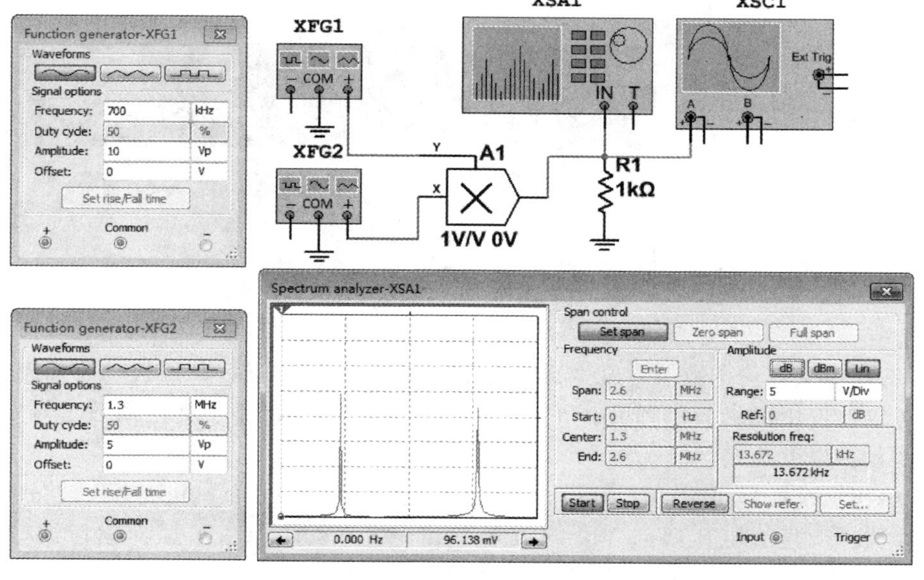

图 5.51　频谱分析仪的应用参考电路

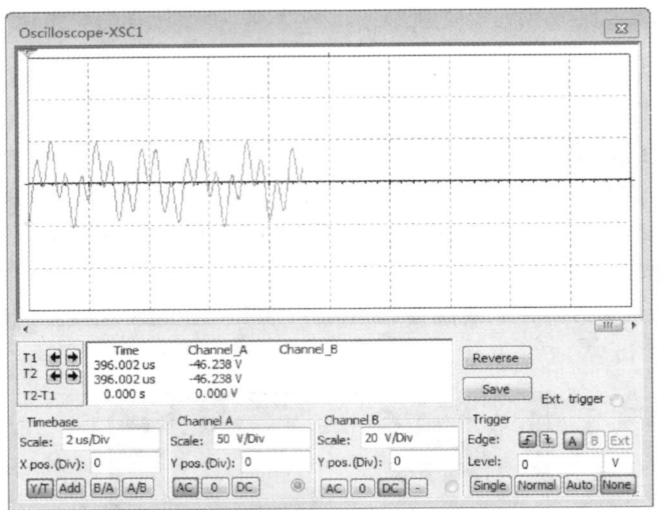

续图 5.51

示波器和频谱分析仪中，混频信号波形如示波器所示，频谱分析仪中得到的输出成分里有 2.0 MHz 和 0.6 MHz，与(1.3+0.7)=2.0 (MHz)和(1.3−0.7)=0.6 (MHz)理论计算结果一致。

5.4.2.2 安捷伦函数信号发生器

Multisim 软件中提供的 33120A 型安捷伦函数信号发生器(Agilent Function Generator)是安捷伦公司(现是德科技，Keysight)生产的一款基于直接频率合成技术(Direct Digital Synthesize，DDS)的函数信号发生器，输出信号最高频率可达 15 MHz。其电路符号和仪器面板如图 5.52 所示。电路符号有两个接线端子，对应仪器面板可知，上方接线端子为同步信号输入端，下方为信号源输出端，接入电路时务必保证接线正确。

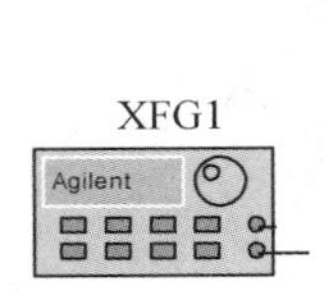

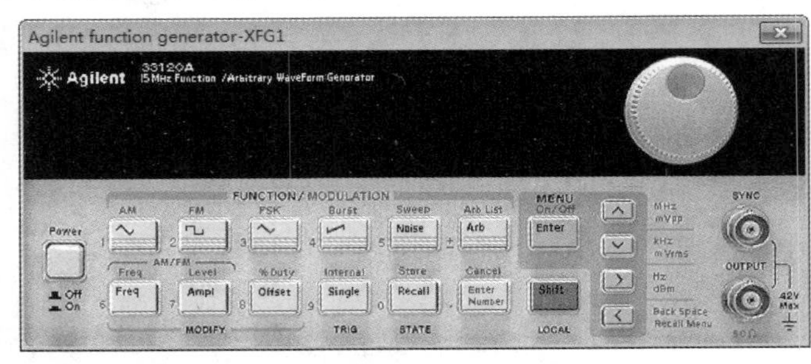

图 5.52 33120A 型安捷伦函数信号发生器电路符号和仪器面板

33120A 型安捷伦函数信号发生器的功能与真实的仪表类似，其面板功能如图 5.53 所示。参考仪器使用说明书和 Multisim 软件使用说明，33120A 型安捷伦函数信号发生器的功能主要包括以下几点。

(1)输出标准波形：正弦波(Sine)、方波(Square)、三角波(Triangle)、锯齿波(Ramp)、噪声(Noise)波形、直流电压(DC Volts)波形、sinc 波(=sin(x)/x)、反向锯齿波(Negative Ramp)、指数上升波(Exponential Rise)、指数下降波(Exponential Fall)和心率波(Cardiac)。

(2)输出任意波形：支持 8～256 点任意波形，幅度分辨率为 12 bit，采样率为 40 M/s，存储区 0～3 共 4 个 256 点存储区，默认为 0。

(3)调制方式：无调制、AM、FM、Burst(突发)、FSK(三角波)和 Sweep(扫描)。

(4)数字显示：4～8 位。

(5)电压显示：峰峰值(V_{p-p})、有效值(Vrams)和分贝值(dBm)3 种显示方式。

(6)数字输入方式：支持光标按键、数字键、旋钮和直接输入数字 4 种方式。

(7)菜单操作(Menu Operation)。

①调制菜单(Modulation Menu)：共 7 个子菜单，分别为 AM Shape、FM Shape、Burst Cnt、Burst Rate、Burst Phas.、FSK Freq 和 FSK Rate。

②扫描菜单(Swp Menu)：共 4 个子菜单，分别为 Start F、StopF、Swp Time 和 Swp Mode。

③编辑菜单(Edit Menu)：共 7 个子菜单，分别为 New Arb、Points、Line Edit、Point Edit、Invert、Save As 和 Delete。

④系统菜单(System Menu)：Comma。

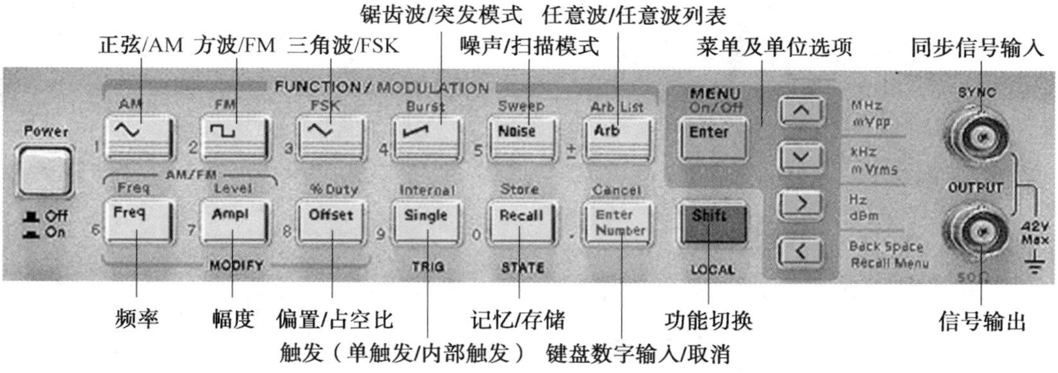

锯齿波/突发模式　任意波/任意波列表
正弦/AM　方波/FM　三角波/FSK　噪声/扫描模式　菜单及单位选项　同步信号输入
频率　幅度　偏置/占空比　记忆/存储　功能切换　信号输出
触发（单触发/内部触发）　键盘数字输入/取消

图 5.53　33120A 型安捷伦函数信号发生器面板功能说明

1. 正弦波、方波、三角波、锯齿波和噪声波形

正弦波、方波、三角波、锯齿波和噪声波形是 33120A 型安捷伦函数信号发生器提供的标准波形，可以通过面板按键直接选择，相关参数设置也类似，以下以产生正弦波信号为例，说明这五种波形的设置过程。

(1)电源开关打开后，直接点击正弦波按钮，选择输出正弦波信号，此时在输出端将有正弦波信号输出，默认频率为 1 kHz，幅度为 100 mV，并且在显示屏右边的数字后有正弦波符号出现，如果选择其他波形，则有对应波形符号出现。

(2)鼠标单击“Freq”按钮，进入频率设置功能，此时显示屏上默认频率为 1 kHz，并且小数点后第一位数字 0 闪烁。设置信号频率需要了解 33120 A 型安捷伦函数信号发生器的数字输入方式，如前文所述，一共有 4 种输入方式，可以从下面选择任意一种方式设置频率：

①通过光标按键输入数字。在菜单栏中有“上下左右”四个方向键，结合显示屏中闪烁的光标位置，即可完成数字和单位的输入。首先通过“左右”方向键选择光标闪烁位置，光标移动到恰当位置后(数字位或单位)，再使用“上下”方向键增减对应位数值，对各位数值操作完成以后，即可得到所设置的参数。当然，也可以通过键盘上的方向键来设置，原理一致。

②直接仪器面板数字键输入数字。在图5.53所示的仪器面板中，每个按钮左下角均对应一个数字或小数点，单击“Enter Number”按钮，再连续输入所需频率的数字，最后单击“Enter”完成数字输入，同时也支持键盘数字键输入，输入完成后按“Enter”确认。采用这种数字输入方式需要注意单位，按完数字键后直接按“Enter”默认是Hz或V_{p-p}，如果需要选择不同的单位，在输入完数字键后，单击菜单的“上下右”三个方向键，其对应不同的单位，例如对于频率来说，“上”方向键对应MHz，“下”方向键对应kHz，“右”方向键对应Hz；对于幅度来说，“上”对应峰峰值(V_{p-p})，“下”对应有效值(Vrms)，“右”对应分贝值(dBm)。

③通过旋钮输入。与光标按键输入类似，使用显示屏右侧旋钮，旋转该旋钮将从光标闪烁所在数据位开始增加或减小，一直旋转到需要设置的数值即可。

④键盘数字键直接输入。在光标闪烁所在数据位直接用键盘数字键输入，即可设置相应位数字，再通过“左右”方向键移动光标所在位置，再结合键盘输入，即可快速完成数字输入。

(3)鼠标单击“Ampl”按钮，设置信号幅度，信号输入方式参考上述数字输入。需要注意的是，信号输出幅度的三种表示方式，峰峰值(V_{p-p})、有效值(Vrms)和分贝值(dBm)，可以通过单击“Enter Number”按钮，再选择菜单栏中的“上下右”三个方向键来切换。

(4)单击“offset”按钮，设置偏置电压。参考上述数字输入方式输入偏置电压，再点击“上”方向键可以在单位之间切换。

(5)设置方波占空比。先按“Shift”按钮，再按“Offset”按钮，激活“占空比设置(Duty)”功能。占空比输入参考上述数字输入方式。

2. 直流电压源

鼠标单击“Offset”按钮2 s以上，显示屏先显示“VDC”，后变成“+0.000VDC”，信号源进入直流电压源模式，按照上述方法输入输出电压，即可得到所需直流电压源。需要注意的是，直流电压源幅度范围为−5～+5 V，超过这个电压范围，设置无效。

3. AM 波

对于AM信号来说，需要设置的参数包括载波频率、载波幅度、调制信号频率、调制信号幅度4个参数。

(1)选择输出AM信号。单击“Shift”按钮，再单击“正弦波”按钮，则激活按钮上方标注的“AM信号输出”，此时显示屏上有“AM”标识显示。

(2)设置载波频率。直接单击“Freq.”按钮，即可以设置载波频率。

(3)设置载波幅度。直接单击“Ampl.”按钮，即可以设置载波幅度。

(4)设置调制信号频率。单击“Shift”按钮，再单击“Freq.”按钮，即可以设置调制信号频率。

(5)设置调制信号幅度。单击“Shift”按钮，再单击“Ampl.”按钮，即可以设置调制信号幅度。

(6)针对有不同调制信号需求的场合，33120A型安捷伦函数信号发生器支持正弦、方波、三角波和锯齿波4种调制信号的选择，其中仪器默认的是正弦波调制。如果需要修改调制信号，操作步骤如下：

①单击“Shift”按钮，再点击“Enter”，激活仪器“菜单”(Menu)功能，此时显示屏先显示

"MENUS",再自动跳转显示"A:MOD MENU"(模式菜单)。

②单击"向下"方向键,显示屏先显示"COMMANDS"(命令菜单),随即跳转到"1:AM SHAPE"(AM 波形种类)。

③再次单击"向下"方向键,显示屏先显示"PARAMETERS"(参数菜单),随即跳转到"SINE"(正弦波),这就是当前 AM 信号所使用的调制信号波形种类。

④单击"向左"或"向右"方向键,即可在方波(SQUARE)、三角波(TRIAGGLE)、锯齿波(RAMP)之间切换。

⑤设置完成以后,单击"Enter"保存设置,即可完成调制波形的选择。图 5.54 给出了 4 种不同调制波形的波形图。

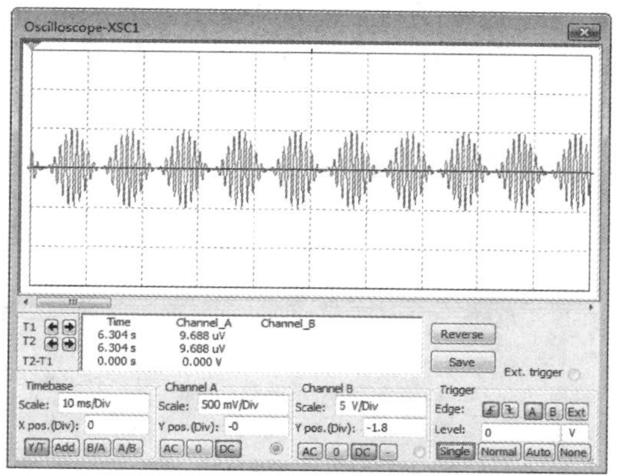

(a) 调制波形为正弦波的AM信号

(b) 调制波形为方波的AM信号

(c) 调制波形为三角波的AM信号

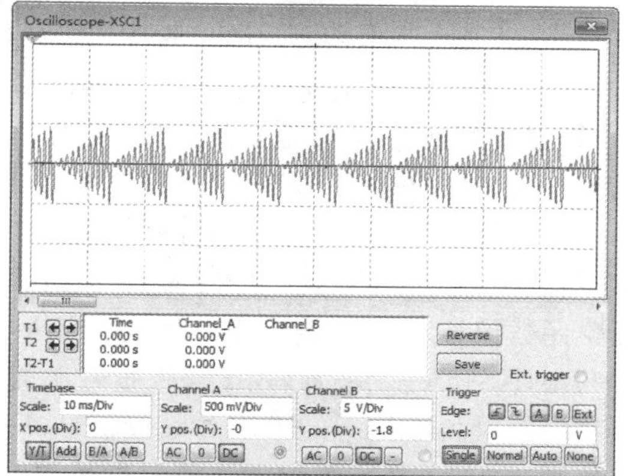

(d) 调制波形为锯齿波的AM信号

图 5.54　不同调制波形的 AM 信号波形

4. FM 波

FM 信号所涉及的参数包括载波频率、载波幅度、调制信号类型、调制信号频率、调制角频偏。与 AM 调制波形设置类似,以下按照步骤完成上述参数设置:

(1)选择输出 FM 信号。单击"Shift"按钮,再单击"方波"按钮,则激活按钮上方标注的"FM 信号输出",此时显示屏上有"FM"标识显示。此时可以单击"正弦波""方波""三角波"或"锯齿波"按钮,设置载波波形类别。

(2)设置载波频率。直接单击“Freq.”按钮，即可以设置载波频率。

(3)设置载波幅度。直接单击“Ampl.”按钮，即可以设置载波幅度。

(4)设置调制信号频率。单击“Shift”按钮，再单击“Freq.”按钮，即可以设置调制信号频率。

(5)设置调制信号角频偏。单击“Shift”按钮，再单击“Ampl.”按钮，即可以设置调制信号角频偏。

图 5.55 给出了使用 A33120A 型安捷伦函数信号发生器输出 FM 信号的例子，其载波频率为 20 kHz，载波幅度为 3.0 V，调制频率为 5 kHz，角频偏为 5 kHz，其面板设置如图 5.55(a)所示，示波器显示的波形如图 5.55(b)所示。

(a) 面板

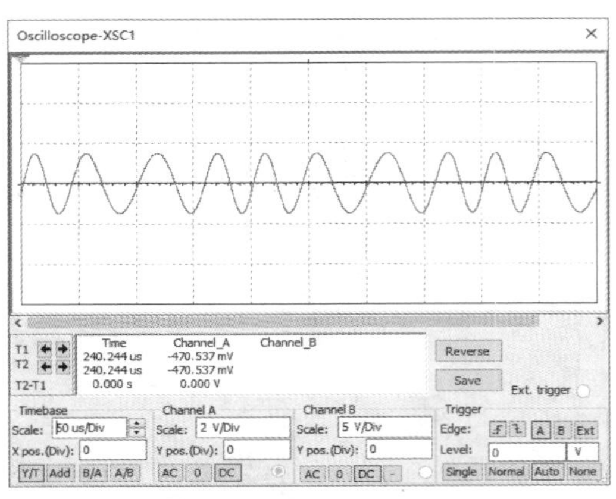

(b) 示波器显示的FM波形

图 5.55　使用 33120A 型安捷伦函数信号发生器输出 FM 信号

33120A 型安捷伦函数信号发生器除了前面的 AM、FM 等信号外，还可以输出 FSK、Burst 突发调制波形、扫描信号、Sinc 函数等多种波形或特殊函数波形，由于本实验中不涉及这些功能，故在此不做深入介绍，有需要可以参考相关资料。

在实验原理部分介绍频谱分析仪和 33120A 型安捷伦函数信号发生器的基础上，可以直接在 Multisim 中搭建信号的频谱观察实验电路，如图 5.56 所示。XFG1 为 33120A 型安捷伦函数信号发生器，产生正弦、AM 和 FM 波形；XSA1 是频谱分析仪，用于观察输出信号的频谱；XSC1 是示波器，用于监控信号源的输出波形。受 33120A 型安捷伦函数信号发生器功能的限制，其不能产生脉冲调制信号，后面使用其他方法来产生该信号。当然，除了可以使用 33120A 型安捷伦函数信号发生器作为信号源外，在 Multisim 中还有其他产生正弦、AM 和 FM 波形的方式，如图 5.57 所示，就是使用“Source”信号源库中“Signal_

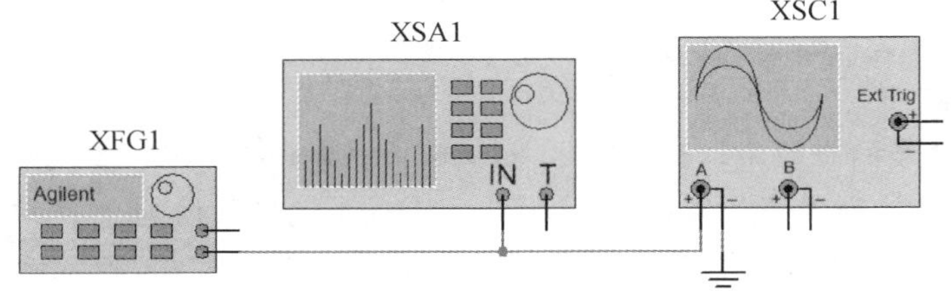

图 5.56　信号的频谱分析实验电路

Voltage_Source"信号电压源类别中的"AC_Voltage""AM_Voltage"和"FM_Voltage"来产生。

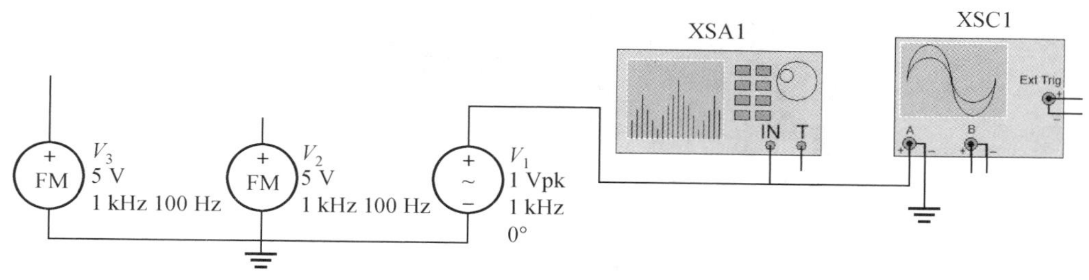

图 5.57　使用信号源库中的信号电压源实现信号频谱观察

5.4.2.3　正弦波信号的频谱观察

设置信号源输出波形为正弦波，频率为 10 MHz，然后在频谱分析仪界面中，设置中心频谱为 10 MHz，扫宽为 100 kHz，在设置中选择 FFT 点数为最大值 32 768 点，将分辨率设置为最小值(1.227 kHz)，调节显示幅度范围，使得频谱分析仪显示出合适的频谱曲线，如图 5.58(a)所示。由图可知，尽管 10 MHz 正弦波的频谱理论上在 10 MHz 频率点处是一条直线，但是受 Multisim 中 FFT 点数的限制，最大只有 32 768 点，所以在中心频率 10 MHz 点处，频率分辨率只有 1.227 kHz，限制了其频谱曲线的进一步精细化。如果要观察更加接近真实的频谱图，可以将信号源频率降低，例如降到 1 MHz，并且尽量减小频率分辨率的值，得到新的频谱曲线，如图 5.58(b)所示，显然 1 MHz 时的频谱曲线更加显示精细，更加接近理想值。

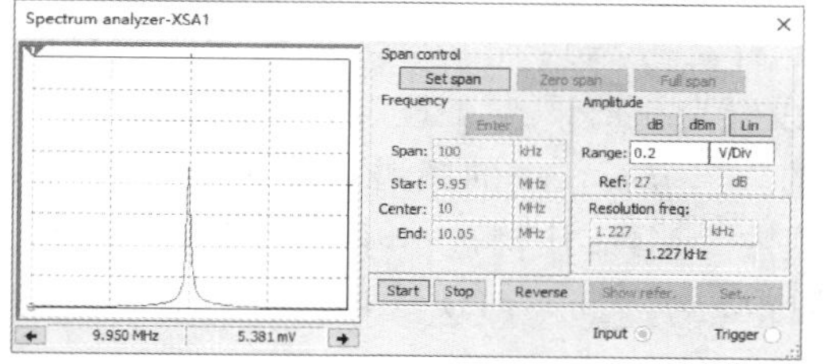

(a) 10 MHz 正弦波

(b) 1 MHz 正弦波

图 5.58　正弦信号的频谱图

5.4.2.4　AM 信号的频谱观察

参考硬件实验对 AM 调幅信号的参数设置，将载波频率设置为 10 MHz，AM 调制波频率设置为 5 kHz，AM 调制深度设置为 50%，在示波器中观察到的 AM 图形如图 5.59 所示。对应的频谱分析仪中的频谱曲线如图 5.60(a)所示。与前文分析的一致，由于中心频率 10 MHz过高，其频谱曲线无法精细显示，因此仿真过程中可以对载波频率做一个改变，将其降为 1 MHz，这样得到的 AM 信号频谱如图 5.60(b)所示。

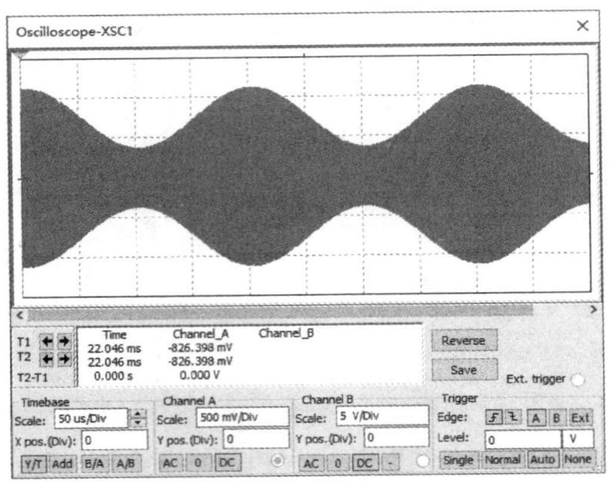

图 5.59　AM 信号波形

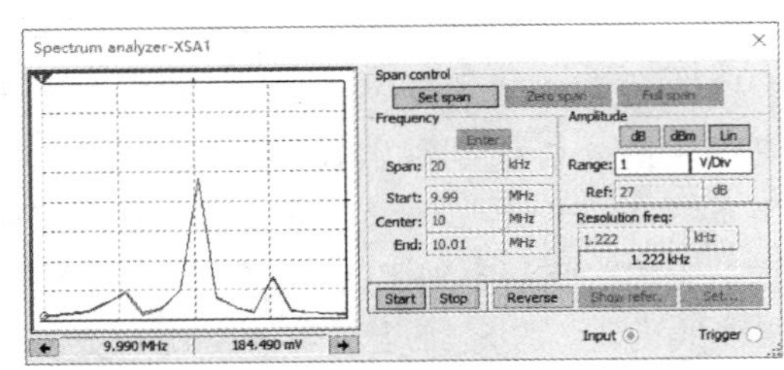

(a) 10 MHz **载波**

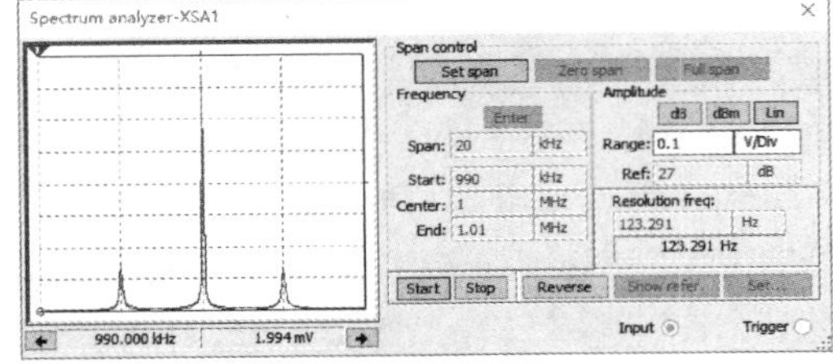

(b) 1 MHz **载波**

图 5.60　AM 信号的频谱图

5.4.2.5　FM 信号的频谱观察

参考硬件实验对 FM 调幅信号的参数设置，并且考虑到 Multisim 中频谱分析仪的限制，将载波频率设置为 1 MHz，FM 调制波频率设置为 5 kHz，频偏设置为 5 kHz，在示波器中观察到的 FM 图形如图 5.61(a)所示。对应的频谱分析仪中的频谱曲线如图 5.61(b)所示。在 FM 波形图中，由于频偏 5 kHz 相对于载波 1 MHz 比例过小，因此在局部的 FM 波形中对载波频率的变化显示不明显。在频谱图中，$\Delta f/f=5\ \text{kHz}/5\ \text{kHz}=1$，即调制指数

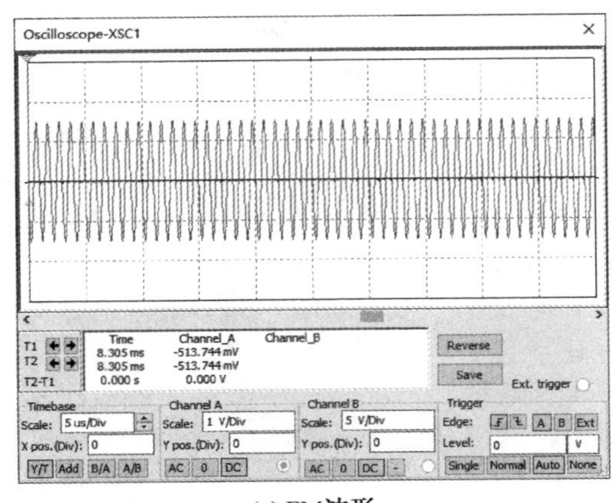

(a) FM**波形**

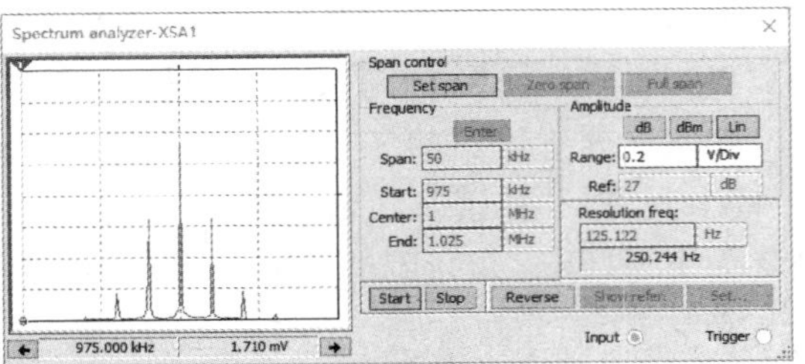

(b) FM**频谱图**

图 5.61　FM 信号的波形和频谱图

$mf=1$,可以从单侧谱线数量减去 1 得到,这个结论可以从频谱图中得到验证。

5.4.2.6　脉冲调制波形的频谱观察

与其他波形 Multisim 可以直接利用仪表产生不同,脉冲调制波形需要自己单独设计电路产生,该电路如图 5.62 所示,利用 XFG1 和 XFG2 两个函数发生器,分别产生 1 kHz 的周期矩形波(对应硬件实验中的 1 000 μs 的周期矩形波)和 1 MHz 的正弦波(对应硬件实验中的 10 MHz 正弦载波),注意周期矩形波的幅度和偏置电压的参数设置,函数发生器默认输出的是一个具有正负电压的差分信号,只有设置其偏置电压等于幅度值,则可以只有 0 V 和 2 倍幅度值的周期矩形波。在“Source”信号源库的“Control_Function_Block”类别中选择“Multiplier”乘法器,将 XFG1 和 XFG2 产生的信号分别接入乘法器的两个输入端,其乘积结果就是脉冲调制波形,如图 5.63 所示。图 5.64 给出了这个脉冲调制波形的频谱图,参考硬件实验电路的设置,这里给出了两种不同的频谱显示方式,可以根据需要进行选择。

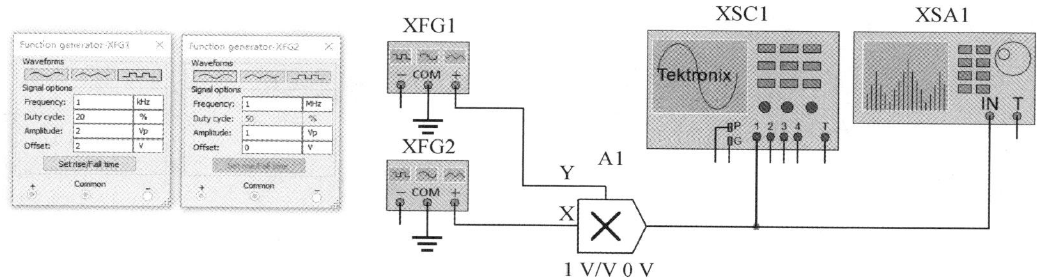

图 5.62　脉冲调制波形的频谱观察实验电路

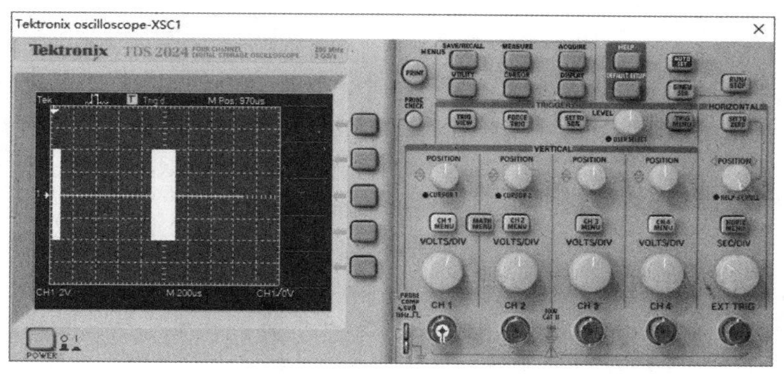

图 5.63　产生的脉冲调制波形

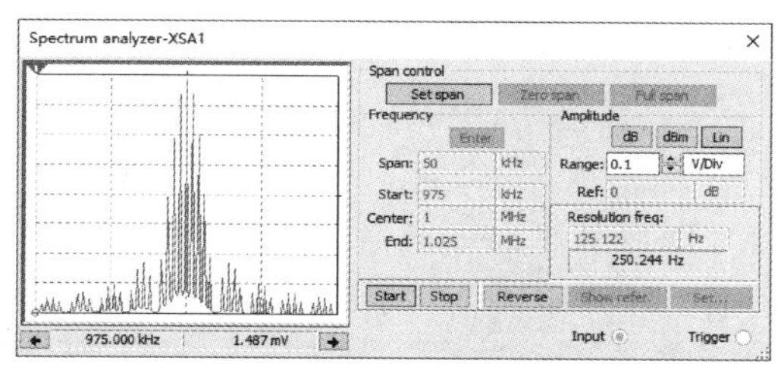

(a) 中心频率+扫宽方式

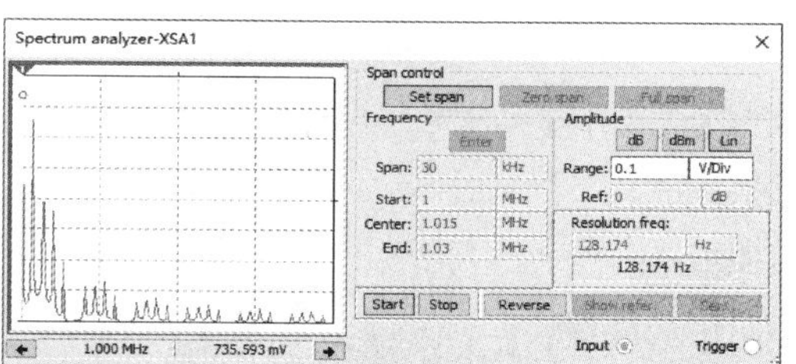

(b) 起始频率+终止频率方式

图 5.64　两种不同的脉冲调制频谱显示方式

5.4.2.7 方波信号的频谱观察

除前面涉及硬件实验的几种波形的频谱观察外，还可以使用 Multisim 直接观察方波信号的频谱，其电路和频谱图如图 5.65 所示。

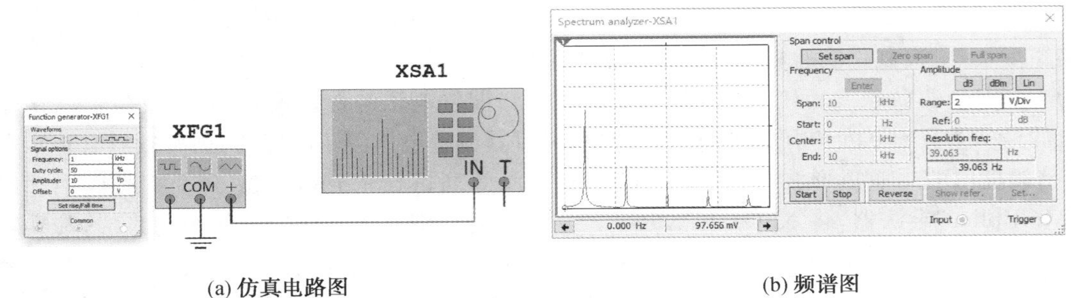

(a) 仿真电路图　　(b) 频谱图

图 5.65　1 kHz 方波信号的仿真电路与频谱图

5.5 信号的时域抽样与重建

5.5.1 实验目的

(1)掌握利用 Multisim 实现信号的时域抽样与重建实验的验证方法；

(2)巩固 Multisim 软件中示波器、频谱分析仪、波特仪的使用方法。

5.5.2 实验内容及步骤

(1) 用 Multisim 软件绘制如图 5.66 所示信号抽样与重建仿真电路，信号源 XFG1、XFG2 与多路复用器 4066BD 构成信号抽样与重建电路，输出端电阻 R_1 为输出信号提供参考地。抽样信号由示波器 XSC1 和频谱分析仪 XSA1、XSA4 共同观察。XFG1 作为抽样信号，设置为高频率的方波。XFG2 是输入的被采样信号，为输入低频率的正弦、锯齿等波形；受模拟开关 4066 输入信号限制，XFG2 输入波形幅度应在 ±5 V 之间，以免造成截顶失真。抽样后信号经射随放大器 U2A 后，通过开关 S_1 选择是否进入 2 kHz 和 4 kHz 低通滤波器。滤波器电路由 U3 和 U4 组成，其中 U3A 和 U3B 组成 2 kHz 低通滤波器，U4A 和 U4B 组成 4 kHz 低通滤波器。该信号恢复电路还配置了 2 个波特仪和 2 个频谱分析仪，其中波特仪用于测量 2 kHz 和 4 kHz 低通滤波器的幅频特性，频谱分析仪用于观察经过滤波恢复出来的信号频谱。低通滤波器幅频特性测试结果如图 5.67 所示，2 kHz 低通滤波器在截止频率 2 kHz 处的增益为 −3.358 dB，4 kHz 低通滤波器在截止频率 4 kHz 处的增益为 −3.246 dB，符合设计指标要求。

(2) 结合硬件实验的内容，改变输入信号的种类和抽样信号的频率，同时利用示波器和频谱分析仪观察抽样前后信号的频谱变化现象。下面给出了 1 kHz 正弦波、三角波和方波分别经过 2 kHz、4 kHz 和 10 kHz 抽样后再经过 2 kHz 和 4 kHz 低通滤波器的输出波形及其对应的频谱图，如图 5.68～5.77 所示。根据这些图形可知，对于频谱 $F(\omega)$ 限制在 $-\omega_m \sim +\omega_m$ 范围内的信号 $f(t)$，经过间隔 T_s(重复频率 $\omega_s=2\pi/T_s$) 的抽样信号对 $f(t)$ 进行抽样后，其抽样信号 $f_s(t)$ 的频谱 $F_s(\omega)$ 是 $F(\omega)$ 以 ω_s 为重复周期的周期函数。为了避免 $F_s(\omega)$ 产生频谱的混叠，要求采样率满足 $\omega_s \geqslant 2\omega_m$ 的抽样定理条件。

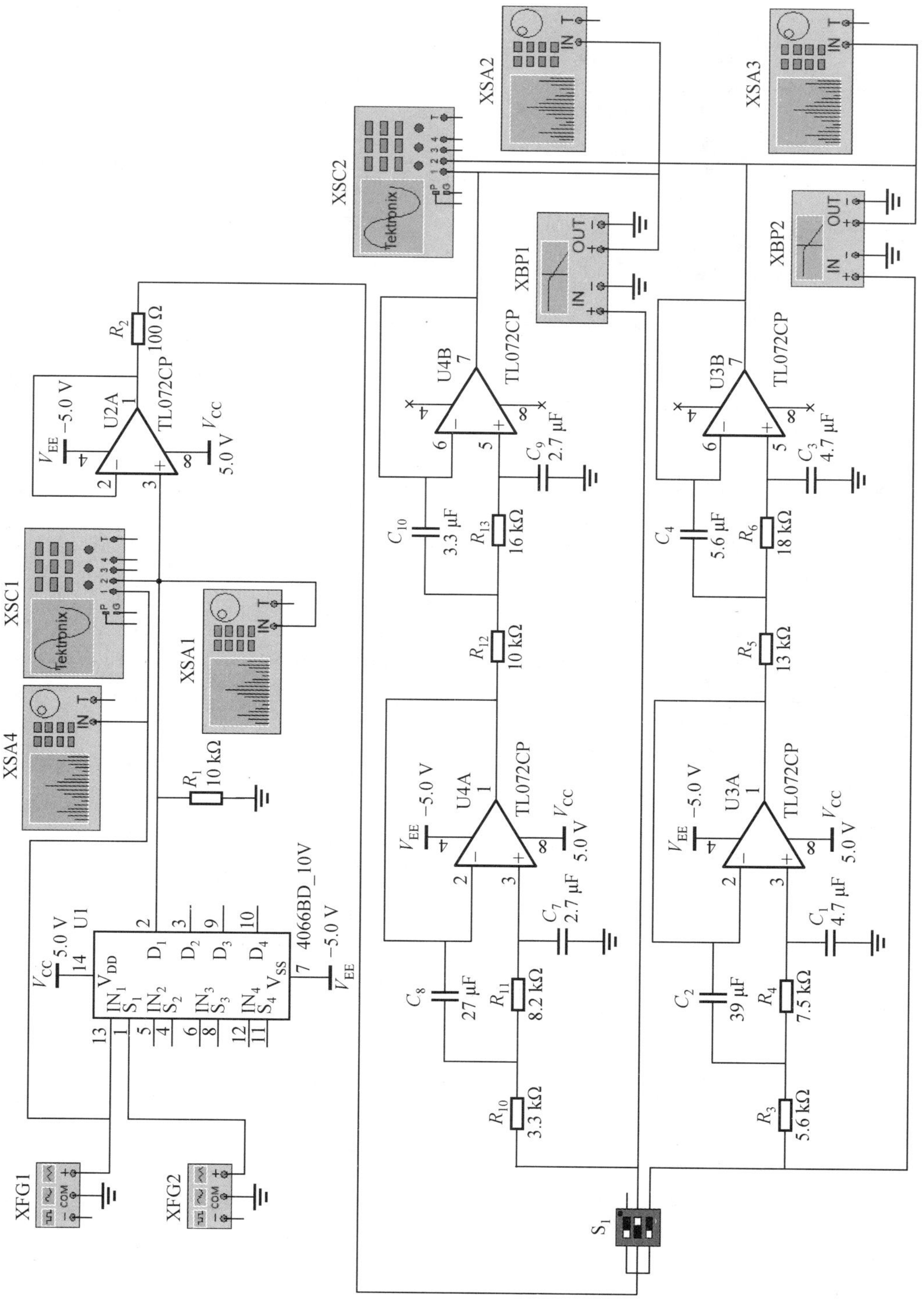

图 5.66　信号抽样与重建仿真电路

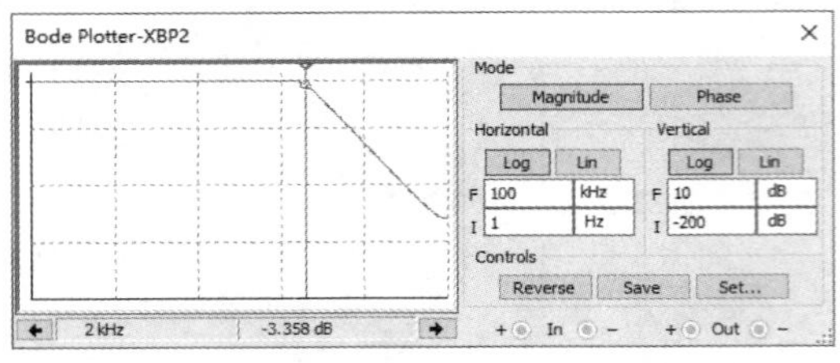

(a) 2 kHz低通滤波器

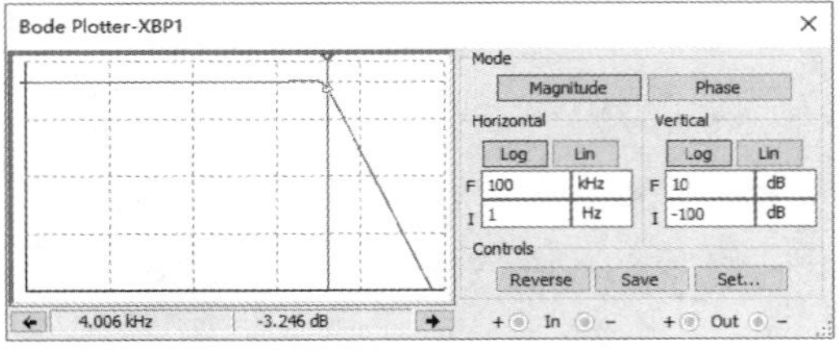

(b) 4 kHz低通滤波器

图 5.67　信号的抽样与重建实验仿真电路的低通滤波器幅频特性曲线

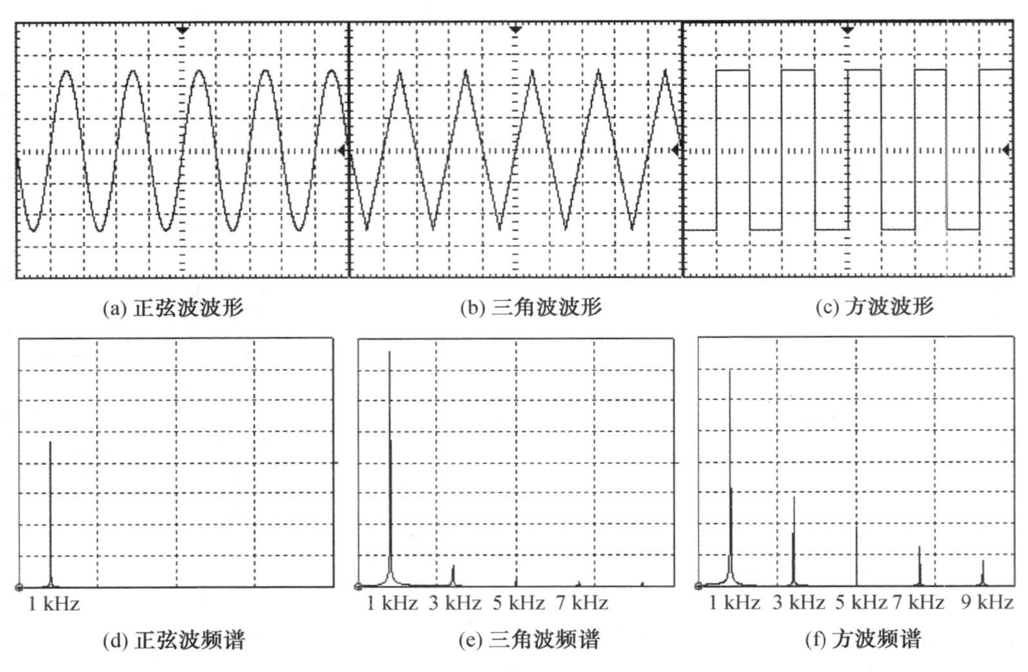

(a) 正弦波波形　(b) 三角波波形　(c) 方波波形

(d) 正弦波频谱　(e) 三角波频谱　(f) 方波频谱

图 5.68　输入信号波形与频谱

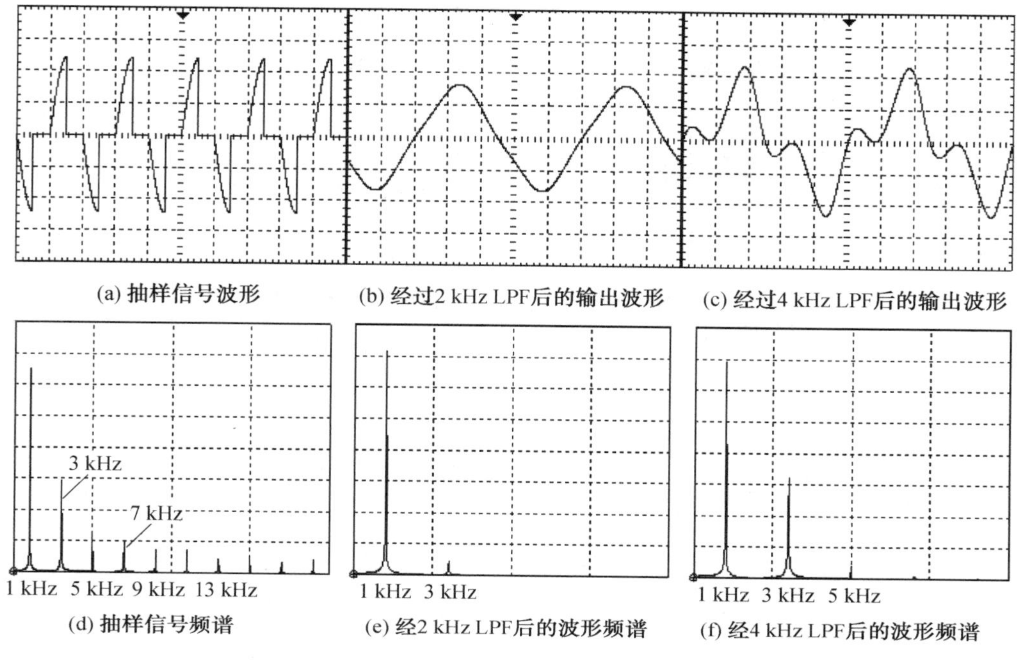

图 5.69　正弦波经过 2 kHz 抽样后的信号频谱以及经过滤波器恢复出的信号频谱

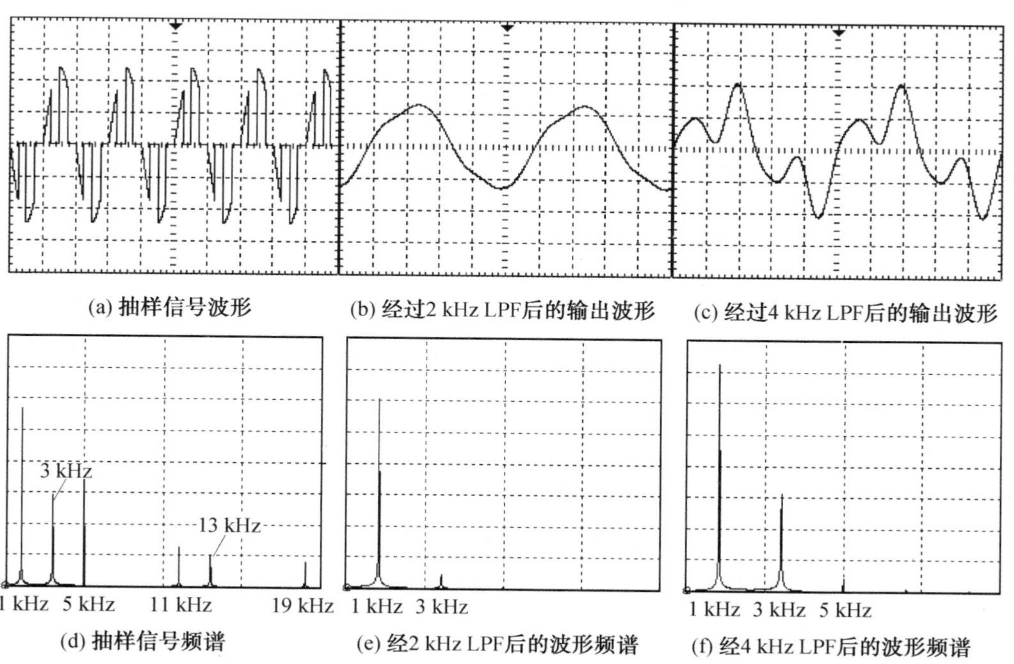

图 5.70　正弦波经过 4 kHz 抽样后的信号频谱以及经过滤波器恢复出的信号频谱

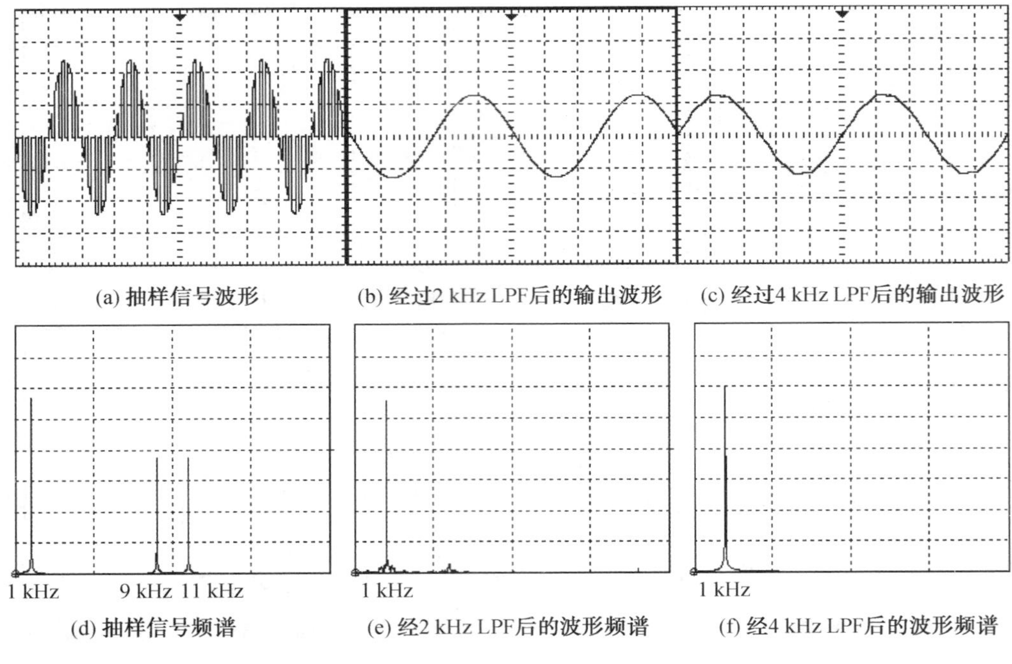

图 5.71　正弦波经过 10 kHz 抽样后的信号频谱以及经过滤波器恢复出的信号频谱

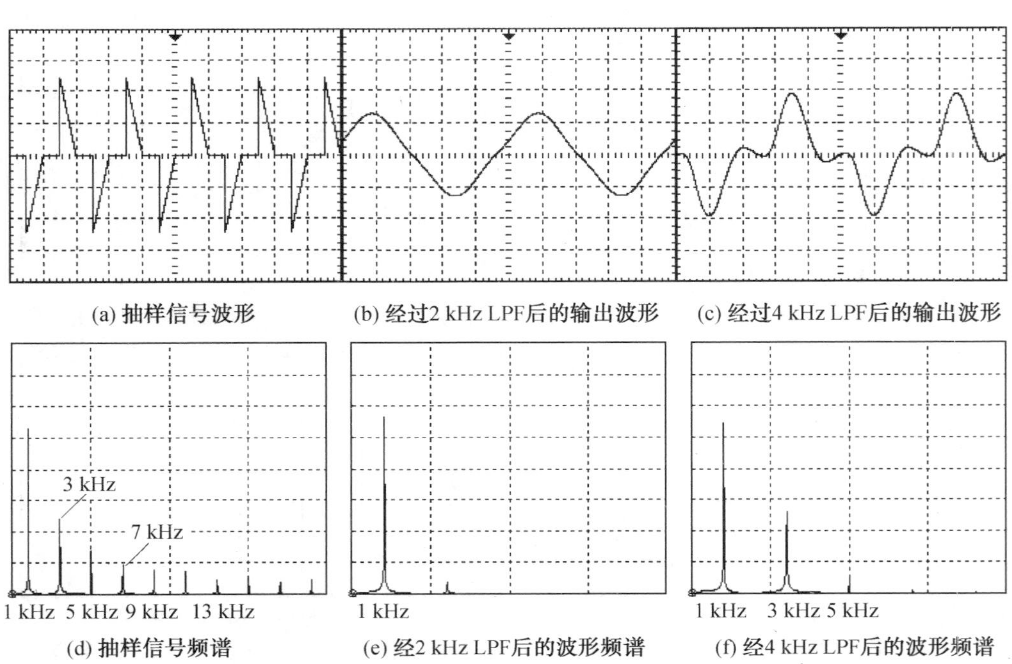

图 5.72　三角波经过 2 kHz 抽样后的信号频谱以及经过滤波器恢复出的信号频谱

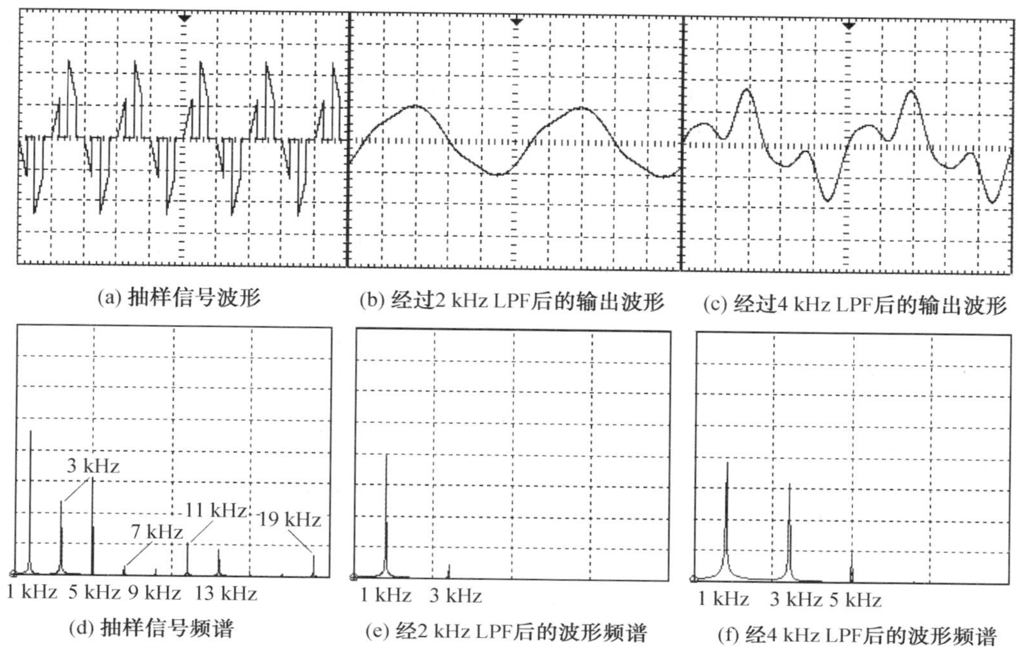

图 5.73　三角波经过 4 kHz 抽样后的信号频谱以及经过滤波器恢复出的信号频谱

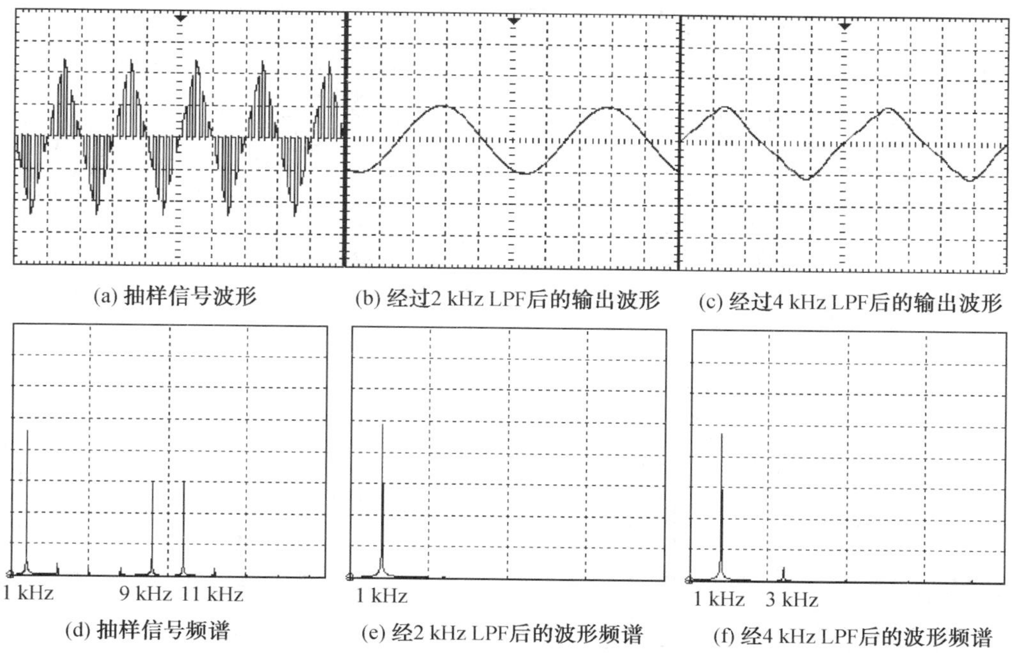

图 5.74　三角波经过 10 kHz 抽样后的信号频谱以及经过滤波器恢复出的信号频谱

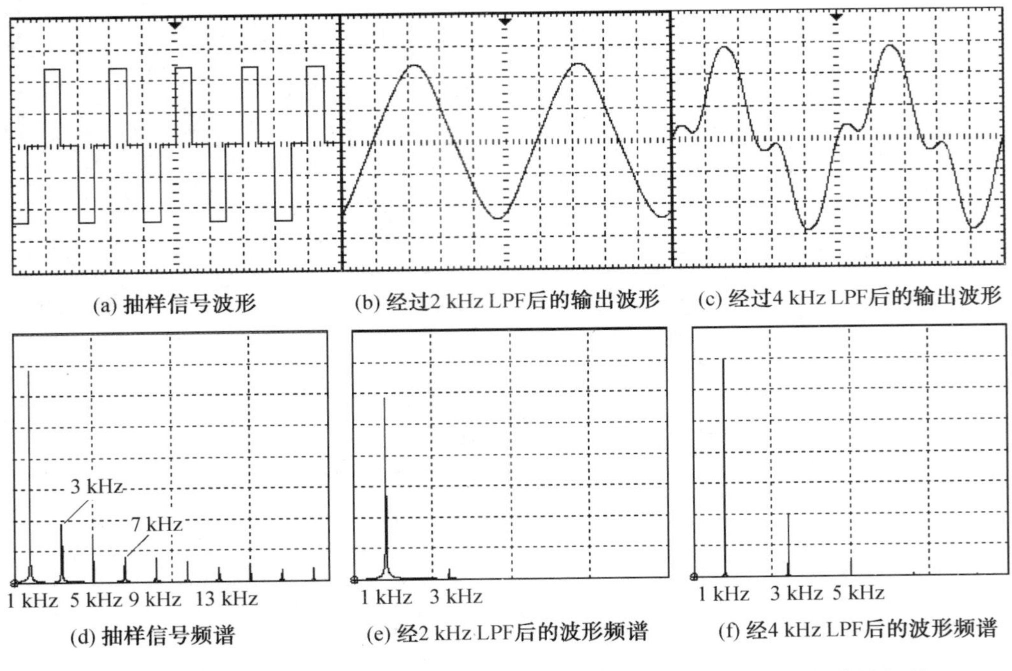

图 5.75 方波经过 2 kHz 抽样后的信号频谱以及经过滤波器恢复出的信号频谱

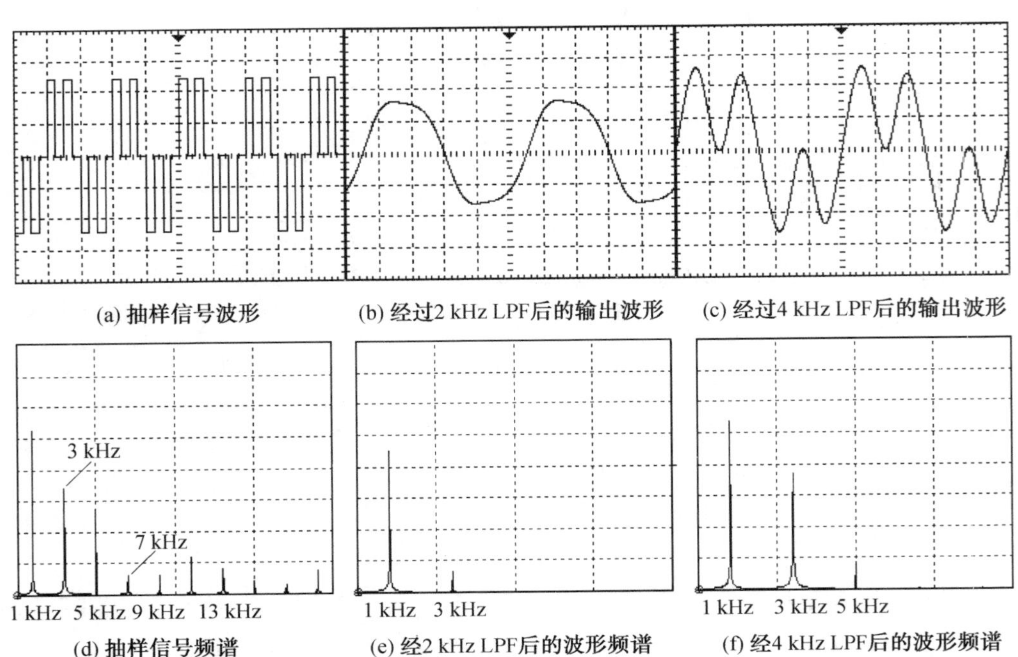

图 5.76 方波经过 4 kHz 抽样后的信号频谱以及经过滤波器恢复出的信号频谱

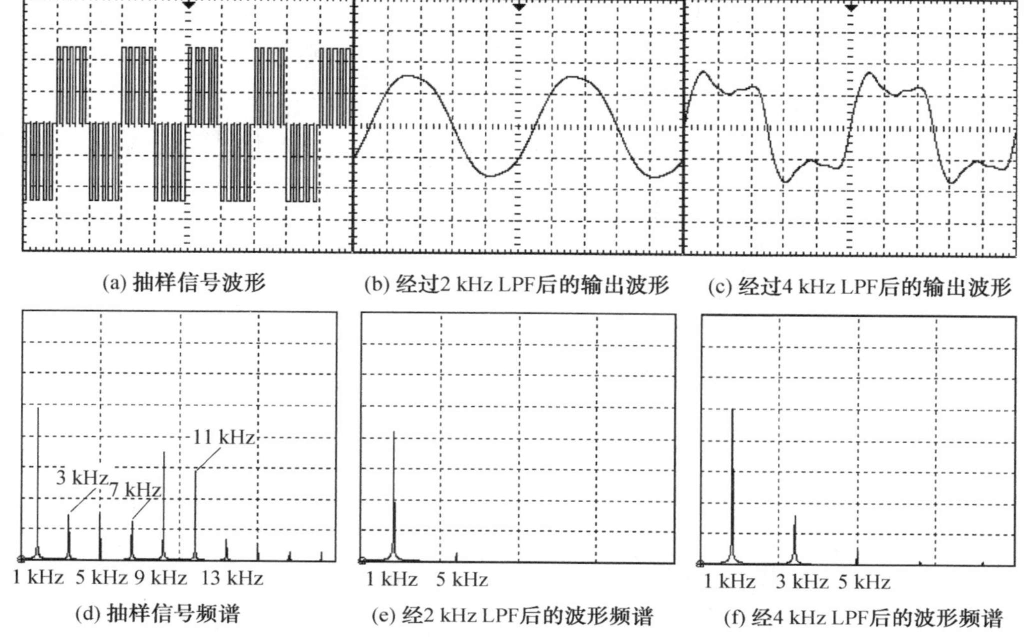

(a) 抽样信号波形　(b) 经过2 kHz LPF后的输出波形　(c) 经过4 kHz LPF后的输出波形

(d) 抽样信号频谱　(e) 经2 kHz LPF后的波形频谱　(f) 经4 kHz LPF后的波形频谱

图 5.77　方波经过 10 kHz 抽样后的信号频谱以及经过滤波器恢复出的信号频谱

5.6　信号的无失真传输

5.6.1　实验目的

(1)掌握使用 Multisim 软件验证信号的无失真传输的方法；

(2)巩固使用李萨如图形判定相位差的方法；

(3)掌握使用波特仪测量系统传输特性的方法。

5.6.2　实验内容及步骤

(1)用 Multisim 软件绘制如图 5.78 所示的信号无失真传输实验电路，其中 $C_1=C_2=1\ \mu F$，$R_1=1\ k\Omega$，R_2 为一个 2 kΩ 的可调电阻。

(2)先将 R_2 调节到 50%处，此时显然 $R_2=1\ k\Omega$，有 $R_1C_1=R_2C_2$，故该电路是一个无失真传输电路。使用波特仪 XBP1 测量该电路的幅频特性和相频特性，参考测试结果如图 5.79所示。

(3)调节信号源 XFG1 输出的信号波形种类和频率，用示波器观察该电路输入输出信号的波形幅值、相位差等差异。

(4)将示波器的显示模式修改为 X—Y 模式，调节信号源 XFG1 输出的信号频率，观察李萨如图形是否随信号频率变化而变化。参考图形如图 5.80 所示。

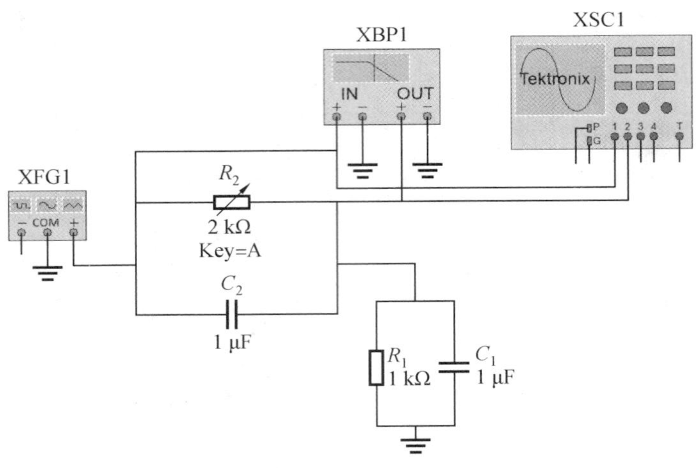

图 5.78　信号无失真传输实验电路

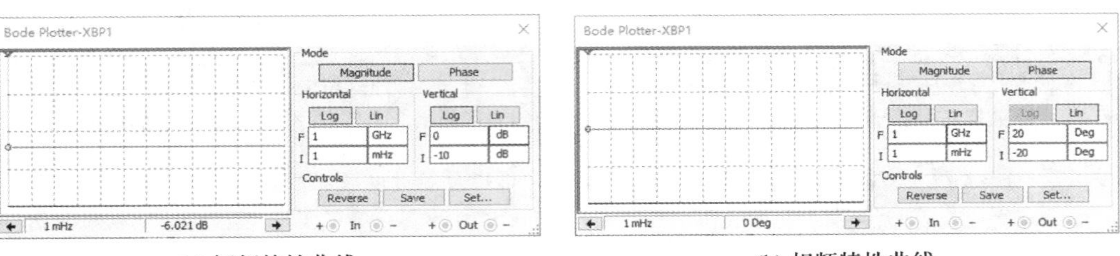

(a) **幅频特性曲线**　　(b) **相频特性曲线**

图 5.79　无失真传输时的电路幅频特性曲线和相频特性曲线

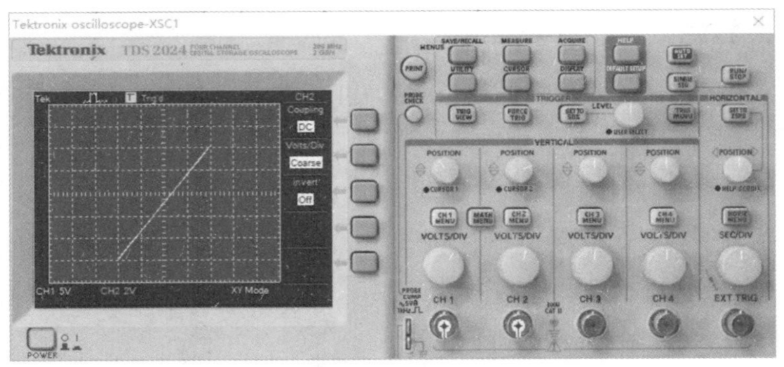

图 5.80　无失真传输时的李萨如参考图

(5)调节 R_2 的阻值，使得该实验电路变为一个信号有失真传输的电路，然后重复上述实验步骤，使用波特仪、示波器分别对该电路的幅频、相频特性等进行测试。例如当电阻 $R_2=200\ \Omega$时，所得到的幅频特性、相频特性以及某一频率点的李萨如图分别如图 5.81 和图 5.82 所示。

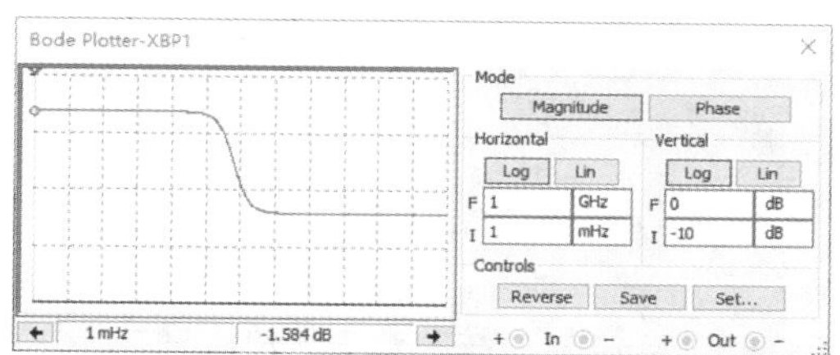

(a) **幅频特性曲线**

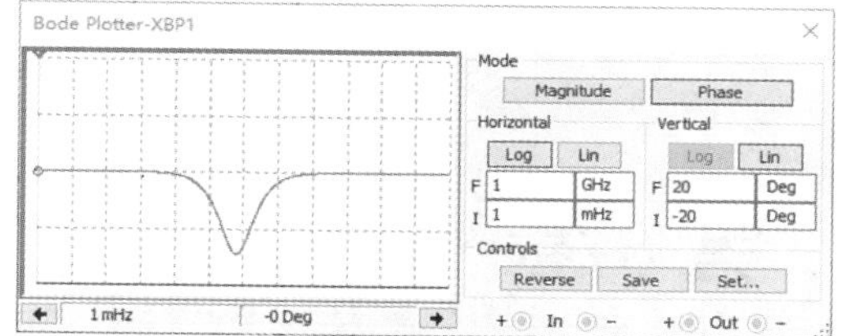

(b) **相频特性曲线**

图 5.81　有失真传输时的电路幅频特性曲线和相频特性曲线

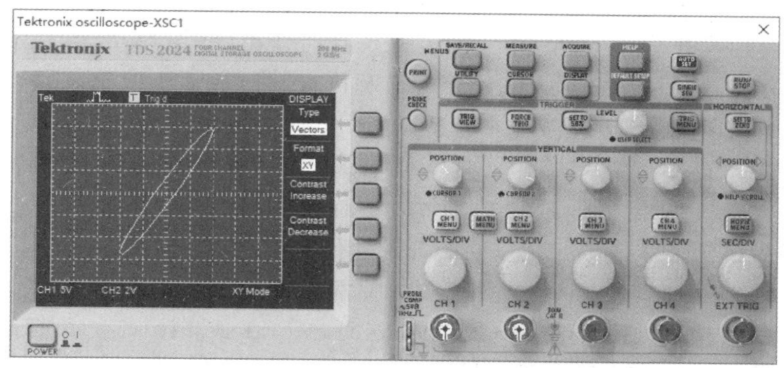

图 5.82　有失真传输时某一个频率点波形对应李萨如参考图

(6)根据上述实验的内容与实验结果，总结信号无失真传输和有失真传输的条件，幅频和相频传输性能，以及对输入信号的影响。

第 6 章

Octave 软件概述

GNU Octave，简称为 Octave，是一种用于数值计算和绘图的高级语言，通常用于求解线性和非线性方程、数值线性代数、统计分析以及执行其他数值实验等问题，也可以用作自动化数据处理中面向批处理的语言。

Octave 在遵循 GNU (GNU's Not UNIX 的简写)操作系统通用公共许可证(General Public License，GPL)基础上可以自由使用、复制、分发，并对其进行任何想要的更改。Octave 已经成为科学计算领域一款重要的开源软件。

2021 年 10 月 30 日，Octave 发布的最新版本是 GNU Octave 6.4.0，可以直接通过 https://www.gnu.org/software/octave/download.html 或 https://ftpmirror.gnu.org/octave 下载，它会自动重定向到附近的镜像站点，以方便用户下载。

下载安装后的 GNU Octave 6.4.0 的图形用户界面(Graphical User Interface，GUI)如图 6.1 所示，其集成开发环境(Integrated Development Environment，IDE)包括一个带有语法突出显示的代码编辑器、内置调试器、文档浏览器以及语言本身的解释器，同时也支持命令行界面。

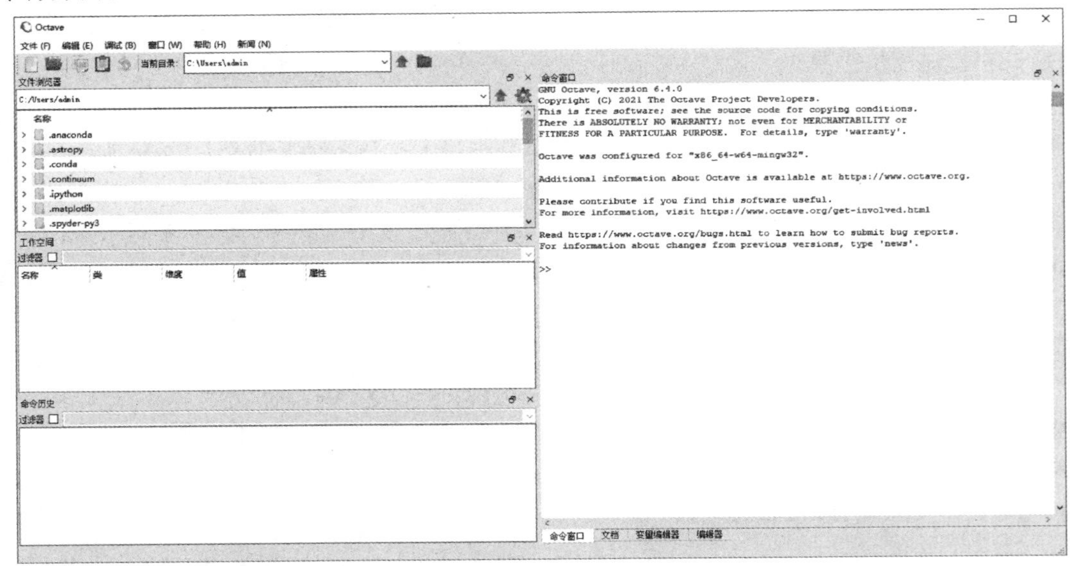

图 6.1 Octave 6.4.0 版本的主界面

在如图 6.1 所示的 Octave 主界面中，标题栏位于工作界面的顶部，给出了 Octave 的标识，并且有最大化、最小化和关闭快捷键，用于实现窗口的最小化、最大化、还原及关闭。

Octave 的功能区包括文件、编辑、调试、窗口、帮助和新闻等多个选项卡，每个选项卡中包含了不同的工具按钮，涵盖了 Octave 的所有功能选项。单击各个选项卡名，即可切换到相应的选项卡。

文件浏览器 Octave 的当前路径窗口，与 Windows 的当前路径定义类似，用于浏览当前目录下的所有文件，用户可以通过此窗口对文件夹下的文件进行新建、删除、打开等处理。也可以通过右侧向上箭头选择其他目录，或者通过右侧齿轮按键设置新的目录或在当前目录下新建文件。

工作空间是 Octave 存储各种变量和结果的空间，用户可以在工作空间观察、编辑和提取相关变量数据。

命令历史是 Octave 存储所有输入的工作命令历史区，用户可以在命令历史区查阅以前输入的所有命令。

命令窗口是 Octave 的主要工作界面，用户可以在此界面中输入各种指令，其运算结果也会在其中显示。用户可以通过功能区编辑选项卡下的"清除命令窗口""清除命令历史"和"清除工作空间"等命令对各个工作窗口进行清除。

Octave 的工作区布局也可以通过功能区主页选项卡下的"窗口"下拉菜单进行自定义设置。

众所周知，在科学计算领域影响力最大的软件是美国 MathWorks 公司自 20 世纪 80 年代中期推出的 MATLAB 软件，其现已成为国际公认的最优秀工程应用开发环境之一，是国际科学界最具影响力、最有活力的软件之一，深受广大科技工作者欢迎。但是 MATLAB 软件是一款商业软件，需要考虑昂贵的授权费用和面临许可证禁用的问题，因此限制了其使用范围。本章所给出的 Octave 软件是一个开源软件，避免了授权费用和许可证的问题。Octave 在构建时就考虑到了与 MATLAB 软件的兼容性（将与 MATLAB 不兼容性视为错误），其与 MATLAB 相同的功能包括：

（1）矩阵作为基本数据类型。

（2）内置对复数的支持。

（3）强大的内置数学函数和丰富的函数库。

（4）用户定义函数形式的可扩展性。

在语法兼容性方面，Octave 的基本语法也几乎完全兼容 MATLAB 脚本，并且有针对性地增加了一些便于调试的语法功能，总结如下：

（1）注释行可以用 # 字符和 % 字符作为前缀。

（2）支持各种基于 C 语言的运算符 ++，--，+=，*=，/=。

（3）通过级联索引可以在不创建新变量的情况下引用元素，例如[1:10](3)即表示向量[1:10]的第三个元素，即 3。

（4）字符串可以用双引号"""字符以及单引号"'"字符定义。

（5）当变量类型为 single（单精度浮点数）时，Octave 计算单域中的"均值"速度更快，但结果不太准确。

（6）块（Block）也可以用更具体的控制结构关键字终止，即 endif、endfor、endwhile 等。

（7）可以在脚本中和 Octave 提示符下定义函数。

（8）存在 do-until 循环（类似于 C 语言中的 do-while）。

在功能兼容性方面，MATLAB 中的大部分函数在 Octave 中可直接用，部分函数则需要通过 Octave Forge 中工具包(Package)访问使用，这一功能类似 MATLAB 的工具箱。在 Octave 调用未实现的函数时，会显示以下错误消息：

```
>> guide
error: 'guide' undefined near line 1, column 1
The 'guide' function is not yet implemented in Octave.
Please read <https://www.octave.org/missing.html> to learn how you can contribute missing functionality.
```

此时，可以通过 https://www.octave.org/missing.html 网址访问 Octave 官方网站中对 MATLAB 不兼容函数的统计，该网址也给出了验证相关函数是否包含在 Octave Forge 工具包中的方法。

Octave 为了尽可能地实现 100% 与 MATLAB 兼容，可以通过工具包的形式导入 Octave 软件中不包含的函数，下面简单介绍导入工具包的方法。

1. 通过命令窗口自动下载并安装工具包

在命令窗口直接输入：

```
pkg install -forge package-name
```

其中 package-name 即需要下载的 package 名称，如需要下载安装 signal 工具包，则输入代码为：

```
pkg install -forge signal
```

等待程序运行完成后，即可以在命令窗口中得到下述的返回语句：

```
For information about changes from previous versions of the signal package, run 'news signal'.
```

即可以通过输入“news signal”代码确认。

2. 手动下载并安装工具包

Octave Forge 工具包的官方网址为 https://octave.sourceforge.io/packages.php，里面给出了所有官方认可的社区工具包(Community packages)和外部工具包(External packages)等，可以根据需要进行选择下载。并把下载后的工具包放到 Octave 当前工作的目录下，然后在 Octave 的命令窗口进行安装(install)和载入(load)，相关代码如下：

```
pkg install signal-1.4.1.tar.gz
pkg load signal
```

3. 确认已安装工具包列表

在 Octave 命令窗口输入下列代码，即可得到软件已经安装的工具包列表，涵盖工具包名称、版本号、安装路径等信息：

```
pkglist
```

基于上述分析，GNU Octave 在基本语法和功能上均接近于 MATLAB 软件，因此本章对 GNU Octave 的介绍也参考了 MATLAB 的相关基础知识，并对两种软件的差异之处做了明显说明。

6.1　Octave 编程基础

6.1.1　变量

变量是 Octave 语言的基本元素之一，与其他常规程序设计语言不同，Octave 中变量不需要提前声明，也不需要指定变量类型，程序会自动根据所赋予变量的值或对变量所进行的操作来确定变量的类型。Octave 语言中，对变量的命名规则如下：

(1)变量名必须是字母、数字和下划线("_")的序列，但是不能以数字开头，不能使用空格和标点符号，并对字母大小写敏感。

Octave 不限制变量名称的长度，但名称超过 30 个字符的变量很少用到。

为了增强程序的可读性，在对程序变量进行命名时，需要注意以下几点：

(1)避免用 a、b、c 等通用字母命名，建议根据变量含义采用驼峰命名法。

驼峰命名法是程序编写时的一套命名规则，是指混合使用大小写字母来构成变量和函数的名字。当 Octave 程序的变量名或函数名是由一个或多个单词连接在一起而构成的唯一识别字时，第一个单词以小写字母开始，从第二个单词开始以后的每个单词的首字母都采用大写字母，例如：myFirstName、myLastName，这样的变量名看上去就像骆驼峰一样此起彼伏，故称为驼峰命名法。

(2)使用英文对变量命名。

避免在程序中使用汉语拼音对变量命名，而应该使用对应的英文，例如设置"城市位置"变量时，使用 cityLocation 会比 chengShiWeiZhi 可读性更强。

(3)变量名称的长短可以大致对应"影响范围"。

可以根据变量的"影响范围"决定变量的简化程度，例如 cityLocation 如果只在几行代码中有效，则可以简写为 cityLoc。

(4)借用特殊的前缀对变量进行命名。

借用 max、min、num、sum 等基本英文，字义上一目了然，可以与变量进行组合，更加突出变量的含义。例如 maxGrade 为最大成绩值，minCost 为最小花费，numStreet 为街号等。

在 Octave 中，每个变量都是数组或矩阵。在使用变量时，需要注意以下事项：

(1)变量在使用前需要先赋值。

(2)当变量输入到系统后，可以在后面的代码中引用它。

(3)当表达式返回未分配给任何变量的结果时，系统将其分配给名为 ans 的变量，后面可以使用它。

Octave 中具有一些预定义变量和常数，表 6.1 为 Octave 预定义定量。原则上用户也可以重新定义这些变量或者赋予新值，但是该操作将改变这些预定义变量的默认数值，建议避免此类操作。

表 6.1　Octave 预定义变量

ans	计算结果的默认变量名
eps	Octave 定义零阈值，即正的极小值=2.2204e−16
pi	程序内建的 π 值
inf	∞值，无限大(1/0)
NaN	无法定义一个数目(0/0)
i 或 j	虚数单位 $i=j=\sqrt{-1}$

例如：在命令行输入 pi 时，Octave 的返回结果为：

```
>>pi
ans= 3.1416
```

在命令行输入 1/0 时，Octave 的返回结果为：

```
>>1/0
Ans = Inf
```

表 6.2 给出了 Octave 中对变量的赋值和操作方式，这里需要注意，变量使用之前不需要声明和定义数据类型，其数据类型与赋值类型相关，未经过赋值的变量不会被程序认可，是无法使用的。

表 6.2　Octave 中对变量的赋值和操作方式

方式	命令	描述
变量赋值	变量名=数值	对变量赋予数值
	变量名='字符串内容'	对变量赋予字符串
	变量名=(bool 表达式)	对变量赋予逻辑值
	变量名=矩阵	对变量赋予矩阵
变量操作	who	显示出当前 Octave 在内存中储存的所有变量
	whos	显示出当前 Octave 中的所有变量，相比 who 会显示出更详细的信息
	disp(变量名)	显示某个变量
	clear 变量名	删除该变量，如果 clear 后面不添加变量名参数，将删除当前 Octave 中的所有变量

6.1.2　矩阵

Octave 中的基本数据单元是数组，各种运算以及函数也是针对数组进行的。按照数组维数的不同，Octave 中可以将数组分为向量、数组、矩阵：

(1)只有一个元素的数组称为标量。

(2)只有一行或只有一列的数组称为向量。

(3)具有多行多列的数组称为矩阵。

(4)超过二维的数组统称为多维数组。

1. 矩阵创建与赋值

Octave 中创建数值矩阵有两种方法,直接输入法和步长生成法。直接输入法通过键盘直接输入,方便直观,适合小型矩阵。步长生成法通过设置初值、步长和终值,主要用于生成多维向量或者大矩阵。Octave 对矩阵的要求如下:

(1)矩阵的元素放在英文方括号“[ ]”中。

(2)矩阵的行间用英文分号“;”或回车符分隔,矩阵的列间用空格或英文逗号“,”分隔。

(3)矩阵的元素既可以是数值,也可以是运算表达式。

Octave 提供一些特殊矩阵的创建常用函数,如表 6.3 所示,在程序中可以直接调用。

表 6.3　Octave 的特殊矩阵生成函数

函数	功能说明
zeros	创建全 0 矩阵,zeros(n)表示 $n \times n$ 全 0 矩阵,zeros(m,n)表示 $m \times n$ 的全 0 矩阵
ones	创建全 1 矩阵
eye	创建单位矩阵
rand	产生 0～1 之间均匀分布的伪随机数
randn	产生均值为 0、方差为 1 的正态分布矩阵
linspace	产生线性分布矩阵
logspace	产生以 10 为底的对数分布矩阵

例如使用直接输入法创建矩阵,可以在 Octave 命令行窗口中输入下列语句:

```
>>A=[1 2 3;4 5 6; 7 8 9]
```

Octave 返回结果:

```
A=
   1  2  3
   4  5  6
   7  8  9
```

例如使用步长生成法创建矩阵,产生从 1 到 9、步进为 1 的矩阵,可以在 Octave 命令行窗口中输入下列语句,其中第一个 1 是起始值,第二个 1 是步进值,第三个 9 是终止值:

```
>>A=1:1:9
```

Octave 返回结果:

```
A=
   1  2  3  4  5  6  7  8  9
```

再次输入:

```
>>B=[1:1:3;2:3:8]
```

Octave 返回结果:

```
B=
    1  2  3
    2  5  8
```

使用 linspace 创建在 1 和 10 之间均匀产生 5 个点值的行向量，可以在 Octave 命令行窗口中输入下列语句：

```
>>A=linspace(1,10,5)
```

Octave 返回结果：

```
A=
    1.0000    3.2500    5.5000    7.7500   10.0000
A=
    1  3  5  7  9
```

2. 矩阵元素的访问

Octave 中访问矩阵中的元素有两种方式，一种是根据下标访问，另一种是根据序号访问。以二维矩阵为例，根据下标访问时，将需要访问的矩阵元素的行列坐标写在圆括号内。比如：A(2,3)。可以使用英文"："来访问所有坐标，或用 end 访问末尾坐标。注意矩阵访问一律用括号()，例如：

```
a(i,j)        %第 i 行第 j 列元素
a(:,j)        %第 j 列的所有元素
a(2:end,j)    %第 j 列中第 2 行到最后一行的元素
a(:,3:5)      %第 3～5 列的所有元素
a(x)          %第 x 个元素(x 为从最左边第 1 列开始编号，若 a 为 4 行 5 列，则 a(10)==a(2,3))
```

例如根据下标访问矩阵中的元素：

```
>>A=[1  2  3;4  5  6; 7  8  9]
A =
   1  2  3
   4  5  6
   7  8  9
>>A(2,3)
ans = 6
>> A(2,:)
ans =
   4  5  6
>> A(3,end)
ans = 9
```

另一种是根据序号来访问矩阵元素，这种访问方式是将矩阵先转换为一维的向量，然后根据每个元素在该向量中的序号来访问元素，书写时将需要访问的元素序号写在圆括号内即可，如 A(6)；也可以使用"："访问所有或者部分序号，用 end 访问末尾序号。在 Octave 中所有二维转换为一维的情况都是按照列优先的顺序来访问的。

例如根据序号访问矩阵中的元素：

```
>>A=[1  2  3;4  5  6;7  8  9]
A =
  1  2  3
  4  5  6
  7  8  9
>>A(6)
ans = 8
>> A(2,end)
ans = 6
```

3. 矩阵的结构变换

表 6.4 给出了部分用于矩阵结构变换的符号和函数，可以直接在 Octave 中调用。

表 6.4　部分用于矩阵结构变换的符号和函数

符号或函数	功能介绍
A′	将矩阵 A 转置
fliplr(A)	将矩阵 A 左右翻转
flipud(A)	将矩阵 A 上下翻转
rot90	将矩阵 A 整体逆时针旋转 90°
diag(A)	若 A 是列向量，则以 A 的元素建立一个对角矩阵；若 A 为对角矩阵，则提取 A 的对角元素，建立一个列向量
tril(A)	提取矩阵 A 的左下三角部分
triu(A)	提取矩阵 A 的右下三角部分
reshape(A,m,n)	在保持 A 中元素个数不变的情况下，按照优先排列的顺序，将 A 排列成 $m\times n$ 的矩阵

例如将矩阵 A 进行结构变换：

```
>>A=[1  2  3;4  5  6;7  8  9]
A =
  1  2  3
  4  5  6
  7  8  9
>>B= fliplr(A)
B=
  3  2  1
  6  5  4
  9  8  7
```

```
>>C= rot90(A)
C=
  3  6  9
  2  5  8
  1  4  7
>>D= tril(A)
D=
  1  0  0
  4  5  0
  7  8  9
>>E= reshape(A,1,9)
E=
  1  4  7  2  5  8  3  6  9
```

6.1.3 运算符

Octave 的运算符可以分成算术运算符、关系运算符和逻辑运算符三类，分别如表 6.5～表 6.7 所示。

表 6.5 Octave 常见算术运算符

运算符	功能说明
A′	矩阵 A 非共轭转置
A=s	将矩阵 A 中的每个元素赋值标量 s
A+s	将矩阵 A 中的每个元素与标量 s 求和
A−s	将矩阵 A 中的每个元素与标量 s 求差
A. * s	将矩阵 A 中的每个元素与标量 s 相乘
A. /s	将矩阵 A 中的每个元素与标量 s 相除
A. ^n	将矩阵 A 中的每个元素执行 n 次幂
s. ^A	以 s 为底，分别以 A 中元素为指数求幂
A+B	矩阵 A 与矩阵 B 对应元素相加
A−B	矩阵 A 与矩阵 B 对应元素相减
A. * B	矩阵 A 与矩阵 B 对应元素相乘
A. /B 或 B. \A	A 中元素被 B 中对应元素相除，“. /”表示数组右除，“. \”表示数组左除
exp(A)	分别以 A 的各元素为指数求 e 的幂
log(A)	分别求 A 的各元素的自然对数
sqrt(A)	分别求 A 的各元素的平方根
f(A)	求 A 的各个元素的函数值

表 6.6　Octave 常见关系运算符

运算符	功能说明	运算符	功能说明
<	小于	>=	大于等于
<=	小于等于	==	等于
>	大于	~=	不等于

表 6.7　Octave 常见逻辑运算符

运算符	功能说明	运算符	功能说明
&	与，有 0 则 0，全 1 则 1	|	或，有 1 则 1，全 0 则 0
~	非，0 变 1，1 变 0	xor	异或，两数相同为 0，不同为 1
any	有 1 为 1	all	全 1 为 1

为了了解常见算术运算符的使用方法，可以在 Octave 中依次输入：

```
>> A=[1  2  3;4  5  6;7  8  9];
>>B=ones(3,3);
>>C=A*B
>>D=A.*B
>>E=log(A)
```

Octave 的返回结果为：

```
C=
  6    6   6
  15  15  15
  24  24  24
D=
  1  2  3
  4  5  6
  7  8  9
E=
          0     0.6931     1.0986
     1.3863     1.6094     1.7918
     1.9459     2.0794     2.1972
```

为了了解常见关系运算符和逻辑运算符的使用方法，可以在 Octave 中依次输入：

```
>>A=[1  2  3;4  5  6;7  8  9];
>>B=[4  5  6;7  8  9;1  2  3];
>>C=A>=B
>>D=B<5
>>E=C&D
>>F=~E
```

Octave 的返回结果为：

```
C=
   0  0  0
   0  0  0
   1  1  1
D=
   1  0  0
   0  0  0
   1  1  1
E=
   0  0  0
   0  0  0
   1  1  1
F=
   1  1  1
   1  1  1
   0  0  0
```

6.1.4 基本数学函数

Octave 中提供了很多数学函数，表 6.8 给出了 Octave 中常见的基本数学函数，使用过程中可以参考相关专业教材，在此不做深入介绍。

表 6.8 Octave 中常见的基本数学函数

函数类型	函数名称	函数功能
三角函数	sin,cos,tan	正弦、余弦、正切函数
	asin,acos,atan	反正弦、反余弦、反正切函数
指数函数	exp	以 e 为底的指数函数
	power	数组幂级数，C=power(A,B)表示 A.^B
	power2	以 2 为底的幂函数
对数函数	log2	以 2 为底的对数
	log10	以 10 为底的对数
	log	自然对数
复数函数	abs	绝对值
	real	复数实部
	imag	复数虚部
其他函数	min,max,mean	最小值，最大值，平均值
	round,floor,ceil	四舍五入，向下取整，向上取整

例如，在 Octave 中调用 sin()或 cos()函数绘制正弦或余弦曲线的程序如下，最后得到的图形如图 6.2 所示。

```
clc;       %清除命令窗口中的内容
clear all;%清除工作区中所有变量
x= 0:(2 * pi/100):2 * pi;   %设置变量 x 从 0 开始,以 2 * pi/100 步进为步进,直到 2 * pi 截止
y = sin(x);          %调用 Octave 正弦函数 sin(x)
z=cos(x);           %调用 Octave 余弦函数 cos(x)
plot(x,y,"-d",x,z,"-.");  %调用 Octave 绘图命令 plot(),绘制 y、z 曲线,并且设置曲线类型
legend("sin(x)","cos(x)")   %在图形中给出图示说明
xlabel('x');       %给图形标注 x 轴信息
ylabel('y = sin(x) and y=cos(x)');  %给图形标注 y 轴信息
grid on            %打开图形背景栅格
```

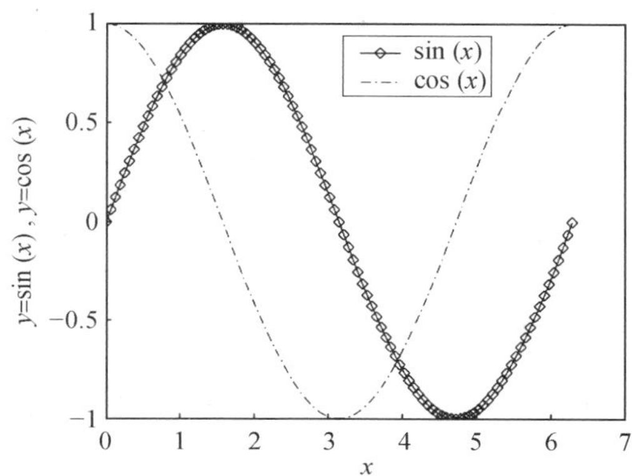

图 6.2　调用 Octave 中正弦和余弦函数绘制的正弦和余弦曲线图形

6.1.5　基本绘图函数

Octave 具有强大的绘图功能,提供了一系列的绘图函数,用户不需要过多考虑绘图的细节,只需要给出一些基本参数就能得到所需二维或三维图形。本节针对信号与系统仿真实验中的需求,重点介绍 Octave 中二维图形的绘制方法。

1. 二维连续函数图形的绘制

plot()函数是 Octave 中最基本、应用最为广泛的绘图函数,利用它可以在二维平面上绘制出不同的曲线。plot()函数的默认调用格式为 plot(x,y):

(1) 当 x,y 是向量时,则它们长度必须相同,函数将以 x 为横轴,绘制 y 曲线。

(2) 当 x,y 都是矩阵时,则它们维数必须相同。函数将针对 x 的各列绘制 y 的每列曲线,更确切地说,将 x 和 y 的对应的各列取出来,绘制曲线。比如 x 和 y 分别为 $n\times n$ 的矩阵,则 plot()函数将 x 的第 1 列和 y 的第 1 列对应取出来,绘制一条曲线,然后将 x 的第二列与 y 的第二列对应起来,绘制第二条曲线,如此下去直到第 n 条曲线绘制完成。

(3) 当 x 和 y 之一为向量,另一个为矩阵时,则矩阵必须有一维与向量的长度相等。如果矩阵的行数等于向量的长度,则针对向量绘制矩阵的每列;如果矩阵的列数等于向量长度,则针对向量绘制矩阵的每行;若矩阵为方阵,则针对向量绘制矩阵的每列。

在此默认格式基础上,可以增加曲线的属性设置,格式为 plot(x,y,s)。s 是字符串型变量,用来设置线型、颜色、点型、粗细等,其属性设置如表 6.9~6.11 所示。

表 6.9　plot()函数线型属性设置

符号	含义	符号	含义	符号	含义	符号	含义
—	细实线	:	虚点线	—.	点划线	——	虚划线

表 6.10　plot()函数线颜色允许的设置值

符号	含义	符号	含义	符号	含义	符号	含义
r	红	b	蓝	y	黄	w	白
g	绿	c	青	k	黑	m	品红

表 6.11　plot()函数标识符符号与含义

符号	含义	符号	含义	符号	含义	符号	含义
.	实心点	<	朝左三角	d	菱形	p	五角星
+	十字号	>	朝右三角	h	六角星	s	方块
*	星号	V	朝下三角	o	空心圆圈	x	叉字符
Λ	朝上三角						

调用格式除了主流的 plot(x,y)外，plot()函数还有以下的其他几种调用格式，可以根据实际情况选择使用。

(1)plot(x1,y1,…,xn,yn)：这种格式中，将使用相同的坐标轴绘制 y1,y2,…,yn 多条曲线。

(2)plot(x1,y1,linespec1,…,xn,yn,linespecn)：这种格式允许用户对所绘制的多条曲线进行属性设置。

(3)plot(y)：这种格式中，只有数据 y，plot 将绘制二维的线条。具体来讲，针对 y 的每个数据，以数据的索引当作 x 与其值配对绘制曲线。如果 y 是向量，那么 x 轴的尺度范围为从 1 到 y 的长度；如果 y 是矩阵，则绘制 y 的每列，列中数据对应的 x 则取各值对应的行号；如果 y 是复数，则复数的实部设定为 x，虚部设定为 y。

(4)plot(y,linespec)：统一设定各线条的属性。

(5)plot(ax,______)：这种格式不是在当前的轴框绘图，而是在由句柄 ax 指定的轴框内绘图，这种格式允许用户对特定绘图对象进行属性设置。

(6)h=plot(______)：这种格式返回由图中各线条的句柄构成的列向量 h，即 h 中的每个元素就是图中一条线的句柄，当绘制多条线时，用户可通过某条线的句柄对该线进行特定的修改。

图形绘制完成后，可以通过几个命令来调整显示结果。如 grid on 或 grid 用来显示格线；axis([xmin,xmax,ymin,ymax])函数调整坐标轴的显示范围，其中括号内的“,”可用空格代替；xlabel 和 ylabel 命令可为横坐标和纵坐标加标注，标注的字符串必须用单引号引起来；title 命令可在图形顶部加注标题。

例如，用 Octave 命令绘制函数 $y=\sin(5\pi t)+\dfrac{1}{\cos(\pi t)+2}$ 的图形源程序如下，显示图形

如图 6.3(a)所示。

```
t=0:0.01:5;                                 %定义时间点
y=sin(5*pi*t)+1./(cos(pi*t)+2);             %计算 y 的函数值
plot(t,y); grid on;                         %调用画图命令,并打开网格线
axis([0,5,-1,2.5]); xlabel('t'),ylabel('y'); %定义 x、y 坐标轴的坐标值和变量值
```

用 subplot()命令可在一个图形窗口中按照规定的排列方式同时显示多个图形,方便图形的比较,其调用格式为:subplot(m,n,p)或者 subplot(mnp),其中,m 和 n 表示在一个图形窗口中显示 m 行 n 列个图像,p 表示第 p 个图像区域,即在第 p 个区域作图。

例如,比较正弦信号 $y_1=\sin(2\pi t)$ 和 $y_2=\sin\left(2\pi t+\frac{\pi}{6}\right)$ 相位差的 Octave 源程序如下,显示图形如图 6.3(b)所示。

```
t=0:0.01:3;               %定义时间点
y1=sin(2*pi*t);           %计算 y1 的函数值
y2=sin(2*pi*t+pi/6);      %计算 y2 的函数值
subplot(211),plot(t,y1)   %调用 subplot()和 plot()绘图函数绘制 y1 的图形
xlabel('t'),ylabel('y1'),title('y1=sin(2*\pi*t)') %定义 y1 的坐标轴变量,并给图命名
subplot(212),plot(t,y2)                           %调用 subplot()绘图函数绘制 y2 的图形
xlabel('t'),ylabel('y2'),title('y2=sin(2*\pi*t+\pi/6)') %定义 y2 的坐标轴变量,并给图命名
```

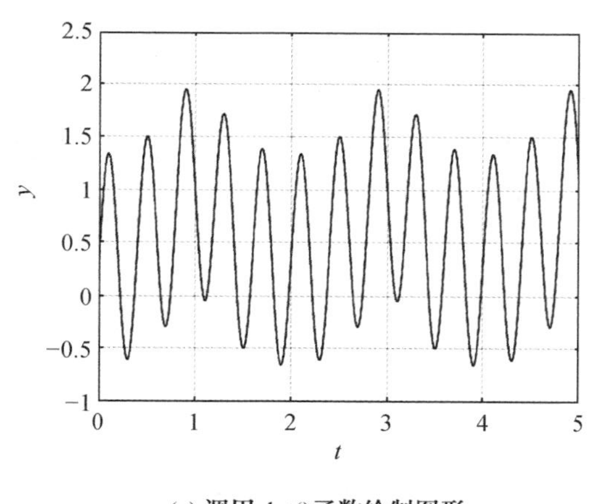

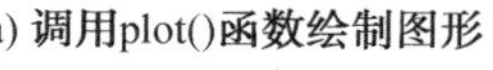

(a) 调用plot()函数绘制图形

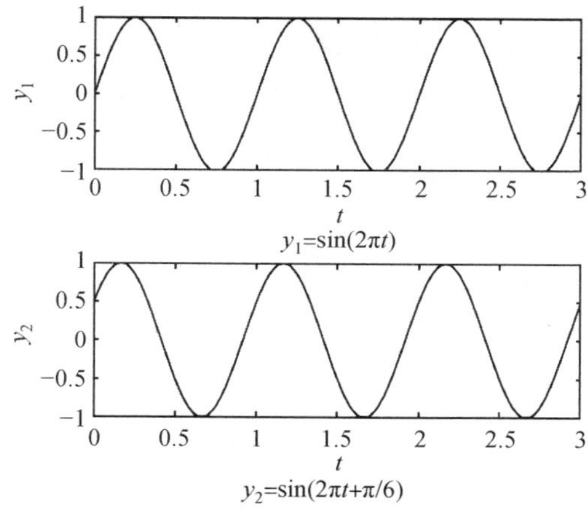

(b) 调用subplot()函数绘制图形

图 6.3　使用 plot()和 subplot()函数绘制二维连续函数图形

除了 plot()命令外,Octave 提供了 ezplot()函数绘制符号表达式的曲线,其语句格式为:ezplot(y, [a,b]),其中[a,b]参数表示符号表达式的自变量取值范围,默认值为[0,2π]。相比于 plot()根据坐标数值画图,ezplot()是根据函数式画图。例如利用 Octave 的 ezplot 命令绘出函数 $y=-16x^2+64x+96$ 的 Octave 源程序如下,显示图形如图 6.4(a)所示。

```
syms x                          %定义全局变量 x
y='-16*x^2+64*x+96';            %定义 y 的函数表达式
ezplot(y,[0,5]);   %调用 ezplot()函数绘制符号表达式 y 的曲线,x 的取值范围为 0~5
xlabel('x'),ylabel('y');        %定义坐标轴变量
grid on;                        %打开网格线
```

注意:全局变量"syms"功能隶属于 Octave Forge 中的符号工具包("symbolic package"),需要安装并加载。安装包步骤可以参考前文所示。

在绘图过程中,可利用"hold on"命令来保持当前图形,继续在当前图形状态下绘制其他图形,即可以在同一窗口下绘制多幅图形。"hold off"命令用来释放当前图形窗口,绘制下一幅图形作为当前图形。例如在 $y=-16x^2+64x+96$ 函数图形的基础上,在同一幅图形中增加 $z=16x^2-64x+96$ 这条曲线,其对应的程序如下,显示图形如图 6.4(b)所示。

```
syms x                          %定义全局变量 x
y='-16*x^2+64*x+96';            %定义 y 的函数表达式
z='16*x^2-64*x+96';             %定义 z 的函数表达式
ezplot(y,[0,5])    %调用 ezplot()函数绘制符号表达式 y 的曲线,x 的取值范围为 0~5
hold on;                        %调用 hold on 保持当前图形
ezplot(z,[0,5]); %在当前图形中调用 ezplot()函数绘制 z 的曲线,x 的取值范围为 0~5
xlabel('x'),ylabel('y,z');      %定义坐标轴变量
hold off;                       %释放当前图形窗口
grid on;                        %打开网格线
```

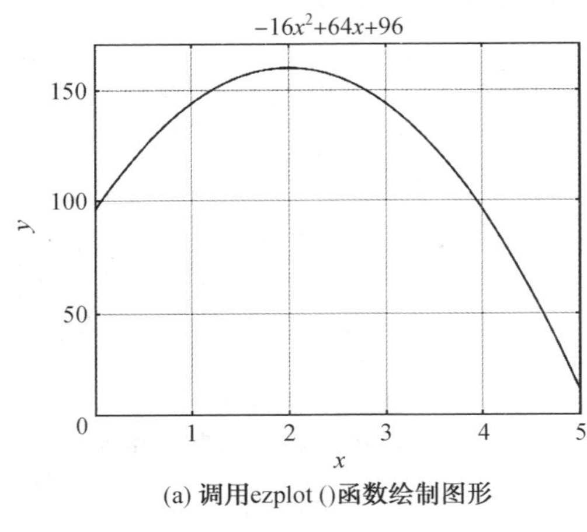

(a) 调用ezplot ()函数绘制图形

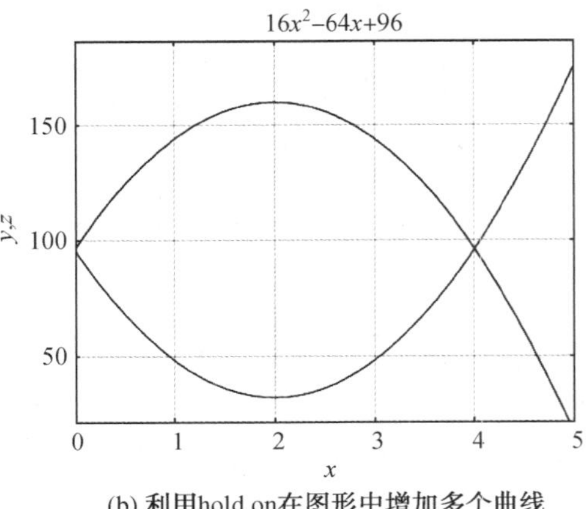

(b) 利用hold on在图形中增加多个曲线

图 6.4　ezplot ()函数和 hold on 的用法

2. 二维离散序列图形的绘制

(1)stem()函数。

stem()函数是 Octave 中绘制离散序列图形的命令,有以下几种调用格式:

① stem(Y)将数据序列 Y 从 x 轴到数据值按照茎状形式画出,以圆圈终止。如果 Y 是一个矩阵,则将其每一列按照分隔方式画出。

② stem(X,Y)在 X 的指定点处画出数据序列 Y。

③ stem(…,'filled')以实心的方式画出茎秆。

④ stem(…,'linespec')按指定的线型画出茎秆及其标记。

例如利用 stem()函数绘制 $y=\sin x^2 \cdot e^{-x}$ 的离散图程序如下，相关图形如图 6.5(a)所示。

```
x = 0:0.1:4;                    %定义 x 的取值点
y = sin(x.^2). * exp( -x );    %计算 y 的函数值
subplot(211), stem(y,'fill'), grid on;
                                %调用 subplot()和 stem()绘制 y 离散序列图,图样为实心圆点
subplot(212), stem(x,y,'r','LineWidth',2) , grid on; %定义图样为红色,线宽 2 的空心圆
```

(2)stairs()函数。

stairs()函数主要用于绘制数字采样数据的时间关系曲线(图 6.5(b)),其调用格式为:

①stairs(y):以 1～length(y)为横坐标,y 为纵坐标绘制阶梯图。

②stairs(x,y):以 x 为横坐标,y 为纵坐标绘制阶梯图。

③stairs([],'linespec'):以指定的曲线样式绘制阶梯图。

```
x= linspace(0,4 * pi,50)';         %定义 x 的取值范围
y= [0.5 * cos(x), 2 * cos(x)];    %定义 y 矩阵
figure                             %打开画布
stairs(y)                          %调用 stairs()函数绘制 y 的阶梯图
```

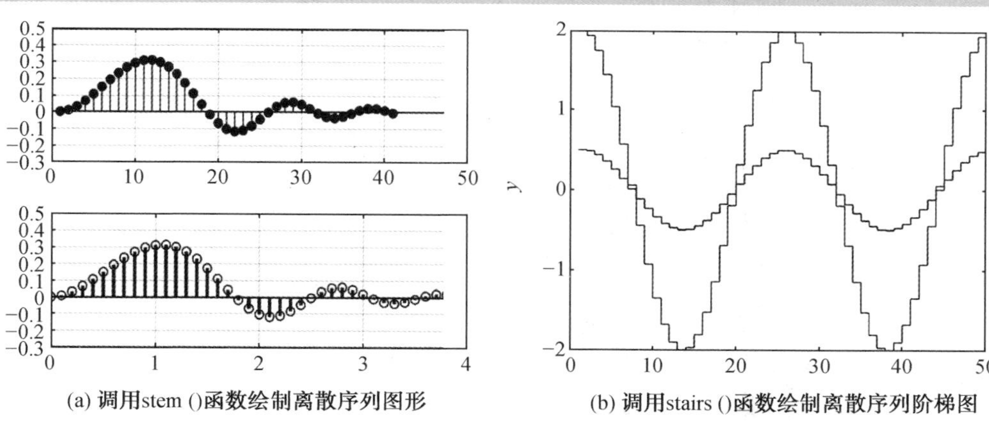

图 6.5　调用 stem()函数和 stairs()函数绘制离散序列图形

除此之外，表 6.12 给出了其他一些二维图形绘制命令，相关使用方法可以参考 Octave 的文献，此处不再赘述。

表 6.12　其他二维图形命令

函数	功能
bar	条形图
errorbar	误差条形图
hist	直方图
fill	在曲线和坐标轴之间的封闭区域填充指定的颜色

续表 6.12

函数	功能
polar	极坐标图
loglog	双对数坐标图
semilogx	半对数 x 坐标图
semilogy	半对数 y 坐标图
plot3	三维直角坐标曲线图
scatter	散点图

6.2 Octave 的程序设计

6.2.1 流程控制

Octave 是一种结构化的编程语言，其程序流程控制结构一般可分为顺序结构、循环结构以及条件分支结构。

Octave 只需将程序语句按顺序排列即可实现顺序结构，因此不对顺序结构做过多介绍。在 Octave 中，循环结构可以由 for 语句循环结构和 while 语句循环结构两种方式来实现。条件分支结构可以由 if 语句分支结构和 switch 语句分支结构两种方式来实现。

1. 循环结构

(1)for－end 循环结构，用于在一定条件下多次循环执行处理某段指令，其语法格式为：

```
for 循环变量＝初值:增量:终值
  循环体
end
```

循环变量一般被定义为一个向量，这样循环变量从初值开始，循环体中的语句每被执行一次，变量值就增加一个增量，直到变量等于终值为止。增量可以根据需要设定，可以为正数、负数或小数，省略时的默认值为 1。end 代表循环体的结束部分。

例如用 for 循环结构求 1＋2＋3＋…＋100 的和，其 Octave 源程序为：

```
clc                          %清屏
sum_data=0;                  %设置求和值 sum_data 的初始值为 0
for i=1:100                  %变量 i 从 1 以增量 1(默认值，此处省略)的步进到 100
sum_data =sum_data +i;       %将 i 与 sum_data 的和重新赋值给 sum_data
end                          %i 到 100 后退出循环
sum_data                     %返回 sum_data 的值
```

命令窗口显示：

```
>>
sum_data = 5050
```

(2) while－end 循环结构,用于循环次数无法事先确定的程序,其语法格式为:

```
while 表达式
  循环体
end
```

只要表达式为真,就执行循环体,直到表达式为假,才终止该循环。例如用 while 循环结构求 1＋2＋3＋…＋100 的和,其 Octave 源程序为:

```
sum_data =0;                    %设置求和值 sum_data 的初始值为 0
i=1;                            %设置 i 的初始值为 1
while i<101                     %循环执行的条件为 i 从 1 开始步进到 100
sum_data =sum_data +i;          %将 i 与 sum_data 的和重新赋值给 sum_data
i=i+1;                          %将 i+1 的和重新赋值给 i
end                             %i=101 的时候退出循环
sum_data                        %返回 sum_data 的值
```

命令窗口显示:

```
>>
sum_data = 5050
```

(3)break 和 continue 语句。break 语句用于终止 for 或 while 循环的执行,当在循环体内执行到该语句的时候,程序将会跳出循环,继续执行循环语句的下一语句。continue 语句控制跳过循环体的某些语句。当在循环体内执行到该语句时,程序将跳过循环体中所剩下的语句,继续下一次循环。continue 语句与 break 语句有点像,但 break 是强制终止循环,continue 是跳过 continue 语句后面未执行的代码而继续执行下一次循环。

```
%%Octave break 语句
a=10;                               %定义 a 的起始值为 10
while(a<20)                         %循环执行的条件为 a 从 10 开始步进到 19
  fprintf('value of a : %d\n',a);   %打印 a 的取值
  a=a+1;                            %将 a+1 的和重新赋值给 a,也可以直接使用 a++
  if(a>15)                          %判断如果 a 大于 15,则跳出 while 循环,直接结束程序
    break;
  end
end
```

命令窗口显示:

```
value ofa : 10
value ofa : 11
value ofa : 12
value ofa : 13
value ofa : 14
value ofa : 15
```

```
%%Octave continue 语句
a=10;                   %定义 a 的起始值为 10
while a<20              %循环执行的条件为 a 从 10 开始步进到 19
   if a==15             %判断如果 a 等于 15,
       a=a+1;           %将 a+1 的和重新赋值给 a,也可以直接使用 a++
       continue;        %不再执行本循环中 continue 后语句,再执行下一个 a=16 的语句
   end
fprintf('value of a :%d\n',a);
   a=a+1;
end
```

命令窗口显示：

```
value of a :10
value of a :11
value of a :12
value of a :13
value of a :14
value of a :16
value of a :17
value of a :18
value of a :19
```

2. 选择结构

选择结构又称分支结构，Octave 中可用的分支结构有三种，分别是 if－else－end 结构、switch－case 结构和 try－catch 结构。

(1)if－else－end 结构。

①单分支 if 结构。若判决条件 expression 为真，则执行命令组 commands，执行完成后再执行 if 语句的后续语句，否则跳出该命令组，直接执行 if 语句的后续语句。注意若判决条件 expression 为一个空数组，则在 Octave 中默认该条件为假，此时该条语句默认不执行。

```
if expression
   commands
end
```

例如在 Octave 中输入下列代码：

```
a=10;
if a>5
   fprintf('My name is Octave! \n')
end
```

程序执行后，在命令窗口显示：

```
My name is Octave!
```

②双分支 if 结构。若可供选择的执行命令组有两组，则采用的结构如下：

```
if expression      %判决条件
  commands1        %判决条件为真,执行命令组 1,并结束此结构
else
  commands2        %判决条件为假,执行命令组 2,并结束此结构
end
```

例如在 Octave 中输入下列代码:

```
a=10;
if a>5
  fprintf('My name is Octave! \n')
else
  fprintf('My name is MATLAB! \n')
end
```

程序执行后,在命令窗口显示:

```
My name is Octave!
```

③多分支 if 结构。若可供选择的执行命令组有 n(n>2),则采用的结构如下:

```
if expression1   %判决条件
  commands1      %判决条件 expression1 为真,执行 commands1,并结束此结构
elseif expression2
  commands2      %判决条件 expression1 为假,expression2 为真,执行 commands2
......
else
  commands n     %前面所有判决条件均为假,执行 commands n,并结束此结构
end
```

例如在 Octave 中输入下列代码:

```
a=10;
if a == 5
  fprintf('My name is HIT! \n')
elseif a==7
  fprintf('My name is MATLAB! \n')
else
  fprintf('My name is Octave! \n')
end
```

程序执行后,在命令窗口显示:

```
My name is Octave!
```

(2)switch－case 结构。

根据表达式取值的不同,分别执行不同的语句。

switch－case 语句执行基于变量或表达式值的语句组,关键字 case 和 otherwise 用于描述语句组,只执行第一个匹配的情形。用到 switch 则必须用 end 与之搭配,switch－case

的具体语法结构如下：

```
switch value      %value 为需要进行判决的标量或字符串
case test1
  commands1   %如果 value 的值等于 test1,执行 commands1,并结束此结构
case test2
  commands2   %如果 value 的值等于 test2,执行 commands2,并结束此结构
......
case test k
  commands k    %如果 value 的值等于 test k,执行 commands k,并结束此结构
otherwise
  commands      %如果 value 不等于前面所有值,执行 commands,并结束此结构
end
```

例如在 Octave 中输入下列代码：

```
name='Octave';
switch(name)
  case 'MATLAB'
fprintf('My name is MATLAB! \n')
  case 'Octave'
fprintf('My name is Octave! \n')
  otherwise
fprintf('My name is HIT! \n')
end
```

程序执行后，在命令窗口显示：

```
My name is Octave!
```

与 switch－case 语句相比较，if 语句表现得更复杂，特别是嵌套使用的 if 语句，要调用 strcmp()函数比较不同长度的字符串，判断是否不相等。switch－case 语句可读性强，容易理解，也可比较不同长度的字符串，判断是否相等。

(3)try－catch 结构。

在设计 Octave 程序时，如果不能确保某段程序代码是否会出错，可以采用 try－catch 语句，其能够捕获和处理错误，使得可能出错的代码不影响后面代码的继续执行，也可以检查、排查，解决程序的一些错误，增强代码的鲁棒性和可靠性。具体语法形式如下：

```
try
    commands1   %命令 1 总是首先被执行。若正确,执行完成后结束此结构
catch
    commands2   %执行命令 1 发生错误时,执行命令 2
end
```

程序首先运行 try 和 catch 之间的“commands1”程序代码，如果没有发生错误则不执行 catch 和 end 之间的“commands2”，而是执行 end 后的程序；如果在执行“commands1”时产生错误，则立即执行“commands2”，然后继续执行 end 后的程序。如果执行“commands2”时

又发生了错误，Octave 将会终止该结构。

6.2.2　M 函数编写

与 MATLAB 类似，Octave 语言的程序可以由命令行方式和 M 文件方式两种方式来执行，命令行方式操作便捷，在命令窗口中输入一条命令立即就能看到该命令的执行结果，体现了良好的交互性。但是，当输入的 Octave 程序很复杂时，在命令行窗口输入代码的方式不利于调试。此时，使用 M 文件的方式可以方便地重复利用代码，也方便调试。

Octave 中编写的程序文件称为 M 文件，M 文件分为脚本文件(Scrip File)和函数文件(Function File)两种。

(1)脚本文件。脚本文件是以.m 扩展名的程序文件，没有输入参数和输出参数，运行脚本文件实际上就是顺序执行脚本文件中的控制流，脚本文件适合小规模的运算。脚本文件中的变量都是全局变量。

(2)函数文件。函数文件也是扩展名为.m 的程序文件，有输入参数和输出参数，由 function 引导，用户可以自己创建函数、调用函数，就像 Octave 内嵌函数一样使用，函数中的变量一般是局部变量，也可以声明全局变量。使用函数是 Octave 的主流编程方式。脚本文件和函数文件的对比如表 6.13 所示。

表 6.13　脚本文件和函数文件的对比

文件类型	脚本文件	函数文件
输入、输出	没有输入参数，不返回输出参数	可以带输入参数，也可以返回输出参数
变量操作	只操作基本工作空间变量(全局变量)	可操作基本工作空间变量(全局变量用 global 指定)和局部变量
调用方式	直接运行	必须以函数调用的方式

脚本文件的创建方法有两种，一种方法是在 Octave 集成开发环境中选择“新建”→“脚本”，即可打开编辑器并创建一个名为 Untitled 的文件，在输入代码后命名并保存为.m 文件即可完成脚本文件的创建；另一种方法是使用命令提示符，在命令提示符下键入“edit”并回车，然后直接输入文件名(扩展名为.m)，即可在默认的 Octave 目录中创建该文件。如果要将所有程序文件存储在特定文件夹中，则必须提供完整的保存路径。

函数文件的创建过程类似，首先创建一个函数文件，文件名要和函数名保持一致，然后在文件中编写函数，以 function 为引导，函数文件中必须包括一个主函数，也可以包含子函数、内嵌函数等，这与 C 语言的函数有类似之处。函数文件的创建格式如下：

```
function [输出形参] = 函数名[ 输入形参 ]
%注释
内容
```

例如，新建一个用于计算连续信号的卷积 y(t)=f(t) * h(t)的函数 sconv.m，相关程序代码如下，该函数在 6.3.3 节进行信号卷积运算时还会用到。

```
%此函数用于计算连续信号的卷积 y(t)=f(t) * h(t)
function  [y,k]=sconv(f,h,nf,nh,p)
% y:卷积积分 y(t)对应的非零样值向量
% k:y(t)对应的时间向量
% f:f(t)对应的非零样值向量
% nf:f(t)对应的时间向量
% h:h(t)对应的非零样值向量
% nh:h(t)对应的时间向量
% p:取样时间间隔
y=conv(f,h);                              %计算序列 f(n)与 h(n)的卷积和 y(n)
y=y * p;                                  % y(n)变成 y(t)
left=nf(1)+nh(1)                          %计算序列 y(n)非零样值的起点位置
right=length(nf)+length(nh)-2             %计算序列 y(n)非零样值的终点位置
k=p * (left:right);                       %确定卷积和 y(n)非零样值的时间向量
```

6.3 基本信号在 Octave 中的表示和运算

6.3.1 连续时间信号的表示

为了方便使用,Octave 提供了大量的基本信号函数供选择,例如正余弦信号、指数信号等,可以在程序中直接调用。在 Octave 中,表示连续时间信号的方法有两种,一是数值法,二是符号法。数值法是定义某一时间范围和取样时间间隔,然后调用某一个基本信号函数计算这些点的函数值,得到两组数值矢量,再调用绘图函数画出其波形;符号法是利用 Octave 的符号运算功能,需定义符号变量和符号函数,运算结果是符号表达的解析式,也可用绘图函数画出其波形图,这两种方法都可以实现连续时间信号的表示。

1. 正弦信号

正弦信号在 Octave 中用 sin 函数表示,调用格式为 ft=A * sin(w0 * t+phi),其中 A 为振幅,w0 为角频率,t 是以时间为单位表示的自变量,w0=2π * f0,f0 的单位为 Hz,phi 为初始角度。正弦信号的展缩、平移可以通过对 w0 和 phi 两个参数的设置来实现。同理,对于 Octave 中的余弦函数 cos 也可以做类似处理,在此不做过多介绍。调用 sin 函数的相关程序如下,得到的图像如图 6.6(a)所示。

```
set(0,'defaultTextFontName', 'simsun')    %设置默认字体为宋体,方便 Octave 显示中文
A=1; w=2 * pi; phi=pi/6;                  %定义 sin 函数的基本参数值
t=0:0.01:8;                               %定义时间点
ft=A * sin(w * t+phi);                    %计算这些点的函数值
plot(t,ft);grid on;                       %调用画图命令,并打开网格线
axis([0,5,-1.5 1.5]); xlabel('t'),ylabel('y=sin(2 * pi * t+pi/6)');
                                          %定义 x、y 坐标轴坐标值和变量值
title('正弦函数曲线');                     %图形命名
```

注：Octave 使用 plot()函数绘图时，如果涉及中文标注，需要增加上述程序中的第一行代码，将程序默认字体设置为宋体，该行代码在 Octave 软件关闭前均有效，即在 Octave 程序重启前，只需要执行一次上述代码即可。

2. 矩形脉冲信号

矩形脉冲信号可用 rectpuls 函数产生，其调用格式为 y=A * rectpuls(t，width)，定义为产生一个幅度是 A、宽度是 width、以 t=0 为对称中心的矩形脉冲，当简化为 y=rectpuls(t)时，表示产生一个幅度是 1、宽度是 1、以 t=0 为对称中心的矩形脉冲。相关程序如下，得到的图像如图 6.6(b)所示。

```
set(0,'defaultTextFontName','simsun')   %设置默认字体为宋体，方便 Octave 显示中文
t=-6:0.01:6; width=1;          %定义时间点和 rectpuls 函数的基本参数值
ft=2 * rectpuls(t,width * 2)+1.5 * rectpuls(t+5,width)+0.5 * rectpuls(t-4,width);
                               %计算 ft 的函数值
plot(t,ft); grid on;           %调用画图命令，并打开网格线
axis([-6,6,-0.5 3.5]); xlabel('t'),ylabel('y');      %定义 x、y 坐标轴的坐标值和变量值
title('矩形脉冲信号曲线');      %图形命名
```

注：rectpuls()函数在 signal 工具包中，需要确保该工具包已经安装并加载完后才能使用。

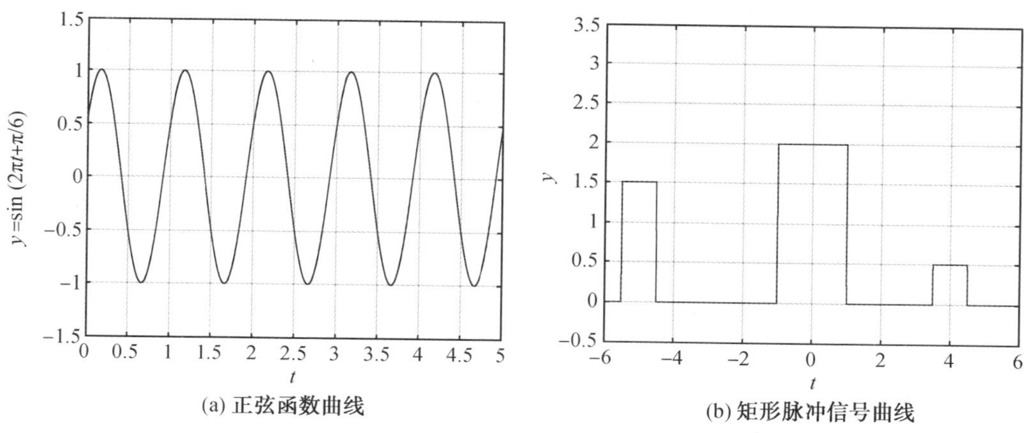

(a) 正弦函数曲线　　(b) 矩形脉冲信号曲线

图 6.6　使用 Octave 绘制的正弦和矩形脉冲信号曲线

3. 单位阶跃信号

单位阶跃信号 $u(t)$有两种生成方法，一种是直接调用 heaviside(t)函数，heaviside(t)函数是 Octave 中的符号函数，调用该函数可以直接绘制单位阶跃信号图形；另一种方法是用“t>=0”产生，调用格式为 ft=(t>=0)，即判断 t>=0 是否成立，成立时 ft=1，反之 ft=0。相关程序如下，两种方法得到的图像一致，如图 6.7(a)所示。

```
set(0,'defaultTextFontName', 'simsun')    %设置默认字体为宋体,方便 Octave 显示中文
t=-1:0.01:5;                         %定义时间点
%ft=heaviside(t);                     %第一种生成单位阶跃信号的方法,直接调用 heaviside(t)函数
ft=(t>=0);                           %第二种方法:判断 t>=0 是否成立,成立时 ft=1,反之 ft=0
plot(t,ft);grid on;                  %调用画图命令,并打开网格线
axis([-1,5,-0.5,1.5]); xlabel('t'),ylabel('y=u(t)');
                                     %定义 x、y 坐标轴的坐标值和变量值
title('单位阶跃信号曲线');            %图形命名
```

4. 单位冲激信号

单位冲激信号是指在 t=0 时函数值为正无穷,在其他 t 值处函数值为零。Octave 中可用 dirac(x)函数产生单位冲激信号,调用格式为 y= dirac(x),在 x=0 处产生单位冲激信号。由于 Octave 无法显示无穷大,所以一般再结合 sign()函数做一个尺度变换,以方便显示。相关程序如下,得到的图像如图 6.7(b)所示。

```
set(0,'defaultTextFontName', 'simsun')    %设置默认字体为宋体,方便 Octave 显示中文
x=-50:0.1:50;                             %定义时间点
y=dirac(x);                               %直接调用狄拉克函数
y=sign(y);                                %尺度变换,否则显示不出 infinity
plot(x,y);grid on;                        %调用画图命令,并打开网格线
axis([-50,50,-0.5,1.5]); xlabel('t'),ylabel('y=delta(t)');
                                          %定义 x、y 坐标轴的坐标值和变量值
title('单位冲激信号曲线');                 %图形命名
```

注:dirac()函数在 symbolic 工具包中,需要确保该工具包已经安装并加载完后才能使用。

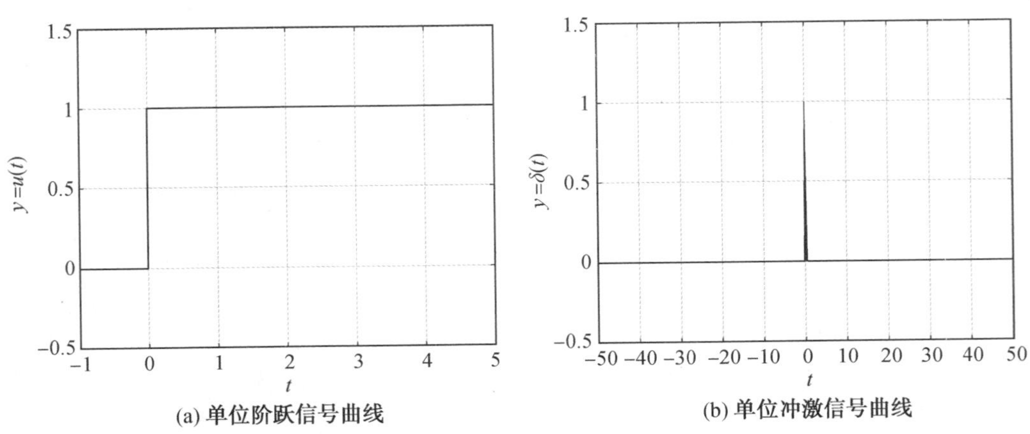

(a) 单位阶跃信号曲线　　(b) 单位冲激信号曲线

图 6.7　使用 Octave 绘制的单位阶跃和单位冲激信号曲线

5. 抽样信号

抽样信号 $Sa(t)=\sin(t)/t$ 在 Octave 中用 sinc 函数表示。定义为 Sa(t)=sinc(t/π)。相关程序如下,得到的图像如图 6.8(a)所示。

```
set(0,'defaultTextFontName', 'simsun')   %设置默认字体为宋体,方便 Octave 显示中文
t=-3*pi:pi/100:3*pi;                     %定义时间点
ft=sinc(t/pi);                           %直接调用 sinc 函数
plot(t,ft);grid on;                      %调用画图命令,并打开网格线
axis([-10,10,-0.5,1.2]);xlabel('t'),ylabel('y=sinc(t/pi)');
                                         %定义 x、y 坐标轴的坐标值和变量值
title('抽样信号曲线');                     %图形命名
```

6. 实指数信号

实指数信号在 Octave 中用 exp 函数表示,如 $f(t)=Ae^{at}$,其调用格式为 ft = A * exp(a * t)。相关程序如下,得到的图像如图 6.8(b)所示。

```
set(0,'defaultTextFontName', 'simsun')   %设置默认字体为宋体,方便 Octave 显示中文
A=1; a=-0.4;                             %定义 exp 函数的基本参数值
t=0:0.01:10;                             %定义时间点
ft=A*exp(a*t);                           %计算这些点的函数值
plot(t,ft);grid on;                      %调用画图命令,并打开网格线
axis([0,10,-0.5 1.5]); xlabel('t'),ylabel('exp(-0.4*t)');
                                         %定义 x、y 坐标轴的坐标值和变量值
title('实指数信号曲线');                   %图形命名
```

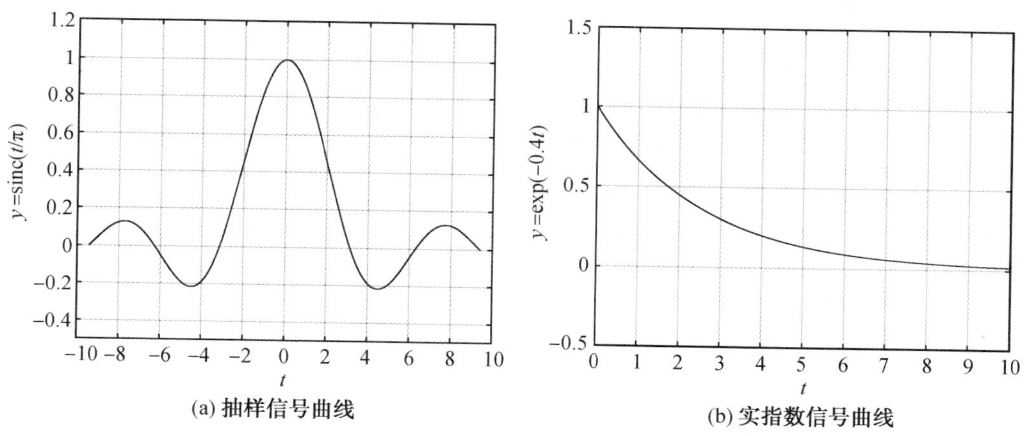

(a) 抽样信号曲线　　(b) 实指数信号曲线

图 6.8 使用 Octave 绘制的抽样信号和实指数信号曲线

7. 虚指数信号

虚指数信号 $Ae^{j\omega t}$,其中 A 为常数,ω 为角频率,虚指数信号是时间 t 的复函数,需要同时使用实部、虚部、模和相角来同时表示其随时间变化的规律。该函数的调用格式是 f=exp((j * w) * t),相关程序如下,得到的图像如图 6.9(a)所示。

```
set(0,'defaultTextFontName', 'simsun')   %设置默认字体为宋体,方便 Octave 显示中文
t=0:0.01:15; w=pi/3;   %定义时间点和 exp 函数的基本参数值
X=exp(j * w * t);      %计算这些点的函数值
Xr=real(X);            %取实部
Xi=imag(X);            %取虚部
Xa=abs(X);             %取模
Xn=angle(X);           %取相位
subplot(2,2,1),plot(t,Xr), %调用 subplot(m,n,i)命令绘图
axis([0,15,-(max(Xa)+0.5),max(Xa)+0.5]),title('实部'); %定义 x、y 轴坐标值和图名
subplot(2,2,3),plot(t,Xi),
axis([0,15,-(max(Xa)+0.5),max(Xa)+0.5]),title('虚部');
subplot(2,2,2), plot(t,Xa);
axis([0,15,0,max(Xa)+1]),title('模');
subplot(2,2,4),plot(t,Xn);
axis([0,15,-(max(Xn)+1),max(Xn)+1]),title('相角');
```

8. 复指数信号

复指数信号的一般表达式 $Ae^{(\sigma+j\omega)t}$,其中 A 为常数,$\sigma+j\omega$ 为复常数,利用欧拉公式,其可以进一步分解为 $Ae^{(\sigma+j\omega)t}=Ae^{\sigma t}\times Ae^{j\omega t}=Ae^{\sigma t}\cos(\omega t)+j\,Ae^{\sigma t}\sin(\omega t)$。实部 $Ae^{\sigma t}\cos(\omega t)$,虚部 $Ae^{\sigma t}\sin(\omega t)$,分别是按指数规律变化的余弦和正弦信号。该函数的调用格式是 ft=exp(a+(j * w) * t),相关程序如下,得到的图像如图 6.9(b)所示。

```
set(0,'defaultTextFontName', 'simsun')   %设置默认字体为宋体,方便 Octave 显示中文
t=0:0.01:6;a=-1;w=5;                    %定义时间点和 exp 函数的基本参数值
ft=exp((a+j * w) * t);                   %计算这些点的函数值
subplot(2,2,1),plot(t,real(ft)),title('实部');
subplot(2,2,3),plot(t,imag(ft)),title('虚部');
subplot(2,2,2),plot(t,abs(ft)),title('模');
subplot(2,2,4),plot(t,angle(ft)),title('相角');
```

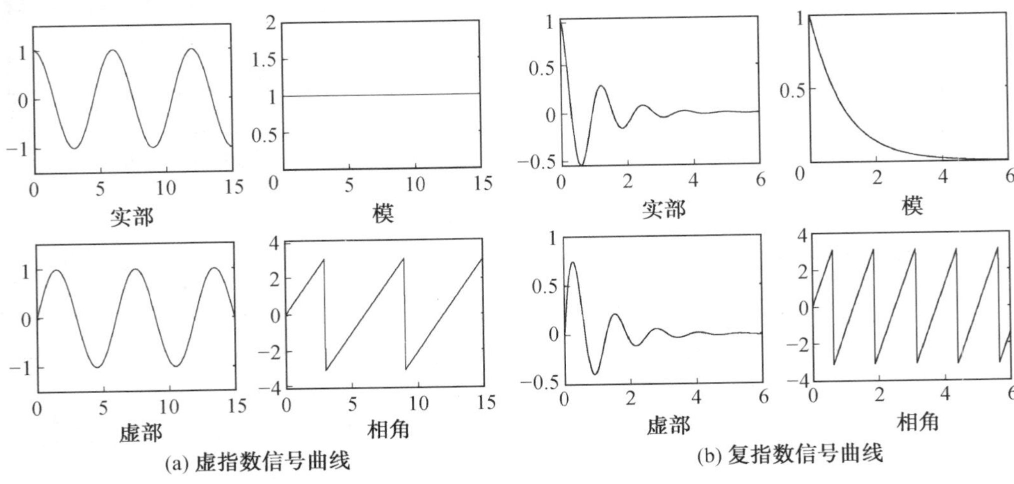

图 6.9　使用 Octave 绘制的虚指数和复指数信号曲线

9. 周期方波信号

周期方波信号在 Octave 中用 square 函数表示，调用格式为 y＝square(w0 * t,duty)，表示产生角频率 w0、占空比 duty 的周期性方波。相关程序如下，得到的图像如图 6.10(a) 所示。

```
set(0,'defaultTextFontName', 'simsun')            %设置默认字体为宋体，方便 Octave 显示中文
t=0:pi/180:4 * pi;                                %定义时间点
duty=30;                                          %定义 square()函数的占空比
y=square(pi * t,duty);                            %调用 square()函数
plot(t,y);grid on;                                %调用画图命令，并打开网格线
axis([0 4 * pi -1.5 1.5]); xlabel('t'),ylabel('y');   %定义 x、y 坐标轴的坐标值和变量值
title('方波信号曲线');
```

10. 三角脉冲信号

三角脉冲信号在 Octave 中用 tripuls 函数表示，其调用格式为：

(1) ft＝tripuls(t)，产生幅度为 1、宽度为 1 且以 t＝0 为中心的三角脉冲信号；

(2) ft＝tripuls(t,width)，产生幅度为 1、宽度为 width 且以 t＝0 为中心的三角脉冲信号；

(3)ft＝tripuls(t,width,skew)，产生幅度为 1、宽度为 width 且以 0 为中心左右各展开 width/2 大小、斜度为 skew 的三角波。width 的默认值是 1，skew 的取值范围是－1～＋1 之间。一般最大幅度 1 出现在 t＝(width/2) * skew 的横坐标位置。当 skew＝0 时，产生一个对称三角形。相关程序如下，得到的图像如图 6.10(b)所示。

```
set(0,'defaultTextFontName', 'simsun')    %设置默认字体为宋体，方便 Octave 显示中文
t=0:pi/180:4 * pi;                        %定义时间点
duty=30;                                  %定义 square()函数的占空比
y=square(pi * t,duty);                    %调用 square()函数
plot(t,y);grid on;                        %调用画图命令，并打开网格线
axis([0 4 * pi -1.5 1.5]); xlabel('t'),ylabel('y');   %定义 x、y 坐标轴的坐标值和变量值
title('方波信号曲线');
t=-3:0.01:3;                              %定义时间点
ft=tripuls(t,4,0.5);                      %调用 tripuls ()函数
plot(t,ft); grid on;                      %调用画图命令，并打开网格线
axis([-3,3,-0.5,1.5]); ; xlabel('t'),ylabel('y');   %定义 x、y 坐标轴的坐标值和变量值
title('三角脉冲信号曲线');
```

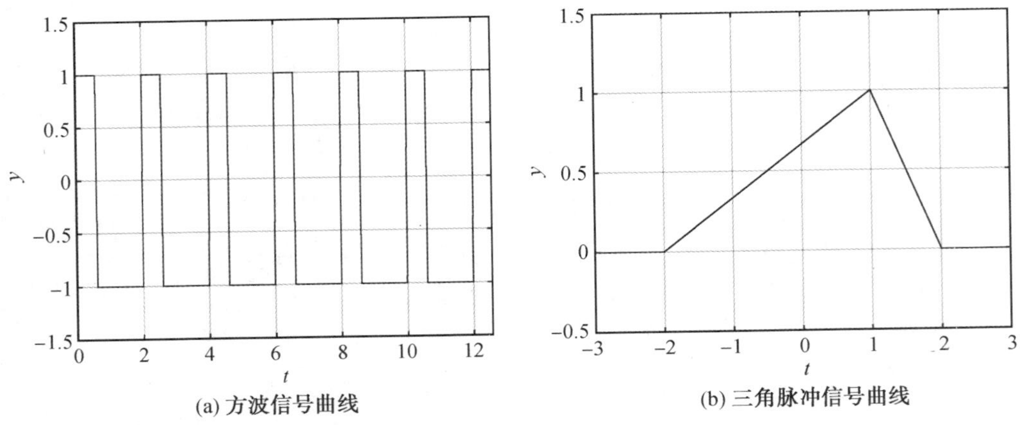

图 6.10　使用 Octave 绘制的方波信号和三角脉冲信号曲线

11. 周期锯齿波(三角波)信号

周期锯齿波信号在 Octave 中用 sawtooth()函数表示，调用格式为 ft＝sawtooth(w0 ∗ t,width)，产生幅度为 1、角频率为 w0 的周期三角波。width 是值为 0～1 的常数，用于指定在一个周期内三角波最大值出现的位置。当 width＝0.5 时，该函数生成标准的对称三角波。相关程序如下，得到的图像如图 6.11 所示。

```
set(0,'defaultTextFontName', 'simsun')          %设置默认字体为宋体，方便 Octave 显示中文
t=-2*pi:pi/180:2*pi;                             %定义时间点
width=0.5;                                       %定义 sawtooth()函数的宽度
y=sawtooth(pi*t,width);                          %调用 sawtooth()函数
plot(t,y);grid on;                               %调用画图命令，并打开网格线
axis([-2*pi 2*pi -1.5 1.5]); xlabel('t'),ylabel('y');   %定义 x、y 坐标轴的坐标值和变量值
title('锯齿波信号');
```

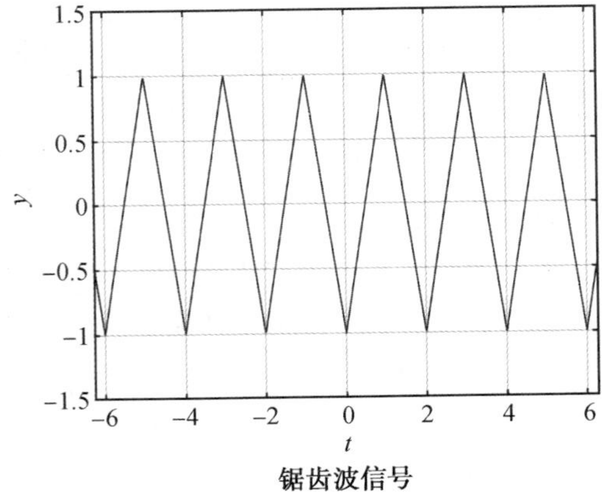

图 6.11　使用 Octave 绘制的锯齿波信号曲线

6.3.2 离散时间信号的表示

Octave 除了可以处理连续时间信号外，也能处理离散时间信号。离散时间信号的表示其实与连续时间信号类似，所调用的函数与连续时间信号一致，只是将连续时间 t 替换为序列 n，下面给出了几种常见的离散时间信号的表示方式。表示离散时间信号 f(k) 需要两个行向量，一个是表示序号 k=[ ]，一个是表示相应函数值 f=[ ]，画图命令 stem()。

1. 正弦序列

正弦序列信号可直接调用 Octave 中的 sin 函数，如 $\sin(\omega t+\varphi)$，画 $\sin\frac{n\pi}{4}$ 波形的程序如下，相关图形如图 6.12(a)所示。

```
set(0,'defaultTextFontName', 'simsun')      %设置默认字体为宋体，方便 Octave 显示中文
n=0:16;                                      %定义 n 的取值范围
x=sin(pi/4 * n);                             %调用 sin 函数计算各个 n 对应的取值
stem(n,x);                                   %调用 stem()绘图函数绘制图形
xlabel('n'),ylabel('y=sin(\pi/4 * n)');      %定义 x、y 轴坐标值
title('正弦序列');                            %图形命名
```

2. 单位冲激序列

绘制单位冲激信号 $\delta(n)=\begin{cases}1 & (n=0)\\0 & (n\neq 0)\end{cases}$ 的程序如下，相关图形如图 6.12(b)所示。

```
set(0,'defaultTextFontName', 'simsun')       %设置默认字体为宋体，方便 Octave 显示中文
n=-5:5;                                       %定义 n 的取值范围
x=[zeros(1,5) 1 zeros(1,5)];                  %调用 zeros()函数计算各个 n 对应的取值
stem(n,x);grid on;                            %调用 stem()绘图函数绘制图形
axis([-5 5 -1 2]); xlabel('n'),ylabel('y=\delta(n)');  %定义 x、y 轴坐标值和变量值
title('单位冲激序列');                         %图形命名
```

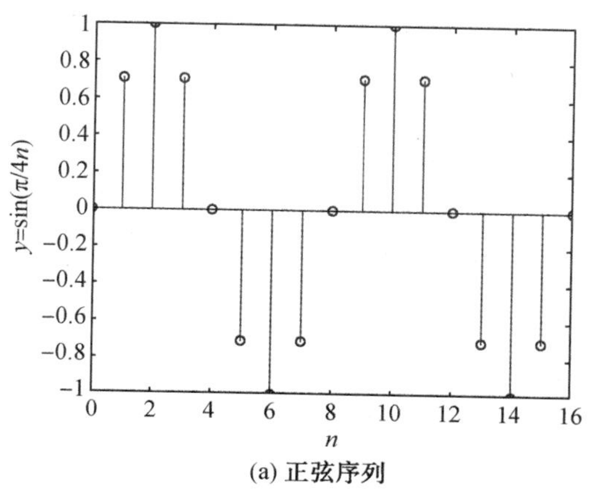

(a) 正弦序列

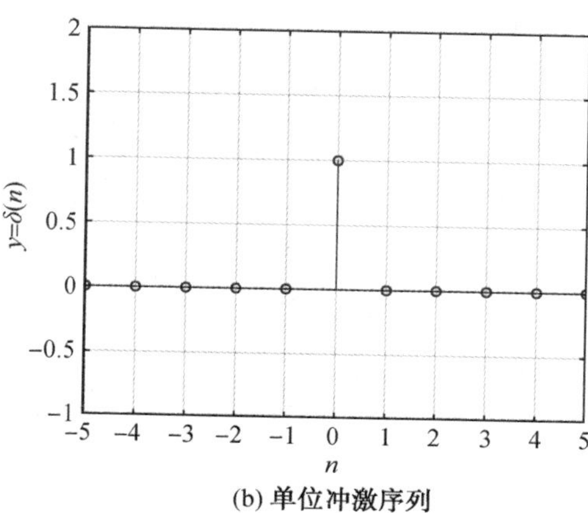

(b) 单位冲激序列

图 6.12 使用 Octave 绘制的正弦序列和单位冲激序列图形

3. 单位阶跃序列

绘制单位阶跃序列信号 $u(n)=\begin{cases}1 & (n\geqslant 0)\\ 0 & (n<0)\end{cases}$ 的程序如下，相关图形如图 6.13(a)所示。

```
set(0,'defaultTextFontName', 'simsun')    %设置默认字体为宋体，方便 Octave 显示中文
n=-10:30;                                  %定义 n 的取值范围
un=[zeros(1,10),ones(1,31)];               %生成 50 个"0",50 个"1"
stem(n,un,'.');                            %调用 stem()绘图函数绘制图形
axis([-10,30,0,1.5]);xlabel('n'),ylabel('y=u(n)');   %定义 x、y 轴坐标值
title('单位阶跃序列');                       %图形命名
```

4. 矩形脉冲序列

绘制矩形脉冲序列信号 $S(n)=\begin{cases}1 & (0\leqslant n<9)\\ 0 & (n<0\text{ 或 }n\geqslant 10)\end{cases}$ 的程序如下，相关图形如图 6.13(b)所示。

```
set(0,'defaultTextFontName', 'simsun')    %设置默认字体为宋体，方便 Octave 显示中文
n=0:20;                                    %定义 n 的取值范围
length=20;                                 %定义序列长度
N=10;                                      %定义矩形脉冲长度
Sk=[ones(1,N),zeros(1,length-N+1)];        %生成 10 个"1",21 个"0"
stem(n,Sk,'.');                            %调用 stem()绘图函数绘制图形
axis([-10,30,0,1.5]);xlabel('n'),ylabel('y=u(n)-u(n-10)');   %定义 x、y 轴坐标值
title('矩形脉冲序列');                       %图形命名
```

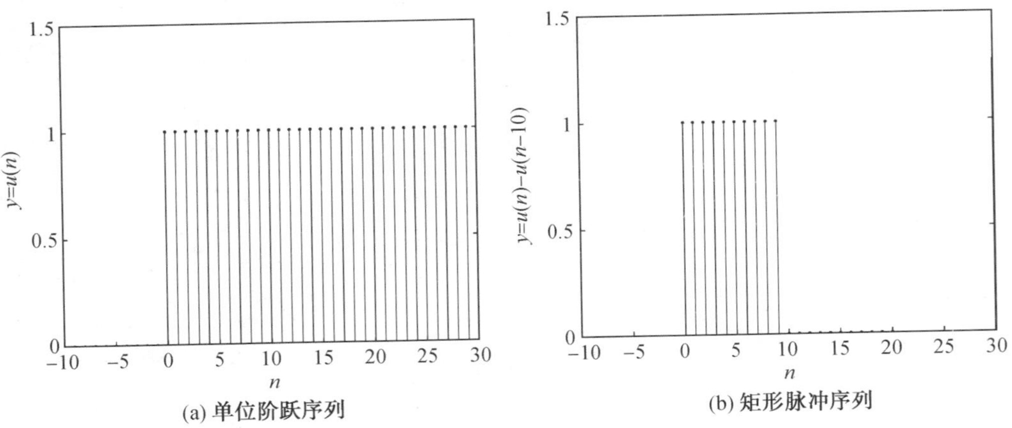

(a) 单位阶跃序列　　(b) 矩形脉冲序列

图 6.13　使用 Octave 绘制的单位阶跃序列和矩形脉冲序列图形

6.3.3 信号的运算

1. 信号的相加与相乘

信号的相加与相乘是指在同一时刻信号取值的相加与相乘。因此，Octave 对于时间信号的相加与相乘都是基于向量的点运算。故只需将信号表达式进行相加与相乘即可。例如已知 f1(t)=sin(w*t)，f2(t)=sin(4*w*t)，w=2pi，绘制 f1(t)+f2(t)和 f1(t)*f2(t)的图形的相关程序如下，得到的图像如图 6.14(a)所示。

```
t=0:0.01:3; w=2*pi;                   %定义时间点和 w 的值
f1=sin(w*t);                          %计算 f1 的函数值
f2=sin(4*w*t);                        %计算 f2 的函数值
subplot(211)                          %调用 subplot()绘制图形
plot(t,f1+1,':',t,f1-1,':',t,f1+f2)  %调用 plot()绘制 f1+1、f1-1 和 f1+f2 的图形
grid on;title('f1(t)+f2(t)')          %打开网格线，并给图命名
subplot(212)
plot(t,f1,':',t,-f1,':',t,f1.*f2)     %调用 plot()绘制 f1、-f1 和 f1*f2 的图形
grid on,title('f1(t)*f2(t)')          %打开网格线，并给图命名
```

2. 信号时移、翻转与尺度变换

信号 f(t)的时移就是将信号数学表达式中的自变量 t 用 t±t0 替换，其中 t0 为正实数。信号 f(t)的反折就是将表达式中的自变量 t 用-t 替换。信号 f(t)的尺度变换就是将表达式中的自变量 t 用 at 替换，其中 a 为正实数。以 f(t)为三角信号为例，绘制 f(2t)、f(2-2t)的波形图相关程序如下，得到的图像如图 6.14(b)所示。

```
t=-3:0.001:3;                           %定义时间点
ft=tripuls(t,4,0.5);                    %计算 ft=f(t)的函数值
ft1=tripuls(2*t,4,0.5);                 %计算 ft1=f(2t)的函数值
ft2=tripuls(2-2*t,4,0.5);               %计算 ft2=f(2-2t)的函数值
subplot(3,1,1);
plot(t,ft); grid on; title ('f(t)');    %调用 plot()绘制 f(t)的图形并命名
subplot(3,1,2);
plot(t,ft1); grid on; title ('f(2t)');  %调用 plot()绘制 f(2t)的图形并命名
subplot(3,1,3);
plot(t,ft2); grid on; title ('f(2-2t)'); %调用 plot()绘制 f(2-2t)的图形并命名
```

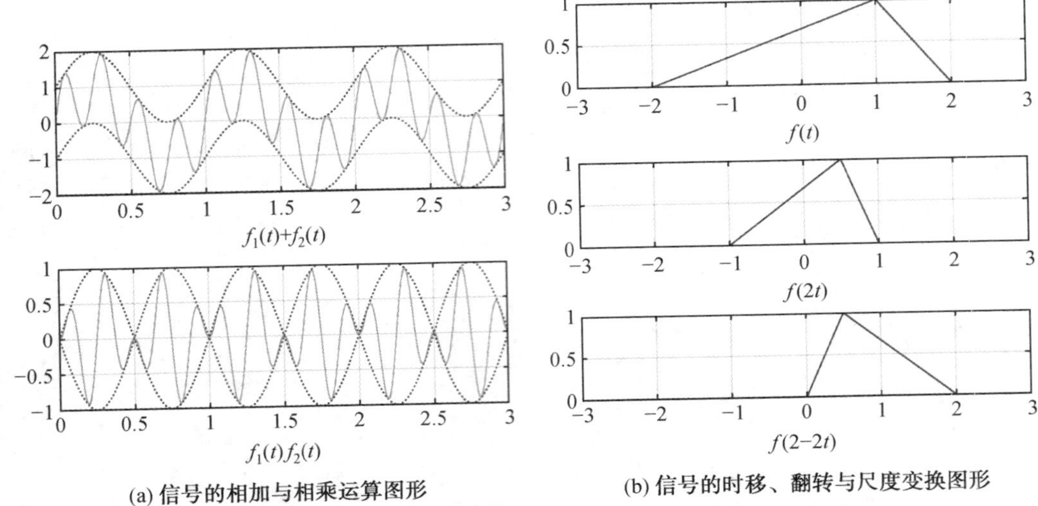

(a) 信号的相加与相乘运算图形　　(b) 信号的时移、翻转与尺度变换图形

图 6.14　信号的加减乘除与信号的时移、翻转与尺度变换

3. 信号的奇偶分解

从波形角度看，求信号的偶分量和奇分量时，首先是将信号进行反折，得到 f(－t)，然后与原信号 f(t)进行相加减，再除以 2，即可分别得到偶分量 fe(t)和奇分量 fo(t)。例如对一个三角波脉冲进行奇偶分解的相关程序如下，得到的图像如图 6.15(a)所示。

```
t=-2:0.01:2;
f1t=tripuls(t,4,0.5);
f2t=tripuls(-t,4,0.5);
fe=(f1t+f2t)/2;
fo=(f1t-f2t)/2;
subplot(2,2,1);
plot(t,f1t);grid on;axis([-2,2,-1,1]);title('f(t)的波形');
subplot(2,2,2);
plot(t,f2t);grid on;axis([-2,2,-1,1]);title('f(-t)的波形');
subplot(2,2,3);
plot(t,fe);grid on;axis([-2,2,-1,1]);title('f(t)的偶分量');
subplot(2,2,4);
plot(t,fo);grid on;axis([-2,2,-1,1]);title('f(t)的奇分量');
```

4. 信号的卷积

信号的卷积运算有符号算法和数值算法，此处采用数值计算法，需调用 Octave 的 conv( )函数近似计算信号的卷积积分。为了简化程序设计流程，首先设计了卷积函数 sconv.m，可以参考 6.2.2 节中对该函数的定义，然后直接在程序中引用该函数即可。例如利用 Octave 计算 $f(t)=2[u(t)-u(t-1)]$ 和 $h(t)=u(t)-u(t-2)$ 的卷积程序如下，得到的图像如图 6.15(b)所示。

```
p=0.01;                                %取样时间间隔
nf=0:p:1;                              % f(t)对应的时间向量
f=2*((nf>=0)-(nf>=1));                 %序列 f(n)的值
nh=0:p:2;                              % h(t)对应的时间向量
h=(nh>=0)-(nh>=2);                     %序列 h(n)的值
[y,k]=sconv(f,h,nf,nh,p);              %计算 y(t)=f(t)*h(t)
subplot(3,1,1),stairs(nf,f);           %绘制 f(t)的波形
title('f(t)');axis([0 3 0 2.1]);
subplot(3,1,2),stairs(nh,h);           %绘制 h(t)的波形
title('h(t)');axis([0 3 0 1.1]);
subplot(3,1,3),plot(k,y);              %绘制 y(t)=f(t)*h(t)的波形
title('y(t)=f(t)*h(t)');axis([0 3 0 2.1]);
```

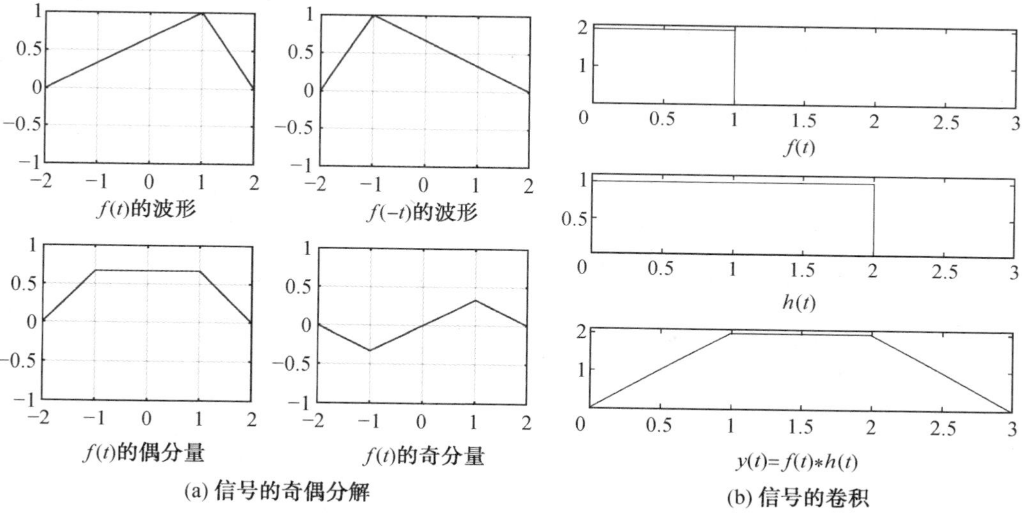

图 6.15　信号的奇偶分解与信号的卷积图形

5. 信号的微分和积分

Octave 求解信号的微分和积分需要调用微分函数 diff()和积分函数 int(),其中微分的调用格式为 diff(function,'variable',n),积分的调用格式为 int(function,'variable',a,b)。式中 function 表示要微分或积分的函数,variable 表示运算变量,n 表示求导阶数,默认值是求一阶导数,a 是积分下限,b 是积分上限,a、b 默认是求不定积分。例如求 $y_1=\sin(ax^3)$,$y_2=x\sin x\ln x$ 的一阶导数,以及求 $y_3=x^4+ax+\frac{\sqrt{x}}{2}$ 和 $y_4=\frac{xe^x}{(1+x)^2}$ 积分的相关程序如下:

```
syms a x y1 y2 y3 y4
y1=sin(a*x^3);          %符号函数 y1
y2=x*sin(x)*log(x);%符号函数 y2
y3=x^4+a*x^2+sqrt(x)/2;
y4=(x*exp(x))/(1+x)^2;
dy1=diff(y1,'x')
dy2=diff(y2)
iy3=int(y3,'x')
iy4=int(y4,0,1)
```

Octave 的返回结果为：

```
dy1 =(sym) 3*a*x^2*cos(a*x^3)
dy2 =(sym) x*log(x)*cos(x)+log(x)*sin(x)+sin(x)
iy3 =(sym) (a*x^3)/3 + x^(3/2)/3 + x^5/5
iy4 =(sym) -1+E/2
```

第 7 章

基于 Octave 的软件仿真实验

7.1 信号的时域分解与合成

7.1.1 实验目的

(1)了解并掌握基于 Octave 的编程与调试方法;
(2)掌握信号时域分解的工作原理及其重要意义;
(3)掌握利用 Octave 进行时域分解与合成的方法。

7.1.2 实验内容与步骤

1. 基于参考例程的信号时域分解与合成

有关信号的时域分解与合成的原理和说明参考 4.1.3 节硬件实验原理部分,此处不再赘述。在 Octave 中按照信号的时域分解流程,对于进行四路时域分解的流程,首先定义待时域分解的信号 s1,然后定义时域分解脉冲 y1～y4,利用矩阵与矩阵对应元素的“.*”计算方式计算得到各通道时域分解的波形 m1～m4,最后将时域分解波形 m1～m4 相加得到恢复后的波形 r,并且通过 s1－r 可以判断其分解误差。基于一个正弦信号的时域分解参考例程如下,仔细理解程序,其相关的仿真图形如图 7.1 所示。

```
%Octave_Ref_Code_71
%信号的时域分解与合成实验 Octave 代码
set(0,'defaultTextFontName', 'simsun')    %设置默认字体为宋体,方便 Octave 显示中文
clc; clear all; close all;                %清除命令窗口中的内容
                                          %清除工作区中的所有变量
                                          %关闭所有的 Figure 窗口
A=1; f=0.25; w=2*pi*f; p=0;               %设置信号参数:幅度值 A、频率 f、角频率 w、相位 p
T=16;                                     %观测时间(s)
fs=10000*f;                               %采样频率(Hz)
d=1/fs;                                   %采样间隔
t=-T/2:d:T/2;                             %离散时间 t
s1=A*sin(w*t+p);                          %待时域分解的信号,这里定义为正弦信号,可以修改
                                            为任意信号
```

```
figure(1)                                  %打开画布 1
plot(t,s1,'k'); grid on;                   %绘制 s1 的图形,打开网格线
axis([-8 8,-2,2]); xlabel('时间/s');ylabel('幅度'); title('待分解原信号');
                                           %定义坐标轴和图形名称等相关信息

figure(2)                                  %打开画布 2
y1=0.5 * square(2 * w * t,25)+0.5;              %调用 square()函数,绘制第 1 个分解脉冲 y1
y2=0.5 * square(2 * w * t-pi/2,25)+0.5;         %调用 square()函数,绘制第 2 个分解脉冲 y2
y3=0.5 * square(2 * w * t-pi,25)+0.5;           %调用 square()函数,绘制第 3 个分解脉冲 y3
y4=0.5 * square(2 * w * t-3 * pi/2,25)+0.5;     %调用 square()函数,绘制第 4 个分解脉冲 y4
subplot(4,1,1),plot(t,y1,'g'); grid on;         %绘制 y1 的曲线
ylabel('幅度');title('四路分解脉冲');axis([-8 8,-2,2]);
hold on
subplot(4,1,2),plot(t,y2,'m'); grid on;         %绘制 y2 的曲线
ylabel('幅度');axis([-8 8,-2,2]);
hold on
subplot(4,1,3),plot(t,y3,'c'); grid on;         %绘制 y3 的曲线
ylabel('幅度');axis([-8 8,-2,2])
hold on
subplot(4,1,4),plot(t,y4,'r'); grid on;         %绘制 y4 的曲线
xlabel('时间/s');ylabel('幅度');axis([-8 8,-2,2]);

figure(3)
m1=s1. * y1;                     %利用". * "计算待分解信号经过第 1 个分解脉冲后的时域波形
m2=s1. * y2;                     %利用". * "计算待分解信号经过第 2 个分解脉冲后的时域波形
m3=s1. * y3;                     %利用". * "计算待分解信号经过第 3 个分解脉冲后的时域波形
m4=s1. * y4;                     %利用". * "计算待分解信号经过第 4 个分解脉冲后的时域波形
subplot(4,1,1),plot(t,m1,'g'); grid on;
xlabel('时间/s');ylabel('幅度');title('各通道时域分解波形');axis([-8 8,-2,2])
hold on
subplot(4,1,2),plot(t,m2,'m'); grid on;
xlabel('时间/s');ylabel('幅度');axis([-8 8,-2,2])
hold on
subplot(4,1,3),plot(t,m3,'c'); grid on;
xlabel('时间/s');ylabel('幅度');axis([-8 8,-2,2])
hold on
subplot(4,1,4),plot(t,m4,'r'); grid on;
xlabel('时间/s');ylabel('幅度');axis([-8 8,-2,2])
```

```
figure(4)
plot(t,m1,'g'); grid on;                    %将第 1 个分解后的时域波形绘制到 figure 4 中
hold on
plot(t,m2,'m'); grid on;                    %将第 2 个分解后的时域波形绘制到 figure 4 中
hold on
plot(t,m3,'c'); grid on;                    %将第 3 个分解后的时域波形绘制到 figure 4 中
hold on
plot(t,m4,'r'); grid on;                    %将第 4 个分解后的时域波形绘制到 figure 4 中
xlabel('时间/s');ylabel('幅度');axis([-8 8,-2,2]);title('各通道时域分解波形的合成');

figure(5)
r=m1+m2+m3+m4;   %计算经过时域分解后的合成波形
plot(t,r,'b'); grid on; xlabel('时间/s');ylabel('幅度');axis([-8 8,-2,2]);title('时域合成后的
信号');

figure(6)
z=s1-r;          %计算时域合成后的波形与原输入信号的波形误差
plot(t,z,'b'); grid on; xlabel('时间/s');ylabel('幅度');axis([-8 8,-2,2]);title('时域合成的波
形误差');
```

由仿真图可知，信号的时域分解仿真图形可以很好地验证理论分析结果。同时，在信号的合成波形中出现的毛刺，这个与硬件实验和 Multisim 仿真结果也符合，这是由于在各个通道仿真交界的边沿，有可能出现脉冲延迟不一致的情况，从而导致出现毛刺。

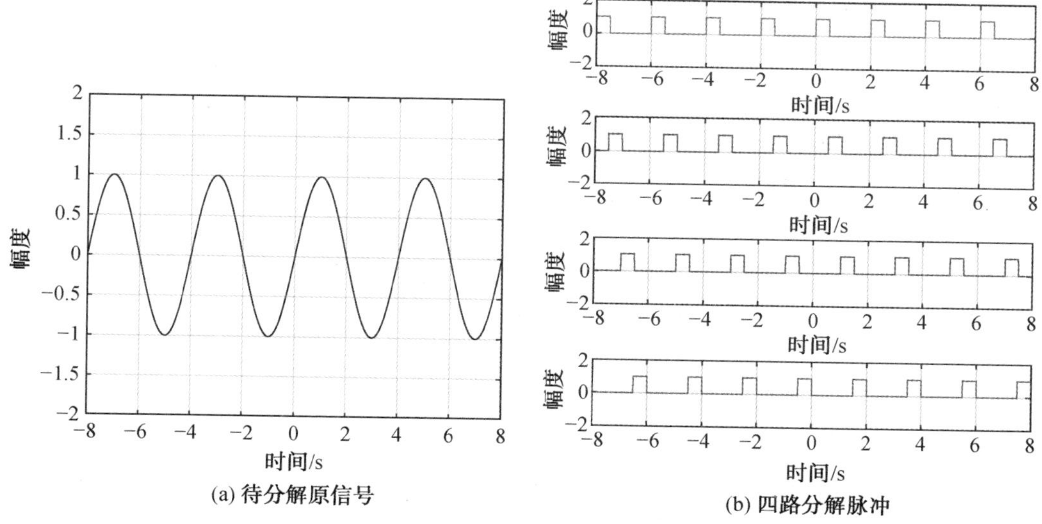

图 7.1　信号时域分解 Octave 仿真图形

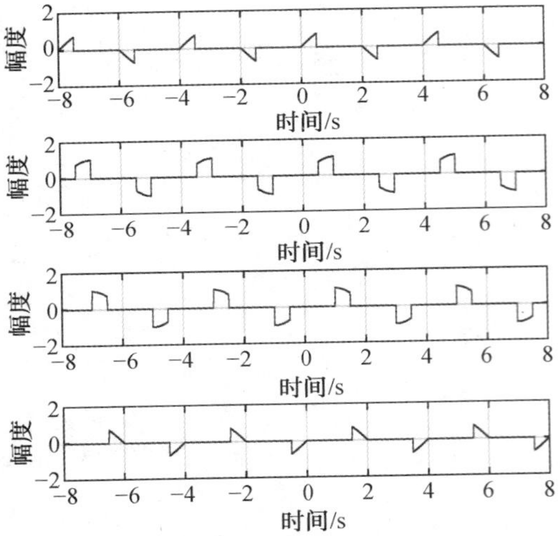

(c) 各通道时域分解波形

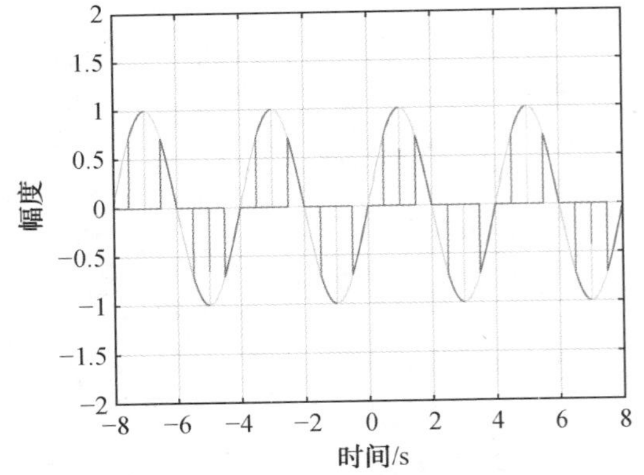

(d) 各通道时域分解波形的合成

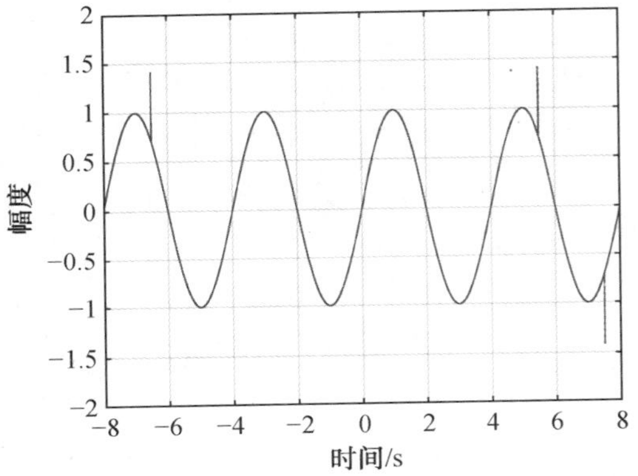

(e) 合成后的信号波形

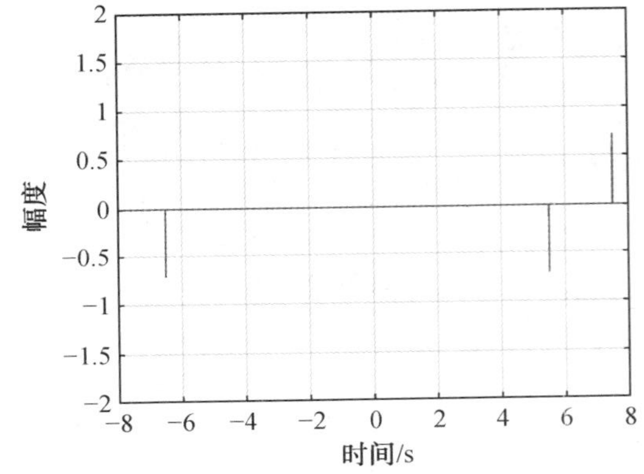

(f) 时域合成的波形误差

续图 7.1

2. 自主编程进行信号时域分解与合成

参考上述例程，编写 Octave 程序完成下述任务：

(1)将图 7.1 中待分解的信号波形频率设置为 1 kHz，分解信号频率设置为 10 kHz；

(2)在(1)的基础上，将待分解信号完成 8 通道时域分解。

7.2 信号的频域分解与合成

7.2.1 实验目的

(1)掌握利用 Octave 对信号进行傅里叶级数展开的方法；

(2)掌握利用 Octave 分析周期信号的频谱特性方法，进一步加深对周期信号频谱理论知识的理解；

(3)利用 Octave 实现周期信号的频域分解与合成。

7.2.2　实验内容与步骤

1. 基于参考例程的信号时域分解与合成

假设周期方波信号如图 7.2 所示，其函数表达式为

$$x(t)=\begin{cases}1 & (0<t<\pi)\\ -1 & (\pi<t<2\pi)\end{cases}\tag{7.1}$$

绘制该信号的傅里叶级数曲线，并用 Octave 实现其各次谐波的叠加，验证其收敛性。

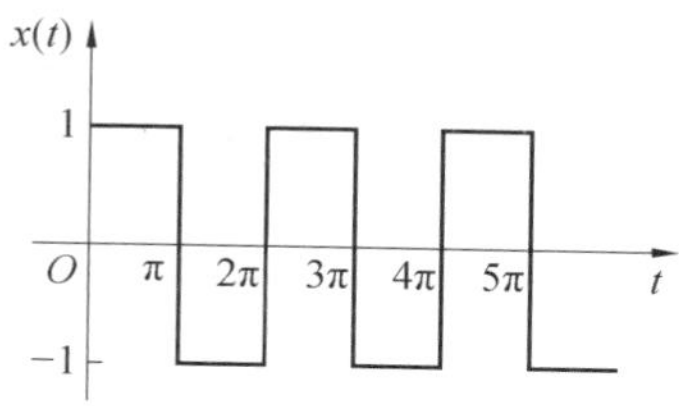

图 7.2　周期方波信号的波形

由图可知，该周期方波信号周期为 2π，且为奇函数，故 $a_n=0$，其傅里叶级数展开式为

$$x(t)=\frac{4}{\pi}\left[\sin\omega_0 t+\frac{1}{3}\sin 3\omega_0 t+\frac{1}{5}\sin 5\omega_0 t+\cdots+\frac{1}{2n-1}\sin(2n-1)\omega_0 t+\cdots\right]\tag{7.2}$$

式中，$n=1,2,\cdots$。

利用 Octave 对该周期方波信号进行频域分解与合成的参考例程如下，理解并掌握下述程序的编程要点。待分解的周期方波信号如图 7.3 所示，程序得到的各次谐波仿真图形如图 7.4 所示。

```
%Octave_Ref_Code_72
%周期方波信号的频域分解与合成实验 Octave 代码
clc; clear all; close all;          %清除命令窗口中的内容
                                    %清除工作区中的所有变量
                                    %关闭所有的 Figure 窗口
t=-2*pi:0.01:4*pi;                  %设置 t 的取值范围和步进值
y=square(t,50);                     %利用 square(t,DUTY) 产生周期为 2*pi 的方波，占空比 50%
plot(t,y); grid on;                 %绘制周期方波曲线，并打开网格线
axis([-2*pi 4*pi -1.5 1.5]);xlabel('t'),ylabel('幅度'); title('周期方波信号')
n_max=[1 3 5 7 9 11 20];            %利用矩阵设置谐波的取值，将需要分析的谐波数填入矩阵即可
N=length(n_max);                    %利用 length 获得 n_max 的长度
for k=1:N                           %利用 for 循环绘制不同谐波合成波形图
    n=1:2:n_max(k);
    b=4./(n*pi);
    x=b*sin(n*t);
figure;plot(t,y)
    hold on;
    plot(t,x);
    hold off;
xlabel('t'),ylabel('幅度');
```

```
    axis([-2 * pi 4 * pi -1.5 1.5]);%设置 x 轴和 y 轴的显示范围
    title(['最大谐波数 = ',num2str(n_max(k)),' 时的合成波形与原波形'])
    grid on;
    figure;
    plot(t,y-x);
xlabel('t'),ylabel('幅度')
    axis([-2 * pi 4 * pi -1.5 1.5]);        %设置 x 轴和 y 轴的显示范围
    title(['最大谐波数 = ',num2str(n_max(k)),' 时的合成波形与原波形的误差'])
    grid on;
end
```

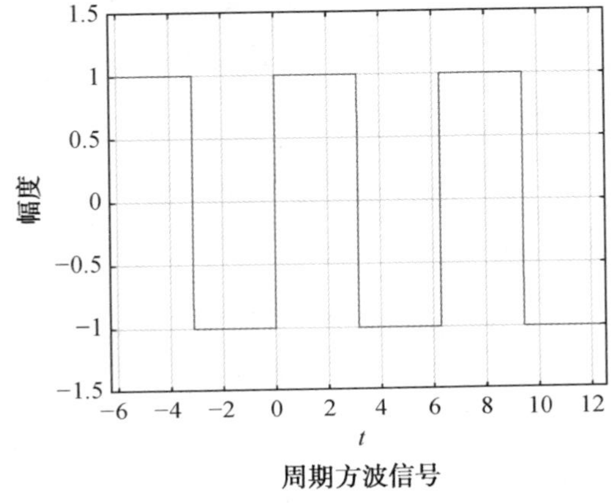

图 7.3　待分解的周期方波信号

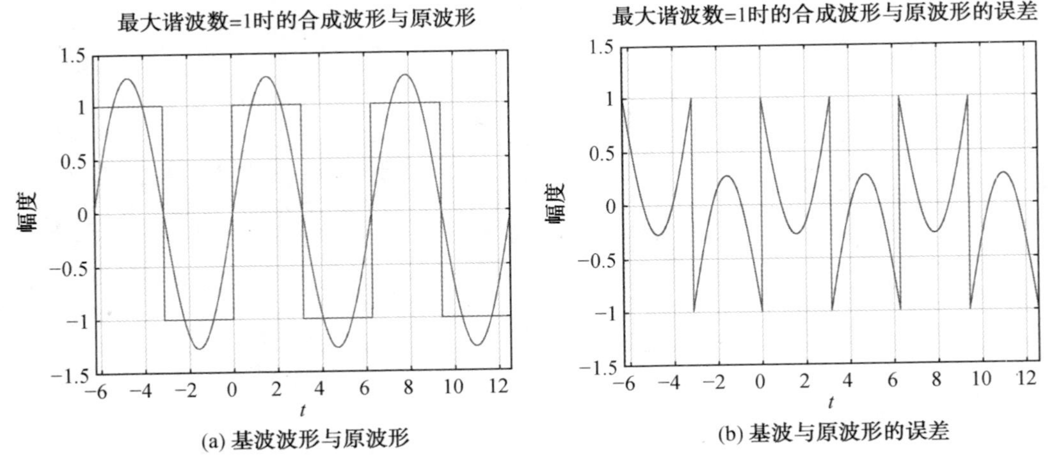

图 7.4　周期信号频域分解的仿真波形

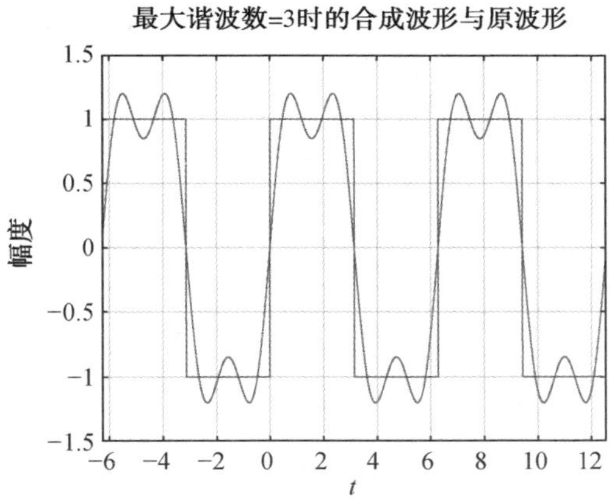

最大谐波数=3时的合成波形与原波形

(c) 基波+三次谐波的合成波形与原波形

最大谐波数=3时的合成波形与原波形的误差

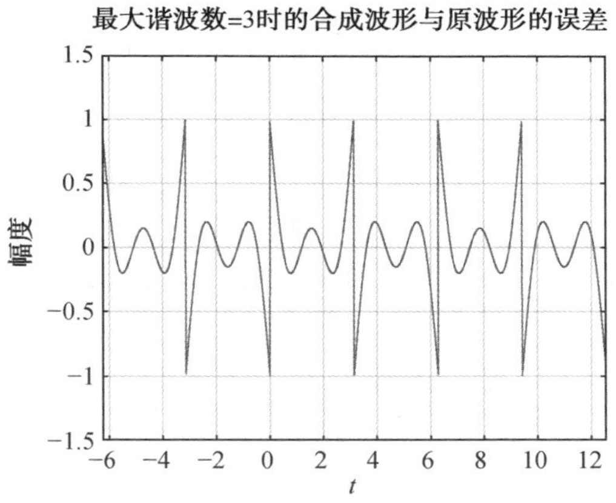

(d) 基波+三次谐波合成波形与原波形的误差

最大谐波数=5时的合成波形与原波形

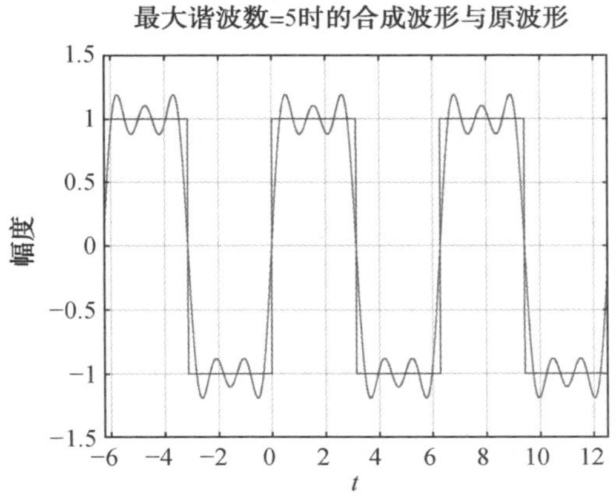

(e) 基波+三次+五次谐波的合成波形与原波形

最大谐波数=5时的合成波形与原波形的误差

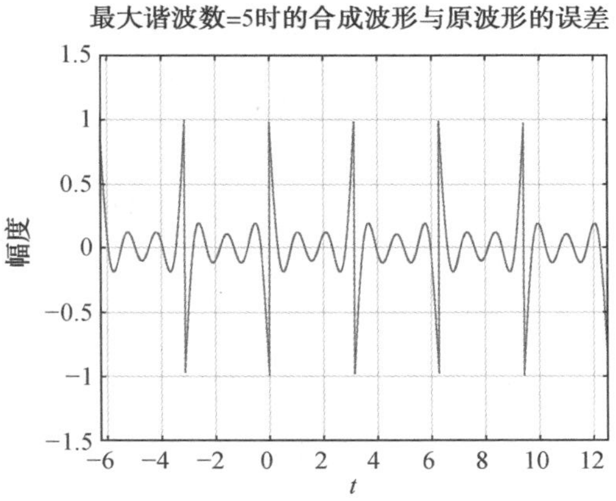

(f) 基波+三次+五次谐波合成波形与原波形的误差

最大谐波数=7时的合成波形与原波形

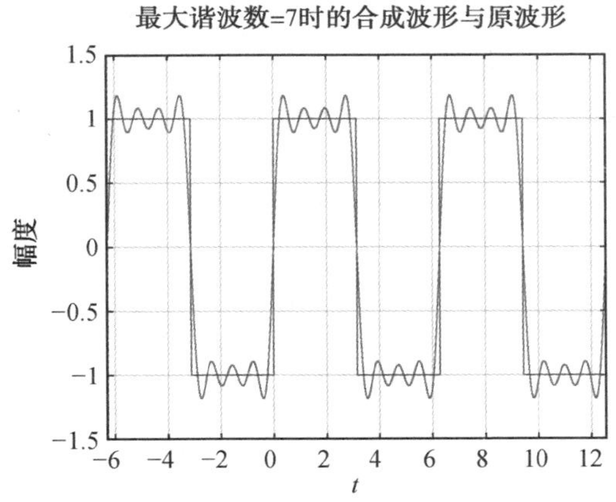

(g) 最大谐波七次的合成波形与原波形

最大谐波数=7时的合成波形与原波形的误差

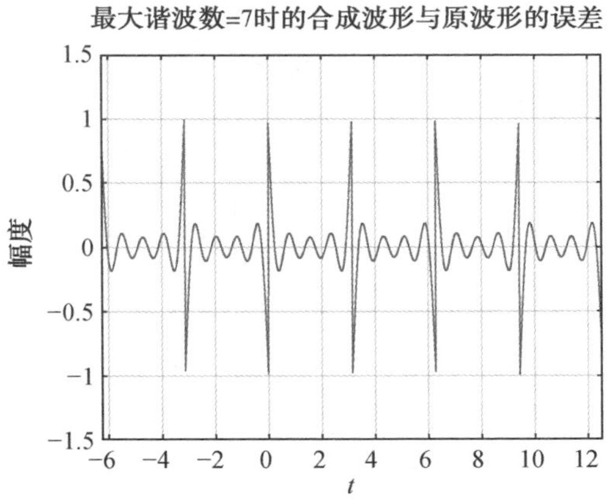

(h) 最大谐波七次的合成波形与原波形的误差

续图 7.4

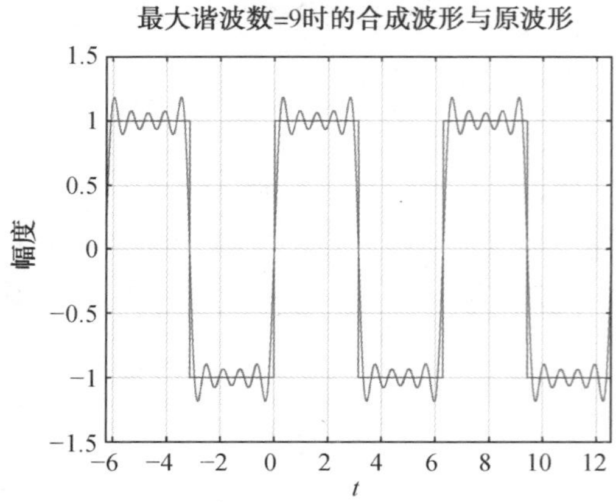

最大谐波数=9时的合成波形与原波形

(i) 最大谐波九次的合成波形与原波形

最大谐波数=9时的合成波形与原波形的误差

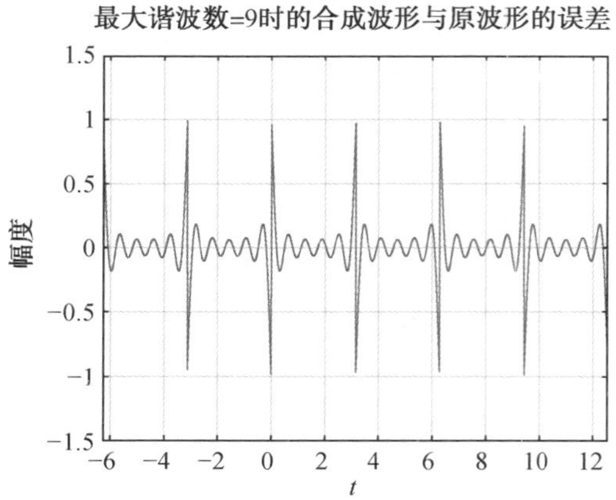

(j) 最大谐波九次的合成波形与原波形的误差

最大谐波数=20时的合成波形与原波形

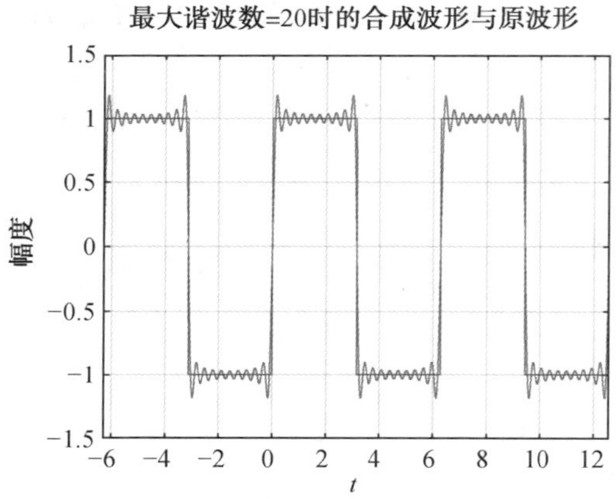

(k) 最大谐波20次的合成波形与原波形

最大谐波数=20时的合成波形与原波形的误差

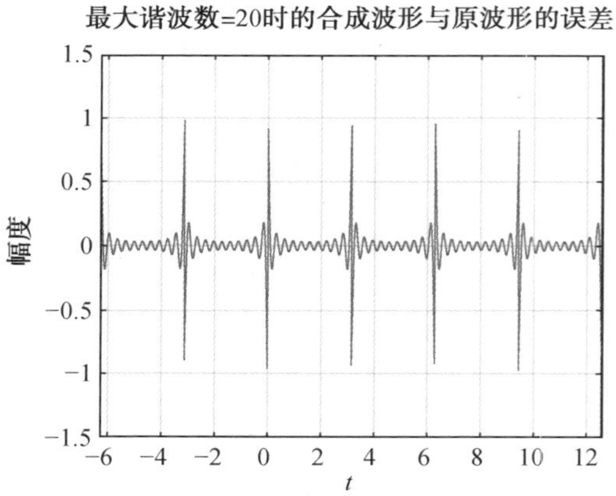

(l) 最大谐波20次的合成波形与原波形的误差

续图 7.4

由图可知，随着傅里叶级数项数的增加(物理上是加入了较多的高频分量)，信号的近似程度提高了，合成信号的边沿更加陡峭(也就是说，边沿上有丰富的高频分量)，顶部虽然有较多起伏，但更趋于平坦，也就是说更接近原始信号。另外，在边沿部分，谐波次数的增加并不能减小尖峰的幅度。可以证明，在合成波形所含谐波次数 $n\to\infty$ 时，在信号边沿仍存在一个过充，即吉布斯(Gibbs)现象。

2. 自主编程进行信号频域分解与合成

参考上述例程，编写 Octave 程序完成下述任务：

(1)将图 7.3 中待分解的信号波形频率设置为 1 kHz，然后对其进行频域分解与合成仿真；

(2)在(1)的基础上，将待分解信号修改为占空比可调的矩形波，再对其进行频域分解与合成仿真；

(3)参考信号与系统理论教材，将待分解信号修改为周期锯齿波、周期三角脉冲、周期全波余弦、周期半波余弦等典型的周期信号，对其完成频域分解与合成的仿真实验。

7.3　信号的卷积观察与分析

7.3.1　实验目的

(1)掌握 Octave 中滤波器的设计方法；
(2)利用 Octave 仿真观察信号经过滤波器后的响应波形。

7.3.2　实验内容与实验步骤

1. 基于参考例程的信号卷积观察与分析

有关信号的卷积观察与分析实验的原理和说明参考 4.1.3 节硬件实验原理部分，此处不再赘述。在 Octave 中，首先构建一个 8 阶贝塞尔低通滤波器，然后再观察不同占空比的矩形波信号经过该滤波器后响应曲线，与理论波形进行推导。利用 Octave 对该矩形波信号进行卷积观察的参考例程如下，理解并掌握下述程序的编程要点，程序得到的输出仿真图形如图 7.5 所示。

```
%Octave_Ref_Code_73
%信号的卷积观察与分析实验 Octave 代码
clc; clear all; close all;                    %清除命令窗口中的内容
                                              %清除工作区中的所有变量
                                              %关闭所有的 Figure 窗口

%设置滤波器参数
[b,a] = besself(8,2 * pi * 100);              %贝塞尔滤波器,b 表示阶数,越高则滤波器切断越明
                                                显,a 为截止频率
[num,den] = bilinear(b,a,2 * pi * 100);       %双线性插值
freqs(b,a);                                   %画出滤波器的频率响应
%设置时间范围
Fs = 100000;
t =linspace(0,1,Fs);
A1=1; f1=1000;                                %设置矩形波参数:幅度值 A1, 频率 f1, 占空比 DUTY
y=A1 * square(2 * pi * f1 * t,50);            %利用 square(t,DUTY) 生产矩形波 y,占空比 50%
y_filtered = filter(num,den,y);
figure(1)                                     %打开画布 1
subplot(2,1,1);plot(t,y); grid on;            %绘制周期方波曲线 y,并打开网格线
axis([0,0.005,-2,2]);xlabel('时间/s'),ylabel('幅度'); title('矩形波信号')
subplot(2,1,2);plot(t,y_filtered);grid on;    %绘制矩形波滤波,并打开网格线
axis([0,0.005,-2,2]);
xlabel('时间/s');ylabel('幅度'); title('矩形波信号(滤波后)')
```

由图 7.5 可知，经过贝塞尔低通滤波器后，矩形波信号中的高频分量已经被过滤掉，表现出来的现象就是原本陡峭的上升沿已经变得不陡峭了，这与前文的理论分析结论一致，与

低通滤波器的性能也保持一致。

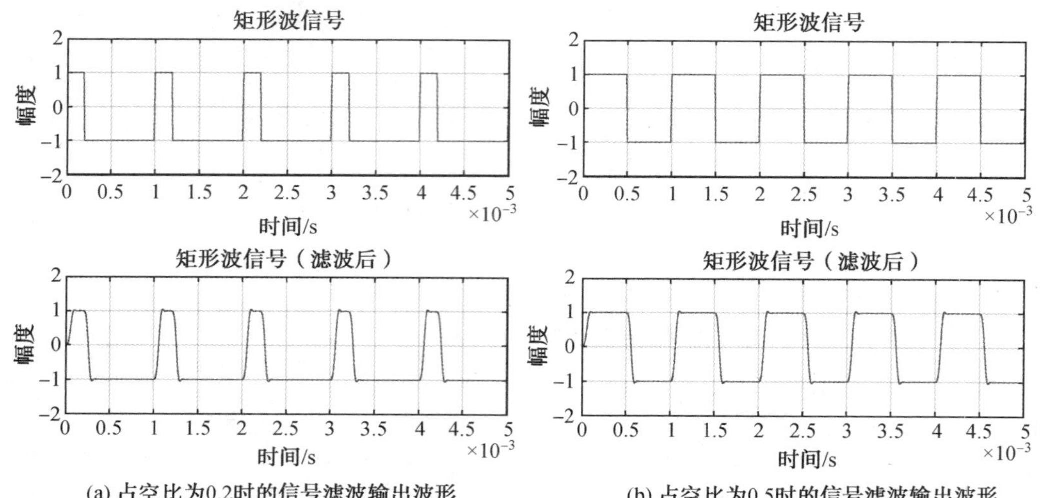

图 7.5　信号卷积前后波形对比

2. 自主编程进行信号的卷积观察与分析

参考上述例程，编写 Octave 程序完成下述任务：

(1)将贝塞尔低通滤波器更换为巴特沃斯滤波器，然后对其进行卷积现象观察仿真；

(2)将输入波形更换为周期性锯齿波，然后完成上述仿真。

7.4　信号的频谱观察与分析

7.4.1　实验目的

(1)掌握利用 Octave 生成 AM、FM 和脉冲调制信号的方法；

(2)掌握利用 Octave 分析信号频谱的方法。

7.4.2　实验内容与实验步骤

1. 基于参考例程的信号频谱分析

有关信号的频谱分析实验的原理和说明参考 4.1.3 节硬件实验原理部分，此处不再赘述。在 Octave 中对信号进行频谱观察直接使用 fft()函数，所以下面给出的参考例程，除了绘制频谱曲线外，如何产生标准的调制信号也是重点。利用 Octave 对典型信号进行频谱观察的参考例程如下，理解并掌握下述程序的编程要点，程序得到的输出仿真图形如图 7.6～7.9 所示。

(1)10MHz 正弦波频谱观察。

```
%Octave_Ref_Code_741
%10 MHz 正弦波频谱观察 Octave 代码
clc; clear all; close all;                    %清除命令窗口中的内容
                                              %清除工作区中的所有变量
                                              %关闭所有的 Figure 窗口
fs=1e9;N=1280000;                             %采样频率和数据点数,设置采样点数 N 可以改变仿真图
                                               形分辨率
n=0:N-1;t=n/fs;                               %时间序列
f=1e7;                                        %正弦波频率
x=sin(2*pi*f*t);                              %信号
y=fft(x,N);                                   %对信号进行快速傅里叶变换
mag=abs(y);                                   %求得傅里叶变换后的振幅
f=n*fs/N;                                     %频率序列
subplot(2,1,1),plot(t,x);                     %绘出 Nyquist 频率之前随频率变化的振幅
axis([0,1e-6,-1.5,1.5]);                      %定义 x 轴显示范围
xlabel('时间/s'); ylabel('振幅');              %定义 x、y 轴名称
title('产生正弦波波形'); grid on;              %图名,并打开网格线
subplot(2,1,2),plot(f(1:N/2),mag(1:N/2)/(N/2));
                                              %绘出 Nyquist 频率之前随频率变化的振幅
axis([0,2e7,0,2]);                            %定义 x 轴显示范围
xlabel('频率/Hz');ylabel('振幅');              %定义 x、y 轴名称
title('频谱');grid on;                        %图名,并打开网格线
```

由图 7.6 可知,10 MHz 正弦波信号的频谱是在 10 MHz 频率点处的一条谱线,谱线精度与采样点数相关,采样点数越多,所得到的频谱曲线越接近真实情况,这与使用频谱分析仪观察信号频谱曲线的现象一致。

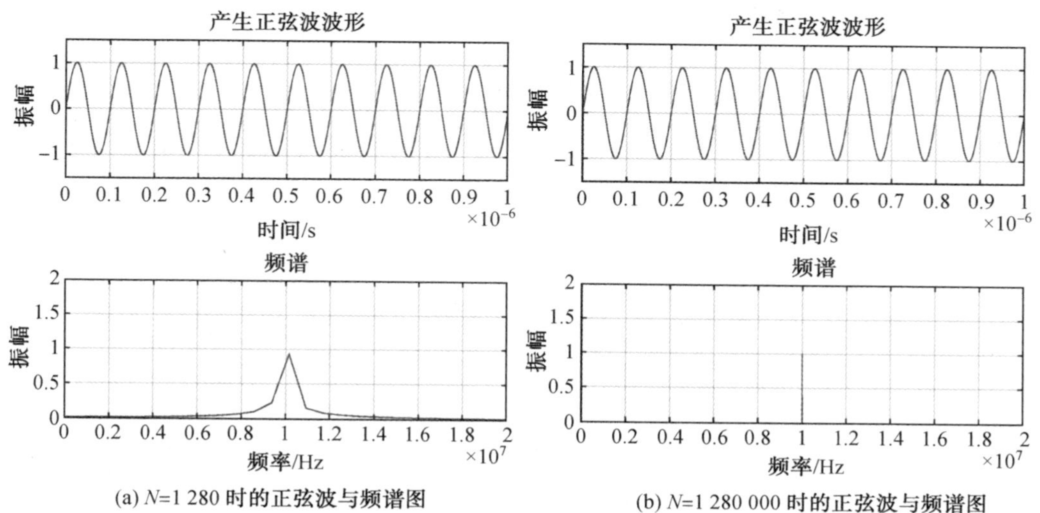

(a) N=1 280 时的正弦波与频谱图　　(b) N=1 280 000 时的正弦波与频谱图

图 7.6　10 MHz 正弦波频谱观察仿真图形

(2)调幅信号的频谱观察。

结合 4.4 节硬件实验的内容，将调幅信号的载波频率设置为 10 MHz，调制的正弦波信号频率设置为 5 kHz，调制指数 ma 可任意设置。相关参考实验代码如下：

```
%Octave_Ref_Code_742
%调幅信号的频谱观察 Octave 代码
%载波频率为 10 MHz,调制正弦波信号频率为 5 kHz,调制指数 ma 可任意设置
clc; clear all; close all;                    %清除命令窗口中的内容
                                              %清除工作区中的所有变量
                                              %关闭所有的 Figure 窗口
ma=0.5;                                       %ma 系数
N=1e7;                                        %采样点数量
f1=5000;                                      %调制信号频率
fs=1e8;                                       %抽样频率
t=0:1/fs:N/fs;                                %采样序列
n=0:N-1;
A=2;                                          %振幅倍数
fc=1e7;                                       %载波频率
m=sin(2*pi*f1*t);                             %调制信号
carrier=cos(2*pi*fc.*t);                      %载波信号
AM_singal=A*(1+ma*m).*carrier;                %执行 AM 调制
y=fft(AM_singal,N);                           %对信号进行快速傅里叶变换
mag=abs(y);                                   %求得傅里叶变换后的振幅
f=n*fs/N;                                     %频率序列
figure(1)
subplot(2,1,1);plot(t,m);                     %子图 1,画调制波形
axis([0,1e-3,-1.5,1.5]);                      %定义 x、y 轴显示范围
xlabel('时间/s');ylabel('振幅');               %定义 x、y 轴名称
title('调制信号波形'); grid on;                %图名,并打开网格线
subplot(2,1,2);plot(t,AM_singal);             %子图 2,画 AM 波形
axis([0,1e-3,-3.5,3.5]);                      %定义 x 轴显示范围
xlabel('时间/s');ylabel('振幅');               %定义 x、y 轴名称
title('AM 信号波形');grid on;                  %图名,并打开网格线
figure(2)
plot(f(1:N/2),mag(1:N/2)/(N/2));              %绘出 Nyquist 频率之前随频率变化的振幅
xlabel('频率/Hz'); ylabel('振幅');             %定义 x、y 轴名称
axis([0.995e7,1.005e7,0,2.5]);                %定义 x 轴显示范围
title('AM 信号频谱');grid on;                  %图名,并打开网格线
```

由图 7.7 可知，正弦调制的调幅波的频谱由三个频率分量组成，即载波分量 ω_c、上边频分量 $\omega_c+\Omega$ 和下边频分量 $\omega_c-\Omega$，这与理论分析结论一致。通过对频谱图中载波分量和上下边频分量的幅度测量，可以计算出调幅信号的调幅指数，具体可以参考 4.4 节的实验原理部分，这里不再赘述。

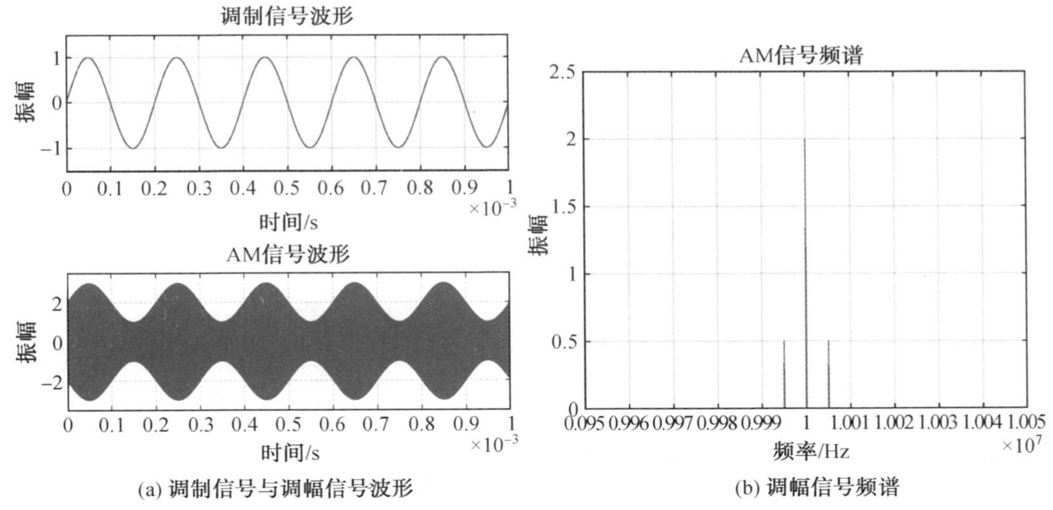

图 7.7　调幅信号的频谱观察仿真图形

(3)调频信号的频谱观察。

结合 4.4 节硬件实验的内容，将调频信号的载波频率设置为 10 MHz，调制的正弦波信号频率设置为 5 kHz，调制频偏可以任意设置，典型值为 5 kHz。相关参考实验代码如下：

```
%Octave_Ref_Code_743
%调频信号的频谱观察 Octave 代码
%载波频率为 10 MHz，调制正弦波信号频率为 5 kHz，调制频偏可以任意设置，典型值为 5 kHz
clc; clear all; close all;                    %清除命令窗口中的内容
                                              %清除工作区中的所有变量
                                              %关闭所有的 Figure 窗口
fm=5000;                                      %调制信号频率
am=1.0;                                       %调制信号幅度
fc=1e7;                                       %载波频率
ac=1;                                         %载波幅度
mf=2;                                         %调频指数
kf=mf*2*pi*fm/am;                             %由调频指数求调频灵敏度
fs=1e8;                                       %采样率
N=1e6;                                        %采样点数
t=(0:N-1)/fs;                                 %时间序列
m_t = am*sin(2*pi*fm*t);                      %调制信号
phi_t =kf*cumsum(m_t)/fs;                     %相位积分
s_t=cos(2*pi*fc*t+phi_t);                     %已调信号
l=length(s_t);                                %获得序列长度
u=fftshift(fft(s_t));                         %离散傅里叶变换求频谱
w=(0:l-1)*fs/l-1/2*fs;                        %横坐标一频率
u1=abs(u);
figure(1)
```

```
subplot(2,1,1);plot(t,m_t);                 %子图 1,画调制波形
axis([0,3.5e-3,-1.5,1.5]);                  %定义 x、y 轴显示范围
xlabel('时间/s');ylabel('幅度/V');
title('调制信号波形');grid on;               %图名,并打开网格线
subplot(2,1,2);plot(t,s_t);
axis([0,3.5e-6,-1.5,1.5]);                  %定义 x、y 轴显示范围
xlabel('时间/s');ylabel('幅度/V');
title('FM 信号波形'); grid on;               %图名,并打开网格线
figure(2)
plot(w,u1/(N/2));
xlim([0.996e7,1.004e7]);
title('FM 信号频谱');grid on;                %图名,并打开网格线
```

由图 7.8 可知,调制信号控制着调频波的角频率变化,最终反映到调频信号是相位变化。对于本例来说,调制频率为 5 kHz,载波频率为 10 MHz,调制频率远小于载波频率,导致调频信号的相位变化非常不明显,几乎观察不出来。而对于调频信号的频谱,是由 $n=0$ 时的载波分量和 $n\geqslant 1$ 时的无穷多个边带分量所组成;相邻两个频率分量间隔为调制频率 Ω,具体的调频信号频谱特点可以参考 4.4 节的实验原理部分,在此不做深入介绍。

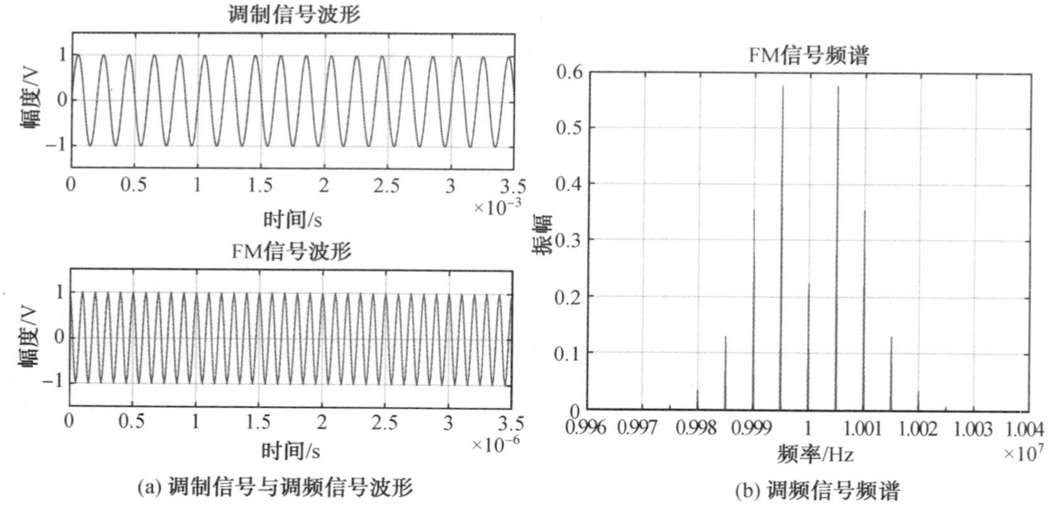

(a) 调制信号与调频信号波形　　(b) 调频信号频谱

图 7.8　调频信号的频谱观察仿真图形

(4)脉冲调制信号的频谱观察。

结合 4.4 节硬件实验的内容,将脉冲调制信号的载波频率设置为 10 MHz,调制的周期矩形脉冲波信号频率设置为 1 kHz,占空比可以任意设置。相关参考实验代码如下:

```
%Octave_Ref_Code_744
%脉冲调制信号的频谱观察 Octave 代码
%载波频率为 10 MHz,调制的周期矩形脉冲波信号频率设置为 1 kHz,占空比可以任意设置
Vm=1;                          %正弦波幅值(本例程从正弦波生成矩形波)
f=1000;                        %正弦波频率
K=0.3;                         %设置占空比
fc=1e7;                        %载波频率
w = 2 * pi * f;                %正弦波角频率
u = (0.5-K) * pi;              %相位
M = 5e6;                       %采样数,修改该值将改变图形显示分辨率,但是也影响处理时间
n=0:M-1;
Fs = 1e8;                      %采样率:1/f_sample 为采样时间间隔,通常以 N 倍的信号源来
                                表示
t=[0:M]/Fs;                    %采样序列;% 采样时间向量(始终采 N 个点,即刚好采信号源的
                                一个周期)
y_sin = Vm * sin(w * t+u);     %模拟正弦信号(用于产生方波)
m=sin(2 * pi * fc * t);        %调制信号
for i=1:M+1                    %产生方波
    if(y_sin(i)>=y_sin(1))
y_plus(i) = Vm;
    else
y_plus(i) = 0;
    end
end
m_pcm=m. * y_plus;                        %脉冲调制
y=fft(m_pcm,M);                           %对信号进行快速傅里叶变换
mag=abs(y);                               %求得傅里叶变换后的振幅
f=n * Fs/M;                               %频率序列
figure(1)
subplot(2,1,1);plot(t,y_plus);            %子图 1,画矩形波
axis([0,3.5e-3,0,1.5]);                   %定义 x、y 轴显示范围
xlabel('时间/s');ylabel('振幅');          %定义 x、y 轴名称
title('调制信号波形'); grid on;           %图名,并打开网格线
subplot(2,1,2); plot(t,m_pcm);            %子图 2,画已调波
axis([0,3.5e-3,-1.5,1.5]);                %定义 x、y 轴显示范围
xlabel('时间/s');ylabel('振幅');          %定义 x、y 轴名称
title('脉冲调制信号波形'); grid on;       %图名,并打开网格线
figure(2)
plot(f(1:M/2),mag(1:M/2)/(M/2));          %绘出 Nyquist 频率之前随频率变化的振幅
xlim([0.997e7,1.003e7]);                  %定义 x 轴显示范围
xlabel('频率/Hz');ylabel('振幅');         %定义 x、y 轴名称
title('脉冲调制信号频谱');grid on;        %图名,并打开网格线
```

由图 7.9 可知，脉冲调制信号的频谱具有离散性，谱线只出现在基频 ω_1 整数倍频率上（$\omega_1=2\pi/T_1$），即各次谐波频率点 $n\omega_1$ 上，谱线的幅度包络线按抽样函数 $\mathrm{Sa}(n\omega_1\tau/2)$ 的规律变化，并呈现收敛状。具体的脉冲调制信号频谱特点可以参考 4.4 节的实验原理部分，在此不做深入介绍。

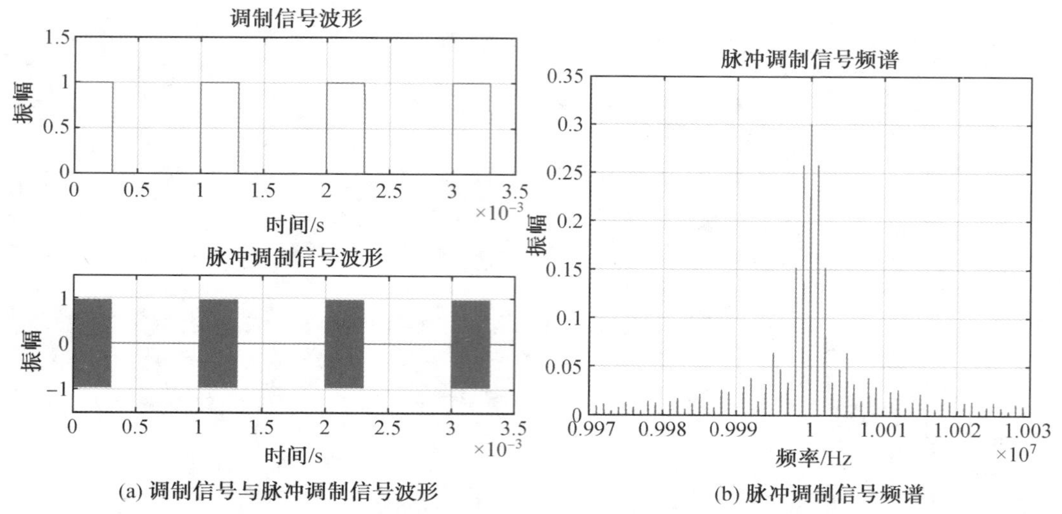

图 7.9　脉冲调制信号的频谱观察仿真图形

2. 自主编程进行信号的频谱观察

参考上述例程，编写 Octave 程序完成下述任务：

(1)利用 Octave 仿真 10 MHz 正弦信号和 5 MHz 余弦信号之和的频谱；

(2)修改调幅信号的载波频率、调制信号幅度、调幅指数等参数后进行仿真，观察其对调幅信号波形和频谱的影响；

(3)修改调频信号的载波频率、调制信号幅度、调频指数等参数后进行仿真，观察其对调频信号波形和频谱的影响；

(4) 修改脉冲调制信号的载波频率、调制信号幅度、调制信号频率等参数后进行仿真，观察其对脉冲调制信号波形和频谱的影响；

(5)利用 Octave 对周期性锯齿波、周期性三角波等典型周期性信号的频谱进行仿真验证。

7.5　信号的时域抽样与重建

7.5.1　实验目的

(1)学会用 Octave 实现连续信号的抽样和重建；

(2)运用 Octave 进行信号抽样和对抽样信号的频谱进行分析；

(3)运用 Octave 对抽样后信号进行恢复。

7.5.2　实验内容与实验步骤

1. 基于参考例程的信号抽样与重建

有关连续信号的时域抽样与重建相关原理和说明参考 4.5 节，这里不再赘述。本节用 Octave 对连续信号的抽样与重建过程进行仿真，具体步骤如下。

(1) 生成连续信号的抽样信号，并分析其频谱。

首先生成 1 kHz 的正弦波信号或三角波连续信号，为保证仿真的精确性，连续信号用 100 kHz 的抽样来模拟。而后生成矩形波抽样函数，抽样频率为 2 kH 或 4 kHz，用抽样信号与连续信号相乘，得到抽样后信号。分别绘出连续信号和抽样后信号的波形及频谱，如图 7.10 所示。

```
%Octave_Ref_Code_75
% 生成连续信号
pkg load signal;
set(0,'defaultTextFontName', 'simsun');                   %坐标轴
clc; clear all; close all;                                %清除命令窗口中的内容
                                                          %清除工作区中的所有变量
                                                          %关闭所有的 Figure 窗口
A=1; f=1000; w=2*pi*f; p=0;                               %设置连续信号的幅度、频率、相位
fs=100000; d=1/fs;                                        %设置连续信号的仿真精度
t=0:d:0.01-d; N=numel(t);                                 %生成时间序列,N 为序列长度
s=A*sin(w*t+p);                                           %生成正弦信号
% s=sawtooth(w*t,0.5);                                    % 生成三角波信号(与正弦信号二选一)
figure(1),plot(s);                                        % 绘出信号的时域波形图
xlabel('时间/s'); ylabel('幅度'); axis([-inf,inf,-2,2]); grid on;
sf=fft(s);                                                % 计算信号的频谱
fn=(0:N-1)*fs/N;                                          % 生成频谱序列
figure(2),plot(fn(1:N/2),abs(sf(1:N/2)),'.-');            % 绘出信号频谱的振幅
xlabel('频率/Hz');ylabel('振幅'); axis([0,8000,-100,600]); grid on;
% 对连续信号抽样
fs2=4000;                                                 % 设置抽样频率
p=square(2*pi*fs2*t)+1;                                   % 生成矩形波抽样函数
s2=p.*s;                                                  % 生成抽样后的信号
figure(3),plot(s2);                                       % 绘出抽样信号的时域波形图
xlabel('时间/s'); ylabel('幅度'); axis([-inf,inf,-2,2]); grid on;
s2f=fft(s2,N);                                            % 计算抽样信号的频谱
figure(4),plot(fn(1:N/2),abs(s2f(1:N/2)),'.-');           % 绘出抽样信号频谱的振幅
xlabel('频率/Hz');ylabel('振幅'); axis([0,8000,-100,600]); grid on;
```

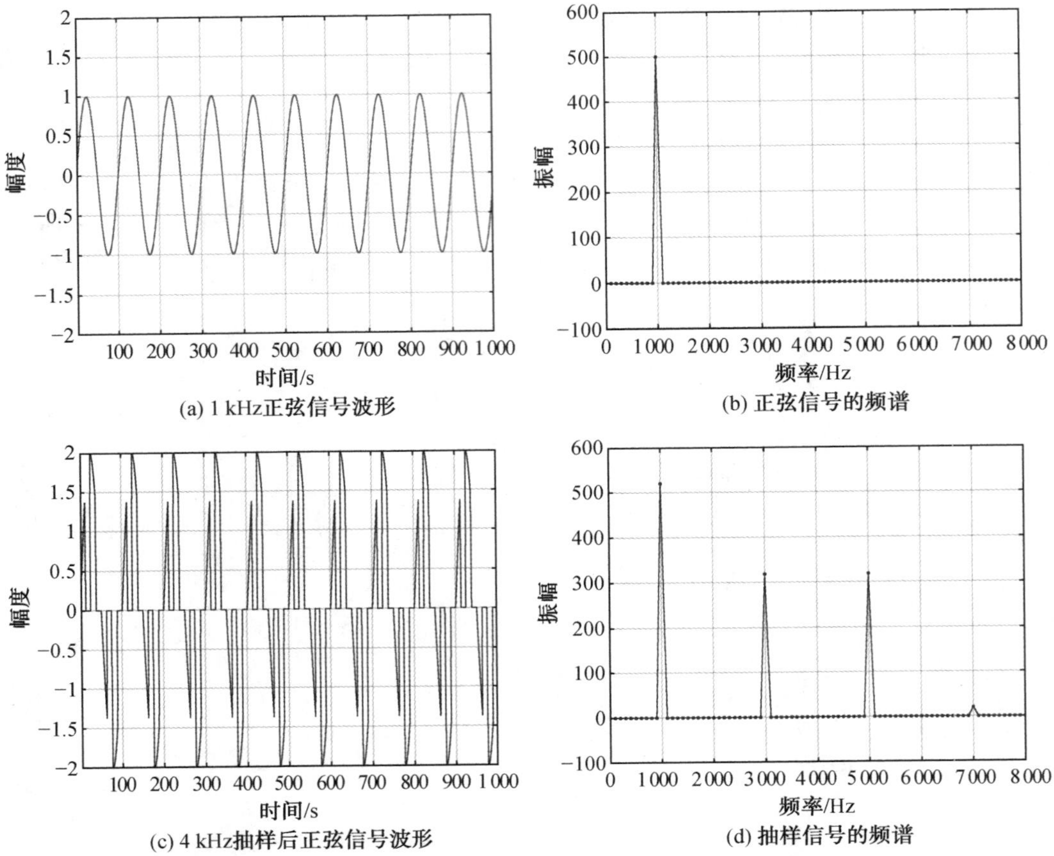

(a) 1 kHz正弦信号波形

(b) 正弦信号的频谱

(c) 4 kHz抽样后正弦信号波形

(d) 抽样信号的频谱

图 7.10　正弦信号及其抽样信号的波形和频谱

（2）设计低通滤波器。

参考 Octave 中 Signal 工具包的相关说明，对标 MATLAB 的滤波器设计函数 fdesign 在 Octave 中尚未实现(参考官方说明文档：https://wiki.octave.org/Signal_package)，因此在 Octave 中设计滤波器应该给出相关系数。下列代码给出了一个巴特沃斯滤波器的参考系数 sos，滤波器通频和阻频分别设置为 1 kHz 和 3 kHz，即保留抽样信号的 1 次谐波。可以有多种途径获得该系数，例如可以参考后面 9.5.2 节中的 Python 代码，直接将 Python 程序所得到的 sos 系数复制到本程序即可。

```
%设计低通滤波器
Fpass = 1000;                                     % 通频带
Fstop = 3000;                                     % 阻带
Apass = 1;                                        % 通频带波动 (dB)
Astop = 80;                                       % 阻带衰减 (dB)
%% h = fdesign.lowpass(Fpass, Fstop, Apass, Astop, fs);
%% Hd = design(h, 'butter', 'MatchExactly', 'stopband');
%% figure(5),fvtool(Hd);axis([0,8,-100,20]);
sos=[4.83431e-14  9.66862e-14  4.83431e-14  1  -0.934468  0
     1            2             1            1  -1.87611   0.880418
     1            2             1            1  -1.89707   0.901427
     1            2             1            1  -1.93011   0.93454
     1            1             0            1  -1.97224   0.97677];
                                                  %巴特沃斯滤波器系数参考样例,可以由
                                                   Python 得到
```

(3) 抽样信号的重建。

利用低通滤波器对抽样后信号进行滤波获得重建信号,由于滤波后的重建信号只保留了抽样信号 1 kHz 的频谱,与抽样前的连续信号频谱相同,因此重建后的信号恢复为抽样前的正弦波波形,如图 7.11 所示。

```
% s3=filter(Hd,s2);
s3=sosfilt(sos,s2);                               % 对抽样信号低通滤波,获得重建信号
figure(6),plot(s3);                               % 绘出重建信号的时域波形图
xlabel('时间/s'); ylabel('幅度'); axis([-inf,inf,-2,2]); grid on;
s3f=fft(s3);                                      % 计算重建信号的频谱
figure(7),plot(fn(1:N/2),abs(s3f(1:N/2)),'.-');  % 绘出重建信号频谱的振幅
xlabel('频率/Hz ');ylabel('振幅'); axis([0,8000,-100,600]); grid on;
```

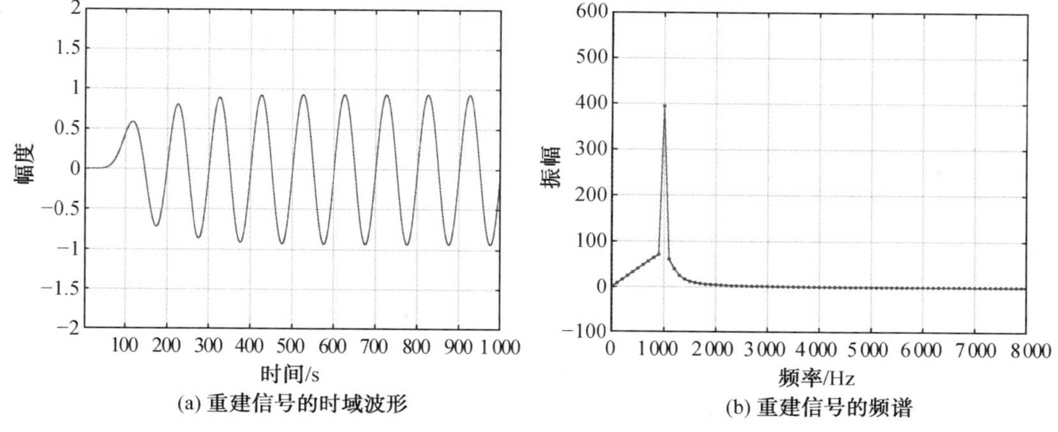

(a) 重建信号的时域波形　　(b) 重建信号的频谱

图 7.11　重建信号的时域波形和频谱

2. 自主编程观察信号的恢复与重建特性

参考上述例程，编写 Octave 程序完成下述任务：

(1)修改矩形波抽样函数的频率，观察并分析不同抽样频率对抽样后信号波形和频谱的影响；

(2) 修改矩形波抽样函数的占空比，观察并分析不同抽样宽度对抽样后信号波形和频谱的影响；

(3)修改低通滤波器的截止频率，观察滤波器频谱的幅度响应曲线，并分析其对重建后信号波形和频谱的影响；

(4) 将连续函数替换为周期性三角波信号，重复(1)～(3)的内容，观察其重建信号与输入为正弦波信号时的异同。

7.6 信号的无失真传输

7.6.1 实验目的

(1)掌握利用 Octave 表示系统函数的方法；

(2)掌握利用 Octave 实现傅里叶变换和傅里叶逆变换的方法。

7.6.2 实验内容与实验步骤

1. 基于参考例程的信号无失真传输

有关信号无失真传输实验的原理和说明参考 4.1.3 节硬件实验原理部分，对于如图 7.12所示的信号无失真传输实验电路来说，其传输函数 $H(\omega)$ 可以表示为

$$H(\omega)=\frac{\dfrac{R_1}{1+j\omega R_1C_1}}{\dfrac{R_2}{1+j\omega R_2C_2}+\dfrac{R_1}{1+j\omega R_1C_1}} \tag{7.3}$$

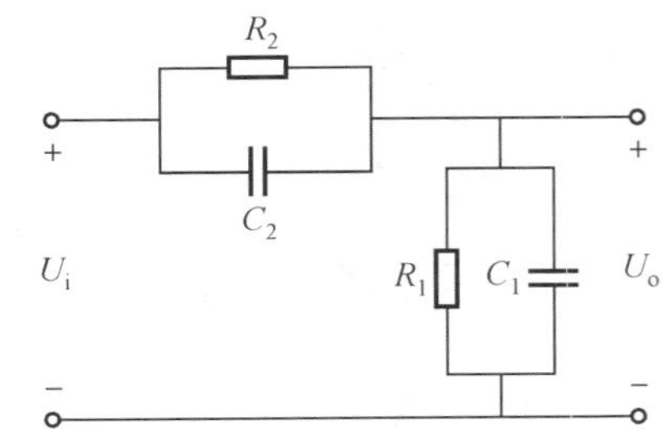

图 7.12 信号无失真传输实验电路

假设外部输入信号 $x(t)$，对应的傅里叶变换为 $X(\omega)$，经过该电路后，其输出信号 $f(t)$的傅里叶变换 $F(\omega)$可以表示为

$$F(\omega)=X(\omega)H(\omega) \tag{7.4}$$

再由逆傅里叶变换，即可求得其输出信号的时域表达式 $f(t)$为

$$f(t)=\text{FFT}\,[F(\omega)]^{-1}=\text{FFT}\,[X(\omega)H(\omega)]^{-1} \tag{7.5}$$

在 Octave 中对信号进行信号无失真传输仿真时，按照上述分析先将原输入信号做 FFT 变换，再求解无失真传输电路的传输函数 $H(\omega)$，最后通过 FFT 逆变换求得输出信号的时域波形。利用 Octave 进行信号无失真传输仿真的参考例程如下，理解并掌握下述程序的编程要点，程序得到的输出仿真图形如图 7.13 和图 7.14 所示。

```
%Octave_Ref_Code_744
%信号的无失真传输仿真 Octave 代码
clc; clear all; close all;                     %清除命令窗口中的内容
                                               %清除工作区中的所有变量
                                               %关闭所有的 Figure 窗口
R1=3000;R2=1000;C1=1e-6;C2=1e-8;               %初始电阻与电容条件,可以根据仿真需求修改
N =1000;                                       %采样点数
f= 1000;                                       %输入信号频率
fs = 20000;                                    %采样频率
t = 0:1/fs:(N-1)/fs;                           %时域坐标
W = 0:fs/N:(N-1)*fs/N;                         %频域坐标
x1 = cos(2*pi*f*t);                            %仿真信号 1:单一正弦波
x2 = 2*cos(2*pi*f*t)+3*sin(2*pi*1.5*f*t);              %仿真信号 2:正弦波混合信号
x3 = square(2*pi*f*t,50);                              %仿真信号 3:周期矩形波信号
F1=fft(x1); F2=fft(x2); F3=fft(x3);                    %对信号做快速傅里叶变换
H1=R2./(1+1i*W.*R2*C2);                                %H1
H2=R1./(1+1i*W.*R1*C1);                                %H2
H=H1./(H2+H1);                                         %H 系统传输函数
a=abs(H);b=angle(H);                                   %系统函数幅频特性和相频特性
Y1=H.*F1; Y2=H.*F2; Y3=H.*F3;                          %信号经过系统函数
f1=ifft(Y1); f2=ifft(Y2); f3=ifft(Y3);h = ifft(H);     %反傅里叶变换
f11=real(f1); f12=imag(f1);f21=real(f2);f22=imag(f2);  %输出信号的实部与虚部
f31=real(f3);f32=imag(f3);h1=real(h);h2=imag(h);
figure(1)
subplot(211);plot(W,a);
title('系统幅频特性'); grid on;
subplot(212);plot(W,b);
title('系统相频特性'); grid on;
figure(2)
subplot(211);plot(t,x1);
title('输入正弦信号');set(gca,'XLim',[0 0.015]); grid on;%x 轴的数据显示范围
subplot(212);plot(t,f11);
title('系统输出信号');set(gca,'XLim',[0 0.015]); grid on;%x 轴的数据显示范围
figure(3)
subplot(211);plot(t,x2);
title('输入正弦混合信号');set(gca,'XLim',[0 0.015]); grid on;%x 轴的数据显示范围
subplot(212);plot(t,f21); grid on;
title('系统输出信号');set(gca,'XLim',[0 0.015]);%x 轴的数据显示范围
figure(4)
subplot(211);plot(t(1:500),x3(1:500));
title('输入方波信号');axis([0 0.005 -1.5 1.5]);grid on;
subplot(212);plot(t(1:500),f31(1:500));
title('系统输出信号');axis([0 0.005 -1.5 1.5]);grid on;
```

对比图 7.13 和图 7.14 的有失真和无失真两种仿真图，有失真情况下，系统的幅频特性曲线和相频特性曲线均不是常数，对应到仿真波形上，正弦信号由于是单频率点信号，即使存在幅度和相位的失真，但是反映到同一个频点，仍然是一个常数，这也是为什么图 7.13(b)正弦波经过有失真电路后输出信号仍然是正弦波的原因。而对于正弦波混合信号，不同的频率点存在不同的幅度响应和相位响应，所以其输出波形不可避免地会出现失真，只是在图 7.13(c)中混合的两个信号频率差别不多，因此这种失真不明显而已。而图 7.13(d)的方波信号则更好地说明了这一点，方波信号的频率成分丰富，在经过失真电路后，各个频率分量得到了不同的幅度响应和相位响应，最后得到的输出波形出现了明显失真。

当系统参数符合无失真传输电路特性时，其幅频、相频特性曲线理论上应该是一条直线，但是，如图 7.14(a)所示，Octave 仿真得到的相频特性曲线虽然数值非常小，但不是直线。分析其原因，主要是 Octave 仿真的机制问题，对于每一个采样点来说，Octave 计算器相频特性时是基于有限有效位数的，当有效位数无法满足计算需求时，计算得到的相频特性就只能出现小数，虽然这个小数的数值很小。

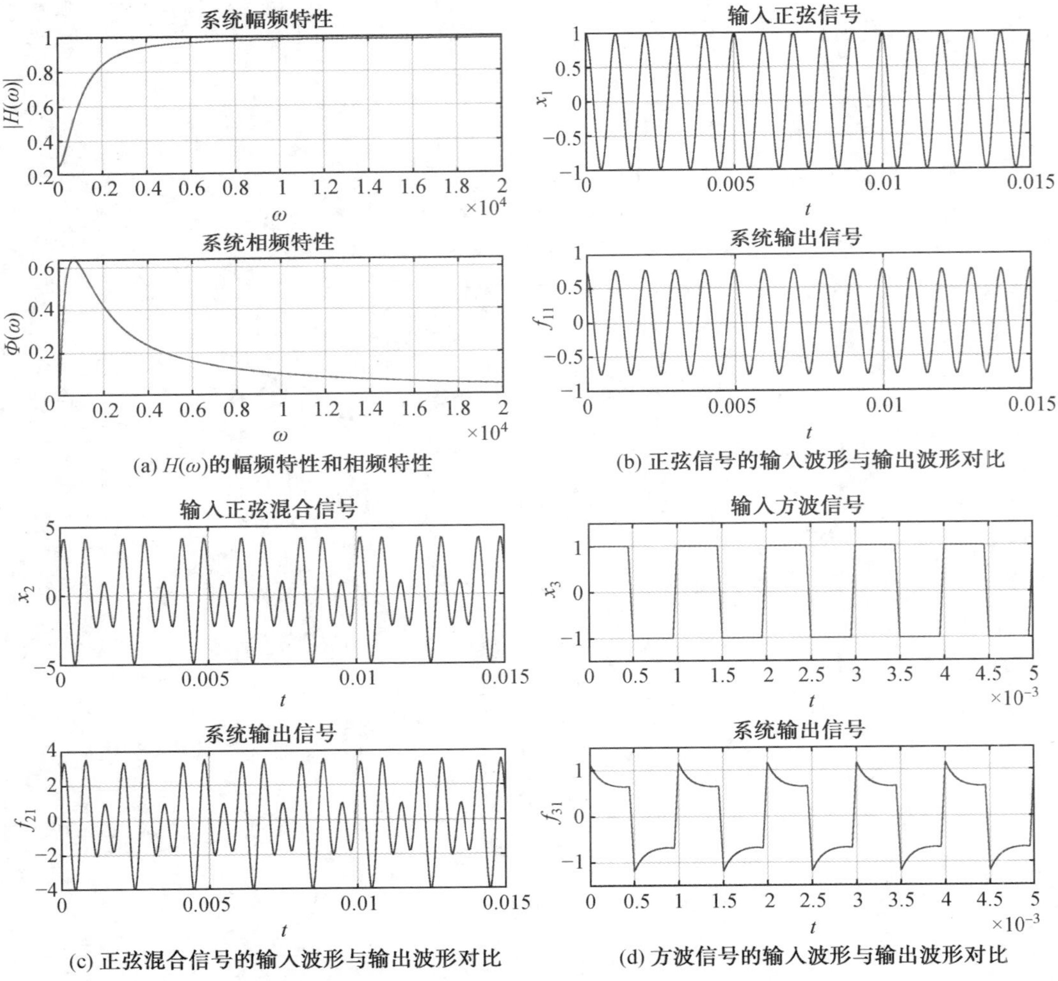

(a) $H(\omega)$的幅频特性和相频特性

(b) 正弦信号的输入波形与输出波形对比

(c) 正弦混合信号的输入波形与输出波形对比

(d) 方波信号的输入波形与输出波形对比

图 7.13　信号有失真传输时的波形($R_1=3\ 000\ \Omega$, $R_2=1\ 000\ \Omega$, $C_1=1\ \mu F$, $C_2=0.01\ \mu F$)

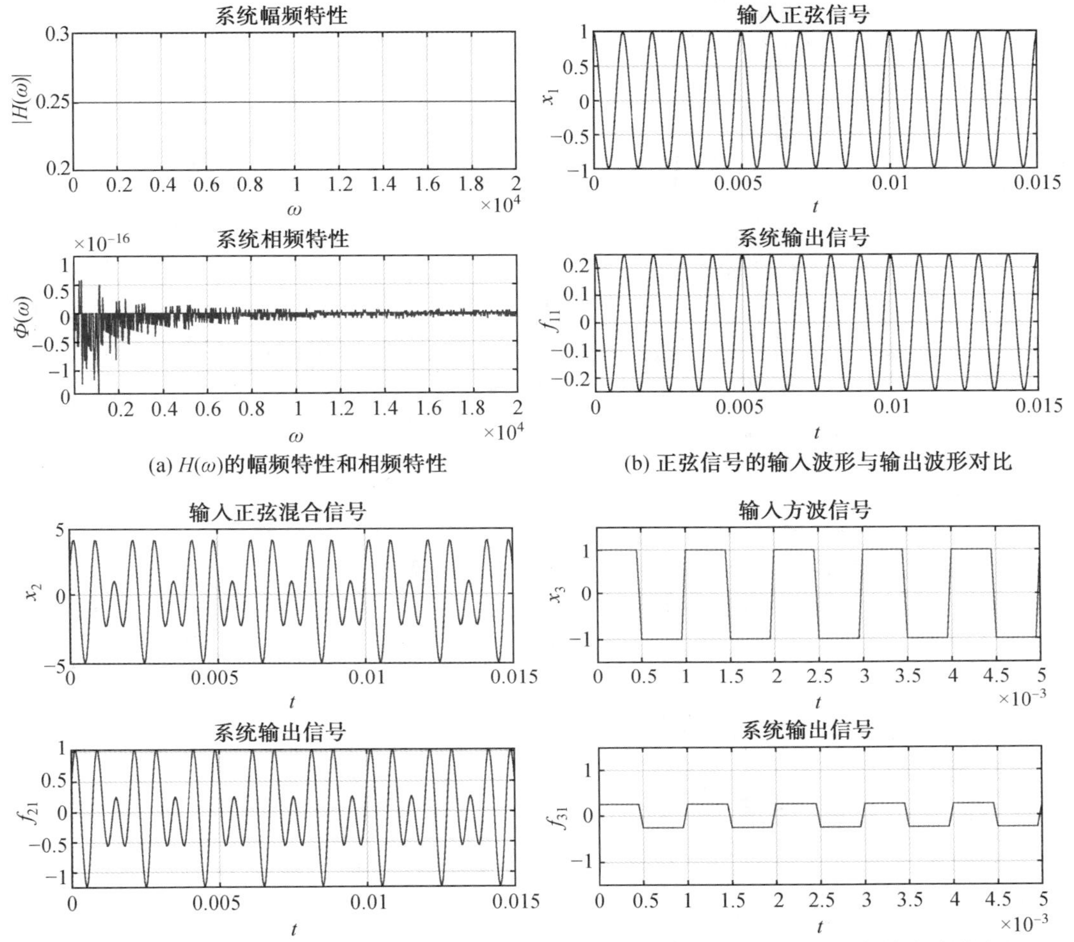

(a) $H(\omega)$的幅频特性和相频特性

(b) 正弦信号的输入波形与输出波形对比

(c) 正弦混合信号的输入波形与输出波形对比

(d) 方波信号的输入波形与输出波形对比

图 7.14　信号无失真传输时的波形($R_1=3\ 000\ \Omega$,$R_2=1\ 000\ \Omega$,$C_1=1\ \mu F$,$C_2=3\ \mu F$)

2. 自主编程进行信号的无失真传输观察

参考上述例程,编写 Octave 程序完成下述任务:

(1)修改无失真传输时的 Octave 仿真程序,将相频特性曲线显示修改为一条直线形式;

(2)调整正弦混合信号的参数,突出其通过无失真传输和有失真传输电路时的对比。

第 8 章

Python 编程语言概述

Python 诞生于 20 世纪 90 年代初，是一种面向对象的解释型计算机程序设计语言，具有丰富和强大的库，号称已经成为继 Java、C++之后的第三大编程语言。相对于其他语言，Python 简单易学、可移植、可扩展、可嵌入、有丰富的库、免费开源等，其难度低，十分适合初学编程者。本章将介绍 Python 的基本编程基础，并研究其在信号与系统实验仿真中的应用。Python 属于一种新兴的编程语言，其具有以下优势：

1. 语法简单

与传统的 C/C++、Java、C# 等语言相比，Python 对代码格式要求宽松，例如 Python 不要求在每个语句的最后写分号，定义变量时不需要指明类型，甚至可以给同一个变量赋值不同类型的数据。Python 是一种高级语言，封装较深，屏蔽了很多底层细节，用户编写代码时可以不用考虑语法的细枝末节，编写过程相对轻松。Python 是一种奉行极简主义的编程语言，阅读一段排版优美的 Python 代码，就像在阅读一个英文段落，非常贴近人类语言，所以人们常说 Python 是一种具有伪代码特质的编程语言。

2. 开源

Python 的开源是指所有用户都可以看到源代码，主要体现在两方面：程序员使用 Python 编写的代码是开源的，用户进行程序分享时，是所有的源代码共享；Python 解释器和模块的代码是开源的，官方希望所有 Python 用户参与改进 Python 的性能，弥补 Python 的漏洞，代码被研究得越多就越健壮。

3. 免费

Python 是一种既开源又免费的语言，用户使用 Python 进行开发或者发布程序，不需要支付任何费用，也不用担心版权问题，即使作为商业用途，Python 也是免费的。这也是 Python 相对于 MATLAB 的重要优势之一。

4. 功能强大

Python 通过开源的方式吸引了包括 Google、Facebook、Microsoft 等软件巨头在内的第三方开发机构参与其中，提供了各种模块或应用程序供用户选择，几乎可以满足所有常见的功能需求，这也是相比于 MATLAB 的另一个重要优势。Python 第三方生态资源更加丰富，比如 3D 的绘图工具包、GUI 及更方便的并行、使用 GPU、Functional 等等。长期来看，Python 的科学计算生态会比 MATLAB 好。

5. 可扩展性强

Python 的可扩展性体现在它的模块，Python 具有脚本语言中最丰富和强大的类库，这些类库覆盖了文件 I/O、GUI、网络编程、数据库访问、文本操作等绝大部分应用场景。这些类库的底层代码不一定都是 Python，还有很多 C/C++的身影。当需要一段关键代码的运行速度更快时，就可以使用 C/C++ 语言实现，然后在 Python 中调用它们。Python 是一种解释型语言，可移植性好，支持跨平台使用，也显示其可移植性好。

当然，Python 的缺点也很明显，由于是解释型的高级语言，所以其运行速度较慢，对资源的消耗也较大。但是可以通过提升硬件性能来弥补软件性能的不足。另外，由于 Python 是直接运行源代码，所以其对源代码加密比较困难。

8.1　Python 相关软件的安装

8.1.1　Python 开发工具介绍

Python 是一种跨平台的计算机程序语言，是一个高层次的结合了解释性、编译性、互动性、面向对象、动态数据类型的脚本语言。

在使用 Python 语言编写完代码以后，得到一个包含 Python 代码的以.py 为扩展名的文本文件。由于 Python 是解释性编程语言，要运行代码并实现其功能，就需要 Python 解释器对所编写的 Python 程序.py 文件先进行“解释”，以机器指令语言让 CPU 去执行。

1. Python 官方发行版解释器

Python 官方发行版解释器下载地址 https://www.python.org/getit/，下载后配置好其系统环境变量，即可以在计算机上运行 Python 程序。Python 官方发行版解释器自身缺少 numpy、matplotlib、scipy、scikit－learn 等一系列科学包，使用时需要通过 Python 包管理工具 pip 来导入所需模块才能进行相应运算。

2. PyCharm

PyCharm 是一种常用的 Python IDE(集成开发界面)，带有一整套可以帮助用户在使用 Python 语言开发时提高其效率的工具，比如调试、语法高亮、Project 管理、代码跳转、智能提示、自动完成、单元测试、版本控制。此外，该 IDE 提供了一些高级功能，以用于支持 Django 框架下的专业 Web 开发，界面编写代码和运行操作更加简单。

对于 Python 语言的初学者来说，通过下载好特定版本的 Python 解释器后，再搭配界面程序 PyCharm 进行简单的语法学习和项目调试，即采用“Python 解释器＋PyCharm”的搭配，即可完成基本 Python 运行环境的搭建。

而对于使用 Python 进行项目开发的人员来说，常遇到多个项目同时开发，并且不同的项目可能需要不同版本工具包的需求，此时只使用“Python 解释器＋PyCharm”的搭配，会涉及多个版本工具包下载、不同版本的 Python 解释器安装等问题，造成开发人员额外的负担。此时，可以使用 Anaconda。

3. Anaconda

Anaconda 是一个可以便捷获取包并且对包进行管理，同时对环境可以统一管理的开源 Python 发行版本，其包含了 Conda、Python 等 Python 解释器和各种第三方库组成的集成开发工具。也就是说安装了 Anaconda，就不用再单独安装 Python 和许多第三方库(Package)

了。Anaconda 提供 Package 和环境管理功能，免去了用户许多复杂的配置流程。Anaconda 也提供了 IDE 工具。IDE 工具一般包括两种，一种是文本类 IDE，如 Python 里面的 IDLE、Sublime Text 等；另一种是集成类 IDE，如 PyCharm、Spyder 等。

日常可以使用 Anaconda 作为解释器和包（Package）管理工具，使用 PyCharm 作为文本编辑器。两者搭配使用，这样不仅免去了包安装与管理的麻烦，而且编程体验会更好。本章将以"Anaconda ＋ Pycharm"的组合构成 Python 的开发环境。

8.1.2 Python 开发环境搭建

1. Anaconda 的安装

Anaconda 官方提供多种版本，这里以 individual edition（个人版）为例说明其安装过程。

步骤一：进入官网 https://www.anaconda.com/products/individual # windows 下载对应正确的版本。

步骤二：Anaconda 安装包为界面安装包，双击下载好的安装包，然后持续点击下一步即可完成 Anaconda 在 Windows 上的安装。

步骤三：安装过程中，遇到如图 8.1 所示选项时，应该根据实际需求进行选择。如果计算机中仅使用一个 Python 版本环境（即不需要做环境隔离），则建议勾选上述第二个选项。如果需要使用多个 Python 版本环境，则建议将 Anaconda3 加入到环境变量路径中去，即选择第一项。

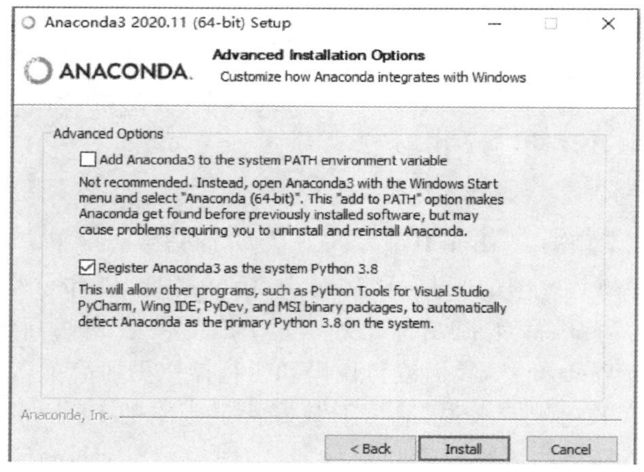

图 8.1 Anaconda 安装过程中的高级选项设置

步骤四：继续下一步，如图 8.2 所示，最后完成程序的安装。

2. Anaconda 环境配置

环境变量可以理解为"系统的视线范围"，通过将 Anaconda 配置进入环境变量，即在环境变量里面加入 Anaconda 软件的安装路径，就等于将 Anaconda 加入了系统的视线范围。当计划运行某一软件时双击其快捷方式或者在 DOS 界面输入软件名称，系统除了在其当前目录下寻找该软件的.exe 文件外，还在环境变量中搜索软件的路径，找到并运行。

因此，Windows 和 DOS 操作系统中的 path 环境变量，当要求系统运行一个程序而没有告诉它程序所在的完整路径时，系统除了在当前目录下面寻找此程序外，还会到 path 环

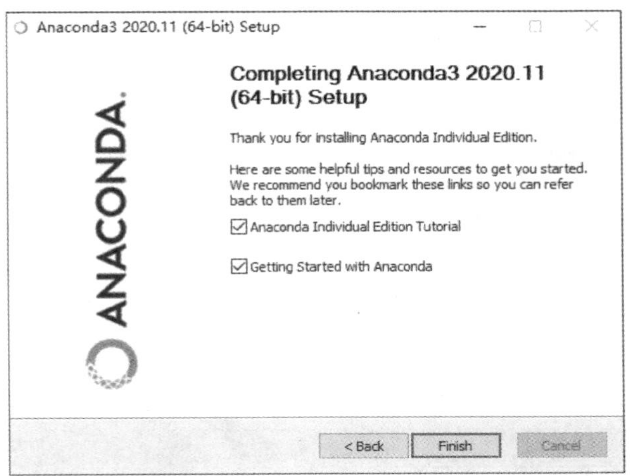

图 8.2　Anaconda 安装完成界面

境变量中指定的路径去找。用户通过设置环境变量，来更好地运行进程。此处对 Anaconda 进行环境配置也是此原因。

安装好 Anaconda 程序后，系统中已经自动搭建了 Python 环境，下面，开始对其进行环境配置。

步骤一：在开始菜单 Anaconda3 文件夹中选择 Anaconda Navigator 程序，点击打开后的界面如图 8.3 所示。

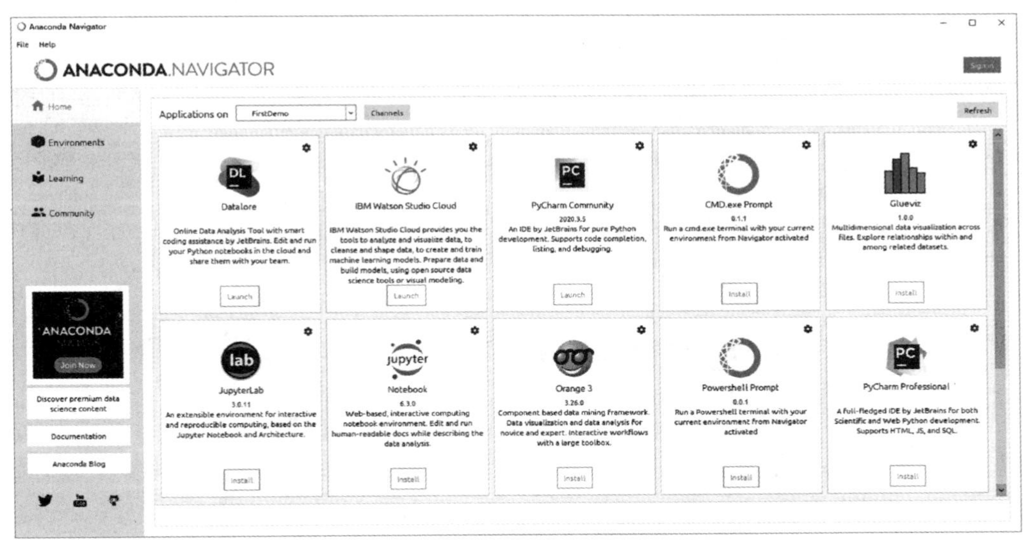

图 8.3　Anaconda Navigator 程序界面

步骤二：对于新建项目，可以借用之前的开发环境，也可以新建一个独立的开发环境，以避免与其他项目发生冲突。此处介绍创建一个新的环境的操作步骤。

选择 Anaconda Navigator 程序界面中的 Environments 选项卡，选择 Create 选项创建一个新的环境 FirstDemo，并可以设置 Python 版本号，此处以默认的 Python3.8 为例，如图 8.4 所示。显然，对于在同一台计算机中针对不同项目使用不同版本的 Python 需求，使用

“新建环境”可以灵活满足不同版本的需求。待该环境创建完之后，即具备了单独项目所需要的 Python 开发环境。

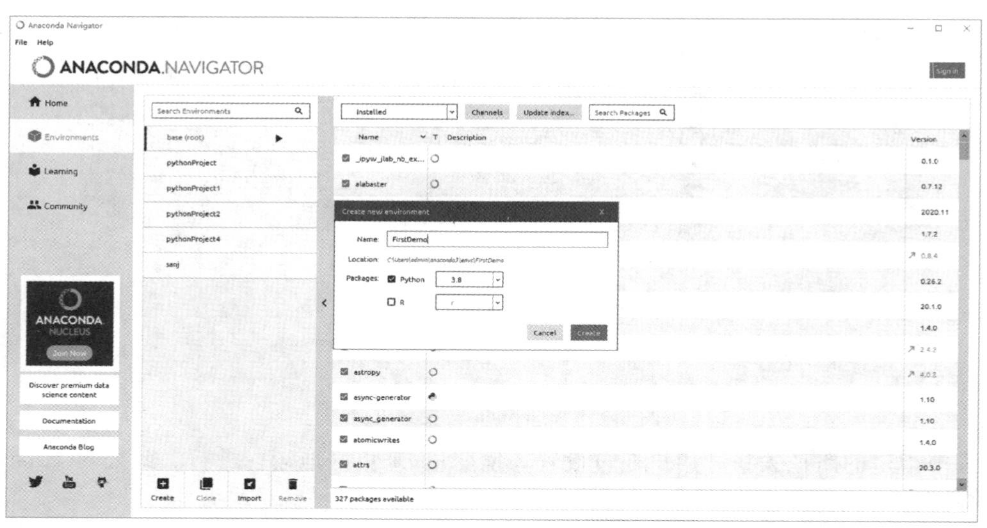

图 8.4　在 Anaconda Navigator 程序中创建新的环境 FirstDemo

步骤三：在 Anaconda 安装路径中找到名为 envs 的文件夹，可以找到刚刚创建的新环境 FirstDemo 以文件夹形式存在。点开新的环境(进入该文件夹)，找到名为 Scripts 的文件夹，此时复制这个文件夹的路径。由于 Anaconda 安装过程中是默认安装路径，因此，Scripts 的文件夹路径为 C:\Users\admin\anaconda3\envs\FirstDemo\Scripts。

步骤四：在计算机中依次点击“我的电脑→属性→高级系统设置→环境变量”，如图 8.5 所示。

图 8.5　环境变量选项卡

步骤五：在环境变量中双击“Path”，在弹出的对话框中选择“新建”，并将刚复制的 FirstDemo 环境中 Scripts 的路径粘贴进去，如图 8.6 所示，即配置好了新的项目环境。

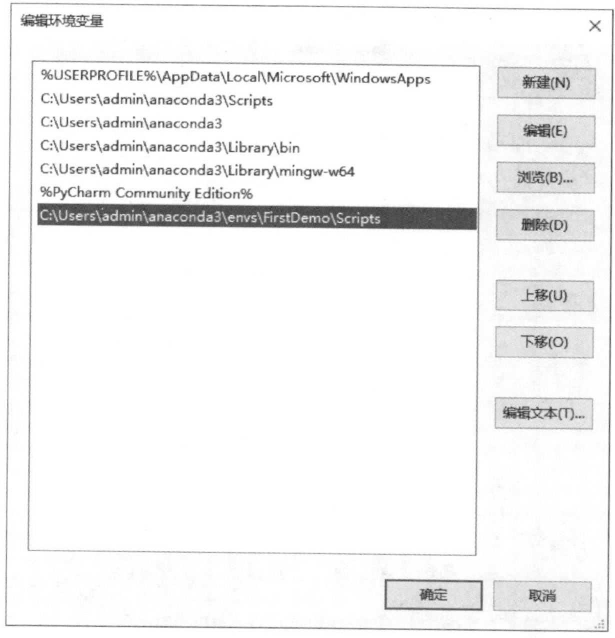

图 8.6　配置好的 FirstDemo 环境

3. PyCharm 的安装

步骤一：进入官网 https://www.jetbrains.com/pycharm/download/#section=windows。PyCharm 提供专业版(Professional)、社区版(Community)两个版本供选择使用，如图 8.7 所示。专业版属于收费版本，并提供一个月的试用期，功能齐全，适合企业开发用。社区版是免费版本，适合纯粹的 Python 开发。所以对于初学者来说，社区版即可以满足需求。

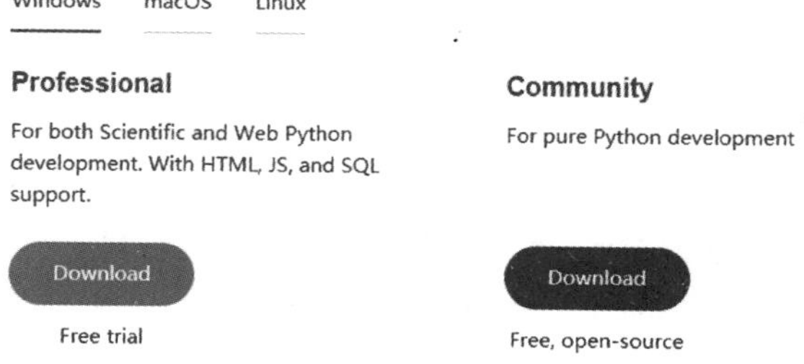

图 8.7　PyCharm 下载选项

步骤二：PyCharm 安装包为界面安装包，双击下载好的安装包，然后持续点击下一步即可完成 PyCharm 在 Windows 上的安装。

步骤三：安装过程中，遇到如图 8.8 所示选项时，应该根据实际需求进行选择。Create Desktop Shortcut 是创建桌面快捷方式选项，根据系统是 32 位或 64 位分别进行选择。

Create Associations 是创建 Python 程序和 PyCharm 的关联，勾选以后表示关联.py 文件，即每次双击.py 文件都是以 PyCharm 打开。

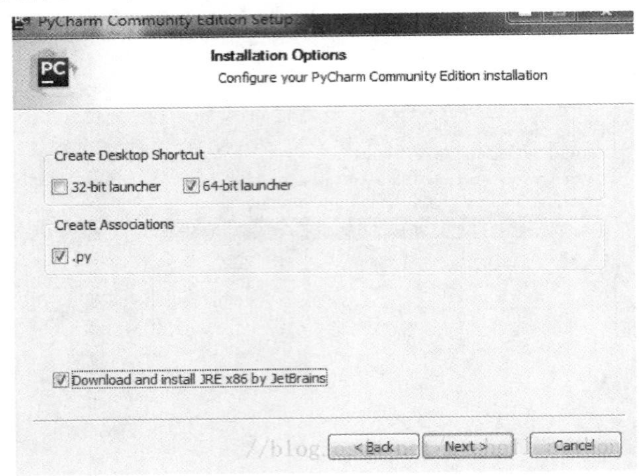

图 8.8　PyCharm 安装过程中的选项设置

步骤四：继续下一步，最后完成程序的安装，如图 8.9 所示。

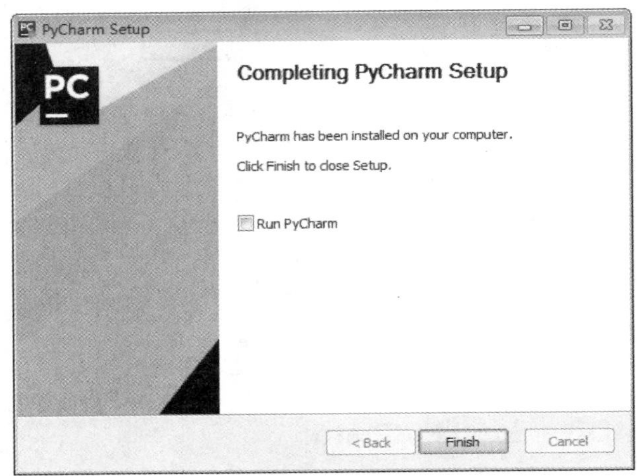

图 8.9　PyCharm 安装完成界面

4. 新建 Python 项目

步骤一：在开始菜单 Anaconda3 文件夹中选择打开 Anaconda Navigator 程序，在主页界面中打开"PyCharm Community"，运行 PyCharm 社区版程序。

步骤二：在 PyCharm 社区版程序中，选择"File"选项卡下的"New Project..."命令，得到如图 8.10 所示的选项卡。

在该选项卡中，可以设置 Python 项目的位置（Location）、解释器（Python Interpreter）等参数。其中位置是项目保存的位置，可以与环境位置一致。解释器支持使用 Conda 环境或刚刚新建的 FirstDemo 环境，使用新建的 FirstDemo 环境时，在解释器中选择 Virtualenv，并在 Location 和 Base interpreter 中设置为 FirstDemo 环境的参数和位置。

设置完该选项卡参数后，点击"Create"，即可完成新项目"pythontest"的创建，如图8.11

所示。

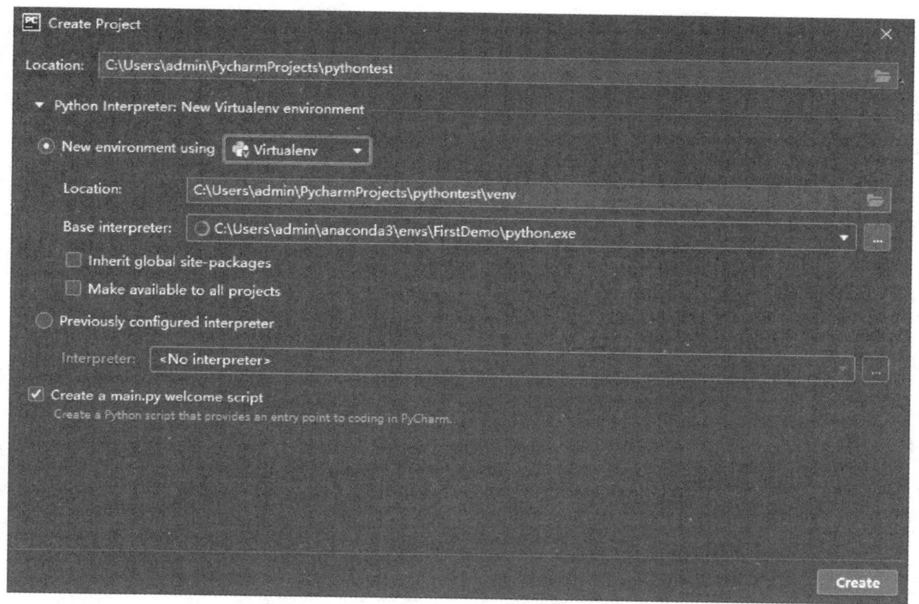

图 8.10　PyCharm 新建项目的选项卡

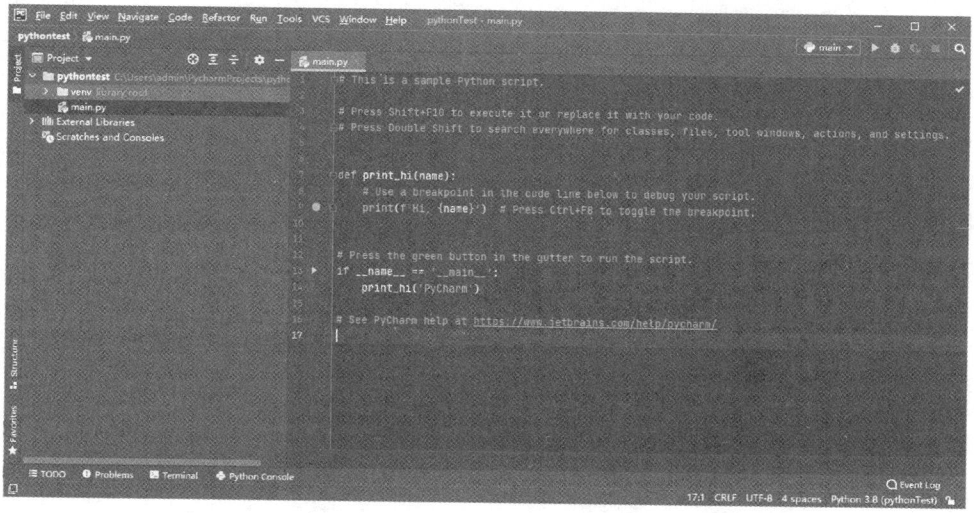

图 8.11　pythontest 项目的编程界面

5. Python 库的安装

用 Python 编写信号与系统实验方面的代码是相当简单的，因为 Python 下有很多关于信号处理的库。其中 NumPy、Scipy、Matplotlib 三个库是最常用组合，分别对应于科学计算包、科学工具集、画图工具包，这三个库可以满足信号与系统实验需求，如果需要用 Python 开展其他课程的仿真实验，可以安装对应的库。

NumPy 主要用来做一些科学运算，主要是矩阵的运算。NumPy 为 Python 带来了真正的多维数组功能，并且提供了丰富的函数库处理这些数组。它将常用的数学函数都进行

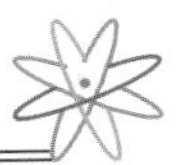

数组化，使得这些数学函数能够直接对数组进行操作，将本来需要在 Python 级别进行的循环，放到 C 语言的运算中，明显地提高了程序的运算速度。

Scipy 主要是一些科学工具集、信号处理工具集（如线性代数使用 LAPACK 库，快速傅里叶变换使用 FFTPACK 库）及数值计算的一些工具（常微分方程求解使用 ODEPACK 库，非线性方程组求解以及最小值求解等）。

Matplotlib 是 Python 的绘图库。它可与 NumPy 一起使用，提供了一种有效的 Octave 替代方案。

在 PyCharm 的 Pythontest 项目的编程界面中，选择“File”选项卡下的“Settings”命令，在 Project:pythonTest 选项下，打开 Python Interpreter 解释器对话框，如图 8.12 所示。图中列出了当前解释器中已经安装的库名称和版本号。

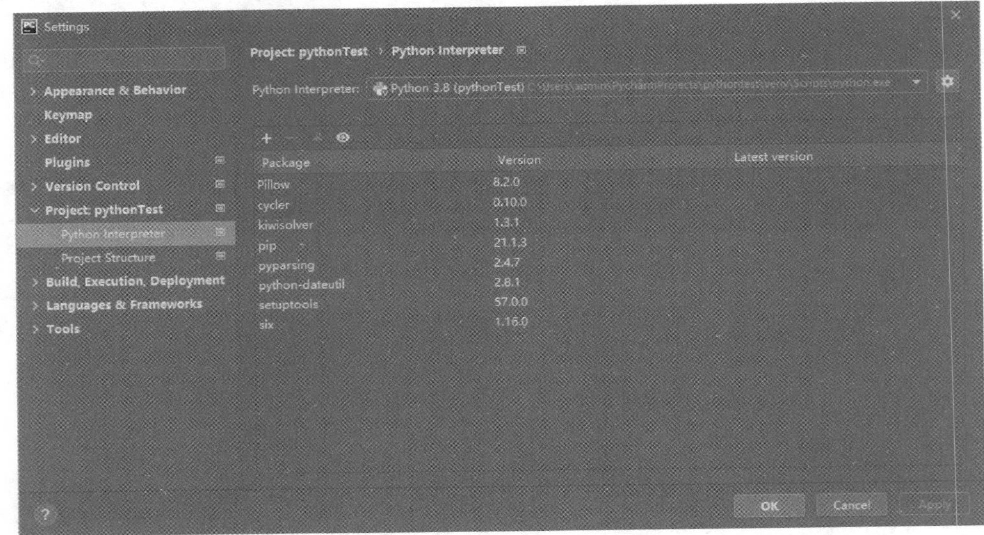

图 8.12　Python Interpreter 解释器对话框

然后，点击“＋”或者使用快捷键“Alt＋Insert”，即可得到库安装界面，如图 8.13 所示，

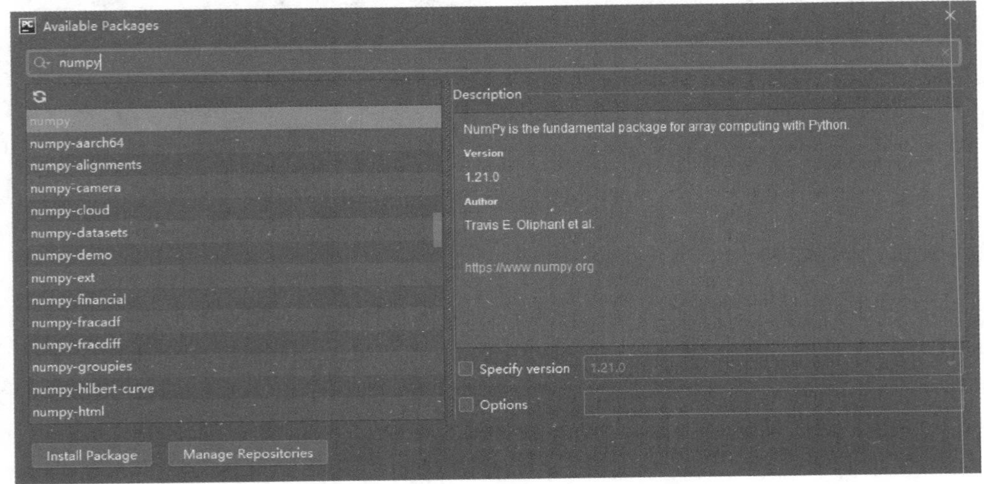

图 8.13　搜索 numpy 库

在此界面中输入所需的“numpy”“scipy”或“matplotlib”等库名称，再点击“Install Package”，即可将对应库安装到解释器中，可以在 Python 程序中直接调用这些库。也可以使用“－”删除不需要的库。最后安装好了“numpy”“scipy”或“matplotlib”等库的图如图 8.14 所示。

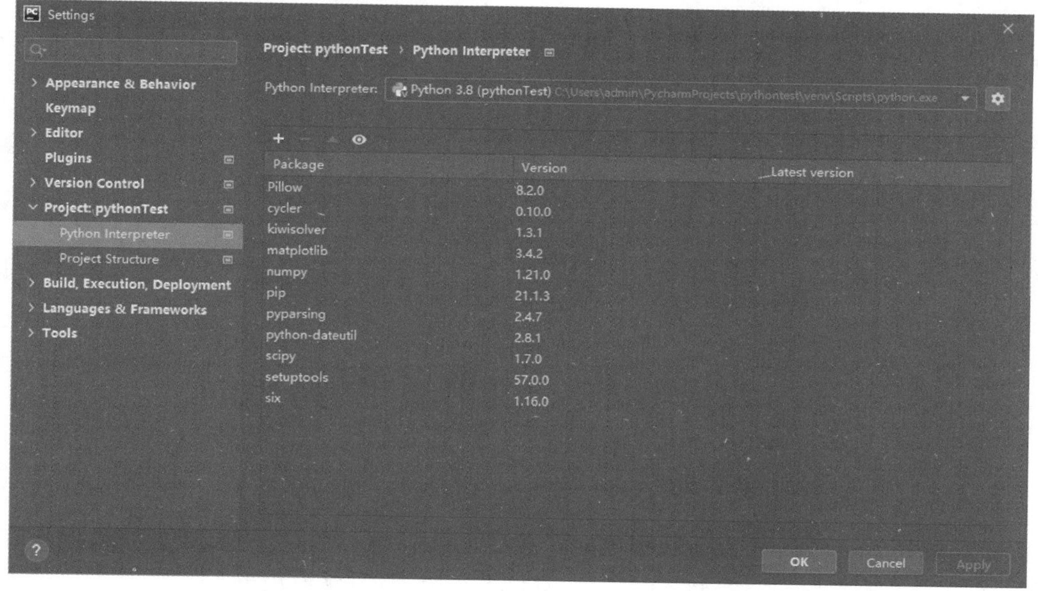

图 8.14　已安装的库列表

6. 运行第一个 Python 程序

在 PyCharm 的“pythontest”主程序 main.py 下，输入下列程序代码：

```
import numpy as np
import matplotlib.pyplot as plt
x=np.arange(0,4*np.pi,0.01)
y=np.sin(x)
z=np.cos(x)
plt.plot(x,y)
plt.plot(x,z)
plt.show()
```

然后，使用快捷键“Shift＋F10”，或者点击屏幕右上角的绿色三角形，或者点击“Run”菜单下的“Run”选项，均可以执行 main.py 程序。得到的图形如图 8.15 所示。显然，Python 得到的正弦和余弦曲线，与 Octave 得到的正弦和余弦曲线，在视觉上是一致的。

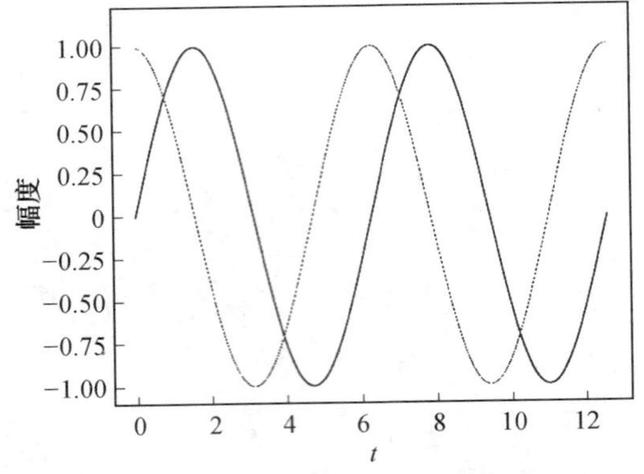

图 8.15　第一个 Python 程序绘制的正弦与余弦函数曲线

8.2　Python 编程基础

8.2.1　变量与数据类型

变量是 Python 中用于存放数据值的容器。与 Octave 类似，Python 中的变量无须提前声明，首次为其赋值时，才会创建变量。变量也没有类型，日常所说的“类型”是变量所指的内存中对象的类型。给变量赋值使用等号(=)，等号(=)运算符左边是一个变量名，等号(=)运算符右边是存储在变量中的值。例如将 x 赋值 10，y 赋值“Bill”的语句如下：

```
x = 10
y = "Bill"
```

Python 中变量赋值时不需要使用任何特定类型声明，甚至可以在设置后更改其类型。例如：

```
x = 5            # x 是整型
x = "Steve"      # x 现在是字符型
```

字符串变量可以使用单引号或双引号进行声明，例如下列两行代码功能是一致的：

```
x = "Bill"
x = 'Bill'
```

Python 支持给多个变量同时赋值，其赋值方法为

```
x, y, z = "Apple", "Orange", "Banana"   # x= "Apple",y= "Orange",z= "Banana"
x = y = z = "Orange"                     # 将 x、y、z 均赋值为 "Orange"
```

变量在使用过程中，可以使用短名称(如 x、y、m、n)或更具描述性的名称(age、name、total_volume)，但是在命名过程中，仍然需要遵循一定的规则。

(1)变量名可以包括字母、数字、下划线，但必须以字母或下划线字符开头，不能以数字开头，例如 age18 是合法变量名称，而 18age 则不允许；同时，Python 语言中以下划线开头的标识符有特殊含义，因此除非特定场景需要，应避免使用以下划线开头的标识符。

(2) 系统关键字也是系统保留字，不能把它们用作任何标识符名称，也不能作为变量名

使用：False、None、True、and、as、assert、break、class、continue、def、del、elif、else、except、finally、for、from、global、if、import、in、is、lambda、nonlocal、not、or、pass、raise、return、try、while、with、yield。

(3)变量名称区分大小写，如 age、Age 和 AGE 是三个不同的变量。

变量的命名可以参考 6.1.1 节中有关 Octave 中变量命名的方法，推荐使用驼峰命名法等，具体内容可以参考前文的介绍，这里不再赘述。

表 8.1 给出了 Python 中常见的数据类型，由于 Python 在变量赋值时直接根据所赋的值自动定义数据类型，因此这里不做深入介绍。当然，像涉及 List、Tuple、Dictionary 等列表、元组和字典中"元素"的操作时，可以自行查找资料了解，这里不做介绍。

表 8.1　Python 中常见的数据类型

数据类型	说明	参考示例
Str	字符串	a='hello HIT'
int	整型	x=5
long	长整型	y=1000000000000000000
float	浮点型	z=10.5
List	列表	say=["hello", 1, 2, "hi", "you"]　#可随时添加或删除其中的元素
Tuple	元组	say = ("hello", 1, 2, "hi", "you")　#不可添加或删除其中的元素
Dictionary	字典	dict = {"name":"hsy", "age":37}
Boolean	布尔值	flag=True
Set	集合	how = { "hello", "how", "are", "you"}

8.2.2　运算符

Python 中运算符用于对变量和值执行操作，是 Python 基本语法的重要组成部分。Python 中的运算符主要分为算术运算符、比较(关系)运算符、赋值运算符、逻辑运算符、位运算符、成员运算符和身份运算符共七大类，如表 8.2～8.8 所示，表中给出了参考程序输入和相应的输出结果，所以不再对相关运算符做深入解释。表 8.9 给出了运算符之间的优先级介绍，在混合运算符的计算式中，应该注意其优先级。

表 8.2　Python 的算术运算符

运算符	描述	程序输入 假设 a=1,b=2,c=3	返回结果
+	两个数相加，或是字符串连接	a+b	3
−	两个数相减	a−b	−1
*	两数相乘，或返回一个重复若干次的字符串	a * b	2
/	两个数相除，结果为浮点数(小数)	a/c	0.3333333333333333
//	两个数相除，结果为向下取整的整数	a//c	0
%	取模，返回两个数相除的余数	a%c	1
**	幂运算，返回乘方结果	b ** c	8

表 8.3　Python 的比较(关系)算术运算符

运算符	描述	程序输入 假设 a=1,b=2,c=2	返回结果
==	比较两个对象是否相等	a==b b==c	False True
! =	比较两个对象是否不相等	a! =b b! =c	True False
>	大小比较,如 x 比 y 大,返回 True,否则返回 False	a>b b>a	False True
<	大小比较,如 x 比 y 小,返回 True,否则返回 False	a<b b<a	True False
>=	大小比较,如 x 大于等于 y,返回 True,否则返回 False	a>=b b>=c	False True
<=	大小比较,如 x 小于等于 y,返回 True,否则返回 False	a<=b b<=c	True True

表 8.4　Python 的赋值运算符

运算符	描述	程序输入 假设 x=6	等效结果	返回结果
=	常规赋值运算符,将运算结果赋值给变量	x=3	x=3	3
+=	加法赋值运算符, a+=b 等效于 a=a+b	x+=3	x=x+3	9
-=	减法赋值运算符, a-=b 等效于 a=a-b	x-=3	x=x-3	3
*=	乘法赋值运算符, a*=b 等效于 a=a*b	x*=3	x=x*3	18
/=	除法赋值运算符, a/=b 等效于 a=a/b	x/=3	x=x/3	2
%=	取模赋值运算符, a%=b 等效于 a=a%b	x%=3	x=x%3	0
**=	幂运算赋值运算符, a**=b 等效于 a=a**b	x**=3	x=x**3	216
//=	取整除赋值运算符, a//=b 等效于 a=a//b	x//=3	x=x//3	2

表 8.5　Python 的逻辑运算符

运算符	描述	程序输入 假设 x=5,y=7	返回结果
and	布尔"与"运算符,返回两个变量"与"运算的结果	x > 3 and x < 10 y > 8 and y < 10	True False
or	布尔"或"运算符,返回两个变量"或"运算的结果	x > 3 or x < 10 y > 8 or y < 10	True True
not	布尔"非"运算符,返回对变量"非"运算的结果	not(x > 3 and x < 10) not(y > 8 and y < 10)	False True

表 8.6　Python 的位运算符

运算符	描述	程序输入 假设 x=0b1101,y=0b1001	返回结果
&	按位“与”运算符：参与运算的两个值，如果两个相应位都为 1,则结果为 1,否则为 0	x&y	1001
|	按位“或”运算符：只要对应的两个二进制位有一个为 1,结果就为 1	x|y	1101
^	按位“异或”运算符：当两对应的二进制位相异时，结果为 1	x^y	0100
~	按位“取反”运算符：对数据的每个二进制位取反，即把 1 变为 0,把 0 变为 1	~x ~y	0010 0110
<<	运算数的各二进制位全部左移若干位，由“<<”右边的数指定移动的位数，低位补 0	x<<2 y<<3	110100 1001000
>>	运算数的各二进制位全部右移若干位，由“>>”右边的数指定移动的位数，舍去小数点后的位数	x>>2 y>>3	11 1

表 8.7　Python 的成员运算符

运算符	描述	程序输入 假设 x=[1,2,3,4,5], y=1,z=6	返回结果
in	当在指定的序列中找到值时返回 True,否则返回 False	y in x z in x	True False
not in	当在指定的序列中没有找到值时返回 True,否则返回 False	y not in x z not in x	False True

表 8.8　Python 的身份运算符

运算符	描述	程序输入 假设 x=1,y=2,z=1	返回结果
is	判断两个标识符是否引用自同一个对象，若引用的是同一个对象则返回 True,否则返回 False	x is y x is z	False True
is not	判断两个标识符是否引用自不同对象，若引用的不是同一个对象则返回 True,否则返回 False	x is not y x is not z	True False

表 8.9　Python 运算符优先级

<table>
<tr><th>运算符</th><th>描述</th></tr>
<tr><td>**</td><td>幂</td></tr>
<tr><td>~</td><td>按位“取反”</td></tr>
<tr><td>*、/、%、//</td><td>乘、除、取模、取整除</td></tr>
<tr><td>+、-</td><td>加、减</td></tr>
<tr><td>>>、<<</td><td>右移、左移</td></tr>
<tr><td>&</td><td>按位“与”</td></tr>
<tr><td>^、|</td><td>按位“异或”、按位“或”</td></tr>
<tr><td><=、<、>、>=</td><td>比较运算符</td></tr>
<tr><td>==、!=</td><td>等于、不等于</td></tr>
<tr><td>=、%=、/=、//=、-=、+=、*=、**=</td><td>赋值运算符</td></tr>
<tr><td>is、is not</td><td>身份运算符</td></tr>
<tr><td>in、not in</td><td>成员运算符</td></tr>
<tr><td>and or not</td><td>逻辑运算符</td></tr>
</table>

8.2.3　科学计算库 NumPy

NumPy 全名是 Numeric Python，是 Python 语言中一个开源的科学计算基础程序库，支持高级大量的维度数组与矩阵运算，此外也针对数组运算提供大量的数学函数库。NumPy 是 SciPy、Pandas 等数据处理或科学计算库的基础，是学习 Python 必学的一个程序库。

NumPy 主要功能包括一个强大的 *N* 维数组对象 ndarray、更为成熟的广播函数库，以及用于整合 C/C++和 Fortran 代码的工具包和实用的线性代数、傅里叶变换和随机数生成方法等功能。NumPy 程序的调用格式为：import numpy as np。

1. 生成 *N* 维数组 ndarray

NumPy 中 *N* 维数组是一个多维数组对象，称为 ndarray，其由两部分组成：实际的数据，描述这些数据的元数据（数据维度、数据类型等）。Python 创建 ndarray，只需调用 NumPy 的 array 函数即可，其调用格式为

numpy.array(object, dtype = None, copy = True, order = None, subok = False, ndmin = 0)

其中各个参数定义如表 8.10 所示。其中 dtype 是指数据类型，其与 NumPy 支持的数据类型一致，比 Python 内置的类型要多很多，基本上可以和 C 语言的数据类型对应上，其中部分类型对应为 Python 内置的类型。常用 NumPy 基本数据类型如表 8.11 所示。

表 8.10　NumPy 的 array 函数各参数定义

名称	描述
object	数组或嵌套的数列
dtype	数组元素的数据类型,可选
copy	对象是否需要复制,可选
order	创建数组的样式,C 为行方向,F 为列方向,A 为任意方向(默认)
subok	默认返回一个与基类类型一致的数组
ndmin	指定生成数组的最小维度

表 8.11　常用 NumPy 基本数据类型

名称	描述
bool_	布尔型数据类型(True 或者 False)
int_	默认的整数类型(类似于 C 语言中的 long、int32 或 int64)
intc	与 C 的 int 类型一样,一般是 int32 或 int64
intp	用于索引的整数类型(类似于 C 的 ssize_t,一般情况下仍然是 int32 或 int64)
int8	字节(−128 to 127)
int16	整数(−32768 to 32767)
int32	整数(−2147483648 to 2147483647)
int64	整数(−9223372036854775808 to 9223372036854775807)
uint8	无符号整数(0 to 255)
uint16	无符号整数(0 to 65535)
uint32	无符号整数(0 to 4294967295)
uint64	无符号整数(0 to 18446744073709551615)
float_	float64 类型的简写
float16	半精度浮点数,包括:1 个符号位,5 个指数位,10 个尾数位
float32	单精度浮点数,包括:1 个符号位,8 个指数位,23 个尾数位
float64	双精度浮点数,包括:1 个符号位,11 个指数位,52 个尾数位
complex_	complex128 类型的简写,即 128 位复数
complex64	复数,表示双 32 位浮点数(实数部分和虚数部分)
complex128	复数,表示双 64 位浮点数(实数部分和虚数部分)

例如:

```
import numpy as np                          # 导入 numpy 作为 np
a = np.array([1,2,3])                       # 设置一个一维数组
b= np.array([[1,  2],  [3,  4]])            # 设置一个二维数组
c= np.array([1, 2, 3, 4, 5], ndmin =2)      # 指定生成数组的最小维度为 2
```

```
d= np.array([1,  2,  3], dtype = complex)   #指定数组的 dtype 参数为复数
print (a)                                    #打印 a
print (b)                                    #打印 b
print (c)                                    #打印 c
print (d)                                    #打印 d
```

则返回结果为：

```
[1 2 3]
[[1 2]
[3 4]]
[[1 2 3 4 5]]
[1. +0.j 2. +0.j 3. +0.j]
```

除了上述直接调用 NumPy 的 array 函数构建 N 维数组外，Python 中还可以使用 NumPy 中的函数创建 ndarray 数组，其可以采用的函数如表 8.12 所示，其中只有用 arange 创建的数组是整形，其他函数都是浮点数的形式，因为科学计算中数字几乎都是浮点数。

表 8.12　NumPy 中采用数组构建函数

函数	功能说明
np.arange(start, stop, step, dtype)	根据 start 与 stop 指定的范围以及 step 设定的步长，生成一个 ndarray
np.ones(shape, dtype = float,order = 'C')	根据 shape 生成一个全 1 数组，shape 是元组类型
np.zeros(shape, dtype = float, order = 'C')	根据 shape 生成一个全 0 数组，shape 是元组类型
numpy.empty (shape, dtype = float, order = 'C')	根据 shape 生成一个空数组，shape 是元组类型
np.full(shape,val)	根据 shape 生成一个数组，每个元素值都是 val
np.eye(n)	创建一个正方的 n×n 单位矩阵，对角线为 1，其余为 0
np.ones_like(a)	根据数组 a 的形状生成一个全 1 数组
np.zeros_like(a)	根据数组 a 的形状生成一个全 0 数组
np.full_like(a,val)	根据数组 a 的形状生成一个数组，每个元素值都是 val
np.linspace(start, stop, num=50, endpoint=True, retstep=False, dtype=None)	用于创建一个一维数组，数组是一个等差数列构成的，相关参数定义参考表 8.13
np.logspace(start, stop, num=50, endpoint=True, base=10.0, dtype=None)	用于创建一个一维等比数列
np.concatenate()	将两个或多个数组合并成一个新的数组

表 8.13　linspace()与 logspace()函数参数定义

参数	功能描述
start	序列起始值，arange()函数起始值默认为 0；logspace 序列的起始值为 base ＊＊start（＊＊表示幂函数）
stop	终止值，arange()函数不包含该值，linspace()或 logspace()函数，如果 endpoint 为 true，该值包含于数列中
step	arange()函数的步长，默认为 1
num	linspace()或 logspace()函数要生成的等步长的样本数量，默认为 50
endpoint	linspace()或 logspace()函数中，该值为 True 时，数列中包含 stop 值，反之不包含，默认是 True
retstep	linspace()函数中，如果为 True 时，生成的数组中会显示间距，反之不显示
base	对数 log 的底数
dtype	返回 ndarray 的数据类型，如果没有提供，则会使用输入数据的类型

例如：

```
import numpy as np              # 导入 numpy 作为 np
a=np.arange(3)                  # 返回从 0 到 n-1 的 ndarray
b=np.ones(3)                    # 生成一个 3 个元素的全 1 数组
c=np.zeros(3)                   # 生成一个 3 个元素的全 0 数组
d=np.full(3,2)                  # 生成一个 3 个元素的全 2 数组
e=np.eye(3)                     # 创建一个正方的 3×3 单位矩阵，对角线为 1，其余为 0
f=np.linspace(1,10,4)           # 创建 1～10 之间 4 个等间距数，最后一个数为 10
g=np.linspace(1,10,4,endpoint=False)   # 创建 1～10 之间 4 个等间距数，最后一个数不包括 10
h = np.logspace(1.0, 2.0,num =10)      # logspace 函数创建从 10 至 10^2，10 组等比数组
print (a)
print (b)
print (c)
print (d)
print (e)
print (f)
print (g)
print (h)
```

返回值为：

```
[0  1  2]
[1. 1. 1.]
[0. 0. 0.]
[2  2  2]
[[1. 0. 0.]
[0. 1. 0.]
[0. 0. 1.]]
[ 1.   4.     7.    10.]
[1.    3.25  5.5   7.75]
[ 10.            12.91549665  16.68100537  21.5443469   27.82559402
  35.93813664  46.41588834  59.94842503  77.42636827 100.          ]
```

创建好 ndarray 数组后,可以对 ndarray 对象的属性进行查阅,ndarray 对象的属性如表 8.14 所示。

表 8.14　ndarray 对象的属性

属性	说明
. ndim	秩,即轴的数量或维度的数量
. shape	ndarray 对象的尺度,对于矩阵 n 行 m 列
. size	ndarray 对象的个数,相当于. shape 中 n×m 值
. dtype	ndarray 对象的元素类型
. itemsize	ndarray 对象的每个元素的大小,以字节为单位

例如:

```
import numpy as np                    #导入 numpy 作为 np
ar = np.array([1,2,3,4,5,6])          #定义 ar 数组
print(ar)          #输出数组,注意数组的格式:中括号,元素之间没有逗号(和列表区分)
print(ar.ndim)     #输出数组维度的个数(轴数),或者说“秩”,维度的数量也称 rank
print(ar.shape)    #数组的维度,对于 n 行 m 列的数组,shape 为(n,m)
print(ar.size)     #数组的元素总数,对于 n 行 m 列的数组,元素总数为 n×m
print(ar.dtype)    #数组中元素的类型,类似 type()(注意了,type()是函数,.dtype 是方法)
print(ar.itemsize) #数组中每个元素的字节大小,int32l 类型字节为 4,float64 的字节为 8
```

得到的结果为:

```
[1 2 3 4 5 6]
1
(6,)
6
int32
4
```

2. 数组的切片与索引

ndarray 对象的内容可以通过索引或切片来访问和修改，与 Python 中 list 的切片操作一样。ndarray 数组可以基于 0～n 的下标进行索引，切片对象可以通过内置的 slice 函数，并设置 start、stop 及 step 参数进行，从原数组中切割出一个新数组。

例如在 pycharm 中输入：

```
import numpy as np                  # 导入 numpy 作为 np
ar = np.arange(20)                  # 定义 0～19 共 20 个数据的数组 ar
print(ar)                           # 输出 ar
print(ar[4])                        # 输出 ar 数组中第 4 个元素(第一个元素编号 0)
print(ar[3:6])                      # 输出 ar 数组中第 3～6 个元素(第一个元素编号 0)
print('------')                     # 打印分割线，上面是一维数组索引及切片，下面是多维数组
ar = np.arange(16).reshape(4,4)                       # 0～15，按照 4×4 生成一个矩阵 ar
print(ar,'数组轴数为%i' %ar.ndim)                     # 输出 4×4 的数组 ar
print(ar[2],'数组轴数为%i' %ar[2].ndim)               # 切片为下一维度的一个元素，所以是一维
                                                        数组
print(ar[2][1])                                       # 二次索引，得到一维数组中的一个值
print(ar[1:3],'数组轴数为%i' %ar[1:3].ndim)           # 切片为两个一维数组组成的二维数组
print(ar[2,2])                                        # 切片数组中的第三行第三列 → 10
print(ar[:2,1:])                                      # 切片数组中的 1、2 行，2、3、4 列 → 二维数组
print('------')
```

得到的返回结果为：

```
[0  1  2  3  4  5  6  7  8  9  10  11  12  13  14  15  16  17  18  19]
4
[3  4  5]
------
[[0  1  2  3]
 [4  5  6  7]
 [8  9  10  11]
 [12  13  14  15]]数组轴数为 2
[8  9  10  11]数组轴数为 1
9
[[4  5  6  7]
 [8  9  10  11]]数组轴数为 2
10
[[1  2  3]
 [5  6  7]]
-----
```

3. 数组操作

NumPy 中包含了一些函数用于处理数组，大概可分为以下几类：改变数组形状、数组类型转换、翻转数组、修改数组维度、数组连接、数组拆分、数组的简单运算等。为了简化内容，这里只介绍几个常见的数组操作函数，更多的函数可以参考相关教材。

(1)改变数组形状。

①numpy. ndarray. T：用于数组转置，例如原 shape 为(3,4)/(2,3,4)，则转置结果为(4,3)/(4,3,2)，一维数组转置后结果不变。

②numpy. reshape()函数可以在不改变数据的条件下改变形状，格式如下：numpy. reshape(ar, newshape, order='C')，其中 ar 表示要改变形状的数组，newshape 是整数或者整数数组，新的形状应当兼容原有形状；order：'C' ——按行，'F'——按列，'A' ——原顺序，'k' ——元素在内存中的出现顺序。

③numpy. resize(a, new_shape)：返回具有指定形状的新数组，如有必要可重复填充所需数量的元素。

例如运行如下代码，注意. T/. reshape()/. resize()都是生成新的数组。

```
import numpy as np                  #导入 numpy 作为 np
a= np.arange(12).reshape(3,4)       #定义 0～11 组成 3×4 的数组 a
b=a.T                               #b 为 a 数组的转置
c=a.reshape(2,6)                    #c 为 a 重新定义的 2×6 的数组
d=np.resize(a, (2,7))               #d 为 a 重新定义的 2×7 的数组，不够的元素重复填充 0～11
print(a)                            #打印 a
print(b)                            #打印 b
print(c)                            #打印 c
print(d)                            #打印 d
```

运行结果为：

```
[[ 0  1  2  3]
 [ 4  5  6  7]
 [ 8  9 10 11]]
[[ 0  4  8]
 [ 1  5  9]
 [ 2  6 10]
 [ 3  7 11]]
[[ 0  1  2  3  4  5]
 [ 6  7  8  9 10 11]]
[[ 0  1  2  3  4  5  6]
 [ 7  8  9 10 11  0  1]]
```

(2)数组类型转换：. astype()。

对数组 a 的元素类型进行转换，其调用格式为 a. astype(dtype)，例如输入如下代码：

```
import numpy as np                    # 导入 numpy 作为 np
a = np.arange(8,dtype=float)          # 从 0~7 定义数组 a,并指定数据类型为 float
print(a,a.dtype)                      # 打印数组 a 和 a 的数据类型
b = a.astype(np.int32)                # 数组 a 和 a 的数据类型
print(b,b.dtype)                      # 打印数组 b 和 b 的数据类型
print(a,a.dtype)                      # 打印数组 a 和 a 的数据类型
```

运行结果为：

```
[0. 1. 2. 3. 4. 5. 6. 7.] float64
[0  1  2  3  4  5  6  7 ] int32
[0. 1. 2. 3. 4. 5. 6. 7.] float64
```

(3)数组连接。

对于需要将多个数组组合而成一个新的数组,需要执行数组连接操作。在 Python 中,数组的连接是基于轴操作的,主要函数包括：

① concatenate((a1, a2, …), axis=0)：数组拼接函数,a1,a2,…表示要拼接的数组,axis 为进行拼接的维度,默认为 0,也可设置为 1；

② hstack(a1,a2)：沿水平(按列顺序)堆叠数组；

③ vstack(tup)：沿垂直(按行顺序)堆叠数组；

④ dstack(arrays, axis=0)：沿着高度堆叠,该高度与深度相同。

例如输入如下代码：

```
import numpy as np                        # 导入 numpy 作为 np
arr1 = np.array([1, 2, 3])                # 定义数组 arr1
arr2 = np.array([4, 5, 6])                # 定义数组 arr2
arr3 = np.array([[1, 2], [3, 4]])         # 定义数组 arr3
arr4 = np.array([[5, 6], [7, 8]])         # 定义数组 arr4
arr5= np.concatenate((arr1, arr2))        # 拼接数组(arr1,arr2)形成数组 arr5
arr6= np.concatenate((arr3, arr4), axis=1)   # 沿水平方向拼接数组(arr3,arr4)形成数组 arr6
arr7= np.hstack((arr1, arr2))             # 沿水平(按列顺序)堆叠数组(arr1,arr2)形成数
                                            组 arr7
arr8= np.vstack((arr1, arr2))             # 沿垂直(按行顺序)堆叠数组(arr1,arr2)形成数
                                            组 arr8
arr9= np.dstack((arr1, arr2))             # 沿着高度堆叠数组(arr1,arr2)形成数组 arr9
print(arr5)
print(arr6)
print(arr7)
print(arr8)
print(arr9)
```

运行结果为：

```
[1  2  3  4  5  6]
[[1  2  5  6]
 [3  4  7  8]]
[1  2  3  4  5  6]
[[1  2  3]
 [4  5  6]]
[[[1  4]
  [2  5]
  [3  6]]]
```

(4)数组拆分。

数组拆分是数字连接的相反过程，与数组连接类似，数组拆分的主要函数包括：

①hsplit(ary, indices_or_sections)：表示将数组水平(逐列)拆分为多个子数组；

②vsplit(ary, indices_or_sections)：将数组垂直(逐行)拆分为多个子数组。

例如输入如下代码：

```
import numpy as np                    # 导入 numpy 作为 np
ar = np.arange(16).reshape(4,4)       # 定义 4×4 数组 ar
ar1 = np.hsplit(ar,2)                 # 将 ar 水平(逐列)拆分为 2 个子数组
ar2 = np.vsplit(ar,4)                 # 将 ar 垂直(逐行)拆分为 4 个子数组
print(ar)
print(ar1,type(ar1))
print(ar2,type(ar2))
```

运行结果为：

```
[[ 0  1  2  3]
 [ 4  5  6  7]
 [ 8  9  10  11]
 [12  13  14  15]]
[array([[ 0, 1],
       [ 4, 5],
       [ 8, 9],
       [12, 13]]),array([[ 2, 3],
       [ 6, 7],
       [10, 11],
       [14, 15]])] <class 'list'>
[array([[0, 1, 2, 3]]), array([[4, 5, 6, 7]]), array([[ 8, 9, 10, 11]]), array([[12, 13, 14,
15]])] <class 'list'>
```

(5)数组的简单运算。

在 NumPy 中，数组可以直接进行加、减、乘、除、指数、求倒数、取相反数、位运算等运

算，而不需要使用烦琐的 for 循环之类的语法，并且在除法运算时，遇到除数为 0 时，会自动提示无效运算，但是仍会将计算结果显示出来，无效值处用 NaN 或 inf 表示。对于相同形状数组的运算，就是将这两个数组中索引相同的元素进行运算。如果是一个数组的运算，则是将数组中的所有元素都进行相同运算。例如计算数组平方，就是将数组中每个元素都进行平方运算。当然，也有不同形状数组的运算，相对比较复杂，这里就不再做深入介绍。

例如输入如下代码：

```
import numpy as np                          #导入 numpy 作为 np
ar1=np.arange(6).reshape(2,3)               #从 0～5 构建 2×3 数组 ar1
ar2=np.linspace(4,12,6).reshape(2,3)        #从 4～12 构建 2×3 数组 ar2
print(ar1 + 10)                             # 数组标量加法
print(ar1 * 2)                              # 数组标量乘法
print(1 / (ar1+1))                          # 数组标量除法
print(ar1 ** 0.5)                           # 数组标量幂
print(ar1+ar2)                              # 数组加法
print(ar1*ar2)                              # 数组乘法
print(ar1.max())                            # 求数组最大值
print(ar1.min())                            # 求数组最小值
```

运行结果为：

```
[[10  11  12]
 [13  14  15]]
[[ 0  2  4]
 [ 6  8  10]]
[[1.    0.5   0.33333333]
 [0.25    0.2   0.16666667]]
[[0.    1.    1.41421356]
 [1.73205081 2.    2.23606798]]
[[ 4.   6.6   9.2]
 [11.8   14.4   17. ]]
[[ 0.    5.6   14.4]
 [26.4   41.6   60. ]]
5
0
```

4. 常用函数

NumPy 提供了两种基本的对象，即 ndarray 和 ufunc 对象。前面已经介绍了 ndarray，本节将介绍 ufunc。ufunc 是 universal function 的缩写，意思是“通用函数”，它是一种能对数组的每个元素进行操作的函数。许多 ufunc 函数都是用 C 语言级别实现的，因此它们的计算速度非常快。此外，ufunc 比 math 模块中的函数更灵活。math 模块的输入一般是标量，但 NumPy 中的函数可以是向量或矩阵，而利用向量或矩阵可以避免使用循环语句，这

点在机器学习、深度学习中非常重要。表 8.15 给出了 NumPy 中的几个常用通用函数。

表 8.15　NumPy 中的几个常用通用函数

函数	使用方法
sqrt()	计算序列化数据的平方根
sin()、cos()	三角函数
abs()	计算序列化数据的绝对值
dot()	矩阵运算
log()、logl()、log2()	对数函数
exp()	指数函数
cumsum()、cumproduct()	累计求和、求积
sum()	对一个序列化数据进行求和
mean()	计算均值
median()	计算中位数
std()	计算标准差
var()	计算方差
corrcoef()	计算相关系数

8.2.4　科学工具库 Scipy

Scipy 是一个基于 NumPy 的开源的 Python 算法库和数学工具包，包含的模块有最优化、线性代数、积分、插值、特殊函数、快速傅里叶变换、信号处理和图像处理、常微分方程求解和其他科学与工程中常用的计算，广泛应用于数学、科学、工程学等领域，很多高阶抽象和物理模型需要使用 Scipy。表 8.16 给出了科学工具库 Scipy 中所包含的模块，这些模块中均包含了许多函数，受篇幅限制，这里挑选了信号与系统实验过程中的一些常用函数进行了介绍，对于其他未深入介绍的函数，可以通过查询相关资料了解。

表 8.16　科学工具库 Scipy 中所包含的模块

模块名	功能	模块名	功能
scipy. cluster	向量量化	scipy. odr	正交距离回归
scipy. constants	数学常量	scipy. optimize	优化算法
scipy. fft	快速傅里叶变换	scipy. signal	信号处理
scipy. integrate	积分	scipy. sparse	稀疏矩阵
scipy. interpolate	插值	scipy. spatial	空间数据结构和算法
scipy. io	数据输入输出	scipy. special	特殊数学函数
scipy. linalg	线性代数	scipy/stats	统计函数
scipy. misc	图像处理	scipy. ndimage	N 维图像

1. 两个 N 维数组阵列卷积

两个 N 维数组阵列卷积的调用格式为：scipy. signal. convolve(in1, in2, mode='full', method='auto')

参数：

in1：第一个输入阵列。

in2：第二个输入阵列，必须保持与 in1 同维度。

mode：模式选择，可选包括{'full', 'valid', 'same'}三种字符，用于设置输出大小。

full：默认值，表示输出是输入的完全离散线性卷积。Valid 表示输出仅包含不依赖于零填充的元素。在"有效"模式下，in1 或 in2 在每个维度上必须至少与另一个一样大。Same 表示输出的大小与 in1 相同，以"完整"输出为中心。

method：方法，可选包括{'auto', 'direct', 'fft'}三种字符，用于设置使用哪种方法来计算卷积。direct 表示卷积直接由总和决定，卷积的定义；fft 表示通过调用 FFT 来执行卷积，与 fftconvolve 功能一致；auto 表示根据更快的估计自动选择直接或傅里叶方法(默认)。

函数返回值：一个 N 维卷积数组，包含 in1 与 in2 的离散线性卷积的子集。

使用 Python 计算汉宁窗平滑方波脉冲的输出波形时，等价于方波脉冲与汉宁窗卷积的结果，其参考代码如下，得到的实验仿真波形如图 8.16 所示。

```
import numpy as np                      # 导入 numpy 作为 np
import matplotlib.pyplot as plt         # 导入 matplotlib.pyplot 作为 plt
from scipy import signal                # 从 Scipy 科学工具库中导入 signal
sig = np.repeat([0., 1., 0.], 100)      # 利用 repeat()函数构建 sig 信号
win = signal.windows.hann(50)           # 利用 signal 中的 hann()函数构建 win 窗口
filtered = signal.convolve(sig, win, mode='same') / sum(win)
                                        # 利用 signal 中的 convolve()函数滤波输出
plt.subplot(311)                        # 调用 subplot()函数画图
plt.plot(sig)                           # 画 sig 图
plt.xlim(0,300)                         # 定义 x 轴的标度
plt.xticks((0,50,250,300), (0,50,250,300))   # x 轴坐标遮挡下图图名，故隐藏了 100、150 和
                                             200 点坐标
plt.title('原始脉冲', fontsize=10)       # 图形命名
plt.subplot(312)
plt.plot(win)
plt.xlim(0,300)
plt.xticks((0,50,250,300), (0,50,250,300))
plt.title('滤波器冲激响应', fontsize=10)
plt.subplot(313)
plt.plot(filtered)
plt.xlim(0,300)
plt.title('滤波后的信号', fontsize=10)
plt.show()
```

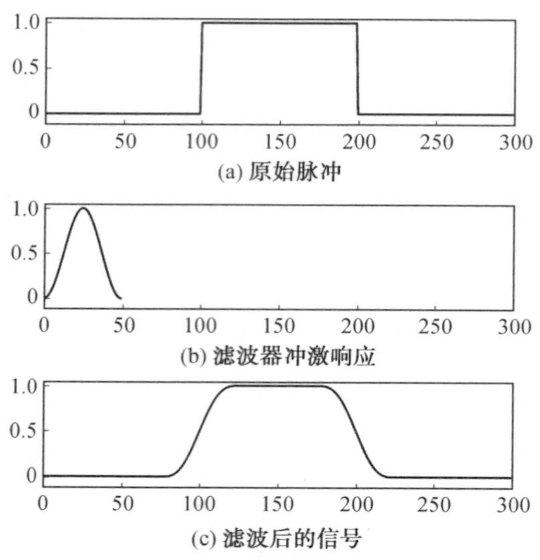

图 8.16　两个 N 维数组阵列卷积仿真图

2. 快速傅里叶变换

傅里叶变换是信号领域沟通时域和频域的桥梁,在频域里可以更方便地进行一些分析。傅里叶主要针对的是平稳信号的频率特性分析,简单说就是具有一定周期性的信号,因为傅里叶变换采取的是有限取样的方式,所以对于取样长度和取样对象有着一定的要求(图 8.17)。

```
import numpy as np                                    # 导入 numpy 作为 np
from scipy. fftpack import fft,ifft                   # 从 scipy. fftpack 导入 fft 和 ifft
import matplotlib. pyplot as plt                      # 导入 matplotlib. pyplot 作为 plt
from matplotlib. pylab import mpl                     # 从 matplotlib. pylab 导入 mpl
mpl. rcParams['font. sans-serif'] = ['SimHei']        # 显示中文
mpl. rcParams['axes. unicode_minus']=False            # 显示负号
N=2000   # 信号频率为 800 Hz,按采样定理,故设置采样频率为 2 000 Hz,即采样点选择 2000
x=np. linspace(0,1,N)                  # 0~1 内设置 N 个采样点
y=np. sin(2 * np. pi * 800 * x)        # 设置需要采样的信号,频率分量为 800 Hz
fft_y=fft(y)                           # 快速傅里叶变换
x = np. arange(N)                      # 频率个数
half_x = x[range(int(N/2))]            # 取一半区间
abs_y=np. abs(fft_y)                   # 取复数的绝对值,即复数的模(双边频谱)
angle_y=np. angle(fft_y)               # 取复数的角度
normalization_y=abs_y/N                # 归一化处理(双边频谱)
normalization_half_y = normalization_y[range(int(N/2))]
                                       # 由于对称性,只取一半区间(单边频谱)
plt. figure(1)
plt. subplot(211)
plt. plot(x,y)
```

```
plt.grid(True)
plt.title('原始波形',fontsize=9)
plt.xticks((0,250,500,1500,1750,2000), (0,250,500,1500,1750,2000))
                    #x 轴坐标遮挡图名,故隐藏部分点坐标
plt.subplot(212)
plt.plot(x,fft_y)
plt.grid(True)
plt.title('双边振幅谱',fontsize=9)
plt.figure(2)
plt.subplot(211)
plt.plot(x,abs_y)
plt.grid(True)
plt.title('未归一化双边振幅谱',fontsize=9)
plt.xticks((0,250,500,1500,1750,2000), (0,250,500,1500,1750,2000))
                    #x 轴坐标遮挡下图图名,故隐藏了 100、150 和 200 点坐标
plt.subplot(212)
plt.plot(x,angle_y)
plt.grid(True)
plt.title('未归一化双边相位谱',fontsize=9)
plt.figure(3)
plt.subplot(211)
plt.plot(x,normalization_y)
plt.grid(True)
plt.title('归一化双边振幅谱',fontsize=9)
plt.xticks((0,250,500,1500,1750,2000), (0,250,500,1500,1750,2000))
                    #x 轴坐标遮挡下图图名,故隐藏了 100、150 和 200 点坐标
plt.subplot(212)
plt.plot(half_x,normalization_half_y)
plt.grid(True)
plt.title('归一化单边振幅谱',fontsize=9)
plt.show()
```

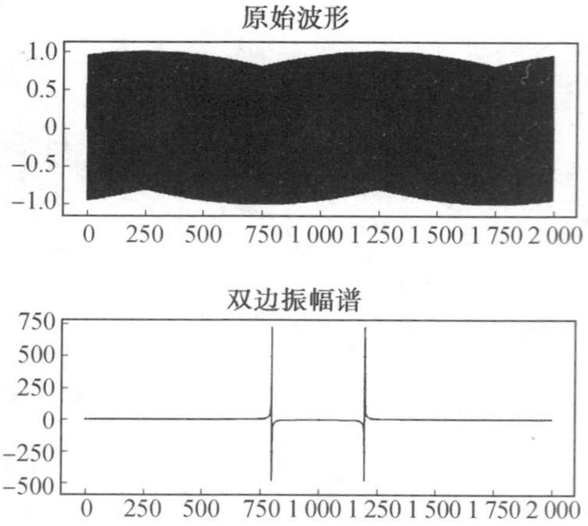

原始波形

未归一化双边振幅谱

双边振幅谱

未归一化双边相位谱

(a) 原始波形与双边振幅谱

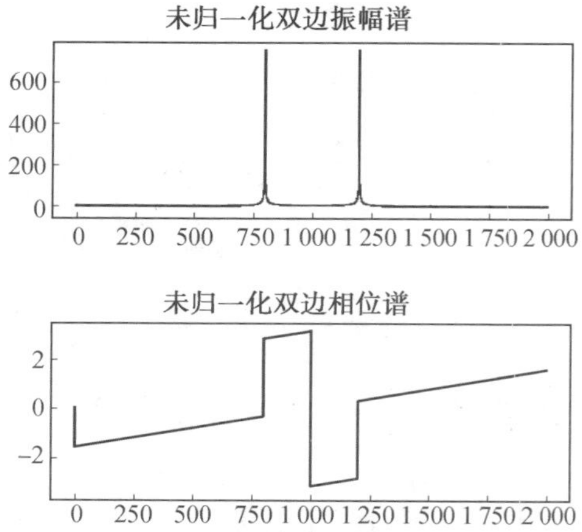

(b) 未归一化的双边振幅谱和相位谱

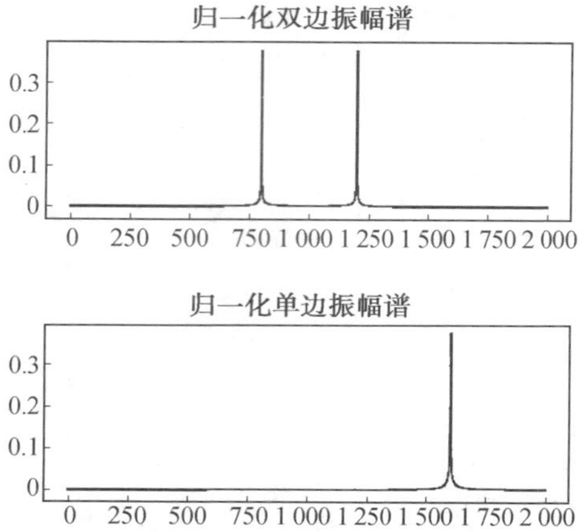

归一化双边振幅谱

归一化单边振幅谱

(c) 归一化的双边振幅谱和单边振幅谱

图 8.17　Python 的 fft()函数仿真图形

3. 滤波器设计

在 Scipy 程序库 signal 模块中提供了 Octave 式的 IIR 滤波器设计函数，下面列出了几种常见滤波器的设计函数调用格式：

(1) 巴特沃斯滤波器：scipy. signal. butter(N, Wn, btype='low', analog=False, output='ba', fs=None)

(2) 切比雪夫Ⅰ型滤波器：scipy. signal. cheby1(N, rp, Wn, btype='low', analog=False, output='ba', fs=None)

(3) 切比雪夫Ⅱ型滤波器：scipy. signal. cheby2(N, rs, Wn, btype='low', analog=False, output='ba', fs=None)

(4) 椭圆滤波器：scipy. signal. ellip(N, rp, rs, Wn, btype='low', analog=False, output='ba', fs=None)

(5) 贝塞尔滤波器：scipy. signal. bessel(N, Wn, btype='low', analog=False, output='ba', norm='phase', fs=None)

上述函数的参数主要包括以下几个。

(1)N:滤波器阶数。

(2)Wn:3 dB 带宽点。

(3)btype:滤波器类型,可选{'lowpass','highpass','bandpass','bandstop'},默认是低通滤波器。

(4)analog:布尔值。True 表示模拟滤波器。False 表示数字滤波器。默认是数字滤波器。

(5)output:'ba'表示输出分子和分母的系数;'zpk'表示输出零极点;'sos'表示输出 second-order sections,默认是'ba'。

(6)fs:数字滤波器采样率。

(7)rp:通频带中允许低于单位增益的最大纹波。以分贝表示的,作为正数。

(8)rs:阻带内所需的最小衰减。以分贝表示的,作为正数。

(9)norm:临界频率归一化,可选{'phase','delay','mag'},默认是'phase'。'phase'表示滤波器被归一化,使相位响应在角频率(如 rad/s)Wn 处达到其中点。这在低通和高通滤波器中都发生,所以这是"相位匹配"的情况。幅度响应渐近线与截断为 Wn 的同阶巴特沃斯滤波器相同。'delay'表示滤波器被归一化,使通带中的组延迟为 1/Wn(例如,s)。这是通过求解贝塞尔多项式得到的"自然"类型。'mag'表示滤波器被归一化,使得在角频率 Wn 处增益幅度为-3 dB。

使用 Python 实现滤波器的构建截止频率为 10 kHz 的巴特沃斯和贝塞尔滤波器的参考例程如下,得到的仿真曲线如图 8.18 所示。

```
import numpy as np                          # 导入 numpy 作为 np
from scipy import signal                    # 从 Scipy 科学工具库中导入 signal
import matplotlib.pyplot as plt             # 导入 matplotlib.pyplot 作为 plt
b, a = signal.butter(4, 10000, 'low', analog=True)
                                            # 构建四阶 10 kHz 巴特沃斯滤波器
m, n = signal.bessel(4, 10000, 'low',norm='mag', analog=True)
                                            # 构建四阶 10 kHz 贝塞尔滤波器
w, h = signal.freqs(b, a)                   # 由分子分母的系数求解频率响应,w 为频率,h 为对应
                                              的响应
x, y = signal.freqs(m, n)                   # 由分子分母的系数求解频率响应,x 为频率,y 为对应
                                              的响应
plt.semilogx(w, 20 * np.log10(abs(h)),'r',linestyle="--")
                                            # 绘制幅频响应,频率轴取对数,幅度轴转换成 dB
plt.semilogx(x, 20 * np.log10(abs(y)),'b',linestyle="-.")
                                            # 绘制幅频响应,频率轴取对数,幅度轴转换成 dB
plt.title('Filter frequency response')      # 图名
plt.xlabel('频率/(rad * s^-1)')             # x 轴命名
plt.ylabel('幅度/dB')                       # y 轴命名
```

```
plt.margins(0, 0.1)                           # 设置 x、y 轴边距
plt.grid(which='both', axis='both')           # which:网格线显示的尺度。axis:选择网
                                                格线显示的轴
plt.axvline(10000, color='green')             # 在 10 kHz 频率点处绘制辅助竖线
plt.show()                                    # 显示图像
```

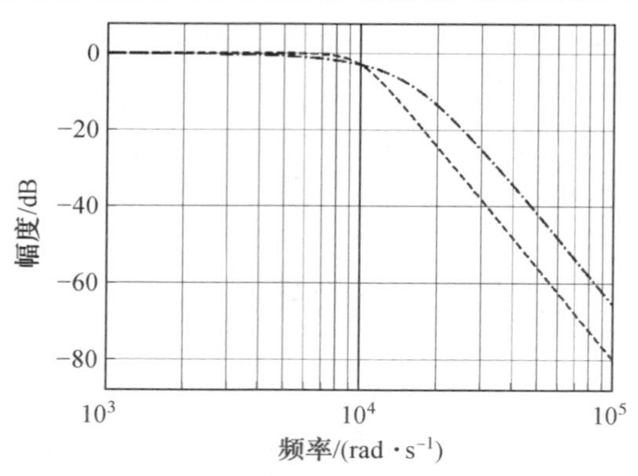

图 8.18　Python 设计的巴特沃斯和贝塞尔低通滤波器曲线

4. 微分与积分

在 Python 中有很多科学计算库都可以进行微积分运算，一般而言，使用求解微积分可以分为两大类：符号积分(即求出解析解)和数值积分(即求出数值解)。在计算机的处理当中，数值解往往更有意义。这里主要介绍基于 Scipy 的微积分计算。使用 Python 求解数值解的模块为 scipy. integrate；常用的有一维积分 quad()和二维积分 dblquad()。

(1)积分。

Scipy 的 integrate 模块提供了集中数值积分算法，主要包括一维积分 quad()、二维积分 dblquad()和多维积分 nquad()，受篇幅限制，这里只简单介绍一维积分和二维积分的简单用法。

一维积分 quad()的调用格式为：integrate. quad(func, a, b)，其中 func 是一个函数名，a 是积分下限，b 是积分上限。值得注意的是，使用该积分函数，需要将被积表达式封装在函数内，例如计算积分 $\int_1^2 3x^2\,\mathrm{d}x$，$3x^2$ 需要封装在一个函数内，而不能直接填入到基本函数中。如果要直接填入函数中，则需要使用 lambda 代码引导，其参考代码为：

```
from scipy import integrate                  # 从 Scipy 科学工具库中导入 integrate
def func(x):                                 # 定义 func()，便于直接引用 integrate. quad()
    return 3 * x * * 2                       # 将结果返回
a, b=integrate. quad(func, 1, 2)             # 计算 func()的一维积分
c, d=integrate. quad(lambda x:3 * x * * 2,1,2)   # 另一种调用一维积分函数形式，使用 lambda
                                                 直接写函数表达式
print(a)                                         # 打印 a
print(c)                                         # 打印 c
```

程序返回结果为：

```
7.0
7.0
```

二维积分 dblquad()的基本调用格式为：integrate(func, a, b, afunc, bfunc)，其中 func 是一个函数名，a 是外积分下限，b 是外积分上限，afunc 是内积分下限，bfunc 是内积分上限。与一维积分类似，对于被积表达式，要么用函数封装，要么使用 lambda 代码引导。例如计算二维积分 $\int_1^2\int_0^x 6xy^2\mathrm{d}y\mathrm{d}x$ 的参考代码为：

```
from scipy import integrate                 #从 Scipy 科学工具库中导入 integrate
def func(y, x):                             #定义 func()，便于直接引用 integrate.quad()
    return 6 * x * y * * 2
def afunc(x):                               #定义 afunc()，便于直接引用 integrate.quad()
    return 0
def bfunc(x):                               #定义 bfunc()，便于直接引用 integrate.quad()
    return x
a,b=integrate.dblquad(func, 1, 2, afunc, bfunc)      #计算 func()的二维积分
c,d=integrate.dblquad(lambda y, x: 6 * x * y * * 2, 1, 2, lambda x: 0, lambda x : x)
                                            #另一种调用二维积分函数形式
print(a)                                    #打印 a
print(c)                                    #打印 c
```

程序返回结果为：

```
12.4
12.4
```

(2)微分。

Scipy 中用于解常微分方程的函数 odeint()，基本调用格式为：scipy.integrate.odeint(func, y0, t)，func、y0、t 分别为微分方程的描写函数、初值和需要求解函数值对应的时间点，要求微分方程必须化为标准形式，即 $\mathrm{d}y/\mathrm{d}t=f(y,t,)$。例如计算 $\frac{\mathrm{d}y(t)}{\mathrm{d}t}=-k\cdot y(t)$，其中 $k=0.45$，$y(0)=2$，相关的参考代码如下，得到的仿真图像如图 8.19 所示。由图可知，程序中使用的两种方法所得到的图形十分接近，可以根据需要选择使用。

```
import numpy as np                          #导入 numpy 作为 np
from scipy.integrate importodeint           #从 Scipy 科学工具库中导入 odeint
import matplotlib.pyplot as plt             #导入 matplotlib.pyplot 作为 plt
def diff(y, t):                             #定义 diff()函数
    k = 0.45
    dydt = -k * y*2
    return dydt
y0 = 2                                      #初始化条件
#time points
[t, dt] = np.linspace(0, 10, retstep=True) #定义时间点
y = odeint(diff, y0, t)                     #调用 odeint()计算微分
```

```
y1 = np.empty_like(t)                                         #第二种求解微分的方法
y1[0] = y0
for i in range(len(t) - 1):                                   #逐点计算微分值
    y1[i + 1] = y1[i] + dt * diff(y1[i], t)
plt.plot(t, y1, linestyle='--',label='y1')                    #绘图 y1
plt.plot(t, y, linestyle='-.',label='y')                      #绘图 y
plt.xlabel('t');plt.ylabel('y(t)')                            #坐标轴定义
plt.legend(loc='best')                                        #给出图例
plt.show()                                                    #显示图形
```

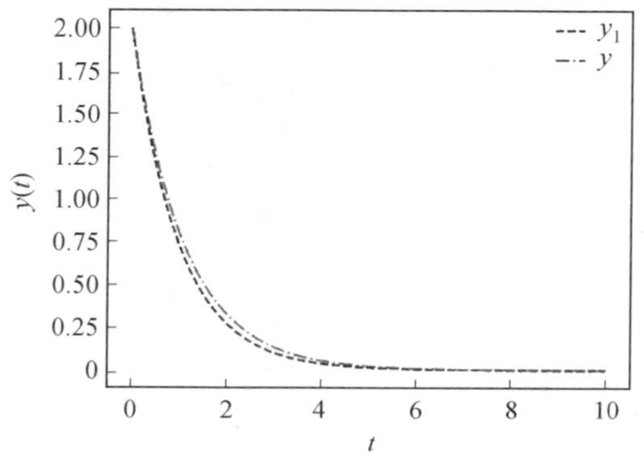

图 8.19　微分运算仿真曲线

odeint()函数除了可以处理一阶微分方程外，也支持处理二阶或者高阶微分方程。受篇幅限制，这里不做深入的介绍。

除了 odeint()函数外，Scipy 中还有 solve_ivp()也可以支持微分方程的处理，可以通过查阅相关资料进行了解，这里不再赘述。

8.2.5　绘图库 Matplotlib

Matplotlib 是 Python 的绘图库。它可与 NumPy 一起使用，提供了一种有效的 Octave 替代方案。

Matplotlib 可能是 Python 2D—绘图领域使用最广泛的套件。它能让使用者很轻松地将数据图形化，并且提供多样化的输出格式。这里将会探索 Matplotlib 的常见用法。

Matplotlib 作为数据科学的必备库，算得上是 Python 可视化领域的元老，更是很多高级可视化库的底层基础，其重要性不言而喻。

在 PyCharm 中输入如下代码，该段代码中调用了 Matplotlib 库中的 pyplot 函数、savefig 函数和 show 函数，最后绘制了 x 和 y 的图形，如图 8.20 所示，并将该图形以 fig_test.jpg 的名称保存到 pythontest 项目文件夹下面。

```
import numpy as np                          # 导入 numpy 模块,并指定别名为 np
import math                                 # 导入 math 模块
import matplotlib. pyplot as plt            # 导入 matplotlib 模块中的 pyplot 成员,并指定别名为 plt
x=np. arange(0,4 * np. pi,0. 01)            # 设置 x 的取值范围为 0~4 * pi,步进 0.01
y=np. sin(x)                                # 调用 numpy 中的正弦函数
z=np. cos(x)                                # 调用 numpy 中的余弦函数
plt. figure(figsize=(20, 8), dpi=80)        # 设置图片大小与像素值
plt. plot(x, y, color="red", linestyle="--", linewidth=5, alpha=0. 4)
                                            # 调用 plt 中的 plot 函数画图
plt. plot(x,z)                              # 调用 plt 中的 plot 函数画图
plt. ylim(-1. 5, 1. 5)                      # 设置图形的 y 轴坐标为-1.5~1.5
plt. xlim(-1 * math. pi, 5 * math. pi)      # 设置图形的 y 轴坐标为-pi~5pi
plt. title("Sine and Cosine Wave", fontsize=16)  # 给图形设置名称
plt. xlabel("时间", fontsize=16)             # 给图形设置 x 轴定义
plt. ylabel("幅度", fontsize=16)             # 给图形设置 y 轴定义
plt. grid(ls="--")                          # 打开栅格
plt. legend(labels=['正弦函数','余弦函数'],loc='best')   # 设置显示图例
plt. savefig("./fig_test. jpg")             # 调用 plt 中的 savefig 函数保存图形
plt. show()                                 # 显示图形
```

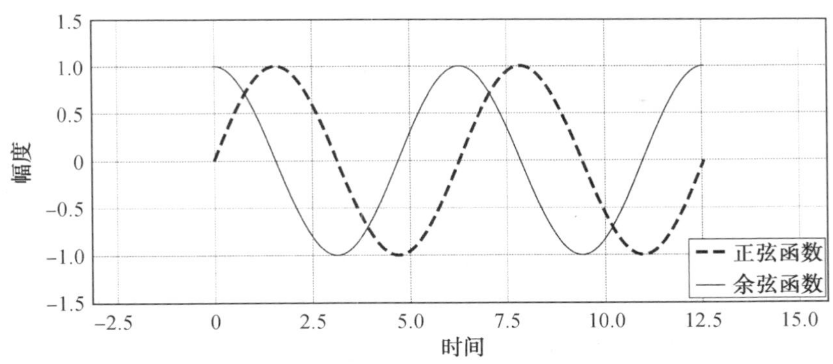

图 8.20　利用 Matplotlib 库中的函数绘制的图形

在上述程序代码中,应用到 Matplotlib 库 pyplot 函数多个功能,现介绍如下。

1. 设置图片格式

语法格式:plt. figure(num=None, figsize=None, dpi=None, facecolor=None, edgecolor=None, frameon=True)

num:可选参数,只图像编号或名称,数字为编号,字符串为名称。

figsize:可选参数,设置 figure 的宽和高,单位为英寸(in),(20,8)是指以长 20 英寸、宽 8 英寸的大小创建一个窗口,不设置时默认大小。

dpi:可选参数,指定绘图对象的分辨率,即每英寸多少个像素,缺省值为 80。

facecolor:设置窗口的背景颜色。颜色的设置是通过 RGB,范围是'#000000'~'#FFFFFF',其中每 2 个字节 16 位表示 RGB 的 0~255,例如'#FF0000'表示 R:255、G:

0、B:0 即红色。

edgecolor:设置边框颜色。

frameon:设置是否显示边框。

例如,利用下列代码取代原代码,得到的新图如图 8.21 所示。

```
plt.figure(figsize=(20,8), dpi=80,facecolor='#FFD700',edgecolor='#FF0000', frameon=True)
```

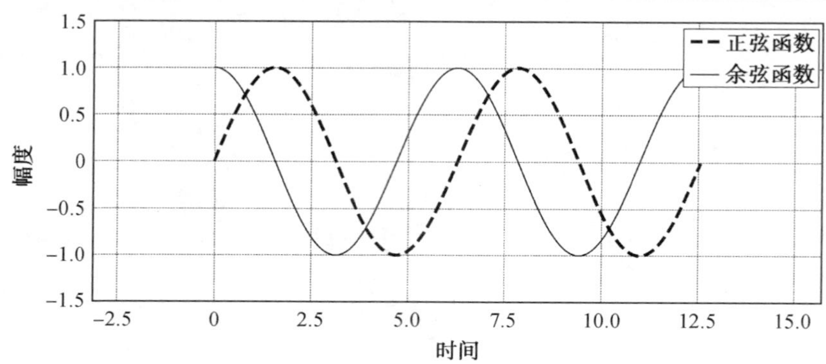

图 8.21　利用 plt.figure 重新设置图片格式

2. 绘图函数

绘图函数 plot()的调用格式:plot([x], y, [fmt], ∗∗kwargs),其各项参数定义如表 8.17~8.21 所示。

表 8.17　plt.plot()函数参数定义

参数	描述
x	x 轴数据,数组类型或者标量,x 值是可选的,默认为 range(len(y)),通常为一维数组
y	y 轴数据,数组类型或者标量,通常为一维数组
fmt	str 类型,格式字符串,由标记、线条和颜色部分组成。 fmt = '[marker][line][color]',例如 ro 表示红色圆圈,三个参数的取值见表 8.18
∗∗kwargs	可选项,其他 Line2D 属性,常用属性见表 8.18

表 8.18　其他 Line2D 属性定义

属性	描述
alpha	线条透明度,float 类型,取值范围:[0,1],默认为 1.0,即不透明
antialiased/aa	是否使用抗锯齿渲染,默认为 True
color/c	线条颜色,支持英文颜色名称及其简写、十六进制颜色码等,更多颜色示例参见官网 ColorDemo
linestyle/ls	线条样式:'−' or 'solid', '−−' or 'dashed', '−.' Or 'dashdot' ':' or 'dotted', 'none' or 'or'等
linewidth/lw	线条宽度,float 类型,默认 0.8

续表 8.18

属性	描述
markeredgecolor/mec	marker 标记的边缘颜色
markeredgewidth/mew	marker 标记的边缘宽度
markerfacecolor/mfc	marker 标记的颜色
markersize/ms	marker 标记的大小

表 8.19　线条标记样式

字符	描述	字符	描述
'.'	点标记(point marker)	's'	正方形标记(square marker)
','	像素点标记(pixel marker)	'p'	五角形标记(pentagon marker)
'o'	圆圈标记(circle marker)	'*'	星号标记(star marker)
'∨'	下三角标记(triangle_down marker)	'h'	六边形标记(hexagon1 marker)
'∧'	上三角标记(triangle_up marker)	'H'	六边形标记(hexagon2 marker)
'<'	左三角标记(triangle_left marker)	'+'	加号标记(plus marker)
'>'	右三角标记(triangle_right marker)	'x'	x 号标记(x marker)
'1'	下三叉星标记(tri_down marker)	'D'	菱形标记(diamond marker)
'2'	上三叉星标记(tri_up marker)	'd'	细菱形标记(thin_diamond marker)
'3'	左三叉星标记(tri_left marker)	'|'	垂直线标记(vline marker)
'4'	右三叉星标记(tri_right marker)	'_'	水平线标记(hline marker)

表 8.20　线条样式中线型选项

字符	描述	字符	描述
'—'	实线样式	'—·'	点划线样式
'——'	短横线样式	':'	虚线样式

表 8.21　绘图颜色选项 color:线条颜色

字符	颜色	字符	颜色
'b'	蓝色	'm'	品红色
'g'	绿色	'y'	黄色
'r'	红色	'k'	黑色
'c'	青色	'w'	白色

下列代码给出了 plt.plot()函数设置曲线参数的几个实例,可以将其替换前文的程序代码进行验证。

```
plt.plot(x, y, '--r', label='x1, y1')                    #线条样式--,颜色 r(红色)
plt.plot(x, y, color='green', label='x1, y2')            #样式默认,颜色绿
plt.plot(x, y, marker='V', mfc='r', linestyle=':', label='x3, y3')
                                                         #标记样式 o,颜色 r,线条样式
```

在同一幅图中绘制多条数据，设置不同数据，然后多次调用 plt.plot()函数即可，如下述程序所得到的曲线图，不同数据的线条颜色会不同，系统随机，如图 8.22 所示。当然，也可以按照上述设置单独指定某条曲线的不同参数。

```
import numpy as np
import matplotlib.pyplot as plt
t =np.arange(-2 * np.pi, 2 * np.pi, 0.01)
y1 =np.sin(2 * t)/t
y2 =np.sin(0.5 * t)
y3 =np.cos(0.8 * t)+np.sin(1 * t)
plt.xlabel('时间')
plt.ylabel('幅度')
plt.plot(t, y1)    #在图中使用默认设置画第 1 条曲线 y1
plt.plot(t, y2)    #在图中使用默认设置画第 2 条曲线 y2
plt.plot(t, y3)    #在图中使用默认设置画第 3 条曲线 y3
plt.show()
```

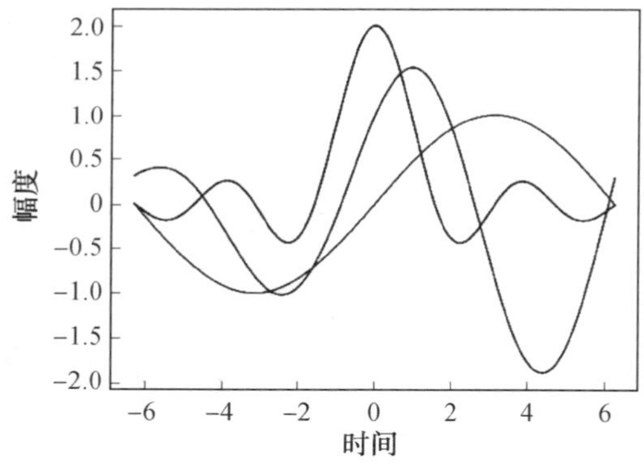

图 8.22　使用 plt.plot()函数绘制多条曲线

如果需要在不同的图中绘制曲线，则需要使用前文所述 plt.figure()函数设置不同的画布，如使用下列代码，则程序运行后会出现 2 个图形，如图 8.23 所示，其中 figure1 中绘制曲线 y1，figure2 中绘制曲线 y2 和 y3。需要注意，各个图形的参数，应该在 plt.figure()函数设置，否则不会在最后的图形中体现出来。

```
plt.figure(1)          # 打开画布 1
plt.xlabel('时间')
plt.ylabel('幅度')
plt.plot(t, y1)        # 在画布 1 中画第 1 条曲线 y1
plt.figure(2)          # 打开画布 2
plt.xlabel('时间')
plt.ylabel('幅度')
plt.plot(t, y2)        # 在画布 2 中画第 2 条曲线 y2
plt.plot(t, y3)        # 在画布 2 中画第 3 条曲线 y3
plt.legend('y2','y3')
```

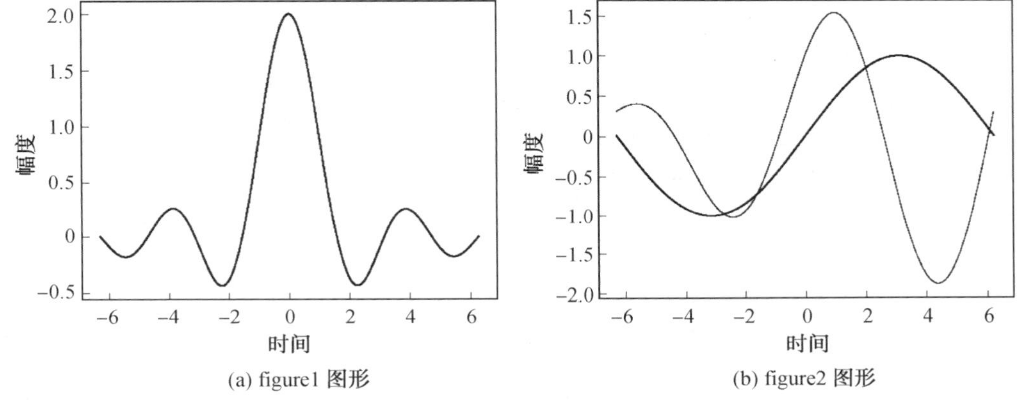

图 8.23　使用 plt.plot()函数绘制多幅图形

3. 图中文字标注

基本语法格式：

标题：plt.title(label, fontdict=None, loc=None, pad=None, *, y=None, ** kwargs)

x 坐标轴：plt.xlabel (xlabel, fontdict=None, labelpad=None, *, loc=None, ** kwargs)

y 坐标轴：plt.ylabel (ylabel, fontdict=None, labelpad=None, *, loc=None, ** kwargs)

文本：pyplt.text(x, y, s, fontdict=None, ** kwargs)

图例：legend(*args, ** kwargs)

label：str，此参数是要添加的文本。

fontdict：dict，此参数是控制 title 文本的外观，默认 fontdict 包括 fontsize、fontweight、color 等。

loc：str，center、left、right，默认为 center。

pad：float，该参数是指标题偏离图表顶部的距离，默认为 6。

y：float，该参数是 title 所在 axes 垂向的位置。默认值为 1，即 title 位于 axes 的顶部。

kwargs：该参数是指可以设置的一些奇特文本的属性。

x,y,s:xy,此参数是放置文本的点(x,y)。s,此参数是要添加的文本。

在上述测试程序中加入下列代码,得到的 figure1 的图如图 8.24 所示,增加了标题和图中文字。

```
plt.figure(1)              #打开画布 1
plt.title('2Sa(t)',fontsize='xx-large',fontweight='heavy',color='blue',loc='left')
                           #画布 1 增加标题
plt.xlabel('时间')
plt.ylabel('幅度')
plt.text(0.65,1.53,'sinx/x')#在画布 1(0.65,1.53)位置标注"sinx/x"文本
plt.plot(t, y1)            #在画布 1 中画第 1 条曲线 y1
plt.figure(2)              #打开画布 2
plt.xlabel('时间')
plt.ylabel('幅度')
plt.plot(t, y2)            #在画布 2 中画第 2 条曲线 y2
plt.plot(t, y3)            #在画布 2 中画第 3 条曲线 y3
plt.legend(["sin(0.5t)","sint+cos(0.8t)"])#在画布 2 中标记图例
plt.show()
```

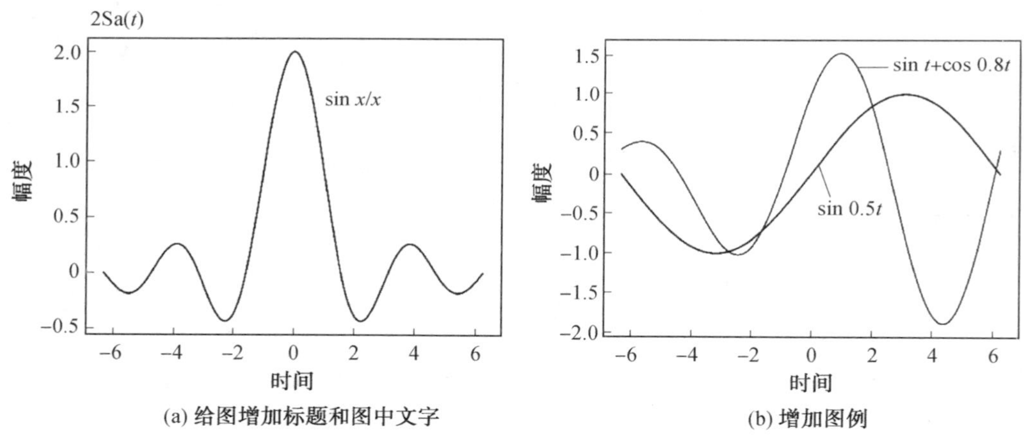

(a) 给图增加标题和图中文字　　(b) 增加图例

图 8.24　增加图中标记

4. 修改坐标轴标记值

基本语法格式:

plt.xticks(ticks, [labels], **kwargs)

plt.yticks(ticks, [labels], **kwargs)

其中,ticks:数组类型,用于设置 x 轴刻度间隔。

[labels]:数组类型,用于设置每个间隔的显示标签。

**kwargs:用于设置标签字体倾斜度和颜色等外观属性。

调用 xticks()和 yticks()函数可以对坐标刻度进行自定义,该函数接收两个参数,第一个参数表示要显示的刻度位置,第二个参数表示在对应刻度线上要显示的标签信息,标签信

息支持 LeTeX 数学公式，使用时要用符号 $ 包围起来。

在上述例程 figure2 中加入下列代码，得到的新图与原图对比如图 8.25 所示。

```
plt.xticks((-2 * np.pi, -np.pi, 0, np.pi, 2 * np.pi), (r'$-2\pi$', r'$-\pi$', '$0$', r'$\pi$',r'$2\pi$'))
```

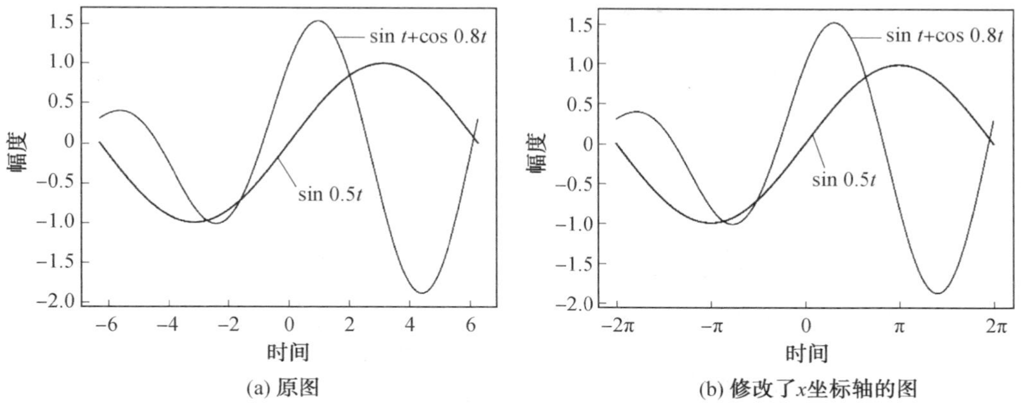

图 8.25　修改坐标轴标记值示例

5. 移动坐标轴显示位置

通过下列程序代码，可将坐标轴从左侧和下侧移到画布中间，最后的效果如图 8.26 所示。

```
plt.figure(2)          # 打开画布 2
plt.plot(t, y2)        # 在画布 2 中画第 2 条曲线 y2
plt.plot(t, y3)        # 在画布 2 中画第 3 条曲线 y3
plt.xticks((-2 * np.pi, -np.pi, 0, np.pi, 2 * np.pi), (r'$-2\pi$', r'$-\pi$', '$0$', r'$\pi$', r'$2\pi$'))
ax = plt.gca()                               # 获取当前的画布, gca = get current axes
ax.spines['right'].set_visible(False)        # 获取绘图区的轴对象(spines),设置右边框不显示
ax.spines['top'].set_visible(False)          # 获取绘图区的轴对象(spines),设置上边框不显示
ax.spines['left'].set_position(('data', 0))  # 设置两个坐标轴在(0, 0)位置相交
ax.spines['bottom'].set_position(('data', 0))
ax.xaxis.set_ticks_position('bottom')        # 设置 x 坐标轴标签的位置
ax.yaxis.set_ticks_position('left')          # 设置 y 坐标轴标签的位置
```

6. 另一种在指定位置显示文本方式

基本语法定义：

plt.annotate(text, xy, xytext, xycoords, textcoords, ha, va, arrowprops, **kwargs)

text：str 类型，注释的文本。

xy：被注释的坐标点，格式：(x, y)。

xytext：注释文本的坐标点，格式：(x, y)，默认与 xy 相同。

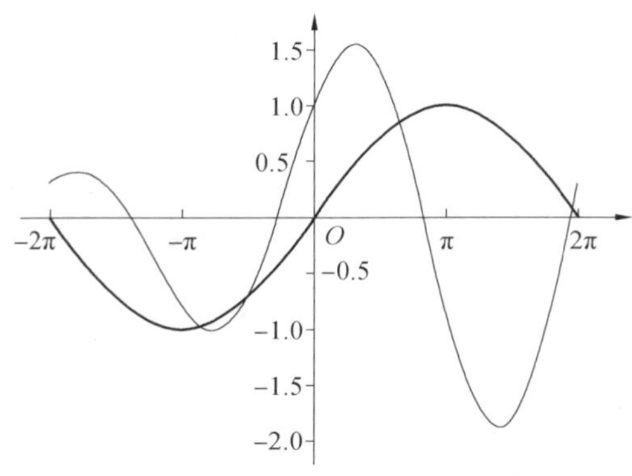

图 8.26 移动坐标轴显示位置示例

xycoords:被注释的坐标点的参考系,取值参见表 8.22,默认为‘data’。

textcoords:注释文本的坐标点的参考系,取值参见表 8.23,默认为 xycoords 的值。

ha:注释点在注释文本的左边、右边或中间(left、right、center)。

va:注释点在注释文本的上边、下边、中间或基线(top、bottom、center、baseline)。

arrowprops:dict 字典类型,箭头的样式。

如果 arrowprops 不包含键 arrowstyle,则允许的键参见表 8.24。

如果 arrowprops 包含键 arrowstyle,则允许的键参见表 8.25。

表 8.22 xycoords 取值类型

取值	描述
‘figure points’	以画布左下角为参考,单位为点数
‘figure pixels’	以画布左下角为参考,单位为像素
‘figure fraction’	以画布左下角为参考,单位为百分比
‘axes points’	以绘图区左下角为参考,单位为点数
‘axes pixels’	以绘图区左下角为参考,单位为像素
‘axes fraction’	以绘图区左下角为参考,单位为百分比
‘data’	使用被注释对象的坐标系,即数据的 x、y 轴(默认)
‘polar’	使用(θ,r)形式的极坐标系
‘offset points’	textcoords 取值类型,相对于被注释点的坐标 xy 的偏移量,单位是点
‘offset pixels’	textcoords 取值类型,相对于被注释点的坐标 xy 的偏移量,单位是像素

表 8.23 textcoords 取值类型

键	描述
offset points	相对于被注释点 xy 的偏移量,单位是点
offset pixels	相对于被注释点 xy 的偏移量,单位是相素

表 8.24 arrowprops 不包含键 arrowstyle 时的取值

键	描述
width	箭头的宽度,以点为单位
headwidth	箭头底部的宽度,以点为单位
headlength	箭头的长度,以点为单位
shrink	箭头两端收缩占总长的百分比

表 8.25 arrowprops 包含键 arrowstyle 时的取值

取值	描述
'-'	None
'->'	head_length=0.4,head_width=0.2
'-['	widthB=1.0,lengthB=0.2,angleB=None
']-'	widthA=1.0, lengthA=0.2, angleA=None
]-[	widthA=1.0, lengthA=0.2, angleA=None, widthB=1.0, lengthB=0.2, angleB=None
'|-|'	widthA=1.0,widthB=1.0
'-|>'	head_length=0.4,head_width=0.2
'<-'	head_length=0.4,head_width=0.2
'<->'	head_length=0.4,head_width=0.2
'<|-'	head_length=0.4,head_width=0.2
'<|-|>'	head_length=0.4,head_width=0.2
'fancy'	head_length=0.4,head_width=0.4,tail_width=0.4
'simple'	head_length=0.5,head_width=0.5,tail_width=0.2
'wedge'	tail_width=0.3,shrink_factor=0.5

运行如下参考程序,得到的图形如图 8.27 所示。

```
plt.annotate(r'$\sint+cos(0.8t)$',                #插入 LaTeX 表达式
             xy=[1.365, 1.365],                    #被标记的坐标
             xycoords='data',                      #被标记的坐标的参考系
             xytext=[40, 15],                      #注释文本的坐标
             textcoords='offset points',           #注释文本的坐标的参考系
             fontsize=16,                          #字体大小
             arrowprops=dict(arrowstyle="->", connectionstyle="arc3, rad=.2"))
                                                   #箭头样式
```

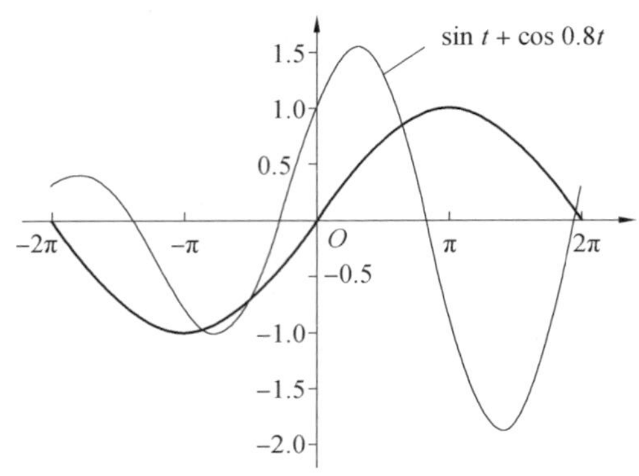

图 8.27　在指定位置显示文本示例

7. 绘制多个子图

语法结构：subplot(numRows, numCols, plotNum)

numRows：行。

numCols：列。

plotNum：指定创建的 Axes 对象所在的区域。

如果 numRows = 3，numCols = 2，那整个绘制图表样式为 3×2 的图片区域，用坐标表示为(1,1)，(1,2)，(1,3)，(2,1)，(2,2)，(2,3)。这时，当 plotNum = 1 时，表示的坐标为(1,3)，即第一行第一列的子图。下列程序运行如图 8.28 所示。

```
plt.subplot(221)
plt.xticks((-2 * np.pi, -np.pi, 0, np.pi, 2 * np.pi), (r'$-2\pi$', r'$-\pi$', '$0$', r'$\pi$', r'$2\pi$'))
plt.plot(t, y1, 'b-.')
plt.subplot(222)
plt.xticks((-2 * np.pi, -np.pi, 0, np.pi, 2 * np.pi), (r'$-2\pi$', r'$-\pi$', '$0$', r'$\pi$', r'$2\pi$'))
plt.plot(t, y2, 'r--')
plt.subplot(212)
plt.xticks((-2 * np.pi, -np.pi, 0, np.pi, 2 * np.pi), (r'$-2\pi$', r'$-\pi$', '$0$', r'$\pi$', r'$2\pi$'))
plt.plot(t, y3)
```

绘图库 Matplotlib 功能强大，遇到新的绘图需求时，可以通过网络查找相关资料。

除了前面介绍的 NumPy 和 Scipy 以外，Python 还提供很多其他的库可以选用，可以针对实际应用场合选择使用，例如 SymPy 是 Python 中的一个免费且开源的符号计算库，支持符号计算、高精度计算、模式匹配、绘图、解方程、微积分、组合数学、离散数学、几何学、概率与统计、物理学等方面的功能。受篇幅限制不做过多介绍，感兴趣或者用到相关知识，可以查询资料学习。

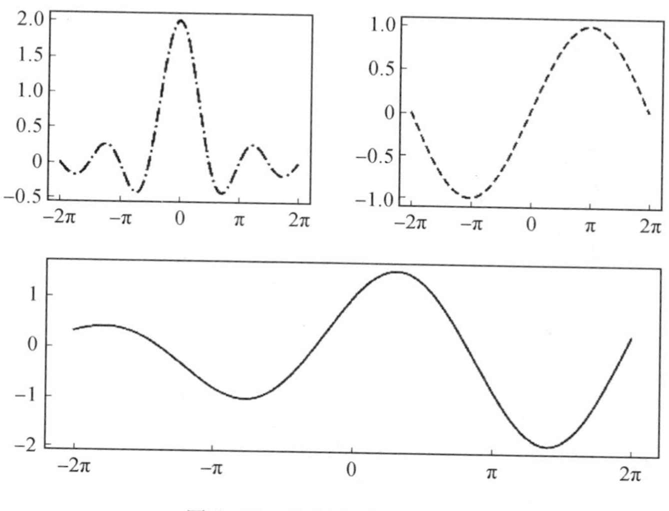

图 8.28　绘制多个子图示例

8.3　Python 程序设计

8.3.1　流程控制

Python 的程序流程控制结构一般可分为顺序结构、循环结构以及条件分支结构。程序设计通常以顺序结构为主框架，程序语句按先后顺序排列即可实现顺序结构。当程序中需要判断某些条件或多次重复处理某些事件时，可以使用循环结构或条件分支结构（选择结构）控制程序的执行流程。

1. 循环结构

循环结构是指程序在执行过程中，其中的某段语句序列被重复执行若干次。Python 中提供 for 和 while 两种循环结构。

(1)for 循环。

for 循环可以遍历任何序列的项目，如 list、tuple、迭代器等。for 循环的语法格式如下：

```
for iterating_var in sequence:
    statements(s)
```

通过 for 循环依次将 sequence 中的数据取出赋值给 iterating_var，再通过 statements 进行处理。例如输入下列代码：

```
City_list = ['Harbin', 'Changchun', 'Shenyang']
for city in City_list:
    print(city)
dict = {'Teacher He': 38, 'Doctor Wu': 30, 'Professor Ren': 59}
for key, value in dict.items():
    print(key, value)
for char in 'HIT':
    print(char)
```

程序返回值：

```
Harbin
Changchun
Shenyang
Teacher He 38
Doctor Wu 30
Professor Ren 59
H
I
T
```

除上述简单的 for 循环外，for 还有 for…else 和 for…for 嵌套两种稍加复杂的结构，其语法格式分别为：

```
for iterating_var in sequence:
    statements(s) A
else:
    statements(s) B
```

该程序代码表示通过 for 循环依次将 sequence 中的数据取出赋值给 iterating_var，再通过 statements A 进行处理。结束该 for 循环后，再执行 else 语句块中的 statements B 语句。

```
for iterating_var1 in sequence1:
    for iterating_var2 in sequence2:
        statements(s) A
    statements(s) B
```

该程序代码表示通过 for 循环依次将 sequence1 中的数据取出赋值给 iterating_var1，再将 sequence2 中的数据取出赋值给 iterating_var2，待执行完 statements A 后，再执行 statements B 语句，然后再继续执行下一个 for 循环。

这两种结构的参考实验代码如下：

```
City_list = ['Harbin', 'Changchun', 'Shenyang']
for city in City_list:                    # for…else 循环结构
  print(city)
else: print('The list of cities is printed')
for i in range(1, 5):                     # 使用 for…for 循环嵌套结构计算倒三角乘法表
  for j in range(i, 5):
    print('%d * %d = %d' % (i, j, i * j), end='\t')
    print('')                             # 控制换行
```

得到的实验结果如下：

```
Harbin
Changchun
Shenyang
The list of cities is printed
1 * 1 = 1  1 * 2 = 2  1 * 3 = 3  1 * 4 = 4
2 * 2 = 4  2 * 3 = 6  2 * 4 = 8
3 * 3 = 9  3 * 4 = 1  2
4 * 4 = 1  6
```

(2)while 循环。

while 循环表示只要条件为真，就执行一组语句。while 循环的语法格式如下：

```
while expression:
  statements(s)
```

该代码的含义为：首先判断 expression 条件表达式的值，其值为真(True)时，则执行代码块中的语句 statements(s)，当执行完毕后，再回过头来重新判断条件表达式的值是否为真，若仍为真，则继续重新执行代码块……如此循环，直到条件表达式的值为假(False)，才终止循环。例如输入下列代码：

```
i = 1
while i < 6:
  print(i)
  i += 1
```

返回的结果为：

```
1
2
3
4
5
```

除上述简单的 while 循环外，也可以使用 continue、break 和 else 对 while 循环进行结束控制。例如输入下列代码：

```
i = 1
while i < 5:
  print(i)
  if i == 3:   #在 i=3 时,退出此次循环,因此 i>3 的数都不打印
    break
  i += 1
j = 0
while j < 5:
  j += 1
  if j == 3:   #在 i=3 时,退出此次循环,继续执行下一次循环,故 i=3 不打印
    continue
  print(j)
k = 1
while k < 5:
    print(k)
    k += 1
else:                #执行完前面的 while 循环后,继续执行 else 中语句
print("k is no longer less than 5")
```

返回的结果为:

```
1
2
3
1
2
4
5
1
2
3
4
k is no longer less than 5
```

2. 选择结构

Python 选择结构语句分为 if 语句、if else 语句 、if elif else 语句,其语法结构为:

```
if(expression):                    #if 语句
  statements(s)
if(expression):                    # if else 语句
  statements(s)A
else:
  statements(s)B
if(expression1):                   # if elif else 语句
  statements(s)A
elif(expression2):
  statements(s)B
else:
  statements(s)B
```

例如输入下列程序：

```
x = 10
y = 20
small1 = x if x<y else y
print (small1)
if x>y:
    small2=y
else:
    small2=x
print (small2)
if x>y:
    small3=y
elif x==y:
    small3=x
else:
    small3=x
print (small3)
```

程序返回结果为：

```
10
10
10
```

三种 if 结构满足不同的应用需求，根据需要选择。

8.3.2　Python 程序设计

Python 从 C 等语言处借鉴了很多内容，同时也加入了不少特色，这使得 Python 的语法与其他语言有很多相近的地方，也有不少不同之处。

1. 注释

注释是不会被执行的，与 C 语言使用“//”不同，Python 使用“#”开始一直到行结束，这些内容都被认为是注释。解释器不会对这部分内容进行任何处理。

2. 代码块和缩进对齐

Python 程序是由代码块构造的。块是一个 Python 程序的文本，是作为一个单元执行的。一个模块，一个函数，一个类，一个文件等都是一个代码块，而作为交互方式输入的每个命令都是一个代码块。

对于 Python 而言，代码缩进是语法，Python 没有像其他语言一样采用{}或者 begin…end 分隔代码块，而是采用代码缩进和冒号来区分代码之间的层次。连续代码行中，缩进相同的行被认为是一个块。对于相同逻辑层，应该保持相同的缩进，否则，会引起解释错误。

Python 代码中，可以使用空格键或 TAB 键来实现缩进。但是空格或 TAB 表示的字符宽度不一致，在编程过程中如果混用，代码容易造成混淆，增加维护及调试的困难、降低代码易读性，因此 Python PEP8 编码规范建议使用 4 个空格作为缩进。而在实际开发过程中，比较复杂的代码也可以选择 2 个空格作为缩进，这样更易于阅读嵌套比较深的代码。

像 if、while、def 和 class 这样的复合语句，首行以关键字开始，以冒号(:)结束，该行之后的一行或多行代码构成代码组。“:”标记一个新的逻辑层，增加缩进则进入下一个代码层，减少缩进则返回上一个代码层。

```
if True:
  print("Hello HeiLongjiang!")
else:
  print("Hello JiLin!")
print("end")
print("==========华丽的分割线============")
if True:
  print("Hello HeiLongjiang!")
else:
  print("Hello JiLin!")
  print("end")
  print("==========华丽的分割线============")
```

最后的执行结果为：

```
Hello HeiLongjiang!
end
==========华丽的分割线============
Hello HeiLongjiang!
```

分割线以上的 print("end")未缩进与 if 对齐，因此它与 if 属于同一代码块，执行完 if 的操作，执行输出。

分割线以下的 print("end")与 print("Hello HeiLongjiang!")保持一致的缩进，则它与 print("Hello HeiLongjiang!")属于 else 之内的代码块，所以执行时不打印出来。

PyCharm 中支持对缩进量的设置，在 PyCharm 的 Pythontest 项目的编程界面中，选择"File"选项卡下的"Setting"命令，在 Editor：Code Style 选项下，打开 Python 对话框，如图 8.29 所示，即可以设置 Tab 键的缩进字符数（Tab size），以及缩进（Indent）和连续缩进（Continuation indent）的字符数。

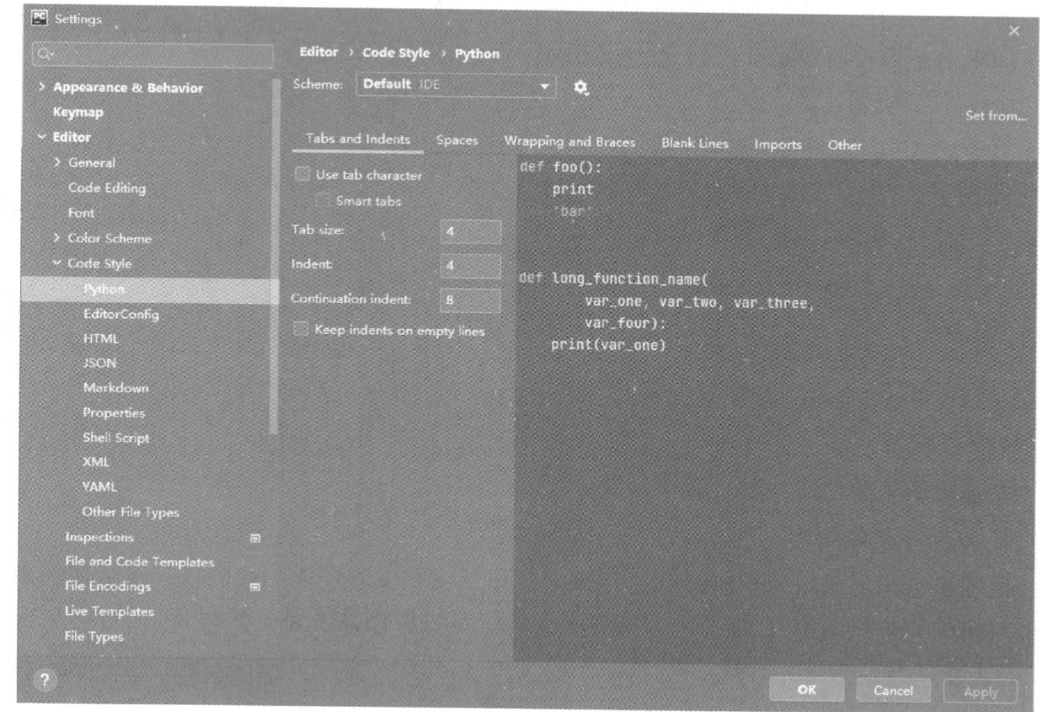

图 8.29　设置 Python 代码缩进值

Python 缩进的语法好处是代码特别工整规范，这是一个强制性要求，否则程序会报语法错误。因此，应该熟练使用空格或 TAB 实现规范化的缩进，才能编写出符合语法要求的 Python 代码。

3. Python 写多行语句

一般来说，Python 代码一行就是一条语句，但有时语句过长不利于阅读，则会写成多行的形式，此时需要在换行时使用反斜杠：\。

例如：

```
name = "Lilei"
age = 23
gender = "boy"
str = "Hello, my name is " + \
    name + \
    ". I'm" + \
    str(age) + \
    "years old " + \
```

```
        gender
print(str)
```

执行结果为：

```
Hello, my name is Lilei. I'm 23 years old boy
```

如果语句换行时包裹在中括号[]、大括号{}或者括号()中，则不必反斜杠换行，如下：

```
name = "Lilei"
age = 23
gender = "boy"
str = ("Hello, my name is " +
        name +
        ". I'm" +
        str(age) +
        "years old " +
        gender)
print(str)
```

其运行结果与使用反斜杠效果一致。

4. Python 函数编写

函数是组织好的，可重复使用的，用来实现单一或相关联功能的代码段。函数能提高应用的模块性和代码的重复利用率。Python 中除了可以应用其内建函数外，可以自己创建函数，这被称为用户自定义函数。

Python 中定义一个函数需要遵循的简单规则包括：

(1)函数代码块以 def 关键词开头，后接函数标识符名称和圆括号()。

(2)任何传入参数和自变量必须放在圆括号中间。圆括号之间可以用于定义参数。

(3)函数的第一行语句可以选择性地使用文档字符串用于存放函数说明。

(4)函数内容以冒号起始，并且缩进。

(5)return [表达式] 结束函数，选择性地返回一个值给调用方。不带表达式的 return 相当于返回 None。

在 Python 中，定义一个函数要使用 def 语句，依次写出函数名、括号、括号中的参数和冒号，然后，在缩进块中编写函数体，函数的返回值用 return 语句返回。

例如编写一个三个数的求和函数 add3()，其参考代码如下：

```
def add3(a,b,c):
    sum=a+b+c
    return(sum)
x=add3(1,2,3)
y=add3(2,3,4)
print(x)
print(y)
```

程序返回结果为：

```
6
9
```

显然，编写完 add3()函数后，在后续的程序中，只要涉及计算 3 个数的求和，直接调用该函数即可，所以应用自定义函数在复杂的程序中提高代码的利用率。当然，这里给出的是简单的自定义函数示例，对于复杂的自定义函数，其编程难度会很大，需要的编程技巧也会更多，只有熟练掌握 Python 语言的设计方法，不断练习，才能提高编程技能。

8.4　基本信号在 Python 中的表示

为了方便使用，Python 与 Octave 类似，通过科学计算库 NumPy 和科学工具库 Scipy 提供了大量的基本信号函数供选择，例如正余弦信号、指数信号等，可以在程序中直接调用，而对于一些库中没有的函数，也可以根据需求自定义函数。本节针对信号与系统实验过程中常见的连续和离散信号，给出了 Python 中的表示方法，并对信号的基本运算规则进行了简单介绍。

8.4.1　连续时间信号的表示

1. 正弦信号

正弦信号在 Python 的科学计算库 NumPy 中用 sin()函数表示，调用格式为np. sin(x)，其中 x 单位为弧度。正弦信号的展缩、平移可以通过对 x 参数的设置来实现。同理，对于余弦函数 cos 也可以做类似处理，在此不做过多介绍。Python 中调用 sin 函数的相关程序如下，得到的图像如图 8.30(a)所示。

```
import numpy as np                        # 导入 numpy 作为 np
import matplotlib.pyplot as plt           # 导入 matplotlib.pyplot 作为 plt
x=np.arange(0,4*np.pi,0.01)               # 定义 x 的范围为 0～4π，步进 0.01
y=np.sin(x)                               # 定义 y=sin(x)
z=np.cos(x)                               # 定义 z=cos(x)
plt.plot(x,y)                             # 调用 plt 中 plot()函数绘制 y=sin(x)的曲线
plt.plot(x,z)                             # 调用 plt 中 plot()函数绘制 z=cos(x)的曲线
plt.grid(ls="--")                         # 打开网格线
plt.xlabel("t"); plt.ylabel("y")          # 给图形设置 x 轴定义
plt.title('正弦与余弦函数曲线',fontproperties='SimHei', fontsize=10)    # 图形命名
plt.show()                                # 显示图形
```

2. 矩形脉冲信号

矩形脉冲信号在 Python 中没有找到专门的函数供直接引用，可以根据矩形脉冲信号的定义编写相关函数 rect(x,start,width)，参数包括变量 x，起点为 start，宽度为 width。相关程序如下，得到的图像如图 8.30(b)所示。

```
import numpy as np                        # 导入 numpy 作为 np
import matplotlib.pyplot as plt           # 导入 matplotlib.pyplot 作为 plt
def rect(x,start,width):                  # 定义矩形波脉冲函数 rect()
    if x>=(start+width):                  # 当 x>=start+width 和 x<start 时,输出均为 0,其余时为 1
out=0.0
elif x<start:
out=0.0
else:
out=1
return out
x=np.linspace(-6,6,1000)                  # 定义 x 的取值范围
y=np.array([1.5*rect(t,-5.0,1.0)+2*rect(t,-1.0,2.0)+0.5*rect(t,3.5,1.0) for t in x])
                                          # 定义 y 阵列
plt.plot(x,y);plt.grid(ls="--")           # 绘图,打开网格
plt.ylim(-0.5,3.5);plt.xlabel("t"); plt.ylabel("y")       # 定义 y 轴坐标范围和 x 轴、y 轴名称
plt.title('矩形脉冲信号曲线',fontproperties='SimHei', fontsize=10) # 定义图形名称
plt.show()                                # 显示图形
```

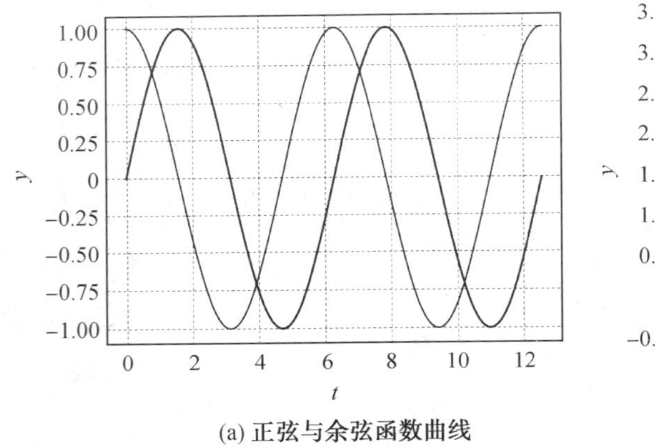

(a) 正弦与余弦函数曲线

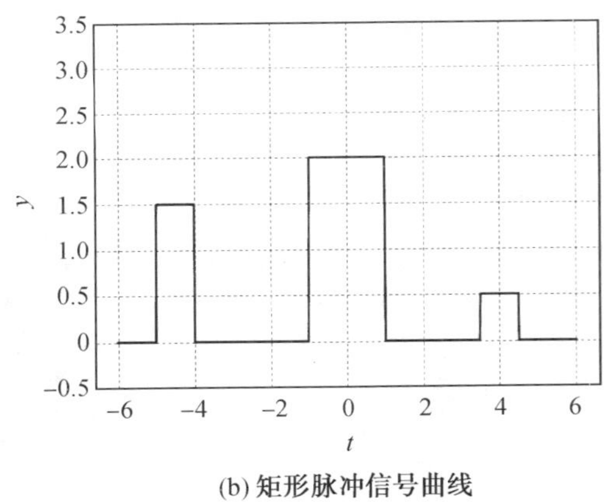

(b) 矩形脉冲信号曲线

图 8.30　使用 Python 绘制的正弦和矩形脉冲信号曲线

3. 单位阶跃信号

单位阶跃信号在 Python 中没有找到专门的函数供直接引用,可以根据单位阶跃信号的定义编写相关函数 unit(t)。相关程序如下,得到的图像如图 8.31(a)所示。

```
import numpy as np                          # 导入 numpy 作为 np
import matplotlib.pyplot as plt             # 导入 matplotlib.pyplot 作为 plt
def unit(t):                                # 定义单位阶跃函数 unit()
out=np.where(t>0.0,1.0,0.0)                 # 当 t>0.0 时输出 1,否则输出 0
return out
t=np.linspace(-1.0,5.0,1000)                                    # 定义 t 的取值范围
plt.plot(t,unit(t));plt.grid(ls="--");                          # 绘图,打开网格
plt.ylim(-0.5,1.5);plt.xlabel("t"); plt.ylabel("y");            # 定义 y 轴坐标范围和 x 轴、y 轴名称
plt.title('单位阶跃信号曲线',fontproperties='SimHei', fontsize=10) # 定义图形名称
plt.show()                                                      # 显示图形
```

4. 单位冲激信号

单位冲激信号在 Python 的科学工具库 Scipy 中 signal 信号处理模块用 unit_impulse() 函数表示,基本调用格式为 signal.unit_impulse(shape, idx, dtype),其中 shape 定义函数输出数组的样本数,idx 定义输出样本中“冲激信号”的位置,缺省值为 0,即表示在样本数第 0 个位置,‘mid’表示在 shape 样本数的中间位置,当然,idx 的范围可以包括 0～sharp－1,即支持定义 shape 样本数中的任意位置。dtype 定义输出数组的数据类型,默认为 numpy.float64.。相关程序如下,得到的图像如图 8.31(b)所示。

```
import numpy as np                                   # 导入 numpy 作为 np
from scipy import signal                             # 从 Scipy 科学工具库中导入 signal
import matplotlib.pyplot as plt                      # 导入 matplotlib.pyplot 作为 plt
imp = signal.unit_impulse(100, 'mid')                # 调用 impulse()给 imp 赋值
plt.plot(np.arange(-50, 50), imp);plt.grid(True)     # 绘图,打开网格
plt.xlabel('t');plt.ylabel('y=delta(t)')             # 定义 x 轴、y 轴名称
plt.title(u'单位冲激信号曲线',fontproperties='SimHei')  # 定义图形名称
plt.show()                                           # 显示图形
```

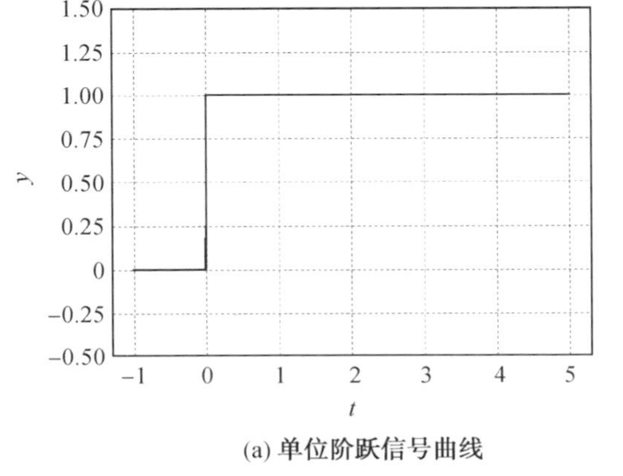

(a) 单位阶跃信号曲线

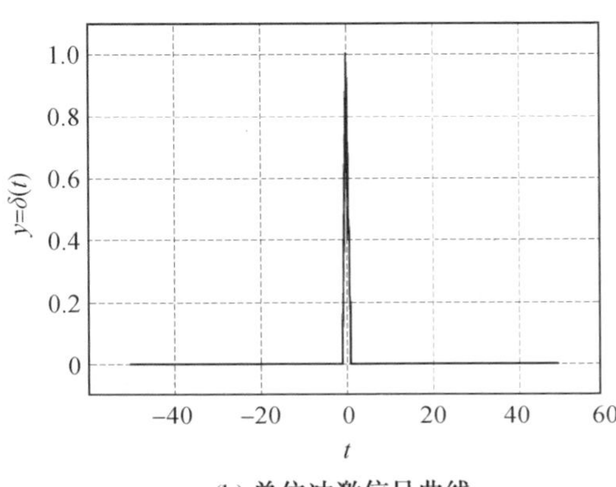

(b) 单位冲激信号曲线

图 8.31　使用 Python 绘制的单位阶跃和单位冲激信号曲线

5. 抽样信号

抽样信号在 Python 的科学计算库 NumPy 中用 sinc( ) 函数表示，调用格式为 np.sinc(x)，抽样信号的展缩、平移可以通过对 x 参数的设置来实现。Python 中调用 sinc 函数的相关程序如下，得到的图像如图 8.32(a)所示。

```
import numpy as np                              #导入 numpy 作为 np
import matplotlib.pyplot as plt                 #导入 matplotlib.pyplot 作为 plt
t = np.linspace(-5.0 * np.pi,5.0 * np.pi,1000)  #通过 linspace 函数指定 t 的取值范围
y = np.sinc(t/np.pi)                            #调用 sinc 函数计算抽样信号
plt.ylim(-0.5,1.2)                              #定义纵轴取值范围
plt.plot(t,y);plt.grid(True)                    #绘图，打开网格
plt.xlabel('t');plt.ylabel('y=Sa(t)')           #定义 x 轴、y 轴名称
plt.title(u'抽样函数曲线',fontproperties='SimHei')  #定义图形名称
plt.show()                                      #显示图形
```

6. 实指数信号

实指数信号在 Python 的科学计算库 NumPy 中用 exp( ) 函数表示，调用格式为 np.exp(x)。np.exp()函数是求 e^x 值的函数。Python 中调用 exp()函数的相关程序如下，得到的图像如图 8.32(b)所示。

```
import numpy as np                              #导入 numpy 作为 np
import matplotlib.pyplot as plt                 #导入 matplotlib.pyplot 作为 plt
t = np.linspace(0,10.0,1000)                    #通过 linspace 函数指定 t 的取值范围
y=np.exp(-0.4 * t)                              #调用 exp 函数计算指数信号
plt.plot(t,y);plt.grid(ls="-")                  #绘图，打开网格
plt.xlabel('t');plt.ylabel('y=exp(t)')          #定义 x 轴、y 轴名称
plt.title(u'实指数信号曲线',fontproperties='SimHei') #定义图形名称
plt.show()                                      #显示图形
```

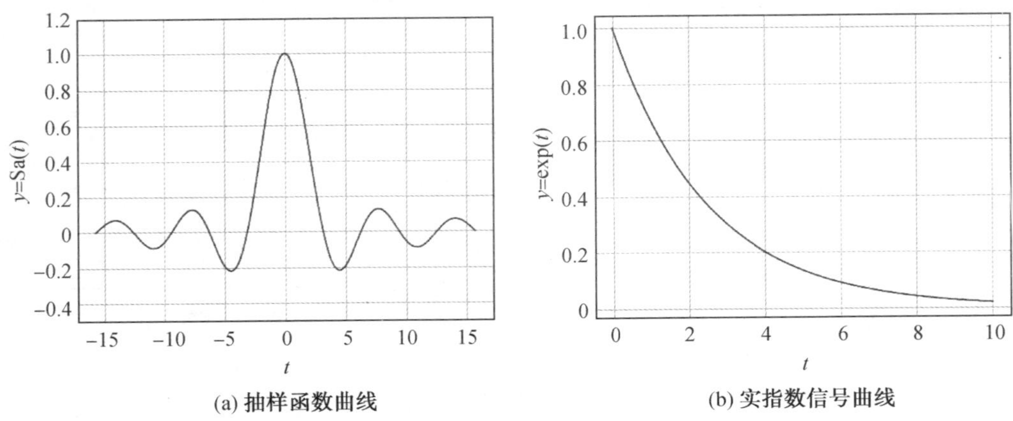

(a) 抽样函数曲线　　(b) 实指数信号曲线

图 8.32　使用 Python 绘制的抽样函数和实指数信号曲线

7. 虚指数信号

利用 Python 表示虚指数信号 $e^{j\omega t}$，需要借助 np.exp(x) 和 Python 内置函数 complex()。complex()函数用于创建一个值为 real+imag * j 的复数或者转化一个字符串或数为复数，调用格式为：complex(real, imag)，例如 complex(1,2)表示 1+2j。使用 Python 绘制 $f=e^{j\frac{\pi}{3}t}$ 的相关程序如下，得到的图像如图 8.33(a)所示。

```
import numpy as np                       #导入 numpy 作为 np
import matplotlib.pyplot as plt          #导入 matplotlib.pyplot 作为 plt
t=np.linspace(0,15.0,1000)               #通过 linspace 函数指定 t 的取值范围
f=np.exp((complex(0,np.pi/3)) * t)       #利用 exp()函数和 complex()函数给 f 赋值
plt.subplot(221)                         #调用 plt.subplot()函数绘图
plt.plot(t,np.real(f))                   #绘制实部图形
plt.title(u'实部',fontproperties='SimHei')
plt.subplot(222)
plt.plot(t,np.abs(f))                    #绘制模图形
plt.title(u'模',fontproperties='SimHei')
plt.subplot(223)
plt.plot(t,np.imag(f))                   #绘制虚部图形
plt.title(u'虚部',fontproperties='SimHei')
plt.subplot(224)
plt.plot(t,np.angle(f))                  #绘制相角图形
plt.title(u'相角',fontproperties='SimHei')
plt.show()
```

8. 复指数信号

参考上述虚指数信号的表示方式，复指数在 Python 中的函数表示为：exp((complex(a,w)) * t)。例如绘制 $y=e^{-1+j5t}$ 的图形，其 Python 代码如下，绘制的图形如图 8.33(b)所示，与之前基于 Octave 所绘制的复指数曲线一致。

```
import numpy as np                       #导入 numpy 作为 np
import matplotlib.pyplot as plt          #导入 matplotlib.pyplot 作为 plt
t=np.linspace(0,6.0,1000)                #通过 linspace 函数指定 t 的取值范围
f=np.exp((complex(-1,5)) * t)            #利用 exp()函数和 complex()函数给 f 赋值
plt.subplot(221)                         #调用 plt.subplot()函数绘图
plt.plot(t,np.real(f))                   #绘制实部图形
plt.title(u'实部',fontproperties='SimHei')
plt.subplot(222)
plt.plot(t,np.abs(f))                    #绘制模图形
```

```
plt.title(u'模',fontproperties='SimHei')
plt.subplot(223)
plt.plot(t,np.imag(f))                          #绘制虚部图形
plt.title(u'虚部',fontproperties='SimHei')
plt.subplot(224)
plt.plot(t,np.angle(f))                         #绘制相角图形
plt.title(u'相角',fontproperties='SimHei')
plt.show()
```

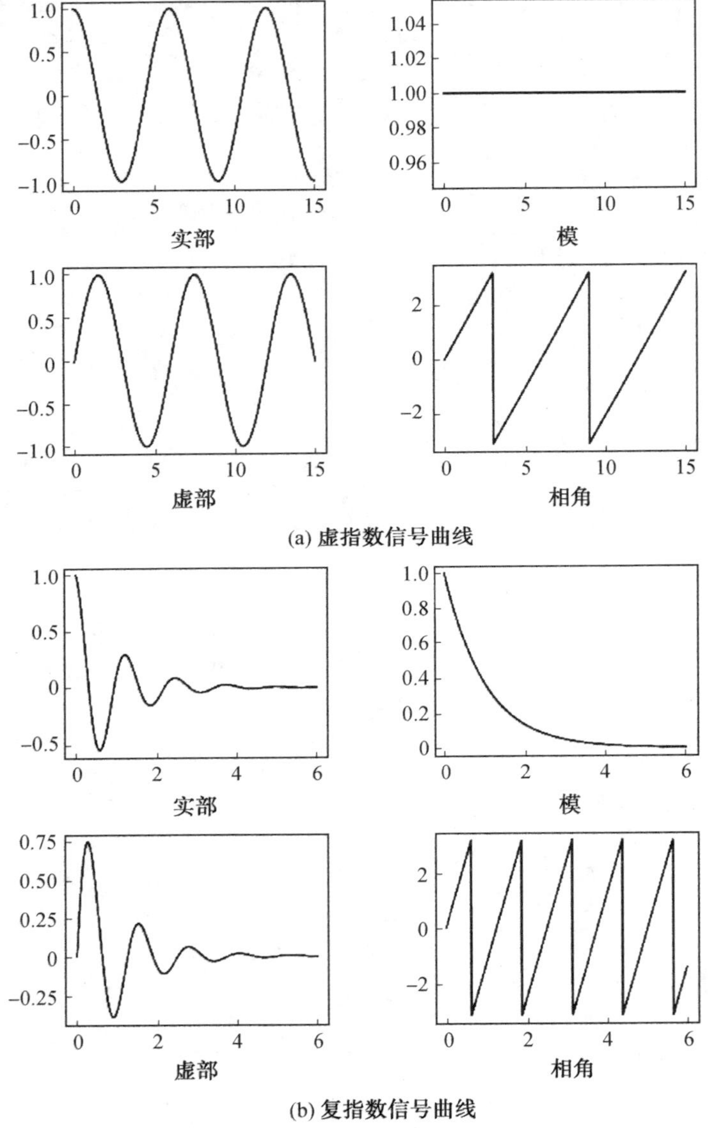

图 8.33　使用 Python 绘制的虚指数和复指数信号曲线

9. 周期方波信号

周期方波信号在 Python 的科学工具库 Scipy 中 signal 信号处理模块用 square()函数表示，基本调用格式为 signal. square(t, duty)，定义方波的周期为 2 * pi，从 0～2 * pi * duty 的值为＋1，从 2 * pi * duty～2 * pi 的值域值为－1，占空比 duty 的取值范围在区间[0,1]内。调用 signal. square(t, duty)实现一个 5 Hz 的波形被 500 Hz 采样的相关程序如下，得到的图像如图 8.34 所示。

```
import numpy as np                                 #导入 numpy 作为 np
from scipy import signal                           #从 Scipy 科学工具库中导入 signal
import matplotlib.pyplot as plt                    #导入 matplotlib.pyplot 作为 plt
t = np.linspace(0, 1, 500, endpoint=False)         #通过 linspace 指定 t 的取值，end
                                                    point=False 表示排除间隔终点
plt.figure(1)                                      #打开画布 1
plt.plot(t, signal.square(2 * np.pi * 5 * t,0.3)) #画第一个周期矩形波，占空比为 0.3
plt.ylim(-2, 2)                                    #定义画布 1 的 y 轴显示范围
plt.xlabel('t');plt.ylabel('y=delta(t)')           #定义 x 轴、y 轴名称
plt.title(u'周期矩形波曲线(Duty=0.3)',fontproperties='SimHei')  #定义图名
plt.grid(True)                                     #打开网格线
plt.figure(2)                                      #打开画布 2
plt.plot(t, signal.square(2 * np.pi * 5 * t))     #画第一个周期矩形波，占空比为 0.5
plt.ylim(-2, 2)                                    #定义画布 2 的 y 轴显示范围
plt.xlabel('t');plt.ylabel('y=delta(t)')           #定义 x 轴、y 轴名称
plt.title(u'周期方波曲线(Duty=0.5)',fontproperties='SimHei') #定义图名
plt.grid(True)                                     #打开网格线
plt.show()                                         #显示图形
```

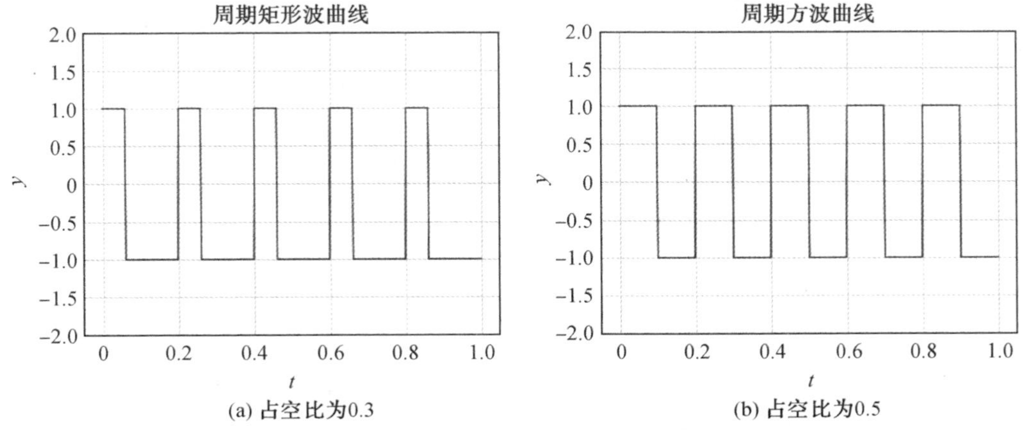

(a) 占空比为0.3　　(b) 占空比为0.5

图 8.34　调用 signal. square 绘制周期矩形波曲线

10. 三角脉冲信号

三角脉冲信号在 Python 的科学工具库 Scipy 中 signal 信号处理模块用 triang()函数表示，基本调用格式为 scipy. signal. triang(M, sym=True)，其中 M 表示输出数组点数，sym

定义输出数据类型,sym=True 是默认值,表示产生一个用于滤波器设计的对称窗口,sym=False表示产生一个用于频谱分析的周期性窗口。调用 scipy. signal. triang()的相关程序如下,得到的图像如图 8.35(a)所示。

```
from scipy import signal                              # 从 Scipy 科学工具库中导入 signal
import matplotlib. pyplot as plt                      # 导入 matplotlib. pyplot 作为 plt
tri =signal. triang(31)                               # 调用 signal. triang()给 tri 赋值
plt. plot(tri)                                        # 绘图
plt. xlabel('t');plt. ylabel('y')                     # 坐标轴定义
plt. title(u'三角脉冲信号曲线',fontproperties='SimHei')   # 图名
plt. grid(True)                                       # 打开网格
plt. show()                                           # 显示图形
```

11. 周期锯齿波(三角波)信号

周期锯齿波调用科学工具库 Scipy 中的 scipy. signal. sawtooth(t, width=1),调用格式 scipy. signal. sawtooth(t, width),锯齿波形的周期为 2 * pi,上升从 −1 到 1 上的间隔为 0~width * 2 * pi,然后从 1 下降到 −1 的间隔为 width * 2 * pi~2 * pi,width 定义必须在区间[0,1]内。调用 signal. square(t, duty)实现一个 5 Hz 的波形被 500 Hz 采样的相关程序如下,得到的图像如图 8.35(b)所示。

```
import numpy as np                                    # 导入 numpy 作为 np
from scipy import signal                              # 从 Scipy 科学工具库中导入 signal
import matplotlib. pyplot as plt                      # 导入 matplotlib. pyplot 作为 plt
t = np. linspace(0, 1, 500)                           # 通过 linspace 函数指定 t 的取值范围
plt. plot(t,signal. sawtooth(2 * np. pi * 5* t,0.5))         # 绘图
plt. xlabel('t');plt. ylabel('y')                     # 坐标轴定义
plt. title(u'周期锯齿波曲线',fontproperties='SimHei')     # 图名
plt. grid(True)                                       # 打开网格
plt. show()                                           # 显示图形
```

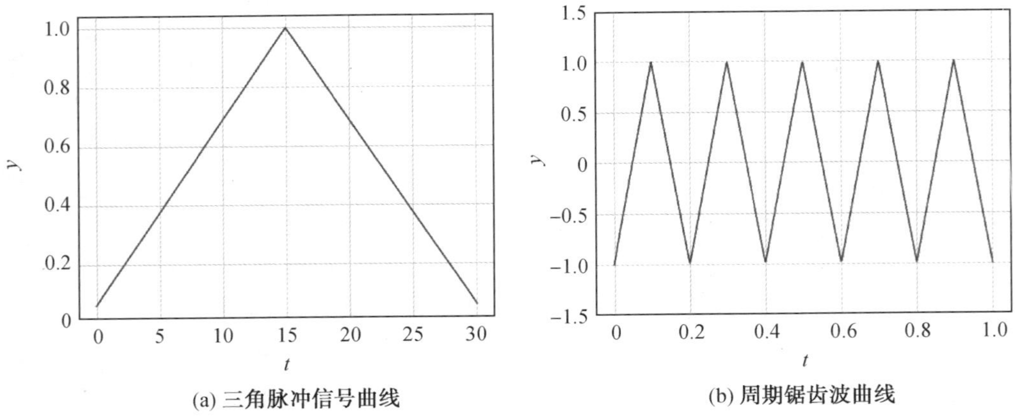

(a) 三角脉冲信号曲线　　(b) 周期锯齿波曲线

图 8.35　调用 signal. triang()和 signal. sawtooth()绘制三角脉冲信号和周期锯齿波曲线

8.4.2　离散时间信号的表示

与 Octave 类似，Python 也能处理离散时间信号。离散时间信号的表示其实与连续时间信号类似，所调用的函数与连续时间信号一致，只是将连续时间 t 替换为序列 n，下面给出了几种常见的离散时间信号的表示方式。Python 画离散图需要调用 matplotlib. pyplot. stem()函数，支持画茎叶图，调用格式为 stem(x，y，linefmt=None，markerfmt=None，basefmt=None)，其中 x、y 分别是横纵坐标，linefmt 表示垂直线的颜色和类型，basefmt 指 y=0 那条直线，markerfmt 设置顶点的类型和颜色。

1. 正弦序列

正弦序列信号可直接调用 Python 科学计算库 NumPy 中的 sin()函数，画 sin($n\pi/6$)波形的程序如下，相关图形如图 8.36(a)所示。

```
import numpy as np                       #导入 numpy 作为 np
import matplotlib.pyplot as plt          #导入 matplotlib.pyplot 作为 plt
n=np.arange(-20,20)                      #通过 arange 函数指定 n 的取值范围
plt.stem(n,np.sin(n*np.pi/6))            #调用 stem()绘制 sin(n*np.pi/6)的茎叶图
plt.ylim(-1.5,1.5)                       #定义 y 轴显示范围
plt.title(u'sin(n*pi/6)')                #图名
plt.xlabel('n');plt.ylabel('y(n)')       #坐标轴定义
plt.grid(True)                           #打开网格
plt.show()                               #显示图形
```

2. 单位冲激序列

单位冲激序列直接在 8.4.1 节单位冲激信号的基础上，利用 stem()函数画图即可，相关程序如下，相关图形如图 8.36(b)所示。

```
import numpy as np                                      #导入 numpy 作为 np
from scipy import signal                                #从 Scipy 科学工具库中导入 signal
import matplotlib.pyplot as plt                         #导入 matplotlib.pyplot 作为 plt
imp = signal.unit_impulse(100, 'mid')                   #调用 impulse()给 imp 赋值
plt.stem(np.arange(-50, 50), imp);plt.grid(True)        #绘图，打开网格
plt.xlabel('n');plt.ylabel('y=Delta(n)')                #定义 x 轴、y 轴名称
plt.title(u'Delta(n)',fontproperties='SimHei')          #定义图形名称
plt.show()                                              #显示图形
```

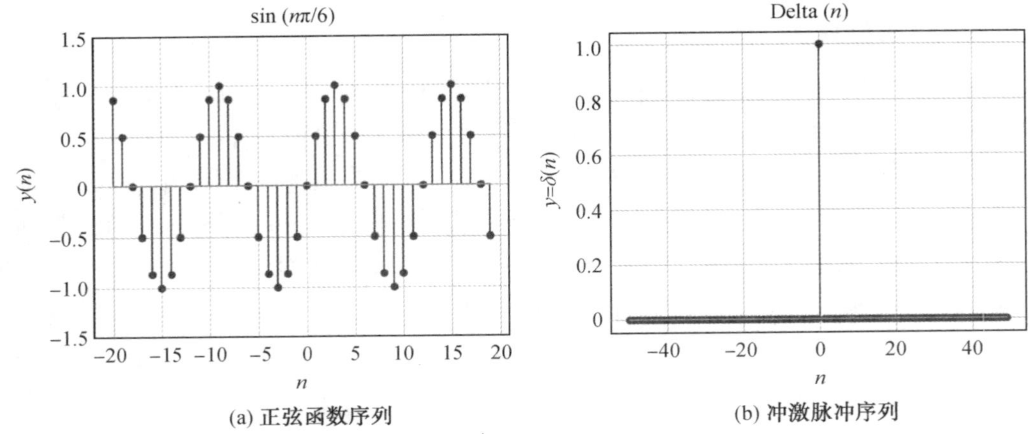

(a) 正弦函数序列　　(b) 冲激脉冲序列

图 8.36　使用 Python 绘制的正弦和冲激函数序列曲线

3. 单位阶跃序列

单位阶跃序列直接在 8.4.1 节单位冲激信号的基础上，利用 stem()函数画图即可，相关程序如下，相关图形如图 8.37(a)所示。

```
import numpy as np                        #导入 numpy 作为 np
import matplotlib.pyplot as plt           #导入 matplotlib.pyplot 作为 plt
def unit(t):                              #定义单位阶跃函数 unit()
    out=np.where(t>0.0,1.0,0.0)           #当 t>0.0 时输出 1,否则输出 0
return out
n=np.arange(-5,30)                        #通过 arange 函数指定 n 的取值范围
plt.stem(n,unit(n));plt.grid(ls="--");                          #绘图,打开网格
plt.ylim(-0.5,1.5);plt.xlabel("n"); plt.ylabel("y=u(n)");
                                          #定义 y 轴坐标范围和 x 轴、y 轴名称
plt.title('单位阶跃序列',fontproperties='SimHei', fontsize=10)  #定义图形名称
plt.show()                                                      #显示图形
```

4. 矩形脉冲序列

矩形脉冲序列直接在 8.4.1 节矩形脉冲信号的基础上，利用 stem()函数画图即可，相关程序如下，相关图形如图 8.37(b)所示。

```
import numpy as np                        #导入 numpy 作为 np
import matplotlib.pyplot as plt           #导入 matplotlib.pyplot 作为 plt
def rect(x,start,width):                  #定义矩形波脉冲函数 rect()
    if x>=(start+width):                  #当 x>=start+width 和 x<start 时,输出均为 0,其余时为 1
        out=0.0
    elif x<start:
        out=0.0
    else:
```

```
            out=1
        return out
n=np.arange(-10,30)                            #通过 arange 函数指定 n 的取值范围
y=np.array([rect(m,-5.0,5)+2*rect(m,2,3)+0.5*rect(m,10,5) for m in n])
                                               #定义 y 阵列
plt.stem(n,y);plt.grid(ls="--")                #绘图,打开网格
plt.ylim(-0.5,3.5);plt.xlabel("n"); plt.ylabel("y(n)")
                                               #定义 y 轴坐标范围和 x 轴、y 轴名称
plt.title('矩形脉冲序列',fontproperties='SimHei', fontsize=10)    #定义图形名称
plt.show()                                                        #显示图形
```

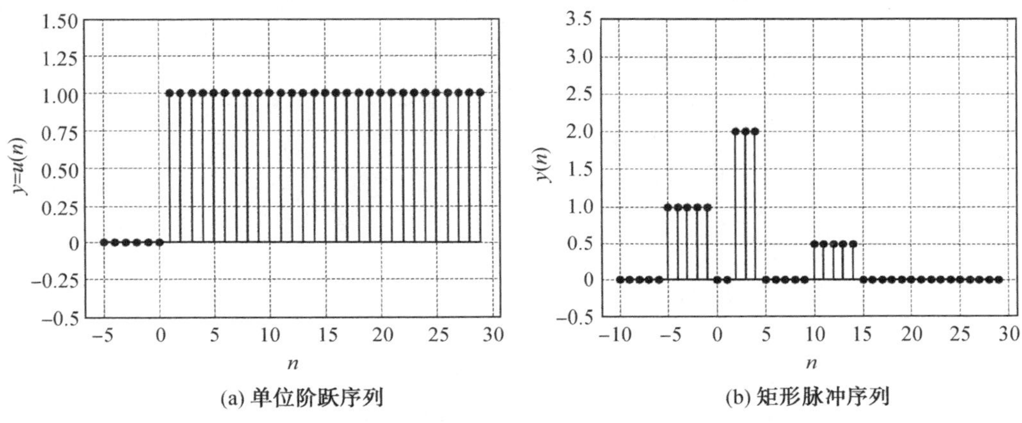

(a) 单位阶跃序列　　　　(b) 矩形脉冲序列

图 8.37　使用 Python 绘制的单位阶跃和矩形脉冲序列曲线

8.4.3　信号的运算

1. 信号加减与乘除

信号的相加与相乘是指在同一时刻信号取值的相加与相乘。因此,Python 对于时间信号的相加与相乘都是基于向量的点运算。故只需将信号表达式进行相加与相乘即可。参考 6.4.3 节中基于 Octave 的信号加减与乘除运算,已知 f1(t)=sin(w * t),f2(t)=sin(4 * w * t),w=2pi,利用 Python 绘制 f1(t)+f2(t)和 f1(t) * f2(t)的图形的相关程序如下,得到的图像如图 8.38(a)所示。

```
import numpy as np                   #导入 numpy 作为 np
import matplotlib.pyplot as plt      #导入 matplotlib.pyplot 作为 plt
t=np.arange(0,3,0.01)                #定义 t 的范围为 0~3,步进 0.01
f1=np.sin(2*np.pi*t)                 #定义 f1
f2=np.sin(4*2*np.pi*t)               #定义 f2
plt.subplot(211)                     #调用 plt.subplot()函数绘图
plt.plot(t,f1+1,color="k", linestyle="--", linewidth=0.5)
                                     #绘制 f1+1 图形,并定义颜色、线型和线宽
```

```
plt.plot(t,f1-1,color="k", linestyle="--", linewidth=0.5)
                                                  #绘制 f1-1 图形,并定义颜色、线型和线宽
plt.plot(t,f1+f2,color="r", linewidth=1)          #绘制 f1+f2 图形,并定义颜色和线宽
plt.xticks((0.0, 0.5, 1.0,2.0, 2.5,3.0), (0.0, 0.5, 1.0,2.0, 2.5,3.0))
                                                  #x 轴坐标遮挡下图图名,故隐藏了 1.5 点坐标
plt.grid(ls="--")                           #打开网格线
plt.title('f1(t)+f2(t)', fontsize=10)      #图形命名
plt.subplot(212)
plt.plot(t,f1,color="k", linestyle="--", linewidth=0.5)
                                            #绘制 f1 图形,并定义颜色、线型和线宽
plt.plot(t,-1*f1,color="k", linestyle="--", linewidth=0.5)
                                            #绘制-f1 图形,并定义颜色、线型和线宽
plt.plot(t,f1*f2,color="r", linewidth=1)
                                            #绘制 f1*f2 图形,并定义颜色和线宽
plt.grid(ls="--")                                #打开网格线
plt.xlabel("t"); plt.ylabel("y")                 #给图形设置 x、y 轴定义
plt.title('f1(t)*f2(t)', fontsize=10)            #图形命名
plt.show()                                       #显示图形
```

2. 信号时移、翻转与尺度变换

信号 f(t)的时移就是将信号数学表达式中的自变量 t 用 t±t0 替换,其中 t0 为正实数。信号 f(t)的反折就是将表达式中的自变量 t 用-t 替换。信号 f(t)的尺度变换就是将表达式中的自变量 t 用 at 替换,其中 a 为正实数。以 f(t)为三角信号为例,绘制 f(2t)、f(2-2t)的波形图相关程序如下,得到的图像如图 8.38(b)所示。

```
import numpy as np                           #导入 numpy 作为 np
import matplotlib.pyplot as plt              #导入 matplotlib.pyplot 作为 plt
x=np.arange(-4*np.pi,4*np.pi,0.01) #定义 x 的范围为-4π~4π,步进 0.01
f1=np.sin(x)                                 #定义 f1=sin(x)
f2=np.sin(2*x)                               #定义 f2=sin(2x)
f3=np.sin(2-0.5*x)                           #定义 f3=sin(2-0.5x)
plt.subplot(311)                             #调用 plt 中 subplot()函数绘图
plt.plot(x,f1)
plt.grid('True')                             #打开网格线
plt.ylabel("y=sin(t)")                       #给图形设置 y 轴定义
plt.subplot(312)
plt.plot(x,f2)
plt.grid('True')
plt.ylabel("y=sin(2t)")
plt.subplot(313)
plt.plot(x,f3)
plt.grid('True')
plt.xlabel("t"); plt.ylabel("y=sin(2-2t)")
plt.show()                                   # 显示图形
```

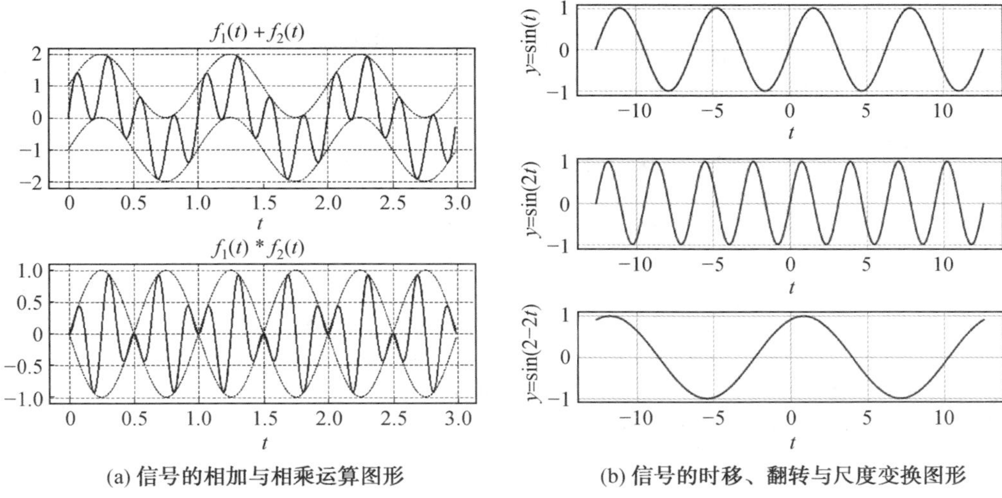

图 8.38　在 Python 中实现信号的加减乘除与信号的时移、翻转与尺度变换

3. 信号的奇偶分解

参考 6.3.3 节中关于信号奇偶分解的实现方法，在 Python 中实现信号奇偶分解的参考程序如下，得到的图像如图 8.39 所示。

```
import numpy as np                              #导入 numpy 作为 np
import matplotlib.pyplot as plt                 #导入 matplotlib.pyplot 作为 plt
x=np.arange(-4*np.pi,4*np.pi,0.01)              #定义 x 的范围为 0~4π，步进 0.01
f1=np.sin(x+5*np.pi/3)                          #定义 f1(x)=sin(x+5π/3)
f2=np.sin(-x+5*np.pi/3)                         #定义 f2(x)=f1(-x)
fe=(f1+f2)/2                                    #由 f1(x)和 f2(x)求解偶分量
fo=(f1-f2)/2                                    #由 f1(x)和 f2(x)求解奇分量
plt.figure(1)                                   #打开画布 1
plt.subplot(211)
plt.plot(x,f1)                                  #调用 plt 中 plot()函数绘制 f1(x)的曲线
plt.grid('True')                                #打开网格线
plt.ylabel("y=sin(t+5*pi/3)")                   #给图形设置 y 轴定义
plt.title(u'f(t)',fontproperties='SimHei')      #图名
plt.xticks((-10, -5, 5,10), (-10, -5, 5,10))    #x 轴坐标遮挡下图图名，故隐藏了 0 点坐标
plt.subplot(212)
plt.plot(x,f2)                                  #调用 plt 中 plot()函数绘制 f2(x)的曲线
plt.grid('True')                                #打开网格线
plt.ylabel("y=sin(-t+5*pi/3)")                  #给图形设置 y 轴定义
plt.title(u'f(-t)',fontproperties='SimHei')     #图名
plt.figure(2)                                   #打开画布 2
plt.subplot(211)
```

```
plt. plot(x,fe)                                     #调用 plt 中 plot()函数绘制 f1(x)偶分量的曲线
plt. grid('True')                                   #打开网格线
plt. ylabel("y=[f(t)+f(-t)]/2")                     #给图形设置 y 轴定义
plt. title(u'f(t)的偶分量',fontproperties='SimHei')  #图名
plt. xticks((-10, -5, 5,10), (-10, -5, 5,10))
                                                    #x 轴坐标遮挡下图图名,故隐藏了 0 点坐标
plt. subplot(212)
plt. plot(x,fo)                                     #调用 plt 中 plot()函数绘制 f1(x)奇分量的曲线
plt. grid('True')                                   #打开网格线
plt. xlabel("t");
plt. ylabel("y=[f(t)-f(-t)]/2")                     #给图形设置 x 轴定义
plt. title(u'f(t)的奇分量',fontproperties='SimHei')  #图名
plt. show()                                         #显示图形
```

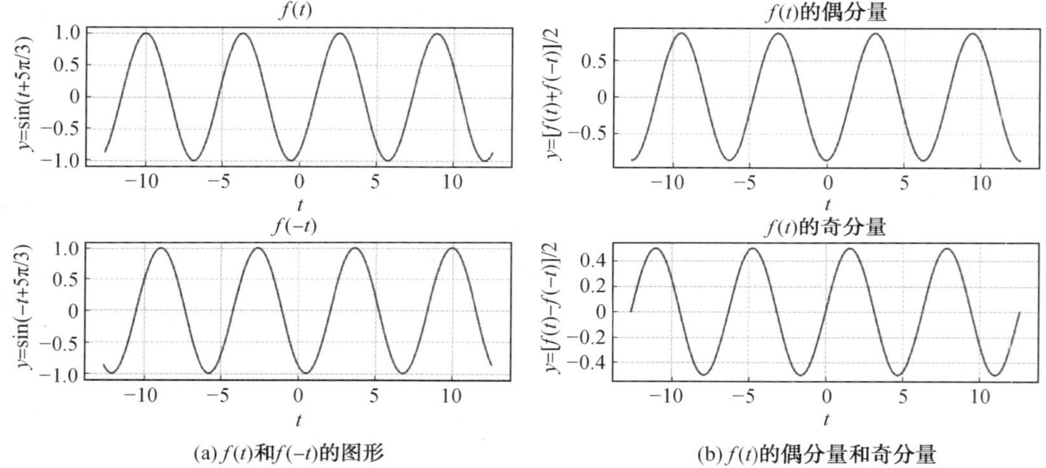

(a) $f(t)$和$f(-t)$的图形　　(b) $f(t)$的偶分量和奇分量

图 8.39　在 Python 中实现信号奇偶分解

4. 信号的卷积

Python 中实现卷积需要调用科学工具库 Scipy 中的 signal 模块中的卷积相关函数,参考 8.2.4 节。卷积运算包括一维信号卷积和二维图像卷积等,由于信号与系统实验就只涉及简单的一维信号卷积,因此,这里不对二维图像卷积做深入介绍,需要时可以从网络查找相关资料了解相关函数。Python 中实现一维信号卷积需要调用 scipy. signal. convolve(x, h)函数,该函数在 8.2.5 节中有介绍,在此不再赘述。

第 9 章

基于 Python 的软件仿真实验

9.1 信号的时域分解与合成

9.1.1 实验目的

(1)了解并掌握基于 Python 的编程与调试方法;
(2)掌握信号时域分解的工作原理及其重要意义;
(3)掌握利用 Python 进行时域分解与合成的方法。

9.1.2 实验内容与实验步骤

1. 基于参考例程的仿真实验

有关信号的时域分解与合成的原理和说明参考 4.1.3 节硬件实验原理部分,此处不再赘述。在 Python 中按照信号的时域分解流程,对于进行四路时域分解的流程,首先定义待时域分解的信号 s1,然后定义时域分解脉冲 y1～y4,利用矩阵与矩形对应元素的"*"计算方式计算得到各通道时域分解的波形 m1～m4,最后将时域分解波形 m1～m4 相加得到恢复后的波形 r,并且通过 s1－r 可以判断其分解误差。基于一个正弦信号的时域分解参考例程如下,相关的仿真图形如图 9.1 所示。

```
import numpy as np                          #导入 numpy 作为 np
from scipy import signal                    #从 Scipy 科学工具库中导入 signal
import matplotlib.pyplot as plt             #导入 matplotlib.pyplot 作为 plt
t = np.linspace(0, 100, 10000, endpoint=False) #通过 linspace 指定 t 取值,endpoint=False 表
                                                 示排除间隔终点
f=1000                                      #设置信号频率
x=np.arange(0,4*1/f,0.000001)               #定义 x 的范围为 0～0.004 s,步进 0.000001,即采样率为
                                              1 MHz
delta=3*np.pi/8                             #正弦波的初始相位
y=np.sin(2*np.pi*f*x+delta)                 #定义 y 波形

sig1=0.5*signal.square(2*2* np.pi *f * x,0.25)+0.5              #第一通道采样波形
sig2=0.5*signal.square(2*2* np.pi *f * x-1*np.pi/2,0.25)+0.5    #第二通道采样波形
```

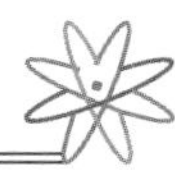

```
sig3=0.5 * signal.square(2 * 2 *  np.pi  * f  *  x-2 * np.pi/2,0.25)+0.5   #第三通道采样波形
sig4=0.5 * signal.square(2 * 2 *  np.pi  * f  *  x-3 * np.pi/2,0.25)+0.5   #第四通道采样波形

plt.figure(1)                          #打开画布1,绘制正弦波波形
plt.plot(x,y,linewidth=0.8)            #画正弦波波形,线径为0.8
plt.ylim(-2, 2)                        #定义画布1的y轴显示范围
plt.xlabel(u'时间 t',fontproperties='SimHei');plt.ylabel(u'幅度',fontproperties='SimHei')
                                       #定义x轴、y轴名称
plt.title(u'待分解原信号',fontproperties='SimHei')#定义图名
plt.grid(True)                                    #打开网格线

plt.figure(2)                                     #打开画布2,绘制四通道采样波形
plt.subplot(411)                                  #子图1
plt.plot(x,sig1,'r',linewidth=0.8)                #画第一通道采样波形,线径为0.8
plt.ylim(-2, 2)                                   #定义子图1的y轴显示范围
plt.title(u'四路分解脉冲',fontproperties='SimHei')#定义图名
plt.grid(True)                                    #打开网格线
plt.tick_params(labelsize=8)                      #规定坐标轴标识文字字体=8
plt.subplot(412)                                  #子图2
plt.plot(x, sig2,'b',linewidth=0.8)               #画第二通道采样波形,线径为0.8
plt.ylim(-2, 2)                                   #定义子图2的y轴显示范围
plt.grid(True)                                    #打开网格线
plt.tick_params(labelsize=8)                      #规定坐标轴标识文字字体=8
plt.subplot(413)                                  #子图3
plt.plot(x, sig3,'g',linewidth=0.8)               #画第三通道采样波形,线径为0.8
plt.ylim(-2, 2)                                   #定义子图3的y轴显示范围
plt.grid(True)                                    #打开网格线
plt.tick_params(labelsize=8)                      #规定坐标轴标识文字字体=8
plt.subplot(414)                                  #子图4
plt.plot(x, sig4,'c',linewidth=0.8)               #画第四通道采样波形,线径为0.8
plt.ylim(-2, 2)                                   #定义子图4的y轴显示范围
plt.xlabel(u'时间 t',fontproperties='SimHei');    #定义x轴、y轴名称
plt.grid(True)                                    #打开网格线
plt.tick_params(labelsize=8)                      #规定坐标轴标识文字字体=8

plt.figure(3)                                     #打开画布3,绘制各通道时域分解的波形
plt.subplot(411)                                  #子图1
plt.plot(x,sig1 * y,'r',linewidth=0.8)            #画第一通道分解波形,线径为0.8
plt.ylim(-2, 2)                                   #定义子图1的y轴显示范围
plt.title(u'各通道时域分解波形',fontproperties='SimHei')  #定义图名
plt.grid(True)                                    #打开网格线
plt.tick_params(labelsize=8)                      #规定坐标轴标识文字字体=8
```

```
plt.subplot(412)                           # 子图 2
plt.plot(x, sig2 * y,'b',linewidth=0.8)    # 画第二通道分解波形,线径为 0.8
plt.ylim(-2, 2)                            # 定义子图 2 的 y 轴显示范围
plt.grid(True)                             # 打开网格线
plt.tick_params(labelsize=8)               # 规定坐标轴标识文字字体=8
plt.subplot(413)                           # 子图 3
plt.plot(x, sig3 * y,'g',linewidth=0.8)    # 画第三通道分解波形,线径为 0.8
plt.ylim(-2, 2)                            # 定义子图 3 的 y 轴显示范围
plt.grid(True)                             # 打开网格线
plt.tick_params(labelsize=8)               # 规定坐标轴标识文字字体=8
plt.subplot(414)                           # 子图 4
plt.plot(x, sig4 * y,'c',linewidth=0.8)    # 画第四通道分解波形,线径为 0.8
plt.ylim(-2, 2)                            # 定义子图 4 的 y 轴显示范围
plt.xlabel(u'时间 t',fontproperties='SimHei');  # 定义 x 轴、y 轴名称
plt.grid(True)                             # 打开网格线
plt.tick_params(labelsize=8)               # 规定坐标轴标识文字字体=8

plt.figure(4)                              # 打开画布 4,绘制各通道时域分解的合成波形
plt.plot(x,sig1 * y,'r',linewidth=0.8)     # 画第一通道分解波形,线径为 0.8
plt.plot(x,sig2 * y,'b',linewidth=0.8)     # 画第二通道分解波形,线径为 0.8
plt.plot(x,sig3 * y,'g',linewidth=0.8)     # 画第三通道分解波形,线径为 0.8
plt.plot(x,sig4 * y,'c',linewidth=0.8)     # 画第四通道分解波形,线径为 0.8
plt.ylim(-2, 2)                            # 定义画布 4 的 y 轴显示范围
plt.xlabel(u'时间 t',fontproperties='SimHei');plt.ylabel(u'幅度',fontproperties='SimHei')
                                           # 定义 x 轴、y 轴名称
plt.title(u'各通道时域分解波形的合成',fontproperties='SimHei')
                                           # 定义图名
plt.grid(True)                             # 打开网格线

plt.figure(5)                              # 打开画布 5,绘制时域合成波形
plt.plot(x,(sig1+sig2+sig3+sig4) * y,'r',linewidth=0.8)
                                           # 画时域合成波形,线径为 0.8
plt.ylim(-2, 2)                            # 定义画布 5 的 y 轴显示范围
plt.xlabel(u'时间 t',fontproperties='SimHei');plt.ylabel(u'幅度',fontproperties='SimHei')
                                           # 定义 x 轴、y 轴名称
plt.title(u'时域合成后的波形',fontproperties='SimHei')  # 定义图名
plt.grid(True)                             # 打开网格线
plt.figure(6)                              # 打开画布 6,绘制时域合成波形与原波形的误差
plt.plot(x,y-(sig1+sig2+sig3+sig4) * y,'r',linewidth=0.8)
                                           # 画时域合成波形与原波形的误差,线径为 0.8
plt.ylim(-2, 2)                            # 定义画布 6 的 y 轴显示范围
plt.xlabel(u'时间 t',fontproperties='SimHei');plt.ylabel(u'幅度',fontproperties='SimHei')
```

```
                                    #定义 x 轴、y 轴名称
plt.title(u'时域合成的波形误差',fontproperties='SimHei')  #定义图名
plt.grid(True)                      #打开网格线
plt.show()
```

由仿真图 9.1 可知,信号的时域分解仿真图形可以很好地验证理论分析结果。同时,在信号的合成波形中出现的毛刺,这个与硬件实验和 Multisim 仿真结果也符合,这是由于在各个通道仿真交界的边沿,有可能出现脉冲延迟不一致,从而导致出现毛刺。

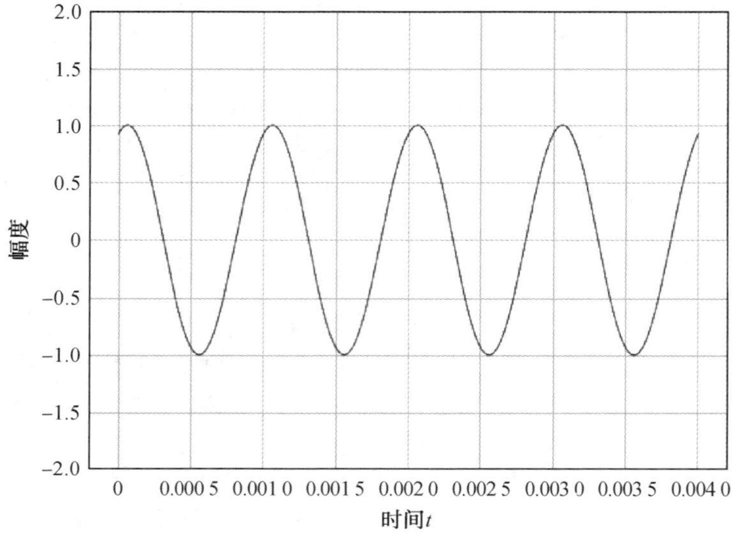

(a) 待分解原信号

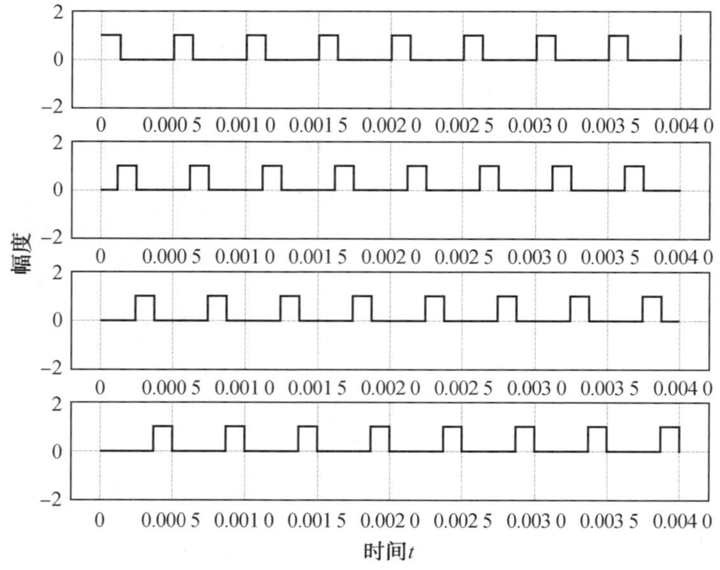

(b) 四路分解脉冲

图 9.1 信号时域分解 Python 仿真图形

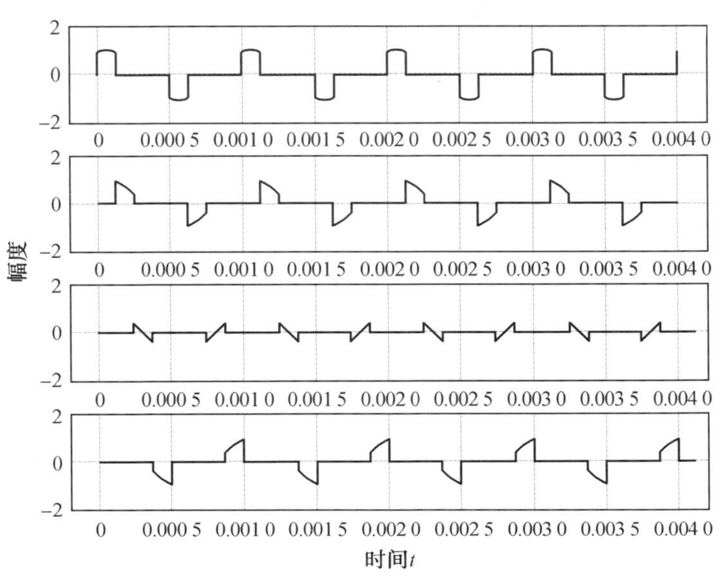

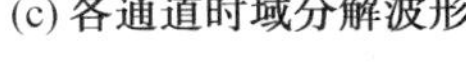

(c) 各通道时域分解波形

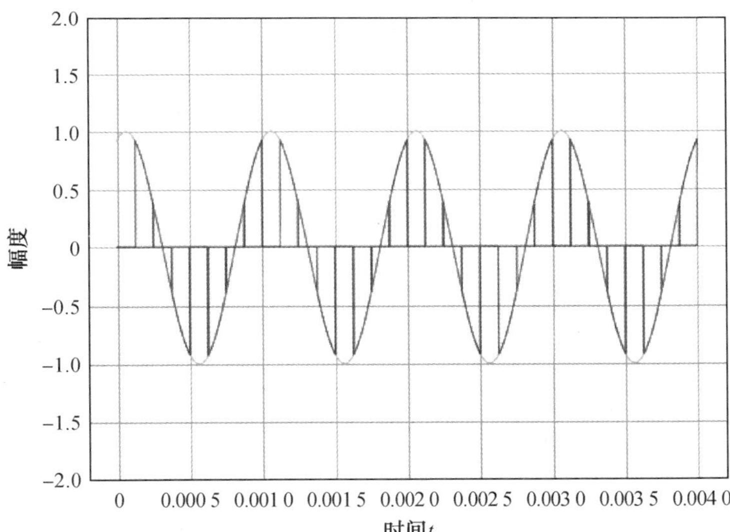

(d) 各通道时域分解波形的合成

续图 9.1

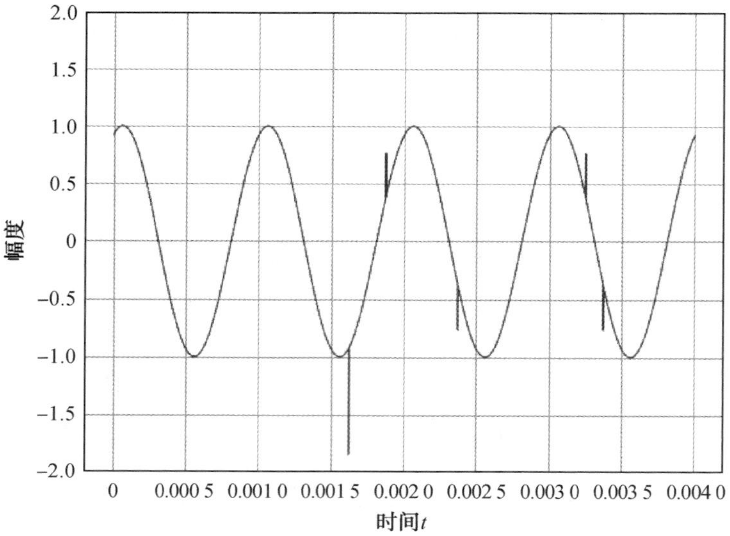

(e) 时域合成后的波形

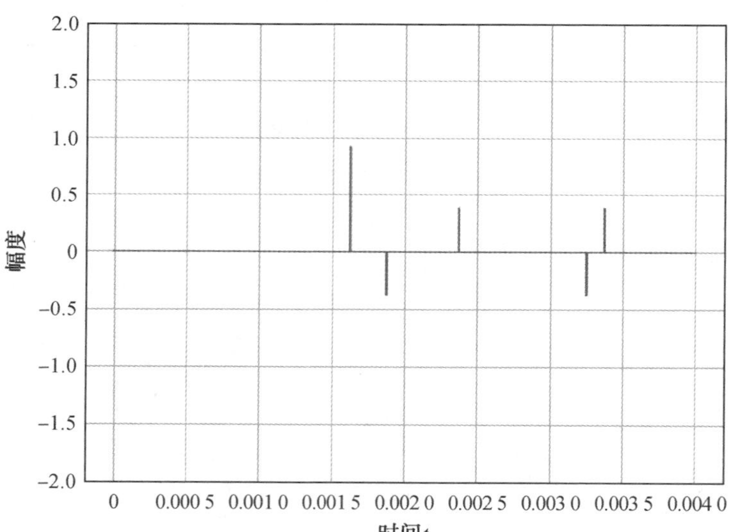

(f) 时域合成的波形误差

续图 9.1

2. 自主编程仿真实验

将时域分解通道设置为 8 通道，时域待分解波形设置为周期性矩形波、锯齿波等其他波形，编写 Python 程序得到分解脉冲、分解波形、合成波形和合成波形误差。

9.2　信号的频域分解与合成

9.2.1　实验目的

(1)掌握利用 Python 对信号进行傅里叶级数展开的方法；

(2)掌握利用 Python 分析周期信号的频谱特性方法，进一步加深对周期信号频谱理论知识的理解；

(3)利用 Python 实现周期信号的频域分解与合成。

9.2.2　实验内容与实验步骤

1. 基于参考例程的信号频域分解与合成

有关信号的频域分解与合成的原理和说明参考 4.2.3 节硬件实验原理部分，此处不再赘述。基于一个 1 kHz 方波信号(图 9.2)的频域分解参考例程如下，相关的仿真图形如图 9.3 所示。

```
import numpy as np                          #导入 numpy 作为 np
from scipy import signal                    #从 Scipy 科学工具库中导入 signal
import matplotlib.pyplot as plt             #导入 matplotlib.pyplot 作为 plt
f=1000
x=np.arange(0,3*1/f,0.000001)               #定义 x 的范围为 0～4π，步进 0.01
y=signal.square(2*np.pi*f*x)                #定义 y=sin(x)

plt.figure(1)
plt.plot(x,y,linewidth=0.8)            #画第一个周期矩形波，占空比为 0.3
plt.ylim(-2, 2)                        #定义画布 1 的 y 轴显示范围
plt.xlabel(u'时间 t',fontproperties='SimHei');plt.ylabel(u'幅度',fontproperties='SimHei')
                                       #定义 x 轴、y 轴名称
plt.title(u'待分解原信号',fontproperties='SimHei')  #定义图名
plt.grid(True)                                      #打开网格线
p=0
n_max=[1,3,5,7,9,13,20];#利用矩阵设置谐波的取值，将需要分析的谐波数填入矩阵即可
N=len(n_max);                #利用 len 获得 n_max 的长度
l=range(1,N+1,1)
kmax=np.max(n_max)
for m in list(range(1, kmax + 1, 2)):
    b=4/(float(m)*np.pi)
    z=b*np.sin(2*np.pi*f*m*x)
    p=p+z
    plt.figure(m+1)
```

```
    plt.plot(x,p,linewidth=0.8)
    plt.plot(x, y, linewidth=0.8)  #画第一个周期矩形波,占空比 0.3
    plt.xlabel(u'时间', fontproperties='SimHei');  # 定义 x 轴、y 轴名称
    plt.ylabel(u'幅度', fontproperties='SimHei');  # 定义 x 轴、y 轴名称
    plt.title(u'合成波形,最大谐波数=%i' %m, fontproperties='SimHei')
    plt.ylim(-1.5, 1.5)                #定义子图 4 的 y 轴显示范围
    plt.grid(True)                     #打开网格线
    plt.figure(m+2)
    plt.plot(x,y-p,linewidth=0.8)
    plt.xlabel(u'时间', fontproperties='SimHei');  # 定义 x 轴、y 轴名称
    plt.ylabel(u'幅度', fontproperties='SimHei');  # 定义 x 轴、y 轴名称
    plt.title(u'误差波形,最大谐波数=%i' %m, fontproperties='SimHei')
    plt.ylim(-1.5, 1.5)                #定义子图 4 的 y 轴显示范围
    plt.grid(True)                     #打开网格线
plt.show()
```

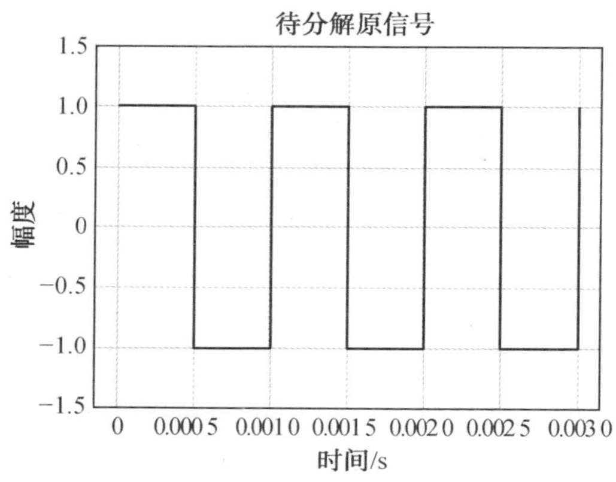

图 9.2　待分解的周期方波信号

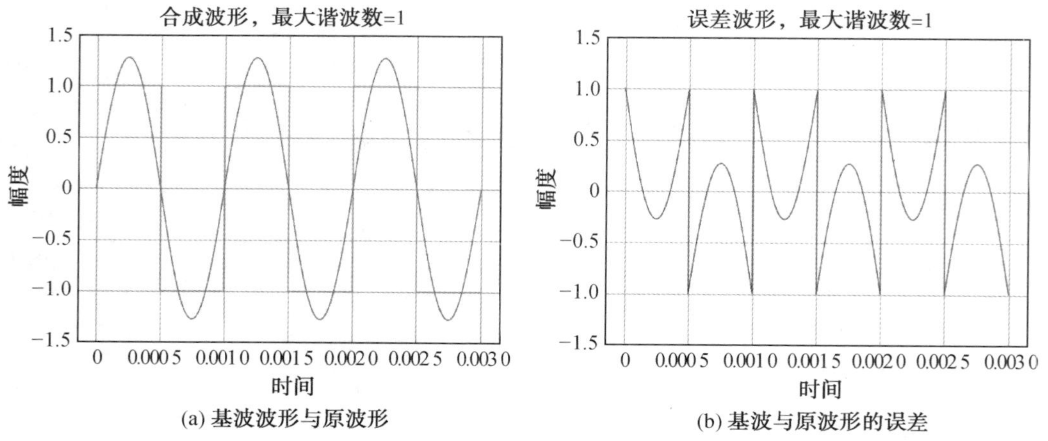

(a) 基波波形与原波形

(b) 基波与原波形的误差

图 9.3　周期信号频域分解的仿真波形

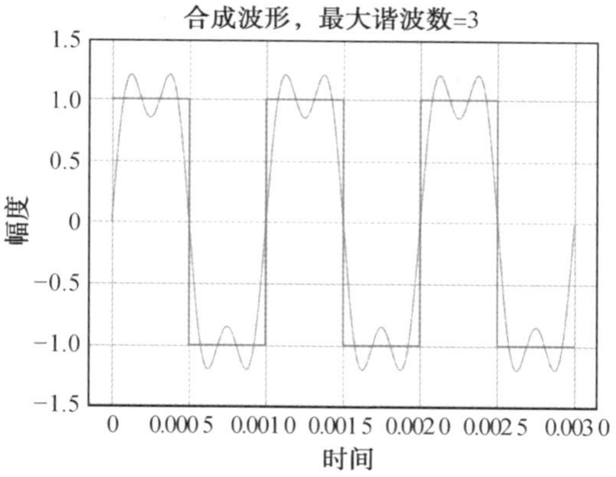

合成波形，最大谐波数=3

1.5 1.0 0.5 0 −0.5 −1.0 −1.5

幅度

0 0.000 5 0.001 0 0.001 5 0.002 0 0.002 5 0.003 0

时间

(c) 基波+三次谐波的合成波形与原波形

误差波形，最大谐波数=3

1.5 1.0 0.5 0 −0.5 −1.0 −1.5

幅度

0 0.000 5 0.001 0 0.001 5 0.002 0 0.002 5 0.003 0

时间

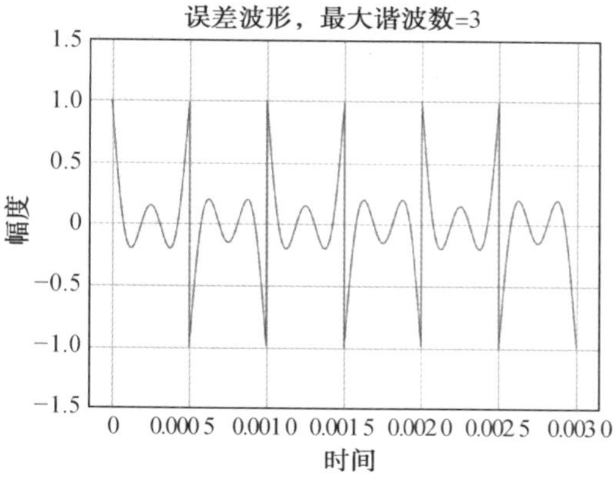

(d) 基波+三次谐波合成波形与原波形误差

误差波形，最大谐波数=5

1.5 1.0 0.5 0 −0.5 −1.0 −1.5

幅度

0 0.000 5 0.001 0 0.001 5 0.002 0 0.002 5 0.003 0

时间

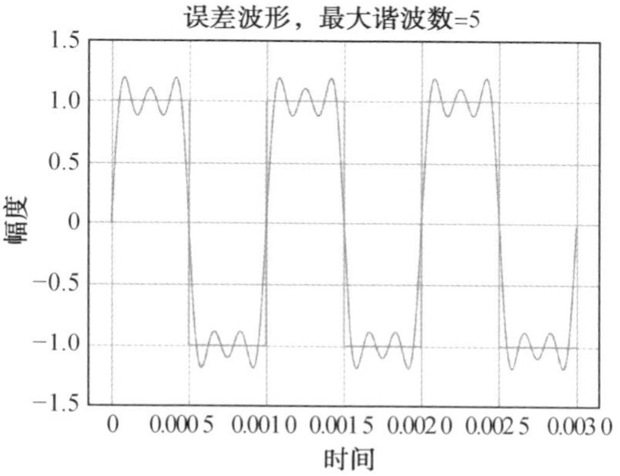

(e) 基波+三次+五次谐波的合成波形与原波形

误差波形，最大谐波数=5

1.5 1.0 0.5 0 −0.5 −1.0 −1.5

幅度

0 0.000 5 0.001 0 0.001 5 0.002 0 0.002 5 0.003 0

时间

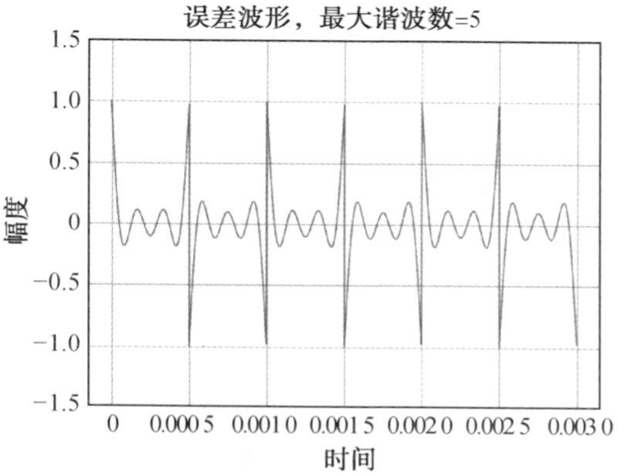

(f) 基波+三次+五次谐波合成波形与原波形误差

合成波形，最大谐波数=7

1.5 1.0 0.5 0 −0.5 −1.0 −1.5

幅度

0 0.000 5 0.001 0 0.001 5 0.002 0 0.002 5 0.003 0

时间

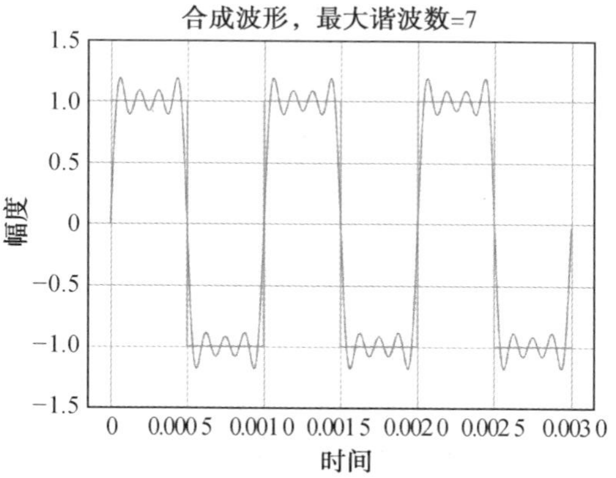

(g) 最大谐波七次的合成波形与原波形

误差波形，最大谐波数=7

1.5 1.0 0.5 0 −0.5 −1.0 −1.5

幅度

0 0.000 5 0.001 0 0.001 5 0.002 0 0.002 5 0.003 0

时间

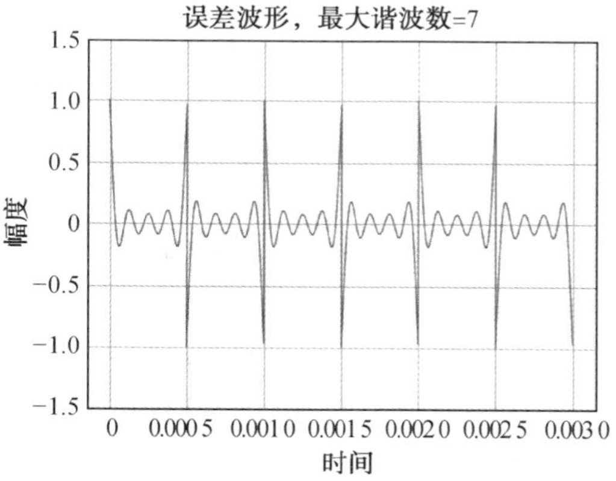

(h) 最大谐波七次的合成波形与原波形误差

续图 9.3

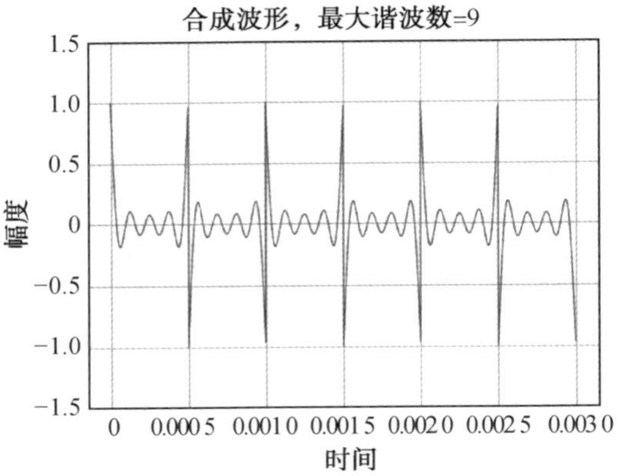

合成波形，最大谐波数=9

(i) 最大谐波九次的合成波形与原波形

误差波形，最大谐波数=9

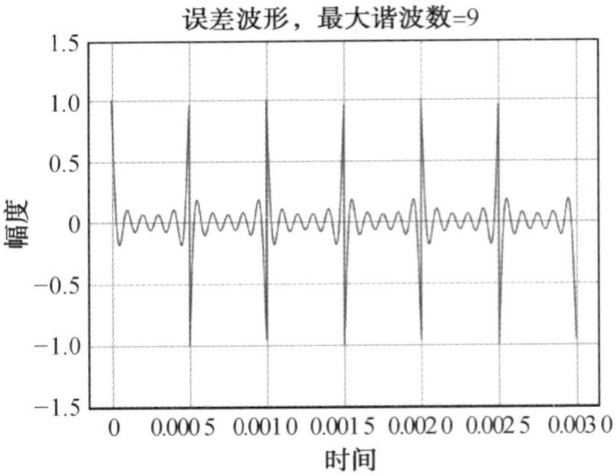

(j) 最大谐波九次的合成波形与原波形误差

合成波形，最大谐波数=20

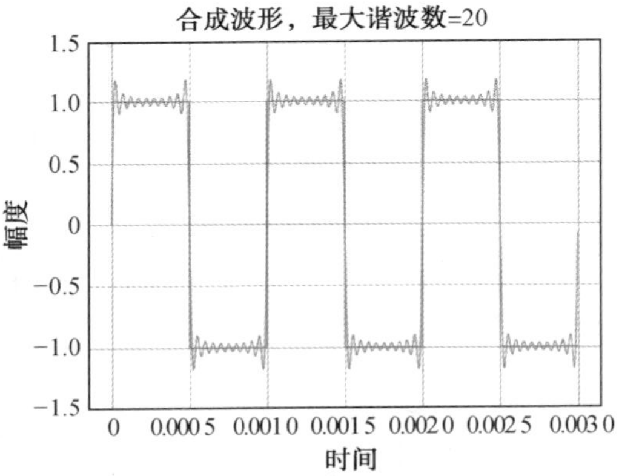

(k) 最大谐波20次的合成波形与原波形

误差波形，最大谐波数=20

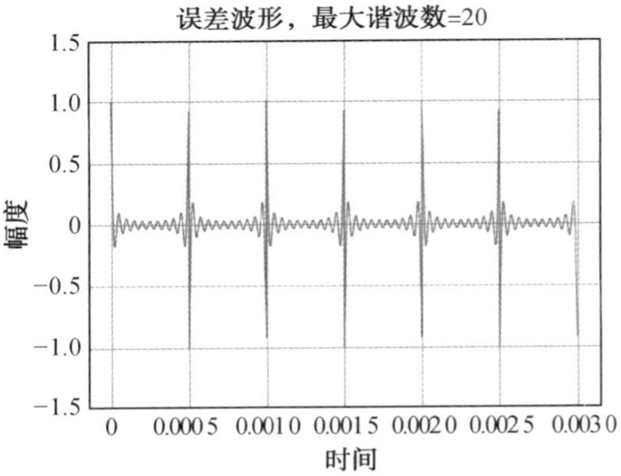

(l) 最大谐波20次的合成波形与原波形误差

续图 9.3

由图 9.3 可知，Python 得到的频域分解图形与 Octave 得到的图形一致，结论也一致，即随着傅里叶级数项数的增加(物理上是加入了较多的高频分量)，信号的近似程度提高了，合成信号的边沿更加陡峭(也就是说，边沿上有丰富的高频分量)，顶部虽然有较多起伏，但更趋于平坦，更接近原始信号。另一方面，在边沿部分，谐波次数的增加并不能减小尖峰的幅度。可以证明，在合成波形所含谐波次数 $n\to\infty$ 时，在信号边沿仍存在一个过冲，即吉布斯(Gibbs)现象。

2. 自主编程进行信号频域分解与合成

参考上述例程，编写 Octave 程序完成下述任务。

(1)将待分解信号修改为占空比可调的矩形波，再对其进行频域分解与合成仿真；

(2)参考信号与系统理论教材，将待分解信号修改为周期锯齿波、周期三角脉冲、周期全波余弦、周期半波余弦等典型的周期信号，对其完成频域分解与合成的仿真实验。

9.3　信号的卷积观察与分析

9.3.1　实验目的

(1)掌握 Python 中滤波器的设计方法；
(2)利用 Python 仿真观察信号经过滤波器后响应波形。

9.3.2　实验内容与实验步骤

1. 基于参考例程的信号卷积观察与分析

有关信号的卷积观察与分析实验的原理和说明参考 4.1.3 节硬件实验原理部分，此处不再赘述。在 Python 中，首先构建一个 8 阶贝塞尔低通滤波器，然后再观察不同占空比的矩形波信号经过该滤波器后响应曲线，与理论波形进行推导。利用 Python 对该矩形波信号进行卷积观察的参考例程如下，理解并掌握下述程序的编程要点，程序得到的输出仿真图形如图 9.4 所示。

```
import numpy as np                         # 导入一个数据处理模块
import pylab as plt                        # 导入一个绘图模块，matplotlib 下的模块
from scipy import signal                   # 从 Scipy 科学工具库中导入 signal
sampling_rate = 1e5                        # 采样频率为 8 000 Hz
fft_size = 100000                          # FFT 处理的取样长度
f1=1e2
t = np.arange(0, 1.0, 1.0/sampling_rate) # np.arange(起点，终点，间隔)产生 1 s 长的取样时间
s=signal.square(2 * np.pi * f1 * t,0.5)
b, a=signal.bessel(8,0.02,'lowpass')       # 配置滤波器 8 表示滤波器的阶数
filtedData=signal.filtfilt(b, a, s)        # data 为要过滤的信号
plt.figure(1)
plt.subplot(211)
plt.plot(t, s)
plt.xlim(0, 5e-2);plt.ylim(-1.5, 1.5)             # 定义画布 1 的 y 轴显示范围
plt.ylabel(u'幅度',fontproperties='SimHei')        # 定义 x 轴、y 轴名称
plt.title(u'矩形波输入信号',fontproperties='SimHei')  # 定义图名
plt.grid(True)                                     # 打开网格线
plt.subplot(212)
plt.xlim(0, 5e-2);plt.ylim(-1.5, 1.5)             # 定义画布 2 的 y 轴显示范围
plt.ylabel(u'幅度',fontproperties='SimHei')        # 定义 x 轴、y 轴名称
plt.title(u'滤波后输出信号',fontproperties='SimHei')  # 定义图名
plt.grid(True)                                     # 打开网格线
plt.plot(t, filtedData)
plt.subplots_adjust(hspace=0.28)
plt.show()
```

由图 9.4 可知，经过了贝塞尔低通滤波器后，矩形波信号中的高频分量已经被过滤掉，表现出来的现象就是原来陡峭的上升沿已经变得不陡峭了，这与前文的理论分析结论和 Octave 仿真结果一致，与低通滤波器的性能也保持一致。

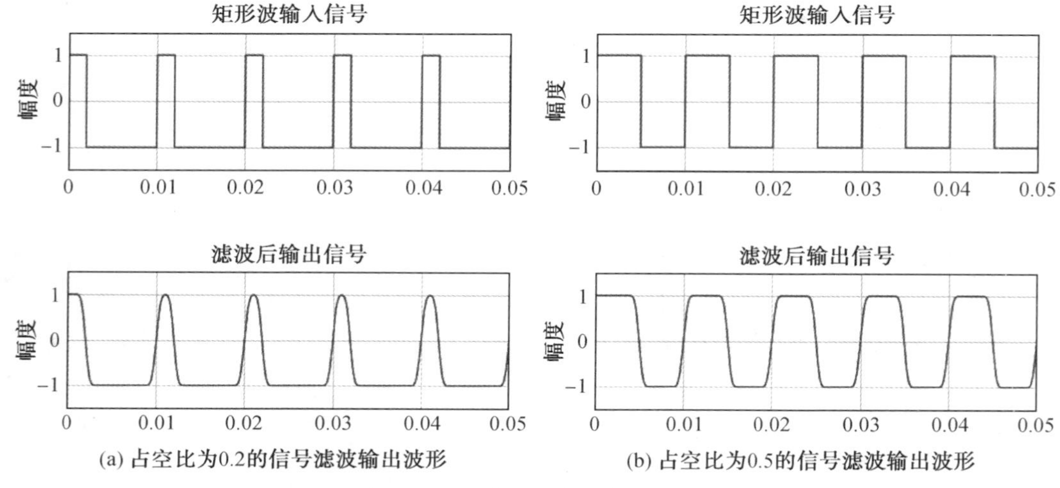

(a) 占空比为0.2的信号滤波输出波形　(b) 占空比为0.5的信号滤波输出波形

图 9.4　信号卷积前后波形对比

2. 自主编程进行信号的卷积观察与分析

参考上述例程，编写 Python 程序完成下述任务。

(1)将贝塞尔低通滤波器更换为巴特沃斯滤波器，然后对其进行卷积现象观察仿真；

(2)将输入波形更换为周期性锯齿波，然后完成上述仿真。

9.4　信号的频谱观察与分析

9.4.1　实验目的

(1)掌握利用傅里叶级数进行谐波分析的方法；

(2)分析典型的方波信号，了解方波信号谐波分量的构成，加深对信号频谱的理解；

(3)掌握采用基于滤波器组的同时分析法对方波、锯齿波等典型周期信号频谱进行观察。

9.4.2　实验内容与实验步骤

1. 基于参考例程的信号频谱分析

有关信号的频谱分析实验的原理和说明参考 4.1.3 节硬件实验原理部分，此处不再赘述。在 Python 中对信号进行频谱观察直接使用 NumPy 科学计算库中的 np.fft.rfft()函数，所以下面给出的参考例程，除了绘制频谱曲线外，如何产生标准的调制信号也是重点。利用 Python 对典型信号进行频谱观察的参考例程如下，理解并掌握下述程序的编程要点。

(1)10 MHz 正弦波频谱观察。

程序得到的输出仿真图形如图 9.5 所示。

```
import numpy as np          #导入一个数据处理模块
import pylab as plt         #导入一个绘图模块,matplotlib 下的模块
sampling_rate = 8e8         #采样频率为 8 000 Hz
fft_size = 5120000          #FFT 处理的取样长度
f=1e7;
t = np.arange(0, 1.0, 1.0/sampling_rate)
                            #np.arange(起点,终点,间隔)产生 1 s 长的取样时间
x = np.sin(2 * np.pi * f * t)
xs = x[:fft_size]                   #从波形数据中取样 fft_size 个点进行运算
xf = np.fft.rfft(xs)/(fft_size/2)   #利用 np.fft.rfft()进行 FFT 计算,rfft()是为了更方便地对实
                                     数信号进行变换
freqs = np.linspace(0, sampling_rate//2, fft_size//2+1)
plt.figure(1)
plt.subplot(211)
plt.plot(t[:fft_size], xs)
plt.xlim(0, 1e-6)                                        #定义画布 1 的 y 轴显示范围
plt.xlabel(u'时间/s',fontproperties='SimHei');plt.ylabel(u'幅度',fontproperties='SimHei')
                                                         #定义 x 轴、y 轴名称
plt.title(u'正弦波信号',fontproperties='SimHei')          #定义图名
plt.grid(True)                                           #打开网格线
plt.subplots_adjust(hspace=0.28)
plt.subplot(212)
plt.plot(freqs, np.abs(xf))
plt.xlabel(u'频率/Hz',fontproperties='SimHei');plt.ylabel(u'幅度',fontproperties='SimHei')
                                                         #定义 x 轴、y 轴名称
plt.xlim(0, 2e7)
plt.grid(True)                                           #定义画布 2 的 y 轴显示范围
plt.show()
```

图 9.5 可知,与 Octave 仿真结果类似,10 MHz 正弦波信号的频谱是在 10 MHz 频率点处的一根谱线,谱线精度与采样点数相关,采样点数越多,所得到的频谱曲线约接近真实情况,这与使用频谱分析仪观察信号频谱曲线的现象一致。

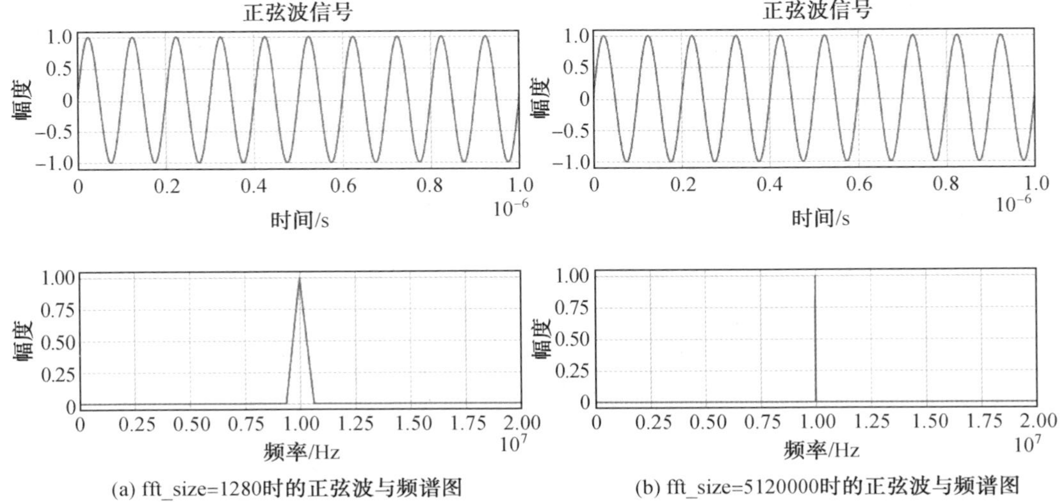

图 9.5　10 MHz 正弦波频谱观察仿真图形

(2)调幅信号的频谱观察。

结合 4.4 节硬件实验的内容，将调幅信号的载波频率设置为 10 MHz，调制的正弦波信号频率设置为 5 kHz，调制指数 ma 可任意设置。相关参考实验代码如下，程序得到的输出仿真图形如图 9.6 所示。

```
import numpy as np          # 导入一个数据处理模块
import pylab as plt         # 导入一个绘图模块，matplotlib 下的模块
sampling_rate = 8e8         # 采样频率为 8 000 Hz
fft_size = 5120000          # FFT 处理的取样长度
f1=5e3
fc=1e7
ma=0.5
A=2
t = np.arange(0, 1.0, 1.0/sampling_rate)
                            # np.arange(起点，终点，间隔)产生 1s 长的取样时间
m = np.sin(2 * np.pi * f1 * t)
carrier=np.sin(2 * np.pi * fc * t)
AM_singal=A * (1+ma * m) * carrier    # 执行 AM 调制
xs = AM_singal[:fft_size]             # 从波形数据中取样 fft_size 个点进行运算
xf = np.fft.rfft(xs)/(fft_size/2)     # 利用 np.fft.rfft()进行 FFT 计算，rfft()是为了更方便
                                        地对实数信号进行变换
freqs = np.linspace(0, sampling_rate//2, fft_size//2+1)
plt.figure(1)
plt.subplot(211)
plt.plot(t, m)
plt.xlim(0, 1e-3)                                         # 定义画布 1 的 y 轴显示范围
plt.ylabel(u'幅度',fontproperties='SimHei')               # 定义 x 轴、y 轴名称
plt.title(u'正弦波信号',fontproperties='SimHei')          # 定义图名
plt.grid(True)                                            # 打开网格线
plt.subplots_adjust(hspace=0.28)
plt.subplot(212)
plt.plot(t[:fft_size], xs)
plt.xlabel(u'时间/s',fontproperties='SimHei');plt.ylabel(u'幅度',fontproperties='SimHei')
                                                          # 定义 x 轴、y 轴名称
plt.title(u'AM 信号',fontproperties='SimHei')             # 定义图名
plt.subplots_adjust(hspace=0.28)
plt.xlim(0, 1e-3)                                         # 定义画布 1 的 y 轴显示范围
plt.grid(True)                                            # 定义画布 1 的 y 轴显示范围
#plt.show()
plt.figure(2)
plt.plot(freqs, np.abs(xf))
plt.xlabel(u'频率/Hz',fontproperties='SimHei');plt.ylabel(u'幅度',fontproperties='SimHei')
                                                          # 定义 x 轴、y 轴名称
plt.title(u'AM 信号频谱',fontproperties='SimHei')         # 定义图名
plt.xlim(0.995e7, 1.005e7)
plt.grid(True)                                            # 定义画布 2 的 y 轴显示范围
plt.show()
```

图 9.6 可知，与 Octave 仿真结果类似，正弦调制的调幅波的频谱由三个频率分量组成，即载波分量 ω_c、上边频分量 $\omega_c+\Omega$ 和下边频分量 $\omega_c-\Omega$，这与理论分析结论一致。通过对频谱图中载波分量和上下边频分量的幅度测量，可以计算出调幅信号的调幅指数，具体可以参考 4.4 节的实验原理部分，这里不再赘述。

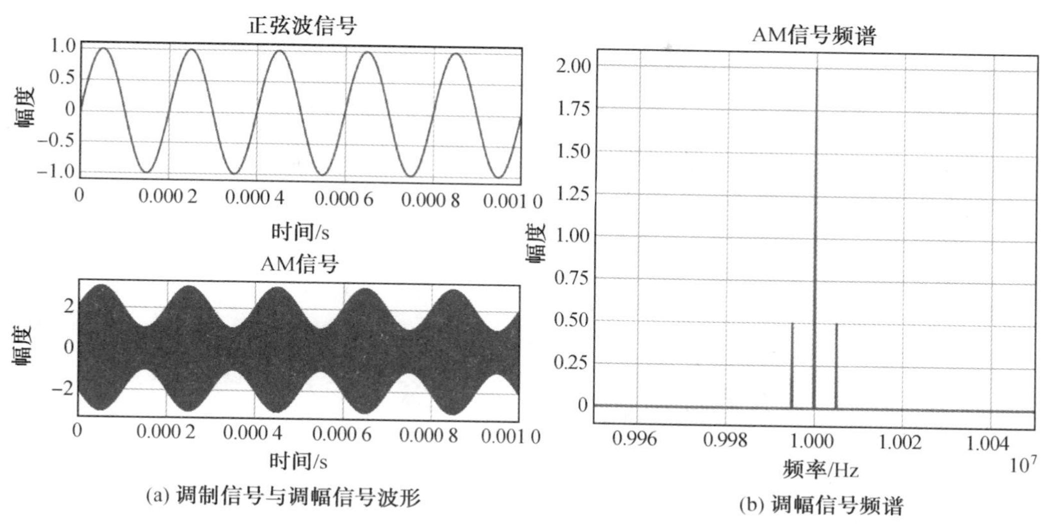

(a) 调制信号与调幅信号波形　　(b) 调幅信号频谱

图 9.6　调幅信号的频谱观察仿真图形

(3)调频信号的频谱观察。

结合 4.4 节硬件实验的内容，将调频信号的载波频率设置为 10 MHz，调制的正弦波信号频率设置为 5 kHz，调制频偏可以任意设置，典型值为 5 kHz。相关参考实验代码如下，程序得到的输出仿真图形如图 9.7 所示。

```
import numpy as np          # 导入一个数据处理模块
import pylab as plt         # 导入一个绘图模块，matplotlib 下的模块
sampling_rate = 1e8         # 采样频率为 8 000 Hz
fft_size = 5120000          # FFT 处理的取样长度
f1=5e3
fc=1e7
mf=2
am=1
ac=1
t = np.arange(0, 1.0, 1.0/sampling_rate)
                            # np.arange(起点，终点，间隔)产生 1s 长的取样时间
m = np.sin(2 * np.pi * f1 * t)
kf=mf * 2 * np.pi * f1/am
carrier=np.cos(2 * np.pi * fc * t)
phi_t=kf * np.cumsum(m)/sampling_rate
FM_signal=np.cos(2 * np.pi * fc * t+phi_t)
```

```
xs = FM_signal[:fft_size]          # 从波形数据中取样 fft_size 个点进行运算
xf = np.fft.rfft(xs)/(fft_size/2)  # 利用 np.fft.rfft()进行 FFT 计算,rfft()是为了更方便地对实
                                     数信号进行变换
freqs = np.linspace(0, sampling_rate//2, fft_size//2+1)
plt.figure(1)
plt.subplot(211)
plt.plot(t, m)
plt.xlim(0, 3.5e-3)                                  # 定义画布 1 的 y 轴显示范围
plt.ylabel(u'幅度',fontproperties='SimHei')          # 定义 x 轴、y 轴名称
plt.title(u'正弦波信号',fontproperties='SimHei')     # 定义图名
plt.grid(True)                                       # 打开网格线
plt.subplots_adjust(hspace=0.28)
plt.subplot(212)
plt.plot(t[:fft_size], xs)
plt.xlabel(u'时间/s',fontproperties='SimHei');plt.ylabel(u'幅度',fontproperties='SimHei')
                                                     # 定义 x 轴、y 轴名称
plt.title(u'FM 信号',fontproperties='SimHei')        # 定义图名
plt.subplots_adjust(hspace=0.28)
plt.xlim(0, 3.5e-6)                                  # 定义画布 1 的 y 轴显示范围
plt.grid(True)                                       # 定义画布 1 的 y 轴显示范围
# plt.show()
plt.figure(2)
plt.plot(freqs, np.abs(xf))
plt.xlabel(u'频率/Hz',fontproperties='SimHei');plt.ylabel(u'幅度',fontproperties='SimHei')
                                                     # 定义 x 轴、y 轴名称
plt.title(u'FM 信号频谱',fontproperties='SimHei')# 定义图名
plt.xlim(0.995e7, 1.005e7)
plt.grid(True)                                       # 定义画布 2 的 y 轴显示范围
plt.show()
```

由图 9.7 可知,调制信号控制着调频波的角频率变化,最终反映到调频信号是相位变化。对于本例来说,调制频率为 5 kHz,载波频率为 10 MHz,调制频率远小于载波频率,导致调频信号的相位变化非常不明显,几乎观察不出来。而对于调频信号的频谱,是由 $n=0$ 时的载波分量和 $n\geq 1$ 时的无穷多个边带分量所组成;相邻两个频率分量间隔为调制频率 Ω,具体的调频信号频谱特点可以参考 4.4 节的实验原理部分,在此不做深入介绍。

(4)脉冲调制信号的频谱观察。

结合 4.4 节硬件实验的内容,将脉冲调制信号的载波频率设置为 10 MHz,调制的周期矩形脉冲波信号频率设置为 1 kHz,占空比可以任意设置。相关参考实验代码如下,程序得到的输出仿真图形如图 9.8 所示。

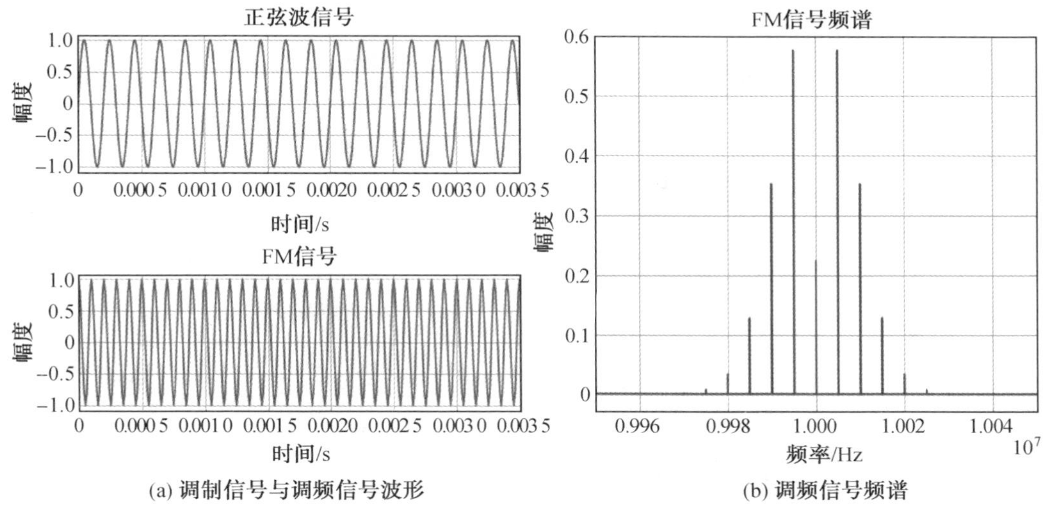

图 9.7　调频信号的频谱观察仿真图形

```
import numpy as np         # 导入一个数据处理模块
import pylab as plt        # 导入一个绘图模块,matplotlib 下的模块
from scipy import signal # 从 Scipy 科学工具库中导入 signal
sampling_rate = 1e8       # 采样频率为 8 000 Hz
fft_size = 51200000       # FFT 处理的取样长度
f1=1e3
fc=1e7
t = np.arange(0, 1.0, 1.0/sampling_rate)
                           # np.arange(起点,终点,间隔)产生 1 s 长的取样时间
m=0.5*signal.square(2 * np.pi * f1 * t,0.3)+0.5
carrier=np.cos(2*np.pi*fc*t)
PM_signal=m*carrier
# mf=2
# am=1
# ac=1
# kf=mf*2*np.pi*f1/am
# carrier=np.cos(2*np.pi*fc*t)
# phi_t=kf*np.cumsum(m)/sampling_rate
# FM_signal=np.cos(2*np.pi*fc*t+phi_t)
xs = PM_signal[:fft_size]          # 从波形数据中取样 fft_size 个点进行运算
xf = np.fft.rfft(xs)/(fft_size/2) # 利用 np.fft.rfft()进行 FFT 计算,rfft()是为了更方便地对实
                                      数信号进行变换
freqs = np.linspace(0, sampling_rate//2, fft_size//2+1)
```

```
plt.figure(1)
plt.subplot(211)
plt.plot(t, m)
plt.xlim(0, 3.5e-3)                                          #定义画布1的y轴显示范围
plt.ylabel(u'幅度',fontproperties='SimHei')                  #定义x轴、y轴名称
plt.title(u'正弦波信号',fontproperties='SimHei')              #定义图名
plt.grid(True)                                               #打开网格线
plt.subplots_adjust(hspace=0.28)
plt.subplot(212)
plt.plot(t[:fft_size], xs)
plt.xlabel(u'时间/s',fontproperties='SimHei');plt.ylabel(u'幅度',fontproperties='SimHei')
                                                             #定义x轴、y轴名称
plt.title(u'PM信号',fontproperties='SimHei')                  #定义图名
plt.subplots_adjust(hspace=0.28)
plt.xlim(0, 3.5e-3)                                          #定义画布1的y轴显示范围
plt.grid(True)                                               #定义画布1的y轴显示范围
#plt.show()
plt.figure(2)
plt.plot(freqs, np.abs(xf))
plt.xlabel(u'频率/Hz',fontproperties='SimHei');plt.ylabel(u'幅度',fontproperties='SimHei')
                                                             #定义x轴、y轴名称
plt.title(u'PM信号频谱',fontproperties='SimHei')              #定义图名
plt.xlim(0.997e7, 1.003e7)
plt.grid(True)                                               #定义画布1的y轴显示范围
plt.show()
```

由图9.8可知，脉冲调制信号的频谱具有离散性，谱线只出现在基频 ω_1 整数倍频率上 $(\omega_1=2\pi/T_1)$，即各次谐波频率点 $n\omega_1$ 上，谱线的幅度包络线按抽样函数 $Sa(n\omega_1\tau/2)$ 的规律变化，并呈现收敛状。具体的脉冲调制信号频谱特点可以参考4.4节的实验原理部分，在此不做深入介绍。

2. 自主编程进行信号的频谱观察

参考上述例程，编写Python程序完成下述任务。

(1)利用Python仿真10 MHz正弦信号和5 MHz余弦信号之和的频谱；

(2)修改调幅信号的载波频率、调制信号幅度、调幅指数等参数后进行仿真，观察其对调幅信号波形和频谱的影响；

(3)修改调频信号的载波频率、调制信号幅度、调频指数等参数后进行仿真，观察其对调幅信号波形和频谱的影响；

(4)修改脉冲调制信号的载波频率、调制信号幅度、调制信号频率等参数后进行仿真，观察其对脉冲调制信号波形和频谱的影响；

(5)利用Python对周期性锯齿波、周期性三角波等典型周期性信号的频谱进行仿真验证。

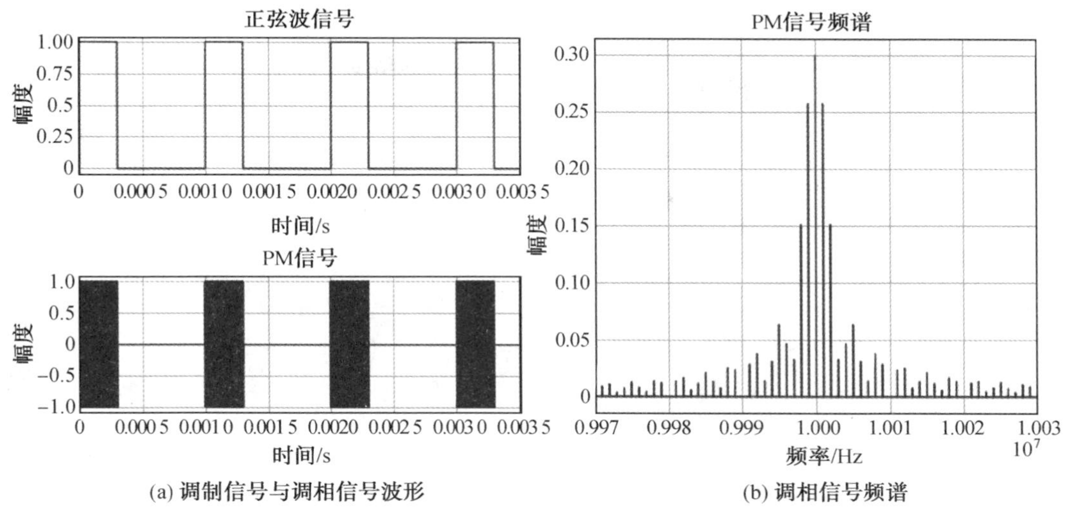

图 9.8　脉冲调制信号的频谱观察仿真图形

9.5　信号的时域抽样与重建

9.5.1　实验目的

(1) 掌握利用傅里叶级数进行谐波分析的方法；

(2) 分析典型的方波信号，了解方波信号谐波分量的构成，加深对信号频谱的理解；

(3) 掌握采用基于滤波器组的同时分析法对方波、锯齿波等典型周期信号频谱进行观察。

9.5.2　实验内容与实验步骤

1. 基于参考例程的信号抽样与重建

有关连续信号的时域抽样与重建相关原理和说明参考 4.5 节，这里不再赘述。本节用 Python 对连续信号的抽样与重建过程进行仿真，具体步骤如下。

(1) 生成连续信号的抽样信号，并分析其频谱。

首先生成 1 kHz 的正弦波信号或三角波连续信号，为保证仿真的精确性，连续信号用 100 kHz 的抽样来模拟。而后生成矩形波抽样函数，抽样频率为 2 kHz 或 4 kHz，用抽样信号与连续信号相乘，得到抽样后信号。分别绘出连续信号和抽样后信号的波形及频谱，如图 9.9 所示。

```
%Python_Ref_Code_75
import numpy as np                                   # 导入一个数据处理模块
import pylab as plt                                  # 导入一个绘图模块,matplotlib下的模块
from scipy import signal                             # 从Scipy科学工具库中导入signal
plt.rcParams['font.sans-serif'] = ['SimHei']         # 在绘图中显示中文
                                                     # 生成连续信号
A=1; f=1000; w=2*np.pi*f; p=0                        # 设置连续信号的幅度、频率、相位
fs=100000; d=1/fs                                    # 设置连续信号的仿真精度
t=np.arange(0,0.01,d); N=t.size                      # 生成时间序列,N为序列长度
s=A*np.sin(w*t+p)                                    # 生成正弦信号
% s=A*signal.sawtooth(w*t+p,0.5)                     # 生成三角波信号(与正弦信号二选一)
plt.figure(1); plt.plot(t,s)                         # 绘出信号的时域波形图
plt.xlabel('时间/s'); plt.ylabel('幅度'); plt.axis([0,0.01,-2,2]); plt.grid()
sf=np.fft.fft(s)                                     # 计算信号的频谱
fn=np.arange(0,N*fs/N,fs/N)                          # 生成频谱序列
plt.figure(2); plt.plot(fn[0:int(N/2)], np.abs(sf[0:int(N/2)]), '.-')
                                                     # 绘出信号频谱的振幅
plt.xlabel('频率/Hz'); plt.ylabel('振幅'); plt.axis([0,8000,-100,600]); plt.grid()
                                                     # 对连续信号抽样
fs2=4000                                             # 设置抽样频率
p=signal.square(2*np.pi*fs2*t)+1                     # 生成矩形波抽样函数
s2=p*s;                                              # 生成抽样后的信号
plt.figure(3); plt.plot(t,s2)                        # 绘出抽样信号的时域波形图
plt.xlabel('时间/s'); plt.ylabel('幅度'); plt.axis([0,0.01,-2,2]); plt.grid()
s2f=np.fft.fft(s2,N)                                 # 计算抽样信号的频谱
plt.figure(4); plt.plot(fn[0:int(N/2)], np.abs(s2f[0:int(N/2)]),'.-');
                                                     # 绘出抽样信号频谱的振幅
plt.xlabel('频率/Hz'); plt.ylabel('振幅'); plt.axis([0,8000,-100,600]); plt.grid()
```

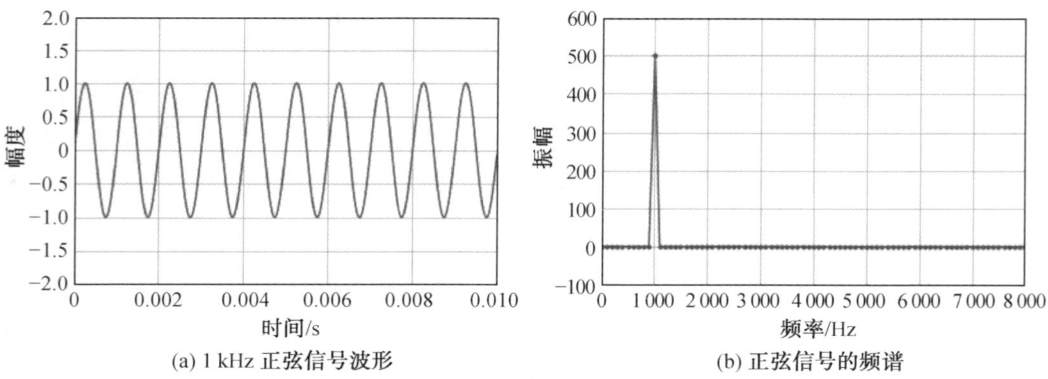

(a) 1 kHz 正弦信号波形　　(b) 正弦信号的频谱

图 9.9　正弦信号及其抽样信号的波形和频谱

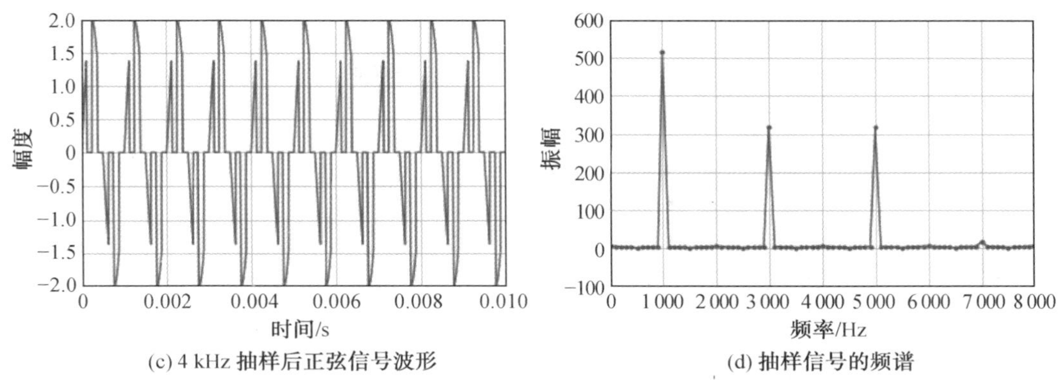

(c) 4 kHz 抽样后正弦信号波形　　(d) 抽样信号的频谱

续图 9.9

(2) 设计低通滤波器。

利用 Scipy 包中的巴特沃斯滤波器设计函数 buttord、butter，可以方便地设计各种类型和参数的巴特沃斯滤波器。这里通频和阻频分别设置为 1 kHz 和 3 kHz，即保留抽样信号的 1 次谐波，代码如下。

```
Fpass = 1000                                          # 通频带
Fstop = 3000                                          # 阻带
Apass = 1                                             # 通频带波动(dB)
Astop = 80                                            # 阻带衰减(dB)
Nf, Wn=signal.buttord(Fpass, Fstop, Apass, Astop,False,fs)   # 配置滤波器参数
sos= signal.butter(Nf, Wn, 'low',False,'sos',fs)  # 设计巴特沃斯滤波器
```

(3) 抽样信号的重建。

利用低通滤波器对抽样后信号进行滤波获得重建信号，由于滤波后的重建信号只保留了抽样信号 1 kHz 的频谱，与抽样前的连续信号频谱相同，因此重建后的信号恢复为抽样前的正弦波波形，如图 9.10 所示。

```
s3=signal.sosfilt(sos, s2)                    # 抽样信号低通滤波，获得重建信号
plt.figure(5); plt.plot(t,s3)                 # 重建信号的时域波形图
plt.xlabel('时间/s'); plt.ylabel('幅度'); plt.axis([0,0.01,-2,2]); plt.grid()
s3f=np.fft.fft(s3)                            # 计算重建信号的频谱
plt.figure(6); plt.plot(fn[0:int(N/2)], np.abs(s3f[0:int(N/2)]),'.-');
                                              # 绘出重建信号频谱的振幅
plt.xlabel('频率/Hz'); plt.ylabel('振幅'); plt.axis([0,8000,-100,600]); plt.grid()
```

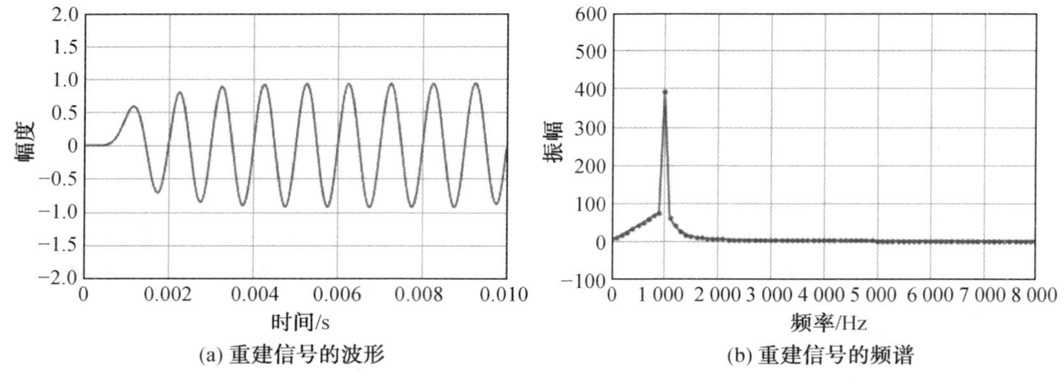

图 9.10　重建信号的时域波形和频谱

2. 自主编程观察信号的恢复与重建特性

参考上述例程，编写 Python 程序完成下述任务。

(1)修改矩形波抽样函数的频率，观察并分析不同抽样频率对抽样后信号波形和频谱的影响；

(2) 修改矩形波抽样函数的占空比，观察并分析不同抽样宽度对抽样后信号波形和频谱的影响；

(3)修改低通滤波器的截止频率，观察滤波器频谱的幅度响应曲线，并分析其对重建后信号波形和频谱的影响；

(4) 将连续函数替换为周期性三角波信号，重复(1)～(3)的内容，观察其重建信号与输入为正弦波信号时的异同。

9.6　信号的无失真传输

9.6.1　实验目的

(1)掌握利用 Python 表示系统函数的方法；

(2)掌握利用 Python 实现傅里叶变换和傅里叶逆变换的方法。

9.6.2　实验内容与实验步骤

1. 基于参考例程的信号无失真传输

在 Python 中对信号进行信号无失真传输仿真时，按照上述分析先将原输入信号做 FFT 变换，再求解无失真传输电路的传输函数 $H(\omega)$，最后通过 FFT 逆变换求得输出信号的时域波形。利用 Python 进行信号无失真传输仿真的参考例程如下，理解并掌握下述程序的编程要点，程序得到的输出仿真图形如图 9.11 和图 9.12 所示。

```
import numpy as np
from matplotlib import pyplot as plt
from scipy import signal                    # 从 Scipy 科学工具库中导入 signal
R1 = 3000;R2 = 1000;C1 = 1e-6;C2 = 1e-8
                                            # 初始电阻与电容条件,可以根据仿真需求修改
N = 10000000                                # 采样点数
f = 1000                                    # 信号频率
fs = 20000                                  # T=1/fs,原始信号横轴单位时间
fft_size = 65536                            # FFT 变换点数
t = np.arange(0, (N - 1) / fs, 1 / fs)  # np.arange(起点,终点,间隔)产生 1 s 长的取样时间
W =np.arange(0, (N - 1) * fs / N, fs / N)
x1 = np.cos(2 * np.pi * f * t)    # 定义 x1=sin(2πft)
x2 = 2 * np.cos(2 * np.pi * f * t) + 3 * np.sin(2 * np.pi * 1.5 * f * t)
                                            # 定义 x2= cos(2πft)+3 * sin(2π1.5ft)
x3 = signal.square(2 * np.pi * f * t, 0.3)  # 定义 x3=squre(2πft)
xs1 = x1[:fft_size]                         # 从波形数据中取样 fft_size 个点进行运算
W1 = W[:fft_size]                           # 从波形数据中取样 fft_size 个点进行运算
F1 = np.fft.fft(xs1)   # 利用 np.fft.rfft()进行 FFT 计算,rfft()是为了更方便地对实数信号进行
                         变换
xs2 = x2[:fft_size]    # 从波形数据中取样 fft_size 个点进行运算
F2 = np.fft.fft(xs2)   # 利用 np.fft.rfft()进行 FFT 计算,rfft()是为了更方便地对实数信号进行
                         变换
xs3 = x3[:fft_size]    # 从波形数据中取样 fft_size 个点进行运算
F3 = np.fft.fft(xs3)   # 利用 np.fft.rfft()进行 FFT 计算,rfft()是为了更方便地对实数信号进行
                         变换
freqs = np.linspace(0, fs // 2, fft_size)   # 构建 freqs
a = np.ones_like(W)
b = a + 1j * W * R2 * C2                    # 计算分组
c = a + 1j * W * R1 * C1

H1 = R2 / b                                 # H1
H2 = R1 / c                                 # H2
H = H1 / (H2 + H1)                          # 系统函数
FS1 = F1 * H[:fft_size]                     # 信号 x1 经过系统后的傅里叶函数
FS2 = F2 * H[:fft_size]                     # 信号 x2 经过系统后的傅里叶函数
FS3 = F3 * H[:fft_size]                     # 信号 x3 经过系统后的傅里叶函数
Fx1 = (np.fft.ifft(FS1)).real               # 对 FS1 FFT 逆变换
Fx2 = (np.fft.ifft(FS2)).real               # 对 FS2 FFT 逆变换
Fx3 = (np.fft.ifft(FS3)).real               # 对 FS3 FFT 逆变换
```

```
plt. figure(1)
plt. subplot(2, 1, 1); plt. plot(W, abs(H));plt. grid(True)
plt. title('系统幅频特性',fontproperties='SimHei')
plt. subplot(2, 1, 2); plt. plot(W, np. angle(H));plt. grid(True)
plt. title('系统相频特性',fontproperties='SimHei')
plt. ylim(0, 0.7);plt. subplots_adjust(hspace=0.28)
plt. figure(2)
plt. subplot(2, 1, 1);plt. plot(t, x1);plt. grid(True);
plt. axis([0, 0.01, -2, 2]);plt. title('输入正弦信号',fontproperties='SimHei')
plt. subplot(2, 1, 2); plt. plot(freqs, Fx1);plt. grid(True)
plt. axis([0, 15, -1, 1]); plt. xlabel('t');plt. title('系统输出信号',fontproperties='SimHei')
plt. subplots_adjust(hspace=0.28)
plt. figure(3)
plt. subplot(2, 1, 1);plt. plot(t, x2);plt. grid(True)
plt. axis([0, 0.01, -5, 5]);plt. title('输入正弦混合信号',fontproperties='SimHei')
plt. subplot(2, 1, 2); plt. plot(freqs, Fx2);plt. grid(True)
plt. axis([0, 15, -2, 2]); plt. xlabel('t');plt. title('系统输出信号',fontproperties='SimHei')
plt. subplots_adjust(hspace=0.28)
plt. figure(4)
plt. subplot(2, 1, 1);plt. plot(t, x3);plt. grid(True)
plt. axis([0, 0.01, -2, 2]);plt. title('输入方波信号',fontproperties='SimHei')
plt. subplot(2, 1, 2); plt. plot(freqs, Fx3);plt. grid(True)
plt. axis([0, 15, -1, 1]); plt. xlabel('t');plt. title('系统输出信号',fontproperties='SimHei')
plt. subplots_adjust(hspace=0.28)
plt. show()
```

对比图 9.11 和图 9.12 的有失真和无失真两种仿真图,有失真情况下,系统的幅频特性曲线和相频特性曲线均不是常数,对应到仿真波形上,正弦信号由于是单频率点信号,即使存在幅度和相位的失真,但是反映到同一个频点,仍然是一个常数,这也是为什么图 9.11(b)正弦波经过有失真电路后输出信号仍然是正弦波的原因。而对于正弦波混合信号,不同的频率点存在不同的幅度响应和相位响应,所以其输出波形不可避免地会出现失真,只是在图 9.11(c)中混合的两个信号频率差别不多,因此这种失真不明显而已。而图 9.11(d)的方波信号则更好地说明了这一点,方波信号的频率成分丰富,在经过失真电路后,各个频率分量得到了不同的幅度响应和相位响应,最后得到的输出波形出现了明显失真。

当系统参数符合无失真传输电路特性时,其幅频、相频特性曲线理论上应该是一条直线,但是,如图 9.12(a)所示,Python 仿真得到的相频特性曲线虽然数值非常小,但是不是直线。分析其原因,主要是 Python 仿真的机制问题,对于每一个采样点来说,Python 计算器相频特性时是基于有限有效位数的,当有效位数无法满足计算需求时,计算得到的相频特性就只能出现小数,虽然这个小数的数值很小。

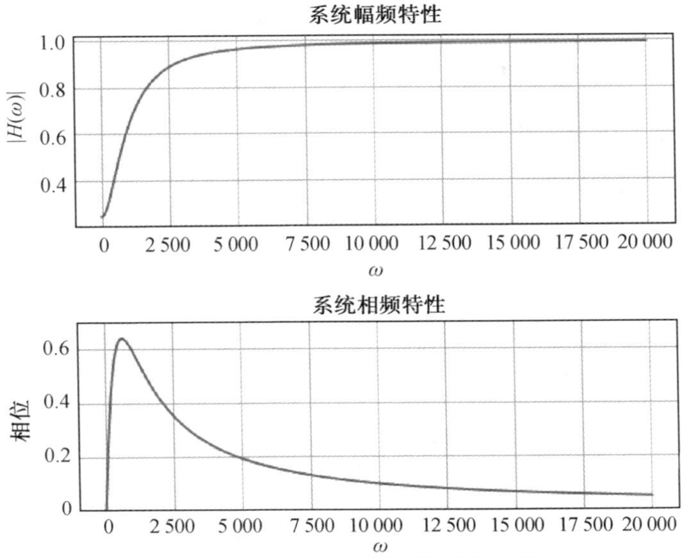

系统幅频特性

系统相频特性

(a) $H(\omega)$ 的幅频特性和相频特性

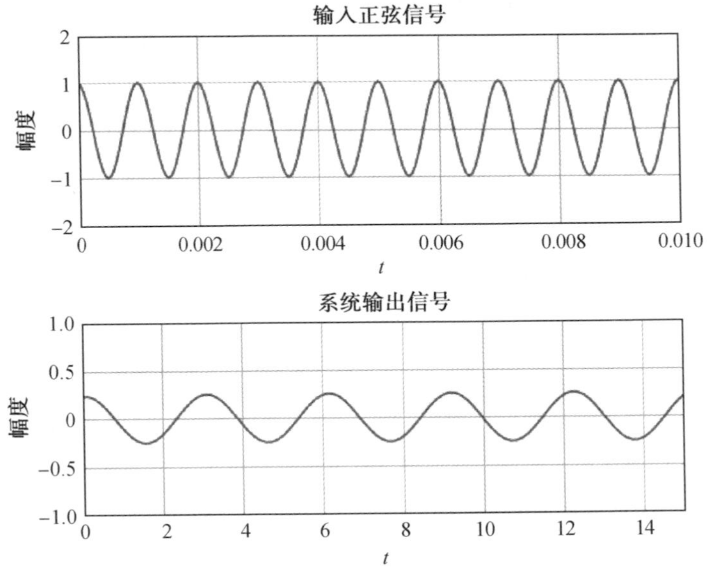

输入正弦信号

系统输出信号

(b) 正弦信号的输入波形与输出波形对比

图 9.11　信号有失真传输时的波形($R_1=3\ 000\ \Omega$,$R_2=1\ 000\ \Omega$,$C_1=1\ \mu F$,$C_2=0.01\ \mu F$)

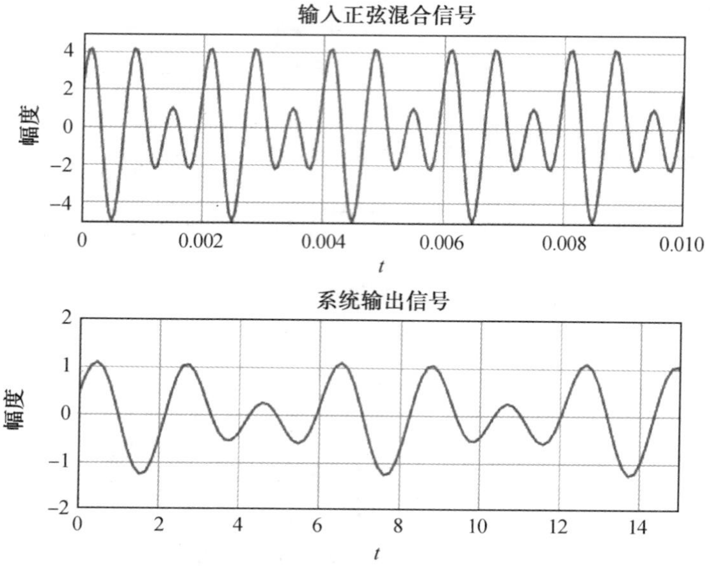

输入正弦混合信号

系统输出信号

(c) 正弦混合信号的输入波形与输出波形对比

输入方波信号

系统输出信号

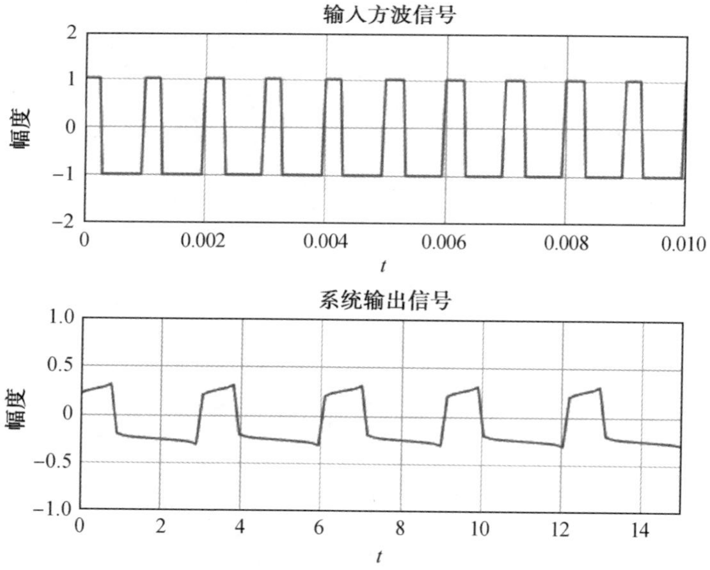

(d) 方波信号的输入波形与输出波形对比

续图 9.11

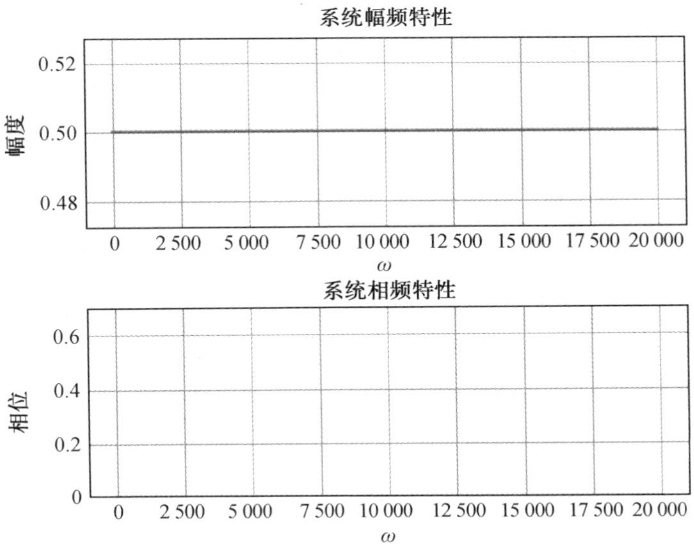

系统幅频特性

幅度

ω

系统相频特性

相位

ω

(a) $H(\omega)$ 的幅频特性和相频特性

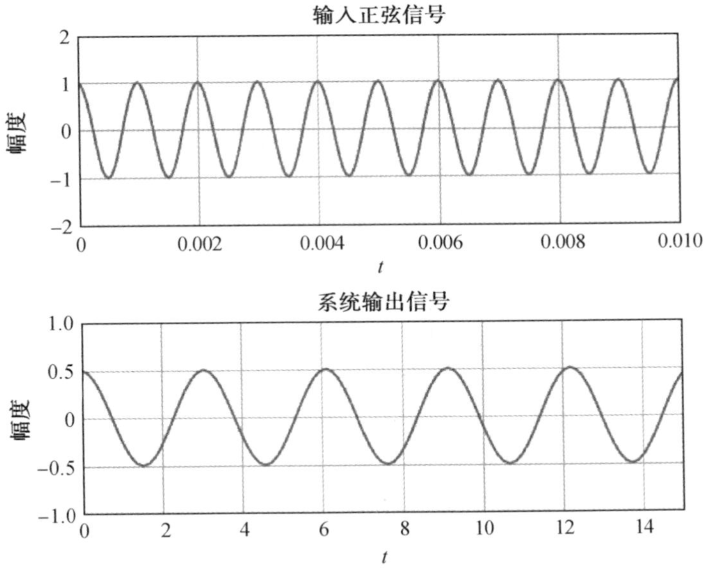

输入正弦信号

幅度

t

系统输出信号

幅度

t

(b) 正弦信号的输入波形与输出波形对比

图 9.12　信号无失真传输时的波形($R_1=1\ 000\ \Omega$,$R_2=1\ 000\ \Omega$,$C_1=1\ \mu F$,$C_2=1\ \mu F$)

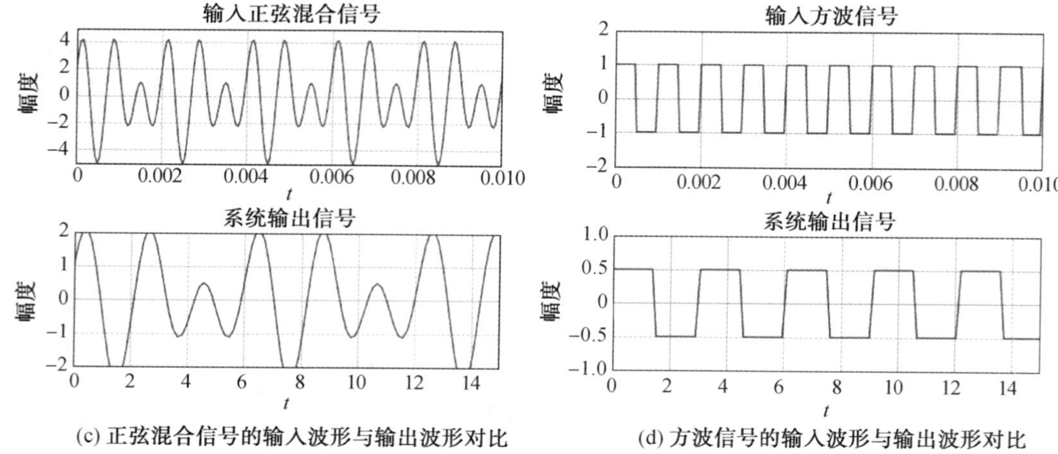

(c) 正弦混合信号的输入波形与输出波形对比

(d) 方波信号的输入波形与输出波形对比

续图 9.12

2. 自主编程进行信号的无失真传输观察

参考上述例程，编写 Python 程序完成下述任务。

(1)调整正弦混合信号的参数，突出其通过无失真传输和有失真传输电路时的对比。

(2)修改无失真传输时的 Python 仿真程序，将相频特性曲线显示修改为一条直线形式。

参考文献

[1] 张晔. 信号与系统[M]. 5 版. 哈尔滨:哈尔滨工业大学出版社,2020.

[2] 赵雅琴,侯成宇,陈浩. 通信电子线路[M]. 2 版. 哈尔滨:哈尔滨工业大学出版社,2020.

[3] 宣宗强. 电路、信号与系统实验教程[M]. 西安:西安电子科技大学出版社,2017.

[4] 林红. 电路与信号系统实验教程[M]. 苏州:苏州大学出版社,2013.

[5] 林凌,李刚. 电路与信号分析实验指导书——基于 Multisim、Tina－TI 和 MATLAB[M]. 北京:电子工业出版社,2017.

[6] 徐春环. 信号与系统实验[M]. 北京:科学出版社,2018.

[7] 林丽莉. 信号处理与系统分析综合实验教程[M]. 杭州:浙江大学出版社,2014.

[8] 黄晓晴,王小扬. 信号与系统实践教程[M]. 北京:机械工业出版社,2016.

[9] 尹霄丽,张健明. MATLAB 在信号与系统中的应用[M]. 北京:清华大学出版社,2015.

[10] 高平. 信号与系统实验教程[M]. 苏州:江苏大学出版社,2014.

[11] 王小扬. 信号与系统实验与实践[M]. 3 版. 北京:清华大学出版社,2021.

[12] 胡钋. 信号与系统——MATLAB 实验综合教程[M]. 武汉:武汉大学出版社,2017.

[13] 蒋焕文,孙续. 电子测量[M]. 北京:中国计量出版社,2008.

[14] 马场清太郎. 运算放大器应用电路设计[M]. 何希才,译. 北京:科学出版社,2021.

[15] BRUCE C. 运算放大器权威指南 [M]. 孙宗晓,译. 4 版. 北京:人民邮电出版社,2019.

[16] BRUCE C, RON M. 运算放大器权威指南 [M]. 姚剑清, 译. 4 版. 北京:人民邮电出版社,2010.

[17] WALT J. 运算放大器应用技术手册[M]. 张乐锋,张鼎, 译. 北京:人民邮电出版社,2009.